A Series of Food Science & Technogy Textbooks

食品科技系列

普通高等教育"十二五"规划教材

食品科学与工程 食品质量与安全 专业核心课程推荐教材

中国石油和化学工业优秀教材奖二等奖

★★★★★

# 食品工程原理

姜绍通　周先汉　主　编

刘伟民　缪冶炼　副主编

化学工业出版社

·北京·

**图书在版编目（CIP）数据**

食品工程原理/姜绍通，周先汉主编. —北京：化学工业
出版社，2010.5（2024.8重印）
普通高等教育"十二五"规划教材. 食品科学与工程
食品质量与安全 专业核心课程推荐教材
ISBN 978-7-122-08016-5

Ⅰ. 食… Ⅱ.①姜…②周… Ⅲ. 食品工程学-高等学校-
教材 Ⅳ. TS201.1

中国版本图书馆 CIP 数据核字（2010）第 048692 号

责任编辑：赵玉清　　　　　　　　文字编辑：昝景岩
责任校对：洪雅姝　　　　　　　　装帧设计：尹琳琳

出版发行：化学工业出版社（北京市东城区青年湖南街 13 号　邮政编码 100011）
印　　装：三河市双峰印刷装订有限公司
787mm×1092mm　1/16　印张 23½　字数 631 千字　2024 年 8 月北京第 1 版第 13 次印刷

购书咨询：010-64518888　　　　　　售后服务：010-64518899
网　　址：http://www.cip.com.cn
凡购买本书，如有缺损质量问题，本社销售中心负责调换。

# 前　言

　　食品工程原理是食品科学与工程本科专业及其相近专业的一门主干专业基础课程，对培养学生的单元设计与工程系统集成能力十分重要。本教材主要是依据教育部食品科学与工程专业的培养规范，结合当前该课程教学的实际需要编写的。

　　食品工程原理课程涉及知识面宽，对理论分析、设计计算、工程经验的贯通融合和创新应用方面要求很高，教与学的难度都比较大，所以编写一本合适的教材就显得很重要。多年来，国内同行们不懈努力，编写了多本各有特色的优秀教材。本教材力图从工科背景出发，按照强化理论的系统性和工程的实际应用性的思路，在注意培养学生基础理论的同时，重视加强工程设计与应用能力的培养，以适应食品加工工艺千变万化，而实现途径又可以多种多样的特点，帮助他们逐步树立工程观念。

　　在教材体系方面，把动量传递、热量传递和质量传递三大传递过程原理作为理论基础，注意贴合食品工业生产实际，兼顾食品物理加工新技术，重在培养学生运用"三传"的"衡算"原理，分析与解决食品生产过程实际问题的能力。

　　食品工程原理是在食品加工领域应用化工原理而发展起来的一门课程，所以教材章节仍然以单元操作编排。由于食品加工过程以农产品生物质的物理加工或生物转化加工为主，操作条件比较温和，不少单元操作是化学工程没有的；有些设备的实现原理、结构与化学加工的单元操作差别很大，所以本教材的内容注意结合食品工程学科的特点，重视编写许多在食品工程领域发展较快的现代技术，努力形成食品工程单元操作的内涵特色。如以高真空、超低温、超高压等高新技术为基础形成的冷冻浓缩、冷冻干燥、单体速冻、分子蒸馏、膜分离、超临界萃取等单元操作。

　　在编写形式方面，各章首均提出"本章学习要求"，并设有能引领该章主要内容、引起学习欲望的"引言"，提出本章的主要问题。问题分析一般是由浅入深、循序渐进的，突出实用性、兼顾知识的系统性。各章都精心设计了习题、思考题，题目内容多与食品工程实际联系密切，有的直接来源于生产实际。

　　本教材由姜绍通教授、周先汉副教授担任主编，刘伟民教授、缪冶炼教授担任副主编。参编人员有合肥工业大学姜绍通教授、周先汉副教授、钟昔阳副教授、王武副教授、叶永康副教授、翁世兵博士、程杰顺讲师、操小栋讲师、刘模博士生，南京工业大学缪冶炼教授，江苏大学刘伟民教授，河南科技大学张仲欣教授，广东海洋大学叶盛权副教授和浙江工业大学邵平副教授。教材除绪论外共分13章，编写分工为：姜绍通、刘模（绪论、第8章的8.5节、第12章），钟昔阳（第1章），张仲欣（第2章），刘伟民（第3章），王武（第4章），缪冶炼（第5章），程杰顺（第6章），周先汉（第7章，第8章的8.1～8.4节、8.6节），叶盛权（第9、10章），邵平、翁世兵（第11章），叶永康、操小栋（第13章、附录）。全书由周先汉统稿。

　　在本书编写过程中，吉林大学的马中苏教授，合肥工业大学的胡献国教授以及编者的许多同事给予了热情关心与帮助，在此向他们表示衷心的感谢。

　　虽然编者对本书的编写尽力而为，但因水平所限，书中的不妥之处在所难免，恳请读者批评指正。

编者

二〇一〇年三月

# 目　录

# 绪 论

## 0.1 本课程的内容、性质及任务

应用现代工程技术改造与创新传统食品的生产与制造，形成了现代食品工业。食品工业现在已成为世界上许多国家最重要的支柱产业。随着现代科学技术的突飞猛进，食品现代加工技术也获得蓬勃发展。食品工程原理是一门主要研究食品加工过程的技术原理与工程实现的应用基础课程，与机械工程、化学工程等学科的有关课程密切相关，其基础涉及数学、物理、力学、热力学、传热学和传质学等。本课程以单元操作为主线，研究食品加工过程的有关理论与工程方法，为食品科学与工程及相近专业的学生和工程技术人员学习研究提供参考。

### 0.1.1 单元操作

由于食品原料主要来自农林牧副渔等成千上万种生物质，加工出的产品又必须满足不同民族、不同地域和不同人群的消费习惯与需求，这就要求现代食品工业为广大消费者提供花色品种极为丰富的食品品种。所以食品加工工艺的多样性、复杂性和独特性是可想而知的。虽然食品加工工艺千变万化，但是通过宏观分析可以发现，这些工艺一般都是由一系列的基本工序组装集成产生的。包含在不同食品加工工艺中的同一类基本工序称为单元操作（unit operation），同一单元操作一般具有相同的理论基础和遵循的规律，可以用一类加工目的相同的工程装备实现。例如，浓缩苹果汁与普通苹果汁相比，具有体积小，可溶性固形物含量高，节约包装及运输费用，产品保藏期较长等特点。浓缩苹果汁的工艺一般由原料输送、选果、洗涤、破碎、榨汁、澄清、杀菌、浓缩、计量灌装、包装等基本操作构成。再比如普通的乳粉加工，其工艺主要是合格原料乳经标准化预处理后，由配料混合、均质、杀菌、浓缩、喷雾干燥、冷却、计量包装等基本操作构成。显然浓缩苹果汁和普通的乳粉的总体加工工艺不同，但是二者在浓缩的基本操作方面是类似的。浓缩操作目的是部分脱除水分，提高溶液的固形物含量，其基本操作是通过传热升温结合真空技术，实现水分蒸发。浓缩基本操作在浓缩苹果汁和普通的乳粉加工中遵循的规律是相同的，其工程设备的加工目的相同，所以可以把它称为蒸发（浓缩）单元操作。

单元操作的概念源自于化工原理。人们经过长期的生产实践总结，根据所用设备相似、原理相近、基本过程相同的原则，提出了"单元操作"的概念。各种食品、化工、生物工程产品的生产过程，可由若干单元操作或与化学反应、生物转化过程作适当的串联组合而构成。

作为单元操作，一般具有下列特点：①这些操作只改变物料的状态或其物理性质，并不改变物料的化学性质，所以它们都是物理性操作；②单元操作都是工业生产过程中共有的操作，例如前文介绍的苹果汁和牛奶的浓缩、油厂浸出车间混合油的浓缩等都是通过蒸发这一单元操作而实现的；酒精工业中酒精的提纯、浸出毛油脱臭（分离溶剂油）都是通过蒸馏操作而实现的。

单元操作统一了通常被认为各不相同的独立的工业生产技术，使人们可以系统而深入地研究每一单元操作的内在规律、基本原理和工程实现方法。

由于食品加工原料的复杂性和产品的多样性，食品加工过程涉及的单元操作非常多，按其功能可以分为：物料的增压、减压和输送；物料的混合和分散；物料的加热和冷却；均相混合物的分离（蒸发、蒸馏、结晶等等）；多相混合物的分离（沉降、过滤、干燥等等）。其中每一类还可以细分，例如按相态的不同把多相混合物的分离再分为气-液分离、气-固分离、固-液分离、液-液分离（分层）、固-固分离（筛分）等。这样，具有实际意义的单元操作不下数十种。

常见的单元操作种类如表 0-1 所示。

表 0-1  常见单元操作种类

| 单元操作名称 | 操作目的 | 处理物态 | 原　　理 |
| --- | --- | --- | --- |
| 流体输送 | 输送 | 液或气 | 向流体输入机械能 |
| 沉降 | 非均相混合物的分离 | 液-固/气-固 | 利用两相密度差异引起沉降运动 |
| 过滤 | 非均相混合物的分离 | 液-固/气-固 | 利用过滤介质使固体颗粒与流体分离 |
| 加热、冷却 | 升温、降温、改变相态 | 气或液 | 利用温度差引入或导出热量 |
| 蒸发与结晶 | 溶剂与非挥发性溶质的分离 | 液体 | 供热以气化溶剂 |
| 吸收 | 均相混合物的分离 | 气体 | 利用各组分在溶剂中溶解度不同分离 |
| 蒸馏 | 均相混合物的分离 | 液体 | 利用各组分的相对挥发度不同分离 |
| 干燥 | 去湿 | 固体 | 供热气化湿物料中的湿分 |
| 固-液萃取 | 固体混合物中组分的分离 | 固体 | 利用各组分在溶剂中溶解度不同分离 |

食品单元操作的分类还可以按其加工目的或工程实现方法来分类。如前述的浓缩苹果汁加工中的破碎、榨汁、澄清、杀菌、浓缩等单元操作就是按加工目的进行分类的；再比如按工程实现方法可以把浓缩分为膜浓缩、冷冻浓缩、真空蒸发浓缩等。

把单元操作按其理论基础来划分，将更便于学习和研究。食品、生物工程产品和化工生产中，主要的单元操作可以归纳为以下几类过程。

流体流动过程：以动量传递过程原理作为主要理论基础的过程，包括流体的输送、悬浮物的沉降和过滤、颗粒状物料的流态化等。

热量传递过程：以热量传递过程原理作为主要理论基础的过程，包括加热、冷却、蒸气的冷凝、溶液的蒸发等。

质量传递过程：以质量传递过程原理作为主要理论基础的过程，包括液体溶液的蒸馏、气体混合物的吸收、固体物料的干燥等。

热力过程：以热力学为主要理论基础的过程，如压缩、冷冻等。

机械过程：以机械力学为主要理论基础的过程，如农产品物料的粉碎、分级等。

有些单元操作可能同时包含几种过程原理，如干燥、结晶操作就同时进行热量传递与质量传递。

## 0.1.2　三种传递过程及其物理量的守恒

食品工程中的主要单元操作大多是以动量传递、热量传递和质量传递三大传递过程原理作为理论基础的。

运动的流体发生的动量由一处向另一处传递的过程称为动量传递。从微观角度看，由于流体内部质点（或分子）的速度不同，它们的动量就不同，在流体质点随机运动和相互碰撞过程中，动量从速度大处向速度小处传递，从宏观现象上则观察到的是流体流动。在流体动量传递过程中，若系统不受外力或所受外力的矢量和在某力学过程中始终为零，则系统的总动量是守恒的。系统的动量恒算遵循动量守恒定律。

热量传递过程中，因温度差的存在而使能量由高温区处传到低温区。该过程遵循能量守恒定律，对于稳态过程，有：$\Sigma$ 能量输入 $=\Sigma$ 能量输出。

质量传递过程是因物质在流体内存在的浓度差而产生的扩散作用，物质从高浓度处向低浓度处传递。在质量传递过程中，物料的衡算遵循质量守恒定律，即 $\Sigma$ 质量输入 $=\Sigma$ 质量输出＋积存。对于无物料积存的稳态过程，物料衡算关系便简化为：$\Sigma$ 质量输入 $=\Sigma$ 质量输出。

质量恒算、能量恒算和动量恒算是食品工程原理课程中分析问题的重要基本方法之一。三种恒算的方法与应用将在后面的有关章节中介绍。

### 0.1.3 本课程与《化工原理》的联系

一门工程技术学科的诞生往往与其对应的工业发展需求密切相关。化学工业的快速发展催生了化学工程学科。化工原理是化学工程学科中形成最早、基础性最强、应用面最广的学科分支。与化学工业相比，食品工业的发展要迟缓得多，食品工程学科的建立也相对滞后。

化工原理是化工及其它化学加工过程类专业的一门重要的技术基础课程。它围绕化学反应前原料的处理、反应后产物的提纯、精制过程，讲述化工"单元操作"的基本原理、典型设备的结构原理、操作性能和设计计算。化工"单元操作"的条件比较激烈，许多是在高温、高压下进行的。

食品工程原理是把化工原理应用到食品工程领域发展起来的一门课程，在单元操作原理及过程实现方面与化工原理课程有许多相同或相似之处。但由于食品加工过程以农产品生物质的物理加工或生物转化加工为主体，其单元操作的条件比较温和，有许多单元操作是化学工程没有的，有些设备的实现原理、结构与化学加工的单元操作有很大差别。所以食品工程原理不是化工原理的简单重复，它结合食品工程学科的特点，形成了许多特有的内涵与特色。

首先，食品多为热敏性物料，要求其单元操作在温和的条件下进行，于是食品工程加速了低温、真空技术的发展。食品加工原料中的主要成分中蛋白质遇热容易变性，其中的各种酶遇热容易失去活性；脂肪成分和其它一些生物活性物质在较高温度下容易氧化变质；食品中风味性的芳香物质成分遇热易挥发损失。为避免热敏性成分被破坏，食品加工就不得不采用较低温度。为了在较低温度下仍能完成高效优质加工，所以食品工程非常注重真空技术的应用。对真空蒸发、真空过滤、真空干燥、冷冻升华干燥等的理论研究和技术应用在食品工程领域发展很快。

其次，食品制品的安全性对加工过程的减菌保鲜单元操作提出了很高的要求。食品原料与制品含有各种人类需要的营养成分，因而也是微生物活动繁衍的好场所。正是在这些微生物及其所含酶的作用下，食品很容易发生腐败变质。食品加工的主要目的之一就是抑制微生物的活动和酶的作用而提高食品的保藏性。因此在食品工程中，浓缩、干燥和冷冻、非热力杀菌等操作地位特别重要，这些单元操作的研究应用在食品行业中比在化学工业中发展迅速，有些是化学工程中所没有的。

再次，食品加工的原料几乎都是凝聚态的，其加工过程以物理变化为主。所以食品工业中，浸取、过滤、离心分离以及混合、乳化、粉碎等单元操作就格外受到重视。新的提取和分离技术，如膜分离、凝胶过滤、酶萃取等在食品研究和应用领域发展很快。而化工生产多以气体、液体为原料，这就使二者对各种单元操作有不同的侧重。在化学工业中，吸收、蒸馏操作占有突出地位。

综上所述，食品工程原理与化学工程原理在许多单元操作的理论基础和处理方法方面既有共同点，又因学科、行业存在差异；联系密切，又各具特色。

## 0.2 本课程的研究方法

### 0.2.1 课程的两条主线

食品工程的课程体系设计是按照单元操作展开的。各单元操作的研究对象、需要解决的工程问题是不一样的，它们各自依据不同的原理、适应于不同物态，最终解决各自的工程问题。但是，作为一门学科分支，它们又有统一的研究对象和研究方法，把分散的单元操作有机地联系起来。

分析食品工程单元操作的理论基础，可以发现它们基本上可以归属于动量传递过程、热量传递过程、质量传递过程，所以过程研究成为联系各单元操作的一条主线。

另一条主线就是研究方法。本课程是一门实践性很强的工程学科，在食品工程中除了极少数简单的问题可以用理论分析的方法解决以外，许多工程应用问题都需要靠试验研究解决。所以食品工程的各单元操作在宏观研究方法方面形成了试验研究方法和数学模型方法。

（1）试验研究方法（经验法） 食品加工过程复杂，涉及的影响因素很多，尤其是食品工程原理是在化工原理基础之上发展而成的，其物性参数和单元操作工艺设计参数十分缺乏，所以试验研究占有十分重要的位置。为了有效地进行试验研究和整理试验数据，一般应用量纲分析和相似原理为指导，依靠试验来确定过程变量之间的关系，通过量纲为 1 的数群构成的关系式来表达，这是一种工程上通用的基本方法。

对于较复杂的食品加工过程，一般不能直接采用设计方法解决放大问题，只能采用逐级放大的方法逐步扩大实验规模，最后进行大装置的设计。逐级放大的级数和每级的倍数可依据理论分析和经验确定。

（2）数学模型法（半经验半理论法） 该方法是首先要对实际过程的机理进行深入的分析，在抓住过程本质的前提下，对过程机理进行某种合理的简化，建立基本能反映过程机理的物理模型，然后进行数学描述，得出数学模型，并通过实验确定模型参数。这种方法是理论与实验密切结合的半理论半经验的方法。随着计算科学与技术的发展，复杂的数学模型求解成为可能，所以该方法的应用发展较快。

### 0.2.2 课程学习要求

食品工程原理是食品科学与工程及其相近专业的一门十分重要的专业基础课程，在创新人才培养中具有举足轻重的地位。由于课程涉及的知识面宽，对理论分析、设计计算、实验探索、工程经验的贯通融合和创新应用方面要求很高。学习过程中要逐步树立工程观念，从先进实用、安全可靠、经济方便、节能减排等方面认真掌握单元操作和工程系统集成方面的知识。学习过程中应注意以下几个方面能力的培养：

（1）工程设计与应用的能力 食品加工工艺千变万化，其实现的途径又可以多种多样，所以要牢固树立工程观念，能够根据生产工艺要求和物料特性，合理地选择单元操作及相应的设备，完成过程分析、设计计算，努力使系统集成达到最优化。

（2）数据获取能力 食品工程原理学科研究的历史短，基础数据十分缺乏。如何通过网络或资料查取有参考价值的数据，或者通过实验测取、生产现场查定相关数据，是进行良好的食品工程设计的重要前提。

（3）实验能力 学习试验设计、单元操作实验、数据处理、误差分析方法，提高动手能力和实验技能。

# 0.3 物理量的量纲与单位换算

## 0.3.1 物理量的量纲

将一个物理量表达为若干个基本物理量的幂积形式，称为该物理量的量纲式，简称量纲（dimension）或因次。它是在选定了单位制之后，由基本物理量单位表达的式子。在国际单位制中，规定了七个基本物理量：长度（L），质量（M），时间（T），电流（I），温度（Θ），物质的量（N），发光强度（J）。于是，任何一个量的量纲均可表示为：

$$\dim Q = L^\alpha M^\beta T^\gamma I^\delta \Theta^\zeta N^\xi J^\eta$$

式中，dim 为量纲符号；指数 $\alpha$，$\beta$，$\gamma$，… 称为量纲指数。

对于基本物理量，其量纲就是其本身，如长度量纲 $\dim L = L$，即在量纲表达式中，$\alpha = 1$，其余的指数均为 0。对于导出量，其量纲则可由量纲表达式导出，如速度的量纲为 $\dim u = LT^{-1}$，加速度的量纲为 $\dim a = LT^{-2}$。此外，在量纲表达式中，若所有基本量量纲的指数均为零时，称该物理量为量纲为 1 的量，习惯上称为无量纲量。例如摩擦因数、折射率、质量分数等都是无量纲量。

任何一个理论上合理的物理量方程，其等号两边各项的量纲必定相等，该原理称为量纲一致性原理。该原理是量纲分析法（整理实验数据常用方法）的重要依据。

## 0.3.2 单位制及物理量的换算

### 0.3.2.1 国际单位制与法定计量单位

在科学和工程中，曾经使用过的单位制有 CGS 制、MKS 制、工程单位制、国际单位制（SI）等。SI 制是国际度量衡会议于 20 世纪 60 年代初期提出的一种新的单位制度，由基本单位和包括辅助单位在内的具有专门名称的导出单位所构成。SI 制体系完整，包括了所有领域中的计量单位，是科学技术、工农业生产、经济贸易甚至日常生活中通用的一种单位制度。目前，SI 制已逐渐取代其它单位制，被各个领域广泛采用。另外，在 SI 制中，同一种物理量只有一个单位，如能量、热、功的单位都采用焦耳（J），从而避免了不同单位制中热功之间换算因子的引入。

以 SI 制为基础，我国于 1984 年颁布了《中华人民共和国法定计量单位》，简称法定计量单位。我国的法定计量单位除 SI 制的基本单位、辅助单位和导出单位外，还规定了一些我国选定的非国际单位制单位。例如，时间还可以用分（min）、小时（h）、日（天）（d）；质量可用吨（t）；长度可用海里（n mile）等单位计量。

除本章介绍单位换算内容之外，本书其他章节如无特殊说明，一律采用 SI 制。

### 0.3.2.2 单位换算

虽然目前整个科学和技术领域已普遍采用国际单位制，但由于历史原因，科技界过去曾经采用过英制、工程单位制、CGS 制等其它多种单位制，特别在以前出版的科技书籍、期刊与手册中大都使用这些老的单位制，因此我们在进行工程计算时，不可避免地会遇到需将某物理量由其它单位换算成 SI 单位的情况。

（1）物理量的单位换算 物理量由一种单位换成另一种单位时，要乘以两单位间的换算因数。所谓换算因数，就是同一物理量用不同单位制的单位度量时的数值比。例如 1m 长的管子用英尺度量时为 3.2808ft，所以米与英尺的换算因数为 3.2808。各种单位制的单位间的换算因数参见本书附录 1。

**【例 0-1】** 已知 $1atm=1.033kgf\cdot cm^{-2}$，试求其在 SI 制中为多少 $Pa(N\cdot m^{-2})$。

**解**：先列出有关物理量不同单位制之间的关系：

$$1kgf=9.81N \qquad\qquad 1cm=10^{-2}m$$

因此 $\quad 1atm=1.033kgf\cdot cm^{-2}=1.033\times kgf\times\dfrac{9.81N}{kgf}\times cm^{-2}\times\dfrac{(10^{-2}m)^{-2}}{cm^{-2}}$

$$=1.033\times9.81\times10^4N\cdot m^{-2}=1.0133\times10^5N\cdot m^{-2}(Pa)$$

（2）经验公式（数字公式）换算　工程计算中所用到的经验公式是单纯根据实验数据整理或者半实验、半理论的方法得来的。它只反映各有关物理量的数字之间的关系，所以又叫数字公式。经验公式中每个符号并不代表完整的物理量，只代表物理量中的数字部分，而这些数字都是与特定的单位相对应的。因此在使用经验公式时，各物理量必须采用指定的单位。

当已知数据的单位与经验公式所规定的单位不同时，可把整个公式加以变换，使其中各符号都采用计算者所希望的单位。这就是经验公式的单位变换。换算的原则是：原来给出的公式是成立的，故应将新单位下的物理量（加"'"表示）还原到公式所要求的单位后，将还原后的物理量代入原公式，再变化。此为"还原"法则。

**【例 0-2】** 水蒸气在空气中的扩散系数可用如下经验公式计算：

$$D=\frac{1.46\times10^{-4}}{p}\times\frac{T^{5/2}}{T+441}$$

式中，$D$ 为扩散系数，$ft^2\cdot h^{-1}$；$p$ 为压强，atm；$T$ 为绝对温度，$°R$。

试将上式加以变换，使式中各符号的单位：$D$ 为 $m^2\cdot h^{-1}$；$p$ 为 $N\cdot m^{-2}$；$T$ 为 K。

**解**：先列出有关各量不同单位间的关系：

$$1ft=0.3048m \qquad 1atm=1.0133\times10^5N\cdot m^{-2} \qquad 1°R=\frac{1}{1.8}K$$

以 $D'$、$p'$、$T'$ 分别代表扩散系数、压强、温度等三个物理量，则原式可写成：

$$\frac{D'}{[ft^2\cdot h^{-1}]}=\frac{1.46\times10^{-4}}{\dfrac{p'}{[atm]}}\times\frac{\left(\dfrac{T'}{[°R]}\right)^{5/2}}{\dfrac{T'}{[°R]}+441}$$

引入各换算因数进行单位变换：

$$\frac{D'}{[ft^2\cdot h^{-1}]\times\left(\dfrac{0.3048m}{ft}\right)^2}=\frac{1.46\times10^{-4}}{[atm]\times\dfrac{1.0133\times10^5N\cdot m^{-2}}{atm}}\times\frac{\left(\dfrac{T'}{[°R]\times\dfrac{1K}{1.8°R}}\right)^{5/2}}{\dfrac{T'}{[°R]\times\dfrac{1K}{1.8°R}}+441}$$

整理后得：$\dfrac{D'}{[m^2\cdot h^{-1}]}=\dfrac{5.974}{\dfrac{p'}{[N\cdot m^{-2}]}}\times\dfrac{\left(\dfrac{T'}{[K]}\right)^{5/2}}{1.8\dfrac{T'}{[K]}+441}=\dfrac{3.319}{\dfrac{p'}{[N\cdot m^{-2}]}}\times\dfrac{\left(\dfrac{T'}{[K]}\right)^{5/2}}{\dfrac{T'}{[K]}+245}$

故单位变换后的经验公式应为：$D=\dfrac{3.319}{p}\times\dfrac{T^{5/2}}{T+245}$

0-1　将下列各物理量换算成以 SI 单位制表示：

（1）密度 $90\mathrm{kgf \cdot s^2 \cdot m^{-4}}$；（$882.60\mathrm{kg \cdot m^{-3}}$）

（2）黏度 $0.032\mathrm{dyn \cdot s \cdot cm^{-2}}$；（$0.0032\mathrm{kg \cdot m^{-1} \cdot s^{-1}}$）

（3）压强 $2.56\mathrm{kgf \cdot cm^{-2}}$；（$2.510 \times 10^5\mathrm{Pa}$）

（4）传热系数 $780\mathrm{kcal \cdot m^{-2} \cdot h^{-1} \cdot ℃^{-1}}$。（$907.14\mathrm{W \cdot m^{-2} \cdot K^{-1}}$）

0-2　试将气体常数 $R=82.06\mathrm{atm \cdot cm^3 \cdot mol^{-1} \cdot K^{-1}}$ 换算成 SI 单位制。（$8.314\mathrm{J \cdot mol^{-1} \cdot K^{-1}}$）

0-3　现有公式 $G=2.45u^{0.8}\Delta p$，式中 $G$ 的单位为磅（质）·英尺$^{-2}$·小时$^{-1}$，$u$ 的单位为英尺·秒$^{-1}$，$\Delta p$ 的单位为大气压。试将该公式以 SI 单位来表示。（$G=8.483 \times 10^{-8}u^{0.8}\Delta p$）

# 第**1**章 流体流动

**【本章学习要求】**

以流体静力学、动力学两条宏观主线贯穿始终，全面了解食品工业生产中流体的基本物性特征，正确区别压力、压强，流速、流量，定态流动、非定态流动，牛顿型流体、非牛顿型流体，层流、湍流，边界层及因次分析等基本概念；掌握流体质量守恒、机械能守恒、动量守恒三大守恒定律，学会利用静力学基本方程、柏努利方程、流体流动阻力计算公式解决流体流动中的压强测定、流速及流量计算、输送位置关系确定、动力消耗、阻力损失、管径选择等基本问题；学会利用所学知识完成食品工厂中水、气以及原料溶液等流体输送过程的选择、操作和相关设计。

**【引言】**

食品生产中，许多原料、半成品、成品或辅助材料以流体的状态存在。如常见的液体有：水、牛奶、饮料、酒、酱油、醋、植物油、糖浆、果酱、蜂蜜等等；常见的气体有：水蒸气、氧气、氮气、二氧化碳、无菌空气等等。食品原料、产品成分体系复杂，种类繁多，与传统化工原料产品不同，这些流体多为非牛顿型流体，且物性数据缺乏，如：黏稠的糖浆、果酱、蜂蜜等流体的密度、黏度是多少，如何获得这些数据？在食品实际生产中，流体从一个工序到另一个工序，流体的输送遵循什么样的规律？流体物性对输送产生什么样的影响，又会对输送提出哪些具体要求？此外，压强、流速、流量的测量原理是什么，又如何利用设备进行测定？围绕上述问题，本章着重讨论流体静力学及流体动力学中的基本原理和规律，并运用这些原理与规律去分析和计算食品生产实践中流体的输送问题。

## 1.1 流体静力学

液体和气体都具有流动性，通常总称为流体。液体分子间距较气体分子间距小，在压力作用下体积改变很小，工程上一般可忽略不计，称之为不可压缩流体。气体分子间距较大，在压力作用下体积改变较大，一般不能忽略，称之为可压缩流体。

从微观角度看，流体是由无数分子组成的，分子间有空隙，而且分子在不断地运动。但流体力学并不研究微观的分子运动，而是从宏观角度研究流体的机械运动。从宏观角度看，可以把流体看成由无数质点组成的且完全占满空间的连续介质，质点间没有空隙。流体质点不同于流体分子，它由大量分子集合而成，但又远远小于设备尺寸。

流动中的流体受到的力分为体积力和表面力两种。所谓体积力是作用于流体每个质点上的力，它与流体质量成正比。流体在重力场内所受的重力和离心力场内所受的离心力都是典型的体积力。所谓表面力则是作用于流体质点表面的力，它的大小与表面积成正比。对于任意一个流体微元表面，表面力一般分为垂直作用于表面的力和平行作用于表面的力。垂直作用于表面的力称为压力，平行作用于表面的力称为剪力。

流体静力学是研究流体在外力作用下达到平衡的规律。在工程实际中，流体的平衡规律应用很广，如流体在设备或管道内压强的变化与测量、液体在贮罐内液位的测量、设备的液封等均以这一规律为依据。

### 1.1.1 流体的物理性质

#### 1.1.1.1 密度和比容

**密度** 单位体积流体所具有的质量，称为流体的密度。液体的密度基本上不随压力而改变（除极高的压力以外），但随温度稍有改变。因此，在查取液体密度时，要注意所指的温度。液体混合物的平均密度可按照质量加和的方法，由体积分数及各纯物质的密度计算得到。或近似按照体积加和的方法，由质量分数及各纯物质的密度计算得到。

气体的密度随压力、温度而改变。当压力不高时气体的密度（除极低压力以外）可按理想气体状态方程计算：

$$\rho = \frac{pM}{RT} \tag{1-1}$$

式中，$p$ 为气体的绝对压强，Pa 或 N/m$^2$；$M$ 为气体的摩尔质量（不是分子量），kg/mol；$T$ 为气体的热力学温度，K；$R$ 为气体常数，8.314J/(mol·K)。

近似理想气体的混合物的平均密度 $\rho_m$ 可通过气体分子平均摩尔质量计算求得。

**比容** 单位质量流体具有的体积，是密度的倒数，单位为 m$^3$/kg。

$$v = \frac{V}{m} = \frac{1}{\rho} \tag{1-2}$$

#### 1.1.1.2 黏度

黏度（viscosity）的物理意义是促使流体流动产生单位速度梯度时剪应力的大小。黏度总是与速度梯度相联系，只有在运动时才显现出来。其表达式可写为：

$$\mu = \pm \frac{\tau}{\mathrm{d}u/\mathrm{d}y} \tag{1-3}$$

式中，$\mu$ 为流体的黏度，Pa·s；$\tau$ 为两相邻流体层之间单位面积上的内摩擦力，N/m$^2$；$\mathrm{d}u/\mathrm{d}y$ 为两相邻流体层间的速度梯度，1/s，指速度沿方向的最大变化率，即最大的方向导数。数学已证明：沿 $u$ 的等值面上研究点的法线方向变化率最大。故速度梯度的方向总是指 $u$ 的等值面指定点的法线方向，大小为 $u$ 对法线的导数，是个向量。

黏度是流体物理性质之一，其单位常用泊（poise）、厘泊（centi-poise）来表示。液体的黏度随温度升高而减小，气体的黏度则随温度升高而增大。压力对液体黏度的影响很小，可忽略不计。气体的黏度，除非在极高或极低的压力下，可以认为与压力无关。有时，为工程计算带来方便，假设流体的黏度为零，此种流体称为理想流体。

黏度 $\mu$ 与密度 $\rho$ 的比值常用来表示流体的运动黏度，以 $\nu$ 表示，即

$$\nu = \frac{\mu}{\rho} \tag{1-4}$$

运动黏度（kinematic viscosity）在法定单位制中的单位为 m$^2$/s；在物理制中的单位为 cm$^2$/s，称为斯托克斯（Stokes），简称为沲，以 St 表示，1St = 100cSt（厘沲）= $10^{-4}$ m$^2$/s。

混合气体黏度按 $\mu_m = \dfrac{\sum y_i M_i^{1/2} \mu_i}{\sum y_i M_i^{1/2}}$ 计算，$y$ 为摩尔分数，$M$ 为分子摩尔质量。非缔合混合液体黏度按 $\lg \mu_m = \sum (x_i \lg \mu_i)$ 计算，$x$ 为摩尔分数。

一般液体食品是复杂的多成分体系。除温度外，尚有其它因素影响食品的黏度，例如组分的浓度和悬浮颗粒的大小等。对混合物的黏度，如缺乏实验数据时，可参阅有关资料，选用适当的经验公式进行估算，或在实验室里利用黏度计直接测定。

### 1.1.2 流体静力学方程及其应用

#### 1.1.2.1 静压强

单位流体面积上所受的垂直压力，称为流体的静压强（pressure），简称压强。在 SI 制中，压强的单位是 Pa，称为帕斯卡（Pascal）。atm（标准大气压）、某流体柱高度、bar（巴）或 $kgf/cm^2$ 等也常作为压强的单位，不同单位之间的换算关系为：

$$1atm=1.0332kgf/cm^2=760mmHg=10.332mH_2O=1.0133bar=1.0133\times10^5Pa$$

工程上为了使用和换算方便，常将 $1kgf/cm^2$ 近似地作为 1 个大气压，称为 1 工程大气压。

$$1kgf/cm^2=735.6mmHg=10mH_2O=0.9807bar=9.807\times10^4Pa$$

流体的压强除用不同的单位来计量外，还可以用不同的方法来表示。

以绝对零压为起点计算的压强，称为绝对压强，是流体的真实压强。

流体的压强可用测压仪表来测量。当被测流体的绝对压强大于外界大气压强时，所用的测压仪表称为压强表。压强表上的读数表示被测流体的绝对压强比大气压强高出的数值，称为表压强（简称表压），即

$$表压强＝绝对压强－大气压强$$

当被测流体的绝对压强小于外界大气压强时，用真空表进行测量。真空表的读数为负值，绝对值表示被测流体的绝对压强低于当地大气压强的数值，称为真空度，即

$$真空度＝大气压强－绝对压强$$

#### 1.1.2.2 流体静力学基本方程式

流体静力学基本方程是用于描述静止流体内部，流体在重力和压力作用下的平衡规律，这一规律的数学表达式称为流体静力学基本方程。

在密度为 $\rho$ 的静止流体中，取边长分别为 $\delta x$、$\delta y$、$\delta z$ 的微元立方体，如图 1-1 所示。由于流体处于静止状态，因此所有作用于该立方体上的力在坐标轴上的投影之代数和应等于零。

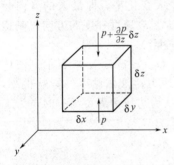

图 1-1 微元流体的静力平衡

对于 $z$ 轴，作用于该立方体上的力有：①作用于下底面的法向力为 $p\delta x\delta y$。②作用于上底面的法向力为 $-[p+(\partial p/\partial z)\delta z]\delta x\delta y$。③作用于微元立方体的重力为 $-\rho g\delta x\delta y\delta z$。

$z$ 轴方向力的平衡式可写成：

$$p\delta x\delta y-[p+(\partial p/\partial z)\delta z]\delta x\delta y-\rho g\delta x\delta y\delta z=0$$
$$-(\partial p/\partial z)\delta z\delta x\delta y-\rho g\delta z\delta x\delta y=0$$

上式各项除以 $\delta x\delta y\delta z$，则 $z$ 轴方向力的平衡式可简化为：

$$\partial p/\partial z=-\rho g=\rho(-g)$$

对于 $x$、$y$ 轴，作用于该立方体的力仅有压力，亦可写出其相应的力的平衡式，简化后，$x$、$y$ 轴向有：

$$\partial p/\partial x=0, \quad \partial p/\partial y=0$$

将各向平衡式分别乘以 $dz$、$dx$、$dy$，并相加后得 $\dfrac{\partial p}{\partial x}dx+\dfrac{\partial p}{\partial y}dy+\dfrac{\partial p}{\partial z}dz=-\rho g dz$，等号的左侧即为压强的全微分 $dp$，于是有：$dp+\rho g dz=0$。对于不可压缩流体或 $\rho$ 近似可看为常数的同一种流体，积分后得：

$$p^+=p+\rho gz=常数 \tag{1-5}$$

$p^+$ 定义为和压强，单位与压强单位相同，其大小与密度 $\rho$ 有关。

流体静力学基本方程的正确应用一定要注意密度 $\rho$ 是否为常数这一关键问题，特别对于气体，由于密度受压强、温度等因素影响大，能否将其看为一常数一定要针对具体问题而定。

$z$ 轴方向力的平衡式中（$-g$）等于（$-mg/m$），即单位质量物体的体积力（在此为重力）在 $z$ 方向的分量，负号代表方向向下。更一般的情况，以 $f_B$ 代表单位质量物体的体积力（向量），$f_B$ 在三维空间 $x$ 方向分量的标量以 $X$ 表示，在 $y$ 方向分量的标量以 $Y$ 表示，在 $z$ 方向分量的标量以 $Z$ 表示。由类似上述推导过程中的力平衡 $\partial p/\partial x = \rho X$，$y$ 轴向有 $\partial p/\partial y = \rho Y$，$z$ 轴向有 $\partial p/\partial z = \rho Z$。根据向量的定义，有：$\rho X i + \rho Y j + \rho Z k = \dfrac{\partial p}{\partial x}i + \dfrac{\partial p}{\partial y}j + \dfrac{\partial p}{\partial z}k = \nabla p$，即

$$\rho f_B = \nabla p \tag{1-5a}$$

式(1-5a) 称为欧拉（Euler）平衡微分方程的向量表达式，$\nabla$ 为哈密尔顿符。由 $p$ 全微分的概念又有：

$$dp = \frac{\partial p}{\partial x}dx + \frac{\partial p}{\partial y}dy + \frac{\partial p}{\partial z}dz = \rho(Xdx + Ydy + Zdz) \tag{1-5b}$$

式(1-5b) 为欧拉平衡微分方程表达式。此式可用于重力、离心力场下的压强分布规律推导。

### 1.1.2.3 流体静力学基本方程式的应用

静力学原理在工程实际中的应用相当广泛，在此仅介绍依据静力学原理制成的测压表。

（1）U 形压差计　U 形压差计（U-tube differential pressure meter）结构如图 1-2 所示，内装有液体作为指示液。指示液必须与被测液体不互溶，不起化学反应，且其密度 $\rho_A$ 大于被测流体的密度 $\rho$。

当测量管道中 A、B 两截面处流体的压强差时，可将 U 形管压差计的两端分别与 A 及 B 两截面测压口相连。由于两截面的压强 $p_A$ 和 $p_B$ 不相等，所以在 U 形管的两侧便出现指示液液面的高度差 $R$。因 U 形管内的指示液处于静止状态，故位于同一水平面 1、2 两点压强相等，即 $p_1 = p_2$，根据流体静力学基本方程可得：

$$p_1 = p_A + \rho g h_1$$
$$p_2 = p_B + \rho g(h_2 - R) + \rho_A g R$$

于是 $p_A - p_B = Rg(\rho_A - \rho) + \rho g(h_2 - h_1)$，或者用和压强差表示：

$$p_A^+ - p_B^+ = Rg(\rho_A - \rho) \tag{1-6}$$

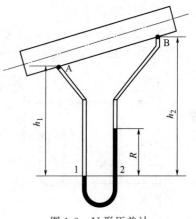

图 1-2　U 形压差计

被测管道水平放置时，U 形压差计才能直接测得两点的压差：

$$p_A^+ - p_B^+ = p_A - p_B = (\rho_A - \rho)gR$$

同样的压差，用 U 形压差计测量的读数 $R$ 与密度差（$\rho_A - \rho$）有关，故应合理选择指示液的密度 $\rho_A$，使读数 $R$ 在适宜的范围内。

（2）斜管压差计　当被测量的流体的压差不大时，U 形压差计的读数 $R$ 必然很小，为了得到精确的读数，可采用如图 1-3 所示的斜管压差计（inclined tube differential pressure meter）。此压差计的读数 $R'$ 与 $R$ 的关系为：

$$R' = R/\sin\alpha \tag{1-7}$$

式中，$\alpha$ 为倾斜角，其值越小，将 $R$ 值放大为 $R'$ 的倍数越大。

（3）微差压差计　若所测得的压强差很小，为了把读数 $R$ 放大，除了在选用指示液时，尽可能地使其密度 $\rho_A$ 与被测流体 $\rho$ 相接近外，还可采用如图 1-4 所示的微差压差计（differential pressure manometer）。其特点是：

① 压差计内装有两种密度相接近且不互溶的指示液 A 和 C，而指示液 C 与被测流体 B 亦不互溶。

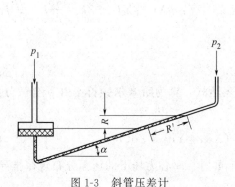

图 1-3　斜管压差计

图 1-4　微差压差计

② 为了读数方便，U 形管的两侧臂顶端各装有扩大室，俗称"水库"。扩大室内径与 U 形管内径之比应大于 10。这样，扩大室的截面积比 U 形管的截面积大很多，即使 U 形管内指示液 A 的液面差 $R$ 很大，而扩大室内的指示液 C 的液面变化仍很微小，可以认为维持等高。于是压强差 $p_1 - p_2$ 便可用下式计算，即

$$p_1 - p_2 = (\rho_A - \rho_C)gR \tag{1-8}$$

**注意：上式的 $(\boldsymbol{\rho_A - \rho_C})$ 是两种指示液的密度差，不是指示液与被测液体的密度差。**

【**例 1-1**】 用如图所示的装置测量贮罐内椰子油的液位高度。其具体操作过程

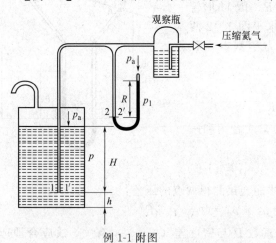

例 1-1 附图

如下：自管口通入压缩氮气，用调节阀调节其流量（要求管内氮气的流速控制得很小，使得在鼓泡观察瓶内的气泡缓缓溢出即可）。现已知 U 形管压差计的指示液为水，其 $\rho = 1000\text{kg/m}^3$，读数 $R = 0.80\text{m}$，罐内椰子油的密度为 $\rho = 920\text{kg/m}^3$，贮罐上方与大气相通，试求贮罐中液面离吹气管出口的距离 $h$。

**解：** 根据题意，由于吹气管内氮气的流速很小，且管内不能存有液体，故可以认为管子出口

1—1′处与 U 形管压差计 2—2′处的压强近似相等，即 $p_1 \approx p_2$。若 $p_1$ 与 $p_2$ 均用表压强表示，根据流体静力学基本方程式得：

$$p_1 = \rho_{椰子油}gH \qquad p_2 = \rho_水 gR$$

所以

$$H = \rho_水 gR/(\rho_{椰子油}g)$$
$$= 1000 \times 9.81 \times 0.80/(920 \times 9.81)$$
$$= 0.87 \text{（m）}$$

## 1.2 流体流动的守恒原理

流体流动规律的一个重要方面是流速、压强等运动参数在流动过程中的变化规律。流体流动应当服从一般的守恒原理：质量守恒、能量守恒和动量守恒定理，从这些守恒原理中可以得到有关运动参数的变化规律。本节将从流量、流速入手，逐步演绎流体流动过程中的相关守恒原理。

### 1.2.1 流体流动的基本概念

#### 1.2.1.1 流量与流速

**流量**  单位时间内流过管道任一截面的流体量称为流量（flow rate）。若流体量用体积来计量，称为体积流量，以 $V_s$ 表示，其单位为 $m^3/s$；若流体量用质量来计量，则称为质量流量，以 $w_s$ 表示，其单位为 $kg/s$。

体积流量与质量流量的关系为：

$$w_s = V_s \rho \tag{1-9}$$

式中，$\rho$ 为流体的密度，$kg/m^3$。

**注意：流量是一种瞬时的特性，不是某段时间内累计流过的量。它可以因时而异。当不可压缩流体作定态流动时，流量不随时间而变。**

**流速**  单位时间内流体在流动方向上所流经的距离称为流速（velocity），以 $u$ 表示，其单位为 $m/s$。

实验表明，流体流经管道任一截面上各点的流速沿管径而变化，即在管截面中心处最大，越靠近管壁流速将越小，在管壁处的流速为零。流体在管截面上的速度分布规律较为复杂，在工程计算中为简便起见，流体的流速通常指整个管截面上的平均流速，即

$$u = \frac{V_s}{A} \tag{1-10}$$

式中，$A$ 为与流动方向相垂直的管道截面积，$m^2$。

流量与流速的关系为：
$$V_s = uA \tag{1-11}$$

由于气体的体积流量随温度和压强而变化，因而气体的流速亦随之而变。因此采用质量流速就较为方便。

**质量流速**  单位时间内流体流过管路单位截面积的质量称为质量流速（mass velocity），其单位为 $kg/(m^2 \cdot s)$，以 $G$ 表示：

$$G = \frac{w_s}{A} = \frac{V_s \rho}{A} = u\rho \tag{1-12}$$

流体输送管路的直径可根据流量及流速进行计算。流量一般为生产任务所决定，而合理的流速则应在操作费与基建费之间通过经济权衡来决定。某些流体在管路中的常用流速范围列于表 1-1 中。

**表 1-1  某些流体在管路中的常用流速范围**

| 流体的类别及状态 | 流速范围/(m/s) | 流体的类别及状态 | 流速范围/(m/s) |
|---|---|---|---|
| 自来水（$3 \times 10^5$ Pa 左右） | $1 \sim 1.5$ | 过热蒸汽 | $30 \sim 50$ |
| 水及低黏度液体（$1.0 \times 10^5 \sim 1.0 \times 10^6$ Pa） | $1.5 \sim 3.0$ | 蛇管、螺旋管内的冷却水 | $<1.0$ |
| 高黏度液体 | $0.5 \sim 1.0$ | 低压空气 | $12 \sim 15$ |
| 工业供水（$8 \times 10^5$ Pa 以下） | $1.5 \sim 3.0$ | 高压空气 | $15 \sim 25$ |
| 锅炉供水（$8 \times 10^5$ Pa 以下） | $>3.0$ | 一般气体（常压） | $10 \sim 20$ |
| 饱和蒸汽 | $20 \sim 40$ | 真空操作下气体 | $<10$ |

从表 1-1 可以看出，流体在管道中适宜流速的大小与流体的性质及操作条件有关。

#### 1.2.1.2 定态流动与非定态流动

在流动系统中，若任一点处流体的流速、压强、密度等有关物理量仅随位置而变化，不随时间而变，这种流动称为定态流动（steady state flow）；反之，只要有物理量随时间而变化，则称为非定态流动（unsteady state flow）。

连续生产中的流体流动，多可视为定态流动，开、停工阶段，则可能属于非定态流动。

#### 1.2.1.3 牛顿型流体与非牛顿型流体

设有上下两块平行放置、面积很大而相距很近的平板，两板间充满静止的液体，如图 1-5 所示。若将下板固定，对上板施加一恒定的外力，使上板作平行于下板的等速直线运动。此时，紧靠上层平板的液体，因附着在板面上，具有与平板相同的速度。而紧靠下层板面的液体，也因附着于下板面而静止不动。在两平板

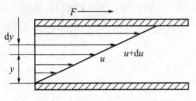

图 1-5 平板间流体速度分布

间的液体可看成为许多平行于平板的流体层，层与层之间存在着速度差，即各液体层之间存在着相对运动。速度快的液体层对其相邻的速度较慢的液体层产生了一个推动其向前的力，而同时速度慢的液体层对速度快的液体层也作用着一个大小相等、方向相反的力，从而阻碍较快液体层向前运动。这种运动着的流体内部相邻两流体层之间的相互作用力，称为流体的内摩擦力或黏滞力。流体运动时内摩擦力 $F$ 的大小，体现了流体黏性的大小，可用下式表示：

$$F = \tau S = \mu \frac{\mathrm{d}u}{\mathrm{d}y} S \qquad (1\text{-}13)$$

式中，$\mu$ 为流体的黏度，Pa·s；$\tau$ 为两相邻流体层之间单位面积上的内摩擦力，$N/m^2$；$\frac{\mathrm{d}u}{\mathrm{d}y}$ 为两相邻流体层间的速度梯度，$1/s$；$S$ 为两相邻流体层之间的面积，$m^2$。

式(1-13) 所示关系，称为牛顿黏性定律。剪应力与速度梯度的关系符合牛顿黏性定律的流体，称为牛顿型流体（Newtonian fluids），包括所有气体和大多数液体；不符合牛顿黏性定律的流体称为非牛顿型流体（non-Newtonian fluids），如食品、高分子溶液、胶体溶液及悬浮液等。

### 1.2.2 质量守恒——连续性方程式

参见图 1-6，取截面 1—1′ 至 2—2′ 之间的管段作为衡算范围，也称控制体。根据质量守恒定理，单位时间内流进和流出控制体的质量之差应等于单位时间控制体内物质的累积量。即

$$\rho_1 u_1 A_1 - \rho_2 u_2 A_2 = \frac{\partial}{\partial t} \int \rho \, \mathrm{d}V \qquad (1\text{-}14)$$

式中，$V$ 为控制体容积。定态流动时，上式右端为零，则

$$\rho_1 u_1 A_1 = \rho_2 u_2 A_2 \qquad (1\text{-}15)$$

式中，$A_1$、$A_2$ 为管段两端的横截面积，$m^2$；$u_1$、$u_2$ 为管段两端面处的平均流速，m/s；$\rho_1$、$\rho_2$ 为管段两端面处的流体密度，$kg/m^3$。

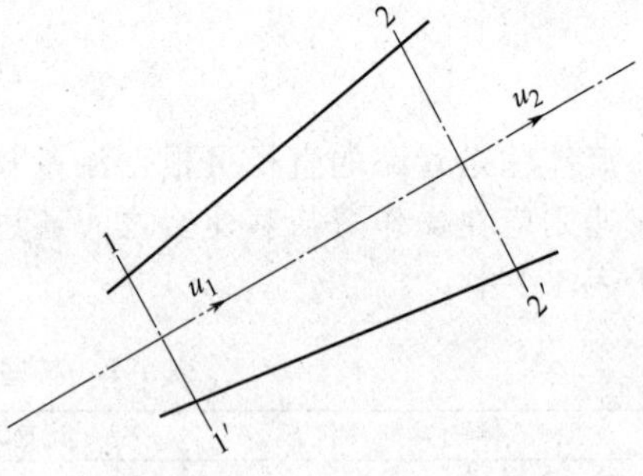

图 1-6 控制体中的质量守恒

式(1-15) 称为流体在管道中作定态流动时的质量守恒方程式。对不可压缩流体，$\rho$ 为常数。

$$u_1 A_1 = u_2 A_2$$

或 $$\frac{u_1}{u_2}=\frac{A_2}{A_1}$$ (1-16)

式(1-16)表明，因受质量守恒原理的约束，不可压缩流体的平均流速，其数值只随管截面的变化而变化，即截面增加，流速减小；截面减小，流速增加。流体在均匀直管内作定态流动时，平均流速 $u$ 沿流程保持定值，并不因内摩擦而减速。

**【例 1-2】** 全脂牛奶以 0.2m/s 的流速经 $\phi57mm\times3mm$ 的管子流入离心分离机。此机将相对密度为 1.035 的全脂奶分离成相对密度为 1.010 的稀奶油和相对密度为 1.040 的脱脂奶。如果两个出口管规格都是 $\phi22mm\times0.4mm$ 的管子，试计算脱脂奶和稀奶油的流速。

**解：** 若以下标 0、1、2 表示全脂奶、稀奶油和脱脂奶，对此分支流动的连续性方程应是：

$$\rho_0 u_0 A_0=\rho_1 u_1 A_1+\rho_2 u_2 A_2$$

设稀奶油与脱脂奶混合或分离时不发生体积的增减，则有：

$$u_0 A_0=u_1 A_1+u_2 A_2$$

已知 $\rho_0=1035kg/m^3$，$\rho_1=1010kg/m^3$，$\rho_2=1040kg/m^3$，$u_0=0.2m/s$，$d_0=0.051m$，$d_1=d_2=0.0212m$，联立上两式，将数据代入得：

$$u_1=0.194m/s \qquad u_2=0.96m/s$$

### 1.2.3 机械能守恒——柏努利方程式

机械能是指位能、动能、压力能及外功等几种形式的能量，流体输送过程中的机械能守恒是指对一研究系统，输入系统的机械能与输出系统的机械能在宏观数值上相等，但其位能、动能、压力能及外功间可相互转化。机械能衡算式推导的方法较多，下面从流动系统的总能量衡算入手，逐步导出。

#### 1.2.3.1 流动系统的总能量衡算

如图 1-7 所示的定态流动系统中，流体从 1—1′ 截面流入，2—2′ 截面流出。管路上装有对流体做功的泵 2 及向流体输入或从流体取出热量的换热器 1。

衡算范围：1—1′、2—2′ 截面以及管内壁所围成的空间。

衡算基准：1kg 流体。

基准水平面：0—0′ 水平面。

令 $u_1$，$u_2$——流体分别在截面 1—1′、2—2′ 处的流速，m/s；

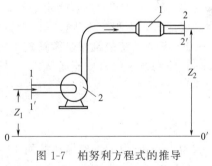

图 1-7　柏努利方程式的推导
1—换热器；2—泵

$p_1$，$p_2$——流体分别在截面 1—1′、2—2′ 处的压强，Pa；

$Z_1$，$Z_2$——截面 1—1′、2—2′ 的中心至基准水平面 0—0′ 的垂直距离，m；

$A_1$，$A_2$——截面 1—1′、2—2′ 的面积，$m^2$；

$v_1$，$v_2$——流体分别在截面 1—1′、2—2′ 处的比容，$m^3/kg$。

1kg 流体进、出系统时输入和输出的能量有下面各项：

(1) 热力学能　物质内部能量的总和称为热力学能。1kg 流体输入与输出的内能分别以 $U_1$ 和 $U_2$ 表示，其单位为 J/kg。

(2) 位能　流体受重力作用在不同高度所具有的能量称为位能。将质量为 $m$ 的流体自基准水平面 0—0′ 升举到 $Z$ 处所做的功，即为位能。

$$位能 = mgZ$$

1kg 的流体输入与输出的位能分别为 $gZ_1$ 和 $gZ_2$，其单位为 J/kg。

（3）动能　流体以一定速度流动，便具有动能。

$$动能 = \frac{1}{2}mu^2$$

1kg 流体输入与输出的动能分别为 $\frac{1}{2}u_1^2$ 与 $\frac{1}{2}u_2^2$，其单位为 J/kg。

（4）压力能　将流体压进流动系统时需要对抗压力做功，所做的功便成为流体的压力能输入流动系统；将流体压出流动系统时也需要对抗压力做功，所做的功便成为流体从流动系统输出的压力能。对于图 1-7 的流动系统，质量为 $m$、体积为 $V_1$ 的流体，通过 1—1′ 截面所需的作用力 $F_1 = p_1A_1$，流体推入管内所走的距离 $V_1/A_1$，故与此功相当的压力能为：

$$输入的压力能 = p_1A_1\frac{V_1}{A_1} = p_1V_1$$

1kg 的流体输入的压力能为 $\frac{p_1V_1}{m} = \frac{p_1}{\rho_1} = p_1v_1$。同理，1kg 的流体输出的压力能为 $p_2v_2$，其单位为 J/kg。

（5）热　设换热器向 1kg 流体供应的或从 1kg 流体取出的热量为 $q_e$，其单位为 J/kg。若换热器对所衡算的流体加热，则 $q_e$ 为从外界向系统输入的能量（记为正）；若换热器对所衡算的流体冷却，则 $q_e$ 为系统向外界输出的能量（记为负）。

（6）外功　1kg 流体通过泵（或其它输送设备）所获得的能量，称为外功或净功，有时还称为有效功，用 $W_e$ 表示，其单位为 J/kg。

根据能量守恒原则，对于划定的流动范围，其输入的总能量等于输出的总能量。在图 1-7 中，在 1—1′ 截面与 2—2′ 截面之间的衡算范围内，有

$$U_1 + gZ_1 + \frac{1}{2}u_1^2 + p_1v_1 + W_e + q_e = U_2 + gZ_2 + \frac{1}{2}u_2^2 + p_2v_2 \tag{1-17}$$

或

$$W_e + q_e = \Delta U + g\Delta Z + \Delta\frac{u^2}{2} + \Delta(pv) \tag{1-17a}$$

式(1-17) 与式(1-17a) 是定态流动过程的总能量衡算式，也是流动系统中热力学第一定律的表达式。方程式中所包括的能量项目较多，可根据具体情况进行简化。

### 1.2.3.2　流动系统的机械能衡算式与柏努利方程式

（1）流动系统的机械能衡算式　对图 1-7 中的换热器按加热器来考虑，则根据热力学第一定律知：

$$\Delta U = Q'_e - \int_{v_1}^{v_2} p\mathrm{d}v \tag{1-18}$$

式中 $\int_{v_1}^{v_2} p\mathrm{d}v$ 为 1kg 流体从截面 1—1′ 流到截面 2—2′ 的过程中，因被加热而引起的体积膨胀所做的功，J/kg；$Q'_e$ 为 1kg 流体从截面 1—1′ 与 2—2′ 之间所获得的热，J/kg。

实际上，$Q'_e$ 应当由两部分组成：一部分是流体与环境所交换的热，即图 1-7 中换热器所提供的热量 $q_e$；另一部分是由于流体在截面 1—1′ 或 2—2′ 间流动时，为克服流动阻力而消耗的一部分机械能，这部分机械能转变为热，致使流体的温度略微升高，而不能直接用于流体的输送。这部分机械能是损失掉了，设 1kg 流体在系统中流动，因克服流动阻力而损失的能量为 $\sum h_f$，其单位为 J/kg，则

$$Q'_e = q_e + \sum h_f$$

则式(1-18) 可写成

$$\Delta U = q_e + \sum h_f - \int_{v_1}^{v_2} p \mathrm{d}v \qquad (1\text{-}18a)$$

将式(1-18a) 代入式(1-17a)，得

$$g\Delta Z + \Delta \frac{u^2}{2} + \Delta(pv) - \int_{v_1}^{v_2} p \mathrm{d}v = W_e - \sum h_f \qquad (1\text{-}19)$$

因为
$$\Delta(pv) = \int_1^2 \mathrm{d}(pv) = \int_{v_1}^{v_2} p \mathrm{d}v + \int_{p_1}^{p_2} v \mathrm{d}p$$

将上式代入式(1-19) 中，可得

$$g\Delta Z + \Delta \frac{u^2}{2} + \int_{p_1}^{p_2} v \mathrm{d}p = W_e - \sum h_f \qquad (1\text{-}20)$$

式(1-20) 是表示 1kg 流体流动时的机械能的变化关系，称为流体定态流动时的机械能衡算式，可压缩流体与不可压缩流体均可适用。对于可压缩流体，式中 $\int_{p_1}^{p_2} v \mathrm{d}p$ 一项应根据过程的不同（等温、绝热或多变），按照热力学方法处理。

（2）柏努利（Bernoulli）方程式　不可压缩流体的比容 $v$ 或密度 $\rho$ 为常数，故式(1-20)中的积分项变为：

$$\int_{p_1}^{p_2} v \mathrm{d}p = v(p_2 - p_1) = \frac{\Delta p}{\rho}$$

于是式(1-20) 可以改写成

$$g\Delta Z + \Delta \frac{u^2}{2} + \frac{\Delta p}{\rho} = W_e - \sum h_f \qquad (1\text{-}21)$$

或
$$gZ_1 + \frac{u_1^2}{2} + \frac{p_1}{\rho} + W_e = gZ_2 + \frac{u_2^2}{2} + \frac{p_2}{\rho} + \sum h_f \qquad (1\text{-}21a)$$

若流体流动时不产生流动阻力，又没有外功加入，则有 $\sum h_f = 0$、$W_e = 0$，式(1-21a) 便可简化为：

$$gZ_1 + \frac{u_1^2}{2} + \frac{p_1}{\rho} = gZ_2 + \frac{u_2^2}{2} + \frac{p_2}{\rho} \qquad (1\text{-}22)$$

式(1-21) 和式(1-22) 均称为柏努利方程式。

### 1.2.3.3　柏努利方程的讨论

① 如果系统中的流体处于静止状态，则 $u=0$，$\sum h_f = 0$，$W_e = 0$，柏努利方程可变为

$$gZ_1 + \frac{p_1}{\rho} = gZ_2 + \frac{p_2}{\rho} \qquad (1\text{-}23)$$

上式即为流体静力学基本方程式。由此可见，柏努利方程除表示流体的运动规律外，还表示流体静止状态的规律，而流体的静止状态只不过是流体运动状态的一种特殊形式。

② 在柏努利方程式(1-21a) 中，$gZ$、$\frac{1}{2}u^2$、$\frac{p}{\rho}$ 分别表示单位质量流体在某截面上所具有的位能、动能和静压能，也就是说，它们是状态参数；而 $W_e$、$\sum h_f$ 是指单位质量流体在两截面间获得或消耗的能量，可以理解为它们是过程的函数。$W_e$ 是输送设备对 1kg 流体所做的功，单位时间输送设备所做的有效功，称为有效功率。

$$N_e = w_s W_e \qquad (1\text{-}24)$$

式中，$N_e$ 为有效功率，W；$w_s$ 为流体的质量流量，kg/s。

实际上，输送机械本身也有能量转换效率，则流体输送机械实际消耗的功率应为

$$N = \frac{N_e}{\eta} \qquad (1\text{-}25)$$

式中，$N$ 为流体输送机械的轴功率，W；$\eta$ 为流体输送机械的效率。

③ 将柏努利方程式(1-21a) 各项同除以重力加速度 $g$，则方程变为：

$$Z_1+\frac{1}{2g}u_1^2+\frac{p_1}{\rho g}+\frac{W_e}{g}=Z_2+\frac{1}{2g}u_2^2+\frac{p_2}{\rho g}+\frac{\sum h_f}{g}$$

令

$$H_e=\frac{W_e}{g}, \qquad H_f=\frac{\sum h_f}{g}$$

则

$$Z_1+\frac{1}{2g}u_1^2+\frac{p_1}{\rho g}+H_e=Z_2+\frac{1}{2g}u_2^2+\frac{p_2}{\rho g}+H_f \tag{1-26}$$

上式中各项的单位均为 $\frac{J/kg}{N/kg}=J/N=m$，表示单位重量（1N）流体所具有的能量。虽然各项的单位为 m，与长度的单位相同，但在这里应理解为 m 液柱，其物理意义是指单位重量的流体所具有的机械能。习惯上将 $Z$、$\frac{u^2}{2g}$、$\frac{p}{\rho g}$ 分别称为位压头、动压头和静压头，三者之和称为总压头，$H_f$ 称为压头损失，$H_e$ 为单位重量的流体从流体输送机械所获得的能量，称为外加压头或有效压头。

将柏努利方程式(1-21a) 各项乘以流体密度 $\rho$，则方程变为：

$$g\rho Z_1+\frac{u_1^2}{2}\rho+p_1+W_e\rho=g\rho Z_2+\frac{u_2^2}{2}\rho+p_2+\rho\sum h_f \tag{1-27}$$

上式各项的单位为 $\frac{N \cdot m}{kg} \cdot \frac{kg}{m^3}=N/m^2=Pa$，表示单位体积流体所具有的能量，简化后即为压强的单位。

④ 柏努利方程式(1-22) 表明理想流体在流动过程中任意截面上总机械能、总压头为常数，即

$$Zg+\frac{1}{2}u^2+\frac{p}{\rho}=常数 \tag{1-28}$$

$$Z+\frac{1}{2g}u^2+\frac{p}{\rho g}=常数 \tag{1-28a}$$

但各截面上每种形式的能量并不一定相等，它们之间可以相互转换。

⑤ 式(1-21a)、式(1-22) 适用于不可压缩性流体。对于可压缩性流体，当所取系统中两截面间的绝对压力变化率小于 20%，即 $\frac{p_1-p_2}{p_1}<20\%$ 时，仍可用该方程计算，但式中的密度 $\rho$ 应以两截面的平均密度 $\rho_m$ 代替。

对于非定态流动系统的任一瞬间，柏努利方程式仍成立。

#### 1.2.3.4 柏努利方程的应用

柏努利方程与连续性方程是解决流体流动问题的基础，应用柏努利方程，可以确定输送流体的流量、流速大小，设备间的相对位置，输送设备的有效功率，管路中流体的压强，输送时间等一系列问题。在用柏努利方程解题时，一般应先根据题意画出流动系统的示意图，标明流体的流动方向，定出上、下游截面，明确流动系统的衡算范围。解题时需注意以下几个问题。

(1) 截面的选取　应考虑：与流体的流动方向相垂直；两截面间流体应是定态连续流动；截面宜选在已知量多、计算方便处。

(2) 基准水平面的选取　位能基准面必须与地面平行。为计算方便，宜于选取两截面中位置较低的截面为基准水平面。若截面不是水平面，而是垂直于地面，则基准面应选管中心线的水平面。

（3）注意各物理量的单位一致　在计算截面上的静压能时，$p_1$、$p_2$ 不仅单位要一致，同时表示方法也应一致，即同为绝压或同为表压。其它物理量单位要一致。

【例 1-3】　容器间相对位置的计算

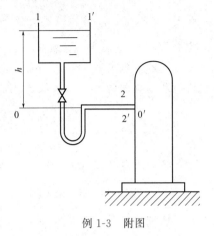
例 1-3　附图

如附图所示，从高位槽向塔内进料，高位槽中液位恒定，高位槽和塔内的压力均为大气压。送液管为 $\phi 45mm \times 2.5mm$ 的钢管，要求送液量为 $3.6m^3/h$。设料液在管内的压头损失为 $1.2m$（不包括出口能量损失），试问高位槽的液位要高出进料口多少米？

**解：**如图所示，取高位槽液面为 1—1′ 截面，进料管出口内侧为 2—2′ 截面，以过 2—2′ 截面中心线的水平面 0—0′ 为基准面。在 1—1′ 和 2—2′ 截面间列柏努利方程［由于题中已知压头损失，以单位重量流体为基准，用式(1-26)计算比较方便］：

$$Z_1 + \frac{1}{2g}u_1^2 + \frac{p_1}{\rho g} + H_e = Z_2 + \frac{1}{2g}u_2^2 + \frac{p_2}{\rho g} + H_f$$

其中：$Z_1 = h$；因高位槽截面比管道截面大得多，故槽内流速比管内流速小得多，可以忽略不计，即

$u_1 \approx 0$；$p_1 = 0$（表压）；$H_e = 0$

$Z_2 = 0$；$p_2 = 0$（表压）；$H_f = 1.2m$

$$u_2 = \frac{V_s}{\frac{\pi}{4}d^2} = \frac{3.6/3600}{0.785 \times 0.04^2} = 0.796 （m/s）$$

将以上各值代入上式中，可确定高位槽液位的高度：

$$h = \frac{1}{2 \times 9.81} \times 0.796^2 + 1.2 = 1.23 （m）$$

计算结果表明，动能项数值很小，流体位能主要用于克服管路阻力。

解本题时注意，因题中所给的压头损失不包括出口能量损失，因此 2—2′ 截面应取管出口内侧。若选 2—2′ 截面为管出口外侧，计算过程有所不同。

【例 1-4】　流体输送机械功率的计算

某工厂用泵将敞口碱液池中的碱液（密度为 $1100kg/m^3$）输送至吸收塔顶，经喷嘴喷出，如附图所示。泵的入口管为 $\phi 108mm \times 4mm$ 的钢管，管中的流速为 $1.2m/s$，出口管为 $\phi 76mm \times 3mm$ 的钢管。贮液池中碱液的深度为 $1.5m$，池底至塔顶喷嘴入口处的垂直距离为 $20m$。碱液流经所有管路的能量损失为 $30.8J/kg$（不包括喷嘴），在喷嘴入口处的压力为 $29.4kPa$（表压）。设泵的效率为 $60\%$，试求泵所需的功率。

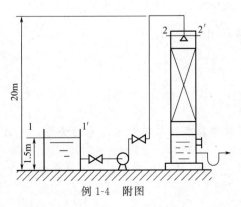
例 1-4　附图

**解：**如图所示，取碱液池中液面为 1—1′ 截面，塔顶喷嘴入口处为 2—2′ 截面，并且以 1—1′ 截面为基准水平面。

在 1—1′ 和 2—2′ 截面间列柏努利方程：

$$Z_1 g + \frac{1}{2} u_1^2 + \frac{p_1}{\rho} + W_e = Z_2 g + \frac{1}{2} u_2^2 + \frac{p_2}{\rho} + \sum h_f \qquad \text{(a)}$$

或

$$W_e = (Z_2 - Z_1) g + \frac{1}{2} (u_2^2 - u_1^2) + \frac{p_2 - p_1}{\rho} + \sum h_f \qquad \text{(b)}$$

其中：$Z_1 = 0$；$p_1 = 0$（表压）；$u_1 \approx 0$

$Z_2 = 20 - 1.5 = 18.5 \text{m}$；$p_2 = 29.4 \times 10^3 \text{Pa}$（表压）

已知泵入口管的尺寸及碱液流速，可根据连续性方程计算泵出口管中碱液的流速：

$$u_2 = u_\lambda \left(\frac{d_\lambda}{d_2}\right)^2 = 1.2 \times \left(\frac{100}{70}\right)^2 = 2.45 \text{m/s}$$

$$\rho = 1100 \text{kg/m}^3, \quad \sum h_f = 30.8 \text{J/kg}$$

将以上各值代入式（b），可求得输送碱液所需的外加能量：

$$W_e = 18.5 \times 9.81 + \frac{1}{2} \times 2.45^2 + \frac{29.4 \times 10^3}{1100} + 30.8 = 242.0 \text{J/kg}$$

碱液的质量流量：

$$w_s = \frac{\pi}{4} d_2^2 u_2 \rho = 0.785 \times 0.07^2 \times 2.45 \times 1100 = 10.37 \text{kg/s}$$

泵的有效功率：

$$N_e = W_e w_s = 242 \times 10.37 = 2510 \text{W} = 2.51 \text{kW}$$

泵的效率为 60%，则泵的轴功率：

$$N = \frac{N_e}{\eta} = \frac{2.51}{0.6} = 4.18 \text{kW}$$

**【例 1-5】** 如图所示的开口贮槽液面与排液管出口间的垂直距离 $h_1$ 为 9m，贮槽的内径 $D$ 为 3m，排液管的内径 $d_0$ 为 0.04m；液体流过该系统的能量损失可按公式 $\sum h_f = 40u^2$ 计算，式中 $u$ 为流体在管内的流速。试求经 4h 后贮槽内液面下降的高度。

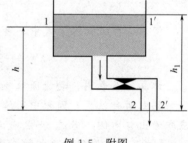

例 1-5　附图

**解**：如图所示，经 4h 后贮槽内液面下降的高度可通过微分时间内的物料衡算式和瞬间的柏努利方程式求解。在 $d\theta$ 时间内对系统作物料（体积）衡算。设 $F'$ 为瞬时进料率；$D'$ 为瞬时出料率；$dA'$ 在 $d\theta$ 时间内的积累量，则在 $d\theta$ 时间内物料衡算式为：

$$F' d\theta - D' d\theta = dA'$$

又设在 $d\theta$ 时间内，槽内液面下降 $dh$，液体在管内瞬间流速为 $u$。由题意知，

$$F' = 0, \quad D' = \frac{\pi}{4} d_0^2 u, \quad dA' = \frac{\pi}{4} D^2 dh$$

则衡算式变为

$$-\frac{\pi}{4} d_0^2 u d\theta = \frac{\pi}{4} D^2 dh$$

$$d\theta = -\left(\frac{D}{d_0}\right)^2 \frac{dh}{u} \qquad \text{(a)}$$

式（a）中瞬时液面高度 $h$（以排液管出口为基准）与瞬时速度 $u$ 的关系，可由瞬时柏努利方程式获得。

在瞬间液面 1—1′ 与管子出口侧截面 2—2′ 间列柏努利方程式，并以截面 2—2′ 为基准水平面，得

$$gZ_1+\frac{u_1^2}{2}+\frac{p_1}{\rho}=gZ_2+\frac{u_2^2}{2}+\frac{p_2}{\rho}+\sum h_f$$

式中　　　$Z_1=h$　$Z_2=0$　$u_1\approx0$　$u_2=u$　$p_1=p_2$　$\sum h_f=40u^2$

上式可简化为 $9.81h=40.5u^2$

即 $$u=0.492\sqrt{h} \tag{b}$$

以式（b）代入式（a），得

$$\mathrm{d}\theta=-11433\frac{\mathrm{d}h}{\sqrt{h}}$$

在下列边界条件下积分上式，即

$$h_1=9\mathrm{m}　　　h_2=h$$
$$\theta_1=0　　　\theta_2=4\times3600\mathrm{s}$$
$$\int_{\theta_1=0}^{\theta_2=4\times3600}\mathrm{d}\theta=-11433\int_{h_1=9}^{h_2=h}\frac{\mathrm{d}h}{\sqrt{h}}$$

解得　$h=5.62\mathrm{m}$

所以，经 4h 后贮槽内液面下降高度为 $9-5.62=3.38\mathrm{m}$。

## 1.2.4　动量守恒

**管流中的动量守恒**　物体的质量 $m$ 与运动速度 $u$ 的乘积 $mu$ 称为物体的动量，动量（momentum）和速度一样是向量。

牛顿第二定律的另一种表达方式是：物体动量随时间的变化率等于作用于物体上的合外力。现取图 1-8 所示的管段作为控制体，将此原理应用于流动流体，即得流动流体的动量守恒定律，它可表述为：

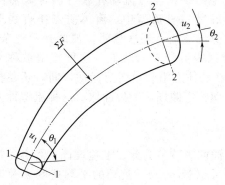

图 1-8　动量守恒

作用于控制体内流体上的外力的合力＝单位时间内流出控制体的动量－单位时间内进入控制体的动量＋单位时间内控制体中流体动量的累积量

对定态流动，动量累积项为零，并假定管截面上的速度作均匀分布，则上述动量守恒定律可表达为：

$$\sum F_x=w_s(u_{2x}-u_{1x})$$
$$\sum F_y=w_s(u_{2y}-u_{1y}) \tag{1-29}$$
$$\sum F_z=w_s(u_{2z}-u_{1z})$$

式中，$w_s$ 为流体的质量流量，$\mathrm{kg/s}$；$\sum F_x$、$\sum F_y$、$\sum F_z$ 为作用于控制体内流体上的外力之和在三个坐标轴上的分量。

**动量守恒定律和机械能守恒定律的关系**：动量守恒定律和机械能守恒定律都从牛顿第二定律出发导出，两者都反映了流动流体各运动参数变化规律。流动流体必应同时遵循这两个规律，但在实际应用的场合上却有所不同。

当机械能守恒定律应用于实际流体时，由于流体的黏性导致机械能的耗损，因此在机械能衡算式中将出现 $H_f$ 项。但是动量守恒定律却不同，它只是将力和动量变化率联系起来，并未涉及能量和能耗问题。因此在实际流体的流动中，当机械能耗损无法确定，机械能衡算式不能有效地应用时，可以试用动量守恒定律确定各运动参数之间的关系。但必须有一前提：控制体内流体所受的作用力能够正确地确定，或者主要的外力可以确定而次要的外力可以忽略。反之，当重要的外力不能确定，而阻力 $H_f$ 却能从其他途径求得，或阻力 $H_f$ 可以忽略，则机械能衡算式可有效地解决问题。但最终均必须借助实验对所得关系式作出校正。

当然，若问题本身要求的是流体对壁面的作用力，则必须运用动量守恒定律求解。

# 1.3 流体流动的内部结构

## 1.3.1 雷诺实验与流体流动类型

### 1.3.1.1 雷诺（Reynolds）实验

为了直接观察流体流动时内部质点的运动情况及各种因素对流动状况的影响，可安排如图 1-9 所示的实验，称雷诺实验。它揭示出流动的两种截然不同的形态。在一个水箱内，水面下安装一个带喇叭形进口的玻璃管。管下游装有一个阀门，利用阀门的开度调节流量。在喇叭形进口处中心有一根针形小管，自此小管流出一丝有色水流，其密度与水几乎相同。

当水的流量较小时，玻璃管水流中出现一丝稳定而明显的着色直线。随着流速逐渐增加，起先着色线仍然保持平直光滑，当流量增大到某临界值时，着色线开始抖动、弯曲，继而断裂，最后完全与水流主体混在一起，无法分辨，而整个水流也就染上了颜色。

上述实验揭示出流体流动存在着两种截然不同的流型，在前一种流型中，流体质点作直线运动，即流体分层流动，层次分明，彼此互不混杂，故才能使着色线流保持线形。这种流型被称为

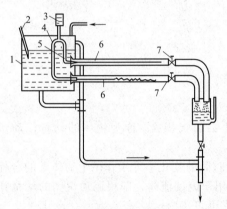

图 1-9 雷诺实验装置
1—水箱；2—温度计；3—有色液；4—三通；
5—针形小管；6—玻璃管；7—阀门

层流（laminar flows）或滞流。在后一种流型中流体在总体上沿管道向前运动，同时还在各个方向作随机的脉动，正是这种混乱运动使着色线抖动、弯曲以至断裂冲散。这种流型称为湍流（turbulent flows）或紊流。

### 1.3.1.2 流体流动类型

不同的流型对流体中的质量、热量传递将产生不同的影响。为此，工程设计上需事先判定流型。对管内流动而言，实验表明，流动的几何尺寸（管径 $d$）、流动的平均速度 $u$ 及流体性质（密度和黏度）对流型的转变有影响。雷诺发现，可以将这些影响因素综合成一个无量纲数群 $\rho u d / \mu$ 作为流型的判据，此数群被称为雷诺数，以符号 $Re$ 表示。

雷诺指出：

① 当 $Re \leqslant 2000$ 时，必定出现层流，此为层流区。

② 当 $2000 < Re < 4000$ 时，有时出现层流，有时出现湍流，依赖于环境。此为过渡区。

③ 当 $Re \geqslant 4000$ 时，一般都出现湍流，此为湍流区。

当 $Re \leqslant 2000$ 时，任何扰动只能暂时地使之偏离层流，一旦扰动消失，层流状态必将恢复，因此 $Re \leqslant 2000$ 时，层流是稳定的。

当 $Re$ 数超过 2000 时，层流不再是稳定的，但是否出现湍流，决定于外界的扰动。如果扰动很小，不足以使流型转变，则层流仍然能够存在。

$Re \geqslant 4000$ 时，则微小的扰动就可以触发流型的转变，因而一般情况下总出现湍流。

根据 $Re$ 的数值将流动划为三个区：层流区、过渡区及湍流区，但只有两种流型。过渡区不是一种过渡的流型，它只表示在此区内可能出现层流也可能出现湍流，需视外界扰动而定。

层流与湍流的区分不仅在于 $Re$ 值不同，它们的本质区别在于：

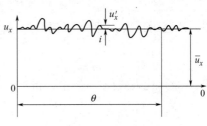

图 1-10　速度脉动曲线

流体在管内作层流流动时，其质点沿管轴作有规则的平行运动，各点互不碰撞，互不混合。

流体在管内作湍流流动时，流体质点在沿管轴流动的同时还作着随机的脉动，空间任一点的速度（包括方向及大小）都随时变化。如果测定管内某一点流速在 $x$ 方向随时间的变化，可得如图 1-10 所示的波形。此波形表明，在时间间隔 $d\theta$ 内，该点的瞬时流速 $u_x$ 总在平均值 $\bar{u}_x$ 上下变动。平均值 $\bar{u}_x$ 是指在时间间隔 $d\theta$ 内流体质点经过点 $i$ 的瞬时速度的平均值，称为时均速度，即

$$\bar{u}_x = \frac{1}{\theta}\int_0^\theta u_x \, \mathrm{d}\theta \tag{1-30}$$

在稳定流动系统中，这一时均速度不随时间而改变。由图 1-10 可知，实际的湍流流动是在一个时均流动上叠加一个随机的脉动量。

湍流的基本特征是出现了速度的脉动。层流时，流体只有轴向速度而无径向速度；然而在湍流时出现了径向的脉动速度，虽然其时间平均值为零，但加速了径向的动量、热量和质量的传递。

## 1.3.2　直圆管内流体的流速分布

无论是层流或湍流，在管道任意截面上，流体质点的速度沿径向而变，管壁处速度为零，离开管壁后速度渐增，到管中心处速度最大，速度在管截面上的分布规律因流型而异。

### 1.3.2.1　层流时的速度分布

实验和理论分析都已证明，层流时的速度分布为抛物线形状，如图 1-11 所示。以下进行理论推导。

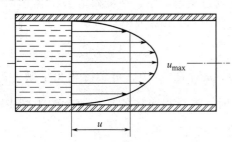

图 1-11　层流时的速度分布

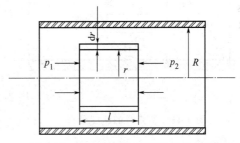

图 1-12　层流时管内速度分布的推导

如图 1-12 所示，流体在水平圆形直管内作定态层流流动。在圆管内，以管轴为中心，取半径为 $r$、长度为 $l$ 的流体柱作为研究对象。

由压力差产生的推力　　　　　　　$(p_1 - p_2)\pi r^2$

流体层间内摩擦力　　　$F = -\mu A \dfrac{\mathrm{d}u}{\mathrm{d}r} = -\mu(2\pi rl)\dfrac{\mathrm{d}u}{\mathrm{d}r}$

流体在管内作定态流动，根据牛顿第二定律，在流动方向上所受合力必定为零。即

$$(p_1 - p_2)\pi r^2 = -\mu(2\pi rl)\frac{\mathrm{d}u}{\mathrm{d}r} \quad 整理得 \quad \frac{\mathrm{d}u}{\mathrm{d}r} = -\frac{(p_1 - p_2)}{2\mu l}r$$

利用管壁处的边界条件，$r=R$ 时，$u=0$，积分可得速度分布方程：

$$u=\frac{(p_1-p_2)}{4\mu l}(R^2-r^2)$$ (1-31)

管中心流速为最大，即 $r=0$ 时，$u=u_{\max}$，由式(1-31) 得

$$u_{\max}=\frac{(p_1-p_2)}{4\mu l}R^2$$ (1-32)

将式(1-32) 代入式(1-31) 中，得

$$u=u_{\max}\left[1-\left(\frac{r}{R}\right)^2\right]$$ (1-31a)

根据流量相等的原则，确定出管截面上的平均速度为

$$\bar{u}=\frac{V_s}{\pi R^2}=\frac{1}{2}u_{\max}$$ (1-33)

即流体在圆管内作层流流动时的平均速度为管中心最大速度的一半。

说明：如对斜放管，只需将式(1-31)、式(1-32) 中的 $p$ 改成和压强 $p^+$ 即可。

#### 1.3.2.2 湍流时的速度分布

湍流时流体质点的运动状况较层流要复杂得多，截面上某一固定点的流体质点在沿管轴向前运动的同时，还有径向上的运动，使速度的大小与方向都随时变化。考察质点运动的基本方法有追随质点的拉格朗日法和在固定位置观察不同时间经过的质点运动的欧拉法，但描述和求解都比较复杂。湍流的基本特征是出现了径向脉动速度，使得动量传递较之层流大得多。此时剪应力不服从牛顿黏性定律表示，但可写成相仿的形式：

$$\tau=(\mu+e)\frac{\mathrm{d}u}{\mathrm{d}y}$$ (1-34)

式中，$e$ 称为湍流黏度，单位与 $\mu$ 相同。但二者本质上不同：黏度 $\mu$ 是流体的物性，反映了分子运动造成的动量传递；而湍流黏度 $e$ 不再是流体的物性，它反映的是质点的脉动所造成的动量传递，与流体的流动状况密切相关。

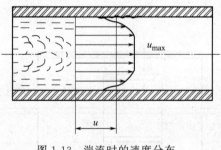

图 1-13 湍流时的速度分布

湍流时的速度分布目前尚不能利用理论推导获得，而是通过实验测定，结果如图 1-13 所示，其分布方程通常表示成以下形式：

$$u=u_{\max}\left(1-\frac{r}{R}\right)^n$$ (1-35)

式中，$n$ 与 $Re$ 有关，可参阅相关手册。其中，当 $n=\frac{1}{7}$ 时，推导得流体的平均速度约为管中心最大速度的 0.82 倍，即 $u\approx 0.82u_{\max}$。

### 1.3.3 流动边界层

#### 1.3.3.1 边界层

当一个流速均匀的流体与一固体界面接触时，由于壁面的阻滞，与壁面直接接触的流体其速度立即降为零。由于流体的黏性作用，近壁面的流体将相继受阻而降速，随着流体沿壁面向前流动，流速受影响的区域逐渐扩大。通常定义，流速降至未受边壁影响流速的 99% 以内的区域为边界层（boundary layer）。简言之，边界层是边界影响所及的区域。

边界层按其中的流型有层流边界层与湍流边界层之分，流体沿平壁流动时的边界层如图 1-14 所示。在壁面的前一段，边界层内的流型为层流，称为层流边界层。离平壁前缘若干距离后，边界层内的流型转为湍流，称为湍流边界层，其厚度较快地扩展。即使在湍流边

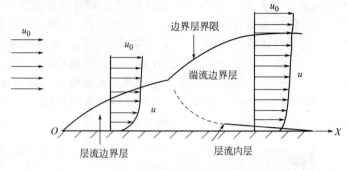

图 1-14 平壁上的边界层

层内，近壁处仍有一薄层，其流型仍为层流，即所谓的层流底层。边界层内流型的变化与 $Re$ 有关，此时 $Re$ 定义为：

$$Re = \frac{\rho u_0 x}{\mu} \tag{1-36}$$

式中，$x$ 为离平壁前缘的距离。

对于管流来说，只在进口附近一段距离内（入口段）有边界层内外之分。经此段距离后，边界层扩大到管中心，如图 1-15 所示。在汇合处，若边界层内流动是层流，则以后的管流为层流，若在汇合点之前边界层流动已发展成湍流，则以后的管流为湍流。在入口段 $L_0$ 内，速度分布沿管长不断变化，至汇合点处速度分布才发展为管流的速度分布。入口段中因未形成确定的速度分布，若进行传热、传质时，其规律与一般管流有所不同。

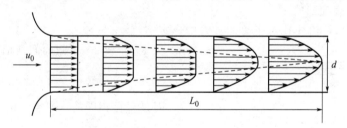

图 1-15 圆管入口段中边界层的发展

边界层的划分对许多工程问题有重要的意义。虽然对管流来说，整个截面都属边界层，没有划分边界层的必要，但是当流体在大空间中对某个物体作绕流时，边界层的划分就显示出它的重要性。

#### 1.3.3.2 边界层的分离现象

如果在流速均匀的流体中放置的不是平板，而是其他具有大曲率的物体，如球体或圆柱体，则边界层的情况有显著的不同。作为一个典型的实例，考察流体对一圆柱体的绕流，见图 1-16。

当均速流体绕过圆柱体时，首先在前缘 $A$ 点形成驻点，该处压强最大。当流体自驻点向两侧流去时，由于圆柱面的阻滞作用，便形成了边界层。液体自点 $A$ 流至点 $B$，即流经圆柱前半部分时，流道逐渐缩小，在流动方向上的压强梯度为负（或称顺压强梯度），边界层中流体处于加速减压状态。但

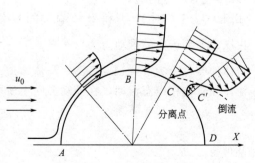

图 1-16 流体对圆柱体的绕流

流过 $B$ 点以后，由于流道逐渐扩大，边界层内流体便处在减速加压之下。此时，在剪应力消耗动能和逆压强梯度的阻碍双重作用下，壁面附近的流体速度将迅速下降，最终在 $C$ 点处流速降为零。离壁稍远的流体质点因具有较大的速度和动能，故可流过较长的途径至 $C'$ 点处速度才降为零。若将流体中速度为零的各点连成一线，如图中 $C$—$C'$ 所示，该线与边界层上缘之间的区域即成为脱离了物体的边界层。这一现象称为边界层的分离或脱体。

在 $C$—$C'$ 线以下，流体在逆压强梯度推动下倒流。在柱体的后部产生大量旋涡（亦称尾流），造成机械能耗损，表现为流体的阻力损失增大。

# 1.4 流体在管内的流动阻力

管路系统主要由直管和管件组成。管件包括弯头、三通、短管、阀门等。无论直管还是管件都对流动有一定的阻力，消耗一定的机械能。直管造成的机械能损失称为直管阻力损失（或称沿程阻力损失），是由于流体内摩擦而产生的。管件造成的机械能损失称为局部阻力损失，主要是流体流经管件、阀门及管截面的突然扩大或缩小等局部地方所引起的。在运用柏努利方程时，应先分别计算直管阻力和局部阻力损失的数值，然后进行加和。其数学表达式为：

$$\sum h_f = h_f + h_f'$$  (1-37)

式中，$h_f$ 为直管阻力损失；$h_f'$ 为局部阻力损失。

## 1.4.1 沿程阻力

### 1.4.1.1 阻力的表现形式

如图 1-17 所示，流体在水平等径直管中作定态流动。

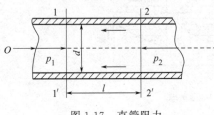

图 1-17 直管阻力

在 1—1′ 和 2—2′ 截面间列柏努利方程：

$$Z_1 g + \frac{1}{2} u_1^2 + \frac{p_1}{\rho} = Z_2 g + \frac{1}{2} u_2^2 + \frac{p_2}{\rho} + h_f$$

因是直径相同的水平管，$u_1 = u_2$，$Z_1 = Z_2$。

故

$$h_f = \frac{p_1 - p_2}{\rho}$$  (1-38)

若管道为倾斜管，则

$$h_f = \left(\frac{p_1}{\rho} + Z_1 g\right) - \left(\frac{p_2}{\rho} + Z_2 g\right) = \frac{\Delta p^+}{\rho}$$  (1-38a)

由此可见，无论是水平安装，还是倾斜安装，流体的流动阻力均表现为和压能的减少，仅当水平安装时，流动阻力恰好等于两截面的静压能之差。

### 1.4.1.2 直管阻力的通式

在图 1-17 中，对 1—1′ 和 2—2′ 截面间的流体进行受力分析：

由压力差而产生的推动力为 $(p_1 - p_2)\dfrac{\pi d^2}{4}$，与流体流动方向相同。

流体的摩擦力为 $F = \tau A = \tau \pi d l$，与流体流动方向相反。

流体在管内作定态流动，在流动方向上所受合力必定为零。

$$(p_1 - p_2)\frac{\pi d^2}{4} = \tau \pi d l$$

整理得

$$p_1 - p_2 = \frac{4\tau l}{d}$$  (1-39)

将式(1-39)代入式(1-38)中，得

$$h_f = \frac{4\tau l}{\rho d} \tag{1-40}$$

将式(1-40)变形，把能量损失 $h_f$ 表示为动能 $\frac{u^2}{2}$ 的某一倍数。

$$h_f = \frac{8\tau}{\rho u^2} \times \frac{l}{d} \times \frac{u^2}{2} \qquad 令 \ \lambda = \frac{8\tau}{\rho u^2}$$

则
$$h_f = \lambda \frac{l}{d} \times \frac{u^2}{2} \tag{1-41}$$

或
$$\Delta p_f = \rho h_f = \lambda \frac{l}{d} \times \frac{\rho u^2}{2} \tag{1-41a}$$

式(1-41)与式(1-41a)为流体在直管内流动阻力的通式，称为范宁（Fanning）公式。式中，$\lambda$ 为无量纲系数，称为摩擦系数或摩擦因数；$\Delta p_f$ 为流动产生的阻力损失，单位为Pa，在等径水平或斜管中，均有 $\Delta p_f = \Delta p^+ = \rho h_f$。应当指出，范宁公式对层流与湍流均适用，只是两种情况下摩擦系数 $\lambda$ 不同。以下对层流与湍流时摩擦系数 $\lambda$ 分别讨论。

### 1.4.1.3 层流时的摩擦系数

由层流时速度分布的推导，得到了式(1-32)和式(1-33)，由此两式，考虑斜管，得到：

$$\Delta p^+ = \frac{32\mu l u}{d^2} \tag{1-42}$$

式(1-42)称为哈根-泊谡叶（Hagen-Poiseuille）方程，是流体在直管内作层流流动时压力损失的计算式：

结合式(1-41a)，流体在直管内层流流动时能量损失或阻力的计算式为：

$$h_f = \frac{32\mu l u}{\rho d^2} \tag{1-43}$$

式(1-43)表明层流时阻力与速度的一次方成正比，将其进一步变换形式，得：

$$h_f = \frac{32\mu l u}{\rho d^2} = \frac{64\mu}{d\rho u} \times \frac{l}{d} \times \frac{u^2}{2} = \frac{64}{Re} \times \frac{l}{d} \times \frac{u^2}{2} \tag{1-43a}$$

将式(1-43a)与式(1-41)比较，可得层流时摩擦系数的计算式：

$$\lambda = \frac{64}{Re} \tag{1-44}$$

即层流时摩擦系数 $\lambda$ 是雷诺数 $Re$ 的函数。

### 1.4.1.4 湍流时的摩擦系数

（1）量纲（或称因次）分析（dimensional analysis）规划实验法　层流时阻力的计算式是根据理论推导所得的，湍流时由于情况要复杂得多，目前尚不能得到理论计算式，但通过实验研究，可获得经验关系式，这种实验研究方法是工程中常用的方法。在实验时，每次只能改变一个变量，而将其它变量固定，如过程涉及的变量很多，工作量必然很大，而且将实验结果关联成形式简单便于应用的公式也很困难。若采用量纲分析法，可将几个变量组合成一个量纲为1的数群（如雷诺数 $Re$ 即是由 $d$、$\rho$、$u$、$\mu$ 四个变量组成的数群），用数群代替个别的变量进行实验，由于数群的数目总是比变量的数目少，就可以大大减少实验的次数，关联数据的工作也会有所简化，而且可将在实验室规模的小设备中用某种物料实验所得的结果应用到其它物料及实际的过程设备中去。

量纲分析法的基础是量纲一致性原则，即每一个物理方程式的两边不仅数值相等，而且每一项都应具有相同的量纲。

量纲分析法的基本定理是柏金汉（Buckinghan）的 $\pi$ 定理：设影响某一物理现象的独立变量数为 $n$ 个，这些变量的基本量纲（不能互相表达的量纲，如长度不能用质量表达）数为

$m$ 个，则该物理现象可用 $N=(n-m)$ 个独立的量纲为 1 的数群表示。

根据对摩擦阻力性质的理解和实验研究的综合分析，认为流体在湍流流动时，由于内摩擦力而产生的压力损失 $\Delta p_f$ 与流体的密度 $\rho$、黏度 $\mu$、平均速度 $u$、管径 $d$、管长 $l$ 及管壁的粗糙度 $\varepsilon$ 有关，即

$$\Delta p_f = f(\rho, \mu, u, d, l, \varepsilon) \tag{1-45}$$

7 个变量的量纲分别为：$[p]=M\Theta^{-2}L^{-1}$，$[\rho]=ML^{-3}$，$[u]=L\Theta^{-1}$，$[d]=L$，$[l]=L$，$[\varepsilon]=L$，$[\mu]=M\Theta^{-1}L^{-1}$。基本量纲有 3 个。根据 $\pi$ 定理，量纲为 1 的数群数目：$N=n-m=7-3=4$ 个。

将式(1-45)写成幂函数的形式：

$$\Delta p_f = k d^a l^b u^c \rho^d \mu^e \varepsilon^f$$

量纲关系式：

$$M\Theta^{-2}L^{-1} = L^a L^b (L\Theta^{-1})^c (ML^{-3})^d (ML^{-1}\Theta^{-1})^e L^f$$

根据量纲一致性原则：

对于 M：$1=d+e$　对于 L：$-1=a+b+c-3d-e+f$

对于 $\Theta$：$-2=-c-e$

设 $b$、$e$、$f$ 已知，解得：$a=-b-e-f$，$c=2-e$，$d=1-e$。

$$\Delta p_f = k d^{-b-e-f} l^b u^{2-e} \rho^{1-e} \mu^e \varepsilon^f$$

$$\frac{\Delta p_f}{\rho u^2} = k \left(\frac{l}{d}\right)^b \left(\frac{d\rho u}{\mu}\right)^{-e} \left(\frac{\varepsilon}{d}\right)^f$$

即

$$\frac{\Delta p_f}{\rho u^2} = \phi\left(\frac{d\rho u}{\mu}, \frac{l}{d}, \frac{\varepsilon}{d}\right) \tag{1-46}$$

式中，$\dfrac{d\rho u}{\mu}$ 为雷诺数 $Re$；$\dfrac{\Delta p_f}{\rho u^2}$ 为欧拉（Euler）数；$\dfrac{l}{d}$、$\dfrac{\varepsilon}{d}$ 均为简单的数群，前者反映了管子的几何尺寸对流动阻力的影响，后者称为相对粗糙度，反映了管壁粗糙度对流动阻力的影响。

式(1-46)具体的函数关系通常由实验确定。根据实验可知，流体流动阻力与管长 $l$ 成正比，该式可改写为：

$$\frac{\Delta p_f}{\rho u^2} = \frac{l}{d}\phi\left(Re, \frac{\varepsilon}{d}\right) \tag{1-47}$$

或

$$h_f = \frac{\Delta p_f}{\rho} = \frac{l}{d}\phi\left(Re, \frac{\varepsilon}{d}\right) u^2 \tag{1-47a}$$

与范宁公式(1-41)相对照，可得

$$\lambda = \phi\left(Re, \frac{\varepsilon}{d}\right) \tag{1-48}$$

即湍流时摩擦系数 $\lambda$ 是 $Re$ 和相对粗糙度 $\dfrac{\varepsilon}{d}$ 的函数，如图 1-18 所示，称为莫狄（Moody）摩擦系数图。

根据 $Re$ 不同，图 1-18 可分为四个区域：

① 层流区（$Re \leqslant 2000$），$\lambda$ 与 $\varepsilon/d$ 无关，与 $Re$ 为直线关系，即 $\lambda = \dfrac{64}{Re}$，此时阻力损失与流速的一次方成正比。

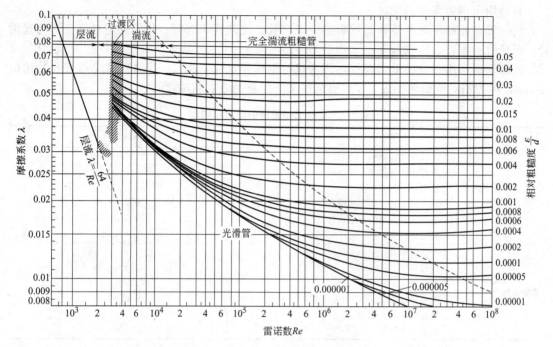

图 1-18 摩擦系数 $\lambda$ 与雷诺数 $Re$ 及相对粗糙度 $\varepsilon/d$ 的关系

② 过渡区（$2000 < Re < 4000$），在此区域内层流或湍流的 $\lambda$-$Re$ 曲线均可应用，对于阻力计算，宁可估计大一些，一般将湍流时的曲线延伸，以查取 $\lambda$ 值。

③ 湍流区（$Re \geqslant 4000$ 以及虚线以下的区域），此时 $\lambda$ 与 $Re$、$\varepsilon/d$ 都有关，当 $\varepsilon/d$ 一定时，$\lambda$ 随 $Re$ 的增大而减小，$Re$ 增大至某一数值后，$\lambda$ 下降缓慢；当 $Re$ 一定时，$\lambda$ 随 $\varepsilon/d$ 的增加而增大。

④ 完全湍流区（虚线以上的区域），此区域内各曲线都趋近于水平线，即 $\lambda$ 与 $Re$ 无关，只与 $\varepsilon/d$ 有关。对于特定管路 $\varepsilon/d$ 一定，$\lambda$ 为常数，根据直管阻力通式可知，阻力损失与流速的平方成正比，所以此区域又称为阻力平方区。从图中也可以看出，相对粗糙度 $\varepsilon/d$ 愈大，达到阻力平方区的 $Re$ 值愈低。

对于湍流时的摩擦系数 $\lambda$，除了用 Moody 图查取外，还可以利用一些经验公式计算。

① 光滑管　柏拉修斯（Blasius）公式：

$$\lambda = \frac{0.3164}{Re^{0.25}} \tag{1-49}$$

其适用范围为 $Re = 3 \times 10^3 \sim 1 \times 10^5$。

顾毓珍等公式：

$$\lambda = 0.0056 + \frac{0.500}{Re^{0.32}} \tag{1-50}$$

其适用范围为 $Re = 3 \times 10^3 \sim 3 \times 10^6$。

② 粗糙管　柯尔布鲁克（Colebrook）式：

$$\frac{1}{\sqrt{\lambda}} = 1.14 - 2\lg\left(\frac{\varepsilon}{d} + \frac{9.35}{Re\sqrt{\lambda}}\right) \tag{1-51}$$

其适用于非完全湍流区。

尼库拉则（Nikuradse）与卡门（Karman）公式：

$$\frac{1}{\sqrt{\lambda}} = 1.14 - 2\lg\left(\frac{\varepsilon}{d}\right) \tag{1-52}$$

其适用范围为完全湍流区。

（2）管壁粗糙度对摩擦系数的影响　光滑管：玻璃管、铜管、铅管及塑料管等称为光滑管；粗糙管：钢管、铸铁管等。

管道壁面凸出部分的平均高度，称为绝对粗糙度，以 $\varepsilon$ 表示。绝对粗糙度与管径的比值即 $\varepsilon/d$，称为相对粗糙度。表 1-2 列出某些工业管道的绝对粗糙度。

表 1-2　某些工业管道的绝对粗糙度

| 管道类别 | | 绝对粗糙度 $\varepsilon$/mm |
| --- | --- | --- |
| 金属管 | 无缝黄铜管、铜管及铝管 | 0.01～0.05 |
| | 新的无缝钢管或镀锌铁管 | 0.1～0.2 |
| | 新的铸铁管 | 0.3 |
| | 只有轻度腐蚀的无缝钢管 | 0.2～0.3 |
| | 已有显著腐蚀的无缝钢管 | 0.5 以上 |
| | 旧的铸铁管 | 0.85 以上 |
| 非金属管 | 干净玻璃管 | 0.0015～0.01 |
| | 橡皮软管 | 0.01～0.03 |
| | 木管道 | 0.25～1.25 |
| | 陶土排水管 | 0.45～6.0 |
| | 很好整平的水泥管 | 0.33 |
| | 石棉水泥管 | 0.03～0.8 |

管壁粗糙度对流动阻力或摩擦系数的影响，主要是由于流体在管道中流动时，流体质点与管壁凸出部分相碰撞而增加了流体的能量损失，其影响程度与管径的大小有关，因此在摩擦系数图中用相对粗糙度 $\varepsilon/d$，而不是绝对粗糙度 $\varepsilon$。

流体作层流流动时，流体层平行于管轴流动，层流层掩盖了管壁的粗糙面，同时流体的流动速度也比较缓慢，对管壁凸出部分没有什么碰撞作用，所以层流时的流动阻力或摩擦系数与管壁粗糙度无关，只与 $Re$ 有关。

流体作湍流流动时，靠近壁面处总是存在着层流内层。如果层流内层的厚度 $\delta_L$ 大于管壁的绝对粗糙度 $\varepsilon$，即 $\delta_L > \varepsilon$ 时，如图 1-19 所示，此时管壁粗糙度对流动阻力的影响与层流时相近，此为水力光滑管。随 $Re$ 的增加，层流内层的厚度逐渐减薄，当 $\delta_L < \varepsilon$ 时，如图 1-20 所示，壁面凸出部分伸入湍流主体区，与流体质点发生碰撞，使流动阻力增加。当 $Re$ 大到一定程度时，层流内层可薄得足以使壁面凸出部分都伸到湍流主体中，质点碰撞加剧，致使黏性力不再起作用，而包括黏度 $\mu$ 在内的 $Re$ 不再影响摩擦系数的大小，流动进入了完全湍流区，此为完全湍流粗糙管。

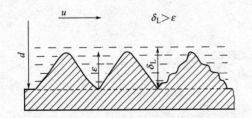

图 1-19　流体流过管壁面粗糙度较小的情况

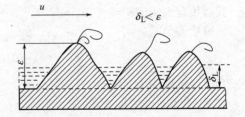

图 1-20　流体流过管壁面粗糙度较大的情况

【例 1-6】　分别计算下列情况下，流体流过 $\phi76\text{mm} \times 3\text{mm}$、长 10m 的水平钢管的能量损失、压头损失及压力损失。

（1）密度为 910kg/m³、黏度为 72mPa·s 的油品，流速为 1.1m/s；

（2）20℃的水，流速为 2.2m/s。

**解：**（1）油品：

$$Re = \frac{d\rho u}{\mu} = \frac{0.07 \times 910 \times 1.1}{72 \times 10^{-3}} = 973 < 2000$$

流动为层流。摩擦系数可从图上查取，也可用公式计算：

$$\lambda = \frac{64}{Re} = \frac{64}{973} = 0.0658$$

所以能量损失

$$h_f = \lambda \frac{l}{d} \times \frac{u^2}{2} = 0.0658 \times \frac{10}{0.07} \times \frac{1.1^2}{2} = 5.69 \text{J/kg}$$

压头损失

$$H_f = \frac{h_f}{g} = \frac{5.69}{9.81} = 0.58 \text{m}$$

压力损失

$$\Delta p_f = \rho h_f = 910 \times 5.69 = 5178 \text{Pa}$$

（2）20℃水的物性： $\rho = 998.2 \text{kg/m}^3$， $\mu = 1.005 \times 10^{-3} \text{Pa·s}$

$$Re = \frac{d\rho u}{\mu} = \frac{0.07 \times 998.2 \times 2.2}{1.005 \times 10^{-3}} = 1.53 \times 10^5$$

流动为湍流。求摩擦系数尚需知道相对粗糙度 $\varepsilon/d$，查表 1-2，取钢管的绝对粗糙度 $\varepsilon$ 为 0.2mm，则 $\varepsilon/d = 0.2/70 = 0.00286$，查图 1-18，得 $\lambda = 0.027$。所以能量损失

$$h_f = \lambda \frac{l}{d} \times \frac{u^2}{2} = 0.027 \times \frac{10}{0.07} \times \frac{2.2^2}{2} = 9.33 \text{J/kg}$$

压头损失

$$H_f = \frac{h_f}{g} = \frac{9.33}{9.81} = 0.95 \text{m}$$

压力损失

$$\Delta p_f = \rho h_f = 998.2 \times 9.33 = 9313 \text{Pa}$$

#### 1.4.1.5 流体在非圆形直管内的流动阻力

前面讨论的都是圆管内的阻力损失，实验证明，对于非圆形管（如方形管、套管环隙等）内的湍流流动，如采用下面定义的当量直径 $d_e$ 来代替圆管直径，其阻力损失仍可按式（1-41）和图 1-18 进行计算。

当量直径是流体流经管路截面积 $A$ 的 4 倍除以湿润周边长度（管壁与流体接触的周边长度）$\Pi$，即

$$d_e = \frac{4A}{\Pi} \tag{1-53}$$

在层流情况下，采用当量直径计算阻力时，应将 $\lambda = 64/Re$ 的关系加以修正为：

$$\lambda = \frac{C}{Re} \tag{1-54}$$

式中，$C$ 为量纲为 1 的常数，一些非圆形管的 $C$ 值见表 1-3。

表 1-3 某些非圆形管的 $C$ 值

| 非圆形管的截面形状 | 正方形 | 等边三角形 | 环形 | 长方形（长：宽=2：1） | 长方形（长：宽=4：1） |
|---|---|---|---|---|---|
| 常数 $C$ | 57 | 53 | 96 | 62 | 73 |

### 1.4.2 局部阻力

局部阻力损失是由于流道的急剧变化使流体边界层分离，产生了大量旋涡所消耗的机械能。局部阻力有两种计算方法：阻力系数法和当量长度法。

#### 1.4.2.1 阻力系数法

克服局部阻力所消耗的机械能，可以表示为动能的某一倍数，即

$$h_\mathrm{f}' = \zeta \frac{u^2}{2} \tag{1-55}$$

或

$$H_\mathrm{f}' = \zeta \frac{u^2}{2g} \tag{1-55a}$$

式中，$\zeta$ 称为局部阻力系数。常用管件的 $\zeta$ 值可在表 1-4 中查得，注意表中当管截面突然扩大和突然缩小时，式(1-55)及式(1-55a)中的速度 $u$ 均以小管中的速度计。

表 1-4 管件和阀件的局部阻力系数 $\zeta$ 值

| 管件和阀件名称 | $\zeta$ 值 | | | | | | | | | |
|---|---|---|---|---|---|---|---|---|---|---|
| 标准弯头 | $45°, \zeta=0.35$ | | | | | $90°, \zeta=0.75$ | | | | |
| 90°方形弯头 | 1.3 | | | | | | | | | |
| 180°回弯头 | 1.5 | | | | | | | | | |
| 活管接 | 0.4 | | | | | | | | | |
| 弯管 | $R/d$ | $\varphi$ | 30° | 45° | 60° | 75° | 90° | 105° | 120° | |
| | 1.5 | | 0.08 | 0.11 | 0.14 | 0.16 | 0.175 | 0.19 | 0.20 | |
| | 2.0 | | 0.07 | 0.10 | 0.12 | 0.14 | 0.15 | 0.16 | 0.17 | |
| 突然扩大 | $\zeta=(1-A_1/A_2)^2 \quad h_1=\zeta u_1^2/2$ | | | | | | | | | |
| | $A_1/A_2$ | 0 | 0.1 | 0.2 | 0.3 | 0.4 | 0.5 | 0.6 | 0.7 | 0.8 | 0.9 | 1.0 |
| | $\zeta$ | 1 | 0.81 | 0.64 | 0.49 | 0.36 | 0.25 | 0.16 | 0.09 | 0.04 | 0.01 | 0 |
| 突然缩小 | $\zeta=0.5(1-A_2/A_1) \quad h_1=\zeta u_2^2/2$ | | | | | | | | | |
| | $A_2/A_1$ | 0 | 0.1 | 0.2 | 0.3 | 0.4 | 0.5 | 0.6 | 0.7 | 0.8 | 0.9 | 1.0 |
| | $\zeta$ | 0.5 | 0.45 | 0.40 | 0.35 | 0.30 | 0.25 | 0.20 | 0.15 | 0.10 | 0.05 | 0 |
| 流入大容器的出口 | $\zeta=1$(用管中流速) | | | | | | | | | |
| 入管口(容器→管) | $\zeta=0.5$ | | | | | | | | | |
| 水泵进口 | 没有底阀 | | 2～3 | | | | | | | |
| | 有底阀 | $d/\mathrm{mm}$ | 40 | 50 | 75 | 100 | 150 | 200 | 250 | 300 |
| | | $\zeta$ | 12 | 10 | 8.5 | 7.0 | 6.0 | 5.2 | 4.4 | 3.7 |
| 闸阀 | 全开 | | 3/4 开 | | | 1/2 开 | | | 1/4 开 | |
| | 0.17 | | 0.9 | | | 4.5 | | | 24 | |
| 标准截止阀(球心阀) | 全开 $\zeta=6.4$ | | | | | 1/2 开 $\zeta=9.5$ | | | | |
| 蝶阀 | $\alpha$ | 5° | 10° | 20° | 30° | 40° | 45° | 50° | 60° | 70° |
| | $\zeta$ | 0.24 | 0.52 | 1.54 | 3.91 | 10.8 | 18.7 | 30.6 | 118 | 751 |
| 旋塞 | $\theta$ | | 5° | 10° | | 20° | | 40° | | 60° |
| | $\zeta$ | | 0.05 | 0.29 | | 1.56 | | 17.3 | | 206 |
| 角阀(90°) | 5 | | | | | | | | | |
| 单向阀 | 摇板式 $\zeta=2$ | | | | | 球形单向阀 $\zeta=70$ | | | | |
| 水表(盘形) | 7 | | | | | | | | | |

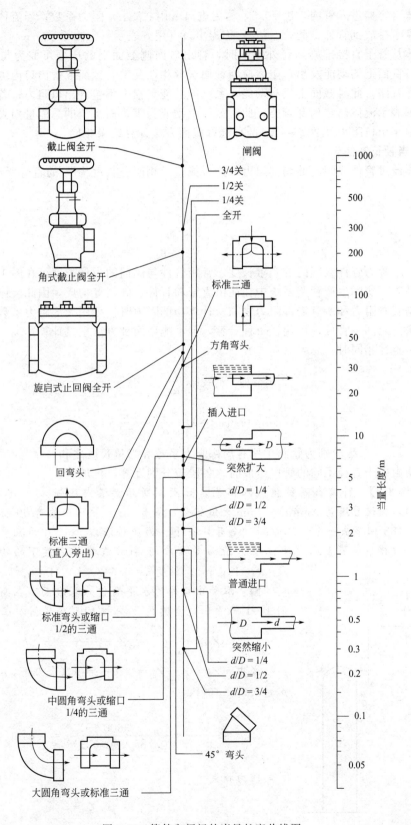

图 1-21　管件和阀门的当量长度共线图

当流体自容器进入管内，$\zeta_i = 0.5$，称为进口（用 i 表示）阻力系数；当流体自管子进入容器或从管子排放到管外空间，$\zeta_o = 1$，称为出口（用 o 表示）阻力系数。

当流体从管子直接排放到管外空间时，管出口内侧截面上的压强可取为与管外空间相同，但出口截面上的动能及出口阻力应与截面选取相匹配。若截面取管出口内侧，则表示流体并未离开管路，此时截面上仍有动能，系统的总能量损失不包含出口阻力；若截面取管出口外侧，则表示流体已经离开管路，此时截面上动能为零，而系统的总能量损失中应包含出口阻力。由于出口阻力系数 $\zeta_o = 1$，两种选取截面方法计算结果相同。

#### 1.4.2.2 当量长度法

将流体流过管件或阀门的局部阻力，折合成直径相同、长度为 $l_e$ 的直管所产生的阻力，

即

$$h_f' = \lambda \frac{l_e}{d} \times \frac{u^2}{2} \tag{1-56}$$

或

$$H_f' = \lambda \frac{l_e}{d} \times \frac{u^2}{2g} \tag{1-56a}$$

式中，$l_e$ 称为管件或阀门的当量长度。常用管件与阀门的当量长度可在图 1-21 中查得。

在食品工厂实际生产管路系统中往往由直管和管件、阀门等构成，因此流体流经管路的总阻力应是直管阻力和所有局部阻力之和。计算局部阻力时，可用局部阻力系数法，亦可用当量长度法。对同一管件，可用任一种计算，但不能用两种方法重复计算。

当管路直径相同时，总阻力：

$$\sum h_f = h_f + h_f' = \left( \lambda \frac{l}{d} + \sum \zeta \right) \frac{u^2}{2} \tag{1-57}$$

或

$$\sum h_f = h_f + h_f' = \lambda \frac{l + \sum l_e}{d} \times \frac{u^2}{2} \tag{1-57a}$$

式中，$\sum \zeta$、$\sum l_e$ 分别为管路中所有局部阻力系数和当量长度之和。

若管路由若干直径不同的管段组成时，各段应分别计算，再加和。

【例 1-7】 料液自高位槽流入塔内，如附图所示。塔内压强为 $1.96 \times 10^4$ Pa（表压），输送管道为 $\phi 36\text{mm} \times 2\text{mm}$ 无缝钢管，管长 8m。管路中装有 90°标准弯头两个，180°回弯头一个，球心阀（全开）一个。为使料液以 $3\text{m}^3/\text{h}$ 的流量流入塔中，高位槽应安置多高（即位差 $Z$ 应为多少米）？料液在操作温度下的物性：密度 $\rho = 861\text{kg/m}^3$；黏度 $\mu = 0.643 \times 10^{-3}$ Pa·s。

**解：** 取管出口处的水平面作为基准面。在高位槽液面 1—1′ 与管出口内侧截面 2—2′ 间列柏努利方程：

$$gZ_1 + \frac{p_1}{\rho} + \frac{u_1^2}{2} = gZ_2 + \frac{p_2}{\rho} + \frac{u_2^2}{2} + \sum h_f$$

式中 $Z_1 = Z$ $Z_2 = 0$ $p_1 = 0$（表压） $u_1 \approx 0$
$p_2 = 1.96 \times 10^4$ Pa

$$u_2 = \frac{V_s}{\frac{\pi}{4}d^2} = \frac{\frac{3}{3600}}{0.785 \times (0.032)^2} = 1.04\text{m/s}$$

阻力损失

$$\sum h_f = \left( \lambda \frac{l}{d} + \zeta \right) \frac{u^2}{2}$$

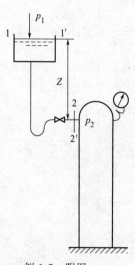
例 1-7 附图

取管壁绝对粗糙度 $\varepsilon = 0.3$mm，则：

$$\frac{\varepsilon}{d}=\frac{0.3}{32}=0.00938$$

$$Re=\frac{du\rho}{\mu}=\frac{0.032\times1.04\times861}{0.643\times10^{-3}}=4.46\times10^4\quad(湍流)$$

由图 1-18 查得 $\lambda=0.039$。

局部阻力系数由表 1-4 查得为

进口突然缩小（入管口）　$\zeta=0.5$　　　　$180°$回弯头　　　$\zeta=1.5$

$90°$标准弯头　　　　　　　$\zeta=0.75$　　　球心阀（全开）$\zeta=6.4$

故

$$\sum h_f=\left(0.039\times\frac{8}{0.032}+0.5+2\times0.75+1.5+6.4\right)\times\frac{(1.04)^2}{2}=10.6\text{J/kg}$$

所求位差：

$$Z=\frac{p_2-p_1}{\rho g}+\frac{u_2^2}{2g}+\frac{\sum h_f}{g}=\frac{1.96\times10^4}{861\times9.81}+\frac{(1.04)^2}{2\times9.81}+\frac{10.6}{9.81}=3.46\text{m}$$

截面 $2—2'$ 也可取在管出口外端，此时料液流入塔内，速度 $u_2$ 为零。但局部阻力应计入突然扩大（流入大容器的出口）损失 $\zeta=1$，故两种计算方法结果相同。

# 1.5 管路计算

管路计算是连续性方程、柏努利方程及阻力损失计算式的具体应用。管路按其配置情况不同，可分为简单管路和复杂管路。下面分别进行介绍。

## 1.5.1 简单管路

简单管路通常是指直径相同的管路或不同直径组成的串联管路。由于已知量与未知量情况不同，计算方法亦随之改变。常遇到的管路计算问题归纳起来有以下三种情况：

① 已知管径、管长、管件和阀门的设置及流体的输送量，求流体通过管路系统的能量损失，以便进一步确定输送设备所加入的外功、设备内的压强或设备间的相对位置等。

② 设计型计算，即管路尚未存在时给定输送任务并给定管长、管件和阀门的当量长度及允许的阻力损失，要求设计经济上合理的管路。

③ 操作型计算，即管路已定，管径、管长、管件和阀门的设置及允许的能量损失都已定，要求核算在某给定条件下的输送能力或某项技术指标。

对于设计型问题存在着选择和优化的问题，最经济合理的管径或流速的选择应使每年的操作费与按使用年限计的设备折旧费之和为最小。

对于操作型计算存在一个困难，即因流速未知，不能计算 $Re$ 值，无法判断流体的流型，也就不能确定摩擦系数 $\lambda$。在这种情况下，工程计算中常采用试差法和其它方法来求解。

【例 1-8】 如图所示，将水从水塔引至车间，管路为 $\phi114\text{mm}\times4\text{mm}$ 的钢管，长 $150\text{m}$（包括管件及阀门的当量长度，但不包括进、出口损失）。水塔内水面维持恒定，高于排水口 $12\text{m}$，水温为 $12℃$ 时，求管路的输水量（$\text{m}^3/\text{h}$）。

解：以水塔水面 $1—1'$ 及排水管出口内侧 $2—2'$ 截面列柏努利方程。排水管出口中心作基准水平面：

$$gZ_1+\frac{p_1}{\rho}+\frac{u_1^2}{2}=gZ_2+\frac{p_2}{\rho}+\frac{u_2^2}{2}+\sum h_f$$

式中　$Z_1=12\text{m}$　$Z_2=0$　$p_1=p_2$　$u_1\approx0$　$u_2=u$

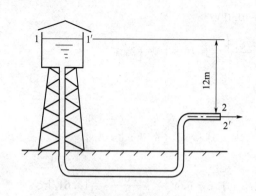

$$\sum h_{\rm f} = \left( \lambda \frac{l + l_{\rm e}}{d} + \zeta_{\rm c} \right) \frac{u^2}{2}$$

$$= \left( \lambda \frac{150}{0.106} + 0.5 \right) \frac{u^2}{2}$$

将以上各值代入柏努利方程，整理得

$$u = \sqrt{\frac{2 \times 9.81 \times 12}{\lambda \dfrac{150}{0.106} + 1.5}} = \sqrt{\frac{235.4}{1415\lambda + 1.5}}$$

$$\tag{a}$$

例 1-8 附图

其中

$$\lambda = f\left( Re, \frac{\varepsilon}{d} \right) = \varphi(u) \tag{b}$$

由于 $u$ 未知，故不能计算 $Re$ 值，也就不能求出 $\lambda$ 值，从式（a）求不出 $u$，故可采用试差法求 $u$。

由于 $\lambda$ 的变化范围不大，试差计算时，可将摩擦系数 $\lambda$ 作试差变量。通常可取流动已进入阻力平方区的 $\lambda$ 作为计算初值。先假设一个 $\lambda$ 值代入式（a）算出 $u$ 值。利用 $u$ 值计算 $Re$ 值。根据算出的 $Re$ 值与 $\varepsilon/d$ 值从图 1-18 查出 $\lambda$ 值。若查得的 $\lambda$ 值与假设值相符或接近，则假设值可接受。否则需另设一 $\lambda$ 值，重复上面计算，直至所设 $\lambda$ 值与查出 $\lambda$ 值相符或接近为止。

设 $\lambda = 0.02$，代入式（a）得

$$u = \sqrt{\frac{235.4}{1415 \times 0.02 + 1.5}} = 2.81 {\rm m/s}$$

从附录查得 12℃ 时水的黏度为 1.236mPa·s。

$$Re = \frac{du\rho}{\mu} = \frac{0.106 \times 2.81 \times 1000}{1.236 \times 10^{-3}} = 2.4 \times 10^5$$

取 $\varepsilon = 0.2{\rm mm}$。

$$\varepsilon/d = 0.2/106 = 0.00189$$

根据 $Re$ 及 $\varepsilon/d$ 从图 1-18 查得 $\lambda = 0.024$。查出的 $\lambda$ 值与假设的 $\lambda$ 值不相符，故应进行第二次试算。重设 $\lambda = 0.024$，代入式（a），解得 $u = 2.58{\rm m/s}$。由此 $u$ 值计算 $Re = 2.2 \times 10^5$，在图 1-18 中查得 $\lambda = 0.0241$，查出的 $\lambda$ 值与假设的 $\lambda$ 值基本相符，故 $u = 2.58{\rm m/s}$。

管路的输水量为：

$$V_{\rm h} = 3600 \times \frac{\pi}{4} d^2 u = 3600 \times \frac{\pi}{4} (0.106)^2 \times 2.58 = 81.92 {\rm m^3/h}$$

上面用试差法求流速时，也可先假设 $u$ 值而由式（a）算出 $\lambda$ 值。再以所设的 $u$ 算出 $Re$ 值，并根据 $Re$ 及 $\varepsilon/d$ 从图 1-18 查出 $\lambda$ 值。此值与由式（a）解出的 $\lambda$ 值相比较，从而判断所设的 $u$ 值是否合适。

### 1.5.2 复杂管路

#### 1.5.2.1 并联管路

并联管路如图 1-22 所示，总管在 $A$ 点分成几根分支管路流动，然后又在 $B$ 点汇合成一根总管路。此类管路的特点是：

① 总管中的流量等于并联各支管流量之和，对不可压缩流体，则

$$V_s = V_{s1} + V_{s2} + V_{s3} \qquad (1-58)$$

② 图中 $A—A$ 与 $B—B$ 截面间的压强降是由流体在各个分支管路中克服流动阻力而造成的。因此，在并联管路中，单位质量流体无论通过哪根支管，阻力损失都应该相等，即

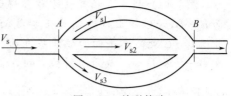

图 1-22　并联管路

$$h_{f1} = h_{f2} = h_{f3} = h_{fAB} \qquad (1-59)$$

若忽略 $A$、$B$ 两处的局部阻力损失，各管的阻力损失可按下式计算：

$$h_{fi} = \lambda_i \frac{l_i}{d_i} \times \frac{u_i^2}{2} \qquad (1-60)$$

式中，$l_i$ 为各支管总长，包括各局部阻力的当量长度，m。

在一般情况下，各支管的长度、直径、粗糙度均不相同，但各支管的流动推动力是相同的，故各支管的流速也不同。将 $u_i = 4V_{si}/(\pi d_i^2)$ 代入式(1-60)，整理后得

$$V_{si} = \frac{\pi\sqrt{2}}{4} \sqrt{\frac{d_i^5 h_{fi}}{\lambda_i l_i}} \qquad (1-61)$$

由此式可求出各支管的流量分配。如只有三根支管，则

$$V_{s1} : V_{s2} : V_{s3} = \sqrt{\frac{d_1^5}{\lambda_1 l_1}} : \sqrt{\frac{d_2^5}{\lambda_2 l_2}} : \sqrt{\frac{d_3^5}{\lambda_3 l_3}} \qquad (1-62)$$

如总流量 $V_s$，各支管的 $l_i$、$d_i$、$\lambda_i$ 均已知，由式(1-62)和式(1-58)可联立求解得到 $V_{s1}$、$V_{s2}$、$V_{s3}$ 三个未知数，任选一支管用式(1-60)算出 $h_{fi}$，即得到 $AB$ 两点间的阻力损失 $h_{fAB}$。

#### 1.5.2.2　分支管路

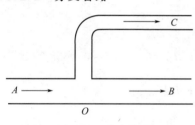

图 1-23　分支管路

工程中常设有分支管路，以便流体可从一根总管分送到几处。在此情况下各支管内的流量彼此影响，相互制约。分支管路内的流动规律主要有两条：

① 总管流量等于各支管流量之和，即

$$V_{sA} = V_{sB} + V_{sC} \qquad (1-63)$$

② 尽管各分支管路的长度、直径不同，但分支处（图 1-23 中 $O$ 点）的总压头为一固定值，不论流体流向哪一支管，每千克流体所具有的总机械能必相等，即

$$gZ_B + \frac{p_B}{\rho} + \frac{u_B^2}{2} + h_{fOB} = gZ_C + \frac{p_C}{\rho} + \frac{u_C^2}{2} + h_{fOC} \qquad (1-64)$$

【例 1-9】　有一高位槽输水系统，高位槽的液面保持不变，上部为常压。高位槽底部接内径为 38mm、长为 58m 的总管 $AB$，在 $AB$ 管的末端 $B$ 处再并列接两根支管 $BC$ 和 $BD$，$C$ 端和 $D$ 端的高度一致，且都在高位槽液面下方 11m 处（此处常压），$BC$ 支管的内径为 32mm、长度为 12.5m，$BD$ 支管的内径为 26mm、长为 14m，各管长均包括管件及阀门全开时的当量长度（但不包含 $A$ 处的入口阻力损失和 $C$、$D$ 处的出口阻力损失）。$AB$ 与 $BC$ 管段的摩擦系数 $\lambda$ 均可取为 0.03。管段 $BD$ 的绝对粗糙度 $\varepsilon$ 可取为 0.15mm。在所有阀门全开时，试计算两支管的排水量（m³/h）。已知水的密度为 1000kg/m³，黏度为 0.001Pa·s，$\lambda$ 计算式为 $\frac{1}{\sqrt{\lambda}} = 1.14 -$ $2\lg\left(\frac{\varepsilon}{d} + \frac{9.35}{Re\sqrt{\lambda}}\right)$。

**解：**（1）列支管柏努利方程，得到支管速度关系　以 $B$ 处水平截面为上游截面 $B$—$B$，$BC$ 管出口外侧为下游截面 $C$—$C$，$BD$ 管出口外侧为下游截面 $D$—$D$，并以 $C$—$C$ 处的水平面为位能基准面。在 $B$—$B$ 和 $C$—$C$ 截面间列柏努利方程，及在 $B$—$B$ 和 $D$—$D$ 截面间列柏努利方程：

$$gZ_B+\frac{u_B^2}{2}+\frac{p_B}{\rho}=gZ_C+\frac{u_C^2}{2}+\frac{p_C}{\rho}+\sum h_{f,BC}, \quad gZ_B+\frac{u_B^2}{2}+\frac{p_B}{\rho}=gZ_D+\frac{u_D^2}{2}+\frac{p_D}{\rho}+\sum h_{f,BD}$$

所以
$$\sum h_{f,BC}+\frac{u_C^2}{2}=\sum h_{f,BD}+\frac{u_D^2}{2}$$

假设 $BD$ 支管内的摩擦系数 $\lambda=0.034$，代入上式，得：

$$\left(0.03\times\frac{12.5}{0.032}+1\right)\frac{u_C^2}{2}=\left(0.034\times\frac{14}{0.026}+1\right)\frac{u_D^2}{2}\Rightarrow u_C=1.23u_D$$

（2）总管与支管速度关系　由总管和支管间的物料衡算关系，得到

$$u_A\times0.038^2=u_C\times0.032^2+u_D\times0.026^2=1.23u_D\times0.032^2+u_D\times0.026^2\Rightarrow u_A=1.34u_D$$

（3）求出各速度　在上游高位槽液面 1—1 处和 $D$—$D$ 截面间列柏努利方程：

$$gZ_1+\frac{u_1^2}{2}+\frac{p_1}{\rho}=gZ_D+\frac{u_D^2}{2}+\frac{p_D}{\rho}+\sum h_{f,1D}$$

$$=gZ_D+\frac{u_D^2}{2}+\frac{p_D}{\rho}+\lambda_{AB}\frac{l_{AB}}{d_{AB}}\times\frac{u_A^2}{2}+\lambda_{BD}\frac{l_{BD}}{d_{BD}}\times\frac{u_D^2}{2}+\frac{u_D^2}{2}+\zeta_A\frac{u_A^2}{2}$$

代入数据，有

$$9.81\times11=0.03\times\frac{58}{0.038}\times\frac{(1.34u_D)^2}{2}+0.034\times\frac{14}{0.026}\times\frac{u_D^2}{2}+\frac{u_D^2}{2}+0.5\times\frac{(1.34u_D)^2}{2}$$

得到　$u_D=1.45\text{m/s}$，$u_C=1.79\text{m/s}$，$u_A=1.94\text{m/s}$

（4）校核计算是否有效

$$Re=\frac{d_Du_D\rho}{\mu}=\frac{0.026\times1.45\times1000}{0.001}=3.77\times10^4，\quad \varepsilon/d_D=0.15/26=0.0058$$

代入 $\frac{1}{\sqrt{\lambda}}=1.14-2\lg\left(\frac{\varepsilon}{d}+\frac{9.35}{Re\sqrt{\lambda}}\right)$，得 $\lambda=0.034$，计算有效。

（5）得到支管流量

$C$ 管的流量为 $V_C=0.785\times0.032^2\times1.79=1.44\times10^{-3}\text{m}^3/\text{s}=5.18\text{m}^3/\text{h}$

$D$ 管的流量为 $V_D=0.785\times0.026^2\times1.45=7.69\times10^{-4}\text{m}^3/\text{s}=2.77\text{m}^3/\text{h}$

# 1.6　流量测量

## 1.6.1　测速管

测速管又名皮托管（Pitot tube），其结构如图 1-24 所示。皮托管由两根同心圆管组成，内管前端敞开，管口截面（$A$ 点截面）垂直于流动方向并正对流体流动方向。外管前端封闭，但管侧壁在距前端一定距离处四周开有一些小孔，流体在小孔旁流过（$B$）。内、外管的另一端分别与 U 形压差计的接口相连，并引至被测管路的管外。

皮托管 $A$ 点应为驻点，驻点 $A$ 的势能与 $B$ 点势能差等于流体的动能，即

$$\frac{p_A}{\rho}+gZ_A-\frac{p_B}{\rho}-gZ_B=\frac{u^2}{2}$$

由于 $Z_A$ 几乎等于 $Z_B$，则

$$u = \sqrt{2(p_A - p_B)/\rho} \qquad (1\text{-}65)$$

用 U 形压差计指示液液面差 $R$ 表示，则式 (1-65) 可写为：

$$u = \sqrt{2R(\rho' - \rho)g/\rho} \qquad (1\text{-}66)$$

式中，$u$ 为管路截面某点轴向速度，简称点速度，m/s；$\rho'$、$\rho$ 分别为指示液与流体的密度，$kg/m^3$；$R$ 为 U 形压差计指示液液面差，m；$g$ 为重力加速度，$m/s^2$。

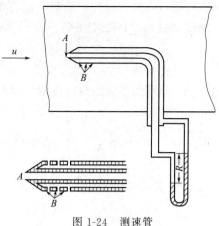

图 1-24 测速管

皮托管测量的是流体在输送截面上某一点处的局部流速，但根据点速度与流量间的关系，在测定出沿截面的点速度分布后，利用积分的方法可进一步求出流体的流量。对于圆管，速度分布规律已知，因此，可测量管中心的最大流速 $u_{max}$，然后根据平均流速与最大流速的关系，求出截面的平均流速，进而求出流量。

皮托管的优点是阻力小，适用于测量大直径气体管路内的流速，缺点是不能直接测出平均速度，且 U 形压差计压差读数较小，常需配用微差压差计。当流体中含有固体杂质时，会将测压孔堵塞，故不宜采用测速管。

## 1.6.2 孔板流量计

在管路里垂直插入一片中央开有圆孔的板，圆孔中心位于管路中心线上，如图 1-25 所示，即构成孔板流量计（orifice meter）。板上圆孔经精致加工，其侧边与管轴成 45°角，称锐孔，板称为孔板。

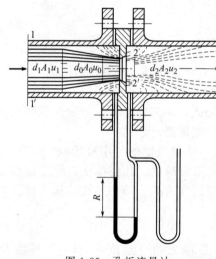

图 1-25 孔板流量计

由图 1-25 可见，流体流到锐孔时，流动截面收缩，流过孔口后，由于惯性作用，流动截面还继续收缩一定距离后才逐渐扩大到整个管截面。流动截面最小处（图中 2—2 截面）称为缩脉。流体在缩脉处的流速最大，即动能最大，而相应的静压能就最低。因此，当流体以一定流量流过小孔时，就产生一定的压强差，流量愈大，所产生的压强差也就愈大。所以可利用压强差的方法来度量流体的流量。

设不可压缩流体在水平管内流动，取孔板上游流动截面尚未收缩处为截面 1—1'，下游取缩脉处为截面 2—2'。在截面 1—1'与 2—2'间暂时不计阻力损失，列柏努利方程：

$$\frac{p_1}{\rho} + gZ_1 + \frac{u_1^2}{2} = \frac{p_2}{\rho} + gZ_2 + \frac{u_2^2}{2}$$

因水平管 $Z_1 = Z_2$，则整理得

$$\sqrt{u_2^2 - u_1^2} = \sqrt{\frac{2(p_1 - p_2)}{\rho}} \qquad (1\text{-}67)$$

由于缩脉的面积无法测得，工程上以孔口（截面 0—0'）流速 $u_0$ 代替 $u_2$，同时，实际

流体流过孔口有阻力损失；而且，测得的压强差又不恰好等于 $p_1-p_2$。由于上述原因，引入一校正系数 $C$，于是式(1-67) 改写为：

$$\sqrt{u_0^2-u_1^2}=C\sqrt{\frac{2(p_1-p_2)}{\rho}} \tag{1-68}$$

以 $A_1$、$A_0$ 分别代表管路与锐孔的截面积，根据连续性方程，对不可压缩流体有

$$u_1 A_1=u_0 A_0$$

则　$u_1^2=u_0^2\left(\dfrac{A_0}{A_1}\right)^2$，设 $\dfrac{A_0}{A_1}=m$，上式改写为：

$$u_1^2=u_0^2 m^2 \tag{1-69}$$

将式(1-69) 代入式(1-68)，并整理得

$$u_0=\frac{C}{\sqrt{1-m^2}}\sqrt{\frac{2(p_1-p_2)}{\rho}}$$

再设 $C/\sqrt{1-m^2}=C_0$，称为孔流系数，则

$$u_0=C_0\sqrt{\frac{2(p_1-p_2)}{\rho}} \tag{1-70}$$

于是，孔板的流量计算式为

$$V_s=C_0 A_0\sqrt{\frac{2(p_1-p_2)}{\rho}} \tag{1-71}$$

式中，$p_1-p_2$ 用 U 形压差计公式代入，则

$$V_s=C_0 A_0\sqrt{\frac{2Rg(\rho'-\rho)}{\rho}} \tag{1-72}$$

式中，$\rho'$、$\rho$ 分别为指示液与管路流体密度，$kg/m^3$；$R$ 为 U 形压差计液面差，m；$A_0$ 为孔板小孔截面积，$m^2$；$C_0$ 为孔流系数，又称流量系数。

流量系数 $C_0$ 的引入在形式上简化了流量计的计算公式，但实际上并未改变问题的复杂性。只有在 $C_0$ 确定的情况下，孔板流量计才能用来进行流量测定。

流量系数 $C_0$ 与面积比 $m$、收缩、阻力等因素有关，所以只能通过实验求取。$C_0$ 除与 $Re$、$m$ 有关外，还与测定压强所取的点、孔口形状、加工粗糙度、孔板厚度、管壁粗糙度等有关。这样影响因素太多，$C_0$ 较难确定，工程上对于测压方式、结构尺寸、加工状况均作规定，规定的标准孔板的流量系数 $C_0$ 就可以表示为

$$C_0=f(Re,m) \tag{1-73}$$

实验所得 $C_0$ 示于图 1-26。由图 1-26 可见，当 $Re$ 数增大到一定值后，$C_0$ 不再随 $Re$ 数而变，而是仅由 $(A_0/A_1)=m$ 决定的常数。孔板流量计应尽量设计在 $C_0=$ 常数的范围内。

孔板流量计是一种简便且易于制造的装置，在工业上广泛使用，其系列规格可查阅有关手册。其主要缺点是流体经过孔板的阻力损失较大，且孔口边缘容易磨损和磨蚀，因此对孔板流量计需定期进行校正。

**文丘里流量计**　文丘里流量计（Venturi tube meter）是在孔板流量计的基础上进一步改进设计的流量计，其结构如图 1-27 所示。为了降低测定流量过程中的能耗，将测量管段制成渐缩渐扩管，避免了突然的缩小和突然的扩大，起到了大大降低阻力损失的功效。

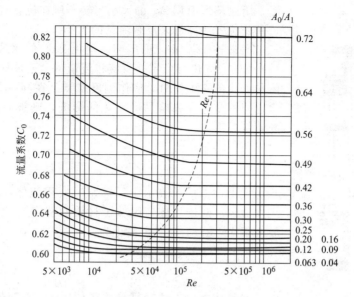

图 1-26 孔板流量计 $C_0$ 与 $Re$、$A_0/A_1$ 的关系

文丘里流量计的流量计算式与孔板流量计相类似，即

$$V_s = C_v A_0 \sqrt{\frac{2(p_a - p_o)}{\rho}} \qquad (1\text{-}74)$$

式中，$C_v$ 为流量系数，无量纲，其值可由试验测定或从仪表手册中查得；$p_a - p_o$ 为截面 $a$ 与截面 $o$ 间的压强差，单位为 Pa，其值大小由压差计读数 $R$ 来确定；$A_0$ 为喉管的截面积，$m^2$；$\rho$ 为被测流体的密度，$kg/m^3$。

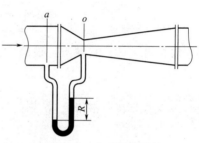

图 1-27 文丘里流量计

文丘里管的主要优点是能耗少，大多用于低压气体输送管道的流量测定。

### 1.6.3 转子流量计

转子流量计（rotameter）的构造如图 1-28 所示，在一根截面积自下而上逐渐扩大的垂直锥形玻璃管内，装有一个能够旋转自如的由金属或其它材质制成的转子（或称浮子）。被测流体从玻璃管底部进入，从顶部流出。

流体自下而上流过垂直的锥形管时，当流量加大使压力差大于转子的浮重时，转子就上升；当流量减小使压力差小于转子的浮重时，转子就下沉；当压力差与转子的浮重相等时，转子处于平衡状态，即停留在一定位置上。在玻璃管外表面上刻有读数，根据转子的停留位置，即可读出被测流体的流量。

根据转子的受力平衡分析，再仿照孔板流量计的流量计算公式，得转子流量计的计算公式为

$$V_s = C_R A_R \sqrt{\frac{2gV_f(\rho_f - \rho)}{A_f \rho}} \qquad (1\text{-}75)$$

式中，$C_R$ 为转子流量计的流量系数，由实验测定或从有关仪表手册中查得；$A_R$ 为转子与玻璃管的环形截面积，$m^2$；$V_s$ 为流过转子流量计的体积流量，$m^3/s$。

由式(1-75)可知，流量系数 $C_R$ 为常数时，流量与 $A_R$ 成正比。由于玻璃管是一倒锥

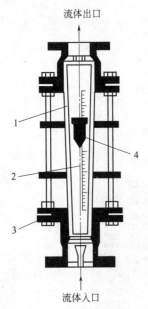

图 1-28 转子流量计

1—锥形玻璃管；2—刻度；

3—凸缘填函盖板；4—转子

形，所以环形面积 $A_R$ 的大小与转子所在位置有关，因而可用转子所处位置的高低来反映流量的大小。

通常转子流量计出厂前，均用 20℃ 的水或 20℃、$1.013 \times 10^5$ Pa 的空气进行标定，直接将流量值刻于玻璃管上。当被测流体与上述条件不符时，应作刻度换算。在同一刻度下，$C_R$ 被认为近似不变，并忽略黏度变化的影响，则被测流体与标定流体的流量关系为：

$$\frac{V_{s2}}{V_{s1}} = \sqrt{\frac{\rho_1 (\rho_f - \rho)}{\rho_2 (\rho_f - \rho_1)}} \qquad (1-76)$$

式中，下标 1 表示出厂标定时所用流体，下标 2 表示实际工作流体。对于气体，因转子材质的密度 $\rho_f$ 比任何气体的密度要大得多，式(1-76) 可简化为：

$$\frac{V_{s2}}{V_{s1}} = \sqrt{\frac{\rho_1}{\rho_2}} \qquad (1-76a)$$

**必须注意：上述换算公式是假定 $C_R$ 不变的情况下推出的，当使用条件与标定条件相差较大时，则需重新实际标定刻度与流量的关系曲线。**

转子流量计的优点：能量损失小，读数方便，测量范围宽，能用于腐蚀性流体；其缺点：玻璃管易于破损，安装时必须保持垂直并需安装支路以便于检修。

# 1.7 非牛顿流体流动

### 1.7.1 非牛顿流体的分类

非牛顿流体，根据其剪应力与速度梯度的关系不同，可分为两大类。一类是其剪应力与速度梯度之间的关系不随流体经受剪应力的时间而改变的流体。这类流体又根据其剪应力与速度梯度之间的关系不同而分为如图 1-29 所示的三种，即宾汉塑性流体、假塑性流体、涨塑性流体。另一类是剪应力与速度梯度之间的关系随流体经受剪应力的时间而改变的流体，称为时变性流体。目前在工程应用上对于非牛顿流体的研究主要集中在第一类非牛顿流体。

(1) 宾汉塑性流体　宾汉塑性（Bingham plastic）流体的剪应力与速度梯度关系曲线为斜率固定但不通过原点的直线，表示剪应力超过一定值之后，宾汉塑性流体才开始流动。其解释是此种流体在静止时具有三维结构，其刚度足以抵抗一定的剪应力，剪应力超过其屈服点之后流体才开始流动。属于此类的物质有干酪、巧克力浆、牙膏等。

宾汉塑性流体的剪应力与速度梯度间关系可用下式表示：

$$\tau = \tau_y + K \left( \frac{\mathrm{d}u}{\mathrm{d}y} \right) \qquad (1-77)$$

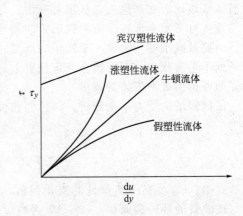

图 1-29　几种非牛顿流体的流动性质

式中，$K$ 为稠度系数。

（2）假塑性流体　假塑性（pseudoplasitc）流体的剪应力与速度梯度关系曲线为一向下弯的曲线，多数非牛顿型流体都属于这一类。其剪应力随速度梯度间的关系可用下式表示，$n$ 为流变指数：

$$\tau = K \left( \frac{\mathrm{d}u}{\mathrm{d}y} \right)^n \quad (n < 1) \tag{1-78}$$

食品工业遇到最多的假塑性流体有蛋黄酱、油脂、淀粉溶液、某些蜂蜜等。

（3）涨塑性流体　涨塑性（dilatant）流体的剪应力与速度梯度关系曲线为一向上弯的曲线，可用下式表示：

$$\tau = K \left( \frac{\mathrm{d}u}{\mathrm{d}y} \right)^n \quad (n > 1) \tag{1-79}$$

食品工业中涨塑性的流体有浓淀粉溶液、许多蜂蜜等。

由以上分析可知，牛顿流体、假塑性流体、涨塑性流体的剪应力与速度梯度关系都可以用幂函数的形式来表示，故将上述流体统称为幂律流体。

### 1.7.2　非牛顿流体的流动计算

非牛顿流体的流动计算多涉及流量、流速、流动阻力，其中对假塑性流体、涨塑性流体等幂律流体，在层流状况下其流量 $V$ 与压差 $\Delta p$ 的关系为：

$$V = \frac{\pi n}{3n + 1} \left( \frac{d}{2} \right)^{3 + 1/n} \left( \frac{\Delta P}{2Kl} \right)^{1/n} \tag{1-80}$$

管内平均流速与最大流速之比为

$$\frac{\bar{u}}{u_{\max}} = \frac{1 + n}{1 + 3n} \tag{1-81}$$

由于宾汉塑性流体的剪应力与速度梯度间关系复杂，其流体的流量、流速计算更为复杂，在此不再作介绍，可参阅相关资料。在湍流区域内，假塑性流体、涨塑性流体等非牛顿流体的速度分布和牛顿流体没有显著的差别。

仿照牛顿流体，将假塑性流体、涨塑性流体等幂律流体在管内流动阻力表示为 $h_f$，即

$$h_f = \frac{\Delta p}{\rho} = 4f \frac{l}{d} \times \frac{u^2}{2} \tag{1-82}$$

其中 $f$ 为范宁（Fanning）摩擦因子，它与雷诺数有关。在层流流动时有

$$f = \frac{16}{Re_{\mathrm{MR}}} \tag{1-83}$$

式中，$Re_{\mathrm{MR}}$ 为非牛顿流体的广义雷诺数。

对幂律流体

$$Re_{\mathrm{MR}} = \frac{d^n u^{2-n} \rho}{K \left( \frac{1 + 3n}{4n} \right)^n 8^{n-1}} \tag{1-84}$$

幂律流体在光滑管中作湍流流动时，范宁摩擦因子为

$$\frac{1}{\sqrt{f}} = \frac{4.0}{n^{0.75}} \lg (Re_{\mathrm{MR}} f^{1 - n/2}) - \frac{0.4}{n^{1.2}} \tag{1-85}$$

为便于计算，上式也可绘成图形，见图 1-30。在 $n = 0.36 \sim 1.0$，$Re_{\mathrm{MR}} = 2900 \sim 36000$ 范围内，计算与实验结果相符情况很好。

在 $n = 0.2 \sim 1.0$ 范围内，幂律流体由层流向湍流过渡的临界雷诺数 $Re_{\mathrm{MR}}$ 为 $2100 \sim 2400$。

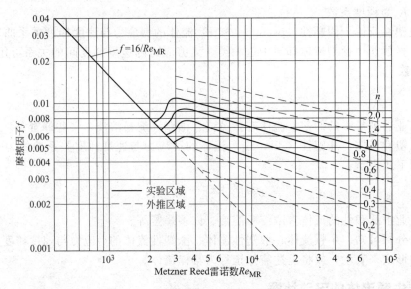

图 1-30　非牛顿流体的范宁摩擦因子

# 思 考 题

1-1　流体力学中为什么要用宏观方法研究流体？其有何优越性？

1-2　食品生产中，液体混合物的密度、黏度如何获得？

1-3　如何正确区分表压强、真空度、绝对压强的概念及相互间关系？

1-4　流体静力学方程、柏努利方程的含义是什么？应用时应注意哪些事项？

1-5　流体质量守恒、机械能守恒、动量守恒三大守恒定律的内涵是什么？

1-6　牛顿型流体、非牛顿型流体的区别是什么？非牛顿型流体有哪几种类型？

1-7　流体流动类型有哪几种？各自有什么特点？如何利用雷诺数进行区别？

1-8　什么是量纲分析法？如何利用量纲分析法获得湍流时的摩擦系数？

1-9　边界层的概念是什么？边界层对流体的流动产生什么样的影响？

1-10　流体摩擦阻力有哪几种类型？如何进行计算？

1-11　设计型管道计算与操作型管道计算的区别是什么？

1-12　孔板流量计与转子流量计的区别是什么？如何进行转子流量计的校正？

1-13　如何进行非牛顿型流体的流速、流量、阻力计算？

1-14　某液体分别在本题附图所示的三根管道中稳定流过，各管绝对粗糙度、管径均相同，上游截面 1—1′ 的压强、流速也相等。问：在三种情况中，下游截面 2—2′ 的流速是否相等？在三种情况中，下游截面 2—2′ 的压强是否相等？如果不等，指出哪一种情况的数值最大，哪一种情况的数值最小？其理由何在？

1-15　附图中所示的高位槽液面维持恒定，管路中 ab 和 cd 两段的长度、直径及粗糙度均相同。某液体以

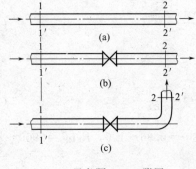

思考题 1-14　附图

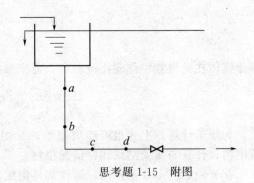

思考题 1-15　附图

一定流量流过管路，液体在流动中温度可视为不变。问：（1）液体通过 $ab$ 和 $cd$ 两管段的能量损失是否相等？（2）此两管段的压强差是否相等？写出它们的表达式。

1-16　如附图所示管路，试问：

（1）B 阀门不动（半开着），A 阀由全开逐渐关小，则 $h_1$、$h_2$、$(h_1-h_2)$ 如何变化？

（2）A 阀门不动（半开着），B 阀由全开逐渐关小，则 $h_1$、$h_2$、$(h_1-h_2)$ 如何变化？

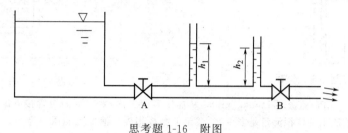

思考题 1-16　附图

# 习　　题

1-1　已知硫酸与水的密度分别为 $1830kg/m^3$ 与 $998kg/m^3$，试求含硫酸为 60%（质量分数）的硫酸水溶液的密度。（$1372kg/m^3$）

1-2　甲乙两地的平均大气压强分别为 $85.3\times10^3Pa$ 和 $101.33\times10^3Pa$，在甲地操作的番茄酱双效浓缩设备的真空表读数为 $80\times10^3Pa$，在乙地操作时，若要求塔内维持相同的绝对压强，真空表读数应为多少？（$96.03\times10^3Pa$）

1-3　在附图所示的储油罐中盛有密度为 $960kg/m^3$ 的油品。油面高于罐底9.6m，油面上方为常压。在罐侧壁的下部有一直径为760mm的圆孔，其中心距罐底800mm，孔盖用14mm的钢制螺钉紧固。若螺钉材料的工作应力取为 $39.23\times10^6Pa$，问：至少需要几个螺钉？（7个）

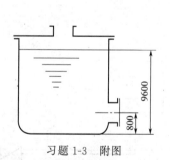

习题 1-3　附图

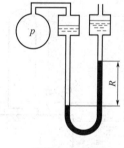

习题 1-4　附图

1-4　根据本题附图所示的微差压差计的读数，计算管路中气体的表压强 $p$。压差计中以油和水为指示液，其密度分别为 $920kg/m^3$ 及 $998kg/m^3$，U 形管中油、水交界面高度差 $R=300mm$。两扩大室的内径 $D$ 均为 60mm，U 形管内径 $d$ 为 6mm。（表压257Pa）

1-5　椰子油流过一内径为15mm的水平管道。管道中有一收缩管，将管径逐渐收缩至12mm，在未收缩处和收缩至最小处之间安一压差计，测得压强差为800Pa。试估算椰子油的流量。椰子油的密度可取为 $940kg/m^3$。（$1.92\times10^{-4}m^3/s$）

1-6　某厂要求安装一根输水量为 $30m^3/h$ 的管路，试选择合适的管径。（$\phi89mm\times4mm$）

1-7　有一内径为25mm的水管，如管中水的流速为1.0m/s，求：

（1）管中水的流动类型；

（2）管中水保持层流状态的最大流速（水的密度 $\rho=1000kg/m^3$，黏度 $\mu=1mPa\cdot s$）。（湍流 0.08m/s）

1-8　20℃的空气在直径为80mm的水平管流过。现于管路中接一文丘里管，如本题附图所示。文丘里管的上游接一水银 U 形管压差计，在直径为20mm的喉颈处接一细管，其下部插入水槽中。空气流过文丘里管的能量损失可忽略不计。当 U 形管压差计读数 $R=25mm$、$h=0.5m$ 时，试求此时空气的流量（$m^3/h$）。当地大气压强为 $101.33\times10^3Pa$。（$132.8m^3/h$）

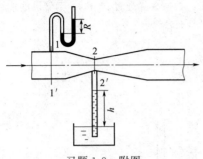

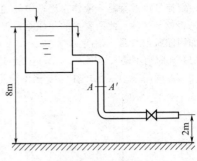

习题 1-8 附图          习题 1-10 附图

1-9 某糖液（黏度 60mPa·s，密度 1280kg/m³），从加压容器经内径 6mm 的短管接流出。当液面高出流出口 2m 时，糖液流出的体积流量是多少？［假定无摩擦损失，液面上的压力为 70.1kPa（表压），出口为大气压］（$3.45 \times 10^{-4}$ m³/s）

1-10 如图所示，高位槽内的水面高于地面 8m，水从 $\phi$108mm×4mm 的管道中流出。管路出口高于地面 2m。在本题特定条件下，水流经系统的能量损失可按 $\sum h_f = 6.5u^2$ 计算（不包括出口的能量损失），其中 $u$ 为水在管内的流速，m/s。计算：

(1) A—A′ 截面处水的流速；

(2) 水的流量，m³/h。（2.9m/s；82m³/h）

1-11 用离心泵将水从贮槽送至水洗塔的顶部，槽内水位维持恒定，各部分相对位置如本题附图所示。管路的直径均为 $\phi$76mm×2.5mm。在操作条件下，泵入口处真空表的读数为 $24.66 \times 10^3$ Pa；水流经吸入管与排出管（不包括喷头）的能量损失可分别按 $\sum h_{f_1} = 2u^2$ 与 $\sum h_{f_2} = 10u^2$ 计算。由于管径不变，故式中 $u$ 为吸入或排出管的流速（m/s）。排水管与喷头处的压强为 $98.07 \times 10^3$ Pa（表压）。求泵的有效功率。（水的密度取为 1000kg/m³）（2260W）

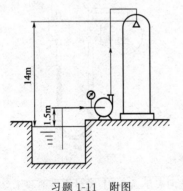

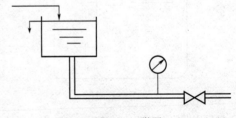

习题 1-11 附图          习题 1-12 附图

1-12 在图示装置中，水管直径为 $\phi$57mm×3.5mm。当阀门全闭时，压力表读数为 0.3 个大气压，而在阀门开启后，压力表读数降至 0.2 个大气压。设管路入口至压力表处的压头损失为 0.5mH₂O，求水的流量（m³/h）。（22.9m³/h）

1-13 用 $\phi$168mm×9mm 的钢管输送原油。管线总长 100km，油量为 60000kg/h，油管最大抗压能力为 $1.57 \times 10^7$ Pa。已知 50℃时油的密度为 890kg/m³，黏度为 181mPa·s。假定输油管水平放置，其局部阻力忽略不计。问：为完成上述输油任务，中途需设几个加压站？（1个）

1-14 某种油的黏度是 40mPa·s，在内径 20mm 的水平管内做层流流动，流速为 1.3m/s。试求油从管道一端流至相距 3m 的另一端的压力降。（12.48kPa）

1-15 一高位牛奶贮槽通过管子向下面的配料槽供料。槽内液面在管出口以上 2.5m，管路由 $\phi$38mm×2.5mm 的无缝钢管组成，管路全长 40m，其间有 2 个 90° 弯头，一个截止阀调节流量。管壁粗糙度为 0.15mm，求牛奶流量。牛奶的密度为 1030kg/m³，黏度为 2.12mPa·s。（3.078m³/h）

1-16 如附图所示。水由喷嘴喷入大气，流量 $V = 0.025$m³/s，$d_1 = 80$mm，$d_2 = 40$mm，$p_1$（表压）$= 0.8$MPa。求水流对喷嘴的作用力。（4.02kN）

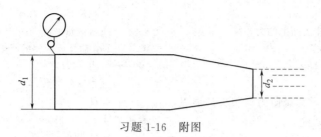

习题 1-16　附图

1-17　水由直径为 0.04m 的喷口流出，流速为 $u_j=20$m/s。另一股水流以 $u_s=0.5$m/s 的流速在喷嘴外的导管环隙中流动，导管直径为 $d=0.10$m。设图中截面 1 各点虚拟压强 $p_1$ 相同，截面 2 处流速分布均匀，并忽略截面 1 至 2 间管壁对流体的摩擦力，求：（1）截面 2 处的水流速 $u_2$；（2）图示压差计的读数 $R$。（3.62m/s；0.41m）

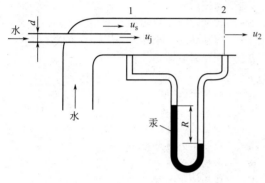

习题 1-17　附图

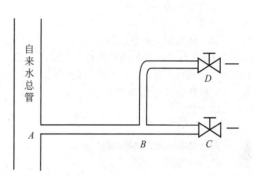

习题 1-18　附图

1-18　如图所示，从自来水总管接一管段 $AB$ 向工厂供水，在 $B$ 处分成两路各通向一楼和二楼。两支路各安装一截止阀，出口分别为 $C$ 和 $D$。已知管段 $AB$、$BC$ 和 $BD$ 的长度分别为 100m、10m 和 20m（包括直管长度及管件的当量长度，但不包括阀门的当量长度），管内径皆为 30mm。假定总管在 $A$ 处的表压为 0.343MPa，不考虑分支点 $B$ 处的动量交换和能量损失，且可认为各管段内的流动均进入阻力平方区，摩擦系数皆为 0.03，试求：（1）$D$ 阀关闭，$C$ 阀全开（$\zeta=6.4$）时，$BC$ 管的流量为多少？（2）$D$ 阀全开，$C$ 阀关小至流量减半时，$BD$ 管的流量为多少？总管流量又为多少？（$1.72\times10^{-3}$m³/s；$8.12\times10^{-4}$m³/s；$1.67\times10^{-3}$m³/s）

1-19　20℃空气在一内径为 200mm 的钢管中流过。U 形管压差计中指示剂为水，用皮托管在管中心处测得读数 $R$ 为 20mm，测点处的压强为 $2.5\times10^3$Pa（表压），求管截面上的平均流速。已知当地大气压强为 $10^5$Pa。（15m/s）

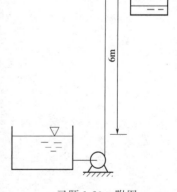

习题 1-20　附图

1-20　如附图所示。用泵将容器中的蜂蜜以 $6.28\times10^{-3}$m³/s 流量送往高位槽中，管路长（包括局部阻力的当量长度）为 20m，管径为 0.1m，蜂蜜流动特性服从幂律 $\tau=0.05\left(\dfrac{\mathrm{d}u}{\mathrm{d}y}\right)^{0.5}$，密度 $\rho=1250$kg/m³，求泵需提供的能量。（60.3J/kg）

## 本章符号说明

**英文字母**

$A$——截面积，m²；

$d$——管道直径，m；

$Eu$——欧拉数；

$E$——总机械能，J/kg；

$E_p$——虚拟压强，J/m³；

$F$——流体的内摩擦力，N；

$F_v$——垂直作用于流体表面上的力，N；

$g$——重力加速度，$m/s^2$；

$G$——质量流速，$kg/(m^2 \cdot s)$；

$h$——高度，m；

$h_f$——1kg 流体流动时克服阻力所损失的能量，J/kg；

$H$——压头或高度，m；

$K$——系数；

$l$——长度，m；

$m$——质量，kg；

$M$——摩尔质量，g/mol 或 kg/kmol；

$N$——轴功率或功率，kW；

$p$——压力（压强），Pa；

$Q$——吸收或放出的热量，J；

$Q_e$——1kg 流体吸收或放出的热量，J/kg；

$R$——摩尔气体常数，8.314kJ/（kmol·K）；

$R$——液柱压差计读数管道半径，m；

$Re$——雷诺数；

$r$——半径，m；

$S$——两流体层间的接触面积，$m^2$；

$T$——热力学温度，K；

$u$——流速，m/s；

$U$——内能，J；

$\upsilon$——比容，$m^3/kg$；

$V$——体积，$m^3$；

$V_h$——体积流量，$m^3/h$；

$V_s$——体积流量，$m^3/s$；

$w_s$——质量流量，kg/s；

$W_e$——1kg 流体所获得的能量，J/kg；

$W$——重力，N；

$y$——气相摩尔分数；

$Z$——高度，m。

**希腊字母**

$\delta$——流动边界层厚度，m；

$\varepsilon$——绝对粗糙度，mm；

$\zeta$——阻力系数；

$\eta$——效率；

$\theta$——时间，s；

$\lambda$——摩擦系数；

$\mu$——黏度，Pa·s 或 cP；

$\nu$——运动黏度，$m^2/s$ 或 $cm^2/s$；

$\Pi$——润湿周边，m；

$\rho$——密度，$kg/m^3$；

$\tau$——内摩擦应力，Pa。

**下标**

e——当量的或有效的；

f——克服阻力损失的；

m——平均的；

V——体积的；

v——垂直；

w——质量的；

0——标准状态；

1,2——序号。

# 第2章 流体输送

【本章学习要求】
　　掌握离心泵的结构、特点、工作原理、使用调节方法、选型计算等，重点是选型计算；了解往复式泵的工作原理，重点了解容积式泵与离心泵在使用上的区别；掌握离心风机的结构、特点、工作原理、选型计算等，重点是选型计算；了解往复式压缩机的结构、工作原理和选型；了解真空泵的类型、结构特点、工作原理和选型。

【引言】
　　流体输送（fluid transport）机械就是向流体做功以提高流体机械能的装置，因此流体通过流体输送机械后即可获得能量，用于克服液体输送沿程中的机械能损失，提高位能以及提高流体压强（或减压）等。通常，将输送液体的机械称之为泵；将输送气体的机械按所产生压强的高低分别称之为通风机、鼓风机、压缩机和真空泵。
　　本章主要介绍常用流体输送机械的基本结构、工作原理和特性，以便能够依据流体流动的有关原理正确地选择和使用流体输送机械。具体地说，就是根据输送任务，正确地选择输送机械的类型和规格，决定输送机械在管路中的位置，计算所消耗的功率等，使输送机械能在高效率下可靠地运行。

## 2.1 液体输送机械

　　液体输送机械一般根据其流量和压强（压头）关系可分为离心泵和正位移泵两大类。其中，以离心泵应用最为广泛，这是因为离心泵具有以下优点：①结构简单，操作容易，便于调节和自控；②流量均匀，效率较高；③流量和压头的适用范围较广；④适用于输送腐蚀性或含有悬浮物的液体。当然，其它类型泵也有其本身的特点和适用场合，某些方面是离心泵所不能完全代替的。

### 2.1.1 离心泵

#### 2.1.1.1 离心泵的工作原理和主要部件

　　（1）离心泵的工作原理　　离心泵（centrifugal pumps）如图 2-1 所示，它的基本部件是旋转的叶轮和固定的泵壳。叶轮安装在泵壳内并紧固于泵轴上，泵轴由原动机带动旋转。泵壳中央的吸入口与吸入管路相连接，在吸入管路底部装有单向底阀。泵壳侧旁沿切线方向的排出口与排出管路相连接，其上装有调节阀。
　　离心泵在启动前需先向壳内充满被输送的液体，启动后泵轴带动叶轮一起旋转，迫使叶片间的液体旋转。液体在惯性离心力的作用下自叶轮中心被甩向外周并获得了能量，使流向叶轮外周的液体的静压强增高，流速增大。液体离开叶轮进入泵壳后，因壳内流道逐渐扩大而使液体减速，部分动能转换成静压能。于是，具有较高压强的液体从泵的排出口进入排出管路，被输送到所需的场所。当液体自叶轮中心甩向外周的同时，在叶轮中心产生低压区。由于贮槽液面上方的压强大于泵吸入口的压强，致使液体被吸进叶轮中心。因此只要叶轮不断地旋转，液体便连续地被吸入和排出。由此可见，离心泵之所以能输送液体，主要是依靠高速旋转的叶轮，液体在惯性离心力的作用下获得了能量，提高了压强。

离心泵启动时，若泵内存有空气，由于空气密度很低，旋转后产生的离心力小，因而叶轮中心区所形成的低压不足以将贮槽内的液体吸入泵内，即使启动离心泵也不能输送液体。此种现象称为气缚，表示离心泵无自吸能力，所以在启动前必须向壳内灌满液体。离心泵吸入管路底阀的作用是防止液体倒流，滤网则可以阻拦液体中的杂质被吸入而堵塞管道和泵壳。排出管路上装有调节阀，用于启闭和调节流量。

（2）离心泵的主要部件　离心泵由两个主要部分构成：一是包括叶轮和泵轴的旋转部件；二是由泵壳、填料函和轴承组成的静止部件。

① 叶轮（impeller）　叶轮是离心泵的关键部件，因为液体从叶轮获得了能量，或者说叶轮的作用是将原动机的机械能传给液体，使通过离心泵的液体静压能和动能均有所提高。

叶轮通常由 6～12 片的后弯叶片组成。按其结构可分为闭式、半闭式和开式三种叶轮，如图 2-2 所示。叶片两侧带有前、后盖板的称为闭式叶轮，它适用于输送清洁液体，一般离心泵多采用这种叶轮。没有前、后盖板，仅由叶片和轮毂组成的称为开式叶轮。只有后盖板的称为半闭式叶轮。开式和半闭式叶轮由于流道不易堵塞，适用于输送含有固体颗粒的悬浮液。

② 泵壳（pump housing）　离心泵的泵壳通常制成蜗壳形，故又称为蜗壳，如图 2-3 中的 1 所示。叶轮在泵壳内沿着蜗形通道逐渐扩大的方向旋转，愈接近液体的出口，流道截面积愈大。液体从叶轮外周高速流出后，流过泵壳蜗形通道时流速将逐渐降低，因此减少了流动能量损失，且使部分动能转换为静压能。所以泵壳不仅是汇集由叶轮流出的液体的部件，而且是一个能量转换的场所。

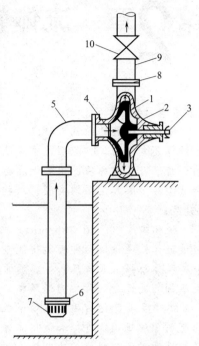

图 2-1　离心泵装置简图
1—叶轮；2—泵壳；3—泵轴；
4—吸入口；5—吸入管；6—底阀；
7—滤网；8—排出口；
9—排出管；10—调节阀

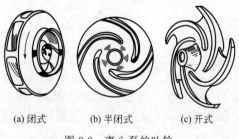

(a) 闭式　　(b) 半闭式　　(c) 开式

图 2-2　离心泵的叶轮

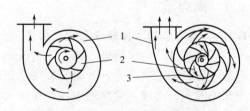

图 2-3　泵壳与导轮
1—泵壳；2—叶轮；3—导轮

为了减少液体直接进入泵壳时因碰撞引起的能量损失，在叶轮与泵壳之间有时还装有一个固定不动而且带有叶片的导轮。由于导轮具有若干逐渐转向和扩大的流道，使部分动能可转换为静压能，且可减少能量损失。

③ 轴封装置　由于泵轴转动而泵壳固定不动，泵轴穿过泵壳处必定会有间隙。为防止泵内高压液体沿间隙漏出或外界空气漏入泵内，必须设置轴封装置。常用的轴封装置有填料密封和机械密封两种，详见有关专著。填料密封装置又称填料函，其密封原理如图 2-4 所示。它主要由填料函壳、软填料和填料压盖等构成。软填料一般用浸油的或涂石墨的石棉绳

等。用压盖将填料压紧在填料函壳和泵轴之间，以达到密封的作用。填料密封装置结构简单，但需经常调节和维修，功耗较大，且不能完全避免泄漏，故不适用于易燃、易爆或有毒液体的输送。

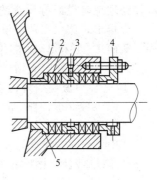

图 2-4　填料密封装置
1—填料函壳；2—软填料；
3—液封圈；4—填料压盖；
5—内衬套

### 2.1.1.2　离心泵基本方程式

离心泵的基本方程式从理论上表达了泵的压头与其结构、尺寸、转速及流量等参数之间的关系，它是用于计算离心泵理论压头的基本公式。

离心泵的理论压头是指在理想情况下离心泵可能达到的最大压头。所谓理想情况就是：①叶轮为具有无限多叶片（叶片的厚度当然为无限薄）的理想叶轮，因此液体质点将完全沿着叶片表面流动，不发生任何环流现象；②被输送的液体是理想液体，因此无黏性的液体在叶轮内流动时不存在流动阻力。这样，离心泵的理论压头就是具有无限多叶片的离心泵对单位重量（1N）理想液体所提供的能量。显然，上述假设是为了便于分析研究液体在叶轮内的运动情况，从而导出离心泵的基本方程式。

（1）液体通过叶轮的流动　离心泵工作时，液体一方面随叶轮作旋转运动，同时又经叶

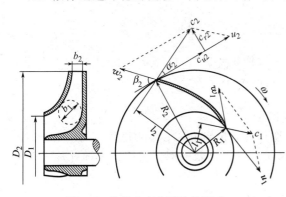

图 2-5　液体在离心泵中的流动

轮流道向外流动。如图 2-5 所示，液体质点沿着轴向以绝对速度 $c_0$ 进入叶轮，在叶片入口处转为径向运动，此时液体一方面以圆周速度 $u_1$ 随叶轮旋转，其运动方向与液体质点所在处的圆周的切线方向一致，大小与所在处的半径及转速有关；另一方面以相对速度 $w_1$ 在叶片间作相对于旋转叶轮的相对运动，其运动方向是液体质点所在处的叶片切线方向，大小与液体流量及流道的形状有关。两者的合速度为绝对速度 $c_1$，此即为液体质点相对于泵壳

（固定于地面）的绝对运动速度。同样，在叶片出口处，圆周速度为 $u_2$，相对速度为 $w_2$，两者的合速度即为液体在叶轮出口处的绝对速度 $c_2$。

由上述三个速度所组成的矢量图，称为速度三角形。如图 2-5 中出口速度三角形所示，$\alpha$ 表示绝对速度与圆周速度两矢量之间的夹角，$\beta$ 表示相对速度与圆周速度反方向延线的夹角，一般称之为流动角。$\alpha$ 及 $\beta$ 的大小与叶片的形状有关。根据速度三角形可确定各速度间的数量关系。由余弦定律知

$$w_1^2 = c_1^2 + u_1^2 - 2c_1 u_1 \cos\alpha_1, \qquad w_2^2 = c_2^2 + u_2^2 - 2c_2 u_2 \cos\alpha_2 \tag{2-1}$$

由此可知，叶片的形状影响液体在泵内的流动情况以及离心泵的性能。

（2）方程式的推导　离心泵基本方程式可由离心力做功导出。根据柏努利方程，单位重量（1N）的理想液体通过离心泵叶片入口截面 1—1′ 到叶片出口截面 2—2′ 所获得的机械能为

$$H_{T\infty} = H_p + H_c = \frac{p_2 - p_1}{\rho g} + \frac{c_2^2 - c_1^2}{2g} \tag{2-2}$$

式中，$H_{T\infty}$ 为具有无穷多叶片的离心泵对理想液体所提供的理论压头，m；$H_p$ 为理想

液体经理想叶轮后静压头的增量，m；$H_c$ 为理想液体经理想叶轮后动压头的增量，m。

应指出，式(2-2) 中没有考虑截面 1—1' 和 2—2' 间位能的不同，这是因为叶轮每转一周，截面 1—1' 和 2—2' 的位置互换一次，按时均计，位能差可视为零。

式(2-2) 中静压头增量 $H_p$ 主要来源于以下两方面。

① 离心力做功　单位重量（1N）液体所获得的离心力外功可表示为

$$\int_{R_1}^{R_2} \frac{F}{g} \mathrm{d}R = \int_{R_1}^{R_2} \frac{R\omega^2}{g} \mathrm{d}R = \frac{\omega^2}{2g}(R_2^2 - R_1^2) = \frac{u_2^2 - u_1^2}{2g}$$

式中，$\omega$ 为叶轮旋转角速度。

② 能量转换　因叶轮中相邻的两叶片构成的流道自内向外逐渐扩大，流体通过时，部分动能转换为静压能，动能转换使得静压头产生的增量为 $\dfrac{w_1^2 - w_2^2}{2g}$。

因此，单位重量（1N）液体通过叶轮后静压头增量为

$$H_p = \frac{u_2^2 - u_1^2}{2g} + \frac{w_1^2 - w_2^2}{2g} \tag{2-3}$$

将式(2-3) 代入式(2-2) 可得

$$H_{T\infty} = \frac{u_2^2 - u_1^2}{2g} + \frac{w_1^2 - w_2^2}{2g} + \frac{c_2^2 - c_1^2}{2g} \tag{2-4}$$

将式(2-1) 代入式(2-4)，并整理可得

$$H_{T\infty} = \frac{u_2 c_2 \cos\alpha_2 - u_1 c_1 \cos\alpha_1}{g} \tag{2-5}$$

在离心泵的设计中，为提高理论压头，一般使 $\alpha_1 = 90°$，式(2-5) 可简化为

$$H_{T\infty} = \frac{u_2 c_2 \cos\alpha_2}{g} \tag{2-5a}$$

式(2-5) 和式(2-5a) 即为离心泵基本方程式。

（3）离心泵基本方程式的讨论　为了能明显地看出影响离心泵理论压头的因素，需要将式(2-5a) 作进一步变换。理论流量可表示为在叶轮出口处的液体径向速度和叶片末端圆周出口面积之乘积，即

$$Q_T = c_{r2} \pi D_2 b_2 \tag{2-6}$$

式中，$D_2$ 为叶轮外径，m；$b_2$ 为叶轮出口宽度，m；$c_{r2}$ 为液体在叶轮出口处的绝对速度的径向分量，m/s。

从图 2-5 中出口速度三角形可知

$$c_2 \cos\alpha_2 = u_2 - c_{r2} \cot\beta_2 \tag{2-7}$$

由式(2-6)、式(2-7) 和式(2-5a) 可得

$$H_{T\infty} = \frac{u_2^2}{g} - \frac{u_2 \cot\beta_2}{g\pi D_2 b_2} Q_T \tag{2-8}$$

而

$$u_2 = \frac{\pi D_2 n}{60} \tag{2-9}$$

式中，$n$ 为叶轮转速，r/min。

式(2-8) 为离心泵基本方程式的又一表达形式，表示离心泵的理论压头与理论流量、叶轮转速和直径、叶片几何形状之间的关系。下面分别讨论各项影响因素。

① 叶轮的转速和直径　由式(2-8) 和式(2-9) 可看出，当理论流量和叶片几何尺寸（$b_2$，$\beta_2$）一定时，离心泵的理论压头随叶轮转速、直径的增加而加大。

② 叶片的几何形状　由式(2-5a) 可知，当叶轮的直径和转速、叶片的宽度及理论流量一定时，离心泵的理论压头随叶片的形状而变。理论压头中静压头和动压头的比例随 $\beta_2$ 的

大小而变。

③ 理论流量　若离心泵的几何尺寸（$D_2$，$b_2$，$\beta_2$）和转速（$n$）一定，则式（2-8）可表示为

$$H_{T\infty}=A-BQ_T \tag{2-10}$$

式中，$A=\dfrac{u_2^2}{g}$；$B=\dfrac{u_2\cot\beta_2}{g\pi D_2 b_2}$

式（2-10）表示 $H_{T\infty}$ 与 $Q_T$ 呈负线性相关，该直线的斜率 $B$ 与叶片形状（$\beta_2$）有关。$\beta_2<90°$时，$B>0$。

④ 液体的密度　在离心泵的基本方程式（2-8）中并未出现液体密度这一重要性质，这表明离心泵的理论压头与液体的密度无关。因此，对同一台离心泵，不论输送何种液体，所能达到的理论压头是相同的。但应注意，离心泵出口处的压强（或泵进、出口处的压强差）却与液体的密度成正比。

（4）离心泵的实际压头和实际流量　应予指出，前面讨论的是理想液体通过理想叶轮时的 $H_{T\infty}$-$Q_T$ 关系，即离心泵的理论特性。实际上，叶轮的叶片数目是有限的，且输送的是实际液体。因此，液体并非完全沿叶片弯曲形状运动，而是在流道中产生与旋转方向不一致的旋转运动，称为轴向涡流。于是，实际的圆周速度 $u_2$ 和绝对速度 $c_2$ 都较理想叶轮的要小，致使泵的压头降低。同时，实际液体流过叶片的间隙和泵内通道时必然伴有各种能量损失，因此离心泵的实际压头 $H$ 必小于理论压头 $H_{T\infty}$。另外由于泵内存在各种泄漏损失，离心泵的实际流量 $Q$ 也低于理论流量 $Q_T$。所以离心泵的实际压头和实际流量（简称为离心泵的压头和流量）$H$-$Q$ 关系曲线应在 $H_{T\infty}$-$Q_T$ 关系曲线的下方，如图 2-6 所示。

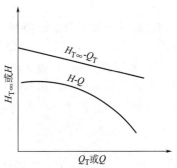

图 2-6　离心泵的 $H_{T\infty}$-$Q_T$
与 $H$-$Q$ 关系曲线

### 2.1.1.3 离心泵的主要性能参数与特性曲线

要正确地选择和使用离心泵，就必须了解泵的性能参数及其相互关系。离心泵的主要性能参数有流量、压头、轴功率、效率等。各性能间的关系通常用特性曲线表示。

（1）离心泵的主要性能参数

① 流量（quantity）　离心泵的流量是指离心泵在单位时间内排送到管路系统的液体体积，一般用 $Q$ 表示，常用单位为 L/s 或 m³/s 或 m³/h。离心泵的流量与泵的结构、尺寸（主要为叶轮直径和宽度）及转速等有关。应予指出，离心泵总是和特定的管路相联系的，因此离心泵的实际流量还与管路特性有关。

② 压头（扬程）（head）　离心泵的压头又称扬程，它是指离心泵对单位重量（1N）液体所能提供的有效能量，一般用 $H$ 表示，其单位为 m。离心泵的压头与泵的结构、尺寸（如叶片的弯曲情况、叶轮直径等）、转速及流量有关。对于一定的泵和转速，压头与流量间具有一定的关系。

如前所述，离心泵的理论压头可用离心泵的基本方程式计算。实际上由于液体在泵内的流动情况较复杂，因此目前尚不能从理论上计算泵的实际压头，一般由实验测定。具体测定方法见例 2-1。

③ 效率（pump efficiency）　离心泵在输送液体过程中，当外界能量通过叶轮传给液体时，不可避免地会有能量损失，即由原动机提供给泵轴的能量不能全部为液体所获得，致使泵的有效压头和流量都较理论值为低，通常用效率来反映能量损失。

离心泵的能量损失包括以下几项。

a. 容积损失　容积损失是指泵的液体泄漏所造成的损失。容积损失可由容积效率$\eta_v$来表示，一般闭式叶轮的容积效率为 0.85～0.95。

b. 机械损失　由泵轴与轴承之间、泵轴与填料函之间以及叶轮盖板外表面与液体之间产生摩擦而引起的能量损失称为机械损失，可用机械效率$\eta_m$来反映这种损失，其值一般为 0.96～0.99。

c. 水力损失　黏性液体流经叶轮通道和蜗壳时产生的摩擦阻力以及在泵局部处因流速和方向改变引起的环流和冲击而产生的局部阻力，统称为水力损失。水力损失可用水力效率$\eta_h$来表示，其值一般为 0.8～0.9。

离心泵的效率反映上述三项能量损失的总和，故又称为总效率。因此总效率为上述三个效率的乘积，即

$$\eta = \eta_v \eta_m \eta_h \tag{2-11}$$

离心泵的效率与泵的类型、尺寸、制造精度、液体的流量和性质等有关。一般小型离心泵的效率为 50%～70%，大型泵可高达 90%。

④ 轴功率（pump power）　离心泵的轴功率是指泵轴所需的功率。当泵直接由电动机带动时，它即是电机传给泵轴的功率，单位为 W 或 kW。离心泵的有效功率是指液体从叶轮获得的能量。由于存在上述三种能量损失，故轴功率必大于有效功率，即

$$N = \frac{N_e}{\eta} \tag{2-12}$$

$$N_e = HQ\rho g \tag{2-13}$$

式中，$N$ 为轴功率，W；$N_e$ 为有效功率，W；$Q$ 为泵在输送条件下的流量，$m^3/s$；$H$ 为泵在输送条件下的压头，m；$\rho$ 为输送液体的密度，$kg/m^3$；$g$ 为重力加速度，$m/s^2$。

若离心泵的轴功率用 kW 来计量，则由式（2-12）和式（2-13）可得

$$N = \frac{QH\rho}{102\eta} \tag{2-14}$$

（2）离心泵的特性曲线（characteristic curves）　前已述及，离心泵的主要性能参数是流量 $Q$、压头 $H$、轴功率 $N$ 及效率 $\eta$，其间的关系由实验测得。测出的一组关系曲线称为离心泵的特性曲线或工作性能曲线，此曲线由制造商提供，并附于产品样本或说明书中，供使用部门选泵和操作时参考。

离心泵的特性曲线一般由 $H$-$Q$、$N$-$Q$ 及 $\eta$-$Q$ 三条曲线所组成，如图 2-7 所示。特性曲线随泵的转速而变，故特性曲线图上或说明书中一定要标出测定时的转速。各种型号的离心泵有其本身独自的特性曲线，但它们都具有以下的共同点。

① $H$-$Q$ 曲线　$H$-$Q$ 曲线表示泵的压头与流量的关系。离心泵的压头一般随流量的增大而下降（在流量极小时可能有例外）。这是离心泵的一个重要特性。

② $N$-$Q$ 曲线　$N$-$Q$ 曲线表示泵的轴功率与流量的关系。离心泵的轴功率随流量的增大而上升，流量为零时轴功率最小。所以离心泵启动时，应关闭泵的出口阀门，减少启动电流，以保护电机。

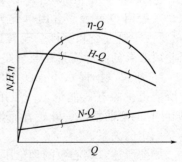

图 2-7　离心泵的特性曲线

③ $\eta$-$Q$ 曲线　$\eta$-$Q$ 曲线表示泵的效率与流量的关系。由图 2-7 所示的特性曲线可看出，当 $Q=0$ 时，$\eta=0$；随着流量增大，泵的效率随之而上升并达到一最大值；此后随流量再增大时效率便下降。说明离心泵在一定转速下有一最高效率点，通常称为设计点。泵在与最高效率相对应的流量及压头下工作最为经济，所以与最高效率点对应的 $Q$、$H$、$N$ 值称为最佳

工况参数。离心泵铭牌上标出的性能参数，就是指该泵在运行时效率最高点的性能参数。根据输送条件的要求，离心泵往往不可能正好在最佳工况下运转，因此一般只能规定一个工作范围，称为泵的高效率区，通常为最高效率的92%左右，如图中波折号所示的范围。选用离心泵时，应尽可能使泵在此范围内工作。

【例 2-1】 采用本题附图所示的实验装置来测定离心泵的性能。泵的吸入管内径为100mm，排出管内径为80mm，两测压口间垂直距离为0.5m。泵的转速为2900r/min，以20℃清水为介质测得以下数据：

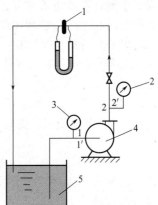

流量　15L/s

泵出口处表压　$2.55\times10^5$Pa

泵入口处真空度　$2.67\times10^4$Pa

功率表测得电动机所消耗的功率　6.2kW

泵由电动机直接带动，电动机的效率为93%。试求该泵在输送条件下的压头、轴功率和效率。

例 2-1　附图
1—流量计；2—压强表；
3—真空计；4—离心泵；
5—贮槽

**解：**① 泵的压头　真空计和压强表所在处的截面分别以 1—1′ 和 2—2′ 表示。在两截面间列以单位重量（1N）液体为衡算基准的柏努利方程式，即

$$Z_1+\frac{p_1}{\rho g}+\frac{u_1^2}{2g}+H=Z_2+\frac{p_2}{\rho g}+\frac{u_2^2}{2g}+H_{f,1-2}$$

$Z_2-Z_1=0.5$m，$p_1=-2.67\times10^4$Pa（表压），$p_2=2.55\times10^5$Pa（表压），$d_1=0.1$m，$d_2=0.08$m，

$$u_1=\frac{4Q}{\pi d_1^2}=\frac{4\times15\times10^{-3}}{\pi\times0.1^2}=1.91\text{m/s}, \quad u_2=\frac{4Q}{\pi d_2^2}=\frac{4\times15\times10^{-3}}{\pi\times0.08^2}=2.98\text{m/s}$$

两测压口间的管路很短，其间流动阻力可忽略不计，即 $H_{f,1-2}=0$。故泵的压头为

$$H=0.5+\frac{2.55\times10^5+2.67\times10^4}{1000\times9.81}+\frac{2.98^2-1.91^2}{2\times9.81}=29.5\text{m}$$

② 泵的轴功率　功率表测得的功率为电动机的输入功率，由于泵由电动机直接带动，传动效率可视为100%，所以电动机的输出功率等于泵的轴功率。因电动机本身消耗部分功率，其效率为93%，于是电动机输出功率为：电动机输入功率×电动机效率＝6.2×0.93＝5.77kW，泵的轴功率为：$N=5.77$kW。

③ 泵的效率　由式(2-14)知 $\eta=\dfrac{QH\rho}{102N}=\dfrac{15\times29.5\times1000}{1000\times102\times5.77}\times100\%=75.2\%$

改变流量测得多组上述数据，便可绘出离心泵的特性曲线。

(3) 离心泵性能的改变和换算　制造商所提供的离心泵特性曲线，一般都是在一定转速和常压下以常温的清水为工质做实验测得的。在生产中，所输送的液体是多种多样的，即使采用同一泵输送不同的液体，由于各种液体的物理性质（例如密度和黏度）不同，泵的性能就要发生变化。此外，若改变泵的转速或叶轮直径，泵的性能也会发生变化。因此，生产部门所提供的特性曲线应当重新进行换算。

**2.1.1.4　离心泵的气蚀现象和允许安装高度**

(1) 离心泵的气蚀现象　由离心泵的工作原理可知，在离心泵的叶片入口附近形成低压区。若泵吸入口附近压强越低，则吸上高度（指贮液槽液面与离心泵吸入口之间的垂直距离）就越高。但当叶片入口附近液体的静压强等于或低于输送温度下液体的饱和蒸气压时，

液体将在该处部分汽化，产生气泡。含气泡的液体进入叶轮高压区后，气泡就急剧凝结或破裂。因气泡的消失产生局部真空，此时周围的液体以极高的速度流向原气泡占据的空间，产生了很大的局部冲击压力。在这种巨大冲击力的反复作用下，导致泵壳和叶轮被损坏，这种现象称为气蚀。而造成泵吸入口处压强过低的原因诸多，如泵的安装高度超过允许值、泵送液体温度过高、泵吸入管路的局部阻力过大等。为避免发生气蚀，就应设法使叶片入口附近的压强高于输送温度下液体的饱和蒸气压。通常，根据泵的抗气蚀性能，合理地确定泵的安装高度，是防止发生气蚀现象的有效措施。

（2）离心泵的抗气蚀性能　通常，离心泵的抗气蚀性能（即吸上性能）可用气蚀余量和允许吸上真空度来表示，它们也是离心泵的基本特性。下面分别讨论它们的意义和计算方法。

① 离心泵的气蚀余量（net positive suction head）　为防止气蚀现象发生，在离心泵入口处液体的静压头（$p_1/\rho g$）与动压头（$u_1^2/2g$）之和必须大于操作温度下液体的饱和蒸气压头（$p_v/\rho g$）某一数值，此数值即为离心泵的气蚀余量。可见气蚀余量的定义式为

$$NPSH = \frac{p_1}{\rho g} + \frac{u_1^2}{2g} - \frac{p_v}{\rho g} \qquad (2\text{-}15)$$

式中，$NPSH$ 为离心泵的气蚀余量，对油泵也可用符号 $\Delta h$ 表示，m；$p_v$ 为操作温度下液体的饱和蒸气压，Pa。

泵内发生气蚀的临界条件是叶轮入口附近的最低压强等于液体的饱和蒸气压 $p_v$，此时泵入口处（截面 1—1′）的压强必等于某确定的最小值 $p_{1,\min}$。若在泵入口 1—1′ 和叶轮入口附近 $k$—$k'$ 两截面间列柏努利方程式，可得

$$(NPSH)_c = \frac{p_{1,\min} - p_v}{\rho g} + \frac{u_1^2}{2g} = \frac{u_k^2}{2g} + H_{f,1-k} \qquad (2\text{-}16)$$

式中，$(NPSH)_c$ 为临界气蚀余量，m。

为确保离心泵的正常操作，通常将所测得的临界气蚀余量加上一定的安全量，称为必需气蚀余量，记为 $(NPSH)_r$。在离心泵样本性能表中给出的是必需气蚀余量 $(NPSH)_r$。

② 离心泵的允许吸上真空度（Suction Head）　如前所述，为避免气蚀现象，泵入口处压强 $p_1$ 应为允许的最低绝对压强，但习惯上常把 $p_1$ 表示为真空度。若当地大气压为 $p_a$，则泵入口处的最高真空度为 $p_a - p_1$，单位为 Pa。若真空度以输送液体的液柱高度来计量，则此真空度称为离心泵的允许吸上真空度，以 $H_s'$ 来表示，即

$$H_s' = \frac{p_a - p_1}{\rho g} \qquad (2\text{-}17)$$

式中，$H_s'$ 为离心泵的允许吸上真空度，指泵入口处允许达到的最高真空度，m 液柱；$p_a$ 为当地大气压强，Pa；$p_1$ 为泵吸入口处允许的最低绝对压强，Pa；$\rho$ 为被输送液体的密度，kg/m$^3$。

若输送其它液体，可按下式对水泵性能表上的 $H_s'$ 值进行换算。

$$H_s = \left[ H_s' + (H_a - 10) - \left( \frac{p_v}{9.81 \times 10^3} - 0.24 \right) \right] \frac{1000}{\rho} \qquad (2\text{-}18)$$

式中，$H_s$ 为操作条件下输送液体时的允许吸上真空度，m 液柱；$H_s'$ 为实验条件下输送水时的允许吸上真空度，mH$_2$O；$H_a$ 为泵安装地区的大气压强，mH$_2$O，其值随海拔高度不同而异；$p_v$ 为操作温度下液体的饱和蒸气压，Pa；10 为实验条件下大气压强，mH$_2$O；0.24 为 20℃下水的饱和蒸气压，mH$_2$O；1000 为实验温度下水的密度，kg/m$^3$；$\rho$ 为操作温度下液体的密度，kg/m$^3$。

（3）离心泵的允许安装高度（Installation Point）　离心泵的允许安装高度（又称允许吸上高度）是指泵的吸入口与吸入贮槽液面间可允许达到的最大垂直距离，以 $H_g$ 表示。

假设离心泵在可允许的安装高度下操作，于贮槽液面 0—0′ 与泵入口处 1—1′ 两截面间

列柏努利方程式，可得

$$H_g = \frac{p_0 - p_1}{\rho g} - \frac{u_1^2}{2g} - H_{f,0-1} \qquad (2-19)$$

式中，$H_g$ 为泵的允许安装高度，m；$H_{f,0-1}$ 为液体流经吸入管路的压头损失，m；$p_1$ 为泵入口处可允许的最小压强，也可写成 $p_{1,min}$，Pa。

若贮槽上方与大气相通，则 $p_0$ 即为大气压强 $p_a$，上式可表示为

$$H_g = \frac{p_a - p_1}{\rho g} - \frac{u_1^2}{2g} - H_{f,0-1} \qquad (2-20)$$

若已知离心泵的必需气蚀余量，则由式（2-15）和式（2-19）可得

$$H_g = \frac{p_0 - p_v}{\rho g} - (NPSH)_r - H_{f,0-1} \qquad (2-21)$$

若已知离心泵的允许吸上真空度，则由式（2-17）和式（2-20）可得

$$H_g = H_s' - \frac{u_1^2}{2g} - H_{f,0-1} \qquad (2-22)$$

根据泵性能表上所列的是气蚀余量或是允许吸上真空度，相应地选用式（2-21）或式（2-22）来计算离心泵的允许安装高度。通常为安全起见，离心泵的实际安装高度应比允许安装高度低 $0.5 \sim 1$m。

**【例 2-2】** 用 IS80-65-125 型离心泵从一敞口水槽中将清水输送到它处，槽内水面恒定。输水量为 $50 \sim 60 \mathrm{m}^3/\mathrm{h}$。已知泵吸入管路的压头损失为 1.5m。试求输送 50℃清水时泵的安装高度。当地大气压为 100kPa。

**解：** 根据式（2-21）计算泵的允许安装高度。

由附录查得 50℃水的密度 $\rho = 988.1 \mathrm{kg/m}^3$，饱和蒸气压 $p_v = 12.34$kPa。

由附录查得 $Q = 60 \mathrm{m}^3/\mathrm{h}$ 时 IS80-65-125 型离心泵的必需气蚀余量 $(NPSH)_r = 3.5$m。

故 $\quad H_g = \dfrac{100 \times 10^3 - 12.34 \times 10^3}{988.1 \times 9.81} - 3.5 - 1.5 = 4.04$m

泵的实际安装高度应低于 4.04m。

在本题计算中应注意，由于大流量下 $(NPSH)_r$ 较大，因此在求泵的允许安装高度时，应以操作中可能出现的最大流量为依据。

### 2.1.1.5 离心泵的工作点与流量调节

（1）管路特性与离心泵的工作点  当离心泵安装在特定的管路系统中工作时，实际的工作压头和流量不仅与离心泵本身的性能有关，还与管路的特性有关，即在输送液体的过程中，泵和管路是互相制约的。所以，在讨论泵的工作情况前，应先了解与之相联系的管路状况。

管路特性可用管路特性方程或管路特性曲线来表达，它表示管路中流量（或流速）与压头的关系。

① 管路特性方程式和特性曲线  在低位贮液槽到高位受液槽的液体输送系统中，若贮液槽与受液槽的液面均保持恒定，液体流过管路系统时所需的压头（即要求泵提供的压头），可由两液面间列柏努利方程式求得，即

$$H_e = \Delta Z + \frac{\Delta p}{\rho g} + \frac{\Delta u^2}{2g} + H_f \qquad (2-23)$$

在特定的管路系统中，上式的 $\Delta Z$ 与 $\Delta p/\rho g$ 均为定值，即

$$\Delta Z + \frac{\Delta p}{\rho g} = K \qquad (2-24)$$

若贮槽与受液槽的截面都很大，该处流速与管路流速相比可以忽略不计，则 $\Delta u^2/2g \approx 0$。式(2-23)可简化为

$$H_e = K + H_f \qquad (2\text{-}25)$$

若输送管路的直径均一，则管路系统的压头损失可表示为

$$H_f = \left(\lambda\frac{l+\sum l_e}{d} + \zeta_c + \zeta_e\right)\frac{u^2}{2g} = \left(\lambda\frac{l+\sum l_e}{d} + \zeta_c + \zeta_e\right)\frac{(Q_e/3600A)^2}{2g} \qquad (2\text{-}26)$$

式中，$Q_e$ 为管路系统的输送量，$m^3/h$；$A$ 为管路截面积，$m^2$。

对特定的管路，上式等号右边各量中除了 $A$ 和 $Q_e$ 外均为定值，且 $A$ 也是 $Q_e$ 的函数，则可得

$$H_f = f(Q_e) \qquad (2\text{-}27)$$

将式(2-27)代入式(2-25)中可得

$$H_e = K + f(Q_e) \qquad (2\text{-}28)$$

式(2-28)或式(2-25)即为管路特性方程。

若流体在该管路中流动已进入阻力平方区，$A$ 可视为常量，于是可令

$$\left(\lambda\frac{l+\sum l_e}{d} + \zeta_c + \zeta_e\right)\frac{1}{2g(3600A)^2} = B$$

则式(2-26)可简化为　　$H_f = BQ_e^2$

所以，式(2-25)变换为

$$H_e = K + BQ_e^2 \qquad (2\text{-}29)$$

由式(2-29)可看出，在特定的管路中输送液体时，管路所需的压头 $H_e$ 随液体流量 $Q_e$ 的平方而变。若将此关系标在相应的坐标图上，即得如图2-8所示的 $H_e$-$Q_e$ 曲线。此线的形状由管路布局与操作条件来确定，而与泵的性能无关。

② 离心泵的工作点　离心泵在管路中运行时，泵所能提供的流量及压头与管路所需要的数值应一致。此时安装在管路中的离心泵的工作点必须同时满足泵的特性方程 $H = f(Q)$ 和管路特性方程 $H_e = K + BQ_e^2$，联解两方程，得到的解即为泵的工作点。或将泵的特性曲线 $H$-$Q$ 与管路特性曲线 $H_e$-$Q_e$ 标绘在同一图上，两曲线的交点 $M$ 即为泵的工作点，如图2-8所示。对选定的离心泵，以一定的转速在该管路中运行时，只能在 $M$ 点工作。

(2) 离心泵的流量调节　离心泵在指定的管路上工作时，由于生产任务发生变化，出现泵的工作流量与生产要求不相适应；或已选好的离心泵在特定的管路中运转时，所提供的流量不一定符合输送任务的要求。对于这两种情况，都需要对泵进行流量调节，实质上是改变泵的工作点。由于泵的工作点为泵的特性和管路特性所决定，因此改变两种特性曲线之一均可达到调节流量的目的。

离心泵流量调节常用的方法是改变出口管路上调节阀门的开度，即可改变管路特性曲线。例如，当阀门关小时，管路的局部阻力加大，管路特性曲线变陡，如图2-9中曲线1所示。工作点由 $M$ 点移至 $M_1$ 点，流量由 $Q_M$ 降至 $Q_{M_1}$。当阀门开大时，管路局部阻力减小，管路特性曲线变得平坦，如图中曲线2所示，工作点移至 $M_2$，流量加大到 $Q_{M_2}$。

采用阀门来调节流量快速简便，且流量可以连续变化，适合连续生产的特点，因此应用十分广泛。其缺点是，当阀门关小时，因流动阻力加大，需要额外多消耗一部分能量，且在调节幅度较大时，离心泵往往在低效率区工作，因此经济性较差。

### 2.1.1.6 离心泵的结构与使用

(1) 离心泵的结构　离心泵主要由泵体、叶轮、传动装置、密封装置等组成，如图2-10所示。泵体一般是用铸铁制成的。

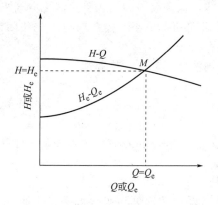

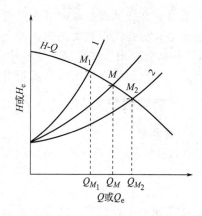

图 2-8　管路特性曲线与泵的工作点　　　　　图 2-9　改变阀门开度时流量变化示意图

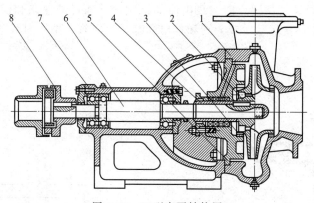

图 2-10　IS 型水泵结构图

1—泵体；2—叶轮；3—密封环；4—护轴套；5—后盖；6—泵轴；7—机架；8—联轴器部件

多级泵如图 2-11 所示，在一根轴上串联多个叶轮，从一个叶轮流出的液体通过泵壳内的导轮引导液体改变流向，且将一部分动能转变为静压能，然后进入下一个叶轮的入口。因液体从几个叶轮中多次接受能量，故可达到较高的压头。

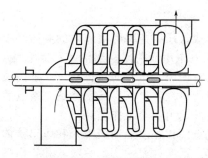

图 2-11　多级泵示意图

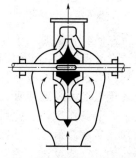

图 2-12　双吸泵示意图

双吸泵的叶轮有两个吸入口，如图 2-12 所示。由于叶轮的宽径比加大，且有两个入口，因此输液量较大。

（2）离心泵的安装和操作　离心泵的安装和操作可参考离心泵的说明书。下面仅介绍一般应注意的问题。

① 离心泵的安装高度必须低于允许吸上高度，以免出现气蚀和吸不上液体的现象。在管路布置时应尽可能减小吸入管路的流动阻力。

② 离心泵在启动前必须向泵内充满待输送的液体，保证泵内和吸入管路内无空气积存。

③ 离心泵应在出口阀关闭的条件下启动，这样启动功率最小。停泵前也应先关闭出口阀，以免排出管路内液体倒流，使叶轮受冲击而被损坏。

④ 离心泵在运转中应定时检查和维修，注意泵轴液体泄漏、发热等情况。

### 2.1.2 其它类型泵

#### 2.1.2.1 容积泵

常用的容积泵（volume pumps）有往复泵（reciprocating pumps）（活塞泵、柱塞泵）和隔膜泵。

（1）活塞泵（piston pumps）

① 活塞泵的工作原理 活塞泵依靠活塞的往复运动并依次开启吸入阀和排出阀，从而吸入和排出液体。

图 2-13 为活塞泵装置简图。活塞泵由原动机驱动，通过减速箱和曲柄连杆机构与活塞杆相连接而使活塞作往复运动。吸入阀和排出阀都是单向阀。泵缸内活塞与阀门间的空间叫做工作室。

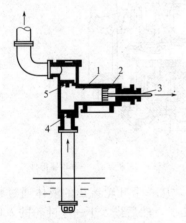

图 2-13 活塞泵装置简图
1—泵缸；2—活塞；3—活塞杆；
4—吸入阀；5—排出阀

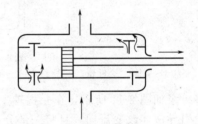

图 2-14 双动泵示意图

当活塞自左向右移动时，工作室的容积增大，形成低压，能将贮液池内的液体经吸入阀吸入泵缸内。在吸液体时排出阀因受排出管内液体压力作用而关闭。当活塞移到右端点时，工作室的容积最大，吸入的液体量也最多。此后，活塞便改为由右向左移动，泵缸内液体受到挤压而使其压强增大，致使吸入阀关闭而推开排出阀将液体排出。活塞移到左端点后排液完毕，完成了一个工作循环。此后活塞又向右移动，开始另一个工作循环。

由上可知，活塞泵就是靠活塞在泵缸内左右两端点间作往复运动而吸入和压出液体。活塞左端点到右端点（或反之）的距离叫做冲程或位移。活塞往复一次，只吸入和排出液体各一次的泵，称为单动泵。单动泵的送液是不连续的。若在活塞两侧的泵体内都装有吸入阀和排出阀，则无论活塞向哪一侧运动，吸液和排液都同时进行，这类泵称为双动泵，如图 2-14 所示。

由活塞泵的工作原理可知，活塞泵内的低压是靠工作室的扩张造成的，所以在泵启动前无需向泵内灌满液体，即活塞泵具有自吸能力。但是，与离心泵相同，活塞泵的吸入高度也有一定的限制，这是由于活塞泵也是借外界与泵内的压强差而吸入液体的，故吸上高度也随泵安装地区的大气压强、输送液体的性质及温度而变。

② 活塞泵的特性

a. 活塞泵的压头　活塞泵的压头与泵的几何尺寸无关，只要泵的力学强度及原动机的功率允许，输送系统要求多高的压头，活塞泵就可提供多高的压头。实际上由于活塞环、轴封、吸入阀和排出阀等处的泄漏，降低了泵可能达到的压头。

活塞泵的排液能力与活塞位移有关，但与管路情况无关，压头则受管路承受能力的限制，这种性质称为正位移特性，具有这种特性的泵称为正位移泵（positive-displacement pumps）。活塞泵是正位移泵之一。

b. 活塞泵的流量（排液能力）　活塞泵的流量只与泵的几何尺寸和活塞的往复次数有关，而与泵的压头及管路情况无关，即无论在什么压头下工作，只要活塞往复一次，泵就排出一定体积的液体，所以活塞泵是一种典型的容积式泵。

活塞泵的理论平均流量可按下式计算：

单动泵
$$Q_T = ASn_r \tag{2-30}$$

式中，$Q_T$ 为活塞泵的理论平均流量，$m^3/min$；$A$ 为活塞的截面积，$m^2$；$S$ 为活塞的冲程，$m$；$n_r$ 为活塞每分钟往复次数，$1/min$。

双动泵　$$Q_T = (2A-a)Sn_r \tag{2-31}$$

式中，$a$ 为活塞杆的截面积，$m^2$。

实际上，由于活塞衬填不严，吸入阀和排出阀启闭不及时，并随着压头的增高，液体漏失量加大等原因，活塞泵的实际流量低于理论流量。

活塞泵的实际流量为

$$Q = \eta_v Q_T \tag{2-32}$$

式中，$Q$ 为活塞泵的实际流量，$m^3/min$；$\eta_v$ 为容积效率（volumetric efficiency），由实验测定，中型活塞泵为 $0.9 \sim 0.95$。

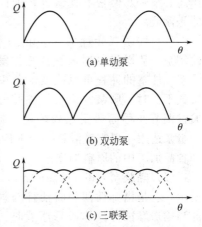

(a) 单动泵

(b) 双动泵

(c) 三联泵

图 2-15　活塞泵的流量曲线图

如前所述，单动活塞泵的排液是不连续的，而且由于活塞在工作室两端点之间的运动速度是变化的，因此在排液行程中，活塞泵的流量也是变化的。图 2-15(a)、(b) 给出了单动泵和双动泵的流量曲线。由图可见，单动泵在排液过程中不仅流量变化，而且排液是间断的。双动泵排液是连续的，但流量仍是不均匀的。为提高流量的均匀性，可采用多缸活塞泵。图 2-15(c) 为三联泵的流量曲线，其排液量较均匀。

c. 活塞泵的特性曲线　如前所述，活塞泵的理论平均流量仅决定于活塞扫过的体积，因此活塞泵的特性方程可表示为

$$Q_T = 常数$$

所以在压头不太高的情况下，活塞泵的实际流量 $Q$ 基本上保持不变，而与压头 $H$ 无关。仅在压头较高的情况下，$Q$ 随 $H$ 升高而略有下降。活塞泵的特性曲线如图 2-16(a) 所示。

活塞泵的工作点，原则上仍是活塞泵的特性曲线与管路特性曲线的交点，如图 2-16(b) 中点 $M$ 所示。由图可见，工作点随管路曲线不同只是在垂直方向上变动，即 $Q$ 不变而 $H$ 增减，压头的极限主要取决于泵的力学强度和原动机的功率。

③ 活塞泵的流量调节　活塞泵不能像离心泵那样采用排出管路上的阀门来调节流量，这是因为活塞泵的流量与管路特性无关，若把泵的出口阀完全关闭而继续运转，则泵内压强会急剧升高，造成泵体、管路和电动机损坏。因此正位移泵启动时不能将出口阀关闭，也不能用出口阀调节流量。

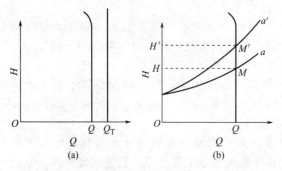

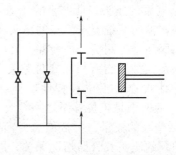

图 2-16　活塞泵的特性曲线和工作点　　　　　图 2-17　活塞泵旁路调节流量

活塞泵的流量调节方法有以下两种。

a. 旁路调节　活塞泵（正位移泵）通常用旁路调节流量，其调节示意图如图 2-17 所示。泵启动后液体经吸入管路进入泵内，经排出阀排出，并有部分液体经旁路阀返回吸入管内，从而改变了主管路中的液体流量，可见旁路调节并没有改变活塞泵的总流量。这种调节方法简便可行，但不经济，一般适用于流量变化较小的经常性调节。

b. 改变活塞冲程和往复次数　由式（2-30）可知，改变活塞冲程和往复次数都可改变活塞泵的流量，这种调节方法经济性好，但操作不便，在经常性调节中很少采用。

基于以上分析，活塞泵主要适用于小流量、高压强的场合，输送高黏度液体时的效果也比离心泵好，但它不宜输送腐蚀性液体和含有固体颗粒的悬浮液。

（2）柱塞式计量泵（plunger pumps）　计量泵又称比例泵，从操作原理来看就是往复泵，但用柱塞代替了活塞。柱塞的冲程可以改变。若单位时间内柱塞的往复次数不变时，则泵的流量与柱塞的冲程成正比，所以可通过调节冲程而达到比较严格控制和调节流量的目的。计量泵适用于要求输液量十分准确而又便于调整的场合，如食品加工中的原料配比。

（3）隔膜泵（diaphragm pumps）　隔膜泵如图 2-18 所示，它是借弹性薄膜将活柱与被输送的液体隔开，因此当输送腐蚀性液体或悬浮液时，可不使缸体或活柱受到损坏。弹性隔膜是采用耐腐蚀的橡胶或弹性金属薄片制成的。隔膜左侧与液体接触部分由耐腐蚀材料制成或

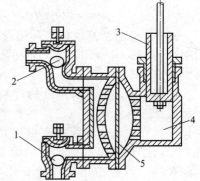

图 2-18　隔膜泵
1—吸入活门；2—压出活门；3—活柱；
4—水（或油）；5—隔膜

涂有一层耐腐蚀的物质；隔膜右侧则充满油或水。当活柱作往复运动时，迫使隔膜交替地向两边弯曲，将液体吸入和排出。隔膜式计量泵可用于定量地输送有毒、易燃、易爆和腐蚀性液体。

#### 2.1.2.2　浓浆泵（thick liquid pumps）

（1）齿轮泵（gear pumps）　图 2-19 为齿轮泵的结构示意图。泵壳内有两个齿轮，一个靠电机带动旋转，称为主动轮，另一个靠与主动轮相啮合而转动，称为从动轮。两齿轮与泵体间形成吸入和排出两个空间。当齿轮按图中所示的箭头方向转动时，吸入空间内两轮的齿互相拨开，形成了低压而将液体吸入，然后分为两路沿泵内壁被齿轮嵌住，并随齿轮转动而到达排出空间。排出空间内两轮的齿互相合拢，于是形成高压而将液体排出。

齿轮泵的压头高而流量小，适用于输送黏稠液体以至膏状物，但不能输送含有固体颗粒的悬浮液。

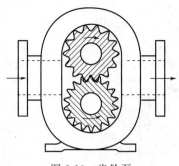

图 2-19 齿轮泵

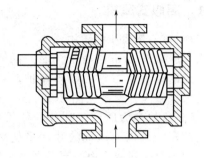

图 2-20 双螺杆泵

（2）螺杆泵（screw pumps）　螺杆泵主要由泵壳和一根或两根以上的螺杆构成。图 2-20 所示的双螺杆泵实际上与齿轮泵十分相似，它利用两根相互啮合的螺杆来排送液体。当所需的压强较高时，可采用较长的螺杆。螺杆泵压头高、效率高、噪声低，适于在高压下输送黏稠性液体。

齿轮泵和螺杆泵也是正位移泵，在一定旋转速度下，泵的流量固定，且不随泵的压头而变；泵有自吸能力，故启动前无需"灌泵"；泵的流量调节也采用旁路调节。

### 2.1.2.3　磁力驱动泵（magnetic pumps）

磁力驱动泵是应用现代磁力学原理，利用永磁体实现无接触间接传动的一种化工流程泵，其结构如图 2-21 所示。当电机带动外转子（即外磁钢）总成旋转时，通过磁场的作用，磁力线穿过隔离套带动内转子（即内磁钢）总成与叶轮同步旋转。介质完全封闭在静止的隔离套内，从而达到无泄漏抽送介质的目的，彻底解决了机械传动泵的轴封泄漏，是全密封、无泄漏、无污染的新型工业泵。

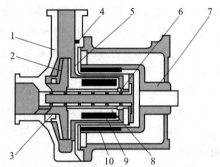

图 2-21　磁力驱动泵
1—泵体；2—叶轮；3—口环；4—密封圈；
5—隔离套；6—轴承；7—外转子；8—内转子；
9—内磁钢；10—外磁钢

# 2.2 气体输送机械

输送和压缩气体的机械统称为气体输送机械，其作用与液体输送机械颇为类似，都是对流体做功，以提高流体的压强。

气体输送和压缩机械主要用于以下三方面。

① 输送气体　为了克服输送过程中的流动阻力，需提高气体的压强。

② 产生高压气体　有些单元操作需要在高压下进行，如过滤、喷雾干燥等。

③ 产生真空　有些单元操作，如过滤、蒸发、冷冻干燥等往往要在低于大气压下进行，这就需要从设备中抽出气体，以产生真空。

气体输送机械可按出口气体的压强或压缩比来分类。出口气体的压强也称为终压。压缩比是指出口与进口气体的绝对压强的比值。根据终压，气体输送机械分为：

① 通风机　终压不大于 $14.7 \times 10^3$ Pa（表压）；

② 鼓风机　终压为 $14.7 \times 10^3 \sim 294 \times 10^3$ Pa（表压），压缩比小于 4；

③ 压缩机　终压在 $294 \times 10^3$ Pa（表压）以上，压缩比大于 4；

④ 真空泵　用于减压，终压为大气压，压缩比由真空度决定。

### 2.2.1 离心式风机

#### 2.2.1.1 离心通风机的结构

离心通风机（centrifugal fans）的结构和单级离心泵相似。它的机壳也是蜗壳形的，但气体流道的断面有方形和圆形两种，一般低、中压通风机多为方形〔见图 2-22(a)，(b) 为叶轮〕，高压的多为圆形，叶片的数目比较多但长度较短。低压通风机的叶片多是平直的，与轴心成辐射状安装。中、高压通风机的叶片则是弯曲的，所以高压通风机的外形和结构与单级离心泵更为相似。

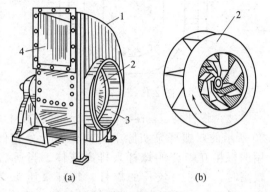

图 2-22　低压离心通风机
1—机壳；2—叶轮；3—空气进口；4—空气出口

#### 2.2.1.2 离心通风机的性能参数与特性曲线

离心通风机的主要性能参数有风量、风压、轴功率和效率。由于气体通过风机的压强变化较小，在风机内运动的气体可视为不可压缩流体，所以前述的离心泵基本方程式亦可用来分析离心通风机的性能。

① 风量　单位时间内从风机出口排出的气体体积，但以风机进口处的气体状态计，以 $Q$ 表示，单位为 $m^3/h$。

② 风压　单位体积气体流过风机时所获得的能量，以 $H_T$ 表示，单位为 $J/m^3$（即 Pa）。由于 $H_T$ 的单位与压强的单位相同，故称为风压。风压的单位习惯上用 $mmH_2O$ 来表示。

离心通风机的风压取决于风机的结构、叶轮尺寸、转速和进入风机的气体密度。

离心通风机的风压目前还不能用理论方法进行计算，而是由实验测定。一般通过测量风机进、出口处气体的流速与压强的数值，按柏努利方程式来计算风压。

离心通风机对气体所提供的有效能量，常以 $1m^3$ 气体作为基准。若设风机进口为截面 $1—1'$，出口为截面 $2—2'$，则根据柏努利方程式可得离心通风机的风压为

$$H_T = W_e \rho = (Z_2 - Z_1)\rho g + (p_2 - p_1) + \frac{u_2^2 - u_1^2}{2}\rho + \rho \sum h_{f,1-2}$$

式中各项单位均为压强的单位，Pa。

由于 $\rho$ 及 $(Z_2 - Z_1)$ 值都较小，故 $(Z_2 - Z_1)\rho g$ 一项可忽略；风机进、出口管段很短，$\rho \sum h_{f,1-2}$ 项也可忽略；当风机进口处与大气直接相通时，且截面 $1—1'$ 位于风机进口外侧，则 $u_1 = 0$，因此上式可简化为

$$H_T = (p_2 - p_1) + \frac{\rho u_2^2}{2} \qquad (2-33)$$

上式中 $p_2 - p_1$ 称为静风压，以 $H_{st}$ 表示；$\rho u_2^2/2$ 称为动风压。因离心通风机出口处气体的流速较大，故动风压不能忽略。根据上述讨论的情况，离心通风机的风压为静风压和动风压之和，又称全风压。通风机性能表上所列的风压是指全风压。

由式(2-33)可见，离心通风机的风压随进入风机的气体的密度而变。风机性能表上的风压，一般都是在 $20℃$、$1.013×10^5 Pa$ 的条件下用空气测得的，该条件下空气的密度为 $1.2kg/m^3$。若实际操作条件与上述的实验条件不同，应按下式将操作条件下的风压 $H'_T$ 换算为实验条件下的风压 $H_T$，然后按 $H_T$ 的数值来选择风机。

$$H_T = H'_T \frac{\rho}{\rho'} = H'_T \frac{1.2}{\rho'} \qquad (2-34)$$

③ 轴功率与效率　离心通风机的轴功率为

$$N=\frac{H_{\mathrm{T}}Q}{1000\,\eta}\qquad(2\text{-}35)$$

式中，$N$ 为轴功率，kW；$Q$ 为风量，$\mathrm{m^3/s}$；$H_{\mathrm{T}}$ 为风压，Pa；$\eta$ 为效率，又称为全压效率。

**应注意，在应用式(2-35)计算轴功率时，式中的 $Q$ 与 $H_{\mathrm{T}}$ 必须是同一状态下的数值。**

离心通风机的特性曲线如图 2-23 所示。它表示某种型号的风机在一定转速下，风量 $Q$ 与风压 $H_{\mathrm{T}}$、静风压 $H_{\mathrm{st}}$、轴功率 $N$、效率 $\eta$ 四者的关系。

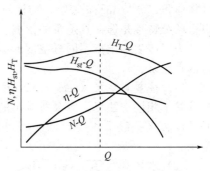

图 2-23　离心通风机特性曲线示意图

## 2.2.2　鼓风机和压缩机

### 2.2.2.1　鼓风机（fans）

常用的离心鼓风机又称透平鼓风机，工作原理与离心通风机相同，结构类似于多级离心泵。离心鼓风机的送气量大，但所产生的风压仍不太高，出口表压强一般不超过 $294\times10^3$ Pa。由于在离心鼓风机中，气体的压缩比不高，所以无需设置冷却装置，各级叶轮的直径也大致相等。

### 2.2.2.2　压缩机（compressors）

常用的压缩机是往复压缩机，其构造、工作原理与活塞泵相似。但因往复压缩机所处理的是可压缩的气体，在压缩后气体的压强增高，体积缩小，温度升高，因此往复压缩机的工作过程与活塞泵有所不同，故其排气量、排气温度和轴功率等参数应运用热力学基础知识去解决。

往复压缩机的主要性能参数如下。

(1) 排气量　往复压缩机的排气量又称为压缩机的生产能力，通常将压缩机在单位时间内排出的气体体积换算成吸入状态下的数值，所以又称为压缩机的输气量。气体只有被吸进汽缸后方能排出，故排气量的计算应从吸气量出发。

往复压缩机的理论吸气量与往复泵类似。

(2) 轴功率与效率　理论轴功率是指完成排气量所需的功率。实际所需的轴功率比理论轴功率大，其原因是：①实际吸气量比实际排气量大，凡吸入的气体都要经历压缩过程，多消耗了能量；②气体在汽缸内湍动及通过阀门等的流动阻力要消耗能量；③压缩机运动部件的摩擦也要消耗能量。所以压缩机的轴功率为

$$N=\frac{N_{\mathrm{a}}}{\eta_{\mathrm{a}}}\qquad(2\text{-}36)$$

式中，$N_{\mathrm{a}}$ 为理论轴功率，kW；$\eta_{\mathrm{a}}$ 为绝热总效率，一般 $\eta_{\mathrm{a}}=0.7\sim0.9$，设计完善的压缩机 $\eta_{\mathrm{a}}>0.8$。

## 2.2.3　真空泵及真空管路

### 2.2.3.1　真空泵（vacuum pumps）

从设备或系统中抽出气体，使其中的绝对压强低于大气压，此时所用的抽气机械称为真空泵。可见，真空泵就是在负压下吸气、一般在大气压下排气的输送机械。

真空泵的主要特性有：①极限真空（剩余压强），它是真空泵所能达到的最低压强，习惯上以绝对压强表示，单位为 Pa；②抽气速率，它是指单位时间内由真空泵吸入口吸进的

气体体积，常以 $m^3/h$ 表示，应注意，它是在吸入口的温度和剩余压强条件下的体积流量。以上两个特性是选择真空泵的依据。

为了产生和维持不同真空度的需要，真空泵的类型很多，下面介绍常用的产生中、低真空的真空泵。

（1）往复真空泵（reciprocation vacuum pumps） 往复真空泵的构造及原理与往复压缩机的基本相同。往复真空泵所排出的气体应不含有液体，若气体中含有大量可凝性气体，则必须设法（一般采用冷凝法）将可凝性气体除去后再进入泵内。往复真空泵属于干式真空泵。

（2）水环真空泵（water ring vacuum pumps） 水环真空泵如图 2-24 所示。外壳 1 内偏心地装有叶轮，其上有辐射状的叶片 2。泵壳内约充有一半容积的水，当旋转时形成水环 3。水环具有液封的作用，与叶片之间形成许多大小不同的密封小室，当小室空间渐增时，气体从吸入口 4 吸入，当小室空间渐减时，气体由出口 5 排出。

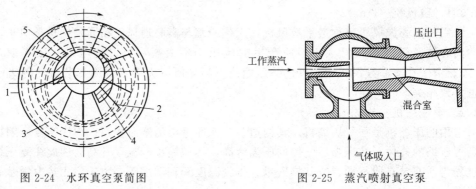

图 2-24　水环真空泵简图
1—外壳；2—叶片；3—水环；
4—吸入口；5—排出口

图 2-25　蒸汽喷射真空泵

水环真空泵可以造成的最高真空度为 $83.4 \times 10^3 Pa$ 左右。当被抽吸的气体不宜与水接触时，泵内可充以其它液体，所以这种泵又称为液环真空泵。

此类泵结构简单、紧凑，易于制造和维修。由于旋转部分没有机械摩擦，使用寿命长，操作可靠，适用于抽吸含有液体的气体，尤其在抽吸有腐蚀性或爆炸性气体时更为适宜。但其效率较低，约为 $30\% \sim 50\%$。另外该泵所能造成的真空度受泵体中水的温度所限制。

（3）喷射泵（venturijet pumps） 喷射泵是利用流体流动时的静压能与动能相互转换的原理来吸、送气体或液体。喷射泵常用于抽真空，故又称为喷射式真空泵。

喷射泵的工作流体可以是蒸汽，也可以是液体。图 2-25 为蒸汽喷射真空泵。工作蒸汽在高压下以很高的速度从喷嘴喷出，在喷射过程中，蒸汽的静压能转变为动能，产生低压，从气体吸入口将气体吸入。吸入的气体与蒸汽在混合室混合后进入扩散管，速度逐渐降低，压强随之升高，而后从压出口排出。

喷射泵构造简单、紧凑，没有活动部件。但是其效率很低，蒸汽消耗量大，故一般多作真空泵使用，而不作为输送设备用。由于所输送的流体与工作流体混合，因而使其应用范围受到一定限制。

### 2.2.3.2　真空管路

真空管路一般由抽空装置、真空测量、控制等组件组成。抽空装置一般包括抽气管路、阀门、真空泵或真空机组等。测量真空组件是指真空计等。控制真空组件包括水、电和真空测量的控制部件等。

真空管路所用材料应满足以下要求：①气密性好；②内部表面吸气量尽量少，若有吸气应易于除气；③化学性质稳定；④热稳定性好；⑤容积易于准确计算。对于食品工业中的真空管路，应采用 1Cr18Ni9Ti 不锈钢，此种不锈钢吸气量小，可焊性良好，化学性质稳定。

真空测量装置的选择原则：测量低真空区的气体压强选用低真空计（如热电偶真空计），测量高真空区的气体压强选用高真空计（如热阴极电离真空计）。

真空管路在使用前要进行气密试验。气密试验采用 1.6MPa 的高压空气密闭在真空管路内，1h 压强未降低为合格。

# 2.3 流体流动与输送综合算例

## 2.3.1 流体输送主要知识点概要

### 2.3.1.1 液体输送知识点

① 离心泵的主要性能参数有：流量 $Q$、压头 $H_T$、轴功率 $N$、效率 $\eta$ 等，它们之间的关系曲线称为特性曲线。

② 离心泵的允许安装高度的理论值为 10m，实际值为 ≤9.5m。

③ 泵的操作：离心泵启动时需要充满液体，而往复泵不需要。

④ 泵的流量调节：离心泵采用出口调节阀，往复泵采用旁路调节。

⑤ 离心泵的选择：根据输送液体的性质选泵的类型，根据流量和压头选型号，要保证工作点在最大效率附近。

### 2.3.1.2 气体输送知识点

① 离心风机的主要性能参数有：流量 $Q$、全风压 $H_T$、静风压 $H_{st}$、轴功率 $N$、效率 $\eta$ 等，它们之间的关系曲线称为特性曲线。

② 风机的选择：利用柏努利方程计算风压，根据输送气体的性质和所需风压选泵的类型，根据流量和风压选型号，要保证工作点在最大效率附近。

③ 压缩机是产生高压气体的设备，压缩机的选择：根据输送气体的性质确定压缩机的类型，根据排气量和排气压强选型号。

④ 真空泵是产生低压的设备，应根据工艺要求的真空度选择类型和型号。

## 2.3.2 流体输送设备的种类特点及选型

### 2.3.2.1 离心泵的种类特点及选型

（1）离心泵的类型　由于生产中被输送液体的性质、压强和流量等差异很大，为了适应各种不同的要求，离心泵的类型也是多种多样的。按泵送液体的性质和使用条件，可分为清水泵、耐腐蚀泵、油泵、杂质泵、屏蔽泵、液下泵、管道泵和低温泵等；按叶轮吸入方式，可分为单吸泵和双吸泵；按叶轮数目，又可分为单级泵和多级泵。各种类型的离心泵按照其结构特点各自成为一个系列，并以一个或几个汉语拼音字母作为系列代号。在每一系列中，由于有各种规格，因而附以不同的字母和数字予以区别。

为便于选用，泵的生产部门还将同一类型的泵绘制系列特性曲线，即将同一类型的各种型号泵与较高效率范围相对应的一段 $H$-$Q$ 曲线绘在一个总图上。图 2-26 就是 IS 型水泵的系列特性曲线图。图中各条曲线上的黑点表示该泵效率最高时的性能。

（2）离心泵的选择　离心泵的选择，一般可按下列方法与步骤进行。

① 确定输送系统的流量与压头　液体的输送量一般为生产任务所规定。根据输送系统管路的安排，用柏努利方程式计算在最大流量下管路所需的压头。

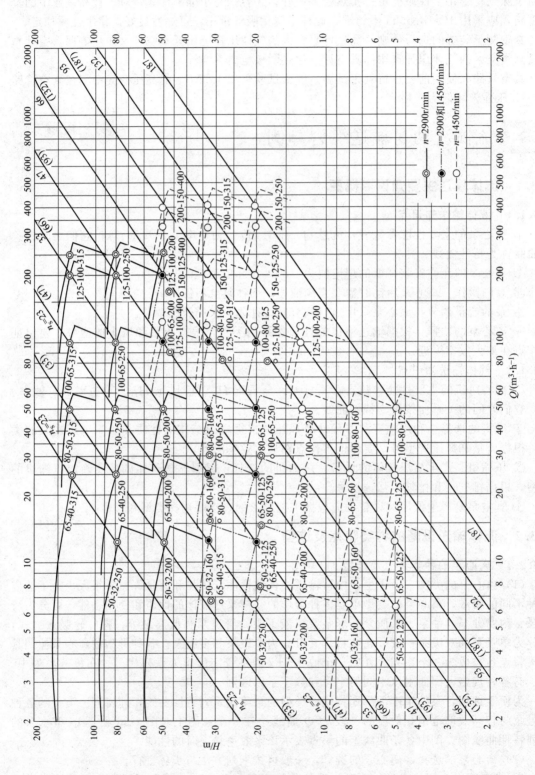

图 2-26 · IS 型水泵系列特性曲线

② 选择泵的类型与型号　首先应根据输送液体的性质和操作条件确定泵的类型，然后按已确定的流量 $Q_e$ 和压头 $H_e$ 从泵的样本或产品目录中选出合适的型号。显然，选出的泵所能提供的流量和压头不见得与管路所要求的流量 $Q_e$ 和压头 $H_e$ 完全相符，且考虑到操作条件的变化和备有一定的裕量，所选泵的流量和压头可稍大一点，但在该条件下对应泵的效率应比较高，即点（$Q_e$，$H_e$）坐标位置应靠在泵的高效率范围所对应的 $H\text{-}Q$ 曲线下方。

泵的型号选出后，应列出该泵的各种性能参数。

③ 核算泵的轴功率　若输送液体的密度大于水的密度时，可按式（2-14）核算泵的轴功率。

**【例2-3】** 若某输水管路系统要求流量为 $50\text{m}^3/\text{h}$、压头为18m，试选择一台适宜的离心泵，再求该泵实际运行时所需的轴功率及用阀门调节流量而多消耗的轴功率。

**解：** ① 选泵的型号　由于输送清水，故选用 IS 型水泵。根据 $Q_e=50\text{m}^3/\text{h}$、$H_e=18\text{m}$ 的要求，在 IS 型水泵的系列特性曲线图上标出相应的点，因该点在标有 IS80-65-125 型泵弧线的下方，故可选用 IS80-65-125 型水泵，转速为 2900r/min。在附录查得该泵的性能如下：

$Q=50\text{m}^3/\text{h}$，$H=20\text{m}$，$N=3.63\text{kW}$，$(NPSH)_r=3.0\text{m}$，$\eta=75\%$

② 该泵实际运行时的轴功率　实际上它是泵工作点所对应的轴功率，即当 $Q=50\text{m}^3/\text{h}$ 时，$N=3.63\text{kW}$。

③ 用阀门调节流量多消耗的功率　因阀门调节流量多消耗的压头为 $\Delta H=20-18=2\text{m}$，故多消耗的轴功率为

$$\Delta N=\frac{\Delta HQ\rho g}{\eta}=\frac{2\times50\times1000\times9.81}{3600\times0.75\times1000}=0.363\text{kW}$$

#### 2.3.2.2　离心风机的种类特点及选型

离心通风机按所产生的风压不同，可分为低压、中压和高压离心通风机三类。

离心通风机的选择与离心泵相类似。其选择步骤如下：

① 根据柏努利方程式，计算输送系统所需的实际风压 $H_T'$，再按式（2-34）将 $H_T'$ 换算成实验条件下的风压 $H_T$。

② 根据所输送气体的性质（如清洁空气、易燃、易爆或腐蚀性气体以及含尘气体等）与风压的范围，确定风机的类型。若输送的是清洁空气，或与空气性质相近的气体，可选用一般类型的离心通风机，常用的有 4-72 型、8-18 型和 9-27 型。前一类型属中、低压通风机，后两类属于高压通风机。

③ 根据以风机进口状态计的实际风量与实验条件下的风压 $H_T$，从风机样本或产品目录中的特性曲线或性能表中选择合适的机号，选择的原则与离心泵相同，不再详述。

每一类型的离心通风机均有不同直径的叶轮，因此离心通风机的型号是在类型之外还有机号，如 4-72No.12。4-72 表示风机类型，No.12 表示机号，数字为叶轮直径（dm）。

### 2.3.3　计算实例

#### 2.3.3.1　液体输送计算实例

**【例2-4】** 如本例附图所示的输水系统，管路规格为 $\phi108\text{mm}\times4\text{mm}$，当流量为 $36\text{m}^3/\text{h}$ 时，吸入管路的压头损失为 0.5m，排出管路压头损失为 1m，压强表读数为 250kPa，吸入管中心距 U 形管压差计汞面的垂直距离 $h$ 为 0.5m，泵的效率为 75%，试计算：①泵的扬程和升扬高度；②泵的轴功率，kW；③泵吸入口 U 形管压差计的读数 $R$。

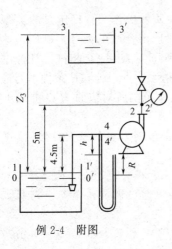

例 2-4　附图

**解：**本题包括了静力学方程、连续性方程和柏努利方程的综合运用，解题的关键还是在于根据已知数据恰当地选择截面。

① 泵的扬程和升扬高度　如附图所示，在截面 1—1′ 和截面 2—2′ 间列柏努利方程，并以截面 1—1′ 为基准面，可求得泵的扬程为

$$H=(Z_2-Z_1)+\frac{(p_2-p_1)}{\rho g}+\frac{u_2^2-u_1^2}{2g}+H_{f,1-2}$$

其中　$Z_1=0$，$Z_2=5\text{m}$，$p_1=0$，$p_2=250\text{kPa}$

$$u_1=0,\ u_2=\frac{36}{3600\times\frac{\pi}{4}\times0.1^2}=1.27\text{m/s}$$

$$H_{f,1-2}=0.5\text{m}$$

则　　　　　$$H=5+\frac{250\times10^3}{1000\times9.81}+\frac{1.27^2}{2\times9.81}=31.1\text{m}$$

在截面 1—1′ 和截面 3—3′ 间列柏努利方程，并整理后可求得泵的升扬高度为

$$Z_3=H-H_{f,1-3}=31.1-(0.5+1)=29.6\text{m}$$

应指出，泵的扬程和升扬高度是不同的概念，不可将两者混淆。

② 泵的轴功率　根据已知条件可求得

$$N=\frac{HQ\rho}{102\eta}=\frac{31.1\times36\times1000}{102\times3600\times0.75}=4.07\text{kW}$$

③ 泵的吸入口压差计读数 $R$　欲求 $R$，需先求入口处真空度，然后再利用静力学方程求解。

在截面 1—1′ 和截面 4—4′ 间列柏努利方程并整理可得

$$p_1-p_4=\left(Z_4+\frac{u_4^2}{2g}+H_{f,1-4}\right)\rho g=\left(4.5+\frac{1.27^2}{2\times9.81}+0.5\right)\times1000\times9.81=49860\text{Pa}$$

对 U 形管压差计列静力学方程式可得

$$p_1-p_4=R\rho_Ag+h\rho g$$

则　　　　　$$R=\frac{p_1-p_4-h\rho g}{\rho_Ag}=\frac{49860-0.5\times1000\times9.81}{13600\times9.81}=0.337\text{m}$$

### 2.3.3.2　气体输送计算实例

**【例 2-5】**　用离心通风机将大气中空气（20℃、101.33kPa）通过内径为 0.6m、长度为 110m（包括所有局部阻力的当量长度）的水平管路送到某设备。设备的表压强为 $1\times10^4\text{Pa}$。空气的输送量为 $1.5\times10^4\text{m}^3/\text{h}$（按入口状态计）。管路管壁的绝对粗糙度可取为 0.3mm。现库存一台离心通风机，性能为：转速 1450r/min，风量 16000m³/h，风压 11kPa。试核算此风机是否合用。

**解：**求解本题要结合管路阻力的计算，并应注意气体密度的求法。

在 20℃、101.33kPa 下空气的物性为：密度 $\rho'=1.205\text{kg/m}^3$；黏度 $\mu=1.81\times10^{-5}\text{Pa·s}$。

在风机进口截面 1—1′ 与管路出口截面 2—2′ 间列柏努利方程式，可得管路所需风压为 $H'_T=(p_2-p_1)+\rho u^2/2+\rho\sum h_f$，其中 $p_1=0$，$p_2=1\times10^4\text{Pa}$，密度 $\rho$ 应取气体通过管路的平均密度 $\rho'$，即

$$\rho=\rho'_m=\rho'p_m/p'$$

其中 $$p_m = 101.33 \times 10^3 + \frac{1 \times 10^4}{2} = 106330 \text{Pa （绝压）}$$

则 $$\rho = 1.205 \times \frac{106330}{101.33 \times 10^3} = 1.265 \text{kg/m}^3$$

气体平均流速为 $$u = \frac{1.5 \times 10^4 \times 101.33 \times 10^3}{\frac{\pi}{4} \times 0.6^2 \times 3600 \times 106330} = 14.1 \text{m/s}$$

气体通过管路的流动阻力为 $\sum h_f = \lambda \dfrac{L + L_e}{d} \times \dfrac{u^2}{2}$

由 $Re = \dfrac{du\rho}{\mu} = \dfrac{0.6 \times 14.1 \times 1.265}{1.81 \times 10^{-5}} = 5.9 \times 10^5$，$\dfrac{\varepsilon}{d} = \dfrac{0.3}{0.6 \times 10^3} = 0.0005$

查 $\lambda$-$Re$ 图可得 $\lambda = 0.0175$

$$\sum h_f = 0.0175 \times \frac{110}{0.6} \times \frac{14.1^2}{2} = 318.9 \text{J/kg}$$

则 $$H_T' = 10000 + 1.265 \times \frac{14.1^2}{2} + 1.265 \times 318.9 = 10529 \text{Pa}$$

而 $$H_T = H_T' \frac{1.2}{\rho'} = 10529 \times \frac{1.2}{1.265} = 9988 \text{Pa}$$

计算结果表明，库存风机可提供的风量、风压均稍大于管路所需的风量和风压，故此风机合用。

## 思 考 题

2-1 泵的压头与升扬高度有何区别？

2-2 泵的安装高度为何有限制？

2-3 往复泵与离心泵相比较有何特点和异同？

2-4 离心通风机与离心泵的特性有何异同？

2-5 为何真空泵有极限真空度，而压缩机没有极限压强？

## 习 题

2-1 某离心泵用 20℃清水进行性能测定实验。在转速为 2900r/min 下测得泵的流量为 15L/s，泵出口处压强表读数为 $2.6 \times 10^5$ Pa，泵入口处真空表读数为 $2.7 \times 10^4$ Pa，泵的轴功率为 5.77kW。两测压口间垂直距离为 0.4m，泵吸入管内径为 100mm，排出管内径为 80mm。试计算该泵的效率，并列出泵在该效率下的性能。（$n = 2900$r/min，$Q = 15$L/s，$H = 29.93$m，$N = 5.77$kW，$\eta = 76.3\%$）

2-2 用 3B33 型水泵从一敞口水槽中将水送到它处，槽内液面恒定。输水量为 45～55m³/h，在最大流量下吸入管路的压头损失为 1m，液体在吸入管路的动压头可忽略。

试计算：①输送 20℃水时泵的安装高度；②输送 65℃水时泵的安装高度。

泵安装地区的大气压为 $9.81 \times 10^4$ Pa。

在泵的流量范围内允许吸上真空度 $H_s'$ 为 5.0m 和 3.0m。（①$H_g = 2$m；②$H_g = -0.35$m）

2-3 若某输送水的管路系统要求流量为 100m³/h，压头为 18m，试选择一台适宜的离心泵。再求该泵实际运行时所需轴功率及因用阀门调节流量而多消耗的轴功率。（离心泵的型号 IS100-80-125，多消耗的轴功率 0.698kW）

2-4 用离心油泵从常压贮槽向表压为 170kPa 的设备输送油品。已知输送条件下油品的密度为 750kg/m³，运动黏度小于 23cSt，饱和蒸气压为 80kPa。设备的油品入口管端比贮槽液面高 5m。输送管规格为 $\phi$57mm$\times$2mm，贮槽液面维持恒定。油品的流量为 18m³/h，吸入管路和压出管路的压头损失分别为 1.5m 和 4.5m。试选择一台合适的离心泵，并确定安装高度。（选用 65Y-B 型离心泵，安装在贮槽液面以下 1.5m 处）

2-5 单动往复泵活塞的直径为160mm、冲程为200mm，用以将密度为930kg/m³ 的液体从敞口贮槽送至某设备中，液体输送量为25.8m³/h，设备内压强为3.14×10⁵Pa（表压），贮槽液面比设备的液体入口管（中心截面）低19.5m。若管路的总压头损失为10.3m（包括管路进出口损失），泵的总效率和容积效率分别为0.72和0.85，试求此泵的活塞每分钟往复次数和轴功率。（$n_r$ ＝126 次/min，轴功率5.83kW）

2-6 某输送空气系统，要求最大风量为1.2×10⁴ m³/h，在该风量下输送系统所需风压为1400Pa。空气的进口温度为30℃，当地大气压为98.7kPa。试选择一台合适的离心通风机。（4-72-11No.6c 型离心通风机）

2-7 用风机将20℃、38000kg/h的空气送入加热器加热至100℃，然后经管路送到常压设备内，输送系统所需全风压为1200Pa（按60℃、常压计）。试选合适的风机。若将已选的风机（转速相同）置于加热器之后，是否仍能完成输送任务？（选 4-72-11No.10c 型离心通风机；若置于加热器之后，$Q$ ＝40170m³/h＞32700m³/h，不能完成任务）

# 本章符号说明

**英文字母**

$a$——活塞杆的截面积，m²；

$A$——活塞的截面积，m²；

$b$——叶轮宽度，m；

$c$——离心泵叶轮内液体质点运动的绝对速度，m/s；

$d$——管子直径，m；

$D$——叶轮或活塞直径，m；

$g$——重力加速度，m/s²；

$\Delta h$——离心油泵的气蚀余量，m；

$H$——泵的压头，m；

$H_c$——离心泵的动压头，m；

$H_e$——管路系统所需的压头，m；

$H_f$——管路系统的压头损失，m；

$H_g$——离心泵的允许安装高度，m；

$H_p$——离心泵的静压头，m；

$H_s'$——离心泵的允许吸上真空度，m 液柱；

$H_{st}$——离心通风机的静风压，Pa 或 mmH₂O；

$H_{T\infty}$——离心泵的理论压头，m；

$l$——长度，m；

$l_e$——管路当量长度，m；

$n$——离心泵的转速，r/min；

$n_r$——活塞的往复次数，1/min；

$N$——泵或压缩机的轴功率，W 或 kW；

$N_a$——按绝热压缩考虑的压缩机的理论功率，kW；

$N_e$——泵的有效功率，W 或 kW；

$NPSH$——离心泵的气蚀余量，m；

$p$——压强，Pa；

$p_a$——当地大气压，Pa；

$p_v$——液体的饱和蒸气压，Pa；

$Q$——泵或风机的流量，m³/s 或 m³/h；

$Q_e$——管路系统要求的流量，m³/s 或 m³/h；

$Q_T$——泵的理论流量，m³/s；

$R$——叶轮半径，m；

$S$——活塞的冲程，m；

$t$——摄氏温度，℃；

$T$——热力学温度，K；

$u$——流速或离心泵叶轮内液体质点运动的圆周速度，m/s；

$V$——体积，m³；

$w$——离心泵叶轮内液体质点运动的相对速度，m/s；

$Z$——位压头，m。

**希腊字母**

$\alpha$——绝对速度与圆周速度的夹角；

$\beta$——相对速度与圆周速度反方向延线的夹角；

$\zeta$——阻力系数；

$\eta$——效率；

$\lambda$——摩擦系数；

$\mu$——黏度，Pa·s 或 cP；

$\nu$——运动黏度，m²/s 或 cSt；

$\rho$——密度，kg/m³；

$\omega$——叶轮旋转角速度，rad/s。

# 第3章 非均相物系分离

【本章学习要求】

　　了解食品工业中根据液体或气体与颗粒间的相对运动规律实现颗粒分离、流态化及气力输送等单元操作的原理。根据流体与颗粒相对运动阻力计算的流体力学原理，学习建立颗粒与流体相对运动的数学模型的一般方法，并利用数学模型公式进行各过程的计算。掌握单个颗粒大小、比表面积及形状等几何特性和颗粒群平均粒度的表达方法。掌握过滤的基本概念、过程计算方法，熟练进行间歇和连续生产过滤机的计算和选用。掌握重力沉降计算。理解旋风分离器的分离效率和压降的计算方法。一般了解流态化和气力输送操作的概念与流态化技术的进展。

【引言】

　　在食品工业中经常涉及颗粒的分离和利用颗粒进行加工的问题，例如，面粉厂的面粉或小麦等物料处于流动的空气中，固体颗粒如何分离出来？啤酒厂大麦粉碎糖化后形成含麦槽和麦汁的悬浮液，麦汁和麦槽如何分离？葡萄酒厂葡萄汁中含有杂质，在发酵前应尽量得到分离，以避免杂质给酒带来异味，如何澄清葡萄汁中的固形物？保健食品厂要将几种双歧杆菌、高效活菌保护剂和双歧促生因子一起作为核心物质做成微胶囊，如何形成流体和颗粒间的良好接触状态，以利于热量和物质的传递，从而成功包埋？多数食品厂会要求食品颗粒物料或原料从地面送至处于高位的机器或设备，如何采用空气输送？这些类似问题的解决都与流体和颗粒间的相对运动有关。可以利用液体或气体与颗粒相对运动的流体力学原理进行生产，以达到颗粒分离、良好的传热和传质接触状态及颗粒输送等目的。本章将根据流体与颗粒相对运动阻力计算的流体力学原理，开发过程的数学模型，并借此解决上述问题的过程计算、设备选型等。因如何表达颗粒的大小等几何特性是讨论问题的基础，故首先讨论之。

## 3.1 颗粒及颗粒群的几何特性

　　颗粒（particle）与流体之间的相对运动所具有的特点与颗粒本身有密切关系，受颗粒体积（volume）、形状（shape）、表面积（surface area）或比表面积（specific surface）（单位体积颗粒的表面积）等颗粒几何特性（geometrical characterization）影响。为定量表达颗粒与流体间的相对运动，有必要先给出表征单个（individual）颗粒或颗粒群（particulate masses）几何特性的方法。

### 3.1.1 单颗粒的几何特性

#### 3.1.1.1 球形颗粒

　　球形颗粒用直径 $d$（diameter）就可表达体积 $v_p$、表面积 $s_p$ 和比表面积 $a_p$ 等几何特性。

$$v_p = \frac{1}{6}\pi d^3 \tag{3-1}$$

$$s_p = \pi d^2 \tag{3-2}$$

$$a_p = \frac{s_p}{v_p} = \frac{6}{d} \tag{3-3}$$

#### 3.1.1.2 非球形颗粒

对非球形（non-spherical）颗粒，其大小用名义尺寸（nominal size）$d_n$ 表示。此名义尺寸可以是正方体的边长、高和外径相等的空心圆柱体（如分离中常用的拉西环填料）的外径、筛分时相邻两筛筛孔大小的平均值、体积当量（即与非球颗粒体积等量）球（equivalent sphere）直径 $d_{ev}$ 等，可由使用者按方便的原则选用。对应于非球颗粒尺寸 $d_n$ 的球形度 $\Phi_n$（sphericity）的定义为

$$\Phi_n = \frac{6v_p}{d_n s_p} \tag{3-4}$$

$v_p$ 为非球颗粒的体积，可由质量和密度决定，或由计算得到。$s_p$ 为非球颗粒表面积，由计算、吸附测定或颗粒床层压降测定法得到。若以 $d_n$ 为直径，相应球称名义球，则 $6/d_n = \pi d_n^2/(\pi d_n^3/6) = a_n$，$a_n$ 为名义球的比表面积，式(3-4) 成为 $\Phi_n = a_n/a_p$，$a_p$ 为实际颗粒比表面积，即非球颗粒球形为名义球比表面积除以实际颗粒比表面积。

特别指出：$d_{ev} = d_n$ 时，对应 $d_{ev}$ 的球形度为 $\Phi_{ev}$，则有

$$\Phi_{ev} = \frac{6v_p}{d_{ev} s_p} = \frac{a_{ev}}{a_p} = \frac{\pi d_{ev}^2/(\pi d_{ev}^3/6)}{s_p/v_p} = \frac{\pi d_{ev}^2}{s_p} \tag{3-5}$$

式中，$a_{ev}$ 为体积等量球的比表面积；$\pi d_{ev}^2$ 为体积等量球的表面积；$s_p$ 为实际颗粒表面积，同体积的颗粒以球表面积为最小，故 $\Phi_{ev}$ 总小于 1。对同一颗粒而言，比表面积 $a_p = s_p/v_p$ 是定值，由式(3-4)、式(3-5) 可知

$$\Phi_{ev} d_{ev} = \Phi_n d_n = \frac{6}{a_p} \tag{3-6}$$

使用球形度一定要注意颗粒对应的名义尺寸。

【例3-1】 有一高度和外径相等的空心圆柱的拉西环，外径为 $d_n$，内径为 $0.75d_n$，高为 $d_n$，求 $d_{ev}$、$\Phi_{ev}$ 及对应于以外径作为名义尺寸 $d_n$ 的 $\Phi_n$。

【分析】 颗粒的球形度与所用的尺寸相对应。用外径作名义尺寸，其球形度和对应 $d_{ev}$ 的球形度不相同。几何相似的颗粒，对应于同一尺寸的球形度相同。

**解：**
$$v_p = 0.25\pi d_n^2 d_n - 0.25\pi(0.75d_n)^2 d_n = 0.3434 d_n^3$$
$$s_p = 2 \times 0.25\pi[d_n^2 - (0.75d_n)^2] + \pi d_n d_n + \pi(0.75d_n)d_n = 6.182 d_n^2$$
$$d_{ev} = \sqrt[3]{\frac{6 \times 0.3434 d_n^3}{\pi}} = 0.869 d_n, \quad \Phi_{ev} = \frac{\pi d_{ev}^2}{s_p} = \frac{\pi(0.869 d_n)^2}{6.182 d_n^2} = 0.384$$

对应名义尺寸 $d_n$ 计算球形度，$\Phi_n = \dfrac{6v_p}{d_n s_p} = \dfrac{6 \times 0.3434 d_n^3}{d_n \, (6.182 d_n^2)} = 0.333$

例3-1中，$d_n$ 为外径且可取不同数值，说明此种形状（壁厚为 $0.125d_n$）的拉西环，从大到小，其 $\Phi_{ev}$ 均为 0.384，$\Phi_n$ 均为 0.333。几何相似的大小颗粒，球形度相同。因为由式(3-4) 可知，$\Phi_n$ 的量纲为 1，即 $\Phi_n$ 为常数。另外，$\Phi_{ev}$ 的数值为 0.384，$\Phi_n$ 的数值为 0.333，两者虽然相近，但含义却不同，不能混淆，对应求得的名义尺寸也不同。同一物料，密度相同，若质量相同，则体积相同，但空间形状却不一定相同，球形度可以为 1（球），也可为很小的一个数值。例如，同样质量的面团，若为一个直径 0.001m 的实心球，球形度为 1。若压成面皮，裹成几乎封闭的直径约为 0.005m 的空心球，以 0.005m 的直径表示此空心球的名义尺寸 $d_n$，球形度 $\Phi_n = 4 \times 10^{-3}$，两者相差很大。故空心球食品颗粒用球径（过筛孔径）表示颗粒大小时，球形度却远小于 1。

非球颗粒需要知道体积 $v_p$、名义尺寸 $d_n$ 和球形度 $\Phi_n$，才能确定颗粒的比表面积 $a_p$ 和面积 $s_p$。由式(3-4)，非球颗粒的 $a_p = s_p/v_p = 6/(\Phi_n d_n)$，若令与该颗粒比表面积等量的球（称比表面积当量球，研究颗粒在流体中所受阻力时常用）的直径为 $d_{ea}$，则有

$$d_{ea}=\Phi_n d_n \tag{3-7}$$

$d_{ea}$ 称为比表面积当量球直径。同理可定义表面积当量球直径 $d_{es}$

$$d_{es}=\sqrt{\frac{6v_p}{\pi\Phi_n d_n}} \tag{3-8}$$

令 $d_n=d_{ev}$，$\Phi_n=\Phi_{ev}$，由式（3-6）、式（3-7），$d_{ea}=\Phi_{ev}d_{ev}$，式（3-8）变为 $d_{es}=d_{ev}/\Phi_{ev}^{0.5}$。只需知 $d_{ev}$ 和 $\Phi_{ev}$，即可由 $v_p=\pi d_{ev}^3/6$ 确定颗粒体积，由 $a_p=6/d_{ea}=6/(d_{ev}\Phi_{ev})$ 确定颗粒比表面积，由 $s_p=a_p v_p(=\pi d_{es}^2=\pi d_{ev}^2/\Phi_{ev})$ 确定颗粒表面积。故 $d_{ev}$、$\Phi_{ev}$ 为常用。学习时，紧扣用体积等量球表达颗粒和定义颗粒的 $d_{ev}(v_p=\pi d_{ev}^3/6)$ 及 $\Phi_{ev}(=a_{ev}/a_p)$，可方便掌握和使用。

## 3.1.2 颗粒群的几何特性

食品工业中的颗粒一般是由大小不一、形状不同的颗粒成群组成的。为表述颗粒群的分散性，即给出颗粒群中各种颗粒的尺寸（大小程度），常需测定颗粒的尺寸分布，称粒度分析（particle size analysis）。又为方便起见，常希望用某种平均值或当量值在某一侧面代替颗粒群的粒子尺寸分布。由颗粒群堆积而成的床层还具有空隙率、床层比表面等性质，都与颗粒尺寸有关。颗粒尺寸分布可用筛分方法测定。

### 3.1.2.1 颗粒群粒子尺寸的筛分分析

不同尺寸范围内所含颗粒的个数或质量给出颗粒的尺寸分布。根据颗粒尺寸的大致范围，可选择不同方法测定颗粒尺寸分布，如筛分、显微检测等。对于 $40\mu m$ 以上的颗粒群，常用一套标准筛测量，此法称为筛分分析（screen analysis），简称筛分。表 3-1 给出常用泰勒标准筛目数与孔径大小，所用网线的直径可推算出，如 100 目的为 0.107mm。各种筛制的标准筛规格各不相同，但都在向国际标准组织（ISO）筛系统一。标准筛用金属丝网编织而成。常用的泰勒（Tyler）标准筛以每英寸（25.4mm）边长上孔的数目为筛号或称目数。规定每一筛号的金属丝粗细和筛孔的净宽，通常相邻两筛号的筛孔尺寸之比约为 $2^{0.5}$。筛分时将目数不同的筛子按筛号依次堆积，目数小的筛在上，目数大的筛在下。将试样倒入最上层筛面，振动筛子，并记下各层筛面上筛余物的质量。各层筛余物尺寸取其相邻的两层筛的筛孔尺寸（如 14/20：过 14 目筛，截留于 20 目筛）的算术平均值。筛分结果可用分布函数或频率函数表示。分布函数表征粒径小于某指定值的颗粒所占总颗粒质量（或个数）分数与粒径之间的关系，可用坐标中的曲线表示。频率 $f_i$ 是指某筛面上颗粒的质量分数 $w_i$ 与夹此颗粒两筛的孔径（$d_{i-1}$、$d_i$）差之比。频率函数表征频率与粒径的关系，由 $f_i$ 和 $d_{pi}=(d_i+d_{i-1})/2$ 绘出，$d_i\sim d_{i-1}$ 区间长度乘以此区间的 $f_i$ 等于 $w_i$。

**表 3-1 泰勒标准筛目数与孔的尺寸**

| | 孔 径 | | | 孔 径 | |
|---|---|---|---|---|---|
| 目数 | in | $\mu m$ | 目数 | in | $\mu m$ |
| 3 | 0.263 | 6680 | 35 | 0.0164 | 417 |
| 4 | 0.185 | 4699 | 48 | 0.0116 | 295 |
| 6 | 0.131 | 3327 | 65 | 0.0082 | 208 |
| 8 | 0.093 | 2362 | 100 | 0.0058 | 147 |
| 10 | 0.065 | 1651 | 150 | 0.0041 | 104 |
| 14 | 0.046 | 1168 | 200 | 0.0029 | 74 |
| 20 | 0.0328 | 833 | 270 | 0.0021 | 53 |
| 28 | 0.0232 | 589 | 400 | 0.0015 | 38 |

### 3.1.2.2 颗粒群的平均尺寸

颗粒平均尺寸用于代表粒度分布，其计算有多种方法，如算术平均法等。用何种方法平均，与要表达的对象有关。例如，在考虑流体在颗粒床层中缓慢爬流（creeping flow）所受的阻力，以便计算床层压强降时，因流动阻力与比表面积有关，为得到颗粒群的比表面积，常希望得到颗粒群的比表面积当量球直径 $d_{ea}$。按照式(3-7)，如用筛分法得到以筛孔大小表示的各个名义尺寸 $d_{ni}$，则希望得到颗粒群的调和尺寸 $d_n$，并结合对应于 $d_n$ 的颗粒群的平均球形度 $\Phi_n$，从而得到颗粒群的比表面积。

先考察实心均匀球形粒子群的比表面积当量平均直径 $d_{ea}$。设有一批大小不等的球形颗粒，其总质量为 $m$，经筛分分析得到各层筛筛余物的质量为 $m_i$，各层筛余物的平均直径为 $d_i$，设颗粒的密度为 $\rho_s$，则所有颗粒的总体积 $V_p$ 为 $m/\rho_s$，各筛层颗粒的个数为 $m_i/(\rho_s v_{pi})$，$v_{pi}=\pi d_i^3/6$，$w_i=m_i/m$ 为质量分数，$S_p$ 为所有颗粒的表面积，则有：

$$a_p = \frac{S_p}{V_p} = \frac{\sum\left(\pi d_i^2 \times \dfrac{m_i}{\rho_s v_{pi}}\right)}{\dfrac{m}{\rho_s}} = \sum \frac{6w_i}{d_i}$$

将 $a_p$ 用比表面积当量球的比表面积代替，必有

$$d_{ea} = \frac{1}{\sum \dfrac{w_i}{d_i}} \tag{3-9}$$

对非球形颗粒群而言，用 $(d_n\Phi_n)_i$ 代替式(3-9) 中的 $d_i$ 即可计算非球形颗粒群比表面积当量球直径 $d_{ea}$，从而得到颗粒群的比表面积为 $a_p=6/d_{ea}$。式(3-9) 的 $d_{ea}$ 是调和平均值（harmonic averaging value）。

## 阅读材料

颗粒群中各粒子的球形度 $\Phi_n$ 相等时，例如，对单纯由立方体（或等高等径实心圆柱体，或外形几何相似的物体）组成的颗粒群而言，不论颗粒的大小如何，对应指定名义尺寸如立方体边长的球形度 $\Phi_n$ 相等，此时 $\Phi_n=\Phi_{ni}$，式(3-9) 成为

$$\frac{6}{d_n\Phi_n} = \sum \frac{6w_i}{d_{ni}\Phi_{ni}} = \sum w_i a_{pi} = \frac{S_p}{V_p} \tag{3-10}$$

$$d_n = \frac{1}{\sum \dfrac{w_i}{d_{ni}}} \tag{3-11}$$

将名义尺寸进行调和平均得到颗粒群的 $d_n$，$\Phi_n$ 为定值，故颗粒群的比表面积为 $6/(d_n\Phi_n)$。

球形度不同、大小不同的非球颗粒群，用筛分的方法得到粒子尺寸分布，颗粒群平均名义尺寸为 $d_n$，$d_n$ 可以用算术平均，也可用式(3-11) 的调和平均。$d_n$ 由 $d_{ni}$ 用算术平均计算时公式为

$$d_n = \sum (w_i d_{ni}) \tag{3-12}$$

$d_{ni}$ 为各层筛分颗粒的名义尺寸，按夹该层颗粒的两层筛的孔尺寸的算术平均值计算。得到 $d_n$ 后，由式(3-10) 知 $\Phi_n$ 的计算式为

$$\Phi_n = \frac{1}{\sum\left(\dfrac{w_i}{\Phi_{ni}} \times \dfrac{d_n}{d_{ni}}\right)} \tag{3-13}$$

除非有现成的各 $\Phi_{ni}$，或可计算出的各 $\Phi_{ni}$，要得到式(3-12)中各 $\Phi_{ni}$ 并非易事。可用固定床压强降测定法测定粒子尺寸为 $d_{ni}$ 固定床的压强降，从而计算得到 $a_{pi}$，再由式(3-4)得到 $\Phi_{ni}$。或采用吸附法测 $a_{pi}$。这样做很繁琐，不如由式(3-11)或式(3-12)得到 $d_n$ 后，以混合均匀的颗粒群填充到固定床中，再根据后文的式(3-19)，实验测出颗粒群的平均比表面积，并以 $d_n$ 用式(3-4)算出 $\Phi_n$。此时，由于平均比表面积已经测出，无需再计算。

近似空心球的食品颗粒物料筛分时可得到空心球直径，前已述及，用空心球直径表示颗粒大小时，球形度却远小于1。粉碎的不规则颗粒群的球形度难以确定，并与筛分尺寸有关，需要精心确定。必要时，应进行实验测定。

**【例 3-2】** 有20g混合物料，粒度范围为 $0.1\sim1\text{mm}$，假设用筛分法测得 1mm 粒子3g、0.7mm 粒子5g、0.5mm 粒子10g、0.1mm 粒子2g，对应尺寸的球形度依次为 0.6、0.75、0.8 和 0.95。（1）求颗粒群的平均比表面积、调和平均的 $d_n$ 及对应于 $d_n$ 和比表面积相等的 $\Phi_n$。（2）以 $\Phi_n$ 代替各 $\Phi_{ni}$，计算颗粒群的比表面积。（3）以算术平均方法求 $d_n$ 及对应的 $\Phi_n$ 和比表面积。（4）若已知颗粒的密度为 $2600\text{kg/m}^3$，试求各筛层 $d_{evi}$ 及 $\Phi_{evi}$，颗粒群的 $d_{ea}$，$d_{ev}$ 的调和平均和算术平均值及对应的 $\Phi_{ev}$。

**【分析】** 颗粒群颗粒的平均大小有不同的计算方法，可以用调和平均，也可以用算术平均。颗粒的名义尺寸可以是筛孔的平均尺寸，也可以是体积当量球的直径，根据实情选用。

**解：**（1）

$$a_p = \sum a_{pi} w_i = \sum \frac{6 w_i}{d_{ni} \Phi_{ni}} = \frac{6}{20}\left(\frac{3}{1 \times 0.6} + \frac{5}{0.7 \times 0.75} + \frac{10}{0.5 \times 0.8} + \frac{2}{0.1 \times 0.95}\right)$$

$$= 18.171/\text{mm}$$

$$= 1.817 \times 10^4 \text{m}^2/\text{m}^3$$

$$d_n = \frac{1}{\sum \dfrac{w_i}{d_{ni}}} = \frac{1}{\dfrac{3}{20} \times \dfrac{1}{1} + \dfrac{5}{20} \times \dfrac{1}{0.7} + \dfrac{10}{20} \times \dfrac{1}{0.5} + \dfrac{2}{20} \times \dfrac{1}{0.1}} = 0.399\text{mm} = 3.99 \times 10^{-4}\text{m}$$

$$\Phi_n = \frac{1}{d_n \sum \dfrac{w_i}{d_{ni} \Phi_{ni}}} = \frac{1}{0.399 \times \dfrac{1}{20} \times \left(\dfrac{3}{1 \times 0.6} + \dfrac{5}{0.7 \times 0.75} + \dfrac{10}{0.5 \times 0.8} + \dfrac{2}{0.1 \times 0.95}\right)}$$

$$= 0.828$$

（2）$$a_p = \sum a_{pi} w_i = \sum \frac{6}{d_{ni} \Phi_n} \times \frac{m_i}{m} = \frac{6}{0.828 \times 20}\left(\frac{3}{1} + \frac{5}{0.7} + \frac{10}{0.5} + \frac{2}{0.1}\right)$$

$$= 18.171/\text{mm}$$

$$= 1.817 \times 10^4 \text{m}^2/\text{m}^3$$

（3）$$d_n = \sum w_i d_{ni} = \frac{3}{20} \times 1 + \frac{5}{20} \times 0.7 + \frac{10}{20} \times 0.5 + \frac{2}{20} \times 0.1 = 0.585\text{mm}$$

$$= 5.85 \times 10^{-4}\text{m}$$

$$\Phi_n = \frac{1}{d_n \sum \dfrac{w_i}{d_{ni} \Phi_{ni}}} = \frac{1}{0.585 \times \dfrac{1}{20} \times \left(\dfrac{3}{1 \times 0.6} + \dfrac{5}{0.7 \times 0.75} + \dfrac{10}{0.5 \times 0.8} + \dfrac{2}{0.1 \times 0.95}\right)} = 0.565$$

$$a_p = \frac{6}{d_n \Phi_n} = \frac{6}{5.85 \times 10^{-4} \times 0.565} = 1.187 \times 10^4 \text{m}^2/\text{m}^3$$

（4）$$d_{ev} = \sqrt[3]{\frac{6 v_{pi}}{\pi}} = \sqrt[3]{\frac{6 m_i}{\rho_s \pi}} = 0.09 m_i^{1/3}$$

代入数据，分别得到各筛层的 $d_{ev}$ 为 0.013m、0.0154m、0.0194m、0.0113m。

由 $d_{evi}\Phi_{evi}=d_{ni}\Phi_{ni}$，$\Phi_{evi}=\dfrac{d_{ni}\Phi_{ni}}{d_{evi}}$，分别得到各 $\Phi_{evi}$：0.046、0.0341、0.0206、0.0084。

$$d_{ea}=\frac{1}{\sum\dfrac{w_i}{d_{evi}\Phi_{evi}}}$$

$$=\frac{1}{\dfrac{1}{20}\times\left(\dfrac{3}{0.013\times0.046}+\dfrac{5}{0.0154\times0.0341}+\dfrac{10}{0.0194\times0.0206}+\dfrac{2}{0.013\times0.0084}\right)}$$

$$=3.299\times10^{-4}\,\text{m}$$

$$a_p=\frac{6}{d_{ea}}=1.817\times10^4\,\text{m}^2/\text{m}^3$$

$d_{ev}$ 按调和平均计算：

$$d_{ev}=\frac{1}{\sum\dfrac{w_i}{d_{evi}}}=\frac{1}{\dfrac{1}{20}\left(\dfrac{3}{0.013}+\dfrac{5}{0.0154}+\dfrac{10}{0.0194}+\dfrac{2}{0.0013}\right)}=0.016\text{m}$$

$$\Phi_{ev}=\frac{1}{d_{ev}\sum\dfrac{w_i}{d_{evi}\Phi_{evi}}}=\frac{3.299\times10^{-4}}{0.016}=0.0206$$

$d_{ev}$ 按算术平均计算：

$$d_{ev}=\sum w_i d_{evi}=\frac{1}{20}\,(3\times0.013+5\times0.0154+10\times0.0194+2\times0.0113)$$

$$=0.01663\text{m}$$

$$\Phi_{ev}=\frac{1}{d_{ev}\sum\dfrac{w_i}{d_{evi}\Phi_{evi}}}=\frac{3.299\times10^{-4}}{0.01663}=0.0198$$

本例清楚地说明，通过筛分，取用各种名义尺寸都可计算比表面积。名义尺寸可用不同的方法进行平均，但球形度一定要与所用的名义尺寸对应。因筛分常用两层筛孔的平均值作为名义尺寸，故进行筛分计算获取颗粒群平均比表面积时，要注意 $d_n$ 是使用调和平均法还是算术平均方法，并使用与之对应的 $\Phi_n$。同时也要注意与使用体积当量球直径 $d_{ev}$ 时求法的区别。

### 3.1.2.3　床层空隙率

颗粒床层具有空隙，用空隙率 ε（porosity 或 void fraction）定义这一性质：

$$\varepsilon=(V_b-V_p)/V_b \tag{3-14}$$

式中，$V_b$ 为床层体积，$\text{m}^3$；$V_p$ 为所有固体颗粒体积之和，$\text{m}^3$。

影响空隙率 ε 值的因素有颗粒的大小、形状、粒度分布与充填方式等。若充填时设备受到振动，则空隙率必定小。采用湿法充填（即设备内先充以液体），则空隙率必大。大小不一的颗粒床层 ε 小。器壁处 ε 大。一般乱堆床的空隙率在 0.47～0.70 之间。

### 3.1.2.4　床层的比表面积

单位床层体积具有的颗粒表面积称为床层的比表面积 $a_b$。若忽略颗粒之间接触面积的影响，则有：

$$a_b=(1-\varepsilon)a_p \tag{3-15}$$

### 3.1.2.5　床层的各向同性

设备足够大或颗粒足够小时，颗粒的床层用乱堆方法堆成，而非球形颗粒的定向是随机的，因而可认为床层是各向同性。各向同性床层的一个重要特点是，床层横截面上可供流体通过的自由截面（即空隙截面）与床层截面之比在数值上等于空隙率ε，但在壁面处是个例外，ε较大。流体流动会趋向壁面，称为"壁效应"（wall effect）。

# 3.2 流体通过固定床层的压降

固定床层中颗粒间的空隙形成细小曲折的网状复杂通道。需要对此建立物理模型并进而得到数学模型，用以计算流体通过颗粒床层的压降。

## 3.2.1 颗粒床层的简化物理模型

细小而密集的固体颗粒床层具有很大的比表面积，给流体通过此种床层的流动阻力施加主要的影响，并使整个床层截面速度基本能均匀分布，在床层两端形成很大的压降。该压降在工程设计中有其重要性。为得到压降的计算公式，可设法用简化物理模型替代颗粒床层。

设颗粒床层的高度为 $L$，空隙率为 $\varepsilon$，床层截面积为 $A$，颗粒层中流体实际流速为 $u_1$，流体的空床流速为 $u$，且有 $u_1 = u/\varepsilon$。现设想用一当量直径为 $d_e$、长度为 $L$ 的圆管模拟颗粒床层，圆管中流体的流速也为 $u_1$。按照定义，$d_e$ 为 4 倍流体体积除以流体接触固体表面。颗粒床层中流体体积为 $\varepsilon AL$，颗粒表面积为 $a_p(1-\varepsilon)AL$，$a_p$ 为颗粒群的平均比表面积，故有

$$d_e = \frac{4\varepsilon AL}{a_p(1-\varepsilon)AL} = \frac{4\varepsilon}{a_p(1-\varepsilon)} \tag{3-16}$$

之所以作如此考虑，理由如下：就流体流动的阻力而言，影响因素之一是固体表面积，式(3-16)中，$a_p(1-\varepsilon)/\varepsilon$ 代表颗粒床单位体积流体接触的颗粒固体表面积，其值为 $4/d_e$，而直径为 $d_e$、长度为 $L$ 的圆管中，因 $4\times(0.25\pi d_e^2)L/(\pi d_e L)=d_e$，$\pi d_e L/(0.25\pi d_e^2 L)$ 为管中单位体积流体可接触的管道表面积，其值也为 $4/d_e$，所以，对直径为 $d_e$ 长度为 $L$ 的圆管和与其对应的颗粒床层而言，单位体积流体所占固体表面相同，则单位体积流体受阻力也可能近似相同，流体因是匀速运动，推动力也近似相同，保证速度近似相同为 $u_1$，可推断出圆管的 $\Delta P/\rho = \lambda(L/d)u_1^2/2$ 应该能表达出颗粒床层的阻力情况。因此，可用直径为 $d_e$、长度为 $L$、流速为 $u_1$ 的直管流动模型模拟流体通过颗粒床层的流动。两种流动毕竟不完全相同，模拟只是近似的，并需要通过实验加以验证和修正。

## 3.2.2 流体通过颗粒床层的数学模型

由物理模型，利用范宁公式得到数学模型为

$$\frac{\Delta P}{\rho} = \lambda \frac{L}{d_e} \times \frac{u_1^2}{2} \tag{3-17}$$

$P$ 为和压强，即 $p+\rho gh$。欧根总结了多人的试验数据，在 $1 < Re_p/(1-\varepsilon) < 2500$ 范围内验证了模型正确，并得到

$$\lambda = \frac{133.44}{Re_e} + 2.32 \tag{3-18}$$

其中 $Re_e = \dfrac{d_e u_1 \rho}{\mu} = \dfrac{4\rho u}{a_p(1-\varepsilon)\mu}$，是当量直管中雷诺数的一般表达式。$Re_p = \dfrac{d_p u \rho}{\mu}$ 为以颗粒直径（或当量直径）和空床速度计算的颗粒雷诺数，其中 $d_p = 6/a_p$，$a_p$ 为颗粒的比表面积。有些教材定义床层雷诺数 $Re_b = d_e u_1 \rho/(4\mu) = \rho u/[a_p(1-\varepsilon)\mu]$，则有 $Re_e = 4Re_b = 4Re_p/[6(1-\varepsilon)]$，或者 $Re_b = Re_p/[6(1-\varepsilon)]$。欧根公式范围为：$1 < Re_p/(1-\varepsilon) < 2500$，相

应有 $0.67 < Re_e < 1666.7$，或者 $0.17 < Re_b < 416.7$。

将式(3-16)、$Re_e$ 表达式及 $u_1 = u/\varepsilon$ 代入式(3-17) 得到

$$\frac{\Delta P}{L} = 4.17 \frac{(1-\varepsilon)^2 a_p^2 \mu u}{\varepsilon^3} + 0.29 \frac{(1-\varepsilon) a_p}{\varepsilon^3} \rho u^2 \tag{3-19}$$

又 $a_p = 6/(\Phi_n d_n)$，注意 $d_p = \Phi_n d_n$，代入式(3-19)，得到

$$\frac{\Delta P}{L} = 150 \frac{(1-\varepsilon)^2 \mu u}{\varepsilon^3 (\Phi_n d_n)^2} + 1.75 \frac{(1-\varepsilon)}{\varepsilon^3 (\Phi_n d_n)} \rho u^2 \tag{3-20}$$

式(3-20) 表明，流体所受阻力分为两部分：一部分是黏性阻力，与床层表观流速（superficial velocity）$u$ 成正比；另一部分为惯性阻力，与 $u^2$ 成正比。

如果雷诺数 $Re_p/(1-\varepsilon) < 20$，即 $Re_e < 13.2$，或 $Re_b < 3.3$，式(3-20) 后项的惯性项可忽略，称为康采尼-卡曼（Kozeny-Carman）方程：

$$\frac{\Delta P}{L} = 4.17 \frac{(1-\varepsilon)^2 a_p^2 \mu u}{\varepsilon^3} \tag{3-19a}$$

当 $Re_p/(1-\varepsilon) > 1000$，即 $Re_e > 668$，或 $Re_b > 167$，式(3-20) 中，前项黏性阻力项可忽略，可演变为布莱克-普朗姆（Blake-Plummer）方程：

$$\frac{\Delta P}{L} = 0.29 \frac{(1-\varepsilon) a_p}{\varepsilon^3} \rho u^2 \tag{3-19b}$$

欧根方程式(3-20) 的误差约为 $\pm 25\%$，且不适用于细长物体及瓷环等塔用填料。

**特别指出：式(3-20) 中 $\varepsilon$ 的影响最大。用式(3-19a) 可计算 $\varepsilon$ 从 0.5 降为 0.4 时 $\Delta P$ 增加 2.8 倍。但 $\varepsilon$ 随装填情况而变，即使同一人用同样物料同种装填方式也未必能重复，因此选取 $\varepsilon$ 应当十分小心。**

$d_n$、$\Phi_n$ 对预测 $\Delta P$ 也有影响，若 $\Phi_n$ 从 0.384 下降到 0.333，由式(3-19a)，$\Delta P$ 增加 33%。$d_n$ 也如此。对工业上大小形状不一的固定床层物料，正确获取 $d_n$、$\Phi_n$ 也很重要。对细的粉碎物料，$d_n$ 可用筛分法获取，而 $\Phi_n$ 测定方法依据之一就是式(3-20)。

由于 $\varepsilon$ 的决定性影响和 $\varepsilon$ 重复的困难，不同研究者结论有差异显属正常。如 Kozeny 在 $Re_p/(1-\varepsilon) < 10$，即 $Re_e < 6.68$，或 $Re_b < 1.67$（约等于 2），且 $\varepsilon$ 在 0.5 左右时，得到 $\lambda = 160/Re_e$，式(3-19) 成为 Kozeny 方程：

$$\frac{\Delta P}{L} = \frac{5(1-\varepsilon)^2 a_p^2 \mu u}{\varepsilon^3} \tag{3-19c}$$

式(3-19c) 预测 $\Delta P$ 时误差在 10% 以内，优于 Ergun 方程 [式(3-19)]。

## 3.3 过滤

过滤（filtration）是使流体通过过滤介质（filtering medium 或 septum）分离固体颗粒的一种单元操作。通过过滤操作可获得清净流体或固相产品。过滤属于机械分离操作，其能量消耗比较低。

### 3.3.1 过滤操作的基本概念

#### 3.3.1.1 过滤操作

过滤介质在开始时拦截流体中的颗粒形成颗粒床层，其后，过滤主要发生在颗粒床层中。过滤介质为多孔物质，被过滤的物系可以是气固混合物，也可以是悬浮液。以下主要讨论悬浮液的过滤。过滤悬浮液时，悬浮液被称为滤浆或料浆（slurry），滤过的液体称为滤液（filtrate），被截留的固体物质称为滤饼（filter cake）或滤渣。图 3-1 是过滤操作的示

意图。

### 3.3.1.2　过滤过程推动力

推动过滤操作中流体流动的压强差可以来自重力、惯性离心力、抽真空或对浆液施加外部压强。在生产中应用最多的是以施加外压或抽真空的方式提供过滤推动力。

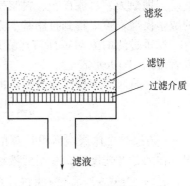

图 3-1　过滤操作

### 3.3.1.3　滤饼过滤和深层过滤

工业上的过滤操作分为两大类，即滤饼过滤（cake filtration）和深层过滤（deep-bed filtration）。滤饼过滤时，过滤介质的微细孔道的直径可能大于悬浮液中部分颗粒的直径，但颗粒会在孔道中迅速地发生"架桥"现象，使小于孔道直径的细小颗粒也能被拦截。通常，过滤开始阶段得到的浑浊液，待滤饼形成后应返回滤浆槽重新处理。滤饼过滤适用于处理固相体积分数约在 1% 以上的悬浮液。

深层过滤中，固体颗粒并不形成滤饼，而是沉积于过滤介质床层内部。颗粒尺寸小于床层孔道直径，当颗粒随流体在床层内的曲折孔道中流过时，由于拦截冲击、层流、静电等作用，便附着在过滤介质上。这种过滤适用于生产能力大而颗粒小、固相体积分数在 0.1% 以下的场合。工厂制备无菌空气可采用这种过滤方法。

附带说明，膜分离技术发展非常迅速，本书另章讨论。

### 3.3.1.4　过滤介质

过滤介质是滤饼的支撑物，它应具有足够的机械强度和尽可能小的流动阻力，同时，还应具有相应的耐腐蚀性和耐热性。工业上常用的过滤介质主要有：①织物介质，又称滤布，包括由棉、毛、丝、麻等天然纤维及合成纤维制成的织物，以及由玻璃丝、金属丝等织成的网，可截留最小直径为 5～65μm 的颗粒，在工业上应用最为广泛。②堆积介质，由各种固体颗粒如细砂、木炭、石棉、硅藻土等或非编织纤维等堆积而成，多用于深层过滤中。③多孔固体介质，具有很多微细孔道的固体材料，如多孔陶瓷、多孔塑料及多孔金属制成的管或板，能截拦 1～3μm 的微细颗粒。

### 3.3.1.5　滤饼的压缩性和助滤剂

滤饼是由截留下的固体颗粒堆积而成的床层，随着操作的进行，滤饼的厚度与流动阻力都逐渐增加。构成滤饼的颗粒特性对流动阻力有很大影响。颗粒如果是坚硬固体，如硅藻土、碳酸钙等，在滤饼两侧的压强差增大时，颗粒的形状和颗粒间的空隙都不会有明显变化，单位厚度床层的流动阻力可视为恒定，这类滤饼称为不可压缩滤饼。相反，如果滤饼是由较软的物质构成，则当滤饼两侧的压强差增大时，颗粒的形状和颗粒间的空隙有明显的改变，单位厚度饼层的流动阻力随压强差增大而增大，这种滤饼称为可压缩滤饼。

为了减少可压缩滤饼的流动阻力，可将某种质地坚硬而能形成疏松饼层的另一种固体颗粒混入悬浮液或预涂于过滤介质上，以形成疏松饼层，利于滤液流动。此种预混或预涂的粒状物质称为助滤剂（filter aid）。

### 3.3.1.6　过滤程序

一般过滤程序为：①过滤阶段，采用恒速、恒压或先恒速后恒压方式；②滤饼洗涤，除去或回收滤液；③滤饼干燥，去除颗粒中的液体；④卸除滤饼。可以间歇操作，也可连续操作。

## 3.3.2　过滤基本方程式

过滤基本方程式是定量给出过滤速率或速度与其影响因素间关系的表达式。过滤速率一般受到推动力、过滤面积、料浆性质、介质特性及滤饼厚度等因素影响。通过建立过滤过程的数学模型，可以得到过滤基本方程。

滤饼过滤的流动特性与建立康采尼-卡曼方程的情形相似，故可应用式（3-19a）表达，或者用式（3-19c）表达。

某一瞬时，床层厚度为 $L$，将床层流速写成瞬间过滤速度 $dV/(Ad\tau)$，由式（3-19a）

$$u = \frac{dV}{Ad\tau} = \frac{\varepsilon^3}{4.17a_p^2(1-\varepsilon)^2}\left(\frac{\Delta P_c}{\mu L}\right) = \frac{\Delta P_c}{r\mu L} \tag{3-21}$$

$u$ 为按整个床层截面积计算的滤液平均流速，指单位时间通过单位过滤面积的滤液体积，称为过滤速度。$\Delta P_c$ 指滤液通过滤饼层的压强降（以和压强 $p+\rho gz$ 的差值表示）。$r = 4.17a_p^2(1-\varepsilon)^2/\varepsilon^3$，称为滤饼比阻（specific cake resistance），单位为 $1/m^2$。在式（3-21）中，$\Delta P_c$ 变大时，若 $\varepsilon$ 不变，则 $r$ 为常数，但对于可压缩滤饼，$\varepsilon$ 变小，$r$ 变大，使得 $u$ 变小，相当于给过程施加了阻力，故将 $r$ 放在分母上。$r$ 大，阻力就大。由 $r$ 的表达式知，$a_p^2(1-\varepsilon)^2$ 是 $1m^3$ 滤饼提供的颗粒表面积的平方，正比于 $r$，$\varepsilon^3$ 是 $1m^3$ 滤饼提供的流动空间体积的立方，反比于 $r$。式（3-21）也具有"速度=推动力/阻力"的形式，阻力来源于流体内摩擦力，与 $\mu$、饼层厚度 $L$ 和饼的比阻特性（代表 $1m^3$ 滤饼的颗粒表面积及空隙率特性）有关。

针对过滤过程还需要考虑如下几个方面的问题：①观察图 3-1，过滤介质也形成过程阻力，相应压降为 $\Delta P_m$。通常将此阻力等量成厚度为 $L_e$ 的滤饼形成的阻力，$L_e$ 则称为过滤介质的当量滤饼厚度。滤饼和介质串联，推动力相加，$\Delta P = \Delta P_c + \Delta P_m$，阻力相加成为 $r\mu(L+L_e)$，过程速度不变。②$r$ 随 $\Delta P$ 变化的程度用经验式 $r = r_0\Delta P^s$ 表示，其中 $r_0$ 为滤饼的比阻常数，由实验测定，$s$ 为滤饼压缩指数，单位为 1，可压缩滤饼 $s=0.2\sim0.8$，对不可压缩滤饼 $s=0$。③滤饼是由悬浮液生成的，滤饼厚度 $L$ 与滤液量有关。设每获 $1m^3$ 滤液生成滤饼体积为 $c_1m^3$，$c$ 代表饼（cake）体积（$m^3$），"1"代表滤液为 $1m^3$，则瞬时滤饼厚度 $L = c_1V/A$，$A$ 为滤饼床层横截面积。设形成 $L_e$ 的当量滤液为 $V_e$，用 $K$ 表示 $2\Delta P^{1-s}/(r_0c_1\mu) = 2k\Delta P^{1-s}$，$k = 1/(r_0c_1\mu)$。将上述各关系式代入式（3-21），得到

$$\frac{dV}{Ad\tau} = \frac{A\Delta P^{1-s}}{\mu r_0c_1(V+V_e)} = \frac{(2k\Delta P^{1-s})A}{2(V+V_e)} = \frac{KA}{2(V+V_e)} \tag{3-22}$$

定义过滤速率为 $dV/d\tau$，注意其与过滤速度的定义不同，则有

$$\frac{dV}{d\tau} = \frac{KA^2}{2(V+V_e)} \tag{3-23}$$

式（3-23）称为过滤速率基本方程。由此得到过滤过程的数学模型。但其中的 $K$、$V_e$ 和 $s$ 要用实验的方法测定。令 $q = V/A$，$q_e = V_e/A$，可得过滤速度 $dq/d\tau$ 的表达式。

### 3.3.3　过滤过程方程

#### 3.3.3.1　恒压过滤方程

恒压（差）过滤（constant-pressure filtration）是最常见的过滤方式。恒压过滤时滤饼不断变厚，阻力逐渐增加，但推动力 $\Delta P$ 恒定，因而过滤速率逐渐变小。

恒压过滤时，$K$ 是常数，由式（3-23）得

$$\int_{V=0}^{V=V} 2(V+V_e)dV = K\int_{\tau=0}^{\tau=\tau} d\tau$$

$$V^2 + 2VV_e = KA^2\tau \tag{3-24}$$

由图 3-1 知，形成当量滤饼时，并无过滤介质，由数学模型式（3-21），将 $\Delta P_c$ 换成 $\Delta P$，去除式（3-23）中 $V_e$ 即可。在 $\tau=0$，$V=0$，$\tau=\tau_e$，$V=V_e$ 间积分，得 $V_e^2 = KA^2\tau_e$。有：

$$(V+V_e)^2 = KA^2(\tau+\tau_e) \qquad (3\text{-}24a)$$

#### 3.3.3.2 恒速过滤方程

过滤设备（如板框压滤机）内部空间的容积是一定的，当料浆充满此空间后，供料的体积流量就等于滤液流出的体积流量，即过滤速率。所以，当用排量固定的正位移泵向过滤机供料而未打开支路阀时，过滤速率便是恒定的。这种维持速率恒定的过滤方式称为恒速过滤（constant-rate filtration）。由式(3-23)得到：

$$\frac{dV}{d\tau} = \frac{KA^2}{2(V+V_e)} = \frac{V}{\tau}$$

$$V^2 + VV_e = \frac{K}{2}A^2\tau \qquad (3\text{-}25)$$

注意：式(3-25)中的$K$值不是常数，因$\Delta P$在不断升高。但只要知道对应于$V$时的压差$\Delta P$，即可得出$K$。

#### 3.3.3.3 先恒速后恒压过滤方程

为防滤布受堵，$\Delta P$先小，随过滤进行再慢慢增大，保证$dV/d\tau$恒定，后再转入恒压过滤。设恒压前过滤液量为$V_R$，时间为$\tau_R$，为使用恒压过滤方程，将恒压前的过程等量成恒压过滤，滤液量仍为$V_R$，但时间为$\tau_R'$。设整个过滤过程所获总滤液量为$V$，转入恒压后的操作时间为$\tau$，则由$\int_{V_R}^{V} 2(V+V_e)\,dV = KA^2\int_{\tau_R'}^{\tau+\tau_{R'}}d\tau$，得

$$(V^2 - V_R^2) + 2V_e(V - V_R) = KA^2\tau \qquad (3\text{-}26)$$

式中，$(V-V_R)$为转入恒压后所获滤液量；$\tau$为实际恒压过滤时间。

### 3.3.4 过滤常数的测定

在某指定的压强差下对一定料浆进行恒压过滤时，式(3-24)中的过滤常数$K$、$V_e$可通过恒压过滤实验测定。

将恒压过滤方程式(3-24)改写为

$$\frac{\tau}{V} = \frac{1}{KA^2}V + \frac{2V_e}{KA^2} \qquad (3\text{-}27)$$

$\tau/V\text{-}V$成线性关系，直线斜率为$1/(KA^2)$，截距为$2V_e/(KA^2)$。实验中只要在某一压差的恒压过滤中测出不同的过滤时间$\tau$及与之对应的累积滤液量$V$即可。

在过滤实验条件比较困难的情况下，只要能够获得指定条件下的过滤时间与滤液量的两组对应数据，并代入恒压过滤方程解方程组，也可得到$K$、$V_e$、$\tau_e$。但是，如此求得的过滤常数，其准确性完全依赖于这仅有的两组数据，可靠程度往往较差。

不同的压差$\Delta P$下，因过滤介质堵塞情况不同，滤饼结构有差异，$K$值和$V_e$值不同。在不同的压强差下对指定物料进行上述重复实验，求得不同的$K$值，然后对$K\text{-}\Delta P$数据加以处理，即可求得$s$值和$r_0$值。因$K = 2\Delta P^{1-s}/(\mu r_0 c_1)$，两端取对数，得

$$\lg K = (1-s)\lg(\Delta P) + \lg[2/(\mu r_0 c_1)] \qquad (3\text{-}28)$$

将$\lg K$和$\lg\Delta P$的数据采用最小二乘法回归（或十进制坐标作图，也可考虑用$K\text{-}\Delta P$双对数坐标作图），斜率为$1-s$，截距为$\lg[2/(\mu r_0 c_1)]$，从而可得滤饼的压缩性指数$s$及$r_0$。上法求压缩性指数时，要求$c_1$值恒定，故应注意在过滤压强变化范围内，滤饼的空隙率应没有显著变化，以保证$c_1$基本不变。测定时$\Delta P$的取值按照$\lg\Delta P$均匀分布，而不要按照$\Delta P$均匀分布。

### 3.3.5 过滤设备

各种悬浮液的性质有很大的差异，过滤的目的及料浆的处理量相差也很悬殊，为适应各

种不同的要求,发展了多种形式的过滤机。过滤机的主要发展为:①连续化、自动化;②减少阻力,如动态过滤、电磁场辅助;③减少占空,增加过滤面积;④降低滤渣含水率,降低干燥能耗;⑤精密过滤。过滤机按照操作方式可分为间歇过滤机与连续过滤机;按照采用的压强差可分为压滤、吸滤和离心过滤机。工业上应用最广泛的板框压滤机和加压叶滤机为间歇压滤型过滤机,转筒真空过滤机则为吸滤型连续过滤机。离心过滤机与板框压滤机在原理方面的主要差别在于推动力不同,离心过滤机的推动力由离心力形成,读者需了解这方面知识时,可参考有关书籍。

### 3.3.5.1 板框压滤机

板框压滤机(plate-and-frame press filter)由多块带凹凸纹路的滤板和多个滤框交替排列组装于机架而构成,如图 3-2 所示。板和框一般制成正方形,四角端均开有圆孔,装合、压紧后即构成供滤浆、滤液或洗涤液流动的通道。框的两侧覆以四角开孔的滤布,空框与滤布围成容纳滤浆及滤饼的空间。

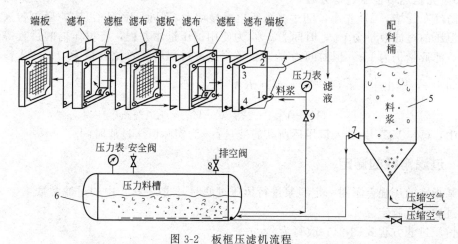

图 3-2　板框压滤机流程

1—料浆通道;2~4—滤液或洗水通道;5—料浆桶;6—压力釜;7~9—阀门

滤板又分为洗涤板与过滤板(非洗涤板)两种。洗涤板在 3 和 4 的位置,板的两面都分别打斜孔与角上的圆孔相连,使板两侧与圆孔相通。端板一侧以及非洗涤板两侧在位置 2 处板面有斜孔与角上圆孔相通,供流体出入。为了便于区别,常在板、框外侧铸有小钮或其他标志,通常,非洗涤板为一钮,框则为二钮,洗涤板为三钮。装合时按钮数以 1—2—3—2—1—2—3—2—1…的顺序排列板与框,构成图 3-2 的流程。1、2、3、4 管线均由阀门控制(图中未画)。压紧装置的驱动可用手动、电动或液压。过滤时,管线 4 出口阀关闭,2、3 管线出口阀打开。料浆由管线 1 供入,进入滤框,滤液分两路。右手一路通过滤布后,流向端板或非洗涤板角 2 处,由管线 2 排出。左手一路通过滤布后由洗涤板角 3 处经管线 3 排出。余类推。洗涤时,洗液从管线 4 供入。管线 3 和 1 出口阀关闭。洗液只能从洗涤板角 4 处进入两侧面。右侧洗液横穿右边的滤框,从非洗涤板(或端板)角 2 处经管线 2 排出。左侧的洗液横穿左边的滤框从非洗涤板(或端板)角 2 处经管线 2 排出。此种洗涤方法称为横穿洗涤。图 3-2 为滤液暗流(符号为 A)方式。也有滤液由滤板直接用阀门排出的方式,称为明流(用符号 M 表示)。洗涤结束后,旋开压紧装置并将板框拉开,卸出滤饼,清洗滤布,重新装合,进入下一个操作循环。

板框压滤机的操作表压,一般在 $3 \times 10^5 \sim 8 \times 10^5$ Pa 的范围内,有时可达 $15 \times 10^5$ Pa。滤板和滤框可由多种金属材料(如铸铁、碳钢、不锈钢、铝等)、塑料及木材制造。我国编制的压滤机系列标准及规定代号,依次包括机名、滤液流动方式、压紧方式、过滤面积、框内边长、框厚等内容。如 BAY20/635-25 表示：板框压滤机、暗流、液压、20m² 过滤面积、635mm 边长、25mm 框厚。框每边长为 320～1000mm，厚度为 25～50mm。滤板和滤框的数目，可根据生产任务自行调节。

## 阅读材料

另有结构相似的厢式（用 X 表示）过滤机，由类似洗涤板的厢板排列而成，厢板中间开进料孔，板两侧贴有中间以圆孔相连的滤布（一侧滤布穿过板中心孔后展开），板面有均匀分布凸的小圆柱，方框下边一角开有斜孔与此处集液室相连，集液室由阀门通向板外。两板压紧时，滤布构成滤腔，拦截滤渣，滤液透过滤布后在板面上流到集液室排出。板若以弹性材料制造还可压榨。

板框压滤机结构简单、制造方便、占地面积小而过滤面积较大，操作压强高，适应能力强，故应用颇为广泛。它的主要缺点是间歇操作，生产效率低，劳动强度大，滤布损耗大。近来，出现各种自动操作的板框压滤机，在一定程度上改善了上述缺点。

### 3.3.5.2 叶滤机

图 3-3 所示的叶滤机（leaf filter）由许多类似于板框过滤机滤框的扁空盒状滤叶装合而成，滤叶由金属多孔板或金属网制造，内部具有空间，外罩滤布。过滤时滤叶安装在密闭机壳内。滤浆用泵压送到机壳内，滤液穿过滤布进入叶内，汇集至总管后排出机外，颗粒则积于滤布外侧形成滤饼。若滤饼需要洗涤，则于过滤完毕后通入洗水，洗水的路径与滤液相同，这种洗涤方法称为置换洗涤法。洗涤过后打开机壳上盖，拔出滤叶卸除滤饼。在已知单侧滤叶面积时，过滤面积要乘以 2。

叶滤机可加压也可真空操作，过滤速度大，洗涤效果好。缺点是造价高，更换滤布（尤其对于圆形滤叶）比较麻烦。

### 3.3.5.3 转筒真空过滤机

转筒真空过滤机（rotary-drum vacuum filter）是一种连续操作的过滤机。设备的主体是一个能转动的水平圆筒。其表面有一层金属网，网上覆盖滤布，筒的下部浸入滤浆中，浸没部分占总表面积的 30%～40%，如图 3-4 所示。圆筒表面按旋转方向分隔成若干区域，每区都有单独的孔道通至分配头上。圆筒转动时，凭借分配头的作用使这些孔道依次分

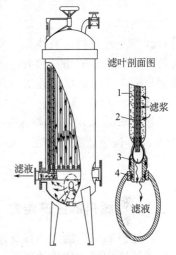

图 3-3 加压叶滤机
1—滤饼；2—滤布；
3—拔出装置；4—橡胶圈

别与真空管及压缩空气管相通，因而在回转一周的过程中，每个区域表面即可顺序进行过滤、洗涤、吸干、吹松、卸饼等项操作。分配头由紧密贴合的转动盘与固定盘构成。转动盘随着筒体一起旋转，固定盘内侧两面各凹槽分别与各种不同作用的管道相通，如图 3-5 所示。在转动盘旋转一周的过程中，转筒表面的不同位置上，同时进行过滤—吸干—洗涤—吹松—卸饼等操作。如此连续运转，整个转筒表面上便构成了连续的过滤操作。

该过滤机附属设备较多，投资费用高，过滤推动力有限，滤饼的洗涤也不充分。

### 3.3.6 滤饼的洗涤

洗涤滤饼的目的在于回收或清除滤饼中的滤液。洗涤时，单位时间内消耗的洗水体积称为洗涤速率，以 $(dV/d\tau)_w$ 表示。洗水不含固相，洗涤过程中滤饼厚度不变，故在恒定的

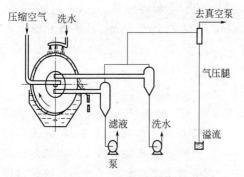

图 3-4 转筒真空过滤机装置示意图

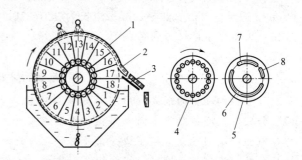

图 3-5 转筒及分配头的结构
1—转筒；2—滤饼；3—刮刀；4—转动盘；5—固定盘；
6— 吸滤液槽；7—吸水槽；8—压缩空气槽

压强差推动下洗涤速率基本为常数。若每次过滤终了以体积为 $V_w$ 的洗水洗涤滤饼，则所需洗涤时间为

$$\tau_w = \frac{V_w}{(dV/d\tau)_w} \tag{3-29}$$

叶滤机采用置换法洗涤，洗水与过滤终了时的滤液流过的路径基本相同，而且洗涤面积与过滤面积也相同，故洗涤速率大致等于过滤终了时的过滤速率，为 $KA^2/[2(V+V_e)]$，$V$ 是过滤终了时所得滤液体积。板框压滤机采用横穿法洗涤，洗水横穿两层滤布及整个厚度的滤饼，流经滤饼的路径约为过滤终了时滤液流动路径的两倍，而供洗水流通的面积又仅为过滤面积的一半，故洗涤速率 $(dV/d\tau)_w$ 由式(3-21) 可知为过滤终了时过滤速率的 1/4 倍，即为 $KA^2/[8(V+V_e)]$。

当洗水黏度 $\mu_w$、洗涤压差 $\Delta P_w$ 与滤液黏度 $\mu$、过滤压强差有明显差异时，所需的洗涤时间 $\tau'_w$ 可按下式进行校正：

$$\tau'_w = \tau_w \left(\frac{\mu_w}{\mu}\right)\left(\frac{\Delta P}{\Delta P_w}\right) \tag{3-30}$$

### 3.3.7 过滤机的生产能力

过滤机的生产能力通常是指单位时间获得的滤液体积，有时也指单位时间获得的滤饼的产量或滤饼中固相物质的产量。

#### 3.3.7.1 间歇过滤机的生产能力

间歇过滤机在一个循环周期中依次进行过滤、洗涤、卸渣、清理、装合等操作。在每一循环周期中，全部过滤面积只有部分时间在进行过滤，而过滤之外的各步操作所占用的时间也必须计入生产时间内。因此在计算生产能力时，应以整个操作周期 $T$ 为基准。操作周期为过滤时间 $\tau_F$、洗涤时间 $\tau_w$ 及辅助时间 $\tau_D$ 之和，即

$$T = \tau_F + \tau_w + \tau_D$$

则生产能力的计算式为

$$Q = \frac{V}{T} = \frac{V}{\tau_F + \tau_w + \tau_D} \tag{3-31}$$

式中，$V$ 为一个操作循环内所获得的滤液体积，$m^3$；$Q$ 为生产能力，$m^3/s$，常换算为 $m^3/h$。

板框过滤机并不是将框充满才停止操作，生产能力需要进行优化。恒压过滤终了时，$\tau_F = (V^2 + 2VV_e)/(KA^2)$，$\tau_w = bV(V+V_e)/(KA^2)$，其中 $b$ 为比例系数，对板框横穿洗涤

为 $8V_w/V$，对叶滤机置换洗涤为 $2V_w/V$，$V_w/V$ 为洗水滤液比。将 $\tau_F$、$\tau_w$ 代入式(3-31)，令 $d(1/Q)/dV=0$，得极小值点，此时

$$V_{opt}=\sqrt{\frac{KA^2\tau_D}{1+b}} \tag{3-32}$$

由 $V_{opt}$ 可计算得到 $\tau_F$ 和 $\tau_w$，从而得到最大生产能力 $Q$。

### 3.3.7.2 连续过滤机的生产能力

转鼓真空过滤机属于连续过滤机。转筒表面浸入滤浆中的分数称为浸没度，以 $\psi$ 表示，$\psi=$ 浸没角度 $\alpha/360°$。若转筒的转速为 $n(r/s)$，则其周期为 $T=1/n$。转鼓表面上的任何一点从进入到离开滤浆的时间均为 $\tau=\psi T=\psi/n$，所以转鼓表面上任何点的过滤时间都是 $\psi/n$，而过滤面积与转鼓的转动时间成正比。以转鼓转动一个周期为基准，过滤面积为鼓的表面积 $A_D$，面积为 $A_D$ 的过滤介质阻力的当量滤液体积为 $V_e$，当量滤液的过滤时间为 $\tau_e$，故由恒压过滤方程式(3-24a)，得到过滤面积为 $A_D$、过滤时间为 $\psi/n$ 时的滤液量 $V$，再由 $Q=V/T$ 得到转鼓真空过滤机的生产能力为

$$Q=V/T=nV=n\left[\sqrt{KA_D^2(\psi/n+\tau_e)}-V_e\right] \tag{3-33}$$

如果以转鼓转动 $\tau=\psi T=\psi/n$ 时间为基准，过滤时间仍是 $\tau=\psi T=\psi/n$，过滤面积为 $\psi A_D$，面积为 $\psi A_D$ 的过滤介质阻力的当量滤液体积为 $\psi V_e$，此时

$$Q=\frac{V}{\psi T}=\frac{nV}{\psi}=\frac{n\left[\sqrt{K(\psi A_D)^2(\psi/n)+(\psi V_e)^2}-(\psi V_e)\right]}{\psi}=n\left[\sqrt{KA_D^2(\psi/n+\tau_e)}-V_e\right]$$

仍可得到式(3-33)。为方便起见，一般选用一个周期作为计算基准。

【例 3-3】 密度为 $1116kg/m^3$ 某食品物料的水悬浮液，拟以板框压滤机在恒压条件下进行过滤。过滤机的滤框尺寸为 $810mm\times810mm\times25mm$，共有 37 个框。已测出过滤常数 $K=1\times10^{-5}m^2/s$，介质当量滤液量为 $0.01m^3/m^2$。得到 $1m^3$ 滤液所形成的滤饼中含有吸足水的固相 377kg，吸足水固相的平均密度为 $1500kg/m^3$，吸足水的固体颗粒可作为不再吸水物处理。所用的洗涤水量为滤液量的 $1/5$，求：(1) 过滤面积和滤框内的总容积；(2) 过滤所需的时间；(3) 洗涤时间（横穿洗涤）；(4) 若卸渣及重装时间为 15min，求生产能力 $Q$；(5) 求最佳生产能力；(6) 若用过滤常数 $K=7.5\times10^{-6}m^2/s$，直径 $D=1.75m$，长 $=0.98m$，转速 $0.05r/min$，浸没角为 $144°$，滤布阻力可忽略的转鼓真空过滤机过滤，求生产能力和转筒表面的滤饼厚度（假设 $c_1$ 近似不变）。

【分析】 要求出过滤机的生产能力，必须求出滤液量。板框过滤机由滤饼的体积计算滤液量。每得到 $1m^3$ 的滤液所形成的滤饼的体积 $c_1$ 由物料衡算得到。最佳生产能力由求极值点的方法获得。转筒真空连续过滤机的生产能力通常按一个周期进行计算。

**解：**(1) 过滤面积：$A=0.81\times0.81\times37\times2=48.6m^2$（每框两面过滤，故乘以 2）

滤饼总容积：$V_c=0.81\times0.81\times0.025\times37=0.607m^3$

(2) 过滤时间

先求每立方米滤液所得滤饼体积 $c_1$（$m^3$ 饼/$m^3$ 滤液）。根据悬浮液与滤饼和滤液间的体积衡算或质量衡算求解。形成 $1m^3$ 滤液所得到的饼中，颗粒外的水分体积为 $(c_1-377/1500)$ $m^3$，故有：

$$1116(1+c_1)=377+(1+c_1-377/1500)\times1000$$

$c_1 = 0.0833$（$m^3$ 饼/$m^3$ 滤液），总滤液体积（滤框装满滤渣时）为

$$V = V_c/c_1 = 0.607/0.0833 = 7.284\,m^3 \text{，} q = 7.284/48.6 = 0.1499\,m^3/m^2$$

由 $V^2 + 2VV_e = KA^2\tau_F$，即 $q^2 + 2qq_e = K\tau_F$ 得

$$\tau_F = \frac{0.1499^2 + 2 \times 0.1499 \times 0.01}{1 \times 10^{-5}} = 2546.8\,s$$

（3）洗涤时间

$$\tau_w = \frac{V_w}{\frac{1}{4}\left(\frac{dV}{d\tau}\right)_F} = \frac{8V_w(V + V_e)}{KA^2} = \frac{8(q + q_e)(q/5)}{K} = \frac{8 \times (0.1499 + 0.01) \times (0.1499/5)}{1 \times 10^{-5}}$$

$$= 3835.5\,s$$

（4）生产能力

$$Q = \frac{V}{\tau_F + \tau_w + \tau_D} = \frac{7.284}{2546.8 + 3835.9 + 900} = 1.0 \times 10^{-3}\,m^3 \text{ 滤液}/s = 3.6\,m^3/h$$

（5）最佳生产能力

$$V_{opt} = \sqrt{\frac{KA^2\tau_D}{1 + b}} = \sqrt{\frac{1 \times 10^{-5} \times 48.6^2 \times 900}{1 + 8/5}} = 2.86\,m^3 \text{，} q = 2.86/48.6 = 0.0588\,m^3/m^2$$

$$\tau_F = \frac{q_{opt}^2 + 2q_{opt}q_e}{K} = \frac{0.0588^2 + 2 \times 0.0588 \times 0.01}{1 \times 10^{-5}} = 463.3\,s$$

$$\tau_w = \frac{8(q_{opt} + q_e)(q_{opt}/5)}{K} = \frac{8 \times (0.588 + 0.01) \times (0.588/5)}{1 \times 10^{-5}} = 647.3\,s$$

$$Q_{max} = \frac{V_{opt}}{\tau_F + \tau_w + \tau_D} = \frac{2.86}{463.3 + 647.3 + 900} = 1.42 \times 10^{-3}\,m^3 \text{ 滤液}/s = 5.12\,m^3/h$$

（6）$A_D = \pi DL = 3.14 \times 1.75 \times 0.98 = 5.38\,m^2$

$$\psi = \frac{144}{360} = 0.4\text{，} n = 0.05\,r/min\text{，} K = 7.5 \times 10^{-6}\,m^2/s$$

$$Q = nV = n\sqrt{KA_D^2\left(\frac{\psi}{n}\right)} = \sqrt{KA_D^2\psi n}$$

$$= \sqrt{7.5 \times 10^{-6} \times 5.38^2 \times 0.4 \times 0.05/60} = 2.69 \times 10^{-4}\,m^3/s = 0.968\,m^3/h$$

转筒转一周 $T = 1200\,s$，得滤液的体积 $V = QT = 2.69 \times 10^{-4} \times 1200 = 0.323\,m^3$

滤饼体积 $V_c' = 0.323 \times 0.0833 = 0.0269\,m^3$

厚度 $\delta = V_c'/A_D = 0.0269/5.38 = 4.998 \times 10^{-3}\,m = 5.0\,mm$

# 3.4 颗粒的沉降分离

在外力场作用下，利用非均相物系分散相和连续相的密度差，使两相发生相对运动而实现混合物分离的操作称为沉降分离（settling separation）。根据外力场的不同，沉降分离分为重力沉降（gravity settling）和离心沉降（centrifugal settling）；根据沉降过程中颗粒是否受到其他颗粒或器壁的影响而分为自由沉降（free settling）和干扰沉降（hindered settling）。

沉降属于流体相对于颗粒的绕流问题。颗粒的相对速度由力平衡方程导出。

## 3.4.1 重力沉降

### 3.4.1.1 球形颗粒的自由沉降速度

在重力场中，将表面光滑直径为 $d$、密度为 $\rho_s$ 的刚性球形颗粒置于静止的流体介质中，

流体密度为$\rho$，如果颗粒的密度大于流体的密度，则颗粒将在流体中降落。此时，颗粒受到三个力的作用，即重力$\pi d^3 \rho_s g/6$、浮力$\pi d^3 \rho g/6$和曳力（drag）$\zeta A \rho u^2/2$，$\zeta$为曳力系数（drag coefficient），$A$为颗粒运动方向上的最大投影面积，如图3-6所示。重力向下，浮力向上，阻力与颗粒运动的方向相反。对于一定的流体和颗粒，重力与浮力是恒定的，而阻力却随颗粒的降落速度而变，故在经历初始短暂加速过程后，颗粒达到受力平衡，由力平衡方程可求出终端速度（terminal velocity），作为颗粒的沉降速度$u_t$（m/s）。

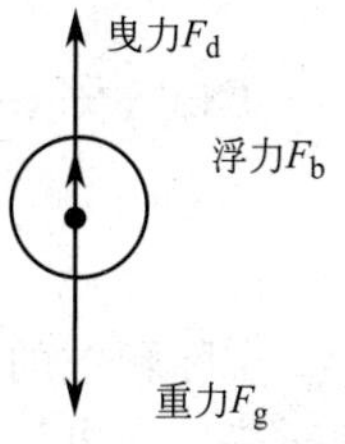

$$\pi d^3 \rho_s g/6 - \pi d^3 \rho g/6 = \zeta \frac{\pi d^2}{4} \times \frac{\rho u_t^2}{2}$$

$$u_t = \sqrt{\frac{4gd(\rho_s - \rho)}{3\zeta\rho}} \tag{3-34}$$

图 3-6 沉降颗粒受力

#### 3.4.1.2 曳力系数

用式(3-34)计算沉降速度时，首先需要确定曳力系数$\zeta$值。通过量纲分析可知，$\zeta$是颗粒与流体相对运动时雷诺数$Re_t$的函数，由实验测得的综合结果示于图3-7中。雷诺数$Re_t$的定义为$Re_t = du_t\rho/\mu$。

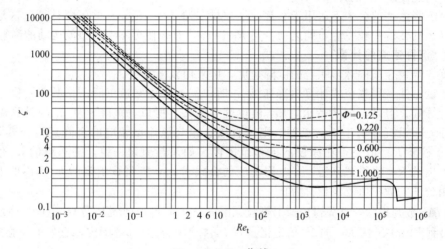

图 3-7 $\zeta\text{-}Re$ 曲线

由图3-7看出，球形颗粒的曲线（$\Phi=1$）按$Re_t$值大致分为三个区，各区内的曲线可分别用相应的关系式表达。

层流区或斯托克斯（Stokes）定律区（$10^{-4} < Re_t < 1$，可近似用到2）

$$\zeta = \frac{24}{Re_t} \tag{3-35}$$

过滤区或艾仑（Allen）定律区（$2 < Re_t < 500$）

$$\zeta = \frac{18.5}{Re_t^{0.6}} \tag{3-36}$$

湍流区或牛顿（Newton）定律区（$500 < Re_t < 2 \times 10^5$）

$$\zeta = 0.44 \tag{3-37}$$

将式(3-35)、式(3-36)及式(3-37)分别代入式(3-34)，便可得到颗粒在各区相应的沉降速度公式，即斯托克斯（Stokes）定律区

$$u_t = \frac{d^2(\rho_s - \rho)g}{18\mu} \tag{3-38}$$

艾仑（Allen）定律区

$$u_t = 0.27 \sqrt{\frac{d(\rho_s - \rho)g}{\rho} Re_t^{0.6}} \qquad (3-39)$$

牛顿（Newton）定律区

$$u_t = 1.74 \sqrt{\frac{d(\rho_s - \rho)g}{\rho}} \qquad (3-40)$$

实际颗粒的沉降会受到颗粒浓度、流体黏度、器壁和颗粒形状粒度等因素的影响，需区别对待。在可达 $Re_t$ 范围内，随雷诺数 $Re_t$ 的增大，表面摩擦阻力的作用逐渐减弱，而形体阻力的作用逐渐增长。当雷诺数 $Re_t$ 超过 $2\times10^5$ 时，出现湍流边界层，此时反而不易发生边界层分离，故曳力系数 $\zeta$ 值突然下降，但在沉降操作中很少达到此区域。

前述各种沉降速度关系式中，当颗粒的体积分数小于 $0.2\%$ 时，理论计算值的偏差在 $1\%$ 以内。当颗粒体积分数较高时，由于颗粒相互作用明显，便发生干扰沉降。

对于非球形颗粒，雷诺数 $Re_t$ 中的直径 $d$ 要用颗粒的当量直径 $d_{ev}$ 代替，曳力系数由图 3-7 中不同 $\Phi$ 值查出，列出受力平衡式，解出沉降速度。但这样做比较麻烦，后面将给出非球颗粒沉降速度或 $d_{ev}$ 的计算方法。

自由沉降速度的公式不适用于非常微细颗粒（如 $d < 0.5\mu m$）的沉降计算，这是由于流体分子热运动使得颗粒发生布朗运动。当 $Re_t > 10^{-4}$ 时，便可不考虑布朗运动的影响。

### 3.4.1.3 沉降速度的计算

计算在给定介质中球形颗粒的沉降速度，可采用以下方法。

（1）试差法　根据公式计算沉降速度 $u_t$ 时，需要预先知道沉降雷诺数 $Re_t$ 值才能选用相应的计算式。但是，$u_t$ 为待求，$Re_t$ 值也就为未知。所以，沉降速度 $u_t$ 的计算需要用试差法，即先假设沉降属于某一流型，则可直接选用与该流型相应的沉降速度公式计算 $u_t$，然后按 $u_t$ 检验 $Re_t$ 值是否在原设的流型范围内。如果与原设一致，则求得的 $u_t$ 有效。否则，按算出的 $Re_t$ 值另选流型，并改用相应的公式求 $u_t$，直到按求得的 $u_t$ 算出的 $Re_t$ 值恰与所选用公式的 $Re_t$ 值范围相符为止。

（2）$Ar$ 数判据法　首先讨论球形颗粒。由式（3-34）可得到 $3\zeta Re_t^2/4 = d^3(\rho_s - \rho)\rho g/\mu^2 = Ar$，$Ar$ 可用 Stokes 区 $Re_t$ 的 18 倍记忆。在 $Re_t \leqslant 2\times10^5$ 全部范围内，有如下经验关系：

$$Re_t = \frac{Ar}{18 + 0.6\sqrt{Ar}} \qquad (3-41)$$

得到 $Re_t$ 后，在已知直径 $d$ 时，可得到 $u_t$。若已知沉降速度为 $u_t$，要求球形颗粒的直径，则可按下法计算。由式（3-34）可得 $3\zeta Re_t^{-1}/4 = (\rho_s - \rho)g\mu/(\rho^2 u_t^3) = Ar Re_t^{-3} = c$，先根据已知数据计算出 $c$，再得到 $Ar = c Re_t^3$，代入式（3-41），试差解出 $Re_t$ 后，再求出 $d$。试差时，可先不考虑式（3-41）中的 $0.6 Ar^{0.5}$，解出一个 $Re_1$，将此 $Re_1$ 代入式（3-41）中的根号内，再解出 $Re_2$，比较 $Re_2$ 和 $Re_1$，若误差在 $3\%$ 以内可停止计算，否则继续进行计算，直至满足误差要求。为方便计算，可绘出 $\zeta Re_t^2$-$Re_t$ 曲线图和 $\zeta Re_t^{-1}$-$Re_t$ 曲线图，避免试差求解 $d$。

对非球形颗粒，用体积当量直径 $d_{ev}$ 代表直径，按球形颗粒的方法进行计算，但式（3-41）要变换成：

$$Re_t = \frac{Ar}{a + b\sqrt{Ar}} \qquad (3-41a)$$

其中 $a$、$b$ 为参数。$\Phi = 0.806$，$a = 25.0$，$b = 1.2$；$\Phi = 0.6$，$a = 33.6$，$b = 1.7$；$\Phi = 0.22$，$a = 37.1$，$b = 2.9$；$\Phi = 0.125$，$a = 41.7$，$b = 4.9$。对这些参数的由来作一说明：观察图 3-

7，各球形度的曲线形状与球的相似，故考虑有式(3-41a)，对 $\Phi=0.806$，在图 3-7 中查出 $Re=0.01$ 和 $Re=10000$ 的 $\zeta$ 分别为 3433 和 1.78，计算出 $Ar=3\zeta Re_{\mathrm{t}}^2/4$ 分别为 0.2575 和 $1.33\times10^8$，代入式(3-41a)，解方程组，可得到 $a\approx25.0$、$b\approx1.2$ 的数值，其它参数值类推求取。

（3）$K$ 判据法　$K$ 为 $Ar^{1/3}$。当 $Re_{\mathrm{t}}=2$ 时，$K=3.3$，此值即为斯托克斯定律区的上限。同理，可得牛顿定律区的下限 $K$ 值为 43.6。这样，计算已知直径的球形颗粒的沉降速度时，可根据 $K$ 值选用相应的公式计算 $u_{\mathrm{t}}$，从而避免采用试差法。

### 3.4.1.4　重力沉降设备

（1）降尘室　利用重力沉降从气流中分离出尘粒的设备称为降尘室（dust-settling chamber）。最常见的单层降尘室如图 3-8 所示。含尘气体进入降尘室后，因流道截面积扩大，速度减慢，只要颗粒在气体通过降尘室的时间内能够降至室底，便可从气流中分离出来。颗粒在降尘室内的运动情况示于图 3-8(b)。令 $l$ 为降尘室的长度，$H$ 为降尘室的高度，$b$ 为降尘室的宽度，$u$ 为气体通过降尘室的水平速度，$Q$ 为降尘室的生产能力，即含尘气通过降尘室的体积流量，则位于降尘室最高点的颗粒沉降至室底需要的时间为 $\tau_{\mathrm{t}}=H/u_{\mathrm{t}}$，气体通过降尘室的时间为 $\tau=l/u$。为满足除尘要求，气体在降尘室内的停留时间至少需等于颗粒的沉降时间，即 $\tau\geqslant\tau_{\mathrm{t}}$ 或 $l/u\geqslant H/u_{\mathrm{t}}$，气体通过降尘室的水平速度为 $u=Q/(Hb)$，得单层降尘室的生产能力为：

$$Q\leqslant blu_{\mathrm{t}} \tag{3-42}$$

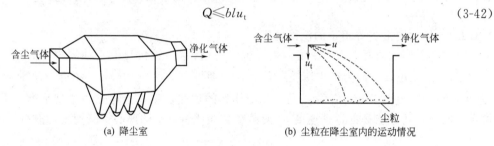

(a) 降尘室　　　　　(b) 尘粒在降尘室内的运动情况

图 3-8　降尘室示意图

理论上，降尘室的生产能力只与其沉降面积 $bl$ 及颗粒的沉降速度 $u_{\mathrm{t}}$ 有关，与降尘室高度 $H$ 无关，故降尘室应设计成扁平形，或在室内均匀设置多层水平隔板，构成多层降尘室，如图 3-9 所示。隔板间距一般为 40~100mm。若降尘室设置 $n$ 层水平隔板，则多层降尘室的生产能力变为

$$Q\leqslant(n+1)blu_{\mathrm{t}} \tag{3-43}$$

降尘室结构简单，流动阻力小，但体积庞大，分离效率低，通常只适用于分离粒度大于 $50\mu m$ 的粗颗粒，一般作为预除尘使用。多层除尘室虽能分离较细的颗粒且节省地面，但清灰比较麻烦。需要指出，沉降速度 $u_{\mathrm{t}}$ 应根据需要完全分离下来的最小颗粒尺寸计算。此外，气体在降尘室内的速度不应过高，一般应保证气体流动的雷诺数处于层流区，以免干扰颗粒的沉降或把已沉降下来的颗粒重新扬起。

（2）沉降槽　沉降槽（settling tank）亦称增稠器（thickener），是用来提高悬浮液浓度并同时得到澄清液体的重力沉降设备。沉降槽又称增浓器或澄清器，可间歇操作也可连续操作。

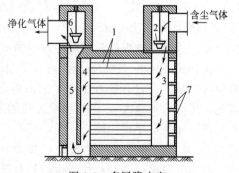

图 3-9　多层降尘室

1—隔板；2，6—调节闸阀；3—气体分配；
4—气体集聚道；5—气道；7—清灰口

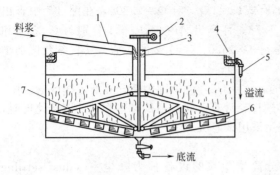

图 3-10　连续沉降槽

1—进料槽道；2—转动机构；3—料井；4—溢流堰；
5—溢流管；6—叶片；7—转耙

间歇沉降槽通常为带有锥底的圆槽，需要处理的悬浮料浆在槽内静置足够时间以后，增浓的沉渣由槽底排出，清液则由槽上部排出管抽出。清液生产能力 $Q = u_t A_0$，$u_t$ 为沉降速度，$A_0$ 为横截面积。

连续沉降槽是底部略成锥状的大直径浅槽，如图 3-10 所示。料浆经中央进料口送到液面下 $0.3 \sim 1.0$ m 处，在尽可能减小扰动的条件下，迅速分散到整个截面上，液体向上流动，清液经由槽顶端四周的溢流堰连续流出，称为溢流；固体颗粒下沉至底部，槽底有徐徐旋转的耙将沉渣缓慢地聚拢到底部中央的排渣口连续排出。排出的稠浆称为底流。清液生产能力 $Q \leqslant u_t A_0$。

## 3.4.2　离心沉降

依靠惯性离心力的作用而实现的沉降过程称为离心沉降。在旋转力场中，单位质量物体所受离心力即离心加速度由旋转的切向速度 $u_T$ 和所在半径位置 $R$ 决定，为 $u_T^2/R$，可比重力加速度大很多。

### 3.4.2.1　惯性离心力作用下的沉降速度

设球形颗粒的直径为 $d$，密度为 $\rho_s$，流体密度为 $\rho$，颗粒与中心轴的距离为 $R$，切向速度为 $u_T$，则颗粒在离心力场中所受三种力为：惯性离心力 $(1/6)\pi d^3 \rho_s u_T^2/R$；向心力 $(1/6)\pi d^2 \rho u_T^2/R$，曳力 $\zeta(1/4)\pi d^2 \rho u_r^2/2$。忽略初始的加速运动，上述三力达到平衡。平衡时颗粒在径向上相对于流体的运动速度 $u_r$ 便是颗粒在此位置上的离心沉降速度，故有：

$$u_r = \sqrt{\frac{4d(\rho_s - \rho)u_T^2}{3\rho\zeta R}}\tag{3-44}$$

对向心力作一说明。离心力场中的向心力来自于流体旋转运动所形成的和压强 $(p + \rho gz)$ 差，颗粒所处位置的半径越大，流体的和压强越大，故颗粒所受的正压力差指向中心，得到向心力。由欧拉（Euler）微分平衡方程，可以推导得到此和压强差 $\Delta P$ 为 $\rho(u_{T,2}^2 - u_{T,1}^2)/2$，2 为微元体相对于旋转中心的背面处，1 为迎面处，$u_T$ 为切向速度。以底面积为 $A$ 的规则圆柱体微元颗粒为例，可导出颗粒受流体作用的向心力为 $A\Delta P = A\rho(u_{T,2}^2 - u_{T,1}^2)/2$，由 $u_T = \omega R$，可导出 $A\Delta P = \rho v_p u_{T,Rav}^2/R_{av}$，$v_p$ 为圆柱体微元颗粒的体积，$R_{av}$ 为圆柱体微元中心旋转半径，$u_{T,Rav}$ 为微元中心处的切向速度，$\omega$ 为旋转角速度，$R$ 为旋转半径。故微小球形颗粒在离心场中的向心力为 $(1/6)\pi d^3 \rho u_T^2/R$。

比较式（3-44）与式（3-34）可以看出，颗粒的离心沉降速度 $u_r$ 与重力沉降速度 $u_t$ 具有相似的关系式，只有重力加速度 $g$ 和离心加速度 $u_T^2/R$ 的差异。但是两者又有明显的区别，首先，离心沉降速度 $u_r$ 不是颗粒运动的绝对速度，而是绝对速度在径向上的分量，且方向不是向下而是沿半径向外；再者，离心沉降速度 $u_r$ 不是恒定值，随颗粒在离心力场中的位置（$R$）而变，而重力沉降速度 $u_t$ 则是恒定的。

离心沉降时，若颗粒与流体的相对运动为层流，曳力系数 $\zeta$ 用式（3-35）表示，故有

$$u_r = \frac{d^2(\rho_s - \rho)}{18\mu} \times \frac{u_T^2}{R}\tag{3-45}$$

式(3-45) 与式(3-38) 相比可知，同一颗粒在同种介质中的离心沉降速度与重力沉降速度的比值为

$$\frac{u_\mathrm{r}}{u_\mathrm{t}}=\frac{u_\mathrm{T}^2}{gR}=K_\mathrm{c} \tag{3-46}$$

比值 $K_\mathrm{c}$ 就是颗粒所在位置上的惯性离心力场强度与重力场强度之比，称为离心分离因数。分离因数是离心分离设备的重要指标。对某些高速离心机，分离因数 $K_\mathrm{c}$ 值可高达数十万。生产上常用的旋风或旋液分离器的分离因数一般在 $5\sim2500$ 之间。例如，当旋转半径 $R=0.4\mathrm{m}$、切向速度 $u_\mathrm{T}=20\mathrm{m/s}$ 时，分离因数为 $K_\mathrm{c}=102$，说明离心沉降速度比重力沉降速度大百倍，分离效果好。

### 3.4.2.2 旋风分离器的操作原理

旋风分离器（cyclone seperator）是利用惯性离心力的作用从气流中分离出尘粒的设备。图 3-11 所示是具有代表性的结构类型，称为标准旋风分离器。主体的上部为圆筒体，下部为圆锥形。各部件的尺寸比例均标注于图中。由图 3-12 可知，含尘气体由圆筒上部的进气管切向进入，向下作螺旋运动，在中心轴附近再由下而上作螺旋运动，最后由顶部排气管排出。下行的螺旋形气流称为外旋流，上行的螺旋形气流称为内旋流（又称气芯）。内、外旋流气体的旋转方向相同，使气流中的颗粒被甩向器壁而落至灰斗。内旋流中的外侧因圆周速度高、半径小，分离因数很大，故是有效除尘区。外旋流未能收下的颗粒未必都从中心管排走，部分仍留在分离器中。旋风分离器研究进展表明，在器壁与中心管之间的部位，存在外侧向下、内侧朝上的"环流"。由内旋流排开的颗粒被"环流"推到圆筒内上方中心管之外。这部分颗粒有的被入口气流及环流重新带至外旋并被部分除去，但圆筒内中心管上端外侧始终是细小灰尘的聚集区，称为"集尘环"。

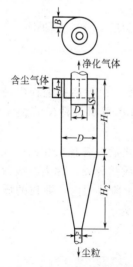
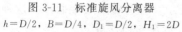

图 3-11 标准旋风分离器
$h=D/2,\ B=D/4,\ D_1=D/2,\ H_1=2D$

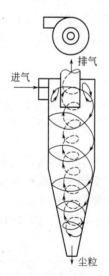

图 3-12 气体在旋风分离器内的运动情况

旋风分离器内的静压强在器壁附近最高，仅稍低于气体进口处的压强，往中心逐渐降低，在气芯处可降至气体出口压强以下。如果出灰口或集尘室密封不良，易漏入气体，会将已收集在锥形底部的粉尘重新卷起，严重降低分离效果。

旋风分离器的应用已有近百年的历史，因其结构简单，造价低廉，没有活动部件，可用多种材料制造，操作条件范围宽广，分离效率较高，所以至今仍是化工类型包括食品生产过程最常用的一种除尘、分离设备。旋风分离器一般用来除去气流中直径在 $5\mu\mathrm{m}$ 以上的颗粒。

对于直径在 $200\mu m$ 以上的粗大颗粒，最好先用重力沉降法除尘，以减少颗粒对分离器器壁的磨损；对于直径在 $5\mu m$ 以下的颗粒，一般旋风分离器的捕集效率已不高，需用袋滤器或湿法捕集。

### 3.4.2.3 旋风分离器的性能

评价旋风分离器性能的主要指标是尘粒的分离效果及气体经过旋风分离器的压强降。尽管降尘机理研究取得一定进展，但还没有形成完整的理论，下面仍按早期理论介绍。

（1）临界粒径　理论上在旋风分离器中能被完全分离下来的最小颗粒直径称作临界粒径。假设：①进入旋风分离器的气流严格按螺旋形路线作等速运动，其切向速度等于进口气速 $u_i$；②颗粒向器壁沉降时，最大沉降距离为进气宽度 $B$；③颗粒在层流区作自由沉降，其径向沉降速度可用式(3-45)计算。因 $\rho \ll \rho_s$，故式(3-45)中的 $\rho_s - \rho \approx \rho_s$，旋转半径 $R$ 可取平均值 $R_{av}$，颗粒到达器壁所需的沉降时间 $\tau_t$ 为 $18\mu R_{av} B/(d^2 \rho_s u_i^2)$。令外圈气流的有效旋转圈数为 $N_e$，它在器内运行的距离便是 $2\pi R_{av} N_e$，则停留时间 $\tau$ 为 $2\pi R_{av} N_e/u_i$。若某种尺寸的颗粒所需的沉降时间 $\tau_t$ 恰好等于停留时间 $\tau$，该颗粒就是理论上能被完全分离下来的最小颗粒。以 $d_c$ 代表这种颗粒的直径，即临界粒径，则由 $\tau = \tau_t$ 解出：

$$d_c = \sqrt{\frac{9\mu B}{\pi N_e \rho_s u_i}} \tag{3-47}$$

$N_e$ 的数值一般为 $0.5 \sim 3.0$，对标准旋风分离器，可取 $N_e = 5$。分离器越大，$d_c$ 越大，效率降低。气体处理量大时，可用并联分离器组。尽管假设与实际有差异，式(3-47)尚可使用。

（2）分离效率　旋风分离器的分离效率有两种表示法：一是总效率，以 $\eta_o$ 表示；一是分效率，又称粒级效率，以 $\eta_p$ 表示。

总效率是指进入旋风分离器的全部颗粒中被分离下来的质量分数，即

$$\eta_o = \frac{C_1 - C_2}{C_1} \tag{3-48}$$

$C_1$、$C_2$ 为旋风分离器进出口气体以 $kg/m^3$ 表示的含尘浓度。总效率是工程中最常用的，也是最易于测定的分离效率。此法的缺点是不能表明旋风分离器对各种尺寸颗粒的不同分离效果。

含尘气流中的颗粒通常大小不均匀，通过旋风分离器之后，各种尺寸的颗粒被分离下来的百分率互不相同。按各种粒度分别表明其被分离下来的质量分数，称为粒级效率。通常是把气流中所含颗粒的尺寸范围等分成 $n$ 个小段，在第 $i$ 个小段范围内，颗粒的质量浓度还以 $C(kg/m^3)$ 表示，颗粒（平均粒径为 $d_i$）的粒级效率定义为

$$\eta_{p,i} = \frac{C_{1,i} - C_{2,i}}{C_{1,i}} \tag{3-49}$$

粒级效率 $\eta_p$ 与颗粒直径 $d_i$ 的对应关系可用曲线表示，称为粒级效率曲线。这种曲线可通过实测旋风分离器进、出气流中所含尘粒的浓度及粒度分布而获得。

工程上常把旋风分离器的粒级效率 $\eta_p$ 标绘成粒径比 $d/d_{50}$ 的函数曲线。$d_{50}$ 是粒级效率恰为 $50\%$ 的颗粒直径，称为分割粒径。图3-11所示的标准旋风分离器，其 $d_{50}$ 可用下式估算：

$$d_{50} \approx 0.27 \sqrt{\frac{\mu D}{u_i(\rho_s - \rho)}} \tag{3-50}$$

式中，$\mu$ 为气体黏度；$D$ 为圆筒部分直径；$u_i$ 为气体切向入口速度。

这种标准旋风分离器的$\eta_p$-$d/d_{50}$曲线见图 3-13。对于同一结构形式且尺寸比例相同的旋风分离器，无论大小，皆可用同一条$\eta_p$-$d/d_{50}$曲线。如已知各粒级效率$\eta_{pi}$，并已知气体含尘的粒度分布数据，即已知第$i$小段范围内的颗粒占全部颗粒的质量分数$w_i$，则可按下式估算总效率$\eta_o$，即

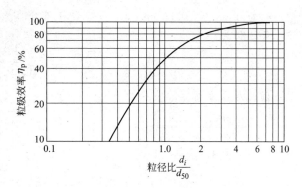

图 3-13　标准旋风分离器的$\eta_p$-$d/d_{50}$曲线

$$\eta_o = \sum_{i=1}^{n} w_i \eta_{pi} \qquad (3\text{-}51)$$

（3）压强降　气体经旋风分离器时，和压强降与进口气体动能成正比，即

$$\Delta P = \zeta \frac{\rho u_i^2}{2} \qquad (3\text{-}52)$$

式中的$\zeta$为比例系数，亦即阻力系数。对于同一结构形式及尺寸比例的旋风分离器，$\zeta$为常数，不因尺寸大小而变。标准旋风分离器，其阻力系数$\zeta=8.0$。旋风分离器的压强降一般为$500\sim2000$Pa。

旋风分离器性能受物系情况及操作条件等因素的影响。颗粒密度大、粒径大、进口气速高及粉尘浓度高等情况均有利于分离。但过高的气速会导致涡流加剧，反而不利于分离，反而增大压强降。因此，旋风分离器的进口气速保持在$10\sim25$m/s 范围为宜。

**【例 3-4】**　用如图 3-11 所示的标准旋风分离器除去气流中所含某食品原料固体颗粒。已知固体密度为 2000kg/m³，颗粒直径为 4.0μm，气体密度为 1.2kg/m³，黏度为 $1.8\times10^{-5}$Pa·s，操作状态下流量为 3000m³/h，允许压强降为 1500Pa。试估算采用以下两方案时的设备尺寸及分离效率：（1）一台旋风分离器；（2）四台相同的旋风分离器并联。

**【分析】**　旋风分离器的选用受过程所能允许的压强降限制。为了达到指定的分离任务，需要对分离效率和压强降进行计算，有必要比较大尺寸的旋风分离器和小尺寸旋风分离器并、串联操作的效果。

**解：**（1）使用一台旋风分离器　已知图 3-11 所示的标准旋风分离器的曳力系数$\zeta=8.0$，有

$$1500 = 8.0\times1.2\left(\frac{u_i^2}{2}\right) \qquad u_i = 17.68\text{m/s}$$

旋风分离器进口截面积为　$hB = \dfrac{D^2}{8}$，同时 $hB = \dfrac{Q}{u_i}$

故设备直径为：　$D = \sqrt{\dfrac{8Q}{u_i}} = \sqrt{\dfrac{8\times3000/3600}{17.68}} = 0.614$m

计算分割粒径，即

$$d_{50} \approx 0.27\sqrt{\frac{\mu D}{u_i(\rho_s-\rho)}} = 0.27\sqrt{\frac{(1.8\times10^{-5})\times0.614}{17.68\times(2000-1.2)}} = 4.775\times10^{-6}\text{m} = 4.775\text{μm}$$

$\dfrac{d}{d_{50}} = \dfrac{4.0}{4.775} = 0.837$，查图 3-13，得 $\eta=41\%$。

（2）四台旋风分离器并联　四台并联时，每台旋风分离器的气体流量为 3000/

$4 = 750\text{m}^3/\text{h} = 0.208\text{m}^3/\text{s}$，而每台旋风分离器的允许压强降仍为 1500Pa，则进口气速仍为

$$u_i = \sqrt{\frac{2\Delta P}{\zeta\rho}} = \sqrt{\frac{2\times1500}{8.0\times1.2}} = 17.68\text{m/s}$$

因此每台分离器的直径为

$$D = \sqrt{\frac{8\times0.208}{17.68}} = 0.307\text{m} \quad d_{50} \approx 0.27\sqrt{\frac{1.8\times10^{-5}\times0.307}{17.68\times(2000-1.2)}} = 3.376\times10^{-6}\text{m}$$
$$= 3.376\mu\text{m}$$

$$\frac{d}{d_{50}} = \frac{4.0}{3.376} = 1.183，查图 3-13，得 \eta = 58\%。$$

由上面的计算结果可以看出，在处理气量及压强降相同的条件下，本例中并联四台的效率高，若四台旋风分离器串联，可计算得到（读者自算），分离效果与四台并联相当，$D = 0.868\text{m}$，$d_{50} = 8.0314\mu\text{m}$，$\eta_i = 19\%$，$\eta = 1 - (1-\eta_i)^4 = 56.9\%$，但设备尺寸却大得多。

（4）旋风分离器的形式　旋风分离器有各种改进形式，主要有 XLT/A 型、XLP 型及扩散式等。XLT/A 型具有倾斜螺旋面进口，在一定程度上可以减小涡流的影响，并且气流阻力较低，曳力系数 ζ 值可取 5.0～5.5。XLP 型是带有旁路分离室的旋风分离器。前已述及，在顶部中心管外侧有"集尘环"。"旁室"结构能迫使集尘环中的尘粒直达器底。根据器体及旁路分离室形状的不同，XLP 型又分为 A 和 B 两种类型。XLP/B 型的曳力系数 ζ 值可取 4.8～5.8。扩散式旋风分离器主要特点是具有上小下大的外壳，并在底部装有挡灰盘。挡灰盘为倒置的漏斗形，顶部中央有孔，下沿与器壁底圈间留有缝隙。沿壁面落下的颗粒经此缝隙降至集尘箱内，而气流主体被挡灰盘隔开，少量进入箱内的气体则经挡灰盘顶部的小孔返回器内，与上升旋流汇合后经排气管排出。挡灰盘有效地防止了已沉下的细粉被气流重新卷起，因而使效率提高，尤其对 $10\mu\text{m}$ 以下的颗粒，分离效果更为明显。

#### 3.4.2.4　旋液分离器和沉降离心机

旋液分离器（hydraulic cyclone）是利用离心沉降原理从悬浮液中分离固体颗粒的设备。它的结构与操作原理和标准旋风分离器相类似。旋液分离器的结构特点是圆柱部分直径小而圆锥长。因为固、液间的密度差比固、气间的密度差小，在一定的切向进口速度下，小直径的圆筒有利于增大惯性离心力，以提高沉降速度；同时，锥形部分加长可增大液流的行程，从而延长了悬浮液在器内的停留时间。

沉降离心机沉降过程由旋转设备提供的离心力驱动。过程计算的主要原理仍是依据离心沉降速度计算的沉降时间要大于停留时间。相关内容需要时请参考有关著作。

## 3.5　固体流态化和气力输送简介

流体自下而上通过颗粒床时，随着流速增大，颗粒会产生翻滚流动的现象，此种操作称为固体流态化（fluidization），相应的颗粒床称为流化床（fluidized bed）。固体流态化技术可以强化传热、传质。流态化操作的流速再增大到一定程度还可实现颗粒的输送。

### 3.5.1　流态化的基本概念与特征

#### 3.5.1.1　流态化现象

当一种流体自下而上流过颗粒床层时，随着流速的加大，会出现如图 3-14 所示三种不同的操作状况。

（1）固定床操作　流体通过床层的空塔速度较低，床层空隙中流体的实际流速 $u$ 小于颗粒的沉降速度 $u_t$，颗粒静止不动，颗粒床层为固定床，如图 3-14(a) 所示，床层高度为 $L_0$。

（2）流化床操作　流体的流速增大至一定程度，颗粒开始松动，颗粒位置也在一定的区间内进行调整，床层略有膨胀，但颗粒仍不能自由运动，床层处于起始或临界流化状态，如图 3-14(b) 所示，床层高度为 $L_{mf}$。若流体的流速升高到使全部颗粒刚好悬浮于流动的流体中而能作随机运动，此时流体与颗粒间的摩擦阻力恰好与其净重力相平衡。此后，床层高度 $L$ 将随流速提高而升高，这种颗粒床层称为流化床，如图 3-14(c)、(d) 所示。流化床操作状态时，每一空塔速度对应一床层空隙率。流体流速增加，空隙率也增大，但流体的实际流速总等于颗粒的沉降速度 $u_t$。

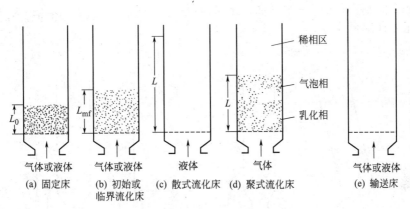

图 3-14　不同流速时床层的变化

流化有散式和聚式流化之分。固体颗粒均匀地分散在流化介质中，流速增大时，床层逐渐膨胀，颗粒彼此分开，颗粒间的平均距离或床层中各处的空隙率均匀增大，床层高度上升，并有一稳定的上界面，此种流态化称为散式流化。通常两相密度差小的系统趋向散式流化，故大多数液-固流化属于"散式流化"。

对于密度相差较大的气固系统，在流态化的床层中存在两相：一相是空隙小而固体浓度大的气、固均匀混合物构成的流化的连续相（乳化相），另一相形成于床内出现的各空穴中涌入不断更新的过量的气体，夹带细微颗粒直至顶部逸出破裂。空穴的移动和合并表面看来酷似气泡运动，故称为气泡相。此种流态化状态称为聚式流化。气泡到达上界面处破裂，使得上界面以某种频率上下波动，床层压强降也随之波动，在发生聚式流化时，细颗粒被气体带到上方，形成"稀相区"，而较大颗粒留在下部，形成"浓相区"。床层高度 $L$ 指浓相区高度。

（3）颗粒输送操作状态　流体实际流速超过颗粒的沉降速度 $u_t$ 时，流化床的上界面消失，颗粒将悬浮在流体中并被带出器外，如图 3-14(e) 所示。此时，可进行固体颗粒的气力或液力输送。

### 3.5.1.2　流化床的压强降

床层压降 $\Delta P$ 与流体空床速度 $u$ 关系如图 3-15 所示，固定床时可用式(3-20) 表达。固定床以 $C$ 点为上限。$C$ 点对应的空床速度称为起始流化速度，用 $u_{mf}$ 表示。在流化床阶段，整个床层压强降保持不变，其值等于单位面积床层净重力。该阶段的 $\Delta P$ 与 $u$ 的关系如图 3-15 中的 $DE$ 段所示。在 $C$ 点时，流体曳力由和压强差形成，且等于颗粒的重力减去浮力，有

$$\Delta P = L(1-\varepsilon)(\rho_s - \rho)g \tag{3-53}$$

在气-固系统中，$\rho$ 与 $\rho_s$ 相比可以忽略，$\Delta P$ 约等于单位面积床层的重力。对聚式流化，床层

压降有起伏，还会发生腾涌与沟流，使 $\Delta P\text{-}u$ 有些变化。

### 3.5.1.3　流态化类似液体的特点

流化床中的气固运动形态犹如沸腾的液体，显示出与液体类似的特点。由此，流化床也称沸腾床。图 3-16 示意了这些特点。流化床具有液体样的流动性：如固体颗粒可以从容器壁的小孔喷出，并可从一容器流入另一容器；当容器倾斜时，床层的上表面保持水平，当两个床层连通时，能自行调整其床面至同一水平面；床层压降可用 U 形压差计测量等。

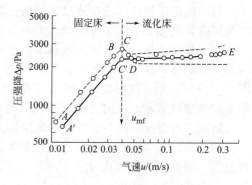

图 3-15　颗粒床层的 $\Delta P\text{-}u$ 曲线

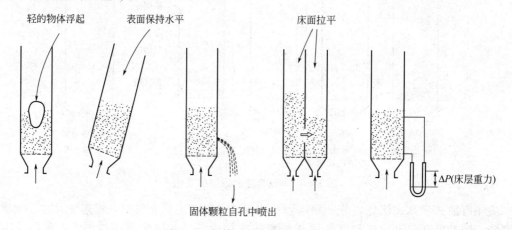

图 3-16　气体流化床类似液体的特性

### 3.5.1.4　不正常流化现象

（1）腾涌现象　腾涌现象主要发生在气-固流化床中。床层高度与直径比值过大，或气速过高时，空穴会合并大到充满整个床层截面，将床层分段，形成相互间隔的气层与颗粒层。此时，颗粒层像活塞那样被气层向上推动，颗粒在空穴四周或整个截面上洒落，此种现象称为腾涌或节涌。在出现腾涌现象时，由于颗粒层与器壁的摩擦，致使压强降大于理论值，而在空穴破裂时又低于理论值，因此在 $\Delta P\text{-}u$ 图上表现为 $\Delta P$ 在理论值附近作大幅度的波动。

床层发生腾涌现象，不仅使气固两相接触不良，且使器壁受颗粒磨损加剧，同时引起设备振动，因此，应该采用适宜的床层高度与床径的比例及适宜的气速，以避免腾涌现象的发生。

（2）沟流现象　沟流现象是指气体通过床层时形成短路，大量气体没有能与固体颗粒很好接触即穿过沟道上升。发生沟流现象后，床层密度不均匀且气、固相接触不良，不利于气、固两相间的传热、传质和化学反应；同时由于部分床层变为死床，颗粒未能悬浮在气流中，$\Delta P$ 低于单位床层面积上的重力。沟流现象的出现主要与颗粒的特性和气体分布板的结构有关。粒度过细、密度大、易于黏结的颗粒，以及气体在分布板处的初始分布不均匀，都容易引起沟流。

## 3.5.2　流化床的操作范围

要使固体颗粒床层在流化状态下操作，必须使气速高于临界流速 $u_{\text{mf}}$，而最大气速须低于颗粒的沉降速度。

#### 3.5.2.1 起始流化速度

实验测定和计算方法都可以确定起始流化速度 $u_{mf}$。必要时可用空气为流化气体进行测定，再校正到实际生产条件下的数值。由于临界点是固定床与流化床 $\Delta P\text{-}u$ 曲线的交点，所以也可数学计算 $u_{mf}$。计算时，小颗粒用到式(3-19a)，大颗粒用到式(3-19b)，以及对工业上的许多不同系统的经验关系 $(1-\varepsilon_{mf})/(\Phi_n^2\varepsilon_{mf}^3)\approx 11$ 和 $1/(\Phi_n\varepsilon_{mf}^3)\approx 14$，得到

对于小颗粒

$$u_{mf}=\frac{d_n^2(\rho_s-\rho)g}{1650\mu} \tag{3-54}$$

对于大颗粒

$$u_{mf}=\sqrt{\frac{d_n(\rho_s-\rho)g}{24.5\rho}} \tag{3-55}$$

式中，$d_n$ 为对应于名义球形度 $\Phi_n$ 的颗粒尺寸。计算方法只适用于颗粒分布较为均匀的混合颗粒床层，对于颗粒粒度差异很大的混合物，因细粉可能先流化而不适用。实测法是得到临界流化速度的一种可靠方法。

#### 3.5.2.2 带出速度

颗粒带出速度按颗粒的沉降速度计算。计算时须用相当数量的最小颗粒的直径。

#### 3.5.2.3 流化床的操作范围

流化床的操作范围，为空塔速度的上下极限，可用比值 $u_t/u_{mf}$ 的大小来衡量。$u_t/u_{mf}$ 称为流化数。对于细颗粒可得 $u_t/u_{mf}=91.7$，对于大颗粒可得 $u_t/u_{mf}=8.62$，与实验数据基本相符。实际生产中 $u_t/u_{mf}$ 的差别很大，有些流化床的流化数高达数百，远远超过上述 $u_t/u_{mf}$ 的高限值。

### 3.5.3 流化质量及提高措施

#### 3.5.3.1 流化质量

流化质量是指流化床均匀的程度，即气体分布和气、固接触的均匀程度。流化质量不高，对流化床的传热、传质及化学反应过程都非常不利。聚式流化床中影响流化质量的因素很多，其中包括设备因素，如高径比、直径、床层高、分布板等，固相物性密度及黏附性，流体物性密度及黏度等。聚式流化床中空穴的存在造成流化床不稳定，导致沟流、节涌，恶化了流化质量。

#### 3.5.3.2 提高措施

提高流化质量的措施有：①分布板应有足够阻力。工业生产用的气体分布板形式很多，常见的有直流式、侧流式和填充式等。②在流化床的不同高度上设置若干层水平挡板、挡钢或垂直管束等内部构件。构件的作用是抑制空穴变大，改善气体在床层中的停留时间分布，减少气体返混并强化两相间的接触。③采用小粒径、宽度分布的颗粒。颗粒的尺寸和粒度分布对流化床的流动特性有重要影响。采用小粒径、宽分布的颗粒特别是细粉能起"润滑"作用，可提高流化质量。经验表明，能够达到良好的流化的颗粒尺寸在 $20\sim500\mu m$ 范围内。

### 3.5.4 流化床的改进形式（阅读材料）

#### 3.5.4.1 循环流化床

循环流化床（circulating fluidized bed）是流化床的一个变种，流程示意图如图 3-17 所示。一定颗粒组成的物料送入流化床内由布风板支撑，从风机来的风通过风箱经分布板以一定速度喷出，对物料进行流化，物料中的细颗粒被吹到流化床上部，部分随流化气流出炉，

通过分离装置分离下来，由物料回送装置送回流化床内，反复循环。循环流化床提高了流化床的操作气速，增强了物料的翻滚，强化了传热和传质过程。但过程的动力消耗和磨损也增大。循环流化床的优点得到了肯定，在锅炉燃烧等工业领域已有应用，并正在拓展包括食品工业在内的各领域里的应用。

### 3.5.4.2 喷动床

典型气固喷动床（spouted bed）是由圆柱体、底部倒锥及喷口三部分组成的，如图3-18所示。气体由喷口垂直向上射入并形成射流，当气体速度足够高时，将穿透颗粒床层并在床层内产生一个近似圆柱形的通道称为喷动区。当颗粒再升至高过床层表面某一高度时，颗粒便会像喷泉一样因重力而回落到四周，形成喷泉区（fountain），并缓慢向下移动，进入密相环隙区（annulus）。物料在环隙区缓慢向下运动直至倒锥形底部，最后又进入喷口附近被气流重新夹带上来，床内物料形成了周期性有规律的循环运动。这种循环运动不仅引起气流夹带颗粒，而且加强了气流与固体颗粒间的传热传质。

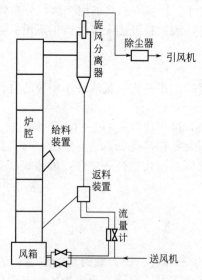
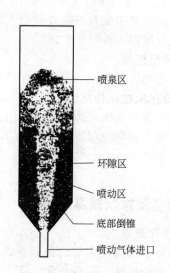

图 3-17　循环流化床流程　　　　　　图 3-18　典型气固喷动床

喷动床的优点是物料与气体的接触在喷动区非常充分而且时间短，环隙区还可用作"缓苏"区，适合热敏物料的干燥操作等。喷动床直径和高度难以放大的问题正逐步得到解决。

尽管喷动床开始是用于处理小麦等粗大窄筛分颗粒（粒径 $d_p > 1 \times 10^{-3}$ m）的流态化技术，但随着对该技术研究的逐渐深入，其应用领域不断拓展，目前已被试验应用于以下方面：干燥，包括固体颗粒、悬浮液、溶液与膏状物料的干燥；涂层、包衣，包括块状或颗粒物料的表面涂层、种子包衣、核燃料包覆；粉碎及反应造粒；煤燃烧和气化；热解反应器；烟气脱硫；固态物料混合、加热、冷却。

### 3.5.4.3 喷动流化床

喷动流化床（spout-fluidized bed）的工作原理如图3-19所示。在流化床的中央引入了喷动气体，颗粒在流化的同时，中央区的颗粒发生喷动，在四周落下后又被流化。喷动的引入强化了颗粒在径向和轴向的混合，提高了流化床工作质量。喷动流化床在粉碎制粒、粉粒丸包衣、微丸和片剂的包衣等方面获得工业应用。也在进行如上述喷动床所涉及领域的试验。

图 3-19　喷动流化床

### 3.5.5 气力输送简介

利用气体在管内流动以输送粉粒状固体的方法称为气力输送（pneumatic transmission）。作为输送介质的气体，最常用的是空气，但在输送易燃易爆粉料时，也可采用其它惰性气体。

气力输送方法从 19 世纪开始就用于港口码头和工厂内的谷物输送。因与其它机械输送方法相比较有许多优点，故气力输送的应用也日益增多。气力输送的优点是：①系统密闭，避免了物料的飞扬、受潮、受污染，也改善了劳动条件；②可在输送过程中（或输送终端）同时进行粉碎、分级、加热、冷却以及干燥等操作；③占地面积小，可以根据具体条件灵活地安排线路，例如，可以水平、垂直或倾斜地装置管路；④设备紧凑，易于实现连续化、自动化操作。但是，气力输送与其它机械输送方法相比也存在一些缺点。如动力消耗较大，颗粒尺寸受到一定限制（<30mm）；在输送过程中物料易于破碎；管壁也受到一定程度的磨损，不适于输送黏附性或高速运动时易产生静电的物料。

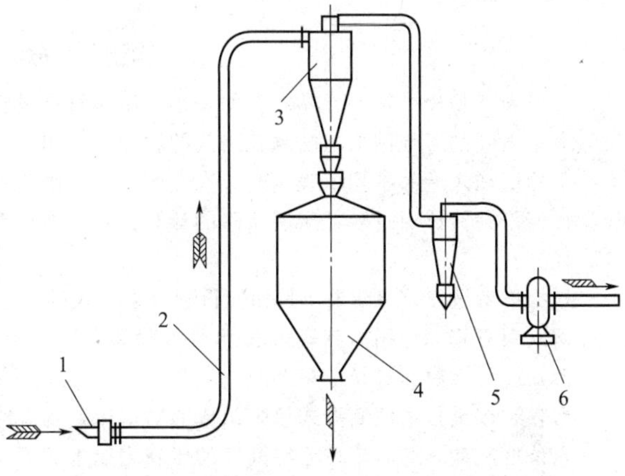

气力输送流程按气流压强分有：吸引式流程和压送式流程，如图 3-20 和 3-21 所示。

图 3-20　吸引式气力输送装置图
1—吸嘴；2—输送管；3——次旋风分离器；4—料仓；
5—二次旋风分离器；6—抽风机

输送管中的压强低于常压的输送称为吸引式气力输送。气源真空度不超过 10kPa 的称为低真空式，主要用于近距离、小输送量的细粉尘的除尘清扫；气源真空度在 10～50kPa 之间的称为高真空式，主要用在粒度不大、密度介于 1000～1500kg/m³ 之间的颗粒的输送。吸引式输送的输送量一般都不大，输送距离也不超过 50～100m。

输送管中的压强高于常压的输送称为压送式气力输送。按照气源的表压强也可分为低压式和高压式两种。低压式：气源表压强不超过 50kPa。这种输送方式在一般工厂中用得最多，适用于小量粉粒状物料的近距离输送。高压式：气源表压强可高达 700kPa。它用于大量粉粒状物料的输送，输送距离可长达 600～700m。压送式气力输送的典型装置流程如图 3-21 所示。

气力输送按固相浓度分为稀相输送和密相输送。在气力输送中，常用混合比（或称固气比）$R$ 表示气流中固相含量。混合比即单位质量气体所输送的固体质量，其表达式为 $R=G_s/G$，$G_s$ 为单位管道面积上单位时间内加入的固体质量，kg/($s\cdot m^2$)；$G$ 为气体的质量流速，kg/($s\cdot m^2$)。混合比在 25 以下（通常 $R=0.1～5$）的气力输送称为稀相输送。在稀相输送中，固体颗粒呈悬浮状

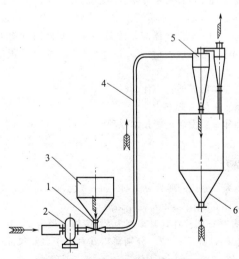

图 3-21　压送式气力输送装置图
1—回转式供料器；2—压气机械；3—料斗；
4—输料管；5—旋风分离器；6—料仓

态。目前在我国，稀相输送的应用较多。混合比大于 25 的气力输送称为密相输送。在密相输送中，固体颗粒呈集团状态。密相输送的特点是低风量和高混合比，物料在管内呈流态化或柱塞状运动。此类装置的输送能力大，输送距离可长达 100～1000m，尾部所需的气、固分离设备简单。由于物料或多或少呈集团状低速运动，物料的破碎及管道磨损较轻。目前密相输送已广泛应用于生产中物料的输送。

气力输送可在水平、垂直或倾斜管道中进行，所采用的气速和混合比都可在较大范围内变化，从而使管内气、固两相流动的特性有较大的差异，再加上固体颗粒在形状、粒度分布等方面的多样性，使得气力输送装置的计算目前尚处于经验阶段。

## 思 考 题

3-1 如何表征粉碎的细的食品颗粒的大小？用体积当量直径表征是否总是合理的？

3-2 大小不同的不规则形状的颗粒组成的颗粒群，用筛分的方法进行颗粒大小的测定，其平均大小用算术平均值和用调和平均值表达时，有什么不同？用两者如何计算颗粒比表面积大小？

3-3 如何得到流体通过颗粒床层压降的计算公式？为什么当量直径采用 4 倍流通截面积除以流体浸润周边计算？

3-4 根据思考题 1-3 的结果，是如何得到欧根公式的？

3-5 由欧根方程如何拓展到康采尼-卡曼方程和布莱克-普朗姆方程？

3-6 已知球形颗粒作最松散填装时，空隙率为 0.48，作最紧密填装时，空隙率为 0.26。流体通过均匀球形颗粒按最松散填装方式填装组成的固定床，且流速极慢，当颗粒直径减半，且为最紧密装填时，其它条件不变，此时单位床层高度的压降为原来的多少倍？

3-7 如何得到过滤速率基本方程？

3-8 在导出恒压、恒速、先恒速后恒压过滤方程时应该注意哪些问题？

3-9 某板框过滤机恒压操作过滤某悬浮液，滤框充满滤饼所需要过滤时间为 $\tau$，假设在过滤压强变化范围内，滤饼的空隙率没有显著变化，单位滤液的滤饼体积可以看作不变。试推算下列情况下的过滤时间 $\tau'$ 是原来过滤时间 $\tau$ 的多少倍：（1）$s=0$，压差减少一半，其它条件不变；（2）$s=0.5$，压差减少一半，其它条件不变；（3）$s=1$，压差减少一半，其它条件不变；（4）$s=0$，压差减少一半，温度由 20℃（$\mu=1.0$mPa·s）升至 40℃（$\mu=0.653$mPa·s）。若压差提高一倍，上述各结果又是多少？

3-10 如何用实验测定滤饼的压缩指数 $s$ 和比阻常数 $r_0$？

3-11 某降尘室底面积 $A$，高度 $H$，对流量为 $V$ 的气体理论上能 100% 除去的最小粒径为 $d$，现在降尘室内加入 $n$ 块隔板，将降尘室分隔，设沉降发生在 Stokes 区。回答下列问题：（1）若要求理论上 100% 除去的最小粒径仍为 $d$，则此时气体的处理量为多少？（2）若气体的处理量不变，则此时理论上 100% 除去的最小粒径为多少？（3）若气体的处理量不变，则对粒径为 $d/4$ 的颗粒在加隔板前后理论上被除去的百分率有何变化？

3-12 绕垂直轴旋转的含固体颗粒的液体，固体颗粒的向心力如何表达？为什么？

3-13 利用网络收集总结颗粒与流体分离的各种方法的特点。有什么新方法？

3-14 利用网络收集总结流化床操作的变化形式有哪些？为什么要发展这些技术原理？

## 习 题

3-1 有一高度和外径相等的空心圆柱体，外径为 $d_n$，内径为 $0.5d_n$，高为 $d_n$，求 （1）$d_{ev}$、$\Phi_{ev}$；（2）对应于 $d_n$ 的 $\Phi_n$；（3）$d_{es}$；（4）$d_{ea}$。（$1.040d_n$，$0.577$；$0.600$；$1.369d_n$；$0.6d_n$）

3-2 有两种固体颗粒，一种是边长为 $a$ 的正立方体，另一种是正圆柱体，其高度为 $h$，圆柱直径为 $d$，且 $h \gg d$。（1）分别写出其等体积当量直径 $d_{ev}$ 和球形度 $\Phi_{ev}$ 的计算式；（2）分别写出其对应于名义尺寸 $a$ 和 $d$ 的名义球形度 $\Phi_n$ 的计算式。[（1）$d_{ev}=(6/\pi)^{1/3}a$，$\Phi_{ev}=(\pi/6)^{1/3}$，$d_{ev}=(1.5d^2h)^{1/3}$，$\Phi_{ev}=(18dh^2)^{1/3}/(2h+d)$；（2）1，$3h/(d+2h)$]

3-3 有 100g 混合物料，粒度范围为 0.2～1mm，假设用筛分法测得 1mm 颗粒 20g、0.75mm 颗粒 15g、

0.55mm 颗粒 50g、0.2mm 颗粒 15g，对应尺寸的球形度依次为 0.5、0.75、0.85 和 0.98。（1）求颗粒群的平均比表面积，对应比表面积相等的 $d_n$、$\Phi_n$；（2）以 $\Phi_n$ 代替各 $\Phi_{ni}$，计算颗粒群的比表面积；（3）以算术平均方法求 $d_n$ 及对应的 $\Phi_n$ 和比表面积；（4）若已知颗粒的密度为 3000kg/m³，各筛层 $d_{evi}$ 及 $\Phi_{evi}$ 各为多少，$d_{ea}$、$d_{ev}$、$\Phi_{ev}$ 各为多少？ [（1）$a_p = 1.501 \times 10^4\,\mathrm{m^2/m^3}$，$d_n = 4.86 \times 10^{-4}\,\mathrm{m}$，$\Phi_n = 0.823$；（2）$a_p = 1.501 \times 10^4\,\mathrm{m^2/m^3}$；（3）$d_n = 6.175 \times 10^{-4}\,\mathrm{m}$，$\Phi_n = 0.647$，$a_p = 1.501 \times 10^4\,\mathrm{m^2/m}$；（4）各筛层的 $d_{ev}$ 为 0.0233、0.0212、0.0317、0.0212m，各 $\Phi_{evi}$：0.0215、0.0265、0.0147、0.00924，$d_{ea} = 3.987 \times 10^{-4}\,\mathrm{m}$，$a_p = 1.501 \times 10^4\,\mathrm{m^2/m^3}$，$d_{ev} = 0.026m$，$\Phi_{ev} = 0.0153$，$d_{ev} = 0.0269m$，$\Phi_{ev} = 0.0148$]

3-4 某内径为 0.10m 的圆筒形容器堆积着某固体颗粒，颗粒是高度 $h = 5mm$、直径 $d = 3mm$ 的正圆柱，床层高度为 0.80m，床层空隙率 $\varepsilon = 0.52$。若以 1atm、25℃的空气以 0.25m/s 空速通过床层，试估算气体压降。（177.7Pa）

3-5 令水通过固体颗粒消毒剂固定床进行灭菌消毒。固体颗粒的筛析数据是：0.5～0.7mm，12％；0.7～1.0mm，25.0％；1.0～1.3mm，45％；1.3～1.6mm，10.0％；1.6～2.0mm，8.0％（以上百分数均指质量分数）。颗粒密度为 1875kg/m³。固定床高 350mm，截面积为 314mm²。床层中固体颗粒的总量为 92.8g。以 20℃清水以 0.040m/s 空速通过床层，测得压降为 677mmH₂O，试估算颗粒的球形度 $\Phi$ 值。（对应调和平均直径的 $\Phi = 0.851$）

3-6 一台过滤机在恒压下进行过滤操作，过滤进行到 30min 时，共获得滤液 4.50m³，过滤介质的阻力可以忽略不计。试问：当过滤进行到 1h 时可获得多少立方米的滤液？此时的过滤速率（m³/s）为多少？（6.364m³，$8.839 \times 10^{-4}\,\mathrm{m^3/s}$）

3-7 以小型板框压滤机过滤某悬浮液，$\Delta P_1 = 103.0$kPa 时，共过滤 50s 时得滤液 0.00227m³，共过滤 660s 时得 0.0091m³ 滤液。在 $\Delta P_2 = 343.4$kPa 时，测得 $K_2 = 4.37 \times 10^{-5}\,\mathrm{m^2/s}$。已知过滤面积为 0.093m²，假设压差变化时单位体积滤液的滤饼体积 $c_1$ 不变，滤布阻力（$rc_1\mu q_e$）不变，求：（1）$\Delta P_1$ 下的 $K_1$、$q_{e1}$、$\tau_{e1}$；（2）滤饼的压缩性指数 $s$；（3）$\Delta P_3 = 196.2$kPa 时的过滤方程。[$K_1 = 1.564 \times 10^{-5}\,\mathrm{m^2/s}$，$q_{e1} = 3.812 \times 10^{-3}\,\mathrm{m^3/m^2}$，$\tau_{e1} = 0.929s$；$s = 0.147$；$(q + 3.467 \times 10^{-3})^2 = 2.71 \times 10^{-5}(\tau + 0.444)$]

3-8 某板框压滤机具有过滤面积 16m²，40 个框的总容积为 0.2025m³，用此压滤机过滤某悬浮液，$c_1 = 0.02344$m³饼/m³滤液 [要提高本题难度，此条件可用悬浮液含固体量 2.5％（质量分数）、滤饼含水 30％（质量分数）、固体密度为 2100kg/m³、水的密度为 1000kg/m³ 替代，读者自练]，滤饼的压缩性指数 $s = 0$，过滤介质的当量滤液量为 $q_e = 0.01$m³/m²。首先以 $1.92 \times 10^{-3}\,\mathrm{m^3/s}$ 的速率恒速操作 10min，压差增至 49.05kPa，并在此压差下继续等压操作，充满滤框需多少时间？（4.33h）

3-9 某悬浮液处理量为 20m³/h，在一定的压差下，通过小型试验测得 $K = 8 \times 10^{-4}\,\mathrm{m^2/s}$，$q_e = 0.01$m³/m²，每得 1m³ 滤液可生成的滤饼的体积为 $c_1 = 0.04$m³/m³。拟采用回转真空过滤，在相同的压差下完成此过滤任务，转鼓浸没度 $\Psi = 0.35$，并要求滤饼厚度 $\delta$ 不低于 5mm，试求过滤机的转鼓面积及转速。（2.77m³，0.93r/min）

3-10 一回转真空过滤机的转鼓面积为 3m²，用来过滤某悬浮液。当转速为 0.8r/min，真空度为 $7.33 \times 10^4$Pa，介质阻力可忽略时，每小时可得滤液 58m³，滤饼不可压缩，厚度为 10mm。今需过滤的悬浮液量增加一倍，真空度提高至 $8.67 \times 10^4$Pa，过滤机转速应为多少，所生成的滤饼厚度为多少？（2.7r/mn，5.9mm）

3-11 欲过滤分离某固体物料与水构成的悬浮液，经小试知，在某恒压差条件下过滤常量 $K = 8.23 \times 10^{-5}\,\mathrm{m^2/s}$，滤布阻力 $q_e = 2.21 \times 10^{-3}\,\mathrm{m^3/m^2}$，每 1m³ 滤饼中含 485kg 水，固相密度为 2100kg/m³，悬浮液中固体的质量分数为 0.075。现拟采用叶滤机恒压差过滤此料浆，使用的滤布、压差和料浆温度均与小试时的相同。每只滤叶一个侧面的过滤面积为 0.4m²，每次过滤到滤饼厚度达 30mm 便停止过滤，问：每批过滤的时间为多少？若滤饼需以清水洗涤，每批洗涤水用量为每批滤液的 1/10，洗涤压差及洗涤水温均与过滤时的相同，问：洗涤时间是多少？（30.4min，6.06min）

3-12 某悬浮液用叶滤机过滤，已知洗涤液量是滤液量的 0.1（体积分数），滤叶的过滤面积为 0.4m²，经过小试测得过滤常数 $K = 8.23 \times 10^{-5}\,\mathrm{m^2/s}$，不计滤布阻力，按最大生产率原则生产，整理、装拆时间为 20min，求最大生产率。（0.172m³/h）

3-13 玉米淀粉水悬浮液于 20℃时颗粒的直径为 6～21μm，其平均直径为 15μm，求其沉降速度。假设吸

水后淀粉颗粒的相对密度为 1.2。($2.45 \times 10^{-6}$ m/s)

3-14 某水悬浮系中含有 A、B 两种颗粒，其密度、球形度与粒径范围是 $\rho_A = 2100$ kg/m³，$\Phi_A = 1.0$，$d_A = 0.1 \sim 0.35$ mm，$\rho_B = 1450$ kg/m³，$\Phi_B = 0.806$，$d_B = 0.075 \sim 0.28$ mm。若 20℃的水在铅垂向直管中由下而上流过，悬浮液在管中的适当部位进入。问：使上部溢流中只含 B 颗粒的最大水流速为多少？这时溢流中 B 的最大粒径是多少？设颗粒均为自由沉降。（提示：最小 A 颗粒的沉降速度等于溢流中只含最大直径为 $d$ 的 B 颗粒的最大水流速度，$d$ 为所要求的当量直径。） ($5.4 \times 10^{-3}$ m/s，0.2mm)

3-15 以长 3m、宽 2m 的重力除尘室除烟道气所含的尘粒。烟气常压，250℃，处理量为 4300m³/h。已知尘粒密度为 2250kg/m³，颗粒球形度 $\Phi = 0.6$，烟气的 $\mu$ 与 $\rho$ 可按空气计。为颗粒自由沉降。试计算：①可全部除去的最小粒径的 $d_{ev}$；②能除去 40% 的颗粒的 $d_{ev}$。（$1.0 \times 10^{-4}$ m；$6.0 \times 10^{-5}$ m）

3-16 仓库有内径 $D = 0.4$m 的标准型旋风分离器多台，拟用以烟气除尘。烟气常压，300℃，需处理量为 4300m³/h。已知尘粒密度为 2250kg/m³。烟气的 $\mu$ 与 $\rho$ 可按空气计。由于压降限制，只允许旋风分离器并联操作，不允许串联操作，问：共需几台旋风分离器？能除去 40% 的颗粒粒径是多少？进口风速 20m/s。（3 台，$3.61 \times 10^{-6}$ m）

3-17 试计算某气、固系流化床的起始流化速度与带出速度。已知固体颗粒平均粒径（体积当量直径，下同）为 150$\mu$m，对应的球形度为 0.806，颗粒密度为 2100kg/m³，起始流化床层的空隙率为 0.46，流化气体为常压、35℃的空气，最小颗粒的粒径为 98$\mu$m。（0.00195m/s，0.303m/s）

# 本章符号说明

**英文字母**

$a$——颗粒的比表面积，m²/m³；经验参数；

$a_p$——实际颗粒的比表面积，m²/m³；

$A$——截面积，过滤面积，投影面积，m²；

$b$——降尘室宽度，m；常数；系数；参数；

$B$——旋风分离器的进口宽度，m；

$C$——质量浓度，kg/m³；

$c_1$——1m³ 滤液得到的滤饼体积，m³/m³；

$d$——颗粒直径，m；

$d_e$——当量直径，m；

$d_{ea}$——比表面积当量（或等量）直径，m；

$d_{es}$——表面积当量（或等量）直径，m；

$d_{ev}$——体积当量（或等量）直径，m；

$d_c$——旋风分离器的临界粒径，m；

$d_{50}$——旋风分离器的分割粒径，m；

$h$——旋风分离器的进口高度，m；

$k$——滤浆的特性常数，m⁴/(N·s)；

$K$——过滤常数，m²/s；量纲为 1 的数群；

$K_c$——分离因数；

$l$——降尘室长度，m；

$L$——滤饼厚度或床层高度，m；

$L_0$——固定床高度，m；

$n$——转速，r/min；层数；

$N_e$——旋风分离器内气体的有效回转圈数；

$\Delta P$——和压强（$p + \rho gz$）降或过滤推动力，Pa；

$\Delta P_b$——床层和压强降，Pa；

$\Delta P_d$——分布板和压强降，Pa；

$\Delta P_w$——洗涤推动力，Pa；

$q$——单位过滤面积获得的滤液体积，m³/m²；

$q_e$——单位过滤面积上介质的当量滤液体积，m³/m²；

$Q$——设备的生产能力，m³/s；

$r$——滤饼的比阻，1/m²；

$r_0$——滤饼比阻经验常数；

$R$——颗粒径向距离，m；固气质量比；

$s$——滤饼的压缩指数；

$S_p$——颗粒总表面积，m²；

$s_p$——单个颗粒表面积，m²；

$T$——操作周期或回转周期，s；

$u_1$——颗粒间流体实际流速，m/s；

$u_i$——旋风分离器的进口气速，m/s；

$u_r$——离心沉降速度或径向速度，m/s；

$u_t$——沉降速度或带出速度，m/s；

$u_T$——切向速度，m/s；

$V$——滤液体积，m³；

$V_e$——过滤介质的当量滤液体积，m³；

$V_b$——颗粒床层总体积，m³；

$V_p$——颗粒群总体积，m³；

$w$——质量分数，1。

**希腊字母**

$\alpha$——转筒过滤机的浸没角度数；

$\varepsilon$——床层空隙率，1；

$\zeta$——阻力系数；

$\eta$——分离效率；

$\lambda$——摩擦阻力系数；

$\mu$——流体黏度或滤液黏度，Pa·s；

$\mu_w$——洗水黏度，Pa·s；

$\rho$，$\rho_s$——流体、颗粒密度，kg/m³；

$\Phi_{ev}$——对应 $d_{ev}$ 的球形度；

$\Phi_n$——颗粒名义球形度；

$\Psi$——转筒过滤机的浸没度，1；

$\tau$——通过时间或过滤时间，s；

$\tau_D$——辅助操作时间，s；

$\tau_w$——洗涤时间，s。

## 下标

b——浮力、床层；

c——离心、临界、滤饼或滤渣；

d——阻力；

e——当量、有效；

f——进料；

g——重力；

$i$——第 $i$ 分段；

m——介质；

o——总的；

p——部分、颗粒、粒级；

r——径向；

s——固相或分散相；

t——沉降；

T——切向；

w——洗涤；

1——进口；迎面；

2——出口；背面。

# 第 **4** 章 搅拌与混合

【本章学习要求】

重点掌握混合机理、调匀度、分隔尺度、分隔强度、搅拌器、搅拌功率、均质、胶体磨、均质机等基本概念；熟练掌握混合时间、搅拌器功率等计算；了解液体搅拌、均质的相关设备。

【引言】

在食品生产中，往往需要将两种或两种以上不同物料相混，使其达到一定程度的均匀性，这样的单元操作就称为混合。大多数情况是液体与液体、液体与粉体、粉体与粉体、气体与液体之间多相或多成分的混合。

理论上，均相混合物料的混合制备仅依靠分子扩散及自然对流的方式就能完成。非均相混合物料的混合制备必须借助外部能量才能实现，外能输入方式最常见的是机械搅拌；此外还可以来自高速流体、超声空化等非机械能，可以理解为广义的搅拌，从此角度看，混合就是广义的搅拌。

通常，将以粉体或液体物料为主的均匀混合操作称为搅拌；将粉体和液体混合形成黏度极高的浆体（如巧克力浆）或塑性固体（如面团）的操作称为捏和；将悬浮液（如果汁等）、乳浊液（如牛奶和豆奶等）通过粉碎、混合达到微粒（滴）化和均匀化的操作称为均质；在乳化剂存在的前提下，两种互不相溶的液体混合均匀为乳化液的操作称为乳化。需要指出的是，这些概念的界定并不十分严格，乳化与均质在许多专业著作和文献中就很难区分，许多混合设备如均质机、胶体磨等往往兼有均质与乳化的功能。

混合操作在食品工业中的应用主要有两方面：一是制备均匀的混合物，如人造奶油、蛋黄酱、黄油等的制作（液-液混合），把某种成分如调味料、抗氧化剂、维生素等添加到液体食品中（粉-液混合），糕点混合粉、冰淇淋粉、茶-咖啡混合物（粉-粉混合）的制作。二是促进传热传质，此时混合的目的是使物料之间有良好的接触，以促进特定的物理或化学过程的进行，常用于吸附、浸出、溶解、结晶、离子交换等单元操作的辅助操作，如咖啡的浸出、糖的溶解以及搅拌槽内的加热或冷却等等。

本章将简要介绍混合与搅拌的机理、功率计算和典型设备。

## 4.1 混合的基本理论

### 4.1.1 混合物的混合程度

当混合的目的是促进传热、传质时，传热系数、传质系数是较好的评价参数。当混合的目的是制备混合物时，常用调匀度与分隔强度、检验尺度与分隔尺度等指标来评价混合效果。

（1）调匀度与分隔强度　设 A、B 为待混合的两种物料，其体积分别为 $V_A$、$V_B$（质量分别为 $m_A$、$m_B$），现将其置于容器中混合，如图 4-1 所示。设混合至均匀所需时间为 $T$，记 $t$ 时刻某 $\Delta V_i$ 体积区域（或 $\Delta m_i$）内 A、B 的体积浓度分别为 $c_{Ati}$ 和 $c_{Bti}$，则恒有 $c_{Ati} + c_{Bti} = 1$，且 $T$ 时刻混合终了后，容器内任一取样体积内的 $c_{ATi}$ 应等于平均体积浓度

$$c_{AT} = \frac{V_A}{V_A + V_B}。$$

现经 $t$ 时间混合后，在容器中随机抽样，考察混合完成状况，取样体积为 $\Delta V_i(i=1,2,\cdots,n)$，假设其远大于 A、B 颗粒的粒度尺寸。若随机抽样所得各处样品的 $c_{Ati}=c_{AT}(i=1,2,\cdots,n)$，则表明体系已混合均匀。否则，则表明尚未混合均匀，而且 $|c_{Ati}-c_{AT}|$ 越大，均匀程度越差。因此，引入调匀度和分隔强度来表示混合的完成情况及与均匀状态的偏离程度。

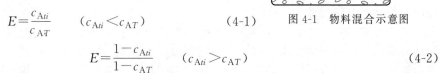

图 4-1　物料混合示意图

调匀度 $E$ 定义为

$$E=\frac{c_{Ati}}{c_{AT}}\qquad(c_{Ati}<c_{AT})\qquad(4\text{-}1)$$

或

$$E=\frac{1-c_{Ati}}{1-c_{AT}}\qquad(c_{Ati}>c_{AT})\qquad(4\text{-}2)$$

显然，调匀度 $E\leqslant1$。某时刻 $n$ 个取样体积的平均调匀度 $\overline{E}$ 为

$$\overline{E}=\frac{\displaystyle\sum_{i=1}^{n}E_i}{n}\qquad(4\text{-}3)$$

平均调匀度可用来度量混合操作的宏观均匀程度，当混合均匀时，$\overline{E}=1$。

在一定的取样体积下，随机检验的试样浓度与平均浓度的偏差可以表征混合的完成状况，习惯上把取样浓度的方差定义为分隔强度，其值越小意味着混合的效果越好。对于图 4-1 所示的混合操作，$t$ 时刻的分隔强度可用取样总体的样本的方差 $\sigma^2$ 表示为

$$\sigma^2=\frac{1}{n}\sum_{i=1}^{n}(c_{Ati}-c_{AT})^2\qquad(4\text{-}4)$$

式中，$\overline{c_{At}}$ 为 $n$ 个样本的平均浓度，当分隔强度小于容许偏差时，认为混合已达均匀。

（2）检验尺度与分隔尺度　在图 4-1 中，当取样体积足够大时，混合均匀时的平均调匀度与平均体积浓度相等，此时，调匀度可以作为判定混合是否均匀的标准。但当取样体积不断减小，小到接近物料的微团尺寸时，就会出现取样区域内都是 A 物料或者都是 B 物料的极端情况（$E=0$），此时平均调匀度与平均体积浓度能否相等具有随机性，已无法用调匀度来判定混合效果，可见用调匀度来评价体系的混合效果是有条件的，它与取样体积的大小有关，一般生产中往往给出取样体积或质量，这就是检验尺度。

另一方面，混合操作若对分散物料的粒度尺寸有要求，也即混合过程中要不断减小物料的尺寸，如将液体或气体以液滴或气泡的形式分散于另一种不互溶的液体中，此时用调匀度也不足以描述物系的混合均匀程度。图 4-2 所示为一兼有 A 物料尺寸减小操作的混合过程，(a) 表示某一时刻 $t$ 的体系混合状态，(b) 表示 $t+\Delta t$ 时刻的体系混合状态。两种状态下 A 物料都呈微团状均匀分散于另一液体 B 中，但 (b) 状态中的粒度尺寸更小些。在取样体积 $\Delta V_i$ 足够大时，两种状态下的调匀度数值接近，但实际上 (b) 状态的混合效果显然更好些，这是因为它的分隔尺度比 (a) 状态更小，达到了更小尺度上的均匀。

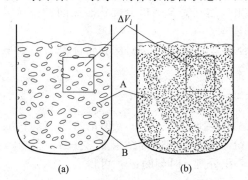

图 4-2　取样体积与分隔尺度示意图

所谓分隔尺度，是指混合操作中某物料各个局部小区域体积所达到的平均值，也即被分散物料尺寸减小所能达到的尺度，分隔尺度越大，表示物料的分散状况越差，反之表示混合效果越好。

对于多相分散物系，指的是被分散的气泡、液滴、粉体等微团的大小和直径分布，它是衡量混合操作效果的重要指标。

对于互溶的液-液体系，搅拌越剧烈，分隔尺度越小，可在更小尺度上达到混合均匀。当微团消失时，可达到分子尺度上的均匀，也即微观均匀。

对于不互溶的液-液体系，无论搅拌如何强烈，也只能减小微团尺寸，不可能达到分子尺度上的均匀。但激烈搅拌可以减小分隔尺度，提高分散程度，可实现较小尺度上的混合均匀。

对于粉-液体系和粉-粉体系，通过搅拌只能达到某种宏观上的均匀，再强烈的搅拌也难以改变粉体颗粒的尺寸。

需要说明的是，并非所有的混合操作都要混合越充分越好，不同的过程对混合程度有不同的要求，有些搅拌只要求达到一定的均匀度即可，而分隔尺度大一些也没有关系，有些则不但要求有较高的调匀度，还要有较小的分隔尺度，这就要求我们具体问题具体分析，针对过程的主控因素，有的放矢。

### 4.1.2 混合机理

两种以上的不同物料在混合装置内进行混合时，输入的外能提供了两个不可少的运动，一是物料在容器内的总体循环流动，同时在局部区域产生了强剪切或湍动，在这两种运动的作用下，物料从开始时的局部混合逐渐达到整体的均匀混合状态，在某个时刻达到分离和混合的动态平衡，此后再延长操作时间均匀度也不再提高。整个混合过程存在着三种混合方式。

（1）对流混合　对流混合是由于混合装置的动能部件把能量传递给混合的物料，在物料间形成强制对流，促使所有粒子大幅度地移动位置，在形成强制循环流动的同时进行混合。

（2）剪切混合　剪切混合是由于物料体系的粒子间存在速度差异，速度梯度的存在导致物料粒子间产生剪切作用，产生大量涡旋，从而引起的混合。剪切混合是高黏度物料的主要混合方式，又称捏和，如面团和糖蜜等的混合。

（3）扩散混合　对于互溶性体系，粉体与液体、气体与液体、液体与液体等，在混合过程中以分子扩散形式向四周做无规律运动，从而增加了组分间的接触面积，达到均匀分布状态。对于互不相容的粉状粒子，在混合过程中单个粒子向四周移动，类似气体和液体分子的扩散，各组分的粒子在局部范围内分散，达到均匀分布。与对流混合相比，混合速度显著下降，但由扩散混合最终可达到完全均匀混合。

事实上，一般的过程三种混合方式同时存在，常以其中的一种方式为主导。

### 4.1.3 混合速率与混合时间

混合速率是指混合过程中物料实际状态与其中组分达到完全随机分配状态之间的差异消失的速率，可以用分隔强度 $\sigma^2$ 对时间 $t$ 的变化率来表示。

若以 $d\sigma^2/dt$ 表示混合速率，以 $\sigma^2 - \sigma_\infty^2$ 表示混合过程的推动力，$k$ 表示混合阻力，则某一时刻 $t$ 的混合速率可表示为

$$\frac{d\sigma^2}{dt} = -\frac{\sigma^2 - \sigma_\infty^2}{k} \tag{4-5}$$

式中，$\sigma_\infty$ 表示混合均匀时的分隔强度，完全混合均匀时其值为 0；$k$ 值的大小与物料的性质及混合设备的结构性能有关。此式特别适合于粉体混合，与实际结果非常一致。

对式(4-5)进行分离变量并从 $t=0$ 时，$\sigma^2 = \sigma_0^2$，积分到 $t$ 时刻的 $\sigma^2$，可得

$$\sigma^2 - \sigma_\infty^2 = (\sigma_0^2 - \sigma_\infty^2) e^{-\frac{t}{k}} \tag{4-6}$$

利用此式即可求出混合过程所消耗的时间 $t$。

**【例 4-1】** 将维生素 A 混合于饲料中，要求达到每公斤饲料含 2.0mg 维生素 A。饲料在混合器中混合 2min 后，测得其方差为 0.059，混合 10min 后其方差降至 0.03，假定随机混合最后方差小至可忽略不计，要达到方差等于 0.01，混合时间需多久？

**解：** 据题意，$\sigma_\infty^2 = 0$，于是有

$$\sigma^2 = \sigma_0^2 e^{-\frac{t}{k}}$$

$t = 2\text{min}$ 时，$\sigma^2 = \sigma_0^2 e^{-2/k} = 0.059$；$t = 10\text{min}$ 时，$\sigma^2 = \sigma_0^2 e^{-10/k} = 0.03$

联解得，$\sigma_0^2 = 0.0699$，$k = 11.79$，即 $\sigma^2 = 0.0699 e^{-0.0848t}$；故当 $\sigma^2 = 0.01$ 时，$t = 22.9\text{min}$。

## 4.2 液体搅拌

液体搅拌需要有盛放液体的容器以及外能输入装置才能实现。食品工业上常用的液体搅拌容器多为圆筒形搅拌釜，其底部可以是平底、锥底或蝶形底，顶部多有密闭的顶盖；外能输入方式主要是机械搅拌，偶尔也有气流搅拌等，但食品工业中采用的主要是机械搅拌。

一般的机械搅拌装置主要由搅拌槽、带推动器（叶轮）的转轴系统和辅助部件（如密封装置、支架、挡板等）构成，图 4-3 为一典型的机械搅拌器示意图。

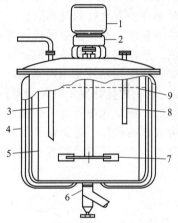

图 4-3　典型的机械搅拌器构成示意图

1—电机；2—变速器；3—输料管；4—夹套；5—挡板；6—排料管；7—推动器；8—温度计套；9—液面

### 4.2.1 搅拌器的分类及选型

搅拌装置的主要工作部件是推动器（叶轮），由驱动轴驱动旋转，推动周围的流体运动。根据推动器的形式可把搅拌器分为桨叶式、旋桨式、涡轮式、螺带式等几类。

（1）桨叶式搅拌器　包括平桨式、锚桨式和框架式三种，其中平桨式是最常见的一种，其叶片有平直叶和折叶两种形式。平桨式搅拌器构造简单，制造和更换容易，适用于黏稠性物料和一般液体的搅拌，但搅拌转速较低，局部剪切效应有限，不适于乳化操作；锚桨式和框架式的推动器直径较大，多应用于搅拌范围比较大的场合，以及液体容易黏附在釜壁上（挂料）的场合。图 4-4 为几种桨叶式搅拌器示意图。

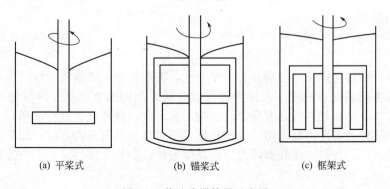

(a) 平桨式　　　　　(b) 锚桨式　　　　　(c) 框架式

图 4-4　桨叶式搅拌器示意图

（2）旋桨式搅拌器　这种搅拌器的结构类似于飞机和轮船的螺旋桨推进器的桨叶，故也称螺旋推进式搅拌器，其推动器通常由 2~3 片桨叶构成，桨的直径较小，适合于低黏度液体的高速搅拌，特别适合于乳化液的制备，但不适合于高黏度液体。图 4-5 为旋桨式搅拌器叶轮的示意图。

(a) 双叶桨　　　　　(b) 三叶桨　　　　　(c) 带导流管

图 4-5　旋桨式搅拌器叶轮示意图

（3）涡轮式搅拌器　其推动器通常由 6 片桨叶构成，桨叶有开式平叶片、带叶片圆盘和弯曲叶片等多种形式。涡轮式搅拌器的工作原理类似于双吸式离心泵。优点是能耗不大，搅拌效率高，有较好的剪切效应。适用于互不溶液体的混合、气体溶解、固体溶解、固体在液体中的悬浮、搅拌釜中的传热等多种场合，是生产中应用较为广泛的一种搅拌器，常用于乳化液、悬浮液等的制备。但制造相对复杂，价格较贵。其实平直叶涡轮搅拌器与前面提到的平桨直叶搅拌器并无原则差别，只是习惯上把四桨以下称作桨式，四桨以上称作涡轮式。图 4-6 为涡轮式搅拌器的叶片示意图。

（4）螺带式搅拌器　螺带式搅拌器由旋转轴和固定于其上的螺旋形钢带组成，专用于高黏度液体的搅拌。螺旋钢带的直径略比搅拌釜直径小，搅拌时液体沿螺旋上升，再从轴向向下降落，在轴向运动过程中进行搅拌。螺带式搅拌器的结构示意图如图 4-7 所示。

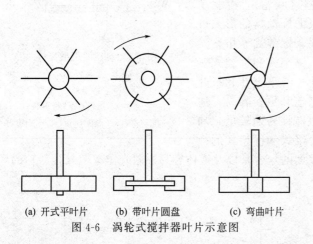

(a) 开式平叶片　　(b) 带叶片圆盘　　(c) 弯曲叶片

图 4-6　涡轮式搅拌器叶片示意图

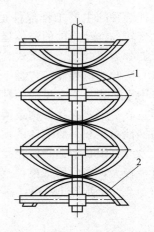

图 4-7　螺带式搅拌器示意图
1—轴；2—螺带

由于各种搅拌过程以及搅拌器具有诸多共性，因此各种搅拌器通用性较强，同一种搅拌器可用于几种不同的搅拌过程。选择搅拌器时应从介质的黏度高低、容器的大小、转速范围、动力消耗以及结构特点等几方面综合考虑，也可通过搅拌试验进行选择。

（1）根据液体的黏度高低选型　液体黏度大小对选型具有重大影响，旋桨式搅拌器适用于较低黏度的液体，螺带式搅拌器适用于高黏度液体，涡轮式搅拌器对于中等黏度以下的液体非常适用。

（2）根据搅拌过程和目的选型　对于低黏度均相液液混合，搅拌难度小，旋桨式循环能力较强，动力消耗少，是最适用的一种形式；平桨式结构简单，设备成本低，适宜小容量液相混合；对分散操作过程，涡轮式因具有高剪切力和较大循环能力，所以最适用。对于含有固体颗粒的悬浮液操作，涡轮式使用范围最广。

### 4.2.2 搅拌器的功率

搅拌操作的理论至今仍不完善，有关工艺计算往往建立在实验及经验的基础上。工业上一般采用的是小试放大的设计方法，即先设计一小型的实验装置，然后按几何相似原则放大设计。搅拌器的几何特性对液体的流动及搅拌效果具有极大的影响，往往一种体系下的结果不一定适用于几何特性不同的其它搅拌系统，为了便于研究，一般定义一种能满足大多数工艺过程的标准搅拌系统，作为研究、设计放大的基础。

标准搅拌系统的所有几何尺寸都与搅拌槽直径有关，具体尺寸是：

槽为圆筒形，平底或周边带圆角的平底，直径为 $D$；

液体深度 $H=D$；

挡板数目为 4，垂直安装在槽壁，并从底部起延伸到液面以上，挡板宽度 $W_b=D/10$；

搅拌器直径 $d=D/3$；

搅拌器下部离槽底的高度等于 $d$。

叶轮的几何尺寸为：

涡轮式叶轮　叶片宽度为叶轮外径的 1/5，长为叶轮外径的 1/4，叶片数为 6；

螺旋桨式叶轮　3 瓣叶片，螺距等于叶轮直径；

平直桨式叶轮　叶片数为 4 或 6，叶片宽为叶轮直径的 1/5；

倾斜桨式叶轮　叶片宽仍为叶轮直径的 1/5，倾斜角为 45°。

若加装蛇管或导流筒，其几何尺寸也有具体的定义，详见相关资料。

影响搅拌功率的因素很多，主要有几何因素和物理因素，主要包括：叶轮直径、叶片数目形状及长宽度、容器直径、液体高度、叶轮距容器底部高度、挡板数目及宽度、液体的黏度、密度、叶轮转速等，若搅拌时液面有凹陷，重力加速度也是要考虑的影响因素。因为影响因素较多，搅拌功率无法精确计算，一般采用经验关联式进行估算。对于标准搅拌系统或者几何形状相似的搅拌装置，叶轮直径可作为特征尺寸，其它尺寸与叶轮直径成一定的比例，相应地把这些比值定为一系列形状系数，于是有下列关联式成立：

$$\frac{N}{\rho n^3 d^5}=K\left(\frac{\rho nd^2}{\mu}\right)^a\left(\frac{dn^2}{g}\right)^b \tag{4-7}$$

式中，$N$ 为搅拌功率；$n$ 为搅拌器转速；$\rho$ 为液体的密度；$\mu$ 为液体的黏度；$g$ 为重力加速度；$K$、$a$、$b$ 为比例系数及指数，不同情形下的取值参考有关文献。

式（4-7）还可写成如下形式：

$$Eu=KRe^aFr^b \tag{4-8}$$

式中，$Eu=\dfrac{N}{\rho n^3 d^5}$，为欧拉数（功率特征数），表示输入功率施加于受搅拌液体的力；$Re=\dfrac{\rho nd^2}{\mu}$，为雷诺数，表示施加的力与黏滞阻力之比，搅拌槽中，$Re\leqslant 10$ 时为层流，$Re\geqslant 10^4$（径向流叶轮）或 $Re\geqslant 10^5$（轴向流叶轮）时为湍流；$Fr=\dfrac{dn^2}{g}$，为佛鲁德数，表示施加的力与重力之比。

对于搅拌时液面中央不产生旋涡的系统，重力的影响可忽略不计。此时，$b=0$，$Fr^b=1$，式（4-8）可简化为：

$$Eu = KRe^a \qquad (4\text{-}9)$$

一般可将式(4-8)写成:

$$\phi = \frac{Eu}{Fr^b} = KRe^a \qquad (4\text{-}10)$$

$\phi$ 称为功率函数,它与搅拌体系液体运动的雷诺数相关。对于某一特定搅拌装置,可通过实验测定 $\phi$ 与 $Re$ 的关系。图4-8为部分搅拌器的 $\phi$-$Re$ 曲线。

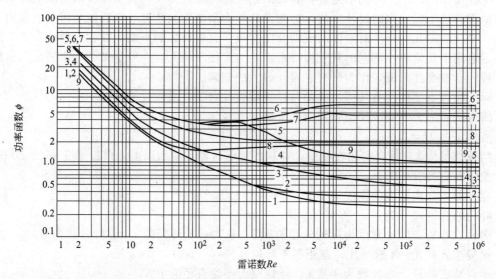

图 4-8　部分搅拌器的功率曲线

1—螺旋桨,螺距等于直径,无挡板;2—螺旋桨,螺距等于直径,4块宽度为0.1D的挡板;

3—螺旋桨,螺距等于2倍直径,无挡板;4—螺旋桨,螺距等于2倍直径,4块宽度为0.1D的挡板;

5—六平叶片涡轮,无挡板;6—六平叶片涡轮,4块宽度为0.1D的挡板;

7—六弯叶片涡轮,4块宽度为0.1D的挡板;8—扇形涡轮,8个叶片,45°角,

4块宽度为0.1D的挡板;9—平桨,2个叶片,4块宽度为0.1D的挡板

以六平叶片涡轮搅拌系统(曲线5,6)为例,由图4-8可以看出:

① $Re < 10$ 的层流区,功率曲线近似为一直线,直线斜率为 $-1$,此时,液体的黏性力起控制作用,重力的影响可忽略,对标准体系,式(4-8)可表示为

$$\phi = Eu = 71Re^{-1} \qquad (4\text{-}11)$$

即有

$$N = 71n^2 d^3 \mu \qquad (4\text{-}12)$$

此式表明,在一定的搅拌转速下,层流区的功率消耗与液体黏度成正比。又由图中曲线可知,对相同几何构型的搅拌装置,无论有无挡板,功率消耗都相同。

② $Re > 10^4$ 的充分湍流区,功率曲线趋于水平,$\phi$ 为一常数值,与 $Re$ 和 $Fr$ 都无关,对标准体系,$\phi = Eu = 6.1$,于是有

$$N = 6.1\rho n^3 d^5 \qquad (4\text{-}13)$$

③ $Re > 10$ 以后,流动从层流向湍流逐渐过渡,但对于有挡板的搅拌装置而言,在 $Re = 10 \sim 10^4$ 的范围内,由于挡板抑制了打旋现象,因此,功率与流动特性仍取决于 $Re$,式(4-7)仍适用,但 $K$ 和 $a$ 均为变值,可利用功率曲线求得功率。对于无挡板系统,当 $Re > 300$ 时,由于打旋现象的加剧,$Fr$ 的影响不能忽略,需由式(4-8)计算功率 $N$,式中 $b$ 用经验公式计算:

$$b = \frac{\alpha - \lg Re}{\beta} \qquad (4\text{-}14)$$

式中,$\alpha$ 与 $\beta$ 为与叶轮形式、直径及搅拌槽直径有关的常数,其值见表4-1。

因此,当 $Re > 300$ 时,无挡板系统的功率关联式变为:

$$\phi = \frac{Eu}{Fr^{(a-\lg Re)/\beta}} \qquad (4-15)$$

$Re > 300$ 时，无挡板搅拌装置打旋加剧，因此，无挡板槽的功率消耗比有挡板槽低。

表 4-1　$Re \geqslant 300$ 时一些搅拌器的 $\alpha$ 和 $\beta$ 值

| 搅拌器形式 | $d/D$ | $\alpha$ | $\beta$ |
|---|---|---|---|
| 涡轮式叶轮 | 0.30 | 1.0 | 40 |
| 螺旋桨式叶轮 | 0.22 | 0 | 18 |
|  | 0.30 | 1.7 | 18 |
|  | 0.33 | 2.1 | 18 |
|  | 0.37 | 2.3 | 18 |
|  | 0.48 | 2.6 | 18 |

对于一定构型的搅拌装置，如已知功率曲线，则可据此计算各种转速和液体特性条件下的功率消耗。更多的功率曲线可参阅有关设计手册。

【例 4-2】　在一涡轮式标准搅拌装置内，搅拌密度为 $800kg/m^3$，黏度为 $150mPa\cdot s$ 的某种溶液，已知叶轮直径 $d=0.6m$，转速 $n=200r/min$，试估算搅拌功率。若搅拌槽不安装挡板，其搅拌功率又为多少？

**解：** 本例属标准搅拌系统，可用标准搅拌系统功率曲线进行计算。

(1) 有挡板时

$$Re = \frac{n\rho d^2}{\mu} = \frac{200 \times 800 \times 0.6^2}{150 \times 10^{-3} \times 60} = 6400$$

在图 4-8 的曲线 6 上，当 $Re=6400$ 时，查得 $\phi=5.6$，即 $Eu=5.6$。故

$$N = Eu\rho n^3 d^5 = 5.6 \times 800 \times \left(\frac{200}{60}\right)^3 \times 0.6^5 = 12.9kW$$

(2) 无挡板时　在图 4-8 的曲线 5 上，当 $Re=6400$ 时，查得 $\phi=1.3$，但 $Re>300$，因此，

$$\phi = \frac{Eu}{Fr^b} = \frac{Eu}{Fr^{(a-\lg Re)/\beta}} = 1.3$$

而

$$Fr = \frac{n^2 d}{g} = \left(\frac{200}{60}\right)^2 \times \frac{0.6}{9.81} = 0.68$$

由表 4-1 可知，涡轮式叶轮的 $\alpha$、$\beta$ 值分别为 1 和 40，于是

$$b = \frac{1 - \lg 6400}{40} = -0.07$$

$$Eu = 1.3 \times 0.68^{-0.07} = 1.3355$$

$$N = 1.336 \times 800 \times \left(\frac{200}{60}\right)^3 \times 0.6^5 = 3.08kW$$

实际上，在搅拌装置的选择和设计中，即使采用了几何相似原则进行搅拌器的放大，许多具体情况与经验关联式也并不相符，很难做到准确设计。主要原因是搅拌系统的放大不是简单的几何尺寸的放大，而是要求两个系统满足几何相似、流体运动相似、流体动力学相似，若伴随有传热或化学反应，还要求传热相似和化学相似，显然同时满足这么多约束条件是极其困难的，放大过程中许多相似要求实际上相互抵触，设计时往往需权衡利弊，抓住主要原则而有所舍弃。

## 4.3　均质

均质是指悬浮液（如果汁等）、乳浊液（如牛奶和豆奶等）等液体分散系在挤压、强冲

击与失压膨胀的三重作用下，使被分散物料尺寸不断减小，达到微粒（滴）化和均匀化，从而抑制物系分层现象发生的混合操作。均质是食品工业生产中经常运用的一项技术，在乳制品生产和果汁生产等软饮料生产领域应用广泛。

液体分散系的分层主要源于静置过程中被分散物料的悬浮或沉降。根据颗粒沉降（上浮）的斯托克斯公式可知，混合溶液中颗粒的沉降（上浮）速度与颗粒直径的平方成正比，当颗粒直径小到接近于液体介质的分子时，斯托克斯公式不再适用，此时在分子和微小颗粒之间形成了一种耦合作用力，分离不易发生。可见，减小被分散物料的尺寸是抑制其分层现象发生的重要方法。如均质前的牛乳含 $3\%$～$5\%$ 以球滴出现的脂肪，其直径范围大致在 $1$～$18\mu m$ 之间，其中直径为 $2.5$～$5\mu m$ 的约占 $75\%$，平均直径约 $3\mu m$，通过均质操作可使粗大的脂肪球碎裂至直径小于 $2\mu m$，相应地，脂肪球的浮力减小，改善了液相的混溶条件，有效防止了脂肪分离。同样，在果汁生产中均质处理能使料液中残存的果渣小微粒破碎，有利于液相均匀混合物的形成，从而有效抑制产品的沉淀现象发生。

从能量获取方式角度可把均质设备分为压力式和旋转式两大类，典型代表是高压均质机和胶体磨，同时它们也是重要的乳化设备。

### 4.3.1　均质机理

液体分散系中被分散相在流动状态下所受作用力可以分解为正应力和剪应力，它们是促使被分散相宏观运动、发生形状改变的促动因素，同时所受的界面张力是阻止形状改变、维持被分散相完整的抑制因素，当两种因素的作用维持在一定范围时，被分散相在运动中发生变形，超出一定限度时被分散相发生破裂，导致尺寸减小，从而完成均质过程。一般认为，均质过程中存在三个方面的效应。

（1）剪切效应　体系中局部空间的速度梯度可产生强大的剪切力，剪切力作用导致脂肪球颗粒破碎。

图 4-9 为高压均质机均质作用示意图。脂肪球滴在高压下通过窄小的阀芯与阀座形成的很小缝隙入口前，液滴的速度为 $v_0$，压力为 $P_0$，通过缝隙时其速度增大到 $v_1$，压力降为 $P_1$，且在缝隙中心处液滴流速最大，贴近缝隙壁面处的液滴流速最小，速度梯度导致的剪应力使脂肪球液滴发生变形并破裂，达到均质的效果。一般情况下阀芯与阀座间的缝隙宽度小达 $0.1mm$，料液从缝隙中的流速可达 $150$～$200m/s$。

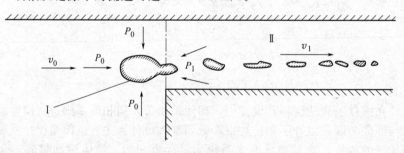

图 4-9　高压均质机均质原理示意图

（2）空穴效应　空穴理论认为，流体在受高速旋转体作用或流体流动过程中瞬间出现压降的场合会产生空穴小泡，小泡破裂时周围液体高速补充空穴空间，导致液体颗粒间剧烈撞击，使脂肪球爆裂而粉碎。

（3）撞击效应　当脂肪球以高速度冲击均质阀时，使脂肪球破碎。

一般认为均质作用是上述三种效应共同作用的结果，但哪是主要的，哪是次要的，还不清楚。对于高压均质机来说，如何根据正确的理论设计出更有效的均质阀结构，尚有待进一步的理论探讨与实验研究。

## 4.3.2 均质设备

食品工业中最广泛应用的均质设备是高压均质机和胶体磨，它们分别是压力式均质设备和旋转式均质设备的典型代表。同时超声波均质机和离心式均质机也在部分场合得到大量应用。以下简要介绍高压均质机和胶体磨的结构原理。

（1）高压均质机　高压均质机是由高压泵和均质阀组成的一种特殊形式的高压泵，它是由高压泵、均质阀、传动机构（曲轴、连杆等）以及电机和机架等主要部件组成的，从功能角度可把它看成产能部件和均质部件两大部分。高压均质机除了在生产能力方面存在差异外，在结构方面的差异主要表现在柱塞泵类型、均质阀的级数以及压强控制方式不同，典型的高压均质机的基本结构如图 4-10 所示。

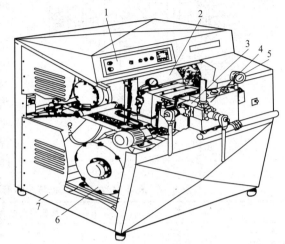

图 4-10　高压均质机基本结构
1—控制面板；2—传动机构；3—均质阀；4—汽缸组；
5—压力表；6—电机；7—机壳

高压柱塞泵一般多采用三柱塞往复泵，有的也可达六或七柱塞，使流量输出更为稳定。高压均质机的最大工作压强是其重要性能之一，主要与柱塞泵结构和配备的驱动电机有关，一般在 7.0～104MPa。

均质阀通常与柱塞泵的输出端相连，是对料液进行均质作用、对均质压强进行调节的部件，有单级和双级两种，单级的多用于实验规模均质机上，工业用均质机大多采用双级均质阀。双级均质阀实际上相当于两个单级阀串联而成，只是其流体力学行为更为复杂，一般把需要的总压降的 85％～90％分配给第一级，剩余的分配给第二级。

高压均质过程的能效实际很低，真正用于均质的能量，也即用于分散相的破碎或用于建立新界面所需只有极少部分，均质过程中能量的绝大部分都消耗在摩擦热上，因而高压均质后的物料温升往往不可忽略，其升高程度与均质压强近似成正比，压强每升高 10MPa，料温可升高 2～2.5℃，一般可用式(4-16)进行估算。

$$\Delta t = \frac{P}{\rho c_p} \tag{4-16}$$

式中，$\Delta t$ 为通过均质机前后的物料温差，℃；$\rho$ 为物料的密度，kg/m³；$c_p$ 为物料的比热容，J/(kg·K)；$P$ 为均质压强，Pa。

因而，在选择均质压强时，要考虑温升对物料品质的影响。

（2）胶体磨　胶体磨主要用于加工流体和半流体物料，如果汁、果酱、豆乳、营养冲剂、饮料、雪糕、冰淇淋等，有较好的搅拌、均质等性能，是食品、医药、石油、化工、文化用品、涂料等行业普遍采用的均质设备。

胶体磨是以剪切作用为主的均质设备，它由一个固定的工作面（定子）和一个旋转的工作面（转子）组成，其结构如图 4-11 所示。两工作面间有微小的间隙，大小可以调节。物料通过间隙时，由于转子的高速旋转，附着在旋转面上的物料速度最大，附着于定子面上的速度最小，物料间产生较大的速度梯度，使物料受到强烈的剪切作用和湍动，从而使物料均质化。胶体磨的普通形式为卧式结构，卧式结构的特点是转动件的轴水平安置，固定件与转

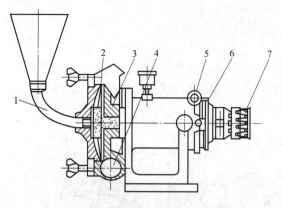

图 4-11　卧式胶体磨结构示意图
1—进口；2—转子；3—定子；4—出口；
5—锁紧杆；6—调整环；7—带轮

动件之间的间隙为 $50\sim150\mu m$，转子转动速度在 $3000\sim15000r/min$ 之间，适用于低黏度物料的均质。对于高黏度物料，可采用立式胶体磨，其转子转速为 $3000\sim10000r/min$，由于磨面成水平方向转动，卸料与清洗都比较方便。

如前所述，均质机与胶体磨都具有粉碎、混合的功能，许多时候可以相互替代，但一般说来，高压均质机较适于处理低黏度物料，胶体磨更适于处理较黏稠的物料，但胶体磨的能量水平相对要小，即使是黏稠物料，也并非都适于用胶体磨进行处理。表 4-2 是高压均质机与胶体磨的性能参数比较，供参考。

表 4-2　高压均质机与胶体磨的性能参数比较

| 性 能 参 数 | 高 压 均 质 机 | 胶 体 磨 |
| --- | --- | --- |
| 粒度/$\mu m$ | $0.03\sim20$ | $1\sim2$ |
| 黏度/mPa·s | $1\sim2000$ | $1\sim50000$ |
| 最大剪切应力 | 69MPa | 与压强 $10\sim14$MPa 范围均质机相当 |
| 物料温升 | $2\sim2.5$℃/10MPa | $1\sim50$℃，取决于磨片间隙大小 |
| 最大操作温度 | 140℃ | 特殊的胶体磨才可以在 140℃下工作 |
| 出料液压头 | 有 | 一般几乎没有 |
| 连续处理 | 可以 | 可以 |
| 无菌操作 | 可以 | 一般不行 |
| 黏度对处理量的影响 | 不影响 | 黏度增加，处理量下降 |
| 剪切力对处理量的影响 | 剪切力加大，处理量下降 |

## 4.3.3　均质效应与均质操作方式

### 4.3.3.1　均质效应

均质效应是指均质操作所能达到的破碎微粒化效果，一般可由两个方面参数确定，一是粒度的大小，二是达到某一粒度的微粒所占的比例。较常用的一个均质效应指标是粉碎粒径比 $X=d_0/d_1$（$d_0$、$d_1$ 分别为粉碎前后颗粒的直径）。

影响均质效应的因素较多，主要有设备类型、物料温度、操作条件等方面。

（1）均质设备　均质设备对均质效果有很大影响，不同类型的均质设备其适用场合不同，效果自然有很大差异，这与物料的特性及品质要求有关。一般来说，对于低黏度物料，高压均质机较为合适，而黏稠物料更适于用胶体磨处理，更具体的选择可以结合物料进行试验比较。

（2）均质温度　均质温度对均质效果有非常大的影响。温度越高，液体的饱和蒸气压越高，空穴越容易形成，均质效果越好。因此，为了提高均质效果，在保证液体物料不变性的前提下，均质温度可以适当高一些。但高温不利于蛋白质的热稳定性，且易产生大量气窝。牛乳的较佳均质温度范围一般为 $50\sim70$℃，超过 70℃则会在设备中产生气窝。因此，均质温度的选择要综合考虑。

（3）操作条件　各类均质机都设有调节均质程度的机构，以调节操作条件，如高压均质机的均质压强、胶体磨的盘片间距离、超声波均质机的超声共振频率范围等，通过调节这些参数可以实现均质效果的调节。

下面以高压均质机为例，看看均质效果与操作条件之间的关联。

均质化现象与液滴所受的剪应力 $\tau$、滴径大小 $d_0$ 和表面张力 $\sigma$ 有关，可以用韦伯数（Weber）$We_p = d_1 \tau / \sigma$ 来关联、归纳均质化现象，其中的剪应力与液体通过均质阀的压强降 $\Delta P$（也即均质压强）近似成正比，因而可以进一步用修正的 $We_p = d_1 \Delta P / \sigma$ 来关联实际工作情况，于是有下列韦伯数方程成立：

$$We_p = k_1 X^m \tag{4-17}$$

式中，$k_1$、$m$ 为经验常数，由具体均质机实测确定，$m$ 值范围在 $1 \sim 3.1$ 之间。

也即

$$\frac{d_1 \Delta P}{\sigma} = k_1 X^m \tag{4-18}$$

则有

$$\Delta P = \frac{k_1 X^m \sigma}{d_1} \tag{4-19}$$

若均质机的生产能力为 $q_v$，则均质化所需功率 $N$ 为

$$N = \Delta P q_v = \frac{k_1 q_v X^m \sigma}{d_1} \tag{4-20}$$

**【例 4-3】** 使用高压均质机进行牛奶均质操作。现将牛奶脂肪球的平均直径从 $3.5 \mu m$ 减小至 $1.0 \mu m$，生产能力为 $2.5 \times 10^{-5} \, m^3/s$，试计算均质所需的压强和功率。已知均质机的 $k_1 = 530$，$m = 2$，牛奶表面张力为 $10.2 \times 10^{-3} \, N/m$。

**解：** 据题意，由式(4-15)可知，均质压强 $\Delta P$

$$\Delta P = \frac{k_1 X^m \sigma}{d_1} = \frac{530 \times \left(\frac{3.5}{1.0}\right)^2 \times 10.2 \times 10^{-3}}{1.0 \times 10^{-6}} = 6.62 \times 10^7 \, Pa = 66.2 \, MPa$$

于是所需均质功率 $N$ 为

$$N = \Delta P q_v = 6.62 \times 10^7 \times 2.5 \times 10^{-5} = 1665 \, W = 1.67 \, kW$$

### 4.3.3.2　均质操作方式

常用的均质操作方式有三种：一次通过式、循环式和连续-循环-排出式。

一次通过式指的是物料一次性通过均质机，完成均质作用，如果一次均质达不到要求，可以再串联一均质机进行操作，若处理的物料属热敏性物料，根据温升情况考虑是否需在均质后安装换热器以散热。这种操作方式属于连续式，适于工业化生产用。

循环式操作指的是物料流出均质机后再回流至进料口与未均质的物料一起进行均质，待达到设定的均质要求时循环终止，这种方式比较适于少量物料的处理，一般只要设定好时间就可以控制均质过程，由于温升累积，需在均质机后安装换热器以散热。这种操作方式属于间歇式，一般不适于流水线作业。

连续-循环-排出式指的是经过均质的物料一部分回流至进料口，另一部分以产品的形式排出，这种方式介于前两种模式之间，可以通过调节回流比来调节均质效果。由于温升累积，需在均质机后安装换热器以散热。

习　　题

4-1　将维生素 A 混合于饲料中，要求达到每公斤饲料含 2mg 维生素。饲料在混合器内停留 3min 后，取出 10 个试样进行分析，其维生素 A 含量（$\mu g/g$）为：2.3，1.78，1.63，1.73，2.10，1.85，2.32，2.20，2.14，2.13。混合至 15min 时，方差降至 0.04。假定随机混合最后方差小至可以忽略，问要达到方差等于 0.01，混合时间需多长？（64.55min）

4-2 在某一间歇式混合器内将淀粉与干菜粉混合以生产汤粉混合物。干菜粉和淀粉的原料比例为 4∶6，混合进行 5min 后，取样分析，结果为：若淀粉含量以质量分数表示，则混合物组成的方差为 0.0823，混合 10min 后，相应方差为 0.0315。试问若要求混合物达到方差等于规定的高限值 0.02，混合操作还需要继续进行多长时间？（12.36min）

4-3 标准构型搅拌槽的直径为 0.9m，在此槽内搅拌黏度为 500dPa·s、密度为 1050kg/m³ 的某液体，要求叶轮的叶端速度为 3.5m/s，试求需要的叶轮转速和功率。（223.2r/min，1.33kW）

4-4 某牛奶均质机在进行牛奶均质，现将牛奶脂肪球的平均滴径从 $3.5\mu m$ 减小至 $1\mu m$，生产能力为 $2.22\times10^{-5}m^3/s$，试计算均质所需的压强和功率。已知均质机的 $k_1=500$，$m=2$，牛奶表面张力为 $10\times10^{-3}N/m$。（61.25MPa，1.36kW）

4-5 牛奶在冰箱里保藏 36h，要求在此时间内产生的奶油分层不超过奶油含量的 2%。试问：（1）若原料含脂 3.5%（体积分数），奶油平均滴径为 $4\mu m$，布朗运动的影响不计，则均质操作应达平均滴径为多少？（2）需要多大均质压强？已知 4℃时脂肪球的界面张力 $\sigma=10.55\times10^{-3}N/m$，奶油密度为 950kg/m³；均质阀的 $k_1=591$，$m=2.02$，所用的牛奶包装盒的尺寸（长×宽×高）=10cm×5.25cm×20cm。（$1.45\mu m$，33.4MPa）

## 本章符号说明

**英文字母**

$a$，$b$，$K$——比例系数及指数；

$c$——体积浓度；

$D$——直径；

$E$——调匀度；

$Eu$——欧拉数；

$Fr$——佛鲁德数；

$g$——重力加速度；

$H$——高度；

$k$——混合阻力；

$m$——质量；

$n$——转速；

$N$——功率；

$P$——压力；

$Re$——雷诺数；

$s^2$，$\sigma^2$——分隔强度；

$v$——速度；

$V$——体积；

$X$——粒径比。

**希腊字母**

$\alpha$、$\beta$——搅拌常数；

$\rho$——密度；

$\mu$——黏度；

$\phi$——功率函数。

# 第5章 传 热

【本章学习要求】

　　熟悉传热的基本概念及基本方式，理解傅里叶定律、普朗克定律、对流传热速率方程（牛顿冷却公式）的物理含义，掌握稳态导热过程的计算和应用，掌握稳态传热基本方程的应用，理解非稳态传热和热辐射传热的计算方法和应用。一般了解常用换热器的结构。

【引言】

　　将一个直径20cm、温度30℃的西瓜放入冰箱或水箱中进行冷却，冰箱的空气温度和水箱的水温均为10℃。请问，西瓜内部的温度分布是怎样随时间变化的？将西瓜中心的温度降低到15℃需要多少时间？西瓜在冰箱中还是在水箱中的冷却速度较快？

　　以上是一个日常生活中常见的传热学问题。传热或热交换是两个物体之间或同一物体的两个不同部位之间由于温度不同而引起的热量移动。由热力学第二定律可知，凡有温度差存在时，必然发生热量从高温处向低温处的传递。因此，传热是自然界普遍存在的现象。传热学就是研究各种传热过程，以便有效而合理地控制传热过程的科学。

　　热和冷是相对的概念。对物体加入热量也就是除去冷量。反之，除去物体的热量也就是加入冷量。在食品工业中，传热是广泛应用的单元操作。应用于：①食品生产中一般必要的加热、冷却过程；②为延长食品贮藏时间而进行的杀菌或冷藏；③以除去食品中水分为目的的蒸发或结晶过程的加热和冷却；④为使食品完成一定生物化学变化而进行的蒸煮、焙烤等。

　　食品工业所用的加热剂或冷却剂多为流体。作为加热剂常用的有水蒸气、烟道气、热空气和热水等，作为冷却剂常用的有冷水、冷冻盐水、液氮等。而被加工的物体多为液体或固体。在大规模工业生产中，流体间的传热常用连续稳定操作，而流体与固体间的传热则多用半连续或间歇的不稳定操作。

## 5.1 传热的基本概念

　　根据传热机理的不同，传热（heat transfer）可以分为传导（conduction）、对流（convection）和辐射（radiation）等三种基本方式。

　　讨论传热过程的一个中心问题，是确定热流量（heat flow）。热流量又称传热速率。它是传过一个传热面的热量 $\Phi$ 与传热时间 $t$ 之比，符号为 $Q$，单位为 W，亦即 J/s。用公式表示为：

$$Q=\frac{\mathrm{d}\Phi}{\mathrm{d}t} \tag{5-1}$$

　　热流量 $Q$ 与传热面面积 $A$ 之比，称为热流密度，又称为热通量（heat flux），用符号 $q$ 表示，单位为 W/m²。

$$q=\frac{Q}{A}=\frac{\mathrm{d}\Phi}{A\mathrm{d}t} \tag{5-2}$$

　　热流量（传热速率）与温度差 $\Delta T$（传热的推动力）成正比，与热阻 $R$（传热的阻力）成反比，即

$$热流量(传热速率)=\frac{温度差(推动力)}{热阻(阻力)} \tag{5-3}$$

用符号表示：

$$Q = \frac{\Delta T}{R}$$

式中，$R$ 为热阻（thermal resistance），K/W。

式(5-3) 与电学中的欧姆定律（Ohm's law）很相似。

欲求热流量，关键在于求出传热过程的热阻。食品工程中的传热问题通常有两类：一类是要求传热快，即要求热流量 $Q$ 大，这样可使设备紧凑，生产效率高，这就需要设法降低热阻 $R$。另一类是要求传热慢，即要求 $Q$ 小，这需要设法增大热阻 $R$，例如高温设备和管道的保温及降温设备和管道的隔热等。本章将根据不同传热方式的机理讨论其热阻的含义及计算，进而进行传热过程的计算。

## 5.2 热传导

只有固体中有纯热传导，这里只讨论各向同性、质地均匀固体物质的热传导。

### 5.2.1 傅里叶定律和热导率

#### 5.2.1.1 傅里叶定律

（1）温度场和温度梯度　某一瞬时，空间（或物体内）所有各点的温度分布，称为温度场。在同一时刻，温度场中所有温度相同的点相连接而构成的面，称为等温面。不同的等温面与同一平面相交的交线，称为等温线，它是一簇曲线。图 5-1(a) 表示某热力均质管道截面管壁内的温度分布，图 5-1(b) 表示 $y$、$z$ 方向无限长，$x$ 方向有一定厚度的均质平板内的温度分布。图中虚线代表不同温度的等温线，因为物体内任一点不能同时具有一个以上的不同温度，所以温度不同的等温面（线）不能相交。在等温面上不存在温度差，只有穿越等温面才有温度变化。按照高等数学方向导数的概念，自等温面上某一点 $M$ 出发，沿不同方向的温度变化率不相同，高等数学上多元函数的微分学中已经证明等值面 $T$ 的

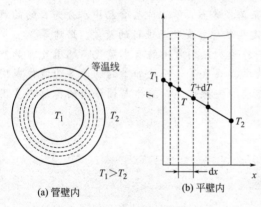

图 5-1　壁内温度分布

法向量 $\boldsymbol{n}$ 可取 $\{\partial T / \partial x,\ \partial T / \partial y,\ \partial T / \partial z\}$，从点 $M$ 出发，沿不同方向温度变化率取得最大值时的方向导数用向量表达时也为 $\{\partial T / \partial x,\ \partial T / \partial y,\ \partial T / \partial z\}$，故将等温面上 $M$ 点的法向量 $\{\partial T / \partial x,\ \partial T / \partial y,\ \partial T / \partial z\}$ 定义为温度梯度，记为 $\mathrm{grad}T$（$M$）。简言之，温度梯度是以向量表示的温度沿等温面法线方向的变化率，$\partial \boldsymbol{T} / \partial \boldsymbol{n}$（黑体代表向量），或以向量表示的最大的温度对方向的导数（在此方向温度获得最大变化率即导数）。温度梯度是向量，以温度增加方向为正。对应不同的 $M$ 点有不同的温度梯度，故在空间中形成了温度梯度场，是一向量场。写标量（不带方向）式时只用梯度的模，即一般的导数表达式。

对于一维稳态热传导，温度只沿唯一方向（如 $x$、半径 $r$ 等）变化，则温度梯度的标量为 $\mathrm{d}T/\mathrm{d}x$ 或 $\mathrm{d}T/\mathrm{d}r$。当坐标轴方向与温度梯度方向（指向温度增加的方向）相同时，$\mathrm{d}T/\mathrm{d}x$ 为正值，反之则为负值。

（2）傅里叶定律　傅里叶定律（Fourier's law）是热传导的基本定律。实践证明，在质地均匀的物体内，若等温面上各点的温度梯度相同，则单位时间内热传导的热流量 $Q$ 与温

度梯度 $dT/dx$ 及垂直于热流方向的导热面积 $A$ 成正比，即

$$Q = -\lambda A \frac{dT}{dx} \tag{5-4}$$

式中，$Q$ 为热流量，W；$A$ 为导热面积，即垂直于热流方向的截面积，$m^2$；$\lambda$ 为比例系数，称为热导率（thermal conductivity），$W/(m \cdot K)$；$\frac{dT}{dx}$ 为沿 $x$ 方向的温度梯度的大小，$K/m$。$x$ 方向为热流方向，故 $\frac{dT}{dx}$ 为负值。因导热速率 $Q$ 为正值，故式中加上负号。

式(5-4)为傅里叶定律表达式。

#### 5.2.1.2 热导率

由式(5-4)得

$$\lambda = -\frac{Q}{A \frac{dT}{dx}} \tag{5-5}$$

此式即热导率 $\lambda$ 的定义式。热导率在数值上等于温度梯度为 $1K/m$ 时，单位时间内通过单位导热面积的热量。故热导率用于表征材料的导热能力，它是材料的一个重要热物性参数。

影响材料热导率的因素很多，其中主要是材料的种类（固、液、气）、成分和温度。各种材料的热导率，通常是用实验方法测定的。一般来说，纯金属的热导率最大，合金次之，再依次为建筑材料、液体、绝热材料，而气体的最小。常用金属材料、绝热材料、液体、气体的热导率与温度的关系可从附录里查得。

实验证明，大多数材料的热导率在温度变化范围不大时，与温度近似呈线性关系，可用下式表示。

$$\lambda = \lambda_0(1 + cT) \tag{5-6}$$

式中，$\lambda$ 为材料在温度 $t$（℃）时的热导率，$W/(m \cdot K)$；$\lambda_0$ 为材料在 0℃ 时的热导率，$W/(m \cdot K)$；$c$ 为温度系数，对大多数金属材料和液体为负值，而对大多数非金属材料和气体为正值，$1/℃$。

在热传导过程中，因材料各处温度不同，$\lambda$ 也就不同。所以在计算时，应取最高温度 $T_1$ 下的 $\lambda_1$ 与最低温度 $T_2$ 下的 $\lambda_2$ 的算术平均值，或由平均温度 $T = (T_1 + T_2)/2$ 求出 $\lambda$ 值。

【例 5-1】 在牛奶杀菌和浓缩设备的设计中，牛奶的热导率是一个重要参数。在 30℃ 条件下，采用热导率探针测定浓度不同的全脂奶粉溶液的热导率，得到例 5-1 附表所示的结果。试建立全脂奶粉溶液热导率与浓度之间的关系式。

**解：** 该题可以使用软件 EXCEL 进行求解。具体步骤如下（见例 5-1 附图）：

(1) 建立 EXCEL 工作表，以全脂奶粉溶液的浓度为横坐标，热导率测定值为纵坐标作"XY 散点图"。由图可知，数据呈直线分布，全脂奶粉溶液热导率和浓度之间的关系可以用线性方程表示。

(2) 利用 Excel 中"添加趋势线"功能，对数据进行线性回归，得到回归方程式 $\lambda = 0.624 - 0.460 \times 10^{-2}C$，决定系数 $R^2 = 0.9886$。

决定系数 $R^2$ 接近 1，表明全脂奶粉溶液热导率与浓度之间的关系密切。

例 5-1 附表　不同浓度全脂奶粉溶液的热导率测定值

| 浓度 $C$(质量分数)/% | 热导率测定值 $\lambda/[W/(m \cdot K)]$ | 浓度 $C$(质量分数)/% | 热导率测定值 $\lambda/[W/(m \cdot K)]$ |
| --- | --- | --- | --- |
| 0 | 0.625 | 30 | 0.475 |
| 10 | 0.580 | 40 | 0.450 |
| 20 | 0.537 | | |

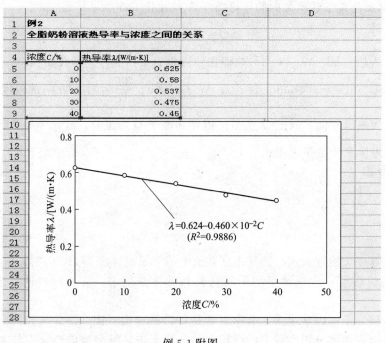

例 5-1 附图

## 5.2.2 平壁的稳态导热

### 5.2.2.1 单层平壁的稳态导热

对于 $y$、$z$ 方向无限长，$x$ 方向的厚度为 $\delta$ 的均匀平板，其材料的热导率为 $\lambda$，两壁面的温度分别维持为 $T_1$ 和 $T_2$，且 $T_1 > T_2$。因板内平行于壁面的平面都是等温面，导热只在 $x$ 方向发生，故这是典型的一维稳态热传导。

在板内 $x$ 处，以两等温面为界，划出厚度为 $\mathrm{d}x$ 的薄层，如图 5-2 所示，按傅里叶定律，通过薄层的热流密度 $q$（W/m²）：

$$q = -\lambda \frac{\mathrm{d}T}{\mathrm{d}x} \tag{5-7}$$

因是稳态导热，$q$ 是常量。分离变量后积分：

$$\int_0^\delta q\mathrm{d}x = -\int_{T_1}^{T_2} \lambda\mathrm{d}T$$

得

$$q = \frac{\lambda}{\delta}(T_1 - T_2) = \frac{\Delta T}{\delta/\lambda} \tag{5-8}$$

显然，$\delta/\lambda$ 就是单位面积的热阻。

对于面积为 $A$ 的平壁，热流量 $Q$ 为：

$$Q = qA = \Delta T \Big/ \left(\frac{\delta}{\lambda A}\right) \tag{5-9}$$

此时，热阻 $R = \dfrac{\delta}{\lambda A}$。

以上分析应用了稳态导热热流密度 $q$ 为常量的条件。因是稳态，各点温度不变，不容许热量在板内有积累，按能量守恒原理，进入的 $q$ 等于透过的 $q$。因此，上面不但应用了傅里叶

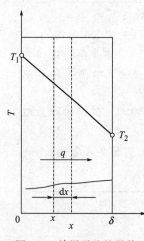

图 5-2 单层平壁的导热

定律，实质也应用了能量守恒定律。

### 5.2.2.2 多层平壁的稳态导热

多层平壁是指几层不同材质平板组成的平壁，例如烤箱、冰箱、冷库壁等都属于多层平壁。现以三层为例讨论多层平壁的导热。如图5-3所示，各层壁的厚度分别为 $\delta_1$、$\delta_2$、$\delta_3$，导热系数分别为 $\lambda_1$、$\lambda_2$、$\lambda_3$，两外侧平面的温度分别保持为 $T_1$ 和 $T_4$，并且 $T_1 > T_4$。两分界面的温度分别为 $T_2$ 和 $T_3$。当稳态导热时，通过各层的热流密度相等，则：

$$q = \frac{T_1 - T_2}{\delta_1/\lambda_1} = \frac{T_2 - T_3}{\delta_2/\lambda_2} = \frac{T_3 - T_4}{\delta_3/\lambda_3} \qquad (5\text{-}10)$$

应用合比定律，可得

$$q = \frac{T_1 - T_4}{\dfrac{\delta_1}{\lambda_1} + \dfrac{\delta_2}{\lambda_2} + \dfrac{\delta_3}{\lambda_3}} \qquad (5\text{-}11)$$

推论到 $n$ 层平壁，热流密度的公式为：

$$q = \frac{T_1 - T_{n+1}}{\displaystyle\sum_{i=1}^{n} \frac{\delta_i}{\lambda_i}} \qquad (5\text{-}12)$$

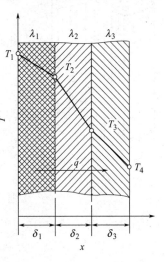

图 5-3　多层平壁的稳态导热

式中，$\displaystyle\sum_{i=1}^{n} \frac{\delta_i}{\lambda_i}$ 为单位面积各层平壁串联的总热阻。

若各层面积为 $A$，则热流量为：

$$Q = qA = \frac{T_1 - T_{n+1}}{\displaystyle\sum_{i=1}^{n} \frac{\delta_i}{\lambda_i A}} \qquad (5\text{-}13)$$

总热阻即为：

$$R = \sum_{i=1}^{n} R_i = \sum_{i=1}^{n} \frac{\delta_i}{\lambda_i A} \qquad (5\text{-}14)$$

由此可见，多层平板的总热阻为串联的各层热阻之和。由式(5-7) 可知，各层的温差分配正比于各层热阻的相对大小，某层热阻愈大，该层的温度降落也就愈大，这完全与电学中电阻串联情况相似。

## 5.2.3 圆管壁的稳态导热

圆管壁在食品厂中应用很多，例如各种热管道、换热器的管子和外壳等都是圆管形的。

### 5.2.3.1 单层圆管壁的稳态导热

如图5-4所示。设圆管长为 $L$，内壁半径为 $r_1$，外壁半径为 $r_2$，壁材料热导率为 $\lambda$。内、外壁表面的温度分别保持在 $T_1$、$T_2$ 不变，且 $T_1 > T_2$。假设 $L$ 远大于 $2r_2$，则温度只沿 $r$ 方向变化，故温度场是一维稳态的，等温面为与管壁同轴的圆柱面。

对圆管壁的稳态导热，通过各圆柱薄层保持常量的是热流量 $Q$，而不是热流密度 $q$，因为向外等温面面积逐渐增加，$q$ 逐渐减小。

取半径 $r$ 处厚度为 $\mathrm{d}r$ 的薄圆柱层，应用傅里叶定律：

$$Q = -\lambda A \frac{\mathrm{d}T}{\mathrm{d}r} = -\lambda 2\pi r L \frac{\mathrm{d}T}{\mathrm{d}r}$$

分离变量后积分，得

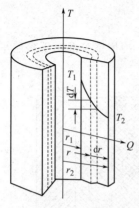

图 5-4 单层圆管壁
的稳态导热

$$\frac{Q}{2\pi L}\int_{r_1}^{r_2}\frac{\mathrm{d}r}{r}=-\lambda\int_{T_1}^{T_2}\mathrm{d}T$$

$$Q=\frac{2\pi\lambda L}{\ln\dfrac{r_2}{r_1}}(T_1-T_2) \tag{5-15}$$

此时，热阻为：

$$R=\frac{\ln\dfrac{r_2}{r_1}}{2\pi L\lambda} \tag{5-16}$$

若 $T_1<T_2$，由式（5-15）可知 $Q<0$，表明热流方向是由外向内的。

令

$$r_\mathrm{m}=\frac{r_2-r_1}{\ln\dfrac{r_2}{r_1}} \tag{5-17}$$

则

$$\ln\frac{r_2}{r_1}=\frac{r_2-r_1}{r_\mathrm{m}} \tag{5-18}$$

将式（5-18）代入式（5-15）得

$$Q=\frac{2\pi r_\mathrm{m}L}{\delta/\lambda}(T_1-T_2) \tag{5-19}$$

再令

$$A_\mathrm{m}=2\pi r_\mathrm{m}L \tag{5-20}$$

则式（5-19）可变为

$$Q=\frac{\Delta T}{\dfrac{\delta}{\lambda A_\mathrm{m}}} \tag{5-21}$$

前几式中，$r_\mathrm{m}$ 称为对数平均半径，$A_\mathrm{m}$ 称为对数平均面积。将式（5-21）与式（5-9）对比，可见，引出圆管壁的对数平均面积 $A_\mathrm{m}$ 的概念，它的稳态导热公式就与平壁的相同。

工业上经常遇到薄壁圆管的热传导。罐头的筒壁为薄壁，管道和容器也可视为薄壁。为简化计算，在管的内外径之比大于 0.5 时，可用内外半径的算术平均值代替对数平均值，其误差可忽略不计。

### 5.2.3.2  多层圆管壁的稳态导热

以三层圆管壁为例，其横断面如图 5-5 所示，当稳定导热时，通过各层的热流量 $Q$ 相等。

$$Q=2\pi L\,\frac{T_1-T_2}{\left(\ln\dfrac{r_2}{r_1}\right)/\lambda_1}=2\pi L\,\frac{T_2-T_3}{\left(\ln\dfrac{r_3}{r_2}\right)/\lambda_2}$$

$$=2\pi L\,\frac{T_3-T_4}{\left(\ln\dfrac{r_4}{r_3}\right)/\lambda_3} \tag{5-22}$$

由加比定律，得

$$Q=\frac{2\pi L(T_1-T_4)}{\dfrac{1}{\lambda_1}\ln\dfrac{r_2}{r_1}+\dfrac{1}{\lambda_2}\ln\dfrac{r_3}{r_2}+\dfrac{1}{\lambda_3}\ln\dfrac{r_4}{r_3}} \tag{5-23}$$

依次推得 $n$ 层圆管壁的公式为：

$$Q=\frac{2\pi L(T_1-T_{n+1})}{\displaystyle\sum_{i=1}^{n}\frac{1}{\lambda_i}\ln\frac{r_{i+1}}{r_i}} \tag{5-24}$$

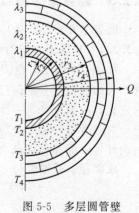

图 5-5  多层圆管壁
的稳态导热

如按前述方法定义各层对数平均面积 $A_{mi}$：

$$A_{mi} = 2\pi L \frac{r_{i+1} - r_i}{\ln \dfrac{r_{i+1}}{r_i}} \tag{5-25}$$

则式(5-24)可改写成：

$$Q = \frac{T_1 - T_{n+1}}{\displaystyle\sum_{i=1}^{n} \frac{\delta_i}{\lambda_i A_{mi}}} \tag{5-26}$$

**【例 5-2】** 用 $\phi 89mm \times 4mm$ 的不锈钢管输送热油，管的热导率为 $17W/(m \cdot K)$，其内表面温度为 $130℃$，管外包 $4cm$ 厚的保温材料，其热导率为 $0.035W/(m \cdot K)$，其外表面温度为 $25℃$，试计算钢管与保温材料交界处的温度。

**解：** 已知：$r_1 = 0.0405m$，$r_2 = 0.0445m$，$r_3 = 0.0845m$，$\lambda_1 = 17W/(m \cdot K)$，$\lambda_2 = 0.035W/(m \cdot K)$，$T_1 = 130℃$，$T_3 = 25℃$。由式(5-24)，设 $L = 1m$，则：

$$Q = \frac{2\pi L(T_1 - T_3)}{\dfrac{1}{\lambda_1}\ln\dfrac{r_2}{r_1} + \dfrac{1}{\lambda_2}\ln\dfrac{r_3}{r_2}} = \frac{2 \times 3.14 \times 1 \times (130 - 25)}{\dfrac{1}{17}\ln\dfrac{0.0455}{0.0405} + \dfrac{1}{0.035}\ln\dfrac{0.0845}{0.0455}} = 37.27W$$

由式(5-22)，有

$$T_2 = T_1 - \frac{Q\ln\dfrac{r_2}{r_1}}{2\pi L \lambda_1} = \frac{36.0 \times \ln\dfrac{0.0455}{0.0405}}{2 \times 3.14 \times 1 \times 17} = 129.96℃$$

由计算结果可知，钢管和保温层交界处的温度与管内温度相差很小，显然是因为钢的热导率较大的缘故，如无保温层，将会有较大的热损失。

**【例 5-3】** 如附图所示，空心球的内半径和外半径分别为 $r_i$、$r_a$，内表面和外表面的温度分别为 $T_1$、$T_2$，求空心球壁的热流量。

**解：** 在任意半径 $r$ 上，断面积为 $A = 4\pi r^2$，通过此面的热流量 $Q$ 可用下式计算：

$$Q = -\lambda \frac{dT}{dr} 4\pi r^2 = 常数$$

对上式积分，可得

$$\int_{T_1}^{T_2} dT = -\frac{Q}{4\pi\lambda} \int_{r_i}^{r_a} \frac{dr}{r^2}$$

$$T_1 - T_2 = \frac{Q}{4\pi\lambda}\left(\frac{1}{r_i} - \frac{1}{r_a}\right)$$

所以，$Q = \dfrac{4\pi\lambda}{\dfrac{1}{r_i} - \dfrac{1}{r_a}}(T_1 - T_2) = \dfrac{4\pi r_i r_a \lambda}{r_a - r_i}(T_1 - T_2)$

再令 $\delta = r_a - r_i$，$r_m^2 = r_a r_i$，$A_m = 4\pi r_m^2$，则上式同样可以写成温度差/热阻的形式：

$$Q = \frac{\Delta T}{\dfrac{\delta}{\lambda A_m}}$$

式中，$r_m$ 称为几何平均半径，$A_m$ 称为几何平均面积。

对平壁（平板）和圆管壁来说，由式(5-9)和式(5-15)可知，当导热层厚度趋于 $\infty$ 时，热流量 $Q$ 接近于 0。但是对于空心球壁，即使导热层厚度趋于 $\infty$，$Q$

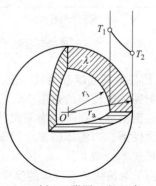

例 5-3 附图　空心球
的稳态热导

的减少也有一个极限。根据上式：

$$r_a \to \infty, \quad Q = 4\pi r_i \lambda (T_1 - T_2)$$

因此，对平壁和圆管壁进行保温处理时，只要增加保温层到足够的厚度，就可以使热量损失减少到 0。但是对于空心球壁，无论保温层多厚，也不能使热量损失降低到极限以下。

# 5.3　对流传热

对流传热是在流体流动过程中发生的热量传递现象。它是依靠流体质点的移动进行热量传递的，故与流体的流动情况密切相关。工业上遇到的对流传热，常指间壁式换热器中两侧流体与固体壁面间的热交换，亦即流体将热量传给固体壁面或者由壁面将热量传给流体的过程称为对流传热。

## 5.3.1　对流传热过程的数学描述

若热流体与冷流体分别沿间壁两侧平行流动，则两流体的传热方向垂直于流动方向。如图 5-6 所示，在垂直于流动方向的某一截面 A—A 上，从热流体到冷流体的温度分布用粗实线表示。若两侧流体为湍流流动，热流体一侧的湍流主体的温度经过渡区、层流底层降至壁面温度 $T_{wH}$，而冷流体一侧壁面温度 $T_{wL}$ 经层流底层、过渡区降至冷流体湍流主体温度。

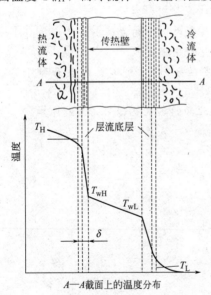

图 5-6　对流传热的温度分布

当流体为湍流流动时，不管湍流主体的湍流程度有多大，紧靠壁面处总有一薄层流体沿着壁面作层流流动，称为层流底层。在层流底层中，热量传递主要以热传导方式进行，其方向垂直于流体流动方向。又由于大多数流体的导热系数较小，该层热阻较大，从而温度梯度也较大。在层流底层与湍流之间有一过渡区，过渡区内的热量传递是热传导与对流的共同作用。而湍流主体中，由于流体质点的剧烈运动，各部分的动量与热量传递充分，其传热阻力很小，因而温度梯度较小。总之，流体与固体壁面之间的对流传热过程，其热阻主要集中在层流底层中。

流体对壁面的对流传热推动力，热流体一侧，应该是该截面上湍流主体最高温度与壁面温度 $T_{wH}$ 的温度差；而冷流体一侧，则应该是壁面温度 $T_{wL}$ 与湍流主体最低温度的温度差。但由于流动截面上的湍流主体的最高温度和最低温度不易测定，所以工程上通常用该截面处流体平均温度（热流体 $T_H$，冷流体为 $T_L$）代替最高温度和最低温度。这种处理方法就是假设把过渡区和湍流主体的传热阻力全部叠加到层流底层的热阻中，在靠近壁面构成一层厚度为 δ 的流体膜，称为有效膜。假设膜内为层流流动，而膜外为湍流，即把所有热阻都集中在有效膜中。这一模型称为对流传热的膜理论模型。当流体的湍动程度增大，则有效膜厚度 δ 会变薄，在相同的温度差条件下，对流传热速率会增大。

由于对流传热与流体的流动情况、流体性质、对流状态及传热面的形状等有关，其影响因素较多，有效膜厚度 δ 难以测定，所以用 $h$ 代替单层壁传热速率方程 $dQ = \dfrac{\lambda}{\delta} dA \Delta T$ 中的 $\dfrac{\lambda}{\delta}$，得

$$dQ = h dA \Delta T = \frac{\Delta T}{\dfrac{1}{h dA}} \qquad (5\text{-}27)$$

式中，$dQ$ 为相对于微元面 $dA$ 的热流量，W；$dA$ 为微元传热面积，$m^2$；$\Delta T$ 为对流传热温度差，K，对于热流体 $\Delta T = T_H - T_{wH}$，对于冷流体 $\Delta T = T_{wL} - T_L$；$h$ 为局部对流传热系数（heattransfer coefficient），$W/(m^2 \cdot K)$。

此式称为对流传热速率方程，也称为牛顿冷却定律（Newton's cooling law）。

对流传热速率方程是将复杂的对流传热过程的热流量与推动力和热阻的关系，用一简单的关系式(5-27)表达出来。但如何求得各种具体传热条件下的传热系数 $h$，成为解决对流传热问题的关键。这里还应指出，间壁两侧流体沿壁面流动过程中的传热，流体从进口到出口，温度是变化的，或是升高或是降低。由于不同流动截面上的流体温度不同，传热系数的大小也就不同。因此，在间壁换热器的计算中，需要求出沿传热管长度方向上的平均传热系数，代替式(5-27)中的局部对流传热系数，用管长上的平均温差代替局部温差。

对流传热速率方程是对流传热计算中的重要方程之一，下面举例初步说明其用途。

**【例 5-4】** 有一换热器，水在管径为 $\phi 25mm \times 2.5mm$、管长为 2m 的管内，从 30℃ 被加热到 50℃。平均对流传热系数 $h = 2000 W/(m^2 \cdot K)$，传热量 $Q = 2500W$，试求管内壁平均温度 $T_w$。

**解：** 管内径 $d = 0.02m$，管长 $L = 2m$，管内表面即传热面积 $A = \pi dL = \pi \times 0.02 \times 2 = 0.126 m^2$

水的温度：进口 $T_1 = 30℃$，出口 $T_2 = 50℃$，平均温度 $T = \dfrac{30 + 50}{2} = 40℃$。

已知 $h = 2000 W/(m^2 \cdot K)$，$Q = 2500W$，代入对流传热速率方程 $Q = hA(T_w - T)$，则

$$2500 = 2000 \times 0.126 \times (T_w - T)$$

求得 $T_w = 49.9℃$。

## 5.3.2 影响对流传热系数的因素

实验表明，影响对流传热系数 $h$ 的因素有以下几方面。

(1) **流体的物理性质** 有密度 $\rho$，$kg/m$；比热容 $c_p$，$J/(kg \cdot K)$；热导率 $\lambda$，$W/(m \cdot K)$；黏度 $\mu$，$Pa \cdot s$；体积膨胀系数 $\beta$，$K^{-1}$ 等。物性因流体的相态（液态和气态）、温度及压力而变化。

(2) **流体对流起因** 有强制对流和自然对流两种。强制对流是流体在泵、风机或流体压头等作用下产生的流动，其流速 $u$ 的改变对 $h$ 有较大影响。自然对流是流体内部冷（温度 $T_1$）、热（温度 $T_2$）各部分的密度 $\rho$ 不同所产生的浮力作用而引起的流动。因 $T_2 > T_1$，所以 $\rho_2 < \rho_1$。若流体的体积膨胀系数为 $\beta$，则 $\rho_1$ 与 $\rho_2$ 的关系为 $\rho_1 = \rho_2 (1 + \beta \Delta T)$，$\Delta T = T_2 - T_1$。于是在重力场内，单位体积流体由于密度不同所产生的浮升力为

$$(\rho_1 - \rho_2)g = \rho_2 g \beta \Delta T$$

通常，强制对流的流速比自然对流的高，因而 $h$ 值也高。如空气自然对流的 $h$ 值约为 $5 \sim 25 W/(m^2 \cdot K)$，而强制对流的 $h$ 值可高达 $10 \sim 250 W/(m^2 \cdot K)$。

(3) **流体流动状态** 当流体为湍流流动时，湍流主体中流体质点呈混杂运动，热量传递充分，且随着 $Re$ 增大，靠近固体壁面的有效层流膜厚度变薄，$h$ 值增大。当流体为层流流动时，流体中无混杂的质点运动，$h$ 值较湍流时的小。

(4) **流体的相态变化** 上述诸影响因素是针对无相变化的单介质而言的。在传热过程

中，有相变化时，如蒸气在冷壁面上冷凝，以及液体在热壁面上沸腾，其 $h$ 值比无相变时的大很多。因为相变时液体吸收汽化热 $r$(J/kg) 变为蒸气，或蒸气放出汽化热变为液体。对于同一液体，其 $r$ 比 $c_p$ 大得多，所以相变时的 $h$ 值比无相变时的大。

（5）传热面的形状、相对位置与尺寸　形状有圆管、翅片管、管束、平板、螺旋板等；传热面有水平放置、垂直放置以及管内流动、管外沿轴向流动或垂直于轴向流动等；传热面尺寸有管内径、管外径、管长、平板的宽与长等。通常把对流流动和传热有决定性影响的尺寸，称为特性尺寸，在 $h$ 计算式中都有说明。

由上述分析可见，影响对流传热的因素很多，故传热系数的确是一个极为复杂的问题。各种情况下的对流传热膜系数尚不能推导出理论计算式，需用实验测定。为了减少实验工作量，实验前用量纲（或称因次）分析法将影响对流传热膜系数的诸因素组成若干个量纲为 1 的数群，再借助实验确定这些数群（或称相似特征数）在不同情况下的相互关系，得到不同情况下计算 $h$ 的关联式。

### 5.3.3　对流传热过程的量纲分析

在描述某个物理现象的基本方程求解困难，或者这些基本方程本身还没有建立起来的情况下，反映该现象的各物理量之间的关系就要通过实验来建立。然而，对这些相关的物理量进行量纲分析，可得到若干个量纲为 1 的特征数（物理量的组合）。用这些特征数来整理实验数据，能够建立特征数之间的关系式。虽然此特征数的关系式是经验公式，但只要在特征数的实验范围内，即使物理量的大小不同，特征数的关系式同样成立。实际上，对流传热系数经常采用以此方法建立起来的经验公式进行计算。

选择影响现象的物理量是量纲分析的关键，选择过多或不足都会造成错误。这就要求我们具备一定的理论知识，或者通过仔细的考察来了解现象，从而选出合适的物理量。

对无相变的对流传热，各主要因素对传热系数 $h$ 的影响可用下式表示：

$$h = f(u, L, \mu, \lambda, \rho, c_p, \beta g \Delta T) \tag{5-28}$$

在式(5-28)中，8 个物理量涉及几个基本量纲：质量 M、长度 L、时间 t、温度 T。

8 个物理量及其量纲为：$h$——传热系数，$Mt^{-3}T^{-1}$；$u$——流速，$Lt^{-1}$；$L$——定性尺寸，L；$\mu$——黏度，$MLt^{-1}$；$\lambda$——热导率，$MLt^{-3}T^{-1}$；$\rho$——密度；$ML^{-3}$；$c_p$——定压比热容，$L^2t^{-2}T^{-1}$；$\beta g \Delta T$——单位质量流体上升力，$Lt^{-2}$。

假定表明 $h$ 与各参量关系的式(5-28)可写成下列原则方程：

$$h = cu^a L^b \mu^c \lambda^d \rho^e c_p^f (\beta g \Delta T)^g \tag{5-29}$$

按量纲分析法，列出式(5-29)的量纲式：

$$Mt^{-3}T^{-1} = [Lt^{-1}]^a L^b [ML^{-1}t^{-1}]^c [MLt^{-3}T^{-1}]^d [ML^{-3}]^e [L^2t^{-2}T^{-1}]^f [Lt^{-2}]^g$$

根据物理方程量纲一致性原则，可得

对质量 M　　　　　　$1 = c + d + e$

对长度 L　　　　　　$0 = a + b - c + d - 3e + 2f + g$

对时间 t　　　　　　$-3 = -a - c - 3d - 2f - 2g$

对温度 T　　　　　　$-1 = -d - f$

这 4 个方程，有 7 个量纲未知数，现指定其中 3 个 $a$、$f$、$g$ 已知，则

$$d = 1 - f, \quad c = -a + f - 2g, \quad e = a + 2g, \quad b = a + 3g - 1$$

将这些量纲代入式(5-29)中，按 $\pi$ 定理，可整理成 $8-4 = 4$ 个量纲为 1 的特征数的关系式：

$$\frac{hL}{\lambda} = C \left( \frac{Lu\rho}{\mu} \right)^a \left( \frac{c_p \mu}{\lambda} \right)^f \left( \frac{\beta g \Delta T L^3 \rho^2}{\mu^2} \right)^g \tag{5-30}$$

$$Nu = CRe^a Pr^f Gr^g \tag{5-31}$$

式(5-30)为表明各因素对 $h$ 影响的特征数关系式，式中各量纲为 1 的特征数的名称和符号、准则式及意义见表 5-1。

表 5-1　特征数的名称和意义

| 特征数名称 | 符号 | 准则式 | 意义 |
|---|---|---|---|
| 努塞尔特数<br>（Nusselt number） | $Nu$ | $Nu = \dfrac{hL}{\lambda}$ | 含特定传热系数 |
| 雷诺数<br>（Reynold number） | $Re$ | $Re = \dfrac{Lu\rho}{\mu}$ | 表征流动状态的影响 |
| 普兰特数<br>（Prandt number） | $Pr$ | $Pr = \dfrac{c_p \mu}{\lambda}$ | 表示物性影响 |
| 格拉晓夫数<br>（Grashof number） | $Gr$ | $Gr = \dfrac{\beta g \Delta T L^3 \, \rho^2}{\mu^2}$ | 表示自然对流的影响 |

关于各种条件下式(5-31)所示的特征数关系式的具体形式，应由实验求得。每一具体的特征数关系式都有其使用范围、定性尺寸和定性温度的规定。下面分流体无相变和有相变两种情形择要介绍。

## 5.3.4　无相变流体的对流传热

### 5.3.4.1　自然对流传热

当流体与热表面接触，流体内产生密度差，就会引起自然对流（natural convection，free convection）。较高温度部分的密度较低，产生浮力，结果较热流体上升，较冷流体补位，形成对流。

自然对流情况下的传热系数与反映流体物性的普兰特数 $Pr$ 及影响自然对流传热的格拉晓夫数 $Gr$ 有关，其实验方程为

$$Nu = a(Pr Gr)^m \tag{5-32}$$

式中，$a$、$m$ 为经验常数，一些情况下常数 $a$ 和 $m$ 值见表 5-2。

式(5-32)中物性参数的定性温度 $T_f = \dfrac{T_b + T_w}{2}$。

定性尺寸 $L$：平壁为壁长，圆管为直径。

式(5-32)较适用于较大空间自然对流的情况，此时流体对流运动不受外界干扰。而在有限空间内，流体自然对流受空间壁面影响，将变得更加复杂。

表 5-2　自然对流传热经验常数 $a$ 和 $m$ 值

| 类型 | $GrPr$ | $a$ | $m$ | 类型 | $GrPr$ | $a$ | $m$ |
|---|---|---|---|---|---|---|---|
| 竖直平面<br>（高度 $L<1m$） | $<10^4$ | 1.36 | 1/5 | 水平圆管<br>（直径 $L<20cm$） | $10^4 < GrPr < 10^8$ | 0.53 | 1/4 |
| | $10^4 < GrPr < 10^9$ | 0.59 | 1/4 | | $>10^8$ | 0.13 | 1/3 |
| | $>10^9$ | 0.10 | 1/3 | 水平平壁 | $10^5 < GrPr < 2 \times 10^7$<br>（面向上） | 0.54 | 1/4 |
| 水平圆管<br>（直径 $L<20cm$） | $<10^{-5}$ | 0.49 | 0 | | $2 \times 10^7 < GrPr < 3 \times 10^{10}$<br>（面向上） | 0.14 | 1/3 |
| | $10^{-5} < GrPr < 10^{-3}$ | 0.71 | 1/25 | | $3 \times 10^7 < GrPr < 3 \times 10^{10}$<br>（面向下） | 0.27 | 1/4 |
| | $10^{-3} < GrPr < 1$ | 1.09 | 1/10 | | | | |
| | $1 < GrPr < 10^4$ | 1.09 | 1/5 | | | | |

现举一例说明式(5-32)的应用。

【例 5-5】　一管径为 10cm 的蒸汽管道，其管外壁面暴露在大气中，管外壁表面温度为 130℃，空气温度为 30℃，计算自然对流表面的传热系数。

解：此问题属于大空间自然对流，为了确定物性参数，需计算定性温度 $T_f$。

$$T_f = (130 + 30)/2 = 80℃$$

据此 $T_f$ 查出空气 $\rho = 1.000 \text{kg/m}^3$；$\lambda = 0.0305 \text{W/}(\text{m·K})$；$\mu = 2.11 \times 10^{-5} \text{Pa·s}$；$Pr = 0.70$。

而
$$\beta = \frac{dV}{VdT} = \frac{1}{V} \times \frac{nR}{p} = \frac{1}{T} = \frac{1}{273+80} = 2.83 \times 10^{-3} \text{K}^{-1}$$

$$Gr = \frac{\beta g \Delta T L^3 \rho^2}{\mu^2} = \frac{2.83 \times 10^{-3} \times 9.81 \times (130-30) \times 0.1^3 \times 1.000^2}{(2.11 \times 10^{-5})^2} = 6.24 \times 10^6$$

故
$$GrPr = 6.24 \times 10^6 \times 0.70 = 4.37 \times 10^6$$

由表 5-2 查得：$a=0.53$，$m=1/4$。按式（5-32）有：

$$Nu = \frac{hL}{\lambda} = 0.53 \times (4.37 \times 10^6)^{1/4} = 24.2$$

$$h = \frac{Nu\lambda}{L} = \frac{24.2 \times 0.0305}{0.1} = 7.38 \text{W/(m}^2 \cdot \text{K)}$$

### 5.3.4.2 强制对流传热

流体强制对流（forced convection）的发生是由于外界机械能的加入，如泵、风机和搅拌器等的作用迫使流体对流运动。一般流体强制对流时，也存在自然对流。只是流速较大时，自然对流的影响相对很小，可忽略不计。这样，在求 $h$ 值时，准则方程中一般不出现反映自然对流影响的格拉晓夫数 $Gr$，或者说此时式（5-31）中的指数 $g=0$。

流体强制对流的 $h$ 值，受流体形态影响较大。

（1）流体在圆形直管内呈层流流动　当管径较小，流体与壁温间温差不大，流体的 $\frac{\mu}{\rho}$ 值较大，即 $Gr < 25000$ 时，自然对流的影响可以忽略。此时，可采用下述特征数关系式，即

$$Nu = 1.86 \left( RePr \frac{d}{l} \right)^{\frac{1}{3}} \left( \frac{\mu}{\mu_w} \right)^{0.14} \quad (5-33)$$

式中，$l$ 为管长；$d$ 为管内径。除 $\mu_w$ 是壁温下流体的黏度外，其他物性参数的定性温度是流体的平均温度。

式（5-33）的应用范围：$Re < 2300$，$0.6 < Pr < 6700$，$\left( PrRe \frac{d}{l} \right) > 10$。

当 $Gr > 25000$ 时，可先按式（5-33）计算，然后再乘以校正系数 $f$。$f$ 的计算式为

$$f = 0.8(1 + 0.015Gr^{\frac{1}{3}}) \quad (5-34)$$

**【例 5-6】**　水以 0.02kg/s 的流量通过一个水平管道，管道内表面温度为 90℃，若在此过程中把水由 20℃ 加热到 60℃，试计算此情况下的表面换热系数。管内径为 0.025m，管长为 1m。

**解：**定性温度 $T_f = (20+60)/2 = 40℃$

在定性温度下，水的物性参数为：$\rho = 992.2 \text{kg/m}^3$，$c_p = 4175 \text{J/(kg} \cdot \text{K)}$，$\lambda = 0.633 \text{W/(m}^2 \cdot \text{K)}$，$\mu = 6.58 \times 10^{-4} \text{Pa} \cdot \text{s}$，$Pr = 4.3$。又已知 $q_m = 0.02 \text{kg/s}$。

由 $q_m = Au\rho$，$u = \frac{q_m}{A\rho} = \frac{4q_m}{\pi d^2 \rho}$

则 $Re = \frac{du\rho}{\mu} = \frac{4q_m}{\pi d\mu} = \frac{4 \times 0.02}{3.14 \times 0.025 \times 6.58 \times 10^{-4}} = 1548$

因 $Re < 2300$，故水在管内呈层流流动。

又 $PrRe \frac{d}{l} = 4.3 \times 1548 \times \frac{0.025}{1} = 167 > 10$

选用式（5-33），壁温 90℃ 时水的黏度 $\mu_w = 3.09 \times 10^{-4} \text{Pa} \cdot \text{s}$

$$Nu = \frac{hL}{\lambda} = 1.86 \times 167^{\frac{1}{3}} \times \left( \frac{6.58}{3.09} \right)^{0.14} = 11.4$$

$$h = \frac{Nu\lambda}{L} = \frac{11.4 \times 0.633}{0.025} = 288 \text{W/(m}^2 \cdot \text{K)}$$

（2）流体在圆形直管内呈湍流流动

① 低黏度流体（黏度不超过同温下水黏度的 2 倍）

$$Nu=0.023Re^{0.8}Pr^n \tag{5-35a}$$

流体被加热时，$n=0.4$；流体被冷却时，$n=0.3$。

应用范围：$Re>10^4$，$0.6<Pr<160$，$\dfrac{l}{d}>50$。

② 高黏度流体

$$Nu=0.027Re^{0.8}Pr^{0.33}\left(\frac{\mu}{\mu_{\mathrm{w}}}\right)^{0.14} \tag{5-35b}$$

流体被加热时，$\left(\dfrac{\mu}{\mu_{\mathrm{w}}}\right)^{0.14}=1.05$；流体被冷却时，$\left(\dfrac{\mu}{\mu_{\mathrm{w}}}\right)^{0.14}=0.95$。

应用范围：$Re>10^4$，$0.7<Pr<16700$，$\dfrac{l}{d}>60$。

式（5-35a）、式（5-35b）中，各物性参数的定性温度与层流时相同。

（3）流体在圆形直管内呈过渡流流动 对于 $2300<Re<10^4$ 的过渡流，传热系数可先用湍流时的公式计算，然后再乘以小于 1 的校正系数 $\varphi$，$\varphi$ 的计算式为 $\varphi=1-\dfrac{6\times10^5}{Re^{1.8}}$。

对于流体在圆形弯管内流动中的传热系数，一般先按直管的经验式计算，再乘以大于 1 的校正系数。校正系数的计算式，请读者参考相关书籍。

（4）管外对流

① 单管 流体垂直流过单根圆管外壁的传热，在圆管前半周和后半周有很大差异。在前半周，因层流边界层逐渐发展变厚，传热系数 $h$ 逐渐降低；而在后半周，因层流边界层逐渐变为湍流边界层，又发生边界层分离，$h$ 又逐渐提高。其流动情况及 $h$ 变化情况如图 5-7 所示。流体垂直流过单管的平均对流传热的准则方程为

当 $Re=10\sim10^3$ 时 $\quad Nu=0.5Re^{0.5}Pr^{0.38}\left(\dfrac{Pr}{Pr_{\mathrm{w}}}\right)^{0.25} \tag{5-36}$

当 $Re=10^3\sim2\times10^5$ 时 $\quad Nu=0.25Re^{0.6}Pr^{0.38}\left(\dfrac{Pr}{Pr_{\mathrm{w}}}\right)^{0.25} \tag{5-37}$

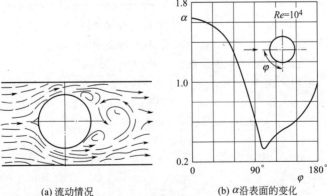

(a) 流动情况　　　　　(b) $\alpha$ 沿表面的变化

图 5-7　流体垂直流过管外的对流传热

上两式中，$Pr_{\mathrm{w}}$ 为壁温时流体的普兰特数 $Pr$，其余流体性质的定性温度为流体主流平均温度，定性尺寸为管外径，流速采用流道最窄处的流速。

② 管束 管束由直径相同的圆管组成，它是换热器中常见的构建形式。常见的管束排列形式有两种，即顺排和错排，如图 5-8 所示。

在这两种排列形式中，流体的流动都较为复杂，因为这时管子的相对几何位置及其构成的流通截面影响流体的流动情况，从而影响对流传热。

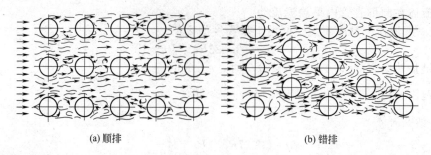

|          (a) 顺排                                   (b) 错排          |

图 5-8　管束的排列

　　一般认为,第一排管子的对流换热类似于单管。第二排管子的正面受第一排管子后部旋涡的影响,它的传热将强于第一排,第三排又强于第二排,第三排以后流体流动扰动情况逐渐变弱,流动逐渐变稳定。实验证明,就平均传热系数而言,管束的排数等于或大于 10 时,排数才没有影响。

　　因此,和单管比起来,管束的对流传热准则方程中应包含反映排数的因素 $\varepsilon$。其准则方程为

$$Nu = c\varepsilon Re^n Pr^{0.33}\left(\frac{Pr}{Pr_w}\right)^{0.25} \tag{5-38}$$

　　式中,$c$ 和 $n$ 两常数与排列方式有关。顺排(垂直流动方向的正方形)时,$c=0.28$,$n=0.65$。错排(正三角形)时,$c=0.41$,$n=0.60$。管束排列校正因素 $\varepsilon$ 可从表 5-3 中查得。式(5-38)的适用范围为 $Re=10^3\sim10^5$。定性尺寸取圆管的外直径,流速取流道最窄处的速度。定性温度为流体平均温度。如管子横向与纵向距离不等,可查阅有关文献校正。

表 5-3　$\varepsilon$ 值

| 管束排数 | 1 | 2 | 3 | 4 | 5 | 6 | 7 | 8 | 9 | 10 |
|---|---|---|---|---|---|---|---|---|---|---|
| 顺排 | 0.64 | 0.80 | 0.87 | 0.90 | 0.92 | 0.94 | 0.98 | 0.98 | 0.99 | 1.00 |
| 错排 | 0.68 | 0.75 | 0.83 | 0.89 | 0.92 | 0.95 | 0.97 | 0.98 | 0.99 | 1.00 |

　　【例 5-7】　空气横向掠过错排预热器管束,管束排数为 5,管子外径为 38mm,空气在流道最窄处的平均流速为 8m/s,空气平均温度为 60℃,管壁外表面温度为 120℃,试计算空气流过时的传热系数。

　　解：空气的平均温度为 60℃,据此查得物性参数为：$\lambda=0.029\text{W}/(\text{m}\cdot\text{K})$,$\mu=20.1\times10^{-6}\text{Pa}\cdot\text{s}$,$\rho=1.060\text{kg/m}^3$,$Pr=0.696$;当 $T_w=120℃$ 时,$Pr_w=0.686$。

$$Re = \frac{du\rho}{\mu} = \frac{0.308\times8\times1.060}{20.1\times10^{-6}} = 1.30\times10^4$$

　　又 $c=0.41$,$n=0.60$,从表 5-3 查得 $\varepsilon=0.92$,故

$$Nu = 0.41\times0.92\times(1.30\times10^4)^{0.60}\times(0.696)^{0.33}\times\left(\frac{0.696}{0.686}\right)^{0.25} = 98.8$$

$$h = \frac{Nu\lambda}{L} = \frac{98.8\times0.029}{0.038} = 75.4\text{W}/(\text{m}^2\cdot\text{K})$$

　　(5) 波纹板壁间对流　食品工业中近年使用片式换热器的场合愈来愈多,其中尤以波纹板的应用最为普遍。波纹板换热器是由平板换热器不断改进而来的,由于流体在波纹板间流动时扰动增强,因此可提高传热效率。对一些波纹板间传热,推荐采用下式计算：

$$Nu = f(Re)Pr^{0.43}\left(\frac{Pr}{Pr_w}\right)^{0.25} \tag{5-39}$$

上式中 $f(Re)$ 值可查有关手册，其它各物性参数所采用的定性温度为流体平均温度，定性尺寸为波纹板间流道的当量直径。

### 5.3.5 有相变的对流传热

#### 5.3.5.1 液体沸腾传热

液体与高温壁面接触被加热汽化，并产生气泡的过程称为液体沸腾。因在加热面上气泡不断生成、长大和脱离，故造成对壁面附近流体的强烈扰动。

（1）液体沸腾分类

① 大容积沸腾　大容积沸腾是指加热面被沉浸在无强制对流的液体内部所产生的沸腾。这种情况下气泡脱离表面后能自由升浮，液体的运动只由自然对流和气泡扰动引起。

② 管内沸腾　当液体在压差作用下以一定的流速流过加热管（或其它截面形状通道）内部时，在管内表面发生的沸腾称为管内沸腾，又称为强制对流沸腾。这种情况下管壁上所产生的气泡不能自由上浮，而是被迫与液体一起流动，造成"气-液"两相流动。因此，与大容积沸腾相比，其机理更为复杂。

③ 过冷沸腾　如果液体主体温度低于饱和温度，加热面上的温度已超过饱和温度，在加热面上也会产生气泡，发生沸腾现象，但气泡脱离壁面后在液体内又重新冷凝消失，这种沸腾称为过冷沸腾。

④ 饱和沸腾　如果液体的主体温度达到饱和温度，从加热面上产生的气泡不再重新冷凝的沸腾称为饱和沸腾。

本节只讨论大容积中的饱和沸腾。

（2）液体沸腾机理

① 气泡生成条件　沸腾传热的主要特征是液体内部有气泡产生。气泡首先在加热面的个别点上产生，然后气泡不断长大，到一定尺寸后便脱离加热表面。现考察一个存在于沸腾液体内部，半径为 $R$ 的气泡，如图5-9所示。若气泡在液体中能平衡存在，必须同时满足力和热的平衡。根据力平衡条件，气泡内蒸气的压强和气泡外液体的压强之差应与作用在"气-液"界面上的表面张力呈平衡。即

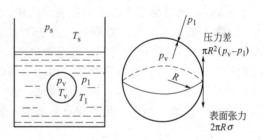

图5-9　蒸气泡的力平衡

$$\pi R^2 (p_v - p_1) = 2\pi R \sigma \tag{5-40a}$$

或

$$p_v - p_1 = \frac{2\sigma}{R} \tag{5-40b}$$

式中，$p_v$ 为蒸气泡内的蒸气压力，$N/m^2$；$p_1$ 为气泡外的蒸气压力，$N/m^2$；$\sigma$ 为气、液界面上的表面张力，$N/m$。

上式表明，由于表面张力作用，气泡内的压强大于其周围液体的压强。气泡与其周围液体的热平衡条件是二者等温，即 $T_v = T_1$。

然而，气泡不仅能存在于液相，而且继续长大。一般认为气泡长大是个准平衡过程。已经知道，液体饱和蒸气压与温度是一一对应的，因 $p_v$ 大于 $p_1$，所以饱和温度 $T_s(p_v)$ 大于 $T_1(p_1)$。气泡继续长大表明气泡周围液体的温度是 $T_s(p_v)$ 时产生的蒸气才得以进入气泡，即气泡周围的液体必为过热液体，$T_1 = T_s(p_v) = T_v$。令 $\Delta T = T_1 - T_s(p_1)$ 为液体的过热度，液体具有足够的过热度便成为气泡长大的必要条件。图5-10是水在1atm外界大气压下沸腾时水温随着与加热面的距离的变化而变化的实测曲线，由图可见，水在加热面处过热度最大。

以下把 $T_s(p_1)$ 直接写成 $T_s$，则式（5-40b）可写成

$$p_v - p_1 = p(T_s + \Delta T) - p(T_s) = \frac{2\sigma}{R} \tag{5-40c}$$

式(5-40c)的左边应用级数展开，略去高阶无穷小，得

$$p'\Delta T = \frac{2\sigma}{R} \tag{5-40d}$$

式中，$p'$是饱和蒸气压对温度的导数，根据克拉贝龙-克劳修斯方程（Clapeyron-Clausius equation）：

$$p' = \left(\frac{\partial p}{\partial T}\right)_s = \frac{r\rho_1\rho_v}{T_s(\rho_1 - \rho_v)} \approx \frac{\rho_v}{T_s}r$$

所以

$$\Delta T = \frac{2\sigma}{p'R} = \frac{2\sigma T_s}{\rho_v r R} \tag{5-41}$$

式(5-41)表明，初生的气泡半径 $R$ 愈小，要求液体的过热度 $\Delta T$ 愈大，所以，要在没有"依托"条件下从液体中生成气泡是很困难的。加热面的过热度最高，且凹缝处往往吸附有气体或蒸气，预先有生成气泡的胚胎（汽化核心），故容易成为气泡。一般气泡形成后，由于液体继续汽化，气泡长大，跃离壁面，但壁面凹缝处总会留有少量的气体或蒸气，故该汽化核心又成为孕育另一气泡的核心。

② 大容积饱和沸腾曲线　大容积水传热系数与温差的实测关系如图 5-11 所示。当 $\Delta T$<2.2℃时，因过热度小，水只在表面汽化，这一阶段为自然对流。当 $\Delta T$>2.2℃时，水开始沸腾，$h$ 值迅速增大，直到 $\Delta T$ 为 25℃ 的这一阶段为正常沸腾区，亦称泡状沸腾区。当 $\Delta T$>25℃，因沸腾过于剧烈，气泡量过多，气泡连成片形成气膜，把加热面与液态水隔开，这阶段叫膜状沸腾。膜状沸腾时，因为加热面为蒸汽所覆盖，而蒸汽热导率小，加热面难以将热量传给液态水，所以 $h$ 值迅速降低。若 $\Delta T$ 再继续升高，虽仍属膜状沸腾，但因加热面温度升高，热辐射增强，热流量有所增大，故 $h$ 值略有回升。

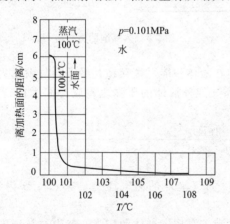

图 5-10　沸腾水内温度分布

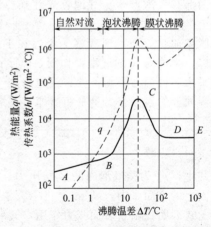

图 5-11　水的沸腾曲线

必须指出，沸腾操作不允许在膜状沸腾阶段工作。因这时金属加热面温度升高，金属壁会烧红、烧坏。泡状与膜状沸腾交界点的温差叫临界温差，实际操作中不允许超越临界温差。

（3）影响沸腾传热的因素

① 液体性质　液体的热导率 $\lambda$、密度 $\rho$、黏度 $\mu$ 和表面张力 $\sigma$ 等均对沸腾传热有重要影响。一般情况下，$h$ 随 $\lambda$ 和 $\rho$ 的增大而加大，随 $\mu$ 和 $\sigma$ 增加而减小。

② 温差 $\Delta T$　如前所述，温差 $\Delta T(\Delta T = T_v - T_s)$ 是影响沸腾传热的重要因素，也是控制沸腾传热过程的重要参量。在泡状沸腾区，根据实验数据可整理得到下列经验式：

$$h = b(\Delta T)^n$$

式中的 $b$ 和 $n$ 是根据液体种类、操作压强和壁面性质而定的常数，一般 $n$ 为 2～3。

③ 操作压强　提高沸腾压强相当于提高液体的饱和温度，液体的表面张力 $\sigma$ 和黏度 $\mu$ 均下降，有利于气泡的生成和脱离，强化了沸腾传热。在相同的 $\Delta T$ 下能获得更高的传热系数和热负荷。

④ 加热表面　加热壁面的材料和粗糙度对沸腾传热有重要影响。一般新的或清洁的加热面，传热系数 $h$ 值较高。若壁面被油垢沾污，传热系数会急剧下降。壁面愈粗糙，气泡核心愈多，愈有利于沸腾传热。此外，加热面的布置情况，对沸腾传热也有明显影响，如水平管束外沸腾，由于下面一排管表面上产生的气泡向上浮升引起附加扰动，使传热系数增加。

### 5.3.5.2　蒸汽冷凝传热

**(1) 蒸汽冷凝方式**　当蒸汽与温度低于其饱和温度的冷壁接触时，蒸汽放出潜热，在壁面上冷凝为液体。根据冷凝能否润湿壁面所造成的不同流动方式，可将蒸汽冷凝分为膜状冷凝和滴状冷凝。

① 膜状冷凝　在冷凝过程中，冷凝液若能润湿壁面（冷凝液和壁面的润湿角 $\theta < 90°$），就会在壁面上形成连续的冷凝液膜，这种冷凝称为膜状冷凝，如图 5-12(a) 和图 5-12(b) 所示。膜状冷凝时，壁面总被一层冷凝液膜所覆盖，这层液膜将蒸汽和冷壁面隔开，蒸汽冷凝只在液膜表面进行，冷凝放出的潜热必须通过液膜才能传给冷壁面。冷凝液膜在重力作用下沿壁面向下流动，逐渐变厚，最后由壁的底部流走。因为纯蒸汽冷凝时气相不存在温差，换言之即汽相不存在热阻，可见，液膜集中了冷凝传热的全部热阻。

② 滴状冷凝　当冷凝液不能润湿壁面（$\theta > 90$ 时，由于表面张力的作用，冷凝液在壁面上形成许多液滴，并沿壁面随机下落，这种冷凝称为滴状冷凝。如图 5-12(c) 所示。

滴状冷凝时大部分冷壁面暴露在蒸汽中，冷凝过程主要在冷壁面上进行，由于没有冷凝液膜形成时的附加热阻，所以滴状冷凝传热系数比膜状冷凝传热系数约大 5～10 倍。在工业用冷凝器中，即使采取了促使产生滴状冷凝的措施，也很难持久地保持滴状冷凝，所以，工业用冷凝器的设计都以膜状冷凝传热公式为依据。

**(2) 纯净蒸汽膜状冷凝传热**

① 垂直管外或板上的冷凝传热　如图 5-13 所示，冷凝液在重力作用下沿壁面由上向下流动，由于沿程不断汇入新凝液，故凝液量逐渐增加，液膜不断增厚。在壁面上部液膜因流量小，流速低，呈层流流动，并随着膜厚度增大，$h$ 减小。若壁的高度足够高，冷凝液量较大，则壁下部液膜会变为湍流流动，对应的冷凝传热系数又会有所提高。冷凝液膜从层流到湍流的临界 $Re$ 值为 1800。

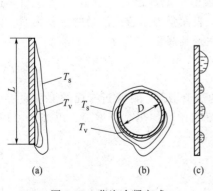

(a)　　　　　(b)　　　(c)

图 5-12　蒸汽冷凝方式

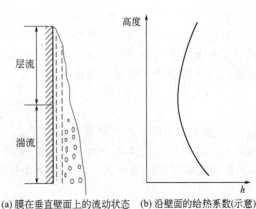

(a) 膜在垂直壁面上的流动状态　(b) 沿壁面的给热系数(示意)

图 5-13　蒸汽在垂直壁面上的冷凝

a. 膜层层流时冷凝给热　若液膜为层流流动，努塞尔特（Nusselt）提出一些假定条件，通过解析方法建立了冷凝传热系数的计算公式。

简化假设：

ⅰ. 竖壁维持均匀温度 $T_w$，即壁面上的液体温度等于 $T_w$，液膜与冷凝蒸汽界面温度为 $T_s$；

ⅱ. 蒸汽对液膜无摩擦力；

ⅲ. 冷凝液的各物性参量均为常数；

ⅳ. 忽略液膜中对流传热及沿液膜的纵向导热，近似认为通过冷凝液膜的传热是垂直于壁面方向的导热；

ⅴ. 液膜做定态流动；

ⅵ. 蒸汽密度 $\rho_v$ 远小于液体密度 $\rho$，即液膜流动主要取决于重力和黏性力，浮力的影响可忽略。

努塞尔特根据以上假设推导得到的传热系数为

$$h = 0.943 \left[ \frac{r \rho^2 g \lambda^3}{\mu L (T_s - T_w)} \right]^{\frac{1}{4}} \tag{5-42}$$

式中，$L$ 为垂直管或板的高度，m；$\lambda$ 为冷凝液的热导率，W/(m·K)；$\rho$ 为冷凝液的密度，kg/m³；$\mu$ 为冷凝液的黏度，Pa·s；$r$ 为饱和蒸汽的冷凝潜热，J/kg；$T_s$ 为饱和蒸汽温度，K；$T_w$ 为壁面温度，K。

定性温度：蒸汽冷凝潜热 $r$ 取其饱和温度 $T_s$ 下的值，其余物性取膜温度 $\frac{T_s + T_w}{2}$ 数值。

定性尺寸：$L$ 取垂直管或板高度。

应用范围：$Re < 1800$。

用来判断液膜流型的 $Re$ 数经常表示为冷凝负荷 $M$ 的函数。冷凝负荷是指在单位时间流过单位长度润湿周边的冷凝液量，其单位为 kg/(m·s)，即 $M = \frac{W}{b}$。此处 $W$ 为冷凝液的质量流量（kg/s），$b$ 为润湿周边长（对垂直管 $b = \pi d_o$，对垂直板 $b$ 为板的宽度），单位为 m。

若膜状流动时液流的横截面积为 $A'$，则当量直径为 $d_e = \frac{4A'}{b}$。

故　　　　$$Re = \frac{d_e u \rho}{\mu} = \left( \frac{4A'}{b} u \rho \right) \times \frac{1}{\mu} = \left( \frac{4A'}{b} \times \frac{W}{A'} \right) \times \frac{1}{\mu} = \frac{4M}{\mu} \tag{5-43}$$

式中，$d_e$、$A'$、$u$、$W$、$M$ 均为液膜底部的值。

对垂直管或板来说，由实验测定的冷凝传热系数值一般高出理论解的 20％ 左右，这是因液膜表面出现波动所致。对向下流动的液膜而言，表面张力是造成波动的重要因素，波动的出现使得液膜产生扰动，热阻减小，传热系数增大。其修正公式为

$$h = 1.13 \left[ \frac{r \rho^2 g \lambda^3}{\mu L (T_s - T_w)} \right]^{\frac{1}{4}} \tag{5-44}$$

b. 膜层湍流时冷凝传热系数　对于 $Re > 1800$ 的湍流液膜，除靠近壁面的层流底层仍以导热方式传热外，主体部分增加了涡流传热，与层流相比，传热有所增强。巴杰尔（Badger）根据实验整理出的计算湍流时冷凝传热系数关系为

$$h = 0.0077 \left( \frac{\rho^2 g \lambda^3}{\mu^2} \right)^{\frac{1}{3}} Re^{0.4} \tag{5-45}$$

② 水平管外冷凝给热　图 5-12(b) 示出蒸汽在水平管外冷凝时液膜的流动情况。因为

管子直径通常较小，膜层总是处于层流状态。努塞尔特利用数值积分方法求得水平管外表面平均传热系数为

$$h = 0.725 \left[ \frac{r \rho^2 g \lambda^3}{\mu d_o (T_s - T_w)} \right]^{\frac{1}{4}} \tag{5-46}$$

式中，$d_o$ 为管外径，m。

从式(5-44) 和式(5-46) 可以看出，层流冷凝时，其它条件相同，水平圆管的传热系数和垂直圆管的传热系数之比为

$$\frac{h_{水平}}{h_{垂直}} = 0.64 \left( \frac{L}{d_o} \right)^{\frac{1}{4}} \tag{5-47}$$

工业上常用的列管换热器都是由平行的管束组成的，各排管子的冷凝情况要受到上面各排管子所流下的冷凝液的影响。凯恩（Kern）推荐用下式计算 $\bar{h}$，即

$$\bar{h} = 0.725 \left[ \frac{r \rho^2 g \lambda^3}{n^{\frac{2}{3}} \mu d_o (T_s - T_w)} \right]^{\frac{1}{4}} \tag{5-48}$$

式中，$n$ 为水平管束在垂直列上的管数。

在列管冷凝器中，若管束由平行的 $Z$ 列管子组成，一般各列管子在垂直方向的排数不相等，若分别为 $n_1$，$n_2$，$n_3$，$\cdots$，$n_z$，则平均管排数可由下式计算

$$n_m = \left[ \frac{n_1 + n_2 + \cdots + n_z}{n_1^{0.75} + n_2^{0.75} + \cdots + n_z^{0.75}} \right]^4 \tag{5-49}$$

(3) 影响蒸汽冷凝传热的因素

① 液体的物性及液膜两侧温差　从式(5-44) 和式(5-46) 可以看出，冷凝液密度 $\rho$、热导率 $\lambda$ 越大，黏度 $\mu$ 越小，则冷凝传热系数越大。冷凝潜热大，则在同样热负荷下冷凝液减少，液膜减薄，$h$ 增大。液膜两侧温差 $(T_s - T_w)$ 增大，蒸汽冷凝速率增加，液膜厚度增加，使 $h$ 减小。

② 蒸汽流速和流向　前面介绍的公式只适用于蒸汽静止或流速影响可以忽略的场合。若蒸汽以一定速度流动时，蒸汽与液膜之间会产生摩擦力。若蒸汽和液膜流向相同，这种力的作用会使液膜减薄，并使液膜产生波动，导致 $h$ 的增大。若蒸汽与液膜流向相反，摩擦力的作用会阻碍液膜流动，使液膜增厚，传热削弱。但是，当这种力大于液膜所受重力时，液膜会被蒸汽吹离壁面，反而使 $h$ 急剧增大。

③ 不凝性气体　所谓不凝性气体是指在冷凝器冷却条件下，不能被冷凝下来的气体，如空气等。在气液界面上，可凝性蒸汽不断冷凝，不凝性气体则被阻留，越接近界面，不凝性气体的分压越高。于是，可凝性蒸汽在抵达液膜表面进行冷凝之前，必须以扩散方式穿过积聚在界面附近的不凝性气体层。扩散过程的阻力造成蒸汽分压及相应的饱和温度下降，使液膜表面的蒸汽温度低于蒸汽主体的饱和温度，这相当于增加了一项热阻。当蒸汽中含 1% 空气时，冷凝传热系数将降低 60% 左右。因此在冷凝器的设计和操作中，都必须设置排放口，以排除不凝性气体。

④ 蒸汽的过热程度　对于过热蒸汽，传热过程是由蒸汽冷却和冷凝两个步骤组成的。通常把整个"冷却—冷凝"过程仍按饱和蒸汽冷凝处理，本节所给出的公式依然适用。至于过热蒸汽冷却的影响，只要将过热热量和冷凝潜热一并考虑，即原公式中的 $r$ 以 $r' = r + C_s (T_v - T_s)$ 代之即可。这里 $C_s$ 是过热蒸汽的比热容，$T_v$ 为过热蒸汽温度。在其它条件相同的情况下，因为 $r' > r$，所以过热蒸汽的冷凝传热系数总大于饱和蒸汽冷凝传热系数。实验表明，二者相差并不大，作为工程计算通常不考虑过热蒸汽冷却过程。

# 5.4 传热过程计算

化工生产中，因固体壁面温度不高，辐射传热量很小，故除热损失外，热辐射通常不予考虑。而更多的是导热和对流串联传热过程，例如，换热器中冷、热两流体通过间壁的热量传递就是这种串联传热的典型例子。

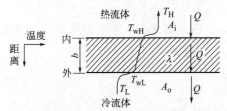

图 5-14　间壁两侧流体传热过程

如图 5-14 所示，冷、热流体通过间壁传热的过程分 3 步进行：①热流体通过给热将热量传给固体壁；②固体壁以热传导方式将热量从热侧传到冷侧；③热量通过给热从壁面传给冷流体。

## 5.4.1 传热速率方程

因壁温通常未知，单独使用热传导速率方程或给热速率方程解决传热问题较困难，故引出了直接以间壁两侧流体温差为推动力的传热速率方程。

在换热器中任意截面处取微元管段，其内表面积为 $dA_i$，外表面积为 $dA_o$。可仿照对流给热速率方程，写出冷、热流体间进行换热的传热速率方程，即

$$dQ = K_i(T_H - T_L)dA_i = K_o(T_H - T_L)dA_o \tag{5-50}$$

式中，$K$ 为该截面处的传热系数，$W/(m^2 \cdot K)$，计算方法见后；$T_H$ 和 $T_L$ 分别为该截面处的热、冷流体的平均温度，K；$dQ$ 为通过该微元传热面的热流量，W。

式(5-50)为总传热速率方程，是传热系数的定义式。由式(5-50)可见，传热系数 $K$ 在数值上等于单位传热面积，单位热、冷流体温差下的热流量，它反映了传热过程的强度。

因在换热器中流体沿流动方向的温度是变化的，传热温差（$T_H - T_L$）和传热系数 $K$ 一般也是变化的，故需将传热速率方程写成微分式。

从式(5-50)还可以看出，传热系数与所选择的传热面积应相对应，即

$$K_i dA_i = K_o dA_o$$

式中，$K_i$，$K_o$ 分别是基于管内表面积 $A_i$ 和外表面积 $A_o$ 的传热系数，$W/(m^2 \cdot K)$。

## 5.4.2 传热平均温差

根据间壁两侧流体温度沿传热面是否有变化，即是否有升高或降低，可将传热分为恒温传热和变温传热两类。

### 5.4.2.1 恒温传热

例如，间壁的一侧为饱和蒸汽冷凝，冷凝温度恒定为 $T_H$，而另一侧为液体沸腾，沸腾温度恒定为 $T_L$，即两侧流体温度沿传热面无变化，温度差亦处处相等，可表示为

$$\Delta T_m = T_H - T_L$$

### 5.4.2.2 变温传热

若间壁的一侧或两侧，流体沿传热面的不同位置温度不同，即流体从进口到出口，温度有了变化，或是升高或是降低，这种情况的传热称为变温传热。

（1）一侧变温传热与两侧变温传热　图 5-15 是一侧流体变温时的温差变化情况。例如，一侧为饱和蒸汽冷凝，温度恒定为 $T_H$，而另一侧为冷流体，温度从进口的 $T_{L1}$ 升到出口的 $T_{L2}$，见图 5-15（a）。又如，一侧为热流体从进口的 $T_{H1}$ 降至出口的 $T_{H2}$，而另一侧为液体沸腾，温度恒定为 $T_L$，见图 5-15（b）。

图 5-16 是两侧流体变温下的温度变化情况。其中图 5-16(a) 是逆流，即冷、热两流体在传热面两侧流向相反；图 5-16(b) 是并流，冷、热两流体流向相同。

图 5-17 是错流和折流的示意图。两侧的冷、热流体垂直交叉流动，称为错流。若一侧流体只沿一个方向流动，而另一侧流体反复改变流向，两侧流体时而并流，时而逆流，称为折流。

在变温传热时，沿传热面温度差是变化的，所以在传热计算中需要求出传热过程的平均温度差 $\Delta T_m$。下面推导两侧变温传热逆流和并流操作时的平均温度差计算式。

(2) 平均温度差 $\Delta T_m$　假设：①热、冷流体的质量流量 $G_1$ 与 $G_2$ 均为常数。②热、冷流体的比热容 $c_{p1}$、$c_{p2}$ 与总传热系数 $K$ 沿传热面均不变。③忽略换热器的热损失。

今在换热器中取一微元段为研究对象，其传热面积为 $\mathrm{d}A$，在 $\mathrm{d}A$ 内热流体因放热而温度下降 $\mathrm{d}T_H$，冷流体因受热温度上升 $\mathrm{d}T_L$，热流量为 $\mathrm{d}Q$（图 5-18）。列出 $\mathrm{d}A$ 段内热量衡算的微分式，得

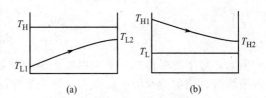

图 5-15　一侧流体变温时的温差变化

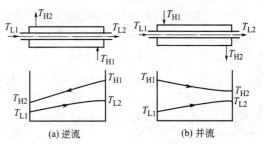

图 5-16　两侧流体变温下的温度差变化

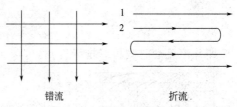

图 5-17　错流与折流示意图

$$\mathrm{d}Q = G_1 c_{p1} \mathrm{d}T_H = G_2 c_{p2} \mathrm{d}T_L \tag{5-51}$$

因此得

$$\frac{\mathrm{d}Q}{\mathrm{d}T_H} = G_1 c_{p1} = 常数, \qquad \frac{\mathrm{d}Q}{\mathrm{d}T_L} = G_2 c_{p2} = 常数$$

$$\frac{\mathrm{d}(T_H - T_L)}{\mathrm{d}Q} = \frac{\mathrm{d}T_H}{\mathrm{d}Q} - \frac{\mathrm{d}T_L}{\mathrm{d}Q} = \frac{1}{G_1 c_{p1}} - \frac{1}{G_2 c_{p2}} = 常数$$

这说明 $Q$ 与 $T_H$、$Q$ 与 $T_L$ 分别为直线关系，并且 $Q$ 与 $\Delta T = T_H - T_L$ 也必然为直线关系。由图 5-18 可知，$\Delta T$-$Q$ 直线的斜率可表示为

$$\frac{\mathrm{d}\Delta T}{\mathrm{d}Q} = \frac{\Delta T_1 - \Delta T_2}{Q} \tag{5-51a}$$

在微元段内，热、冷流体的温度 $T_H$ 与 $T_L$ 可视为不变，$\Delta T = T_H - T_L$，则写出传热速率方程的微分式为 $\mathrm{d}Q = K\Delta T \mathrm{d}A$，代入式(5-51a)，得

$$\frac{\mathrm{d}(\Delta T)}{K\Delta T \mathrm{d}A} = \frac{\Delta T_1 - \Delta T_2}{Q}$$

$$\frac{1}{K} \int_{\Delta T_2}^{\Delta T_1} \frac{\mathrm{d}(\Delta T)}{\Delta T} = \frac{\Delta T_1 - \Delta T_2}{Q} \int_0^A \mathrm{d}A$$

得

$$Q = KA \frac{\Delta T_1 - \Delta T_2}{\ln \dfrac{\Delta T_1}{\Delta T_2}} \tag{5-52}$$

与传热基本方程式 $Q = KA\Delta T_m$ 比较，可得

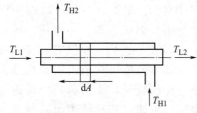

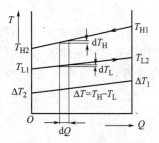

图 5-18　平均温度差计算

$$\Delta T_m = \frac{\Delta T_1 - \Delta T_2}{\ln \dfrac{\Delta T_1}{\Delta T_2}} \tag{5-52a}$$

因此，对于变温传热，平均温度差是换热器进、出口处两侧流体温度差 $\Delta T_1$ 与 $\Delta T_2$ 的对数平均值，故称为对数平均温差。这个推导结果，不仅对两侧流体变温传热的逆流操作和并流操作适用，而且对一侧流体变温传热也适用。计算时需注意，通常把温度差中较大者作为 $\Delta T_1$，较小者作为 $\Delta T_2$，以使式(5-52a) 中的分子分母都为正数。

算术平均值总是大于对数平均值，但当 $\Delta T_1/\Delta T_2 < 2$ 时，可用算术平均值代替对数平均值，其误差不超过 4%。式(5-52) 称传热基本方程，非常重要，用于分析和计算稳态传热，如分析强化传热过程的措施，计算换热面积等。所采用的计算方法称为对数平均温差法（LMTD）。

纯逆流时，从式(5-52) 出发，结合冷热流体的热平衡方程，令 $NTU_1 = \dfrac{KA}{G_1 c_{p1}}$，$R_1 = \dfrac{G_1 c_{p1}}{G_2 c_{p2}}$，$\varepsilon_1 = \dfrac{T_{H1} - T_{H2}}{T_{H1} - T_{L1}}$，用冷热流体的热平衡方程消去冷流体的出口温度 $T_{L2}$，由 $\varepsilon_1 = \dfrac{T_{H1} - T_{H2}}{T_{H1} - T_{L1}}$，得到 $T_{H2} = T_{H1} - \varepsilon_1 (T_{H1} - T_{L1})$，代入消去 $T_{H2}$，推导得到：

$$\varepsilon_1 = \frac{1 - \exp[NTU_1(1 - R_1)]}{R_1 - \exp[NTU_1(1 - R_1)]} \tag{5-52b}$$

在纯并流流动时则可以推导得到：

$$\varepsilon_1 = \frac{1 - \exp[-NTU_1(1 + R_1)]}{1 + R_1} \tag{5-52c}$$

上两式所用方法称为 $\varepsilon$-$NTU$ 法，式中，$NTU$ 称为传热单元数。下标"1"代表热流体、"2"代表冷流体。推导时是以热流体为基准的。如果以冷流体为基准，并定义 $NTU_2 = \dfrac{KA}{G_2 c_{p2}}$，$R_2 = \dfrac{G_2 c_{p2}}{G_1 c_{p1}}$，$\varepsilon_2 = \dfrac{T_{L2} - T_{L1}}{T_{H1} - T_{L1}}$，也可以得到相同的表达式，但要将所有下标 1 换成 2。推导留给读者完成。用 LMTD 法求 $Q$，需先知 4 个温度，若 2 个出口温度未知，不方便，可用 $\varepsilon$-$NTU$ 法。注意：此处 $\varepsilon$ 并没有定义为热效率，只是某流体传热时进出温差与两流体最初温差比的符号，故无需判断是否违背热力学第二定律，它只使用于已经发生的传热过程的计算。

对复杂流型，如十字交叉流、U 形管流的换热的传热温差的平均值 $\Delta T_m$，可先按照纯逆流计算，然后乘以温差校正系数。$\Delta T'_m = \varphi_{\Delta T}(P, R) \Delta T_{m逆}$，$P = \dfrac{T_{L2} - T_{L1}}{T_{H1} - T_{L1}}$，$R = \dfrac{G_2 c_{p2}}{G_1 c_{p1}}$，查出 $\varphi_{\Delta T}$。部分用图见图 5-19。

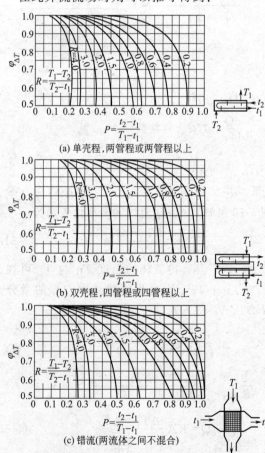

(a) 单壳程，两管程或两管程以上

(b) 双壳程，四管程或四管程以上

(c) 错流（两流体之间不混合）

图 5-19　几种流动形式的 $\Delta T_m$ 修正系数 $\varphi_{\Delta t}$

**【例 5-8】** 现用一列管式换热器加热油料，油料进口温度为 100℃，出口温度为 150℃；加热剂进口温度为 250℃，出口温度为 180℃。

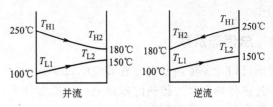

例 5-8 附图

试求：① 并流与逆流的平均温度差；

② 若油料流量为 1800kg/h，比热容为 2kJ/(kg·K)，总传热系数 $K$ 为 100W/(m²·K)，求并流和逆流时所需传热面积；

③ 若要求加热剂出口温度降至 150℃，试求并流和逆流的 $\Delta t_m$ 和所需传热面积，逆流时的加热剂量可减小多少（设加热剂的比热容和 $K$ 不变）?

**解**：①并流

$$\Delta T_1 = T_{H1} - T_{L1} = 250 - 100 = 150℃, \quad \Delta T_2 = T_{H2} - T_{L2} = 180 - 150 = 30℃$$

$$\Delta T_m = \frac{\Delta T_1 - \Delta T_2}{\ln\dfrac{\Delta T_1}{\Delta T_2}} = \frac{150 - 30}{\ln\dfrac{150}{30}} = 74.6℃$$

逆流 $\quad \Delta T_1 = 250 - 150 = 100℃, \quad \Delta T_2 = 180 - 100 = 80℃$

$$\frac{\Delta T_1}{\Delta T_2} = \frac{100}{80} = 1.25 < 2, \quad \Delta T_{m逆} = \frac{\Delta T_1 + \Delta T_2}{2} = \frac{100 + 80}{2} = 90℃$$

② 热负荷

原料油 $G_2 = 1800$kg/h，$c_{p2} = 2 \times 10^3$J/(kg·K)，$T_{L1} = 100℃$，$T_{L2} = 150℃$

$$Q = G_2 c_{p2}(T_{L2} - T_{L1}) = \frac{1800}{3600} \times 2 \times 10^3 \times (150 - 100) = 5 \times 10^4 \text{W}, \quad K = 100\text{W/(m}^2\cdot\text{K)}$$

传热面积

并流 $$A_{并流} = \frac{Q}{K \Delta T_{m并}} = \frac{5 \times 10^4}{100 \times 74.6} = 6.7\text{m}^2$$

逆流 $$A_{逆流} = \frac{Q}{K \Delta T_{m逆}} = \frac{5 \times 10^4}{100 \times 90} = 5.6\text{m}^2$$

③ 并流 $\quad \Delta T_1 = 150℃, \quad \Delta T_2 = 150 - 150 = 0, \quad \Delta T_m = 0, \quad A_并 = \infty$

逆流 $\quad \Delta T_1 = 100℃, \quad \Delta T_2 = 150 - 100 = 50℃, \quad \Delta T_{m逆} = \dfrac{100 + 50}{2} = 75℃,$

$$A_逆 = \frac{5 \times 10^4}{100 \times 75} = 6.7\text{m}^2$$

因为 $Q$ 不变，故 $\dfrac{G_1'}{G_2'} = \dfrac{c_{p1}(T_{H1} - T_{H2})}{c_{p1}(T_{H1} - T_{H2}')} = \dfrac{250 - 180}{250 - 150} = \dfrac{70}{100} = 0.7$

即逆流时加热剂用量比并流减少了 30%，而传热面积增加了 (6.7−5.6)/5.6＝20%。

从例 5-8 的计算结果可知：

① 在相同的进、出口温度条件下，平均温度差 $\Delta T_{m逆} > \Delta T_{m并}$，故传热面积 $A_逆 < A_并$。

② 并流操作时，热流体出口温度 $T_{H2}$ 总是大于冷流体出口温度 $T_{L2}$。在极限情况下，当 $T_{H2} = T_{L2}$ 时，平均温度差 $\Delta T_{m并} = 0$，则传热面积 $A_并 = \infty$。但逆流操作时，热流体出口温度 $T_{H2}$ 不仅可以降低到冷流体出口温度 $T_{L2}$，而且如果传热面积 $A_逆$ 足够大，则 $T_{H2}$ 可以低于 $T_{L2}$。这就表明逆流操作时，热流体（或加热剂）用量可以比并流操作时少。同理，并流操作时，冷流体出口温度 $T_{L2}$ 总是小于热流体出口温度 $T_{H2}$。但逆流操作时，冷流体出口温

度 $T_{L2}$ 却可以升高到大于热流体出口温度 $T_{H2}$。这也表明冷流体（或冷却剂用量），也是逆流时的少。

### 5.4.3 总传热系数

前面已讨论了传热基本方程 $Q=KA\Delta T_m$ 中的热负荷 $Q$ 与平均温度差 $\Delta T_m$ 的计算，本节是在学过热传导和对流传热的基础上，讨论总传热系数 $K$ 的计算。如何正确确定 $K$ 值，是传热计算中的一个重要问题。

#### 5.4.3.1 总传热系数计算式

间壁两侧流体之间的传热过程，包括间壁两侧的对流传热和间壁的导热。在稳态传热条件下，两侧的对流传热速率以及间壁的导热速率都应相等。图 5-18 的微元段中，从热流体经间壁到冷流体的温度分布，如图 5-6 中粗实线所示。因此，可写出：

热流体侧对流传热速率

$$dQ=h_1(T_H-T_{wH})dA_1=\frac{T_H-T_{wH}}{\dfrac{1}{h_1dA_1}} \tag{a}$$

间壁导热速率

$$dQ=\frac{\lambda}{b}(T_{wH}-T_{wL})dA_m=\frac{T_{wH}-T_{wL}}{\dfrac{b}{\lambda dA_m}} \tag{b}$$

冷流体侧对流传热速率

$$dQ=h_2(T_{wL}-T_L)dA_2=\frac{T_{wL}-T_L}{\dfrac{1}{h_2dA_2}} \tag{c}$$

式中，$h_1$、$h_2$ 分别为热、冷流体的传热系数，$W/(m^2\cdot K)$；$dA_1$、$dA_2$ 分别为热、冷流体侧的微元段传热面积，$m^2$；$dA_m$ 为以管内、外平均面积表示的微元段传热面积，$m^2$。

由式(a)、(b)、(c) 得

$$dQ=\frac{T_H-T_L}{\dfrac{1}{h_1dA_1}+\dfrac{b}{\lambda dA_m}+\dfrac{1}{h_2dA_2}}=\frac{总推动力}{总热阻}$$

与传热速率方程微分式 $dQ=K(T_H-T_L)dA$ 相比，得

$$\frac{1}{KdA}=\frac{1}{h_1dA_1}+\frac{b}{\lambda dA_m}+\frac{1}{h_2dA_2} \tag{5-53}$$

在一定条件下，式中乘积 $KdA$ 是一定的。当传热面为圆管壁时，虽然 $dA_1\neq dA_2\neq dA_m$，但传热面积取 $dA_1$ 或 $dA_2$ 都可以，只要使 $K$ 值随着所取的传热面不同而改变，以保持 $KdA=K_1dA_1=K_2dA_1=K_mdA_m$。$dA_1=(\pi d_1)dL$，$dA_2=(\pi d_2)dL$，$dA_m=(\pi d_m)dL$。若取 $dA=dA_1$，则式(5-53) 可改写为

$$\frac{1}{K_1}=\frac{1}{h_1}+\frac{bdA_1}{\lambda dA_m}+\frac{dA_1}{h_2dA_2}=\frac{1}{h_1}+\frac{bd_1}{\lambda d_m}+\frac{d_1}{h_2d_2} \tag{5-53a}$$

式中，$K_1$ 称为传热面 $A_1$ 为基准的总传热系数，通常以管子的外表面积计算。读者同样可写出 $K_2$ 和 $K_m$ 的表达式。

在推导总传热系数 $K$ 的计算式(5-53) 时，虽然在传热管上取了一微元段 $dA$，但用该式计算的 $K$ 值，对整个传热管长也适用。因为在传热系数 $h$ 计算时，是用定性温度查出流体物性参数，是计算流体从进口到出口整个传热管长的平均 $h$，为常数。所以，用式(5-53)

求得的总传热系数，也是在整个传热管长上的平均值。

### 5.4.3.2 污垢热阻

换热器操作一段时间后，其传热表面常有污垢积存，使热流量减小。污垢层虽不厚，但热阻很大。在计算总传热系数 $K$ 值时，污垢热阻一般不可忽视。由于污垢层的厚度及其热导率不易估计，工程计算时，通常是根据经验选用污垢热阻。污垢热阻 $R_d$ 的倒数，称为污垢系数，表示为 $h_d = \dfrac{1}{R_d}$，单位为 $W/(m^2 \cdot K)$。常见流体污垢热阻的经验值列于附录。若传热管壁两侧流体的污垢热阻用 $R_{d1}$、$R_{d2}$ 表示，按串联热阻的概念，以传热面积 $A_1$ 为基准的总传热系数计算式为

$$\frac{1}{K_1} = \frac{1}{h_1} + R_{d1} + \frac{bd_1}{\lambda d_m} + R_{d2}\frac{d_1}{d_2} + \frac{d_1}{h_2 d_2} \tag{5-54}$$

对于易结垢的流体，或换热器使用过久，污垢层很厚，热流量必严重下降，故换热器要根据具体工作条件，定期清洗。

【例 5-9】 有一套管式换热器，传热管为 $\phi25mm \times 2.5mm$ 钢管。$CO_2$ 气体在管内流动，其表面传热系数为 $40W/(m^2 \cdot K)$；冷却水在传热管外流动，其表面传热系数为 $3000W/(m^2 \cdot K)$。试求：①总传热系数。②若管内 $CO_2$ 气体的表面传热系数增大一倍，总传热系数会增加多少？③若管外水的表面传热系数增大一倍，总传热系数会增加多少？

**解：** $d_1 = 0.02m$，$d_2 = 0.025m$，$d_m = 0.0225m$，$b = 0.0025m$

$h_1 = 40W/(m^2 \cdot K)$，　　$h_2 = 3000W/(m^2 \cdot K)$

查得碳钢的热导率 $\lambda = 45W/(m \cdot K)$

取管内 $CO_2$ 侧污垢热阻 $R_{d1} = 0.53 \times 10^{-3} m^2 \cdot K/W$

取管外水侧污垢热阻 $R_{d2} = 0.21 \times 10^{-3} m^2 \cdot K/W$

① 以内表面积 $A_1$ 为基准的总传热系数 $K_1$

$$\begin{aligned}
\frac{1}{K_1} &= \frac{1}{h_1} + R_{d1} + \frac{bd_1}{\lambda d_m} + R_{d2}\frac{d_1}{d_2} + \frac{d_1}{h_2 d_2} \\
&= \frac{1}{40} + 0.53 \times 10^{-3} + \frac{0.0025 \times 0.02}{45 \times 0.0225} + 0.21 \times 10^{-3} \times \frac{0.02}{0.025} + \frac{0.02}{3000 \times 0.025} \\
&= 2.5 \times 10^{-2} + 5.3 \times 10^{-4} + 4.94 \times 10^{-5} + 1.68 \times 10^{-4} + 2.67 \times 10^{-4} \\
&= 2.6 \times 10^{-2} m^2 \cdot K/W
\end{aligned}$$

$$K_1 = 38.5W/(m^2 \cdot K)$$

② 以外表面积 $A_2$ 为基准的总传热系数 $K_2$

$$\begin{aligned}
\frac{1}{K_2} &= \frac{1}{h_2} + R_{d2} + \frac{bd_2}{\lambda d_m} + R_{d1}\frac{d_2}{d_1} + \frac{d_2}{h_1 d_1} \\
&= \frac{1}{3000} + 0.21 \times 10^{-3} + \frac{0.0025 \times 0.025}{45 \times 0.0225} + 0.53 \times 10^{-3} \times \frac{0.025}{0.02} + \frac{0.025}{40 \times 0.02} \\
&= 3.26 \times 10^{-2} m^2 \cdot K/W
\end{aligned}$$

$$K_2 = 30.7W/(m^2 \cdot K)$$

若传热管长为 $L$，则管内表面积 $A_1 = \pi d_1 L = \pi \times 0.02 \times L = 6.28 \times 10^{-2}L$，外表面积 $A_2 = 7.58 \times 10^{-2}L$，则得 $K_1 A_1 = K_2 A_2 = 2.41W/K$，即以内、外表面积计算的总传热系数与传热面积的乘积相等。

从上述计算结果可知，管内 $CO_2$ 气体侧热阻最大，占总热阻的 96%，管壁热阻最小，只占 0.19%。因此，总传热系数 $K$ 值接近于 $CO_2$ 气体侧的表面传热系数，即接近于 $h$ 较小的一个。

③ 若管内 $CO_2$ 气体侧的对流系数增大一倍，其它条件不变

将 $h_1=40\text{W}/(\text{m}^2\cdot\text{K})$ 更改为 $h_1'=80\text{W}/(\text{m}^2\cdot\text{K})$，由 $1/h_1'=0.0125$，求得 $1/K_1'=1.35\times10^{-2}\text{m}^2\cdot\text{K/W}$，$K_1'=74\text{W}/(\text{m}^2\cdot\text{K})$，即总传热系数增大了 92.2%。若管外水的表面传热系数增大一倍，即 $h_2'=6000\text{W}/(\text{m}^2\cdot\text{K})$，则得 $1/K_1'=2.59\times10^{-2}\text{m}^2\cdot\text{K/W}$，$K_1'=38.6\text{W}/(\text{m}^2\cdot\text{K})$，即总传热系数仅增大了 0.26%。

本例题，$CO_2$ 侧的表面传热系数 $h$ 值远小于水侧的 $h$ 值，所以 $CO_2$ 侧热阻远大于水侧的热阻。$CO_2$ 侧的热阻为主要热阻，因此减小 $CO_2$ 侧的热阻对提高 $K$ 值非常有效。

#### 5.4.3.3　平壁与薄壁管

当传热壁为平壁或薄壁管时，$A_1\approx A_2\approx A_\text{m}$，式(5-54)可简化为

$$\frac{1}{K}=\frac{1}{h_1}+R_{\text{d}1}+\frac{b}{\lambda}+R_{\text{d}2}+\frac{1}{h_2} \tag{5-55}$$

当传热壁热阻很小，可忽略，且流体清洁，污垢热阻也可忽略时，则式(5-55)可简化为

$$\frac{1}{K}=\frac{1}{h_1}+\frac{1}{h_2} \tag{5-56}$$

由此式可知，$K$ 必趋近且小于 $h_1$ 与 $h_2$ 中较小的一个。

#### 5.4.3.4　换热器中总传热系数的经验值

在工艺设计时，往往需要对换热器传热面积做初步估算，这时需参考从生产实践中总结的各种流体之间传热时的总传热系数经验值。列管式换热器总传热系数的大致范围见附录。

当总传热系数缺乏可靠的经验数据时，也常通过生产中现用的工艺条件相仿、结垢类似的换热器进行测定。其传热面积 $A$ 已知，测出两流体的流量和进、出口温度，求出热负荷 $Q$ 和平均温度差 $\Delta T_\text{m}$，用传热速率方程式 $Q=KA\Delta T_\text{m}$ 就可以求出总传热系数 $K$。

【例 5-10】　某厂用冷却水冷却热流体，要求从热流体中取走 $4\times10^5\text{kJ/h}$ 的热量。如果在仓库找到两个相同的单程换热器，换热器内径 $D=270\text{mm}$，内装 48 根 $\phi25\text{mm}\times2.5\text{mm}$、长为 3m 的钢管。热流体的入口温度 $63^\circ\text{C}$，质量流量为 $30000\text{kg/h}$，比热容 $2.261\text{kJ}/(\text{kg}\cdot\text{K})$，密度 $950\text{kg/m}^3$，热导率 $0.172\text{W}/(\text{m}\cdot\text{K})$，黏度 $0.001\text{Pa}\cdot\text{s}$；冷却水的入口温度 $28^\circ\text{C}$，质量流量为 $20000\text{kg/h}$，比热容 $4.187\text{kJ}/(\text{kg}\cdot\text{K})$，密度 $1000\text{kg/m}^3$，热导率 $0.621\text{W}/(\text{m}\cdot\text{K})$，黏度 $0.742\times10^{-3}\text{Pa}\cdot\text{s}$。热流体走管程，热流体侧（以"1"代表）的热阻取 $1.76\times10^{-4}\text{m}^2\cdot\text{K/W}$，水侧（以"2"代表）的热阻取 $5.8\times10^{-4}\text{m}^2\cdot\text{K/W}$。过渡流对流传热系数的校正因子 $f=(1\sim6)\times10^5/Re^{1.8}$。热损失忽略不计，物性参数随温度的变化可不计。试通过计算回答下列问题：(1) 这两个换热器能否移走 $4\times10^5\text{kJ/h}$ 以上的热量？(2) 应并联还是串联使用？

【分析】　本题要计算两台换热器联合传热量 $Q$ 是否大于 $4\times10^5\text{kJ/h}$，必然求每台换热器的传热量 $Q_i$。流程分串联和并联，故应求出每一情况下的 $Q_i=K_iA_i\Delta T_{\text{m}i}$，所以需分别求出 $K_i$、$\Delta T_{\text{m}i}$，而 $K_i$ 又由 5 部分组成。

**解：**先考虑串联使用。

(1) 求热流体一侧的 $h_1$。热流体用 h 代表，管内径 $d_\text{h}=0.02\text{m}$

总截面积 $S_\text{h}=\dfrac{\pi}{4}d_\text{h}^2n=\dfrac{\pi}{4}(0.02)^2\times48=0.0151\text{m}^2$

管内流速 $u_\text{h}=\dfrac{30000/3600}{950\times0.0151}=0.581\text{m/s}$

$$Re_h = \frac{du\rho}{\mu} = \frac{0.02 \times 0.581 \times 950}{0.001} = 11040$$

$$Pr_h = \frac{c_p\mu}{\lambda} = \frac{2.26 \times 10^3 \times 0.001}{0.172} = 13.15$$

$$h_1 = 0.023\frac{\lambda}{d_h}Re_h^{0.8}Pr_h^{0.3} = 0.023 \times \frac{0.172}{0.02} \times (11040)^{0.8} \times (13.15)^{0.3}$$

$$= 736\,\text{W/(m}^2 \cdot \text{K)}$$

（2）求管外水侧的 $h_2$。冷水以 c 代表，$d_c = 0.025\text{m}$

管间截面积 $S_c = 0.785(D^2 - d_c^2 n) = 0.0337\text{m}^2$

管外流速 $u_c = \dfrac{20000/3600}{1000 \times 0.0337} = 0.165\text{m/s}$

$$d_e = \frac{4S_c}{\pi D + \pi d_c n} = \frac{4 \times 0.0337}{0.27\pi + 0.025 \times 48\pi} = 0.0292\text{m}$$

$$Re_c = \frac{d_e u_c \rho}{\mu} = \frac{0.0292 \times 0.165 \times 1000}{0.742 \times 10^{-3}} = 6490$$

$$Pr_c = \frac{c_p\mu}{\lambda} = \frac{4.187 \times 10^3 \times 0.742 \times 10^{-3}}{0.642} = 5.0$$

$$h_2' = 0.023\frac{\lambda}{d_e}Re_c^{0.8}Pr_c^{0.4} = 0.023 \times \frac{0.621}{0.0292} \times (6490)^{0.8} \times (5.0)^{0.4} = 1050\,\text{W/(m}^2 \cdot \text{K)}$$

$$h_2 = h_2'\left(1 - \frac{6 \times 10^5}{Re^{1.8}}\right) = 963\,\text{W/(m}^2 \cdot \text{K)}$$

$$K_o = \frac{1}{\dfrac{1}{h_2} + R_{sc} + \dfrac{d_c}{d_h}\left(\dfrac{1}{h_1} + R_{Sh}\right)}$$

$$= \frac{1}{\dfrac{1}{963} + 0.58 \times 10^{-3} + \dfrac{0.025}{0.02}\left(\dfrac{1}{763} + 0.176 \times 10^{-3}\right)}$$

$$= 282\,\text{W/(m}^2 \cdot \text{K)}$$

忽略管壁热阻。

每一换热器的面积 $A = \pi d_o nl = 11.3\text{m}^2$，串联时换热面积为 $22.6\text{m}^2$。

用 $\varepsilon\text{-}NTU$ 法求出口温度。以热流体为基准进行计算。

$$NTU_1 = KA/(G_1 c_{p1}) = \frac{282 \times 22.6}{18.84 \times 10^3} = 0.338$$

$$R_1 = G_1 c_{p1}/(G_2 c_{p2}) = 0.81, \quad \varepsilon_1 = \frac{1 - e^{[NTU_1(1-R_1)]}}{R_1 - e^{[NTU_1(1-R_1)]}} = 0.26$$

$\varepsilon_1 = (T_{H1} - T_{H2})/(T_{H1} - T_{L1}) = 0.26$，$T_{H2} = 53.9℃$，由热平衡得到 $T_{L2} = 35.4℃$。

$\Delta T_2 = T_{H2} - T_{L1} = 53.9 - 28 = 25.9$，$\Delta T_1 = T_{H1} - T_{L2} = 63 - 35.4 = 27.6℃$

$$\Delta T_m = \frac{\Delta T_2 - \Delta T_1}{\ln\dfrac{\Delta T_2}{\Delta T_1}} = \frac{27.6 - 25.9}{\ln\dfrac{27.6}{25.9}} = 26.74℃$$

$Q = KA\Delta T_m = 282 \times 22.6 \times 26.74 = 170500\,\text{W} = 6.14 \times 10^5\,\text{kJ/h} > 4 \times 10^5\,\text{kJ/h}$，符合要求。

并联使用：两换热器的阻力系数相同，则热流体流过每一换热器的流量为 $15000\text{kg/h}$，$u_h = 0.581/2 = 0.291\text{m/s}$，$Re_h = 5520$，逆流时

$$h_1 = \left(1 - \frac{6 \times 10^5}{Re^{1.8}}\right) 0.023 \frac{\lambda}{d_h} Re^{0.8} Pr^{0.3} = 375 \text{W}/(\text{m}^2 \cdot \text{K})$$

冷流体流量不变，设物性常数不变

$$K_o = \cfrac{1}{\cfrac{1}{h_2} + R_{sc} + \cfrac{d_c}{d_h}\left(\cfrac{1}{h_1} + R_{Sh}\right)}$$

$$= \cfrac{1}{\cfrac{1}{963} + 0.58 \times 10^{-3} + \cfrac{0.025}{0.02}\left(\cfrac{1}{375} + 0.176 \times 10^{-3}\right)} = 198 \text{W}/(\text{m}^2 \cdot \text{K})$$

以热流体为基准计算第一换热器

$$NTU_1 = KA/(G_1 c_{p1}) = \cfrac{198 \times 11.3}{\cfrac{15000}{3600} \times 2.26 \times 10^3} = 0.24$$

$$R_1 = G_1 c_{p1}/(G_2 c_{p2}) = 0.4, \quad \varepsilon_1 = \frac{1 - e^{[NTU_1(1-R_1)]}}{R_1 - e^{[NTU_1(1-R_1)]}} = 0.23$$

$\varepsilon_1 = (T_{H1} - T_{H2})/(T_{H1} - T_{L1}) = 0.23$，$T_{H2} = 55\text{℃}$，由热平衡得到 $T_{L2} = 31.2\text{℃}$。

$\Delta T_2 = T_{H2} - T_{L1} = 55 - 28 = 27$，$\quad \Delta T_1 = T_{H1} - T_{L2} = 63 - 31.2 = 31.8\text{℃}$

$$\Delta T_m = \frac{\Delta T_2 - \Delta T_1}{\ln \cfrac{\Delta T_2}{\Delta T_1}} = \frac{31.8 - 27}{\ln \cfrac{31.8}{27}} = 29.4\text{℃}$$

$Q_1 = KA\Delta T_m = 198 \times 11.3 \times 29.4 = 65800 \text{W}$

以热流体为基准计算第二换热器，$\varepsilon_1 = 0.23$

$\varepsilon_1 = (T_{H1} - T'_{H2})/(T_{H1} - T_{L2}) = \cfrac{63 - T'_{H2}}{63 - 31.2} = 0.23$，$T'_{H2} = 55.7\text{℃}$，由热平衡得

$T_{L3} = 34.1\text{℃}$。

$\Delta T_m = 26.7\text{℃}$，$\quad Q_2 = KA\Delta T_m = 198 \times 11.3 \times 26.7 = 59700 \text{W}$

$Q = Q_1 + Q_2 = 125500 = 4.52 \times 10^5 \text{kJ/h} > 4 \times 10^5 \text{kJ/h}$，符合要求。用串联比并联效果好，但其流动阻力损失也大。

### 5.4.4 非稳态传热（阅读材料）

非稳态传热就是在不稳定温度场中的热交换。比稳态换热更为复杂的是：温度不仅是位置的函数，也是时间的函数。在一些热力过程中，非稳态换热可能起着支配作用，如食品的超高温杀菌处理等。本节只对非稳态传热中的一维非稳态导热进行简要介绍。

#### 5.4.4.1 非稳态传热的基本概念

现在集中讨论下面的非稳态传热情况：一个物体浸入一种流体浴中，流体量较大，保持温度 $T_\infty$ 不变。该物体开始温度为 $T_0$，因 $T_\infty$ 和 $T_0$ 不同，该物体与周围流体环境将进行热交换。这时的换热包括流体和物体表面的对流传热，以及物体表面和内部间的导热。热交换使物体内各点温度随时间不断变化，亦即物体内的导热是非稳态导热，换热结果使物体内温度逐渐趋向 $T_\infty$，直到达到平衡状态为止。

假如物体内只进行一维非稳态导热，则温度 $T$ 与时间 $t$ 和距离 $x$ 间的关系遵循下式：

$$\frac{\partial T}{\partial t} = a \frac{\partial^2 T}{\partial x^2} \tag{5-57}$$

式中，$a$ 为物体的扩散率（thermal diffusivity），又称为导温系数，$\text{m}^2/\text{s}$。

$$a = \frac{\lambda}{c_p \rho} \tag{5-58}$$

$a$ 值越大，物体内温度的传播速度越大。

对具有简单几何形状的物体，如大平板、长圆柱和圆球，可直接求解上述方程，但其解的形式为无穷级数。可用下列四个量纲为 1 的特征数表示方程的解：

① 时间比 $$X = \frac{at}{x_1^2} \tag{5-59}$$

② 温度比 $$Y = \frac{T_\infty - T}{T_\infty - T_0} \tag{5-60}$$

③ 热阻比 $$m = \frac{\lambda}{hx_1} \tag{5-61}$$

④ 距离比 $$n = \frac{x}{x_1} \tag{5-62}$$

式中，$T_\infty$ 为环境流体温度，℃；$T_0$ 为物体初始温度，℃；$T$ 为物体内某点在 $t$ 时刻的温度，℃；$a$ 为物体的热扩散率，$m^2/s$；$h$ 为物体表面与环境流体的传热系数，$W/(m^2 \cdot K)$；$x_1$ 为物体表面到物体中心、轴心或中心平面的最短距离，称为物体的特性尺寸，m；$x$ 为物体内某点到中心的距离，m。

这样，方程式 (5-57) 的解可表达为：
$$Y = f(X, m, n) \tag{5-63}$$
如果只选固体中心作为研究对象，因 $x = 0$，$n = 0$，此时式 (5-63) 变为
$$Y = f(X, m) \tag{5-64}$$

前述的几个量纲为 1 的特征数中，时间比 $X$ 又称为傅里叶（Fourier）数，温度比 $Y$ 又称为过余温度特征数，而热阻比 $m$ 的倒数 $1/m$ 又称为毕渥特（Biot）数。对热阻比 $m$ 可作如下理解：物体表面热阻为对流传热阻力 $R_0 = 1/(hA)$，物理内部热阻为导热阻力 $R_i = x_1/(\lambda A)$，二者之比：$m = R_0/R_i = \lambda/(hx_1)$ 即为物体外部热阻和内部热阻之比。若 $m$ 值大，外部热阻对换热控制作用大。若 $m$ 值小，内部热阻对换热控制作用大。因此，热阻之比 $m$ 是讨论非稳态传热的重要参数。下面根据 $m$ 值的不同，分几种情形讨论非稳态传热。

### 5.4.4.2 忽略内阻的非稳态传热 ($m > 10$)

因为热阻比 $m > 10$，换热内阻与外阻相比可以忽略。这时，外阻是影响换热的主要因素。这种条件适用于大多数金属物体的加热和冷却。因为金属的热导率 $\lambda$ 较大。这种条件一般不适用于固体食品的换热，因固体食品的热导率较小。可忽略内阻的换热意味着物体内各处温度相同，物体各处的温度仅随时间变化，温度与物体形状没有多大关系。

可忽略内阻的非稳态传热的另一场合，就是容器内的液态食品得到很好搅拌时的换热。这时在液体食品中也不存在温度梯度，可认为物料内温度因搅拌而到处均匀一致。

下面推导可忽略内阻的非稳态传热的数学表达式。将一个冷物体浸入到温度为 $T_\infty$ 的热流体中，因换热仅受到物体外对流传热控制，由热量恒算：
$$Q = hA(T_\infty - T) = \rho V c_p \frac{dT}{dt} \tag{5-65}$$

式中，$A$ 为物体的表面积，$m^2$；$V$ 为物体的体积，$m^3$；$\rho$ 为物体的密度，$kg/m^3$；$c_p$ 为物体的定压比热容，$J/(kg \cdot K)$。

分离变量积分：
$$\int_{T_0}^{T_\infty} \frac{dT}{T_\infty - T} = \frac{hA \int_0^t dt}{\rho V c_p}, \quad -\ln \frac{T_\infty - T}{T_\infty - T_0} = \frac{hAt}{c_p \rho V}$$
或
$$\frac{T_\infty - T}{T_\infty - T_0} = \exp\left(-\frac{hAt}{c_p \rho V}\right) \tag{5-66}$$

若 $V/A$ 作为物体特性尺寸 $x_1$，则

$$\frac{hAt}{c_p\rho V}=\frac{ht}{c_p\rho x_1}=\frac{ht\lambda x_1}{c_p\rho\lambda x_1^2}=\frac{ahtx_1}{\lambda x_1^2}=X\frac{hx_1}{\lambda}=X/m$$

则式(5-66) 可表示为

$$Y=e^{-X/m} \tag{5-67}$$

式(5-66) 和式(5-67) 皆为可忽略内阻的非稳态换热方程。

**【例 5-11】** 将密度为 $980kg/m^3$、比热容为 $3.95kJ/(kg \cdot K)$ 的番茄汁放入半径为 $0.5m$ 的半球形夹层锅中加热。番茄汁初温为 $20℃$，在锅内充分搅拌。蒸汽夹套的表面传热系数为 $5000W/(m^2 \cdot K)$，锅内表面温度为 $90℃$。计算加热 $5min$ 后番茄汁的温度。

**解：** 因锅内液体物料充分搅拌，物料内无温度梯度，属于忽略内阻的非稳态加热，可用式 5-66 求解。

半球形锅 $A=2\pi r^2=2\times 3.14\times 0.5^2=1.57m^2$，$V=\frac{2}{3}\pi r^3=\frac{2}{3}\times 3.14\times 0.5^3=0.26m^3$

将已知数据代入式(5-66)：

$$\frac{90-T}{90-20}=\exp\left(-\frac{5000\times 1.57\times 5\times 60}{3950\times 980\times 0.26}\right)=0.096, \quad T=83.3℃$$

#### 5.4.4.3 内阻和外阻共存的非稳态传热 ($10>m>1/40$)

这种情况比较复杂，内阻和外阻对非稳态换热都不能忽略。即使对大平板、球体和长圆柱只有一维不稳定温度场的非稳态换热，式(5-63) 的表达也相当复杂，一些研究者已对大平板、球体和长圆柱作出了不同 $m$ 值的 Y-X 线算图。见图 5-20、图 5-21 和图 5-22，称海斯勒图。这些图的纵坐标都是温度比 $Y=\frac{T_\infty-T}{T_\infty-T_0}$，横坐标都是时间比 $X=\frac{at}{x_1^2}$，其中特性尺寸 $x_1$ 对平板为半厚度，对球体 $x_1$ 为球半径，对圆柱体 $x_1$ 为其半径。海斯勒图是双对数坐标图。可以用这几张图计算这些形状物体的非稳态换热过程。食品的 $a$ 值低，$X$ 常小于 1，有刻度放大的 Schneider 的对数线性坐标图供使用。

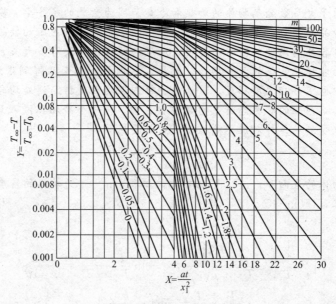

图 5-20 平板温度-时间线算图

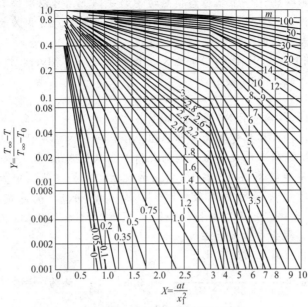

图 5-21　球体温度-时间线算图

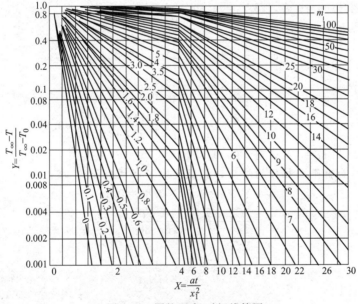

图 5-22　圆柱温度-时间线算图

**【例 5-12】**　直径 6cm、初温 15℃的苹果放入 2℃的冷水流中，水对苹果的传热系数为 50W/(m²·K)，苹果的热导率 λ=0.355W/(m·K)，比热容 $c_p$=3.6kJ/(kg·K)，密度 ρ=820kg/m³。求使苹果中心温度达到 3℃所需时间。

　　**解：**视苹果为球体。

$$Y=\frac{T_\infty-T}{T_\infty-T_0}=\frac{2-3}{2-15}=\frac{1}{13}=0.077, \qquad m=\frac{\lambda}{\alpha x_1}=\frac{0.035}{50\times0.03}=0.233$$

查图 5-21，得对应 X=0.5，引用式(5-59)

$$t=\frac{Xx_1^2}{a}=\frac{Xx_1^2c_p\,\rho}{\lambda}=\frac{0.5\times0.03^2\times3600\times820}{0.355}=3742\text{s}=1.04\text{h}$$

在以上几种形状物体一维非稳态换热讨论的基础上，可以解决有限长圆柱体等的非稳态换热的计算。有限长的短圆柱体（例如圆形罐头）可视为长圆柱和厚度等于短圆柱高度的大平板的公交体。

设 $Y_1$ 为长圆柱体的温度比，$Y_2$ 为大平板的温度比，Myers 于 1971 在数学上已证明，短圆柱体的温度比

$$Y = Y_1 Y_2 \qquad (5\text{-}68)$$

#### 5.4.4.4 可忽略外阻的非稳态传热（$m < 1/40$）

一般认为当 $m < 1/40$，换热过程的外部热阻很小，可以忽略不计。此时，以上三个 $Y$-$X$ 线算图仍可适用，但这时问题已经简化，因为此情况下只使用 $m = 0$ 一条线就可以了。

【例 5-13】 将半径 3.4cm、高 10.2cm 的豌豆浆罐头在蒸汽中加热，蒸汽温度为 116℃，蒸汽对罐头的传热系数 $h = 3820\text{W}/(\text{m}^2 \cdot \text{K})$，豌豆浆的热导率 $\lambda = 0.83\text{W}/(\text{m} \cdot \text{K})$，比热容 $c_p = 3.8\text{kJ}/(\text{kg} \cdot \text{K})$，密度 $\rho = 1090\text{kg/m}^3$，罐头初温 30℃。求加热 45min 后，罐头中心处的温度。

解：（1）计算长圆柱的温度比 $Y_1$

$$m = \frac{\lambda}{h x_1} = \frac{0.83}{3820 \times 0.034} = 0.0064 < \frac{1}{40}，\text{认为} \ m = 0$$

$$X = \frac{at}{x_1^2} = \frac{\lambda t}{c_p \rho x_1^2} = \frac{0.83 \times 45 \times 60}{3800 \times 1090 \times 0.034^2} = 0.468$$

查图 5-22 的 $m = 0$ 线，得 $Y_1 = 0.19$。

（2）计算大平板的温度比 $Y_2$

$$x_1 = \frac{1}{2} \times 10.2 = 5.1\text{cm} = 0.051\text{m}$$

$$m = \frac{\lambda}{h x_1} = \frac{0.83}{3820 \times 0.051} \approx 0$$

$$X = \frac{\lambda t}{c_p \rho x_1^2} = \frac{0.83 \times 45 \times 60}{3800 \times 1090 \times 0.051^2} = 0.208$$

查图 5-20 的 $m = 0$ 线，得 $Y_2 = 0.80$。

（3）对作为有限圆柱体的罐头，其温度比 $Y$ 按式(5-68) 求：

$$Y = Y_1 Y_2 = 0.19 \times 0.80 = 0.15$$

$$Y = \frac{T_\infty - T}{T_\infty - T_0} = \frac{116 - T}{116 - T_0} = 0.15$$

$$T = 103℃$$

# 5.5 热辐射

## 5.5.1 辐射的基本概念和定律

### 5.5.1.1 辐射的基本概念

（1）热辐射 仅因物体自身温度而发出的辐射能称为热辐射。热辐射和其它电磁辐射一样，都以光速传递。它的传递不需要任何介质，甚至在绝对真空中也能传递。热辐射也具有波粒二重性。一方面它具有波动性，其波长 $\lambda$(m) 和辐射频率 $\nu$(s$^{-1}$) 的乘积等于光速 $c$(m/s)：

$$c = \nu \lambda \qquad (5\text{-}69)$$

另一方面它具有粒子性，直线传播，能量是量子化的，量子的能量 $E$(J) 与辐射频率 $\nu$ 成正比：

$$E = h\nu \tag{5-70}$$

式中，$h$ 为普朗克常量（Planck constant），$h = 6.626 \times 10^{-34}\text{J·s}$。

热辐射与 γ 射线、X 射线及无线电波等电磁辐射，就物理本质而言，完全相同，都是以电磁波形式传播的辐射能，区别仅在于波长范围不同。热辐射的波长在 $0.4 \sim 40\mu m$ 之间。这个范围波长的辐射能容易被物体吸收转变为热能，故被称为热辐射。其中波长 $0.4 \sim 0.8\mu m$ 者，为可见光；波长为 $0.8 \sim 40\mu m$ 者，为红外线。

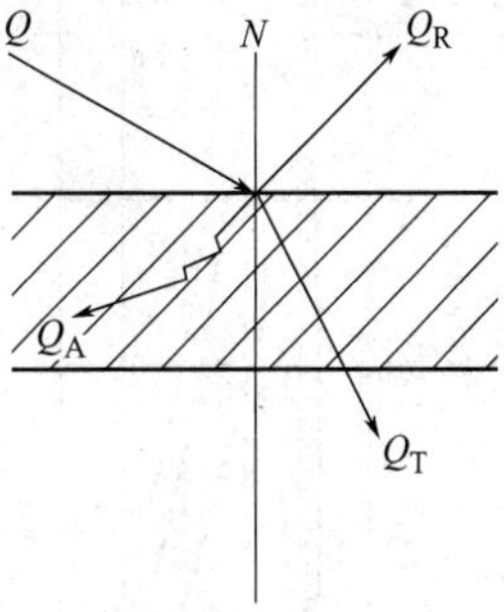

（2）吸收率和黑体　当热辐射投射到物体表面时，将发生吸收、反射和穿透现象。如图 5-23 所示，设投射到某物体上的总辐射能为 $\Phi$，部分能量 $\Phi_A$ 被吸收，部分能量 $\Phi_R$ 被反射，部分能量 $\Phi_T$ 透过该物体。

按能量守恒定律，得

图 5-23　辐射能的吸收、反射和透过

$$\Phi_A + \Phi_R + \Phi_T = \Phi$$

故

$$\frac{\Phi_A}{\Phi} + \frac{\Phi_R}{\Phi} + \frac{\Phi_T}{\Phi} = 1$$

令 $\alpha = \dfrac{\Phi_A}{\Phi}$，称为物体的吸收率（absorptivity）

$\rho = \dfrac{\Phi_R}{\Phi}$，称为物体的反射率（reflectivity）

$\tau = \dfrac{\Phi_T}{\Phi}$，称为物体的透过率（transmissivity）

则有

$$\alpha + \rho + \tau = 1 \tag{5-71}$$

当 $\alpha = 1$ 时，表示物体能全部吸收辐射能，称该物体为绝对黑体，简称黑体（black body）。当 $\rho = 1$ 时，表示物体能全部反射辐射能，称该物体为绝对白体（white body）。

黑体是个理想化的概念，实际上 $\alpha = 1$ 的物体并不存在，仅作为辐射计算中比较的标准。当 $\alpha < 1$，且对所有波长的辐射都具有相同吸收率的物体，称为灰体（gray body）。灰体不透过辐射能，即 $\alpha + \rho = 1$。

（3）辐能流率　物体在单位时间内发射出的辐射能称为辐射功率，以 $Q(\text{W})$ 表示：

$$Q = \frac{\mathrm{d}\Phi}{\mathrm{d}t} \tag{5-72}$$

物体单位面积上产生的辐射能称为辐能流，以 $\Psi(\text{J/m}^2)$ 表示：

$$\Psi = \frac{\Phi}{A} \tag{5-73}$$

单位时间发射出的辐能流，称为辐能流率，以 $\varphi(\text{W/m}^2)$ 表示：

$$\varphi = \frac{\mathrm{d}\Psi}{\mathrm{d}t} \tag{5-74}$$

辐能流率 $\varphi$ 就是物体在单位时间、单位表面积上发射的辐射能，它表征物体辐射能力的大小。波长 $\lambda$ 一定的辐射的辐能流率，称为单色辐能流率，记作 $\varphi_\lambda(\text{W/m}^3)$，定义为

$$\varphi_\lambda = \lim_{\Delta\lambda \to 0} \frac{\varphi_{\lambda - (\lambda + \Delta\lambda)}}{\Delta\lambda} \tag{5-75}$$

式中，$\varphi_{\lambda - (\lambda + \Delta\lambda)}$ 为波长在 $\lambda$ 到 $\lambda + \Delta\lambda$ 间的辐射的辐能流率，$\text{W/m}^2$。

### 5.5.1.2　辐射定律

（1）普朗克定律（Planck's law）　1900 年 Planck 从理论上导出黑体在不同温度下向真空辐射的单色辐能流率与波长和温度的关系：

$$\varphi_{b\lambda} = \frac{c_1 \lambda^{-5}}{\mathrm{e}^{\frac{c_2}{\lambda T}} - 1} \tag{5-76}$$

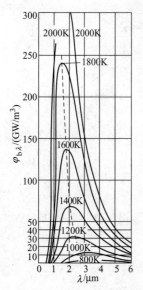

图 5-24 黑体辐射能
流率分布

式中，$\varphi_{b\lambda}$ 为黑体在波长为 $\lambda$ 时的单色辐能流率，$W/m^3$；$\lambda$ 为波长，m；$T$ 为热力学温度，K；$c_1$ 为第一辐射常量，$c_1 = 2\pi hc^2 = 3.743 \times 10^{-16}\,W \cdot m^2$；$c_2$ 为第二辐射常量，$c_2 = hc/k = 1.4378 \times 10^{-2}\,m \cdot K$。

式(5-76) 称为普朗克定律。由此式可给出不同温度下的 $\varphi_{b\lambda}$-$\lambda$ 等温线，每条线下的面积表示黑体在该温度下的所有波长辐射的辐能流率（见图 5-24）。

(2) 史蒂芬-玻尔兹曼定律（Stefan-Boltzman's law） 黑体的辐能流率为黑体所有单色辐能流率之和：

$$\varphi_b = \int_0^\infty \varphi_{b\lambda}\,d\lambda = \int_0^\infty \frac{c_1 \lambda^{-5}}{e^{\frac{c_2}{\lambda T}} - 1}\,d\lambda$$

计算上式中的积分，可得：

$$\varphi_b = \sigma T^4 \tag{5-77}$$

式中，$\sigma$ 为史蒂芬-玻尔兹曼常量（Stefan-Boltzman constant），$\sigma = 5.67 \times 10^{-8}\,W/(m^2 \cdot K^4)$。

式(5-77) 称为史蒂芬-玻尔兹曼定律，它表明黑体的辐能流率与热力学温度的四次方成正比。该定律表明，只要温度 $T >$ 0K，就会产生热辐射。前面讨论换热时提到，除了对流传热和导热外，也包含辐射传热。只不过在低温时，辐射能相对较小，可以忽略。但在高温时，辐射可成为主要的传热方式。

在同一温度下，灰体的辐射能力小于黑体，灰体的辐能流率与黑体的辐能流率之比称为该灰体的黑度，又称辐射率（emissivity），一般用 $\varepsilon$ 表示，即

$$\varepsilon = \frac{\varphi}{\varphi_b} \tag{5-78}$$

显然，$\varepsilon < 1$。

灰体的辐能流率 $\varphi$ 与温度的关系为：

$$\varphi = \varepsilon \varphi_b = \varepsilon \sigma T^4 \tag{5-79}$$

一些材料的黑度见表 5-4。

表 5-4 常用材料的黑度

| 材　料 | 温度/℃ | $\varepsilon$ | 材　料 | 温度/℃ | $\varepsilon$ |
|---|---|---|---|---|---|
| 铝，表面高度磨光 | 225~575 | 0.039~0.057 | 红砖，表面粗糙平整 | 20 | 0.93 |
| 黄铜，表面高度磨光 | 245~355 | 0.028~0.031 | 耐火砖 | 1000 | 0.75 |
| 铸铁，氧化的 | 200~600 | 0.64~0.78 | 玻璃，表面光滑 | 22~90 | 0.94 |
| 钢板，氧化的 | 200~600 | 0.79 | 涂漆，黑色或白色 | 40~95 | 0.80~0.95 |
| 钢铸铁，磨光的 | 770~1040 | 0.52~0.56 | 橡胶，硬板 | 23 | 0.94 |

(3) 克希霍夫定律（Kirchhoff's law） 现研究灰体黑度与吸收率间的关系。在图 5-25 中，空腔 2 及腔内的灰体 1 处于热平衡，即两者温度相同，则灰体单位时间单位面积上吸收的热辐射能等于它发出的辐能流率 $\varphi_1$，若腔内表面发射的单位时间照射到灰体单位表面的辐射能为 $q$，灰体的吸收率为 $\alpha_1$，则有 $\alpha_1 q = \varphi_1$

如果取出灰体，换上同样尺寸的黑体，在与上面相同温度下处于平衡时，有 $q = \varphi_b$。

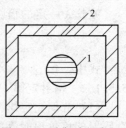

图 5-25　平衡时空腔和
腔内物体
1—灰体；2—空腔

两式相除，则 $\alpha_1 = \dfrac{\varphi_1}{\varphi_b}$

而由式(5-78)，$\dfrac{\varphi_1}{\varphi_b}=\varepsilon_1$，$\varepsilon_1$ 为灰体的黑度，则

$$\alpha_1 = \varepsilon_1 \tag{5-80}$$

式(5-80)称为克希霍夫定律。它表明：在同一温度下，灰体的吸收率与黑度在数值上相等。

### 5.5.2 固体壁面间的辐射传热

工程实践中最常见到的是固体间的辐射换热。这些固体可当作灰体处理，它们之间的辐射换热，实际上是辐射能的多次吸收和多次反射的过程。两固体间的辐射换热，不但与二者温度有关，而且与两物体的黑度、形状和大小，甚至与它们的距离和相对位置都有关，非常复杂。下面仅就几种简单情形概略讨论之。

#### 5.5.2.1 极大的两平行板间的辐射换热

设两个极大的平行板 1 和 2，如图 5-26 所示，它们的温度分别为 $T_1$ 和 $T_2$，发出的辐射能流率分别为 $\varphi_1$ 和 $\varphi_2$，单位时间单位面积上使对方接收的辐射能分别为 $q_1$ 和 $q_2$。其中，$1\rightarrow2$ 的能量 $q_1$ 由板 1 自身辐射 $\varphi_1$ 和反射 $q_2$ 的能量构成：

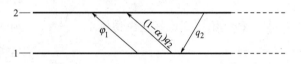

图 5-26　极大平行板间辐射换热

$$q_1 = \varphi_1 + (1-\alpha_1)q_2 = \varphi_1 + (1-\varepsilon_1)q_2 \tag{5-81}$$

同样
$$q_2 = \varphi_2 + (1-\alpha_2)q_1 = \varphi_2 + (1-\varepsilon_2)q_1 \tag{5-82}$$

将式(5-82)代入式(5-81)，得

$$q_1 = \varphi_1 + (1-\varepsilon_1)[\varphi_2 + (1-\varepsilon_2)q_1] = \varphi_1 + \varphi_2 - \varepsilon_1\varphi_2 + q_1 - \varepsilon_2\varphi_1 - \varepsilon_1\varphi_1 + \varepsilon_1\varepsilon_2 q_1$$

整理得：$q_1 = \dfrac{\varphi_1 + \varphi_2 - \varepsilon_1\varphi_2}{\varepsilon_1 + \varepsilon_2 - \varepsilon_1\varepsilon_2}$

同理：$q_2 = \dfrac{\varphi_1 + \varphi_2 - \varepsilon_2\varphi_1}{\varepsilon_1 + \varepsilon_2 - \varepsilon_1\varepsilon_2}$

从 1 向 2 的净辐射的热流密度 $q_{1\text{-}2}$（W/m$^2$）为：

$$q_{1\text{-}2} = q_1 - q_2 = \frac{\varepsilon_2\varphi_1 - \varepsilon_1\varphi_2}{\varepsilon_1 + \varepsilon_2 - \varepsilon_1\varepsilon_2}$$

$$= \frac{\varepsilon_2\varepsilon_1\sigma T_1^4 - \varepsilon_1\varepsilon_2\sigma T_2^4}{\varepsilon_1 + \varepsilon_2 - \varepsilon_1\varepsilon_2}$$

各项皆除以 $\varepsilon_1\varepsilon_2$，则得：

$$q_{1\text{-}2} = \frac{\sigma(T_1^4 - T_2^4)}{\dfrac{1}{\varepsilon_1} + \dfrac{1}{\varepsilon_2} - 1} \tag{5-83}$$

令
$$c_{1\text{-}2} = \frac{\sigma}{\dfrac{1}{\varepsilon_1} + \dfrac{1}{\varepsilon_2} - 1} \tag{5-84}$$

则
$$q_{1\text{-}2} = c_{1\text{-}2}(T_1^4 - T_2^4) \tag{5-85}$$

式中，$c_{1\text{-}2}$ 为总辐射系数，W/(m$^2\cdot$K$^4$)。

若平板面积为 $A$，则辐射换热器热流量 $Q_{1\text{-}2}$（W）为

$$Q_{1\text{-}2} = c_{1\text{-}2}A(T_1^4 - T_2^4) \tag{5-86}$$

#### 5.5.2.2 一物体被另一物体包围时的辐射传热

如图 5-25 的情形，物体 1 被物体 2 所包围。与前种情况相同的是，物体 1 发出的辐射能可全部照射到物体 2 上，或者说全部被物体 2 所拦截。与前种情况不同的是，物体 1 和物体 2 的表面积 $A_1$ 和 $A_2$ 一般不相同，可以推得从 1 向 2 的净辐射热流量仍可表示为式（5-86）的形式：

$$Q_{1\text{-}2} = c_{1\text{-}2} A_1 (T_1^4 - T_2^4) \tag{5-87}$$

式中，总辐射系数 $c_{1\text{-}2}$ 为：

$$c_{1\text{-}2} = \frac{\sigma}{\dfrac{1}{\varepsilon_1} + \dfrac{A_1}{A_2}\left(\dfrac{1}{\varepsilon_2} - 1\right)} \tag{5-88}$$

作为两种极端情形：一种是物体 2 相对于物体 1 是很大的，则 $\dfrac{A_1}{A_2} \approx 0$，式（5-88）变为：

$$c_{1\text{-}2} = \varepsilon_1 \sigma \tag{5-89}$$

另一种是物体 2 恰好包住物体 1，$\dfrac{A_1}{A_2} \approx 1$，则式（5-88）变为：

$$c_{1\text{-}2} = \frac{\sigma}{\dfrac{1}{\varepsilon_1} + \dfrac{1}{\varepsilon_2} - 1} \tag{5-90}$$

#### 5.5.2.3 面积有限的两相等平行面间的辐射换热

这种情形与前两种情况不同的是，物体 1 发出的辐射不能完全为物体 2 所截获，如图 5-27 所示。这样在辐射换热方程中就要出现一个小于 1 的因子 $F_{1\text{-}2}$：

$$Q_{1\text{-}2} = c_{1\text{-}2} F_{1\text{-}2} A (T_1^4 - T_2^4) \tag{5-91}$$

在式（5-91）中，总辐射系数 $c_{1\text{-}2}$ 为：

$$c_{1\text{-}2} = \varepsilon_1 \varepsilon_2 \sigma \tag{5-92}$$

而 $F_{1\text{-}2}$ 称为角因子或几何因子，它具有从物体 1 发出的辐射被物体 2 截获的比例的意义。对前面极大的两平行板间辐射及物体 1 被物体 2 包围那两种情况，$F_{1\text{-}2} = 1$，因此角因子不出现在换热方程中。

对面积有限的两相等平面间的辐射，$F_{1\text{-}2}$ 随 $\dfrac{L}{h}$ 的增加而增大。其中 $h$ 为两平行板间的距离，$L$ 为定性尺寸：对正方形为边长，对圆形板为直径，对长方形为短边长度。这几种平行板 $F_{1\text{-}2}$ 与 $\dfrac{L}{h}$ 的关系如图 5-28 所示。

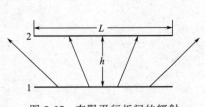

图 5-27　有限平行板间的辐射

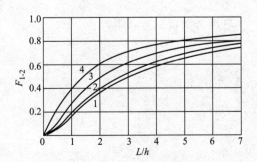

图 5-28　$F_{1\text{-}2}$ 与 $\dfrac{L}{h}$ 的关系

1—圆盘形；2—正方形；3—长方形
（边长比 2∶1）；4—长方形（狭长）

**【例 5-14】** 面积为 $0.1m^2$ 的面包在烤炉内烘烤。炉内壁面积为 $1m^2$，温度为 250℃，面包温度为 100℃，炉内壁对面包构成封闭空间，炉内壁为氧化的钢材表面，黑度为 0.8，面包黑度为 0.5。求面包得到的辐射热流量。

**解：** 这是面包被烤炉包围时的辐射换热，在引用式(5-87) 和式(5-88) 时应注意，被包围的面包是物体 1，炉壁为物体 2。

$$c_{1-2}=\frac{\sigma}{\frac{1}{\varepsilon_1}+\frac{A_1}{A_2}\left(\frac{1}{\varepsilon_2}-1\right)}=\frac{5.67\times10^{-8}}{\frac{1}{0.5}+\frac{0.1}{1}\left(\frac{1}{0.8}-1\right)}=2.80\times10^{-8}\,\text{W/m}^2$$

$$Q_{1-2}=c_{1-2}A_1(T_1^4-T_2^4)=2.80\times10^{-8}\times0.1\times(373^4-523^4)=-155\,\text{W}$$

负号表明，实际上是从炉壁向面包辐射换热。

# 5.6 间壁式换热器

两个温度不同的物体由于传热，进行热量的交换，称为热交换，又简称为换热（heat exchange）。用于进行热交换的设备，称为热交换器，简称换热器（heat exchanger）。热交换的结果是，温度较高的物体焓减小，温度较低的物体焓增大。在食品工程中，最常见的热交换是冷、热两流体隔着间壁的换热。

换热器（heat exchanger）的种类很多，其中以间壁式换热器应用最为普遍，以下讨论仅限于此类换热器。

间壁式换热器按传热壁面特点可分为管式、板式和板翅式 3 种类型，分述如下。

## 5.6.1 管式换热器

(1) 沉浸式换热器  这种换热器多以金属管弯成与容器相适应的形状（因为多为蛇形，故又称蛇管），并沉浸在容器中。两种流体分别在蛇管内、外流动并进行热交换。几种常见的蛇管形式如图 5-29 和图 5-30 所示。

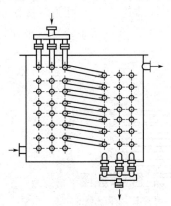

图 5-29  沉浸式蛇管换热器

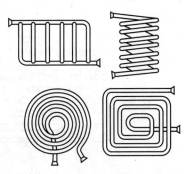

图 5-30  蛇形管

沉浸式换热器的优点是结构简单，价格低廉，能承受高压，可用耐腐蚀材料制造。其缺点是蛇管外流体湍流程度低，传热系数小。欲提高管外流体的传热系数，可在容器内安装机械搅拌器或鼓泡搅拌器。

(2) 喷淋式换热器  喷淋式换热器的结构与操作如图 5-31 所示。这种换热器多用作冷却器。热流体在管内自下而上流动，冷却水由最上面的淋水管流出，均匀地分布在蛇管上，并沿其表面呈膜状自上而下流下，最后流入水槽排出。喷淋式换热器常置于室外空气流通处。冷却水在空气中汽化亦可带走部分热量，增强冷却效果。其优点是便于检修，传热效果较好。缺点是喷淋不易均匀。

（3）套管式换热器　套管式换热器的基本部件由直径不同的直管按同轴线相套组合而成。内管用180°的回弯管相连，外管亦需连接，结构如图 5-32 所示。每一段套管为一程，有效长度为 4～6m。若管子太长，管中间会向下弯曲，使环隙中的流体分布不均匀。

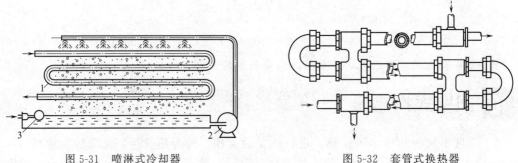

图 5-31　喷淋式冷却器
1—蛇管；2—循环泵；3—控制阀

图 5-32　套管式换热器

套管式换热器的优点是构造简单，内管能耐高压，传热面积可根据需要增减，适当选择两管的直径，两流体皆可获得适宜的流速，且两流体可作严格逆流。其缺点是管间接头较多，接头处易泄漏，单位换热器体积具有的传热面积较小。故使用于流量、传热面积不大但压强要求较高的场合。

（4）列管式换热器　列管式（又称管壳式）换热器是目前化工和饮料生产中使用最广泛的换热设备。与前述几种换热器相比，它的突出优点是单位体积具有的传热面积大，结构紧凑、坚固、传热效果好，而且能用多种材料制造，适用性较强，操作弹性大。在高温、高压和大型装置中多采用列管式换热器。

列管式换热器有多种形式。

① 固定管板式　结构如图 5-33 所示。管子两端与管板的连接方式可用焊接法或胀接法固定，壳体则同管板焊接，从而管束、管板与壳体成为一个不可拆的整体。这就是固定管板式名称的由来。

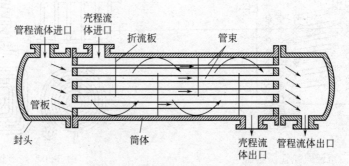

图 5-33　固定管板式列管换热器

折流板主要有圆缺型与盘环型两种，其结构如图 5-34 所示。

操作时，管壁温度是由管程与壳程流体共同控制的，而壳壁温度只与壳程流体有关，与管程流体无关。管壁与壳壁温度不同，二者线膨胀度不同，又因整体是固定结构，必产生热应力。热应力大时可能使管子压弯或把管子从管板处拉脱。所以当热、冷流体间温度差超过50℃时，应有减小热应力的措施，这称为热补偿。

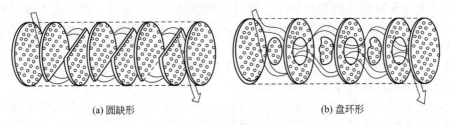

(a) 圆缺形　　　　　　　　　　　(b) 盘环形

图 5-34　折流板

固定管板式列管换热器常用"膨胀节"结构进行热补偿。图 5-35 所示的为具有膨胀节的固定管板式换热器，即在壳体上焊接一个横断面带圆弧形的钢环。该膨胀节在受到换热器轴向应力时会发生形变，使壳体伸缩，从而减小热应力。但这种补偿方式仍不适用于热、冷流体温差较大（大于 70℃）的场合，因而膨胀节是承压薄弱处，壳程流体压强不宜超过 6at（588.4kPa）。

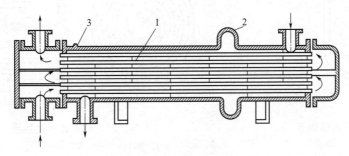

图 5-35　具有补偿圈的固定管板式换热器

1—挡板；2—补偿器；3—鼓气嘴

为更好地解决热应力问题，在固定管板式的基础上，又发展了 U 形管式及浮头式列管换热器。

② U 形管换热器　如图 5-36 所示，U 形管换热器每根管子都弯成 U 形，管子的进出口均安装在同一管板上。封头内用隔板分成两室。这样，管子可以自由伸缩，与壳体无关。这种换热器结构适用于高温和高压场合，其主要不足之处是管内清洗不易，制造困难。

③ 浮头式换热器　结构如图 5-37 所示。其特点是有一端管板不与外壳相连，可以沿轴向伸缩。这种结构不但完全消除了热应力，而且由于固定端的管板用法兰与壳体相连，整个管束可以从壳体中抽出，便于清洗和检修。浮头式换热器应用较为普遍，但结构复杂，造价较高。

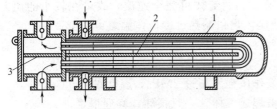

图 5-36　U 形管换热器

1—U 形管；2—壳程隔板；3—管程隔板

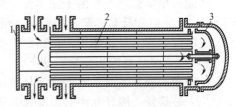

图 5-37　浮头式换热器

1—管程隔板；2—壳程隔板；3—浮头

## 5.6.2　板式换热器

（1）夹套式换热器　结构如图 5-38 所示，夹套空间是加热介质或冷却介质的通路，这种换热器主要用于反映过程的加热或冷却。当用蒸汽进行加热时，蒸汽由上部接管进入夹套，冷凝水由下部管接出。作为冷却器时，冷却介质（如冷却水）由夹套下部进入，由上部接管流出。

夹套式换热器结构简单，但由于其加热面受容器壁面限制，传热面较小，且传热系数不高。夹套式换热器在食品加工中应用较多。

（2）螺旋板式换热器　结构如图 5-39 所示。螺旋板式换热器是由两块薄金属板分别焊接在一块分隔板的两端并卷成螺旋体而构成的，两块薄金属板在器内形成两条螺旋形通道。螺旋体两侧均焊死或用封头密封。冷、热流体分别进入两条通道，在器内作严格逆流，并通过薄板进行换热。

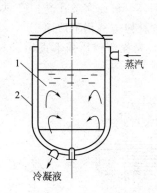

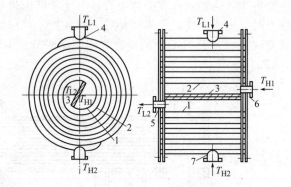

图 5-38　夹套式换热器

1—容器；2—夹套

图 5-39　螺旋板式换热器

1,2—金属片；3—隔板；4,5—冷流体连接管；6,7—热流体连接管

螺旋板换热器的直径一般在 1.6m 以内，板宽 200～1200mm，板厚 2～4mm。两板间的距离由预先焊在板上的定距掌控制，相邻板间的距离为 5～25mm。常用材料为碳钢和不锈钢。

螺旋板式换热器的优点如下：

① 传热系数高　螺旋流道中的流体由于离心惯性力的作用，在较低雷诺数下即可达到湍流（一般在 $Re=1400～1800$ 时即为湍流），并且允许采用较高流速（液体 2m/s，气体 20m/s），所以传热系数较大。如水与水之间的换热，其传热系数可达 2000～3000W/(m²·K)，而列管式换热器一般为 1000～2000W/(m²·K)。

② 不易结垢和堵塞　由于对每种流体流动都是单通道，流体的流速较高，又有离心惯性力的作用，湍流程度高，流体中悬浮的颗粒不易沉淀，故螺旋板换热器不易结垢和堵塞，宜处理悬浮液及黏度较大的流体。

③ 能利用低温热源　由于流体流动的通道长和两流体可完全逆流，故可在较小的温差下操作，充分回收低温热源。据资料介绍，热流体出口端热、冷流体温差可小至 3℃。

④ 结构紧凑　单位体积的传热面积约为列管式的 3 倍。

螺旋板式换热器的主要缺点如下：

① 操作压强和温度不宜太高　目前最高操作压强不超过 2MPa，温度在 400℃ 以下。

② 不易检修　因日常用的螺旋板换热器被焊成一体，一旦损坏，修理很难。

（3）平板式换热器　平板式换热器（通常称为板式换热器）主要由一组冲压出一定凹凸波纹的长方形薄金属板平行排列，以密封及夹紧装置组装于支架上构成。两相邻板片的边缘衬有垫片，压紧后可以达到对外密封的目的。操作时要求板间通道冷、热流体相间流动，即一个通道走热流体，其两侧紧邻的通道走冷流体。为此，每块板的 4 个角上各开一个圆孔。通过圆孔外设置或不设置圆环形垫片可使每个板间通道只同两个孔相连。板式换热器的组装

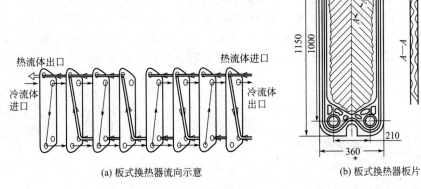

| (a) 板式换热器流向示意 | (b) 板式换热器板片 |

图 5-40　板式换热器

流程如图 5-40(a) 所示。由图可见，引入的流体可并联流入一组板间通道，而组与组之间又为串联机构。换热板的结构如图 5-40(b) 所示，板上的凹凸波纹可增大流体的湍流程度，亦可增加板的刚性。波纹的形式有多种，图 5-40(b) 中所示的是人字形波纹板。

平板式换热器的优点如下：

① 传热系数高　因板面上有波纹，在低雷诺数（$Re=200$ 左右）下即可达到湍流，而且板片厚度又小，故传热系数大。热水与冷水间换热的传热系数可达 $1500 \sim 4700 \mathrm{W/(m^2 \cdot K)}$。

② 结构紧凑　一般板间距为 $4 \sim 6 \mathrm{mm}$，单位体积设备可提供的传热面积为 $250 \sim 1000 \mathrm{m^2/m^3}$。

③ 具有可拆结构　可根据需要，用调节板片数目的方法增减传热面积，故检修、清洗都比较方便。

平板式换热器的主要缺点如下：

① 操作压强和温度不能太高　压强过高易泄漏，操作压强不宜超过 20at（1.96MPa）。操作温度受垫片材料耐热性能限制，一般不超过 250℃。

② 处理量小　因板间距离仅几毫米，流速又不大，故处理量较小。

### 5.6.3　板翅式换热器

(1) 翅片管换热器　翅片管换热器是在管的表面加装翅片制成的。通常的翅片有横向和纵向两类，图 5-41 所示的是工业上广泛应用的几种翅片形式。

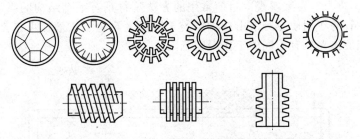

图 5-41　常见的几种翅片形式

翅片与管表面的连接应紧密，否则连接处的接触热阻很大，影响传热效果。常用的连接方法有热套、镶嵌、张力缠绕和焊接等方法。此外，翅片管也可采用整体轧制、整体铸造或机械加工等方法制造。

（2）板翅式换热器 板翅式换热器是一种更为高效、紧凑、轻巧的换热器，应用甚广。板翅式换热器的结构形式很多，但其基本结构元件相同，即在两块平行的薄金属板之间，夹入波纹状或其它形状的金属翅片，并将两侧面封死，即构成一个换热基本单元。将各基本元件进行不同的积叠和适当的排列，并用钎焊固定，即可制成并流、逆流或错流的板束（或称芯部）。其结构如图 5-42 所示。将带有流体进、出口接管的集流箱焊在板束上，就成为板翅式换热器。我国目前常用的翅片形式有光直型、锯齿型和多孔型翅片 3 种，如图 5-43 所示。

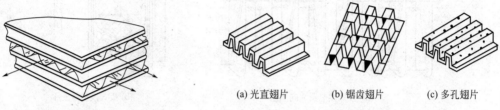

图 5-42 板翅式换热器的板束　　(a) 光直翅片　(b) 锯齿翅片　(c) 多孔翅片

图 5-43 板翅式换热器的翅片形式

板翅式换热器的优点如下：

① 传热系数高、传热效果好 因翅片在不同程度上促进了湍流并破坏了传热边界层的发展，故传热系数高。空气强制对流给热系数为 $35\sim350\mathrm{W}/(\mathrm{m}^2\cdot\mathrm{K})$，油类强制对流时给热系数为 $115\sim1750\mathrm{W}/(\mathrm{m}^2\cdot\mathrm{K})$。冷、热流体间换热不仅以平隔板为传热面，而且大部分通过翅片传热（二次传热面），因此提高了传热效果。

② 结构紧凑 单位体积设备提供的传热面积一般能达到 $2500\sim4300\mathrm{m}^2/\mathrm{m}^3$。

③ 轻巧牢固 通常用铝合金制造，板质量轻。在相同的传热面积下，其质量约为列管式换热器的 1/10。波形翅片不单是传热面，亦是两板间的支撑，故其强度很高。

④ 适应性强、操作范围广 因铝合金的热导率高，且在 0℃以下操作时，其延伸性和抗拉强度都较高，适用于低温及超低温的场合，故操作范围广。此外，既可用于两种流体的热交换，还可用于多种不同介质在同一设备内的换热，故适应性强。

板翅式换热器的缺点如下：

① 设备流道很小，易堵塞，且清洗和检修困难，所以，物料应洁净或预先净制。

② 因隔板和翅片都由薄铝片制成，故要求介质对铝不腐蚀。

（3）热管 热管是 20 世纪 60 年代中期发展起来的一种新型传热元件。它是在一根抽除不凝性气体的密闭金属管内充以一定量的某种工作液体构成的，其结构如图 5-44 所示。工作液体因在热端吸收热量而沸腾汽化，产生的蒸汽流至冷端放出潜热。冷凝液回至热端，再次沸腾汽化。如此反复循环，热量不断从热端传至冷端。冷凝液的回流可以通过不同的方法（如毛细管作用、重力等）来实现。目前常用的方法是将具有毛细结构的吸液芯装在管的内壁上，利用毛细管的作用使冷凝液由冷端回流至热端。热管工作液体可以是氨、水、丙酮、汞等。采用不同液体介质有不同的工作温度范围。

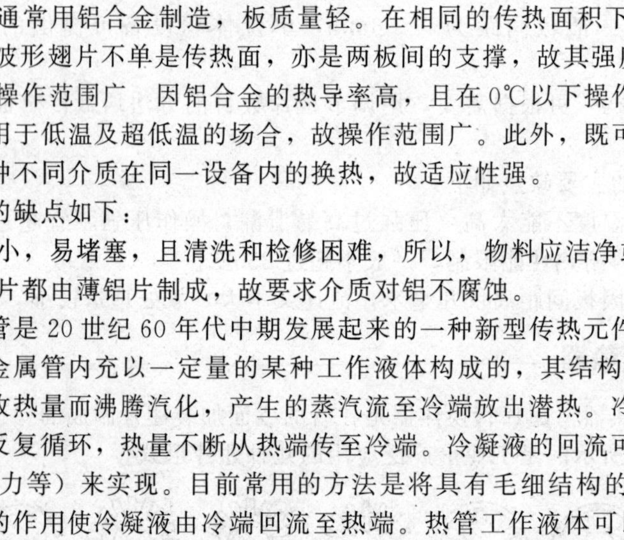

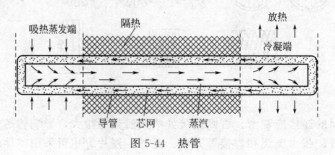

图 5-44 热管

热管传导热量的能力很强，为最优导热性能金属的导热能力的 $10^3 \sim 10^4$ 倍。因充分利用了沸腾及冷凝时给热系数的特点，通过管外翅片增大传热面，且巧妙地把管内、外流体间的传热转变为两侧管外的传热，使热管成为高效而结构简单、投资少的传热设备。目前，热管换热器已被广泛应用于烟道气废热的回收过程，并取得了很好的节能效果。

## 思 考 题

5-1 请说明傅里叶定律的意义，写出其表达式。

5-2 试述多层平壁、多层圆筒壁和多层空心球壁导热之间的异同点。

5-3 试述流动状态对对流传热的影响。

5-4 分别说明强制对流和自然对流的成因。它们对传热强度的影响用什么特征数来决定的？

5-5 气体与固体壁面之间、液体与固体壁面之间、有相变流体与固体壁面之间的对流传热系数的数量级分别为多大？

5-6 若传热推动力增加 1 倍，试求在下述流动条件下传热速率增加多少倍：
    (1) 圆形管内强制湍流；(2) 大容器内自然对流；(3) 大容器内饱和沸腾；(4) 蒸汽膜状冷凝。

5-7 为什么滴状冷凝的对流传热系数要比膜状冷凝的对流传热系数高？

5-8 膜状冷凝时雷诺数如何定义？

5-9 请说明热辐射与其他形式的电磁辐射的异同点。

5-10 物体的吸收率与辐射能力之间存在什么关系？黑度与吸收率之间有何联系？

5-11 有一管式换热器，管程走液体，壳程走蒸汽，由于液体入口温度下降，在液体流量不变的情况下，仍要达到原来的出口温度，可采取什么措施？

5-12 从传热过程的角度来比较列管式换热器与板式换热器、板翅式换热器的优缺点。

## 习 题

5-1 对于水分含量不低于 40% 的食品，且温度在 0～100℃ 范围内时，实验证明它的热扩散率可以用同温度下水分和其它干物质的热扩散率的加权平均法来计算。其它干物质的热扩散率根据经验，其值约为 $88.5 \times 10^{-9} \, m^2/s$。根据此法，试计算牛肉的热扩散率。牛肉含蛋白质 10%，磷脂 6%，糖 2% 及少量多种无机盐，其余为水分。$(1.29 \times 10^{-7} \, m^2/s)$

5-2 冷库壁由两层组成：外层为红砖，厚 250mm，热导率为 0.7W/(m·K)；内层为软木，厚 200mm，热导率为 0.07W/(m·K)。红砖和软木层的外表面温度分别为 25℃ 和 −2℃。试计算通过冷库壁的热流密度及两层接触面的温度。$(8.4W/m^2，22℃)$

5-3 一面包炉的炉墙由一层耐火黏土砖，一层红砖，中间填以硅藻土填料层所组成。硅藻土层厚度为 50mm，热导率为 0.14W/(m·K)，红砖厚度为 250mm，热导率为 0.7W/(m·K)。试求红砖厚度必须增加多少倍，才能使不采用硅藻土的炉墙与上述采用者的热阻相同。(1 倍)

5-4 $\phi38mm \times 2.5mm$ 的蒸汽管，覆有里外两层分别厚 50mm 和 10mm 的保温层。里层是蛭石，热导率为 0.0697W/(m²·K)，外层是石棉泥，热导率为 0.151W/(m²·K)。蒸汽管外表面温度为 393K，石棉泥外表面温度为 293K。试求每米长蒸汽管的热损失和两保温层分界面的温度。$(32.4W/m，297.5K)$

5-5 某蒸气管道外包有两层热导率不同而厚度相同的保温层。设外保温层的直径为管道外径的 5 倍，内保温层的直径为管道外径的 3 倍，外保温层的热导率为内层的 2 倍。若将两保温层对调，而其它条件不变，问每米管长的热损失将改变多少？（变为原来的 1.277 倍）

5-6 在果汁预器中，参加换热的热水进口温度为 98℃，出口温度为 75℃，果汁的进口温度为 5℃，出口温度为 65℃。求两种流体顺流和逆流时的平均温度差，并将两者作比较。（顺流 $\Delta T_m = 37.2℃$，逆流 $\Delta T_m = 49.2℃$）

5-7 香蕉浆在管外单程、管内双程的列管换热器中用热水加热，热水在管外。香蕉浆的流量为 500kg/h，比热容为 3.66kJ/(kg·K)，从进口初温 16℃ 加热至 75℃，热水的流量为 1000kg/h，进口温度为 95℃。换热器的平均传热系数 $K = 60W/(m^2·K)$，求换热器传热面积。$(9.44m^2)$

5-8 $\phi50mm \times 5mm$ 不锈钢管，热导率为 160.8W/(m·K)，外包厚 30mm 的石棉，热导率为

$0.2\sim0.8W/(m\cdot K)$，若管内壁温度为 350℃，保温层外壁温度为 100℃，试求每米管长的热损失。（397W/m）

5-9 某冷库壁由厚 250mm 的砖，内面涂以 50mm 混凝土做成。砖和混凝土的热导率各为 0.8W/(m·K) 和 0.13W/(m·K)。内外两侧的表面传热系数各为 8.7W/(m²·K) 和 23W/(m²·K)。如冷库内保持温度 −30℃，库外空气温度为 18℃，求通过墙面的热流密度 $q$，并绘出墙壁内的温度分布图。（56.1W/m²）

5-10 在套管换热器中将水从 25℃ 加热到 80℃，水在内管中流动，水与管壁间的传热系数为 2000W/(m²·K)。若改为加热相同流量的大豆油，试求传热系数。设两种情况下流体均呈湍流流动，两流体在定性温度下的物性为：

| 流体 | $\rho$/(kg/m³) | $\mu$/mPa·s | $c_p$/[kJ/(kg·K)] | $\lambda$/[W/(m·K)] |
|------|------|------|------|------|
| 水 | 1000 | 0.54 | 4.17 | 0.65 |
| 豆油 | 920 | 7.2 | 2.01 | 0.15 |

[205.8W/(m²·K)]

5-11 用饱和水蒸气将空气从 20℃ 加热到 90℃，饱和蒸气压强为 200kPa。现空气流量增加 20%，但要求进出口温度不变，问蒸气压强提高至何值方能完成任务？设管壁和污垢热阻均可忽略。（300kPa）

5-12 某冷库外壁内外层砖壁厚各为 12cm，中间夹层厚 10cm，填以绝缘材料。砖墙的热导率为 0.70W/(m·K)，绝热材料的热导率为 0.04W/(m·K)。墙的外表面温度为 10℃，内表面温度为 −5℃。试计算进入冷库的热流密度及绝热材料与砖墙的两接触面上的温度。（5.27W/m²，9.1℃，−4.1℃）

5-13 某乳品厂每小时欲将 3t 鲜奶从 10℃ 加热到 85℃。采用表压为 100kPa 的饱和水蒸气加热。牛奶比热容可取为 3.9kJ/(kg·K)，密度为 1030kg/m³。今有一列管式换热器，内有 36 根 φ25mm×2mm 的不锈钢管，分四程，长 2m。由实践知其传热系数约为 1000W/(m²·K)，问它能否完成加热任务？（可以）

5-14 脱脂奶以 67.5L/min 的流量流过 φ32mm×3.5mm 的不锈钢管，由管外蒸汽加热。牛奶的平均温度为 37.8℃，密度为 1040kg/m³，固形物含量为 9%，黏度为同温下水黏度（0.68mPa·s）的 1.5 倍，热导率为 0.432W/(m·K)，固形物的比热容可取为水比热容的 40%，且奶的比热容适用加成原则。试计算管内壁对脱脂奶的表面传热系数。[6300W/(m²·K)]

5-15 车间内有一高和宽各为 3m 的铸铁炉门，温度为 227℃，室内温度为 27℃。为了减少热损失，在炉门前 50mm 处放置一块尺寸和炉门相同而黑度为 0.11 的铝板，炉门的黑度可取为 0.78。试求放置铝板前、后因辐射而损失的热量。（1506W）

5-16 在列管式换热器中用冷却水将某工艺气体从 180℃ 冷却到 60℃，气体走壳程，对流传热系数为 40W/(m²·K)。冷却水走管程，对流传热系数为 3000W/(m²·K)。换热管束由 φ25mm×2.5mm 的钢管组成，钢材的热导率为 45W/(m·K)。若视为平面壁传热处理，气体侧的污垢热阻为 0.0004（m²·K)/W，水侧的污垢热阻为 0.00058（m²·K)/W。问换热器的总传热系数是多少？[37.92W/(m²·K)]

5-17 在习题 5-16 中，如果将冷却水的对流传热系数提高 1 倍，换热器的总传热系数有多大的变化？若冷却水的对流传热系数不变，而将工艺气体的对流传热系数提高 1 倍，总传热系数的变化又是多少？（增加 0.7%，增加 90.2%）

5-18 两平行的大平板放在空气中，相距 5mm。一平板的黑度为 0.15，温度为 350K；另一平板的黑度为 0.05，温度为 300K。若将第一块板加涂层，使其黑度变为 0.025，试计算由此引起的辐射传热热流密度改变的百分率。（下降 56.5%）

5-19 直径 10cm、高 6.5cm 的罐头，内装固体食品，其比热容为 3.75kJ/(kg·K)，密度为 1040kg/m³，热导率为 1.5W/(m·K)，初温为 70℃。放入 120℃ 杀菌锅内加热，蒸汽对罐头的传热系数为 8000W/(m²·K)。试分别预测 30min、60min、90min 后罐头的中心温度。（115.5℃，119.8℃，120.0℃）

5-20 试估算烤炉内向一块面包辐射传递的热量。已知炉温为 175℃，面包表面的黑度为 0.85，表面积为 645cm²，表面温度为 100℃。估算时可认为一块面包的表面积与炉壁面积相比，相对很小。（65W）

5-21 在蒸汽-空气套管换热器中，空气在圆形直管内作强制湍流，努塞尔特数 $Nu$、普兰特数 $Pr$ 和雷诺数 $Re$ 之间的关系可以用下列公式表示：

$$\frac{Nu}{Pr^{0.4}} = ARe^m$$

式中，$A$、$m$ 为系数，管内空气的普兰特数 $Pr$ 变化不大，可认为是常数。通过调节管内空气的流量，测定空气和管壁表面的传热系数，得到如表所示的一系列 $Re$ 值和 $Nu/Pr^{0.4}$ 值。试利用 EX-CEL 软件求出式中的系数 $A$、$m$。（$A=0.0187$，$m=0.8304$）

习题 5-21 附表　不同流量下的 $Re$ 值和 $Nu/Pr^{0.4}$ 值

| 序　号 | 1 | 2 | 3 | 4 | 5 | 6 |
|---|---|---|---|---|---|---|
| 管内空气流速/(m/s) | 21.79 | 27.74 | 32.83 | 37.01 | 40.97 | 45.04 |
| $Re$ | 25406 | 32148 | 37806 | 42227 | 46334 | 50077 |
| $Nu/Pr^{0.4}$ | 84.80 | 103.24 | 19.36 | 130.48 | 140.16 | 148.25 |

# 本章符号说明

**英文字母**

$a$——热扩散率，$m^2/s$；

$A$——面积，$m^2$；

$b$——壁厚，m；

$c$——辐射系数，$W/(m^2 \cdot K^4)$；

$c_p$——定压比热容，$J/(kg \cdot K)$；

$d$——管径，m；

$E$——能量，J；

$G$——质量流量，kg/s；

$h$——表面传热系数，$W/(m^2 \cdot K)$；

$H$——焓，J/kg；

$K$——总传热系数，$W/(m^2 \cdot K)$；

$L$——长度，m；

$m$——质量，kg；

$n$——指数；

$q$——热流密度，$W/m^2$；

$Q$——热流量（传热速率），W；辐射功率；

$r$——半径，m；潜热，J/kg；

$R$——半径，m；热阻，K/W；

$S$——面积，$m^2$；

$t$——时间，s；

$T$——温度，K，℃；

$u$——流速，m/s。

**希腊字母**

$\alpha$——吸收率，1；

$\delta$——边界层厚度，m；

$\varphi$——辐能流率，$W/m^2$；

$\Phi$——热量，J；

$\lambda$——热导率，$W/(m \cdot K)$；波长，m；

$\mu$——黏度，$Pa \cdot s$；

$\rho$——密度，$kg/m^3$；放射率，1；

$\sigma$——斯蒂芬-玻尔兹曼常数，$5.67 \times 10^{-8}\ W/(m^2 \cdot K^4)$；

$\tau$——透过率，1；

$\Psi$——辐能流，$J/m^2$。

# 第**6**章　蒸发与结晶

【本章学习要求】

掌握单效蒸发操作过程的工艺原理与设计计算；熟悉多效蒸发的流程及其计算要点；蒸发操作效数限制及蒸发过程的节能措施；了解各种蒸发器的结构特点、性能、应用范围及选型要点；了解结晶机理、结晶过程的衡算原理和设备的选择。

【引言】

在发达国家或地区，番茄汁（西红柿汁）早已成为普通家庭日常的健康饮料。番茄中含有糖类，维生素 C、$B_1$、$B_2$，胡萝卜素，蛋白质以及丰富的磷、钙等。为了便于运输和保藏，番茄经榨汁后要进行浓缩处理，蒸发浓缩是番茄汁处理常用的加工方法。在蒸发过程中选择不同的蒸发温度、不同的蒸发工艺流程和不同的设备，不仅对番茄汁的质量产生影响，而且对生产过程的能耗及设备的投入等经济方面的因素产生重要的影响。

## **6.1** 蒸发的基本概念

### 6.1.1　蒸发过程的基本概念

蒸发（evaporation）是将溶液加热至沸腾，使溶剂汽化并不断除去，溶质浓度增加的过程。

为了维持溶液在沸腾条件下汽化，蒸发过程需要不断地供给热量，通常采用饱和水蒸气（又称生蒸汽）作为热源。从换热角度看，蒸发器在蒸发过程中一侧是作为热源的饱和水蒸气的冷凝放热，另一侧为溶液的吸热升温直至沸腾。在常压、真空或加压条件下都可以进行蒸发，但食品工业上多采用真空蒸发。这主要是由于真空蒸发时溶液沸点较低，可以最大限度地保护食品中的营养物质，降低单位产品的能耗。

为区别作为热源的生蒸汽，蒸发过程中所产生的水蒸气称为二次蒸汽。排除二次蒸汽最常用的方法是将其冷凝。蒸发操作中，将二次蒸汽直接冷凝而不再利用者，称为单效蒸发。如将二次蒸汽引入另一蒸发器作为热源，进行串联蒸发操作，则称为多效蒸发。多效蒸发最末一效的二次蒸汽亦被冷凝。

### 6.1.2　食品物料蒸发的特点

食品物料大多属生物系统的物料，比其它工业方面的物料更复杂多变。食品物料的蒸发一般具有以下几个方面的特点：

① 对热过程敏感，生物系统物料多由蛋白质、脂肪、糖类、维生素及其它风味物质组成；这些物质在高温下长时间受热会变性、氧化等。所以食品物料的蒸发应严格控制加热温度和时间，从安全性考虑，应尽量做到"低温短时"，同时兼顾生产效率与经济性。

② 有些酸性食品物料如果汁、蔬菜汁等可能因与设备形成腐蚀，影响产品质量。设计或选择蒸发器时必须考虑腐蚀问题，选用合适的、耐腐蚀的材料。

③ 许多食品物料黏度较高。蒸发时在传热壁附近存在湍流内层，严重影响传热速率。随浓度的增高，料液黏度增加，而传热速率逐渐降低。所以对黏性物料的蒸发，一般要用外力强制循环或者采取搅拌措施。

④ 蛋白质、糖、果胶等物质受热过度会发生变性、结块、焦化等现象，在传热壁上容易形成垢层，严重影响传热。可以通过提高流速以解决结垢问题，另外对不可避免的结垢要定期清理。

⑤ 某些食品物料在沸腾时会形成稳定的泡沫。特别是在真空蒸发和液层静压高的场合下更是如此。可以使用表面活性剂控制泡沫的形成，也可使用各种机械装置消除泡沫。

⑥ 料液蒸发时，很多液体食品的芳香成分和风味物质等易挥发成分将随蒸汽一同逸出，从而影响浓缩制品的质量。目前较完善的方法是采取措施回收蒸汽中的风味成分，然后再添加到制品中，但这将不可避免地增大成本。

### 6.1.3 温差损失

蒸发操作中，加热介质由于不断移出热量，温度必然逐步降低，物料则不断吸收热量升温直至沸腾，产生的二次蒸汽在冷凝器中冷凝。水蒸气与水的两相平衡物系有一对应温度即冷凝温度，用 $T_K$ 表示。若加热蒸汽的温度用 $T$ 表示，则热量转移过程中的理论温差为：

$$\Delta T_0 = T - T_K \tag{6-1}$$

而实际上由于各种原因，使蒸发器的实际传热温差总是小于理论温差，这个实际的传热温差就是有效温差。设蒸发器内料液的沸腾温度为 $T_1$，则有效温差为

$$\Delta T = T - T_1 \tag{6-2}$$

且有：$\Delta T < \Delta T_0$，理论温差与有效温差的差值称为温差损失 $\Delta$。故有：

$$\Delta = \Delta T_0 - \Delta T = (T - T_K) - (T - T_1) = T_1 - T_K \tag{6-3}$$

由此可知，蒸发操作的温差损失为料液沸腾温度与冷凝温度的差值。

造成温度差损失的原因有三个方面。

#### 6.1.3.1 由蒸气压下降而引起的温差损失（$\Delta'$）

根据拉乌尔定律，相同温度下，溶液因溶质的存在其蒸气压较纯溶剂的要低，因此，在相同压力下，溶液的沸点就高于纯溶剂的沸点，这种现象称为溶液的沸点升高。

在相关手册和文献中可以查得常压下某些溶液在不同浓度下沸点升高的数据。以 $\Delta\alpha$ 表示。表 6-1 为蔗糖溶液在常压下的沸点升高 $\Delta\alpha$ 值。

表 6-1　不同浓度蔗糖溶液在常压下的沸点升高

| 糖液质量浓度浓度/(g/L) | 100 | 150 | 200 | 250 | 300 | 350 | 400 | 450 | 500 |
|---|---|---|---|---|---|---|---|---|---|
| $\Delta\alpha$/K | 0.1 | 0.2 | 0.3 | 0.4 | 0.6 | 0.8 | 1 | 1.4 | 1.8 |
| 糖液质量浓度浓度/(g/L) | 550 | 600 | 650 | 700 | 750 | 800 | 850 | 900 | 940 |
| $\Delta\alpha$/K | 2.3 | 3.0 | 3.8 | 5.1 | 7.0 | 9.4 | 13.0 | 19.6 | 30.5 |

在食品方面，这些数据较为缺乏。一般而言，非电解质溶液的沸点升高远比电解质溶液小，而食品工业上所处理的溶液多为高分子的非电解质或胶体溶液，沸点升高一般较小，可近似参考糖液的数据。

计算沸点升高的方法有：

（1）应用杜林法则（Duhring's rule）计算　这个规则说明溶液的沸点和相同压强标准溶液沸点间呈线性关系。由于容易获得纯水在各种压强下的沸点，故一般选用标准液体为纯水，即

$$\frac{T'_A - T_A}{T'_W - T_W} = K \tag{6-4}$$

式中，$K$ 为杜林直线斜率；$T_A$，$T_W$ 分别为压强 $p_W$ 下溶液的沸点与纯水沸点，K；

$T'_A$，$T'_W$ 分别为压强 $p_N$ 下溶液的沸点与纯水沸点，K。

因为纯水在各压强下的沸点数据较齐全，若能测得或从手册上查得某溶液在两个不同压强下的沸点，即可用上式算出 $K$ 值，从而求出该溶液在其它压强下的沸点。

（2）利用吉辛柯公式计算　如能查到常压下水溶液的沸点升高 $\Delta\alpha$，则可用吉辛柯公式计算非常压下的沸点升高 $\Delta'$。

$$\Delta' = 0.0162 \frac{T^2}{L_V} \Delta\alpha (K) \tag{6-5}$$

式中，$T$ 为某压强下水的沸点，K；$L_V$ 为某压强下水的汽化潜热，kJ/kg；$\Delta\alpha$ 为常压下溶液的沸点升高，K；

### 6.1.3.2　由液层静压效应引起的温差损失（$\Delta''$）

蒸发器的加热管内存在着一定高度的液层，液层内各截面上的压强大于液体表面的压强，因此，液层内溶液的沸点高于液面的沸点，两者之差即为静压引起的温差损失。为计算方便，以液层中部的平均压强 $p_m$ 及相应的沸点 $T_{p_m}$ 为基准：

$$p_m = p_o + \frac{\rho g h}{2} \tag{6-6}$$

式中，$p_m$ 为液层中部的平均压强，Pa；$p_o$ 为液面的压强，即二次蒸汽的压强，Pa；$g$ 为重力加速度，m/s²；$\rho$ 为液体密度，kg/m³；$h$ 为液层深度，m。

根据 $p_o$ 和 $p_m$ 即可对应查出水的相应沸点 $T_{p_o}$ 和 $T_{p_m}$，则由静压引起的温差损失为：

$$\Delta'' = T_{p_m} - T_{p_o} \tag{6-7}$$

式中，$T_{p_m}$ 为与平均压强 $p_m$ 相对应的纯水的沸点，K；$T_{p_o}$ 为与二次蒸汽压强 $p_o$ 相对应的水的沸点，K。

在高真空下操作的蒸发器内，静压温差损失的影响是很显著的，实际上，底层溶液并不沸腾，而是随着溶液向上方流动至某一高度后才开始沸腾。为减少温差损失，应避免存在很大的静压。膜式蒸发器就具有这样的优点。

【例 6-1】　用连续真空蒸发器，将固体含量为 11% 的桃浆浓缩至含量为 40%。器内真空度为 700mmHg，液层深度 2m，采用 100℃ 蒸汽加热，桃浆的密度为 1.18g/cm³。试求由液体沸点升高和液层静压效应所引起的温差损失及蒸发器的有效温差。

**解：**（1）液体的沸点升高

93.3kPa（700mmHg）真空度下，查得水蒸气的饱和温度为 41.6℃，该温度下水的汽化潜热为：$L_V = 2400$kJ/(kg·K)。参考表 6-1 糖液在常压下沸点升高的数据：$\Delta\alpha = 1.0$K。

由吉辛柯公式：$\Delta' = 0.0162 \dfrac{T^2}{L_V} \Delta\alpha = \Delta' = 0.0162 \dfrac{(41.6+273)^2}{2400} \times 1.0 = 0.668$K

（2）由静压效应引起的温差损失

液体平均压强：$p_m = p_o + \dfrac{\rho g h}{2} = (760-700) \times 133.3 + \dfrac{1.18 \times 10^3 \times 2}{2}$

$\qquad\qquad = 19573.8$Pa

根据 $p_m$ 查得所对应的水蒸气的饱和温度为：$t_{p_m} = 59.6$℃

故：$\Delta'' = t_{p_m} - t_{p_o} = 59.6 - 41.6 = 18$K

（3）有效温差

因 $\Delta = \Delta' + \Delta'' = 0.668 + 18 = 18.668$K

$$\Delta T_0 = 100 - 41.6 = 58.4℃$$

故 $\Delta T = \Delta T_0 - \Delta = 58.4 - 18.67 = 39.73℃$

### 6.1.3.3 由蒸汽流动阻力而引起的温差损失（$\Delta'''$）

此项温差损失与蒸发器的流程有关。二次蒸汽从分离室到冷凝器的流动管道长度、直径和保温情况均会影响此项损失。计算时，一般作 $\Delta'''=0.5\sim1.5\mathrm{K}$ 计。由于上述三项原因，全部温差损失为：

$$\Delta=\Delta'+\Delta''+\Delta''' \tag{6-8}$$

而有效温差 $\Delta T$ 则等于理论温差减去温差损失总和。

$$\Delta T=\Delta T_0-\Delta$$

## 6.2 单效蒸发

### 6.2.1 单效蒸发的计算

单效蒸发的计算项目有：①单位时间内蒸出的水分量，即蒸发量；②加热蒸汽的消耗量；③蒸发器的传热面积。

通常，生产任务中已知的项目有：①原料液流量、组成和温度；②完成液组成；③加热蒸汽的压强或温度；④冷凝器的压强或温度。

图 6-1 为单效蒸发流程示意图。图中 1 是蒸发器的加热室，加热蒸汽在加热室的管外冷凝所放出的热量通过器壁传给溶液，冷凝水由加热室下部放出，经冷凝水排除器排出。被蒸发的溶液进入加热管经浓缩后由蒸发器底排出。溶液中所产生的溶剂蒸汽（即二次蒸汽）进入冷凝器 3 与冷却水混合，由冷凝器底部排出。蒸发室中夹带的部分液滴被分离出来后流回蒸发室。

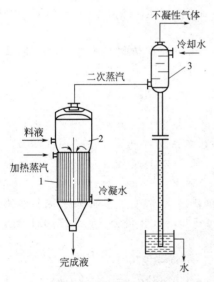
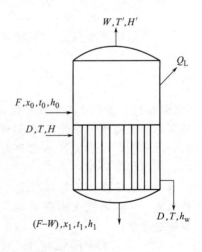

图 6-1 单效蒸发流程
1—加热管；2—蒸发室；3—冷凝器

图 6-2 单效蒸发的物料
衡算和热量衡算

（1）溶剂的蒸发量　围绕图 6-2 的单效蒸发器作溶质的衡算，得

$$Fx_0=(F-W)x_1$$

或

$$W=F\left(1-\frac{x_0}{x_1}\right) \tag{6-9}$$

式中，$F$ 为原料液量，kg/h；$W$ 为蒸发出的溶剂量，即蒸发量，kg/h；$x_0$，$x_1$ 为原料

液和完成液的浓度，以溶质在溶液中的质量分数表示。

（2）加热蒸汽消耗量　对于许多物系，溶解热和稀释热不大，通常可以忽略。对这类物系，溶液的热焓和比热容可以取质量平均，热量衡算式可以简化为：

$$Dr = Wr' + Fc_{p_0}(t_1 - t_0) + Q_L$$

或

$$D = \frac{Wr' + Fc_{p_0}(t_1 - t_0) + Q_L}{r} \tag{6-10}$$

式中，$D$ 为加热蒸汽消耗量，kg/h；$r$ 为加热蒸汽的汽化热，kJ/kg；$r'$ 为二次蒸汽的汽化热，kJ/kg；$t_1$ 为完成液温度，℃；$t_0$ 为原料液的初温，℃；$Q_L$ 为热损失，kJ/h。

式(6-10)说明加热蒸汽的热量用于将溶液加热至沸点、蒸发水量以及设备向周围的散热损失。若原料液预热至沸点再进入蒸发器，且忽略热损失，上式可简化为

$$D = \frac{Wr'}{r} \tag{6-10a}$$

或

$$e = \frac{D}{W} = \frac{r'}{r} \tag{6-11}$$

式中，$e$ 为蒸发 1kg 水分时加热蒸汽的消耗量，称为单位蒸汽耗量，kg/kg。

由于蒸汽的汽化热随压强变化不大，即 $r \approx r'$，故单效蒸发操作中 $e \approx 1$，即每蒸发 1kg 的水分约消耗 1kg 的加热蒸汽。但实际蒸发操作中因有热损失等的影响，$e$ 值约为 1.1 或更大。

$e$ 值是衡量蒸发装置经济程度的指标。

溶液比热容的数值随溶液的性质和浓度而不同，可从有关手册中查取，在缺乏可靠数据时，可用下式估算：

$$c_p = c_{pw}(1-x) + c_{pB}x \tag{6-12}$$

式中，$c_p$、$c_{pw}$、$c_{pB}$ 分别为溶液、纯水、溶质的比热容，kJ/(kg·℃)；$x$ 为溶质的质量分数。

（3）蒸发器的传热面积 $A$　蒸发器传热面积的计算仍根据传热基本方程式。根据 $Q = KA\Delta t$，则

$$A = \frac{Q}{K\Delta t} \tag{6-13}$$

【例 6-2】　番茄汁在单效薄膜式蒸发器中从固体含量 12% 浓缩至 28%。番茄汁已经预热到最高许可温度 60℃ 后进料。采用加热蒸汽为压力 0.7kgf/cm² （表压）的饱和水蒸气。设蒸发传热面积为 0.4m²，传热系数为 1500W/(m²·K)，试近似估算蒸汽消耗量和原料量。

解：选取适当的操作真空度，保证器内料液沸点为 60℃，根据加热饱和水蒸气的压力，从水蒸气表查得其饱和温度 $T = 114.5$℃，汽化潜热 $L_V = 2210$kJ/kg，计算传热速率：

$$Q = KA\Delta t = 1500 \times 0.4 \times (114.5 - 60) = 32700 \text{J/s}$$

计算蒸汽消耗量 $D = Q/L_V = 32700/2210000 = 0.0148$kg/s $= 53.3$kg/h

计算蒸发量（查得 60℃ 下水的汽化潜热 $L'_V = 2304$kJ/kg），计算原料液流量：

$$W = Q/L'_V = 32700/2340000 = 0.014 \text{kg/s} = 50.3 \text{kg/h}$$

计算原料液流量：

$$F = \frac{W}{1 - \dfrac{x_0}{x_1}} = \frac{50.3}{1 - \dfrac{12}{28}} = 88 \text{kg/h}$$

### 6.2.2 蒸发器的生产强度

蒸发器单位加热面积每小时所能蒸发的溶剂或水的质量，称为蒸发器的生产强度，它表示蒸发器传热面的传热效果，用符号 $U$ 表示，即

$$U = \frac{W}{A} \tag{6-14}$$

式(6-14) 可改写为

$$U = \frac{Q}{r'A} = \frac{K\Delta T}{r'} \tag{6-15}$$

由式(6-15) 可知，欲提高蒸发器的生产强度，必须提高传热系数 $K$ 或增大传热温差 $\Delta T$，或两者同时增大。

在所处理物料热敏性允许的条件下，提高温差 $\Delta T$ 主要取决于加热蒸汽的压力和分离室的真空度。加热蒸汽的压力越大，它的饱和温度越高，但限于工厂锅炉能力和设备的机械强度。常用加热蒸汽的压力为 $300 \sim 500$kPa，也有高至 $600 \sim 800$kPa 的。提高分离室的真空度会增大真空泵的负荷，增加动力消耗，但可使溶液的沸点下降，从而增大 $\Delta T$，常用真空度约为 $72 \sim 85$kPa。

提高蒸发器生产强度的主要途径，应从提高传热系数 $K$ 着手。蒸发器的传热系数的近似值：

$$\frac{1}{K} = \frac{d_o}{\alpha_i d_i} + \frac{R_i d_o}{d_i} + \frac{b d_o}{\lambda d_m} + R_o + \frac{1}{\alpha_o}$$

式中，$\alpha_o$、$\alpha_i$ 分别为管外蒸汽冷凝侧和管内溶液沸腾侧的对流传热系数，$W/(m^2 \cdot K)$；$R_o$、$R_i$ 分别为两侧的污垢热阻，$(m^2 \cdot K)/W$；$\lambda$ 为传热管的热导率，$W/(m \cdot K)$；$b$ 为传热壁面厚度，m。

上述传热系数计算式中，蒸气冷凝侧热阻 $1/\alpha_o + R_o$ 在总热阻中所占的比例不大。但设计和操作时，需考虑不凝性气体的排除，否则冷凝侧热阻将大大增加，使传热系数下降。沸腾侧污垢热阻常常是影响传热系数 $K$ 的重要因素。易结晶或结垢的物料，往往很快形成垢层，从而使热流量降低。为减小污垢热阻，除定期清洗外，还可从设备结构上改进（例如采用强制循环蒸发器等），另外也在研究新的除垢方法。

## 6.3 多效蒸发

如前所述，若把蒸发产生的二次蒸汽引至另一操作压力较低的蒸发器作为加热蒸汽，并把若干个蒸发器串联组合使用，这种操作称为多效蒸发。

采用多效蒸发的目的，就是为提高蒸汽经济性。对单效蒸发，1kg 加热蒸汽大约可蒸发 1kg 水，若首效产生的二次蒸汽用作第 2 效的加热蒸汽，第二效又可产生约 1kg 二次蒸汽，依次类推，通过 $n$ 效蒸发可以产生 $n$kg 蒸汽。因此从理论上多效蒸发可以成倍提高热利用的经济性，似乎效数愈多愈经济。实际上，汽化热值因温度不同要有变化，蒸发器有散热损失，效间也会有热损失，故实际蒸汽经济性将低于理论值，表 6-2 表示对应各效数的实际蒸汽经济性的一种一般估计。

表 6-2  蒸汽经济性随效数的变化

| 效数 | 1 | 2 | 3 | 4 | 5 |
|------|-----|-----|-----|-----|-----|
| 理论 $e$ 值 | 1.0 | 2.0 | 3.0 | 4.0 | 5.0 |
| 实际 $e$ 值 | 0.9 | 1.8 | 2.5 | 3.3 | 3.7 |

尽管实际 $e$ 值不是随效数 $n$ 成倍增加，但仍然是效数越多，$e$ 值越大。那么，效数是否越多越好？实际上，由于多种原因，效数是有限度的。

首先，效数增加，蒸发器及附属设备的投资也基本上成倍增加。其次，因食品物料具有热敏性，首效加热蒸汽温度上限受限；因真空设备的原因，冷凝器内温度下限也受限。这样，整个系统的有效总温差有一定范围，而每效分配到的有效温差不得小于 $5\sim7K$，否则不能维持料液泡核沸腾，因而效数受限。况且，温差损失几乎随效数成比例增加。效数过多，温差损失的总和 $\sum\Delta_i$ 有可能占尽总温差 $\Delta T$，意味着各效传热推动力 $\Delta T_i$ 的完全丧失，所以就温差损失角度看，效数也是有限度的。

多效蒸发在实践上最常采用 $n=2\sim4$。

根据溶液与二次蒸汽的流向，多效蒸发因加料方法不同，可以分为三种流程。

### 6.3.1 多效蒸发的操作流程

多效蒸发操作有以下三种不同的加料方式，而使蒸发流程有别。

（1）顺流法（并流法）　如图 6-3 所示，蒸汽和料液的流动方向一致，依序从首效到末效。在顺流操作中蒸发室压强依效序递减，所以料液在效间流动不需要泵。同时，料液沸点依效序递降，使前效料液进入后效时，由于温度高于后效沸点而使其在降温的同时放出显热，供少部分水汽化。这一过程称之为自蒸发，增加了蒸发系统的蒸发量。另外，料液浓度依效序递增，高浓度料液在低温下蒸发，这对热敏性食品物料是有利的，但同时料液黏度随效序显著升高，使末效蒸发困难。

（2）逆流法　如图 6-4 料液与蒸汽流动方向相反。原料液由末效进入，依次用泵送入前效，而蒸汽则由第一效流至末效。逆流法的优点是浓度较高的料液在较高的温度下蒸发，故黏度不会太高，各效的传热系数值不会太低。但是各效间料液要用泵输送，不仅没有自蒸发，而且还要消耗一部分蒸汽将料液从低沸点加热到高沸点，从而使蒸发量减少。此外高温加热面上浓溶液的局部过热有引起结焦和营养物质受破坏的危险。

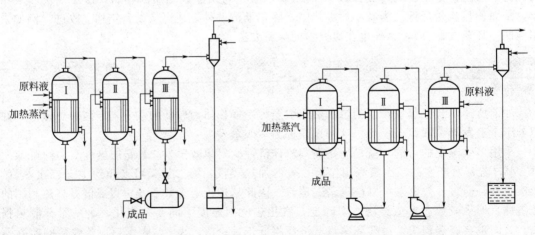

图 6-3　顺流多效蒸发流程　　　　　　　图 6-4　逆流多效蒸发流程

（3）平流法　如图 6-5 所示，料液由各效分别加入，完成液也分别由各效排出，各效溶液的流向互相平行。该流程主要应用于蒸发过程中容易析出结晶的场合。例如食盐水溶液的蒸发，它在较低浓度下即达饱和而有结晶析出。为了避免夹带大量结晶的溶液在各效之间输送，常采用平流加料，并可用析晶器将结晶分出。

### 6.3.2 多效蒸发的计算

多效蒸发的计算中，已知条件是：原料液的流量、浓度和温度；加热蒸汽（生蒸汽）的压强；冷凝器的真空度；末效完成液的浓度等。

需要计算的项目是：各效溶液的沸点；加热蒸汽（生蒸汽）的消耗量，各效的蒸发量，各效的传热面积。

解决上述问题的方法仍然是采用蒸发系统的物料衡算、热量衡算和传热速率方程等三个基本关系。

多效蒸发中，效数愈多，变量（未知量）的数目愈多。多效蒸发的计算比单效的要复杂得

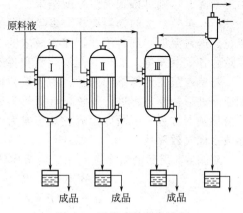

图 6-5　平流多效蒸发流程

多。若将描述多效蒸发过程的方程联立求解，用手算是很繁琐和困难的。为此，经常作一些简化和假定，用试差法进行计算。

（1）多效蒸发的温差分配　在单效蒸发一节中曾述及：在给定的总操作条件下，由于温差损失，蒸发器传热的有效温差总是小于理论温差 $\Delta T_0 = T - T_K$。在理想的情况下，如无一切温差损失，则有效温差等于理论温差。

多效设备是由若干个单效设备组成的，每一效即为单效蒸发器。因此，在实际蒸发操作中，每效蒸发器的操作都存在着三种形式的温差损失。

设第 1 效加热蒸汽温度为 $T_1$，冷凝器的冷凝温度为 $T_K$，则总理论温差为 $\Delta T_0 = T_1 - T_K$。在温差损失不能忽略时，总有效温差必小于 $\Delta T_0$，其差值即为总温差损失，即

$$\sum \Delta T = \Delta T_0 - \sum \Delta \tag{6-16}$$

式中，$\sum \Delta$ 为 $n$ 效温差损失之和，即

$$\sum \Delta = (\Delta'_1 + \Delta''_1 + \Delta'''_1) + (\Delta'_2 + \Delta''_2 + \Delta'''_2) + \cdots + (\Delta'_n + \Delta''_n + \Delta'''_n) \tag{6-17}$$

有效总温差 $\sum \Delta T$ 确定之后，必须分配到各效，并满足各效的换热基本方程：

$$Q_1 = K_1 A_1 \Delta T_1, \quad Q_2 = K_2 A_2 \Delta T_2, \cdots, Q_n = K_n A_n \Delta T_n \tag{6-18}$$

实际上，将有效总温差 $\sum \Delta T$ 分配到各效，除总的应满足 $\sum \Delta T = \Delta T_0 - \sum \Delta$ 及各效满足其换热方程之外，还应另加特定的限制原则。限制原则有以下几种：

① 各效等面积原则　按此原则分配有效温差，各效换热面积均相等。由此，

$$\Delta T_1 : \Delta T_2 : \cdots : \Delta T_n = \frac{Q_1}{K_1 A_1} : \frac{Q_2}{K_2 A_2} : \cdots : \frac{Q_n}{K_n A_n} \tag{6-19}$$

② 各效等压差原则　设 $p_s$ 为首效加热蒸汽压力，$p_c$ 为冷凝器内压力，则总压差

$$\Delta p = p_s - p_c \tag{6-20}$$

若各效加热蒸汽与料液侧分离室的压力差分别为 $\Delta p_1$，$\Delta p_2 \cdots \Delta p_n$，则按此原则，各效压力差应符合下式：

$$\Delta p_1 = \Delta p_2 = \cdots = \Delta p_n = \frac{\Delta p}{n} \tag{6-21}$$

可依次确定各效分离室（后一效加热蒸汽）的压力以及对应的饱和温度。

③ 各效蒸发量经验比例原则　对无额外蒸汽引出的顺流操作，各效水分蒸发量可按一定比例设计。例如对三效顺流蒸发，可按下列比例：

$$W_1 : W_2 : W_3 = 1 : 1.1 : 1.2 \tag{6-22}$$

由总蒸发量及上述比例可确定各效蒸发量，则可计算各效料液的浓度，从而进一步计算

出溶液沸点，则可得到温差分配结果。

（2）多效蒸发的物料衡算　多效蒸发的计算与单效蒸发相仿，在多数情况下是已知进料流量、进料温度、进料浓度、完成液浓度、加热蒸汽压力和冷凝器真空度等，计算总水分蒸发量和各效蒸发量、加热蒸汽消耗量和各效换热面积等。

与单效蒸发计算不同的是，由于效数增多，未知量数较多。为便于计算，按前述温差分配原则进行初算，再进行复核，计算较为复杂。但应用的基本原理仍是物料衡算、热量衡算及换热基本方程。下面以顺流三效蒸发为例进行讨论，所用符号的意义与单效计算同，下角标数字代表效序数。

对图 6-6 所示的整个蒸发系统作溶质的物料衡算，得：

$$W = W_1 + W_2 + W_3 \tag{6-23}$$

$$F x_0 = (F - W_1) x_1 = (F - W_1 - W_2) x_2 = (F - W) x_3 \tag{6-24}$$

或

$$W = \frac{F(x_3 - x_0)}{x_3} = F\left(1 - \frac{x_0}{x_3}\right) \tag{6-25}$$

第 1、2 效的出料浓度为

$$x_1 = \frac{F x_0}{F - W_1} \qquad x_2 = \frac{F x_0}{F - W_1 - W_2} \tag{6-26}$$

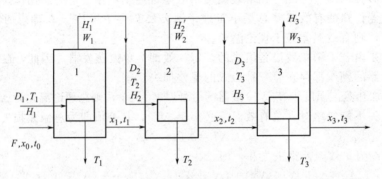

图 6-6　并流加料三效蒸发的物料衡算热量衡算示意图

按下面的方法求得各效蒸发量，就可按上式求出各效的出料浓度。

（3）加热蒸汽耗量及各效蒸发量　按单效蒸发计算的热量衡算并忽略热损失，列出多效蒸发第 1 效的热量衡算式：

$$D_1 r = W_1 r_1 + F c_{p0}(t_1 - t_0)$$

式中，$r$ 为加热蒸汽的汽化热，kJ/kg；$r_1$ 为二次蒸汽的汽化热，kJ/kg。

整理成第 1 效蒸发量表达式：

$$W_1 = D_1 \frac{r}{r_1} + F c_{p0} \frac{t_0 - t_1}{r_1} \tag{6-27}$$

令 $\alpha_1 = \dfrac{r}{r_1}$ 和 $\beta_1 = \dfrac{t_0 - t_1}{r_1}$

$\alpha_1$ 称为第 1 效的蒸发因数，其意义是：1kg 加热蒸汽冷凝时放出的热量所能蒸发溶液中水分的质量（kg），其值近似等于 1，计算时按 $\alpha_1 \approx 1$ 处理。

$\beta_1$ 称为第 1 效的自蒸发系数，其意义为料液进入蒸发器放出显热引起料液部分水分汽化能力的大小。当 $t_0 > t_1$，$\beta_1 > 0$，表示料液进入蒸发器，确实放出显热促进水的汽化。当 $t_0 < t_1$，$\beta_1 < 0$，表示料液进入蒸发器，需吸收显热，才能使水分汽化。

将 $\alpha_1$，$\beta_1$ 代入式(6-27)，得：

$$W_1 = D_1 \alpha_1 + F c_{p0} \beta_1$$

取 $\alpha_1 \approx 1$，考虑因存在热损失会对 $W_1$ 产生影响，将上式再乘以小于 1 的因数 $\eta_1$，则实际为

$$W_1 = (D_1 + Fc_{p0}\beta_1)\eta_1 \tag{6-28}$$

式中，$\eta_1$ 称为第 1 效的热利用因数。对一般溶液的蒸发，可取 $\eta_1 = 0.98$。对有稀释热效应的溶液，其值依实际情况而定。

按式(6-28)的推出方法，可得到第 2、3 效蒸发量的表达式：

$$W_2 = [D_2 + (Fc_{p0} - c_{pw}W_1)\beta_2]\eta_2$$

$$W_3 = \{D_3 + [Fc_{p0} - c_{pw}(W_1 + W_2)]\beta_3\}\eta_3$$

由于 $W_1 = D_2$，$W_2 = D_3$，故上式均可表示为 $W_1$ 的函数，即

$$W_1 = a_1 D_1 + b_1 \tag{6-29a}$$

$$W_2 = a_2 D_1 + b_2 \tag{6-29b}$$

$$W_3 = a_3 D_1 + b_3 \tag{6-29c}$$

将以上三式相加，得：

$$W = W_1 + W_2 + W_3 = (a_1 + a_2 + a_3)D_1 + (b_1 + b_2 + b_3) = aD_1 + b \tag{6-30}$$

由此可求出第一效加热蒸汽消耗量：

$$D_1 = \frac{W - b}{a} \tag{6-31}$$

由此式求出 $D_1$ 后，代回式(6-29)各式，可求得各效蒸发量。

(4) 各效换热面积　按换热基本方程，可计算各效换热面积：

$$A_1 = \frac{Q_1}{K_1 \Delta T_1} \qquad A_2 = \frac{Q_2}{K_2 \Delta T_2} \qquad A_3 = \frac{Q_3}{K_3 \Delta T_3}$$

【例 6-3】　在双效顺流蒸发设备中，将番茄汁从固形物质量分数 4.3% 浓缩到 28%，进料流量 1.39kg/s，沸点进料，第一效沸点 60℃，加热蒸汽压力为 118kPa，冷凝器真空度为 93kPa。第一效采用自然循环，总传热系数为 900W/(m²·K)；第二效采用强制循环，总传热系数为 1800W/(m²·K)。除效间外，温差损失可忽略不计。试计算蒸发量、各效蒸发量、加热蒸汽耗量、蒸汽经济性及换热面积。

解：(1) 总蒸发量由式(6-24)，可求得：

$$W = F\left(1 - \frac{x_0}{x_2}\right) = 1.39 \times \left(1 - \frac{4.3}{28}\right) = 1.18 \text{kg/s}$$

(2) 加热蒸汽耗量和各效蒸发量　据已知条件，假定效间流动温差损失为 1K，查饱和水蒸气表，列出各热参数值见附表。

例 6-3 附表　各热参数值

| 蒸汽 | 压力/kPa | 温度/℃ | 汽化热/(kJ/kg) |
|---|---|---|---|
| Ⅰ效加热蒸汽 | 118 | 104.2 | 2230 |
| Ⅰ效二次蒸汽 | 19.9 | 60 | 2300 |
| Ⅱ效加热蒸汽 | 19.8 | 59 | 2320 |
| Ⅱ效二次蒸汽 | 8.6 | 43 | 2390 |
| 进冷凝器蒸汽 | 8.0 | 42 | 2393 |

可计算：$\beta_1 = 0$

$$\beta_2 = \frac{T_2 - T_3}{r_2} = \frac{60 - 43}{2390 \times 10^3} = 7.1 \times 10^{-6} \text{K·kg/J}$$

$$c_{p0}=c_{pw}(1-x_0)=4180\times(1-0.043)=4000\text{J}/(\text{kg}\cdot\text{K})$$

取 $\eta_1=\eta_2=0.98$

$$W_1=(D_1+Fc_{p0}\beta_1)\eta_1=D_1\ \eta_1=0.98D_1$$

$$W_2=[D_2+(Fc_{p0}-c_{pw}W_1)\beta_2]\eta_2$$
$$=[0.98D_1+(1.39\times4000-4180\times0.98D_1\times7.1\times10^{-6})]\times0.98$$

$$W_2=0.932D_1+0.039$$

$$W=W_1+W_2=(0.98+0.932)D_1+0.039=1.18\text{kg/s}$$

$$D_1=\frac{1.18-0.039}{0.98+0.932}=0.597\text{kg/s}$$

则

$$W_1=0.98\times0.597=0.585\text{kg/s}$$
$$W_2=0.932\times0.597+0.039=0.594\text{kg/s}$$

（3）蒸汽经济性

$$e=\frac{W}{D_1}=\frac{1.18}{0.597}=1.98$$

（4）换热面积

$$A_1=\frac{Q_1}{K_1\Delta T_1}=\frac{D_1r}{K_1\Delta T_1}=\frac{0.597\times2230\times10^3}{900\times(104.2-60)}=33.5\text{m}^2$$

$$A_2=\frac{Q_2}{K_2\Delta T_2}=\frac{0.585\times2320\times10^3}{1800\times(59-43)}47.1\text{m}^2$$

### 6.3.3　多效蒸发和单效蒸发的比较

（1）溶液的温度差损失　若单效和多效蒸发的操作条件相同，即第一效（或单效）的加热蒸汽压强和冷凝器的操作压强相同，则多效蒸发的温度差因经过多次的损失，使总温度差损失较单效蒸发时为大。单效、双效和三效蒸发装置中温度差损失如图 6-7 所示。三种情况均具有相同的操作条件。图形总高度代表加热蒸汽（生蒸汽）温度和冷凝器中二次蒸汽温度间的理论温差（$130-80=50$℃），图中阴影部分代表由于各种原因所引起的温差损失，空白部分即代表有效温差，即传热推动力。由图可见，双效蒸发较单效蒸发的温差损失要大，且效数越多，温差损失也越大。

（2）经济性　前已述及，多效蒸发提高了加热蒸汽的利用率，即经济性。对于蒸发相同的水量而言，采用多效蒸发时所需的加热蒸汽消耗量较单效蒸发时为少。蒸汽经济性随效数的变化见前面表 6-2。

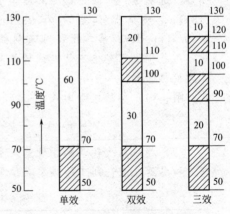

图 6-7　单效、双效和三效蒸发
装置中温差损失

在工业生产中，若需蒸发大量的水分，宜采用多效蒸发。

（3）蒸发器的生产能力和生产强度　前已述及，蒸发器的生产能力是指单位时间内蒸发的水分量，即蒸发量。通常可视为蒸发量是与蒸发器的传热速率成正比例的。由传热速率方程知：

单效 $Q=KS\Delta T$

三效 $Q_1=K_1S_1DT_1$，$Q_2=K_2S_2\Delta T_2$，$Q_3=K_3S_3\Delta T_3$

若设各效的总传热系数可取为平均值 $K$，且各效的传热面积相等，则三效的总传热速率为：

$$Q=Q_1+Q_2+Q_3\approx KS(\Delta T_1+\Delta T_2+\Delta T_3)=KS\Delta T$$

当蒸发操作中没有温差损失时，三效蒸发和单效蒸发的传热速率基本上是相同的，因此生产能力也大致相同。显然，两者的生产强度是不相同的，即三效蒸发时的生产强度（单位传热面积的蒸发量）约为单效蒸发时的1/3。实际上，由于多效蒸发时的温差损失较单效蒸发时的为大，因此多效蒸发时的生产能力和生产强度均较单效蒸发时为小。可见，采用多效蒸发虽然可提高经济性（即提高加热蒸汽的利用率），但是却降低了生产强度，两者是相互矛盾的。多效蒸发的效数应予以权衡决定。

### 6.3.4 提高生蒸汽经济性的其它措施

为了提高加热蒸汽的经济性，除了采用前述的多效蒸发操作之外，工业上还常常采用其它措施。

（1）抽出额外蒸汽 额外蒸汽是指将多效蒸发器蒸出的部分二次蒸汽用于其它加热设备的热源。由于用饱和水蒸气作为加热介质时，主要是利用蒸汽的冷凝热，因此就整个工厂而言，将二次蒸汽引出作为它用，蒸发器只是将高品位（高温）加热蒸汽转化为较低品位（低温）的二次蒸汽，其冷凝热仍可被继续利用。这样不仅大大降低了企业的能耗，而且使进入冷凝器的二次蒸汽量降低，从而减少了冷凝器的负荷。

（2）冷凝水显热利用 蒸发器的加热室排出大量冷凝水，如果这些具有较高温度的冷凝水直接排走，则会造成大量的能源和水源的浪费。为了充分利用这些冷凝水，可以将其用作预热料液或加热其它物料，也可以用减压闪蒸的方法使产生的部分蒸汽与二次蒸汽一起作为下一效蒸发器的加热蒸汽。有时，还可根据生产需要，作为其它工艺用水。

（3）热泵蒸发 将蒸发器蒸出的二次蒸汽用压缩机压缩，提高其压强，使其饱和温度超过溶液的沸点，然后送回蒸发器的加热室作为加热蒸汽，这种方法称为热泵蒸发。采用热泵蒸发只需在蒸发器开工阶段供应加热蒸汽，当操作达到稳定后，不再需要加热蒸汽，只需提供使二次蒸汽升压所需要的功，因而节省了大量的生蒸汽。通常，在单效蒸发和多效蒸发的末效中，二次蒸汽的潜热全部由冷凝水带走，而在热泵蒸发中，不但没有此项热损失，而且不消耗冷却水，这是热泵蒸发节能的原因所在。所以，这种方法尤其适用于缺水地区。

应予指出，热泵蒸发不适用于溶液沸点升高过大的操作，因此时二次蒸汽势必要被压缩到相应的较高压强，在经济上变得不合理，实际上这也是经济权衡的问题。

## 6.4 蒸发设备

### 6.4.1 蒸发器

工业生产中蒸发器有多种结构形式，但均由主要加热室（器）、流动（或循环）管道以及分离室（器）组成。根据溶液在加热室内的流动情况，蒸发器可分为循环型和单程型两类，分述如下。

（1）循环型蒸发器 常用的循环型蒸发器主要有以下几种。

① 中央循环管式蒸发器 中央循环管式蒸发器为最常见的蒸发器，其结构如图6-8所示，它主要由加热室、蒸发室、中央循环管和除沫器组成。蒸发器的加热器由垂直管束构成，管束中央有一根直径较大的管子，称为中央循环管，其截面积一般为管束总截面积的40%～100%。当加热蒸汽（介质）在管间冷凝放热时，由于加热管束内单位体积溶液的受热面积远大于中央

循环管内溶液的受热面积，因此，管束中溶液的相对汽化率就大于中央循环管的汽化率，所以管束中的气液混合物的密度远小于中央循环管内气液混合物的密度。这样造成了混合液在管束中向上、在中央循环管内向下的自然循环流动。混合液的循环速度与密度差和管长有关。密度差越大，加热管越长，循环速度越大。但这类蒸发器受总高限制，通常加热管为1～2m，直径为25～75mm，长径比为20～40。

中央循环管蒸发器的主要优点是：结构简单、紧凑，制造方便，操作可靠，投资费用少。缺点是：清理和检修麻烦，溶液循环速度较低，一般仅在0.5m/s以下，传热系数小。它适用于黏度适中，结垢不严重，有少量的结晶析出，及腐蚀性不大的场合。中央循环管式蒸发器在工业上的应用较为广泛。

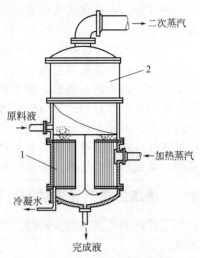

图 6-8　中央循环管式蒸发器
1—加热室；2—蒸发室

② 外加热式蒸发器　外加热式蒸发器如图6-9所示。其主要特点是把加热器与分离室分开安装，这样不仅易于清洗、更换，同时还有利于降低蒸发器的总高度。这种蒸发器的加热管较长（管长与管径之比为50～100），且循环管不被加热，故溶液的循环速度可达1.5m/s，它既利于提高传热系数，也利于减轻结垢。

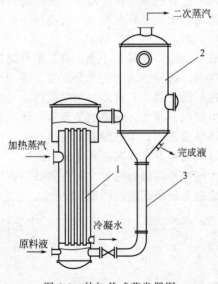

图 6-9　外加热式蒸发器图
1—加热室；2—蒸发室；3—循环管

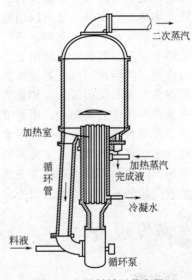

图 6-10　强制循环蒸发器

③ 强制循环蒸发器　上述几种蒸发器均为自然循环型蒸发器，即靠加热管与循环管内溶液的密度差作为推动力，导致溶液的循环流动，因此循环速度一般较低，尤其在蒸发黏稠溶液（易结垢及有大量结晶析出）时就更低。为提高循环速度，可用循环泵进行强制循环，如图6-10所示。这种蒸发器的循环速度可达1.5～5m/s。其优点是，传热系数大，利于处理黏度较大、易结垢、易结晶的物料。但该蒸发器的动力消耗较大，每平方米传热面积消耗的功率约为0.4～0.8kW。

（2）单程型蒸发器　循环型蒸发器有一个共同的缺点，即蒸发器内溶液的滞留量大，物料在高温下停留时间长，这对处理热敏性物料甚为不利。在单程型蒸发器中，物料沿加热管壁成膜状流动，一次通过加热器即达浓缩要求，其停留时间仅数秒或十几秒。另外，离开加热器的物料又得到及时冷却，因此特别适用于热敏性物料的蒸发。但由于溶液一次通过加热器就要达到浓缩要求，因此对设计和操作的要求较高。由于这类蒸发器的加热管上的物料成膜状流动，故又称膜式蒸发器。根据物料在蒸发器内的流动方向和成膜原因不同，它可分为下列几种类型。

① 升膜式蒸发器　升膜式蒸发器如图 6-11 所示，它的加热室由一根或数根垂直长管组成。通常加热管径为 25～50mm，管长与管径之比为 100～150。原料液预热后由蒸发器底部进入加热器管内，加热蒸汽在管外冷凝。当原料液受热后沸腾汽化，生成二次蒸汽在管内高速上升，带动料液沿管内壁成膜状向上流动，并不断地蒸发汽化，加速流动，气液混合物进入分离器后分离，浓缩后的完成液由分离器底部放出。

这种蒸发器需要精心设计与操作，即加热管内的二次蒸汽应具有较高速度，并获得较高的传热系数，使料液一次通过加热管即达到预定的浓缩要求。通常，常压下，管上端出口处速度以保持 20～50m/s 为宜，减压操作时，速度可达 100～160m/s。

升膜蒸发器适宜处理蒸发量较大，热敏性，黏度不大及易起沫的溶液，但不适于高黏度、有晶体析出和易结垢的溶液。

② 降膜式蒸发器　如图 6-12 所示，原料液由加热室顶端加入，经分布器分布后，沿管壁成膜状向下流动，气液混合物由加热管底部排出进入分离室，完成液由分离室底部排出。

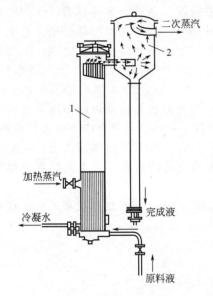

图 6-11　升膜式蒸发器
1—蒸发室；2—分离室

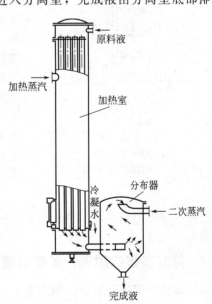

图 6-12　降膜式蒸发器

设计和操作这种蒸发器的要点是：尽力使料液在加热管内壁形成均匀液膜，并且不能让二次蒸汽由管上端窜出。常用的分布器形式见图 6-13。

图 6-13（a）是用一根有螺旋型沟槽的导流柱，使流体均匀分布到内管壁上；图 6-13（b）是利用导流柱均匀分布液体，导流柱下部设计成圆锥形，且底部向内凹，以免使锥体斜面下流的液体再向中央聚集；6-13（c）是使液体通过齿缝分布到加热器内壁成膜状下流。降膜式蒸发器可用于蒸发黏度较大（0.05～0.45Pa·s），浓度较高的溶液，但不适于处理易结晶和易结垢的溶液，这是因为这种溶液形成均匀液膜较困难，传热系数也不高。

③ 升-降膜蒸发器　升-降膜蒸发器是由升膜管束和降膜管束组合而成的。蒸发器的底部

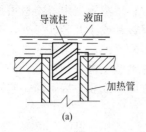 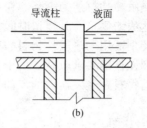 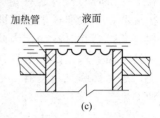

图 6-13　液体分布器

封头内有一隔板,将加热管束均分为二。原料液在预热器中加热达到或接近沸点后,引入升膜加热管束的底部,汽、液混合物经管束自顶部流入降膜加热管中,然后转入分布器,完成液由分布器底部取出。溶液在升膜和降膜管束内的布膜及操作情况分别与前述的升膜及降膜蒸发器内的情况完全相同。升-降膜蒸发器一般用于浓缩过程中黏度变化大的溶液;或厂房高度有一定限制的场合。若蒸发过程中溶液的黏度变化大,推荐采用常压操作。

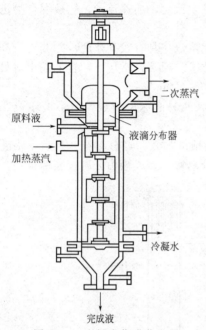

图 6-14　刮板式薄膜蒸发器

④ 刮板式蒸发器　刮板式薄膜蒸发器如图 6-14 所示,它是一种适应性很强的新型蒸发器,例如对高黏度、热敏性和易结晶、结垢的物料都适用。它主要由加热夹套和刮板组成,夹套内通加热蒸汽,刮板装在可旋转的轴上,刮板和加热夹套内壁保持很小间隙,通常为 0.5～1.5mm。料液经预热后由蒸发器上部沿切线方向加入,在重力和旋转刮板的作用下,分布在内壁形成下旋薄膜,并在下降过程中不断被蒸发浓缩,完成液由底部排出,二次蒸汽由顶部逸出。在某些场合下,这种蒸发器可将溶液蒸干,在底部直接得到固体产品。

这类蒸发器的缺点是结构复杂(制造、安装和维修工作量大),加热面积不大,且动力消耗大。

### 6.4.2　蒸发装置的附属设备和机械

蒸发装置的附属设备和机械主要有除沫器、冷凝器和真空泵。

(1) 除沫器　蒸发操作时产生的二次蒸汽,在分离室与液体分离后,仍夹带大量液滴,尤其是处理易产生泡沫的液体,夹带更为严重。为了防止产品损失或冷却水被污染,常在蒸发器内(或外)设除沫器。图 6-15 为几种除沫器的结构示意图。

(2) 冷凝器　冷凝器的作用是冷凝二次蒸汽。冷凝器有间壁式和直接接触式两种,倘若二次蒸汽为需回收的有价值物料或会严重污染水源,则应采用间壁式冷凝器,否则通常采用直接接触式冷凝器。后一种冷凝器一般均在负压下操作,这时为将混合冷凝后的水排出,冷凝器必须设置得足够高,冷凝器底部的长管称为大气腿。

(3) 真空装置　当蒸发器在负压下操作时,无论采用哪一种冷凝器,均需在冷凝器后安装真空装置,不断地抽出冷凝液中的不凝性气体,以维持蒸发操作所需的真空度。常用的真空装置有喷射泵、水环式真空泵、往复式或旋转式真空泵等。

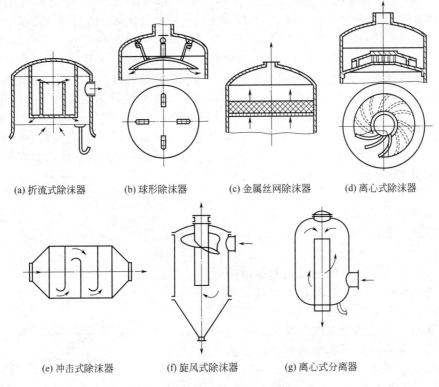

(a) 折流式除沫器　　(b) 球形除沫器　　(c) 金属丝网除沫器　　(d) 离心式除沫器

(e) 冲击式除沫器　　(f) 旋风式除沫器　　(g) 离心式分离器

图 6-15　除沫器的主要形式

# 6.5　结晶

　　结晶是从液相或气相中生成形状一定、分子（或原子、离子）有规则排列的晶体的现象，即结晶可以从液相或气相中生成，但工业结晶操作主要以液体原料为对象。

　　由于结晶是同类分子或离子的有规律的排列，故结晶过程具有高度的选择性，析出的晶体纯度比较高，同时所用的设备简单，操作方便，结晶与萃取和蒸馏等单元操作相比更为经济。另外晶体便于包装、储运和销售，因此结晶操作在食品工程方面应用的面也很广。

## 6.5.1　结晶原理

　　溶质从溶液中结晶出来，要经历两个步骤。首先要产生被称为晶核的微小晶粒作为结晶的核心，这个过程称为成核。然后晶核长大，成为宏观的晶体，这个过程称为晶体成长。无论是成核过程还是晶体成长过程，都必须以浓度差即溶液的过饱和度作为推动力。推动力的大小直接影响成核和晶体成长过程的快慢，而这两个过程的快慢又影响着晶体产品的粒度分布，因此，过饱和度是结晶过程中一个极其重要的参数。

　　（1）过饱和度（supersaturation）与结晶的关系　　同一温度下，过饱和溶液与饱和溶液的浓度差称为过饱和度。溶液的过饱和度是结晶过程的推动力。将一个完全纯净的溶液在不受任何扰动（无搅拌、无振荡）及任何刺激（无超声波等作用）的条件下缓慢降温，就可以得到过饱和溶液。过饱和溶液在热力学上是不稳定的。但是如果不去扰动它，任其保持平静状态，则它可在一个相当长的时间内保持过饱和状态而不变，该状态称为介稳状态。

　　溶液的过饱和度与结晶的关系可用图 6-16 表示。图中 $AB$ 线为具有正溶解度特性的溶解度曲线，CD 线表示溶液过饱和且能自发产生晶核的浓度曲线，称为超溶解度曲线。这两条曲线将浓度-温度图分为 3 个区域。AB 线以下的区域是稳定区，在此区中溶液尚未达到饱和，因此没有结晶的可能。AB 线以上是过饱和区，此区又分为两部分：AB 和 CD 线之间的区域称为介稳区。介稳区又细分为第一介稳区和第二介稳区。在第一介稳区内，溶液不会自发成核，加入晶种，会使晶体在晶核上成长；在第二介稳区内，溶液可自发成核，但又不像不稳区那样立刻析出晶体，需要一定的时间间隔，这一间隔称为延滞期，过饱和度越大，延滞期越短。CD 线以上的区域是不稳区，在此区域中，溶液能自发地产生晶核。此外，大量的研究工作证实，一个特定物系只有一条确定的溶解度曲线，但超溶解度曲线的位置却要受很多因素的影响，例如有无搅拌、搅拌强度大小、有无晶种、晶种大小与多寡、冷却速率快慢等，因此应将超溶解度曲线视为一簇曲线。

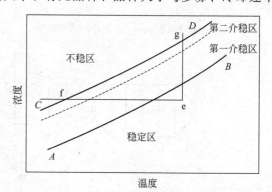

图 6-16　溶液浓度和温度关系图

图 6-16 中初始状态为 e 的洁净溶液，分别通过冷却法、蒸发法结晶，所经途径相应为 ef 和 eg。

（2）晶核的形成　晶核是过饱和溶液中新生成的微小晶体粒子，是晶体成长过程必不可少的核心。在晶核形成之初，快速运动的溶质质点相互碰撞结合成线体单元，线体单元增大到一定限度后可称为晶胚。晶胚极不稳定，有可能继续长大，也有可能重新分解为小线体或单个质点。当晶胚成长到足够大，能与溶液建立热力学平衡时就可称之为晶核。晶核的大小粗估为数十纳米至几微米。成核方式可分为初级成核和二次成核两种。在没有晶体存在的条件下自发产生晶核的过程称为初级成核。在已有晶体存在的条件下产生晶核的过程称为二次成核。

相对二次成核，初级成核速率大得多，而且对过饱和变化非常敏感，很难将它控制在一定的水平。因此，除了超细粒子制造外，一般结晶过程都要尽量避免发生初级成核，而应以二次成核作为晶核的来源。

（3）形成晶核的方法

① 自然起晶法　溶剂蒸发进入不稳定区形成晶核，当产生一定量的晶种后，加入稀溶液使溶液浓度降至介稳区，新的晶种不再产生，溶质在晶种表面生长。

② 刺激起晶法　将溶液蒸发至介稳区后冷却，进入不稳定区，形成一定量的晶核，此时溶液的浓度会有所降低，进入并稳定在介稳区的第二介稳区使晶体生长。

③ 晶种起晶法　将溶液蒸发后冷却至介稳区的较低浓度，加入一定量和一定大小的晶种，使溶质在晶种表面生长。该方法容易控制，所得晶体形状大小均较理想，是一种常用的工业起晶方法。

（4）结晶速率　结晶速率包括晶核的形成速率和晶体成长速率。晶核的形成速率（nucleation rate）可用下列经验式描述，即成核速率 $\mathrm{d}N/\mathrm{d}t$ 为：

$$r_{核} = \frac{\mathrm{d}N}{\mathrm{d}t} = K_{核}(c-c_{\mathrm{s}})^m \tag{6-32}$$

式中，$N$ 为单位体积晶浆中的晶核数；$c$，$c_{\mathrm{s}}$ 为溶液中的溶质浓度和溶液的饱和浓度；$r_{核}$ 为成核速率，$K_{核}$，$m$ 均为实验常数。$(c-c_{\mathrm{s}})$ 代表溶液的过饱和程度。

晶体的成长速率是指单位时间内晶体平均粒度 $L$ 的增加量，即

$$r_{长} = \frac{\mathrm{d}L}{\mathrm{d}t} = K_{长}(c-c_{\mathrm{s}})^n \tag{6-33}$$

式中，$r_长$ 为成长速率；$K_长$，$n$ 均为实验常数。

通常 $m$ 大于 2，$n$ 在 1 和 2 之间，由上两式之比可得：

$$\frac{r_核}{r_长}=\frac{K_核}{K_长}(c-c_s)^{m-n} \tag{6-34}$$

由于 $m-n$ 大于零，所以当饱和度 $(c-c_s)$ 较大时，晶核生成较快而晶体成长较慢，有利于生产颗粒小、颗粒数目多的结晶产品。当过饱和度较小时，晶核生成较慢而晶体成长较快，有利于生产大颗粒的结晶产品。

### 6.5.2 食品工业常用结晶方法与设备

溶液结晶是指晶体从溶液中析出的过程。按照结晶过程过饱和度产生的方法，可将结晶方法大致分为冷却法、蒸发法和真空冷却结晶法 3 大类。

（1）冷却法结晶　冷却法结晶过程基本上不去除溶剂，而是通过冷却降温使溶液变成过饱和。此法适用于溶解度随温度的降低而显著下降的物系。所用设备称为冷却式结晶器。

（2）蒸发法结晶　蒸发结晶是除去一部分溶剂的结晶过程，主要是使溶液在常压或减压下蒸发浓缩而变成过饱和。此法适用于溶解度随温度降低而变化不大或具有逆溶解度特性的物系。利用太阳能晒盐就是最古老而简单的蒸发结晶过程。所用设备称为蒸发式结晶器。

（3）真空结晶法　真空冷却结晶是使溶剂在真空下闪急蒸发而使溶液绝热冷却的结晶法。其实质是同时结合蒸发和冷却两种作用来造成溶液过饱和。此法适用于具有正溶解度特性而溶解度随温度的变化率中等的物系。所用设备称为真空式结晶器。

应用各种结晶方法进行结晶操作时，必须考虑如下几个方面的问题：①若冷却或蒸发过快，溶液的过饱和度过高，就会形成过多的晶核，这样得到的是大量的小晶体。若冷却或蒸发速度较慢，溶液处于过饱和度较低的介稳区，此时若加入晶种或采用二次起晶法，则得到的是少量的大晶体。②为保持晶体大小均匀，必需进行充分搅拌。搅拌的作用是使溶液的温度、浓度和流体力学条件保持均匀，这是保持晶体大小均匀的必需操作条件。③在连续式蒸发结晶器中可利用内部水力分级方法保证卸出大小符合要求的晶体。如果采用介稳区加晶种的方法，则必须有控制晶体成长时间的措施，实现晶体粒度控制。④为保持晶体粒度大小均匀，采用冷却法时应力求冷却均匀，尽可能保持过饱和度不变。

结晶设备的类型很多，有些结晶器只适用于一种结晶方法，有些结晶器则适用于多种结晶方法。结晶器按结晶方法可分为冷却结晶器、蒸发结晶器、真空结晶器；按操作方式可分为间歇式和连续式；按流动方式可分为混合型和分级型、母液循环型和晶浆循环型。以下介绍几种主要结晶器的结构特点。

（1）冷却结晶器

① 搅拌槽结晶器　图 6-17 和图 6-18 是冷却式搅拌槽结晶器的基本结构，其中图 6-17 为夹套冷却式，图 6-18 为外部循环冷却式，此外还有槽内蛇管冷却式。搅拌槽结晶器结构

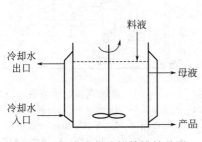

图 6-17　夹套冷却式搅拌槽结晶器

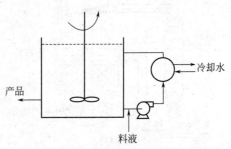

图 6-18　外部循环式搅拌槽结晶器

简单，设备造价低。夹套冷却结晶器的冷却比表面积较小，结晶速度较低，不适于大规模结晶操作。另外，因为结晶器壁的温度最低，溶液过饱和度最大，所以器壁上容易形成晶垢，影响传热效率。为消除晶垢的影响，槽内常设有除晶垢装置。外部循环式冷却结晶器通过外部热交换器冷却，由于强制循环，溶液高速流过热交换器表面，通过热交换器的溶液温差较小，热交换器表面不易形成晶垢，交换效率较高，可较长时间连续运转。

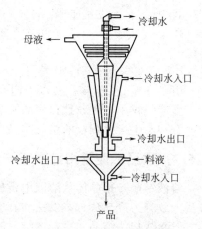

图 6-19　Howard 结晶器

② Howard 结晶器　如图 6-19 所示，Howard 结晶器也是夹套冷却式结晶器，但结晶器主体呈锥形结构。饱和溶液从结晶器下部通入，在向上流动的过程中析出结晶，析出的晶体向下沉降。由于下部流速较高，只有大颗粒晶体能够沉降到底部排出。因此，Howard 结晶器是一种结晶分级型连续结晶器。由于采用夹套冷却，结晶器的容积较小，适用于小规模连续生产。

（2）蒸发结晶器　蒸发结晶器由结晶器主体、蒸发室和外部加热器构成。图 6-20 是一种常用的 Krystal-Oslo 型常压蒸发结晶器。溶液经外部循环加热后送入蒸发室蒸发浓缩，达到过饱和状态，通过中心导管下降到结晶生长槽中。在结晶生长槽中，流体向上流动的同时结晶不断生长，大颗粒结晶发生沉降，从底部排出产品晶浆。因此，Krystal-Oslo 结晶器也具备结晶分级能力。

将蒸发室与真空泵相连，可进行真空绝热蒸发。与常压蒸发结晶器相比，真空蒸发结晶器不设加热设备，进料为预热的溶液，蒸发室中发生绝热蒸发。因此，在蒸发浓缩的同时，溶液温度下降，操作效率更高。此外，为使结晶槽内处于常压状态，便于结晶产品的排出和澄清母液的溢流在常压下进行，真空蒸发结晶器设有大气腿。

（3）真空结晶器　图 6-21 所示为一种近代连续式真空结晶器，该设备带有晶糊分离系统，晶糊循环采用低扬程循环泵，从结晶器锥形底的下降管流出，而后向上流经竖管加热器并返回结晶器。被加热的液流进入位于结晶液面下方附近的切向入口管，使晶糊获得游流，加速闪蒸，使晶糊与二次蒸汽保持平衡。在这种设备中，晶体的成长时间等于晶糊的体积与其体积流量之比。

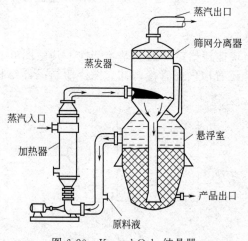

图 6-20　Krystal-Oslo 结晶器

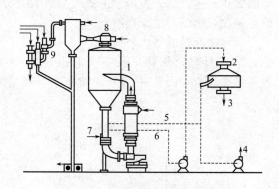

图 6-21　连续式真空结晶器
1—闪蒸室；2—离心机；3—结晶制品出口；
4—母液出口；5—母液循环；6—晶糊；
7—料液入口；8—升压泵；9—真空系统

设备的真空由蒸汽喷射泵和冷凝器维持。连续式真空结晶器也可将几效串联起来进行多效操作。

真空结晶器的主要优点是，由于器内进行的是绝热蒸发，故内部不需设置传热面，所以也就不存在传热面结垢和腐蚀等问题，而且结晶器本身的构造简单。

### 6.5.3 结晶操作的基本计算

（1）过程分析　溶液在结晶器中结晶形成的晶体和余下的母液的混合物称为晶浆。所以，晶浆实际上是液固悬浮液。母液是过程最终温度下的饱和溶液。由投料的溶质初始浓度、最终温度下的溶解度、蒸发水量，就可以计算结晶过程的晶体产率。因此，料液的量和浓度与产物的量和浓度之间的关系可由物料衡算和溶解度决定。

溶质从溶液中结晶析出时会发生焓变化而放出热量，这同纯物质从液态变为固态时发生焓变化而放热是类似的。两者都属于相变热，但在数值上不相等，溶液中溶质结晶焓变化还包括了物质浓缩的焓变化。溶液结晶过程中，生成单位质量溶质晶体所放出的热量称为结晶热。结晶的逆过程是溶解。单位质量晶体在溶剂中溶解时所吸收的热量为溶解热，许多溶剂热数据是在无限稀释溶液中以 1kg 溶质溶解引起的焓变化来表示的。如果在溶液浓度相等的相平衡条件下，结晶热应等于负的溶解热。由于许多物质的稀释热相比很小，因此结晶热近似地等于负的溶解热。

结晶过程中溶液与加热介质（或冷却介质）之间的传热速率计算与第 5 章中所描述的间壁式传热过程相同。溶液与晶体颗粒之间的传热速率、传质速率均与结晶器内的流动情况密切有关，可近似采用球形颗粒外的传热、传质系数关联式作估算。溶液与晶体颗粒之间的传热、传质速率都会影响结晶速率、产品纯度、外观质量，所以在提高速率、提高设备生产能力时必须兼顾产品的质量。

（2）物料衡算　作物料衡算时，须考虑晶体是否为水合物，当晶体为非水合物时，晶体可按纯物质计算。当晶体为水合物时，晶体中溶质的质量分数可按溶质分子量与晶体分子量之比计算。物料衡算包括总物料的衡算和溶质的物料衡算（或水的物料衡算）。

图 6-22 所示为结晶器的进出物流图，对图中虚线所示的控制体作溶质物料衡算有

$$Fw_1 = mw_2 + (F-W-m)w_3 \tag{6-35}$$

式中，$F$ 为进料质量；$w_1$ 为进料溶液中的溶质质量分数；$m$ 为晶体质量；$w_2$ 为晶体中的溶质质量分数；$W$ 为结晶器中蒸发出的水分质量；$w_3$ 为母液中的溶质质量分数。

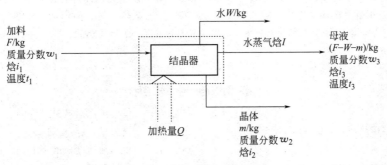

图 6-22　结晶器的进出物流

（3）热量衡算　对图 6-22 中虚线所示的控制体作热量衡算可得

$$Fi_1 + Q = WI + mi_2 + (F-W-m)i_3 \tag{6-36}$$

式中，$Q$ 为外界对控制体的加热量（当 $Q$ 为负值时，为外界从控制体移走的热量）；$I$ 为蒸出蒸汽的焓，J/kg；$i_1$ 为单位质量进料溶液的焓；$i_2$ 为单位质量晶体的焓；$i_3$ 为单位质量母液的焓。

令 $r_{结晶}=r_3-r_2$，整理上式后可得

$$W(I-i_3)=mr_{结晶}+Fc_p(t_1-t_3)+Q \tag{6-37}$$

式中，$r_{结晶}$ 即为溶液的结晶焓，J/kg。

# 思 考 题

6-1 中央循环管式蒸发器中的料液是如何形成循环的？

6-2 蒸发装置内的温差损失是由什么引起的？

6-3 并流加料的多效蒸发装置中，一般各效的总传热系数逐效减小，而蒸发量却逐效略有增加，试分析原因。

6-4 溶液的哪些性质对确定多效蒸发的效数有影响？并简略分析。

6-5 多效蒸发中，"最后一效的操作压强，是由后面冷凝器的冷凝能力确定的"。这种说法是否正确？冷凝器后面使用真空泵的目的是什么？

6-6 结晶过程的推动力是什么？

# 习 题

6-1 求 500g/L 的糖溶液在 80kPa 真空度下的沸点。大气压强取 101.3kPa。（$T=62.38℃$）

6-2 试估算固形物含量为 30% 的蔗糖溶液在 95.99kPa 真空度下蒸发时的沸点升高，蔗糖溶液在容器内的深度为 4m。（大气压为 101.30kPa，30% 浓度的蔗糖溶液常压下 $\Delta_a=0.6℃$，30% 浓度的蔗糖溶液密度取 1000kg/m³）。（$\Delta=\Delta'+\Delta''=0.38+29=29.38℃$）

6-3 在单效真空蒸发器内，每小时将 1500kg 牛奶从质量分数 15% 浓缩到 50%。已知进料的平均比热容为 3.9kJ/(kg·℃)，温度为 80℃，加热蒸汽表压 97.3kPa（对应温度为 120℃，汽化潜热为 2205.2kJ/kg），出料温度为 60℃（2355.1kJ/kg），蒸发器传热系数为 1160W/(m²·℃)，热损失可取 5%。试求：（1）蒸发量和成品量；（2）加热蒸汽消耗量；（3）蒸发器传热面积。（$W=1050kg/h$，$G_2=450kg/h$；$D=1124.5kg/h$；$S=9.9m^2$）

6-4 临时需要将 850kg/h 的某种水溶液从 15% 连续浓缩到 35%。现有一传热面积为 10m² 的小型蒸发器可供使用。原料液在沸点下加入蒸发器，估计在操作条件下溶液的各种温度差损失为 18℃。蒸发室的真空度为 80kPa。假设蒸发器的总传热系数为 1000W/(m²·℃)，热损失可以忽略，试求加热蒸汽压强。当地大气压为 100kPa。忽略溶液的稀释热效应。（$p=143.3kPa$）

6-5 采用双效逆流蒸发系统将番茄汁由 $x_0$ 为 0.0425 浓缩到 0.28。进料液温度 60℃，流量为 5000kg/h。加热蒸汽绝对压力 120kPa，冷凝器真空度 93.1kPa。第 I 效用强制循环，传热系数为 1.80kW/(m²·K)。第 II 效用自然循环，传热系数 0.90kW/(m²·K)。忽略热损失和固形物的比热容。计算蒸发量、加热蒸汽耗量、蒸汽经济性和传热面积。（$W=1.179kg/s$；$D_1=0.597kg/s$；$e=1.98$；$A_1=16.5m^2$；$A_2=94.3m^2$）

# 本章符号说明

**英文字母**

$A$——蒸发器传热面积，m²；

$b$——传热壁面厚度，m；

$c_p$——溶液的定压比热容，kJ/(kg·℃)；

$c_{pB}$——溶质的定压比热容，kJ/(kg·℃)；

$c_{pw}$——纯水的定压比热容，kJ/(kg·℃)；

$D$——加热蒸汽消耗量，kg/h；

$e$——单位蒸汽消耗量，kg/kg；

$F$——进料量，kg/h 或 kg；

$g$——重力加速度，m/s²；

$h$——液层深度，m；

$H$——蒸汽的焓，kJ/kg；

$K$——杜林直线斜率，量纲为 1；

$m$——晶体量，kg/h 或 kg；

$K$——总传热系数；

$n$——效数；第 $n$ 效；

$p$——压强，Pa；

$p_m$——液层中部的平均压强，Pa；

$p_o$——液面压强，即二次蒸汽的压强，Pa；

$Q$——传热速率，W；

$Q_L$——热损失，W；

$r$——加热蒸汽的汽化热，kJ/kg；

$r'$——二次蒸汽的汽化热，kJ/kg；

$R$——热阻，$m^2 \cdot ℃/W$；

$S$——传热面积，$m^2$；

$t$——溶液的沸点，℃；

$T$——蒸汽的温度，℃；

$T_A$——压强 $p_W$ 下溶液的沸点，K；

$T_{p_m}$——与二次蒸汽压强相对应的水的沸点，K；

$T_{p_o}$——与平均压强相对应的纯水的沸点，K；

$T_W$——压强 $p_W$ 下纯水的沸点，K；

$T'_A$——压强 $p_N$ 下溶液的沸点；

$T'_W$——压强 $p_N$ 下纯水的沸点；

$U$——蒸发强度，$kg/(m^2 \cdot h)$；

$W$——蒸发量，kg/h；

$x$——溶液的质量分数。

**希腊字母**

$\alpha$——蒸发因数；对流传热系数，$W/(m^2 \cdot ℃)$；

$\beta$——自蒸发系数；

$\Delta$——温度差损失，K；

$\Delta\alpha$——常压下溶液的沸点升高，K；

$\eta$——热损失系数；

$\lambda$——热导率，$W/(m \cdot ℃)$；

$\rho$——密度，$kg/m^3$；

$\Sigma$——总和。

# 第**7**章 吸 收

**【本章学习要求】**

掌握气体溶解度定义及其影响因素，掌握亨利定律、菲克定律，掌握分子扩散的传质特征，掌握双模模型、传质速率方程、吸收塔的物料衡算、传质单元数计算、传质单元高度计算；熟悉吸收操作工作流程、吸收剂选用原则；了解扩散系数的测定方法、吸收设备的构造特点。

**【引言】**

水里的鱼是怎样呼吸到氧气的？普通大豆油与大豆色拉油为何气味不太相同？碳酸饮料中的大量气体是怎样形成的？含大量二氧化硫的工业废气直接排放，就容易形成酸雨，如果用水吸收二氧化硫不仅能减少对大气的污染，还可以制得稀硫酸。本章将从气体的溶解度理论入手，介绍用液体吸收气体溶质的单元操作过程。

用适当的液体与混合气体接触，使混合气体中的一个或几个组分溶解于液体，从而实现混合气体组分的分离，这种利用各组分溶解度不同而分离气体混合物的操作称为吸收（absorption）。吸收操作中所用的液体称为吸收剂（absorptent）或溶剂，用 S 表示；混合气体中能显著溶解的组分称为溶质（solute），用 A 表示；不被溶解的部分称为惰性气体（inert gas），用 B 表示；吸收操作得到的液体称为吸收液（absorption liquid）或溶液，排出的气体称为尾气（end gas）。

食品工业中气体吸收主要用于以下几种目的：

① 回收或捕获气体混合物中的有用物质。例如挥发性香气（如苹果芳香物质）的回收、通气发酵中氧气的吸收等。

② 除去工艺气体中的有害成分，使气体净化，以便进一步加工处理；或除去工业放空尾气中的有害物质，以保护环境。

③ 制备某种气体的溶液，以获取产品，例如碳酸饮料中充入 $CO_2$ 气体。

吸收操作可按以下几种方法分类。

（1）物理吸收与化学吸收　在吸收过程中，气体溶质与液体溶剂不发生明显的化学反应，则为物理吸收，否则为化学吸收。

（2）单组分吸收与多组分吸收　吸收过程按被吸收组分数目的不同，可分为单组分吸收和多组分吸收。

（3）等温吸收与非等温吸收　气体溶质溶解于液体常常伴有溶解热产生，当发生反应时还会有反应热，其结果使液相的温度逐渐升高，这样的吸收称为非等温吸收。若吸收过程的热效应很小，或被吸收组分在气相中的组成很低而吸收剂用量又相对较大，或虽然热效应较大，但吸收设备散热效果很好，能及时移出吸收过程所产生的热量，液相的温度变化并不显著，这种吸收称为等温吸收。

在液体与气体接触过程中，如发生液相组分向气体传递，则称为解吸（desorption）或脱吸，解吸是吸收的逆过程。食用油加工工艺中的脱臭工序就是解吸操作的实例。解吸与吸收在基本原理上是相同的，只是传质方向相反而已。

## 7.1 气液平衡关系

在恒定温度和压力下气液两相接触时将发生溶质气体向液相转移，使其在液相中的浓度增加，当充分接触后，液相溶质不再增加达到饱和。这时两相达到相平衡。此时，溶质在液相中的浓度称为平衡溶解度，简称溶解度（solubility）；溶解度随温度和溶质气体的分压而不同，平衡时在气相中的分压称为平衡分压。平衡分压 $p^*$ 与溶解度的关系如图 7-1 所示，称为溶解度曲线。

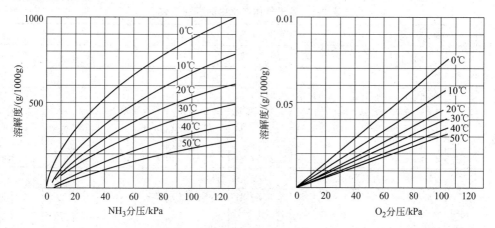

图 7-1　NH₃ 与 O₂ 在水中的溶解度比较

不同气体在同一溶剂中溶解度有很大的差异。从图 7-1 中可以看到，相同温度下，氨在水中的溶解度很大，氧在水中的溶解度极小。对于同样浓度的溶液，易溶气体在溶液上方的气相平衡分压小，难溶气体在溶液上方的分压大。换言之，欲得到一定浓度的溶液，易溶气体所需的分压较低，而难溶气体所需的分压则很高。

一般情况下气体的溶解度随温度的升高而减小。增压和降温可以提高气体的溶解度，有利于吸收操作；反之，减压和升温则有利于解吸过程。

### 7.1.1　亨利定律

吸收操作用于分离低浓度气体混合物，大多数气体溶解后形成的溶液浓度也较低。温度一定、气体总压不超过 $5×10^5$ Pa 时，稀溶液上方气相中溶质的平衡分压与溶质在液相中的摩尔分数成正比。数学表达式为

$$p_A^* = Ex \tag{7-1}$$

式中，$p_A^*$ 为溶质在气相中的平衡分压，kPa；$E$ 为亨利系数，kPa；$x$ 为溶质在液相中的摩尔分数，1。

式（7-1）为亨利（Henry）定律。此式表明，稀溶液上方的溶质分压与该溶质在液相中的摩尔分数成正比，比例系数即为亨利系数。

凡理想溶液，在压强不高及温度不变的条件下，$p_A^*$-$x$ 的关系在整个浓度范围内都服从亨利定律，亨利系数为该温度下的纯溶质的饱和蒸气压，此时亨利定律与拉乌尔定律一致。但吸收操作涉及的系统多为非理想溶液，此时亨利系数不等于纯物质的饱和蒸气压，而且只有在溶液浓度很低的情况下亨利系数才是常数。在同一种溶剂中，溶质不同，亨利系数为常数的气相溶质分压范围也不同。所以亨利系数不仅随温度变化，同时也随溶质的性质、溶质的气相分压及溶剂特性而变化。

当物系一定时，亨利系数仅是温度的函数，对于大多数物系，温度上升，$E$ 值增大，气体溶解度减小。在同一种溶剂中，难溶气体的 $E$ 值很大，溶解度很小；而易溶气体的 $E$ 值则很小，溶解度很大。

亨利系数一般由实验测定，在恒定温度下，对指定的物质，测得一系列平衡状态下的液

相溶质浓度 $x$ 与相应的气相溶质平衡分压 $p_A^*$ 数据，将测得的数据绘制成 $p_A^*$-$x$ 曲线，从曲线上测出 $\lim_{x \to 0}(p_A^*/x)$ 值，即为该物质在指定温度下的亨利系数 $E$。常见物系的亨利系数也可以从有关手册中查取，表 7-1 列出若干种气体水溶液的亨利系数。

**表 7-1　若干气体在水中的亨利系数**

| 气体 | 温度/℃ | | | | | | | | | | | | | | | |
|---|---|---|---|---|---|---|---|---|---|---|---|---|---|---|---|---|
| | 0 | 5 | 10 | 15 | 20 | 25 | 30 | 35 | 40 | 45 | 50 | 60 | 70 | 80 | 90 | 100 |
| | $E \times 10^{-6}$/kPa | | | | | | | | | | | | | | | |
| $H_2$ | 5.87 | 6.16 | 6.44 | 6.70 | 6.92 | 7.16 | 7.39 | 7.52 | 7.61 | 7.70 | 7.75 | 7.75 | 7.71 | 7.65 | 7.61 | 7.55 |
| $N_2$ | 5.35 | 6.05 | 6.77 | 7.48 | 8.15 | 8.76 | 9.36 | 9.98 | 10.5 | 11.0 | 11.4 | 12.2 | 12.7 | 12.8 | 12.8 | 12.8 |
| $O_2$ | 2.58 | 2.95 | 3.31 | 3.69 | 4.06 | 4.44 | 4.81 | 5.14 | 5.42 | 5.70 | 5.96 | 6.37 | 6.72 | 6.96 | 7.08 | 7.10 |
| 空气 | 4.38 | 4.94 | 5.56 | 6.15 | 6.73 | 7.30 | 7.81 | 8.34 | 8.82 | 9.23 | 9.59 | 10.2 | 10.6 | 10.8 | 10.9 | 10.8 |
| CO | 3.57 | 4.01 | 4.48 | 4.95 | 5.43 | 5.88 | 6.28 | 6.68 | 7.05 | 7.39 | 7.71 | 8.32 | 8.57 | 8.57 | 8.57 | 8.57 |
| | $E \times 10^{-5}$/kPa | | | | | | | | | | | | | | | |
| $CO_2$ | 0.738 | 0.888 | 1.05 | 1.24 | 1.44 | 1.66 | 1.88 | 2.12 | 2.36 | 2.60 | 2.87 | 3.46 | — | — | — | — |
| $C_2H_4$ | 5.59 | 6.62 | 7.78 | 9.07 | 10.3 | 11.6 | 12.9 | — | — | — | — | — | — | — | — | — |
| $Cl_2$ | 0.227 | 0.334 | 0.339 | 0.461 | 0.537 | 0.604 | 0.669 | 0.74 | 0.80 | 0.86 | 0.90 | 0.97 | 0.99 | 0.97 | 0.06 | — |
| $H_2S$ | 0.272 | 0.319 | 0.372 | 0.418 | 0.489 | 0.552 | 0.617 | 0.686 | 0.775 | 0.825 | 0.689 | 1.04 | 1.21 | 1.37 | 1.46 | 1.50 |
| | $E \times 10^{-4}$/kPa | | | | | | | | | | | | | | | |
| $SO_2$ | 0.167 | 0.203 | 0.245 | 0.294 | 0.355 | 0.413 | 0.485 | 0.567 | 0.661 | 0.763 | 0.871 | 1.11 | 1.39 | 1.70 | 2.01 | — |

互成平衡的气液两相组成表示方法不同，亨利定律对应的表达形式也不同。

① 若溶质在气体相中的平衡浓度用分压 $p_A^*$、溶质在液相中的浓度用 $c_A$ 表示，则亨利定律可表示为

$$p_A^* = \frac{c_A}{H} \tag{7-2}$$

式中，$c_A$ 为溶质在液相中的浓度，$kmol/m^3$；$H$ 为溶解度系数，$kmol/(m^3 \cdot kPa)$；$p_A^*$ 为溶质在气相中的平衡分压，kPa。

溶解度系数 $H$ 与亨利系数 $E$ 的关系可推导如下：

若溶液的浓度 $c_A$ （$kmol/m^3$），密度为 $\rho_L$ （$kg/m^3$），则 $1m^3$ 溶液中所含的溶质 A 为 $c_A$ （kmol），溶剂 S 为 （$\rho_L - c_A M_A$） /$M_S$ （kmol），则溶质在液相中的摩尔分数为

$$x = \frac{c_A}{c_A + \dfrac{\rho_L - c_A M_A}{M_S}} = \frac{c_A M_S}{\rho_L + c_A (M_S - M_A)}$$

式中，$M_A$、$M_S$ 为溶质和纯溶剂的摩尔质量，kg/kmol。

将上式代入式(7-1) 得

$$p_A^* = \frac{E c_A M_S}{\rho_L + c_A (M_S - M_A)}$$

将此式与式(7-2) 比较可得

$$\frac{1}{H} = \frac{E M_S}{\rho_L + c_A (M_S - M_A)}$$

当溶液为稀溶液时，$c_A$ 很小，$\rho_L \approx \rho_S = \rho$，$\rho_L + c_A (M_S - M_A) \approx \rho$。故上式简化为

$$H \approx \frac{\rho}{E M_S} \tag{7-3}$$

式中，$\rho_S$ 为溶剂的密度，kg/m³。

溶解度系数 $H$ 也是温度、溶质和溶剂的函数，但 $H$ 随温度的升高而降低，易溶气体的 $H$ 值较大，难溶气体的 $H$ 值较小，故 $H$ 称为溶解度系数。

② 若气相、液相中的溶质浓度分别用摩尔分数 $y$、$x$ 表示，则亨利定律可写成

$$y^* = mx \tag{7-4}$$

式中，$x$ 为液相中溶质的摩尔分数，1；$y^*$ 为平衡时溶质在气相中的摩尔分数，1；$m$ 为相平衡常数，1。

相平衡常数 $m$ 与亨利系数 $E$ 之间有如下关系：

$$m = \frac{E}{P} \tag{7-5}$$

相平衡常数 $m$ 随温度、压力和物系而变化。当物系一定时，若温度降低或总压 $P$ 升高，则 $m$ 值变小，液相溶质的浓度 $x$ 增加，有利于吸收操作；当温度、压力一定时，$m$ 值愈大，该气体的溶解度愈小。

③ 若溶质在气相和液相的浓度分别用摩尔比 $Y$、$X$ 表示，则

$$x = \frac{X}{1+X}, \quad y = \frac{Y}{1+Y}$$

将以上两式代入式(7-4) 中，整理得

$$Y^* = \frac{mX}{1+(1-m)X} \tag{7-6}$$

当溶液为低浓度时，$(1-m)X$ 可以忽略，则亨利定律可写成如下形式：

$$Y^* = mX \tag{7-6a}$$

式中，$X$ 为液相溶质的摩尔比，1；$Y^*$ 为与液相组成 $X$ 相平衡的气相中溶质的摩尔比，1。

由于亨利定律各种表达式为互成平衡的气液两相组成之间的关系，故亨利定律也可写成如下形式：

$$x^* = \frac{p_A}{E}$$

$$c_A^* = Hp_A$$

$$x^* = \frac{y}{m}$$

$$X^* = \frac{Y}{m}$$

【例 7-1】 空气-水系统温度为 10℃，总压 101.3kPa，试求此条件下气液两相充分接触后，每立方米水溶解了多少克氧气。

**解：** 空气按理想气体处理，由道尔顿分压定律可知，氧气在气相中的分压为

$$p_A^* = Py^* = 101.3 \times 0.21 = 21.27\text{kPa}$$

氧气为难溶气体，故氧气在水中的液相组成 $x$ 很低，气液相平衡关系服从亨利定律，由表 7-1 查得 10℃时，氧气在水中的亨利系数 $E$ 为 $3.31 \times 10^6$ kPa。

$$H = \frac{\rho_S}{EM_S}, \quad c_A^* = Hp_A$$

故 $\quad c_A^* = \frac{\rho_S p_A}{EM_S} = \frac{1000 \times 21.27}{3.31 \times 10^6 \times 18} = 3.57 \times 10^{-4} \text{kmol/m}^3$

$$m_A = 3.57 \times 10^{-4} \times 32 \times 1000 = 11.42\text{g}(O_2)/\text{m}^3(H_2O)$$

于是，水中的鱼可以呼吸到氧气。如果气压降低、温度升高，结果会怎样？

### 7.1.2 吸收剂的选择

选择吸收剂是吸收操作的重要环节。吸收的好坏关系到吸收剂的用量、后续处理难度等等。选择吸收剂时，通常从以下几个方面考虑。

（1）溶解度 吸收剂对于溶质组分应具有较大的溶解度，以提高吸收速率，加快吸收过程，并减少吸收剂本身的消耗量。

（2）选择性 吸收剂要在对溶质组分有良好吸收功能的同时，对混合气体中其它组分却基本上不吸收或吸收甚微，从而实现对溶质组分的有效分离。

（3）挥发度 操作温度下吸收剂的蒸气压要低，即挥发度要小，以减少吸收过程中吸收剂的损失。

（4）腐蚀性 吸收剂的腐蚀性应较小，对设备材质无过高要求，以减少设备费用。

（5）黏性 操作条件下吸收剂的黏度要低，这样可以改善吸收塔内的流动状况从而提高吸收速率，且有助于降低输送能耗，还能减少传热阻力。

（6）环境友好性 吸收剂及其与溶质所形成的吸收液对环境产生的不利影响应尽量减少。

（7）其它 吸收剂还应具有较好的化学稳定性，不易起泡，无毒性，不易燃，熔点低，价廉易得等经济和安全条件。

生产实际中，针对特定的工艺条件，很难找到某种吸收剂能够同时满足上述全部要求，往往要对可供选择的吸收剂进行全面综合评价，做出经济合理的选择。

## 7.2 传质基础

### 7.2.1 分子扩散

#### 7.2.1.1 分子扩散与 Fick 定律

分子扩散（molecular diffusion）是在一相内部有组成差异的条件下，由于分子的无规则热运动而造成的物质传递现象。习惯上常把分子扩散简称为扩散。

如图 7-2 所示的容器，用一块板隔为左右两室，分别充入温度及压强相同的 A、B 两种气体。当隔板抽出后，由于气体分子无规则运动，左侧 A 分子会窜入右半部分，右侧的 B 分子也会窜入左半部分。左右两侧交换的分子数虽然相等，但因 A 组成左侧高右侧低，故在同一时间内 A 分子进入右侧多而返回左侧少。同理，B 分子进入左侧多而返回右侧较少。其结果必然是物质 A 自左向右传递而物质 B 自右向左传递，即两种物质各自沿其组成降低的方向发生了传递现象。产生这种传递现象的推动力是不同部位上的浓度差异，凭借的是分子无规则热运动。

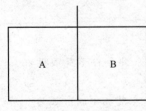
图 7-2 扩散现象

上述扩散过程将一直进行到整个容器里 A、B 两种物质的组成完全均匀为止。这是一个非稳态分子扩散的过程。随着容器内各部分组成差异逐渐变小，扩散的推动力也逐渐趋近于零，过程将进行得越来越慢。

扩散过程进行的快慢可以用扩散通量来度量。单位面积上单位时间内扩散传递的物质量称为扩散通量（diffusion flux），其单位为 $kmol/(m^2 \cdot s)$。

当物质 A 在介质 B 中发生扩散时，任一点处物质 A 的扩散通量与该位置上 A 的浓度梯度（concentration gradient）成正比，即

$$J_A = -D_{AB}\frac{dc_A}{dz} \tag{7-7}$$

式中，$J_A$ 为物质 A 在 $z$ 方向上的分子扩散通量，$kmol/(m^2 \cdot s)$；$D_{AB}$ 为物质 A 在介质 B 中的分子扩散系数，$m^2/s$；

式中负号表示扩散是沿着物质 A 浓度降低的方向进行的。

式(7-7) 称为菲克（Fick）定律。菲克定律是对物质分子扩散现象基本规律的描述。它与牛顿黏性定律（滞流流体中的动量传递规律）、傅里叶一维热传导定律在表达形式上有共同的特点，因为它们都是描述以分子热运动为基础的传递现象的方程。但应注意，热量与动量并不单独占有空间，而物质本身却要占据一定的空间，这就使得质量传递现象较其它两种传递现象更为复杂。

当分子扩散发生在 A、B 两种组分构成的混合气体中时，尽管物质 A、B 各自的摩尔组成皆随位置不同而变化，但只要系统总压不甚高且各处温度均匀，则单位体积内的 A、B 分子数总和便不随位置而变化，即

$$c = \frac{P}{RT} = 常数$$

而总摩尔浓度 $c$ 等于 A、B 两组分的摩尔浓度之和，即

$$c = c_A + c_B = 常数$$

因此，任一时刻在系统内任一点处组分 A 沿任意方向 $z$ 的浓度梯度与组分 B 沿 $z$ 方向的浓度梯度互为相反值，即

$$\frac{dc_A}{dz} = -\frac{dc_B}{dz} \tag{7-8}$$

而且，组分 A 沿 $z$ 方向的扩散通量必等于组分 B 沿 $-z$ 方向的扩散通量，即

$$J_A = -J_B \tag{7-9}$$

根据菲克定律可知

$$J_A = -D_{AB}\frac{dc_A}{dz}, \quad J_B = -D_{BA}\frac{dc_B}{dz} \tag{7-10}$$

将上两式及式(7-8) 代入式(7-9)，得到

$$D_{AB} = D_{BA} = D \tag{7-11}$$

上式表明，在由 A、B 两种气体所构成的混合物中，A 与 B 的扩散系数相等。

物质传递通量也表示为该物质的浓度与其传递速度的乘积。譬如对于任意一点处物质 A 的扩散通量，也可以写成如下的关系式：

$$J_A = c_A u_{DA} \tag{7-12}$$

式中，$c_A$ 为该点处物质 A 的浓度，$kmol/m^3$；$u_{DA}$ 为该点处物质 A 沿 $z$ 方向的扩散速度，$m/s$。

虽然扩散是物质分子热运动的结果，但物质 A 的扩散速度 $u_{DA}$ 并不等于在扩散温度下单个 A 分子的热运动速度。以气体而论，尽管气体分子热运动速度很大，但由于分子间的碰撞极其频繁，使分子不断改变其热运动方向，所以，扩散物质的分子沿特定方向（扩散方向）前进的平均速度，即扩散速度，却是很小的。

#### 7.2.1.2 等摩尔反向扩散

如图 7-3 所示，有温度和总压均相同的两个大容器，分别装有不同浓度的 A、B 混合气体，中间用直径均匀的细管联通，两容器内装有搅拌器，各自保持气体浓度均匀。由于 $p_{A1} > p_{A2}$，$p_{B1} < p_{B2}$，在连通管内将发生分子扩散现象，组分 A 向右扩散，而组分 B 向左扩散。在 1、2 两截面上，A、B 的分压各自保持不变，因此为稳定状态下的分子扩散。

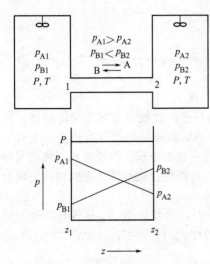

图 7-3 等摩尔反向扩散

因为两容器中气体总压恒定，互逆两个方向传递物质的量 $n_A$ 与 $n_B$ 必相等，所以称为等摩尔扩散。此时，两组分的扩散速率相等，方向相反，以 A 的扩散方向（$z$）为正，有

$$J_A = -J_B \qquad (7\text{-}13)$$

其中，组分 A 的扩散速率表达式为

$$J_A = -\frac{D}{RT} \times \frac{dp_A}{dz} \qquad (7\text{-}14)$$

式中，$D$ 为组分 A 在 B 中扩散的分子扩散系数，$m^2/s$。

如图 7-3 所示，在稳态等摩尔反向扩散过程中，物系内任一点的总压 $P$ 都保持不变，总压 $P$ 等于组分 A 的分压 $p_A$ 与组分 B 的分压 $p_B$ 之和，即

$$P = p_A + p_B = 常数$$

根据图 7-3 所示的边界条件，将式(7-14) 在 $z_1 = 0$，$z_2 = z$ 范围内积分，求得等摩尔反向扩散时的传质速率方程为

$$J_A = \frac{D}{RTz}(p_{A1} - p_{A2}) = \frac{D}{z}(c_{A1} - c_{A2}) \qquad (7\text{-}15)$$

可见，在等摩尔反向扩散过程中，分压力梯度为一常数。这种形式的扩散发生在蒸馏等过程中。例如，当易挥发组分 A 与难挥发组分 B 的摩尔汽化热相等时，冷凝 1mol 难挥发组分 B 所放出的热量正好汽化 1mol 易挥发组分 A，这样两组分以相等的量逆向扩散。当组分 A 与组分 B 的摩尔汽化热近似相等时，可近似按等摩尔反向扩散处理。

### 7.2.1.3 组分 A 通过静止组分 B 的扩散

有 A、B 双组分气体混合物与液体溶剂接触，组分 A 溶解于液相，组分 B 不溶于液相，显然液相中不存在组分 B。因此，吸收过程是组分 A 通过"静止"组分 B 的单方向扩散。

在气液界面附近的气相中，有组分 A 向液相溶解，其浓度降低，分压减小。因此，在气相主体与气相界面之间产生分压梯度，则组分 A 从气相主体向界面扩散。同时，界面附近的气相总压比气相主体的总压稍微低一点，将有 A、B 混合气体从主体向界面移动，称为整体移动（bulk motion），如图 7-4 所示。

对于组分 B 来说，在气液界面附近不仅不被液相吸收，而且还随整体移动，从气相主体向界面附近传递。因此，界面处组分 B 的浓度增大。在总压恒定的条件下，因界面处组分 A 的分压减小，则组分 B 的分压必增大，于是在界面与主体之间产生组分 B 的分压梯度，会有组分 B 从界面向主体扩散，扩散速率用 $J_B$ 表示。而从界面向主体移动所携带的 B 组分，其传递速率用 $N_{BM}$ 表示。$J_B$ 与 $N_{BM}$ 两者数值相等，方向相反，即组分 B 的净传质通量为零，表示为

$$J_B = -N_{BM} \qquad (a)$$

对组分 A 来说，其扩散方向与气体整体移动方向相同，所以与等摩尔反向扩散时相比，组分 A 的传递速率较大。下面推导组分 A 的传质速率计算公式。

在气相的整体移动中，A 量与 B 量之比等于它们的分压之比，即

$$\frac{N_{AM}}{N_{BM}} = \frac{p_A}{p_B}$$

式中，$N_{AM}$、$N_{BM}$ 为整体移动中组分 A、B 的传递速率，$kmol/(m^2 \cdot s)$；$p_A$、$p_B$ 为组分 A、B 的分压，kPa。

$$N_{AM} = N_{BM} \frac{p_A}{p_B} \qquad (b)$$

组分 A 从气相主体至界面的传递速率为分子扩散与整体移动两者速率之和，即

$$N_A = J_A + N_{AM} = J_A + \frac{p_A}{p_B} N_{BM} \qquad (c)$$

由式(a)、(b) 求得 $N_{BM} = -J_B = J_A$，代入式(c) 得

$$N_A = \left(1 + \frac{p_A}{p_B}\right) J_A$$

将式（7-14）代入，求得

$$N_A = -\frac{D}{RT}\left(1 + \frac{p_A}{p_B}\right)\frac{dp_A}{dz} = -\frac{D}{RT} \times \frac{P}{P - p_A} \times \frac{dp_A}{dz} \quad (d)$$

式中的总压 $P = p_A + p_B$。

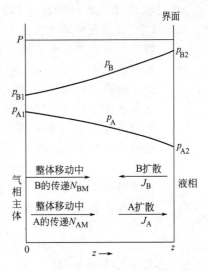

图 7-4 组分 A 通过静止组分 B 的扩散

式中的 $dp_A/dz$ 不是定值，故 $p_A$ 的分布为曲线关系，如图 7-4 所示。

将式(d) 在 $z=0$，$p_A = p_{A1}$ 与 $z=z$，$p_A = p_{A2}$ 之间进行积分。

$$\int_0^z N_A dz = -\int_{p_{A1}}^{p_{A2}} \frac{DP}{RT} \times \frac{dp_A}{P - p_A}$$

对于稳态吸收过程，$N_A$ 为定值。操作条件一定，$D$、$P$、$T$ 均为常数，积分得

$$N_A = \frac{DP}{RTz} \ln \frac{P - p_{A2}}{P - p_{A1}} = \frac{DP}{RTz} \ln \frac{p_{B2}}{p_{B1}} \qquad (e)$$

因 $P = p_{A1} + p_{B1} = p_{A2} + p_{B2}$，将上式改写为

$$N_A = \frac{DP}{RTz} \times \frac{p_{A1} - p_{A2}}{p_{B2} - p_{B1}} \ln \frac{p_{B2}}{p_{B1}}$$

或

$$N_A = \frac{D}{RTz} \times \frac{P}{p_{Bm}} (p_{A1} - p_{A2}) \qquad (7\text{-}16)$$

式（7-16）即为组分 A 单方向扩散时的传质速率方程式，式中 $p_{Bm} = \dfrac{p_{B2} - p_{B1}}{\ln(p_{B2}/p_{B1})}$ 为组分 B 分压的对数平均值。

式（7-16）中的 $P/p_{Bm}$ 总是大于 1，与式（7-15）比较可知，单方向扩散的传质速率 $N_A$ 比等摩尔反向扩散时的传质速率 $J_A$ 大。这是因为在单方向扩散时除了有分子扩散还有混合物的整体移动所致。$P/p_{Bm}$ 称为"漂流因子"（drift factor）或"移动因子"。$P/p_{Bm}$ 值越大，表明整体移动在传质中所占的分量就越大。当气相中组分 A 的浓度很小时，各处的 $p_B$ 都接近于 $P$，即 $P/p_{Bm}$ 接近于 1，此时整体移动可忽略不计，可看作等摩尔反向扩散。

根据气体混合物的浓度 $c$ 与压力 $P$ 的关系 $c = P/RT$、分浓度 $c_A = p_A/RT$ 与 $c_{Bm} = p_{Bm}/RT$ 代入式(7-16)，求得组分 A 的单方向扩散时传质速率方程式的另一种形式：

$$N_A = \frac{D}{z} \times \frac{c}{c_{Bm}} (c_{A1} - c_{A2}) \qquad (7\text{-}17)$$

此式也适用于液相。

【例 7-2】 在 20℃ 及 101.33kPa 下，$CO_2$ 与空气的混合物缓慢地沿 $Na_2CO_3$ 溶液液面流过，空气不溶于 $Na_2CO_3$ 溶液。$CO_2$ 透过厚 1mm 的静止空气层扩散到 $Na_2CO_3$ 溶液中。混合气体中 $CO_2$ 的摩尔分数为 0.2。在 $Na_2CO_3$ 溶液面上，$CO_2$

迅速被吸收，故相界面上 $CO_2$ 的浓度很小，可忽略不计。在 20℃ 及 101.33kPa 时，$CO_2$ 在空气中扩散系数 $D$ 为 $0.18cm^2/s$。$CO_2$ 的扩散速率是多少？

**解：** 此题属单方向扩散，可用式(7-16)计算。

扩散系数 $D = 0.18cm^2/s = 1.8 \times 10^{-5} m^2/s$

扩散距离 $z = 1mm = 0.001m$，气相总压 $P = 101.33kPa$

气相主体中 $CO_2$ 的分压力 $p_{A1} = P y_{A1} = 101.33 \times 0.2 = 20.27kPa$

气液界面上 $CO_2$ 的分压力 $p_A = 0$

气相主体中空气（惰性气体）的分压力 $p_{B1}$ 为

$$p_{B1} = P - p_{A1} = 101.33 - 20.27 = 81.06kPa$$

气液界面上空气的分压力 $p_{B2} = 101.33kPa$

空气在气相主体和界面上分压力的对数平均值为

$$p_{Bm} = \frac{p_{B2} - p_{B1}}{\ln(p_{B2}/p_{B1})} = \frac{101.33 - 81.06}{\ln(101.33/81.06)} = 90.82kPa$$

代入式(7-16)，得

$$N_A = \frac{D}{RTz} \times \frac{P}{p_{Bm}}(p_{A1} - p_{A2}) = \frac{1.8 \times 10^{-5}}{8.314 \times 293 \times 0.001} \times \frac{101.33}{90.82} \times (20.27 - 0)$$
$$= 1.67 \times 10^{-4} kmol/(m^2 \cdot s)$$

#### 7.2.1.4 分子扩散系数

分子扩散系数简称扩散系数，它是物质的特性常数之一。同一物质的扩散系数随介质的种类、温度、压强及组成的不同而变化。对于气体中的扩散，组成的影响可以忽略；对于液体中的扩散，组成对其影响不可忽略，而压强对其影响不显著。

一些常用物质的扩散系数可从有关资料、手册中查得。表 7-2 列举了若干物质在水中的扩散系数。物质的扩散系数可由实验测定，实验测定也是获取物质扩散系数的根本途径。有时也可以由物质本身的基础物质数据及状态参数估算。

**表 7-2  一些物质在水中的扩散系数**（20℃，稀溶液）

| 扩 散 物 质 | 扩散系数 $D \times 10^9/(m^2/s)$ | 扩 散 物 质 | 扩散系数 $D \times 10^9/(m^2/s)$ |
|---|---|---|---|
| $O_2$ | 1.80 | $CH_3COOH$ | 0.88 |
| $CO_2$ | 1.50 | $CH_3OH$ | 1.28 |
| $N_2O$ | 1.51 | $C_2H_5OH$ | 1.00 |
| $NH_3$ | 1.76 | $C_6H_5OH$ | 0.84 |
| $Cl_2$ | 1.22 | $CH_2OH \cdot CHOH \cdot CH_2OH$（甘油） | 0.72 |
| $H_2$ | 5.13 | $C_5H_{11}O_5CHO$（葡萄糖） | 0.60 |
| $N_2$ | 1.64 | $C_{12}H_{22}O_{11}$（蔗糖） | 0.45 |
| $H_2S$ | 1.41 | | |

### 7.2.2 对流传质

#### 7.2.2.1 相内传质

（1）气膜模型  如图 7-5 所示，在吸收设备内某填料表面附近区域，吸收剂 S 与气流主体作逆向流动。假设存在一个较为稳定的相界面，即使气体发生湍流流动，在相界面的气体一侧，仍然存在一个很薄的层流内层，其厚度设为 $z'_G$。层流内层内，溶质 A 的平衡分压呈线性分布（等摩尔反向扩散）；在气相主体内，由于湍流扩散，溶质 A 的平衡分压趋于一致。两曲线交于 H 点，气膜有效厚度 $z_G > z'_G$；可以说，在层流内层以外，气膜还有一个过渡层。于是，可按单向气膜传质模型写出气相主体-相界面的对流传质速率：

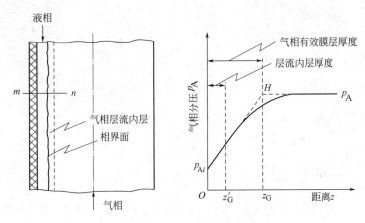

图 7-5　气膜传质模型

$$N_A = \frac{DP}{RTz_G p_{Bm}}(p_A - p_i) = k_G(p_A - p_i) \tag{7-18}$$

式中，$p_A$ 为气相主体中溶质 A 的分压，kPa；$p_i$ 为相界面上溶质 A 的分压，kPa；$z_G$ 为气膜的有效厚度，m；$p_{Bm}$ 为气膜内惰性组分的对数平均分压，kPa；$k_G$ 为气膜传质系数，kmol/($m^2 \cdot s \cdot kPa$)；$P$ 为气体总压，kPa。

（2）液膜模型　仿照气膜传质模型，并参照"组分 A 通过静止组分 B 的扩散"，得到液膜传质模型的传质速率。

$$N_A = \frac{D_{AS}C}{z_L c_{Sm}}(c_i - c_A) = k_L(c_i - c_A) \tag{7-19}$$

式中，$C$ 为溶液的总浓度，kmol/$m^3$；$c_{Sm}$ 为溶剂 S 在液膜内的对数平均浓度，kmol/$m^3$；$D_{AS}$ 为溶质 A 在吸收剂 S 中的扩散系数，$m^2$/s；$c_i$ 为相界面的溶质浓度，kmol/$m^3$；$c_A$ 为液相主体的溶质浓度，kmol/$m^3$；$z_L$ 为液膜的有效厚度，m；$k_L$ 为液膜传质系数，m/s。

#### 7.2.2.2　相际传质

（1）双膜理论　前面所讨论的扩散是在一相中进行的。而气体吸收是溶质先从气相主体扩散到气液界面，再从界面扩散到液相主体中的相际间的传质过程。关于两相间的物质传递的机理，应用最广的是惠特曼（W. G. Whitman）在 1923 年提出的"双膜理论"（two-film theory），它的基本论点如下所述。

① 当气液两相接触时，两相之间存在一个稳定的相界面。在相界面两侧，气相、液相分别存在着一个层流流动的稳定膜层。溶质以分子扩散的方式连续通过这两个膜层。膜层以外的气液两相主体呈湍流状态。

② 在相界面上，气液两相互成平衡，没有传质阻力。

③ 在膜层以外的主体内，由于充分的湍动，溶质的浓度基本上是均匀的，即认为主体中没有浓度梯度存在，换句话说，传质阻力全部集中在两个膜层之内。

通过上述 3 个假设，假定把吸收过程简化为气液两膜层的分子扩散，这两层薄膜构成了吸收过程的主要阻力，溶质以一定的分压差及浓度差克服两膜层的阻力，膜层以外几乎不存在阻力。双膜理论示意如图 7-6 所示。

（2）溶质渗透理论　在许多传质设备里，气、液是在高度湍流情况下接触的，难以认定非稳态的两界面上会存在着稳定的停滞膜层。填料塔内液体呈膜状流经过每个填料后，都会汇合并重新分散；鼓泡式气、液接触设备中，每个气泡存在于液相内的时间会更短。因而，溶质在液相中的扩散不可能达到稳定状态，即液体表层往往来不及建立稳态的浓度梯度，溶

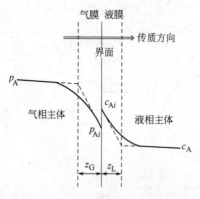

图 7-6 双膜理论示意图

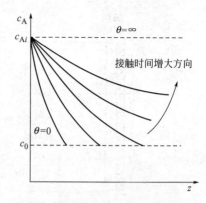

图 7-7 液相中浓度分布与接触时间

质总是处于由相界面向液体主体纵深方向逐渐渗透的非稳态过程中。为了更准确地描述这种情况下的传质过程，希格比（Higbie）于 1935 年提出了溶质渗透理论。该理论假定液面是由无数微小的流体单元所构成，暴露于表面的每个单元都在与气相接触某一短暂时间（暴露时间）后，即被来自液相主体的新单元取代，而其自身则返回液相主体内。如图 7-7 所示，在每个流体单元到达液体表面的瞬间（$\theta=0$），在液面以内及液面处（$z\geqslant0$），溶质浓度尚未发生任何变化，仍为原来的主体浓度（$c_A=c_0$）；接触开始后（$\theta>0$）相界面处（$z=0$）立即达到与气相平衡的状态（$c_A=c_{Ai}$）；随着暴露时间延长，在相界面与液相内浓度差的推动下，溶质以一维非稳态扩散方式渗入液相主体。在相界面附近的极薄液层内形成随时间变化的浓度分布，但在液相深处（$z=\infty$），则仍保持原来主体浓度（$c_A=c_0$）。

气相中的溶质透过界面渗入液相内的速度与界面处溶质浓度梯度$\left(\left.\dfrac{\partial c_A}{\partial z}\right|_{z=0}\right)$成正比。由图可见，随着接触时间延长，界面处的浓度梯度逐渐变小，这表明传质速率也随之变小。所以，每次接触的时间愈短，平均传质速率愈大。根据特定条件下的推导结果，按接触时间平均值计算的传质通量与液相传质推动力（$c_i-c_0$）间符合如下关系：

$$N_A=\sqrt{\frac{4D'}{\pi\theta_S}}(c_{Ai}-c_0)\tag{7-20}$$

式中，$D'$ 为溶质 A 在液相中的扩散系数，$m^2/s$；$\theta_S$ 为流体单元在液相表面的暴露时间，s。

溶质渗透理论建立的是溶质以非稳态扩散方式向无限厚度的液层内逐渐渗透的传质模型。与双膜理论相比，溶质的渗透理论为描述湍流下的传质机理提供了更为合理的解释。按照双膜理论，传质系数应与扩散系数成正比，而溶质渗透理论则指出，传质系数与扩散系数的 0.5 次方成正比，后者比前者更接近实验结果。

（3）表面更新理论　丹克沃茨（Danckwerts）于 1951 年对希格比的理论提出改进和修正。他否定表面上的液体微元有相同的暴露时间，而认为液体表面是由具有不同暴露时间（或称"年龄"）的液体微元所构成的，各种年龄的微元被置换下去的概率与它们的年龄无关，而与液体表面上该年龄的微元数成正比。表面液体微元的年龄分布函数：

$$\tau=Se^{-s\theta}\tag{7-21}$$

式中，$\tau$ 为年龄在 $\theta\sim\theta+d\theta$ 区间的微元数在表面微元总数中所占的分数；$S$ 为表面更新率，常数，可由实验测得。

据此理论，平均传质通量与液相传质推动力的关系应为

$$N_A = \sqrt{D's}(c_{Ai} - c_0) \tag{7-22}$$

该传质系数亦与扩散系数的 0.5 次方成正比，这与溶质渗透理论的结论类似。

在以上所述的三种传质理论之后，还有人提出过一些其它模型，用以修正上述理论或加以综合。例如图尔（Toor and Marchello）等人于 1958 年提出的膜渗透理论。

各种新的传质理论仍在不断研究和发展。这些新理论对于不断深化传质过程的认识具有一定的启发和指导意义，但目前仍不足以应用于传质设备的设计计算。所以，本章此后关于吸收速率的讨论，仍以双膜理论为基础。

### 7.2.3 传质系数与速率方程

#### 7.2.3.1 传质速率方程的各种表达形式

传质过程的传质速率——传质通量，取决于传质推动力与传质阻力的相对大小，一般存在如下关系：

$$传质速率 = \frac{传质推动力}{传质阻力} = 传质系数 \times 传质推动力$$

对于同一个传质过程，由于考察的范围不同，传质推动力、传质阻力不同，传质速率有多种表达形式。

$$\quad\quad 气相 \quad\quad\quad 液相 \quad\quad\quad 两相间 \quad\quad\quad 两相间$$

$$N_A = k_G(p_A - p_i) = k_L(c_i - c_A) = K_G(p_A - p_A^*) = K_L(c_A^* - c_A) \tag{7-23}$$

$$N_A = k_y(y - y_i) = k_x(x_i - x) = K_y(y - y^*) = K_x(x^* - x) \tag{7-24}$$

$$N_A = k_Y(Y - Y_i) = k_X(X_i - X) = K_Y(Y - Y^*) = K_X(X^* - X) \tag{7-25}$$

传质系数之间的关系：

$$k_y = Pk_G \quad K_x = Ck_L \quad K_y = PK_G \quad K_x = CK_L \tag{7-26}$$

$$\left.\begin{array}{l} k_Y = \dfrac{k_y}{(1+Y)(1+Y_i)}, \quad k_X = \dfrac{k_x}{(1+X)(1+X_i)} \\[2mm] 浓度低时\ k_Y \approx k_y, \quad k_X \approx k_x \\[2mm] K_Y = \dfrac{K_y}{(1+Y)(1+Y^*)}, \quad K_X = \dfrac{K_x}{(1+X^*)(1+X)} \\[2mm] 浓度低时\ K_Y \approx K_y, \quad K_X \approx K_x \end{array}\right\} \tag{7-27}$$

传质总阻力与双膜传质阻力的关系（气液相平衡关系服从亨利定律）：

$$\left.\begin{array}{l} \dfrac{1}{K_G} = \dfrac{1}{k_G} + \dfrac{1}{Hk_L} \\[2mm] 气膜控制\ K_G \approx k_G \end{array}\right. \quad\quad \left.\begin{array}{l} \dfrac{1}{K_L} = \dfrac{H}{k_G} + \dfrac{1}{k_L} \\[2mm] 液膜控制\ K_L \approx k_L \end{array}\right. \tag{7-28}$$

$$\left.\begin{array}{l} \dfrac{1}{K_y} = \dfrac{1}{k_y} + \dfrac{m}{k_x} \\[2mm] 气膜控制\ K_y \approx k_y \end{array}\right. \quad\quad \left.\begin{array}{l} \dfrac{1}{K_x} = \dfrac{1}{mk_y} + \dfrac{1}{k_x} \\[2mm] 液膜控制\ K_x \approx k_x \end{array}\right. \tag{7-29}$$

$$\left.\begin{array}{l} \dfrac{1}{K_Y} = \dfrac{1}{k_Y} + \dfrac{m}{k_X} \\[2mm] 气膜控制\ K_Y \approx k_Y \end{array}\right. \quad\quad \left.\begin{array}{l} \dfrac{1}{K_X} = \dfrac{1}{mk_Y} + \dfrac{1}{k_X} \\[2mm] 液膜控制\ K_Y \approx k_X \end{array}\right. \tag{7-30}$$

式中，$N_A$ 为传质速率，$kmol/(m^2 \cdot s)$；$k_G$，$k_y$，$k_Y$ 为气膜传质系数，$kmol/(m^2 \cdot s \cdot kPa)$，$kmol/(m^2 \cdot s)$，$kmol/(m^2 \cdot s)$；$k_L$，$k_x$，$k_X$ 为液膜传质系数，$m/s$，$kmol/(m^2 \cdot s)$，$kmol/(m^2 \cdot s)$；$K_G$，$K_y$，$K_Y$ 为气相总传质系数，单位分别与 $k_G$，$k_y$，$k_Y$ 相同；$K_L$，$K_x$，$K_X$ 为液

相总传质系数，单位分别与 $k_L$，$k_x$，$k_X$ 相同；$H$ 为溶解度系数，单位为 $kmol/(m^3 \cdot kPa)$；$m$ 为气液相平衡常数，1；$P$ 为气相总压，$kPa$；$C$ 为液相总浓度，$kmol$(溶质＋溶剂)$/m^3$。

#### 7.2.3.2　界面浓度

膜吸收速率方程式中的推动力，都是某一相主体组成与界面组成之差，要使用膜吸收速率方程，就必须解决界面组成的问题。

根据双膜理论，相界面上气-液浓度符合平衡关系；同时，在稳态状况下，气、液两膜中的传质速率相等。因此，在两相主体组成及两膜吸收系数已知的情况下，便可依据界面处的平衡关系及两膜中传质速率相等的关系来确定界面处的气、液组成，进而确定传质过程中的速率。因为

$$N_A = k_G(p_A - p_i) = k_L(c_i - c_A)$$

所以
$$\frac{p_A - p_i}{c_A - c_i} = -\frac{k_L}{k_G} \tag{7-31}$$

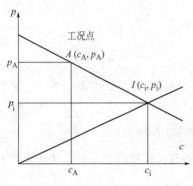

图 7-8　界面浓度的确定

上式表明，在直角坐标系中 $p$-$c$ 关系是一条通过定点 $(c_A, p_A)$ 而斜率为 $-\dfrac{k_L}{k_G}$ 的直线。该直线与平衡线 $p^* = f(c)$ 的交点 $(c_i, p_i)$ 代表了相界面上的溶质与浓度，如图 7-8 所示。图中点 $A$ 称为工况点。

# 7.3 传质设备简介

气-液传质通常在塔设备中进行。塔设备按结构形式可分为板式塔和填料塔。

## 7.3.1　板式塔

按照塔内气、液流动的方式，可将塔板分为错流塔板与逆流塔板两类。

错流塔板降液管的设置方式及堰高可以控制板上液体流径与液层厚度，以期获得较高的效率。但是降液管占去一部分塔板面积，影响塔的生产能力，而且，液体横过塔板时要克服各种阻力，因而使板上液层出现位差，位差大时，能引起板上气体分布不均，降低分离效率。该类塔板广泛用于蒸馏、吸收等传质操作中。

逆流塔板亦称穿流板，板上不设降液管，气、液两相同时由板上孔道逆向穿流而过。栅板、淋降筛等都属于逆流塔板。这种塔板结构虽简单，板面利用率也高，但需要较高的气速才能维持板上液层，操作范围较小，分离效率也低，工业上应用较少。

错流塔板中，应用最早的是泡罩塔，目前使用最广泛的是筛板塔和浮阀塔板。

#### 7.3.1.1　泡罩塔板

泡罩塔板的结构如图 7-9 所示。每层塔板上开有若干个孔，孔上焊有短管作为上升气体的通道，称为升气管。升气管上覆以泡罩，泡罩下部周边开有许多齿缝。操作时，上升气体通过齿缝进入液层时，被分散成许多细小的气泡或流股，在板上形成了鼓泡层和泡沫层，为气、液两相提供了大量的传质界面。

泡罩塔的优点是不易发生漏液，有较好的操作弹性，且塔板不易堵塞，适于处理各种物料。缺点是结构较为复杂，造价高，塔板压降大，生产能力及板效率均较低。但目前仍有采用。

#### 7.3.1.2　筛板塔

筛板塔的结构如图 7-10 所示。塔板上开有许多均布的筛孔，在塔板上作正三角形排列。

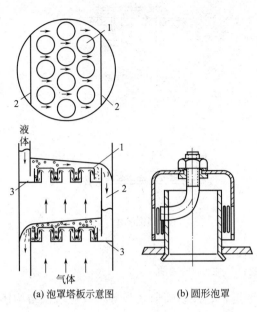

(a) 泡罩塔板示意图　　　(b) 圆形泡罩

图 7-9　泡罩塔板

1—泡罩；2—降液管；3—塔板

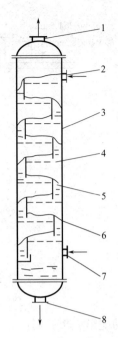

图 7-10　筛板塔

1—气体出口；2—液体入口；3—塔壳；
4—塔板；5—降液管；6—溢流堰；
7—气体入口；8—液体出口

塔板上设置溢流堰，使板上能维持一定厚度的液层。操作时，上升气流通过筛孔分散成细小的流股，在板上液层中鼓泡而出，气、液间密切接触而进行传质。

筛板塔的优点是结构简单，造价低廉，气体压降小，板上液面落差也较小，生产能力及板效率均较泡罩塔高。缺点是操作弹性小，筛孔小时容易堵塞。近年来采用大孔径筛板可以使生产能力增大，所以其应用日益广泛。

### 7.3.1.3　浮阀塔板

于 20 世纪 50 年代在工业上开始推广使用，由于它兼有泡罩塔和筛板塔的优点，已成为国内应用广泛的塔型，特别是在石油、化学工业中使用最普遍。目前国内已采用的浮阀有五种，最常用的浮阀形式为 F1 型（国外称为 V-1 型）和 V-4 型。

F1 型浮阀如图 7-11(a) 所示。阀片本身有三条"腿"，插入阀孔后将各腿底角扳转 90° 角，阀片周边又冲出三块略向下弯的定距片。操作时，由阀孔上升的气流经过阀片与塔板间的间隙而与板面的液体接触。浮阀开度随气体负荷而变。F1 型浮阀的结构简单、制造方便、节省材料、性能良好，广泛用于化工及炼油生产中。

V-4 型浮阀如图 7-11(b) 所示。其特点是阀孔冲成向下弯曲的文丘里型，以减少气体通过塔板时的压强降。阀片除腿部相应加长外，其余结构尺寸与 F1 型基本相同。V-4 型浮阀适用于减压系统。

T 型浮阀如图 7-11(c) 所示，拱形阀片的活动范围由固定于塔板上的支架来限制。为了避免生锈，浮阀多采用不锈钢制造。

浮阀塔具有下列优点：生产能力大，操作弹性大，塔板效率高，气体压强降及液面落差较小，塔的造价低，但是浮阀塔不宜处理易结焦或黏度大的系统。

### 7.3.1.4　喷射型塔板

为了克服上述塔板不同程度存在的雾沫夹带现象的影响，工程界设计了许多新型塔板，

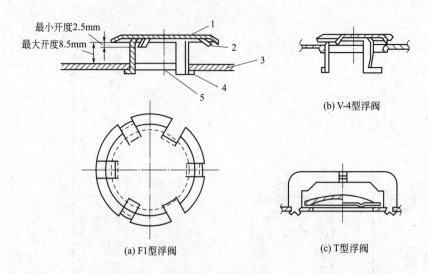

最小开度2.5mm
最大开度8.5mm

1—阀片；2—定距片；3—塔板；4—底脚；5—阀孔

(a) F1型浮阀

(b) V-4型浮阀

(c) T型浮阀

图 7-11　几种浮阀形式
1—阀片；2—定距片；3—塔板；4—底脚；5—阀孔

如斜向喷射的蛇形塔板、斜孔板、垂直筛板、浮舌塔板、浮动喷射塔板等，有些塔板结构还能减少因水力梯度造成的气体不均匀分布现象。高效、大通量、低压降的新型垂直筛板塔近几年得到快速的推广应用。

层出不穷的新型塔板在性能上各具特点，应根据不同的工艺及生产需要来选择塔型。

### 7.3.2　填料塔

在填料吸收塔中，吸收液体由塔的上方送入，通过液体分布器向下喷淋至填料中。由于塔中部容易产生"壁流效应"，所以在塔中部有时安装液体再分布装置。被吸收气体由塔下部通过气体分布器，向上分布到填料上。气体在填料表面与液体进行吸收传质。如图 7-12 所示。

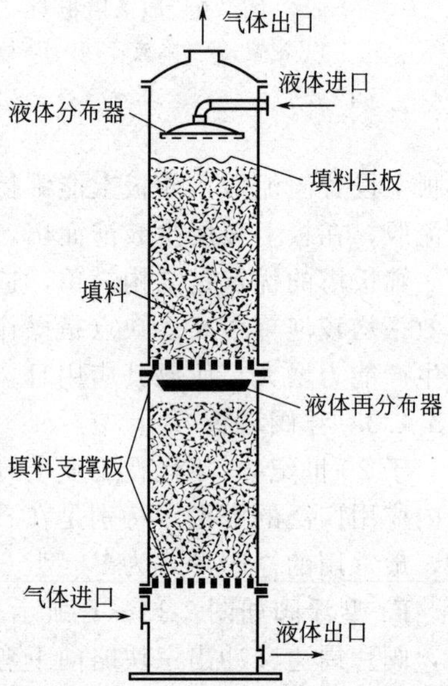

液体向下喷淋需要有液体分布装置，液体分布装置的形式有莲蓬式、缺口喷淋式、弯管喷淋式、筛孔式和多孔式等多种。如图 7-13 所示。

壁流效应是指液体不再流向填料，而是沿塔壁不经传质就流走了。为了防止塔中部容易产生的"壁流效应"，塔中部会安装液体再分布器。液体再分布器有三种，即锥形再分布器、槽形再分布器、升气管再分布器。如图 7-14 所示。

为了使气体均匀上升至填料中，需要有气体分布装置。气体分布装置一般采用向下切口和 45°斜口的气体进气管。如图 7-15 所示。

填料在塔中需要有支撑，这个支撑装置，既要承受填料的质量，又要使气体和液体穿过。所以设计了升气管式、栅板式等多种填料支撑装置。如图 7-16 所示。

填料塔的传质效率主要取决于填料。单位体积填料提供的气液传质面积大，就是好的填料。填料有几十种之多，真正好的填料，主要来自于生产应用实践。这里仅列出拉西环、鲍尔环、阶梯环、矩鞍环、丝网规整填料等五种。如图 7-17 所示。

气体出口
液体进口
液体分布器
填料压板
填料
液体再分布器
填料支撑板
气体进口
液体出口

图 7-12　填料吸收塔剖面示意图

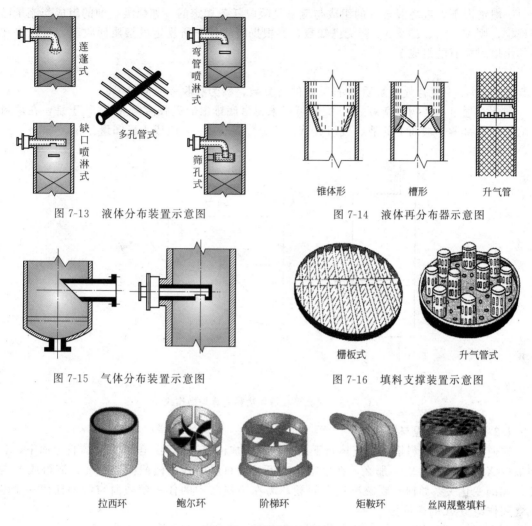

图 7-13　液体分布装置示意图

图 7-14　液体再分布器示意图

图 7-15　气体分布装置示意图

图 7-16　填料支撑装置示意图

图 7-17　填料类型示意图

# 7.4 吸收塔的计算

## 7.4.1　物料衡算与操作线方程

### 7.4.1.1　全塔物料衡算

图 7-18 所表示的是一个处于稳定操作状况下的逆流接触的吸收塔，塔底截面以下标"1"代表，塔顶截面以下标"2"代表。为简便起见，在计算中表示组分组成的各项均略去组分下标，图中各符号意义如下：$V$ 为单位时间内通过吸收塔的惰性气体量，kmol(B)/s；$L$ 为单位时间内通过吸收塔的溶剂量，kmol(S)/s；

$Y_1$，$Y_2$ 分别为进塔及出塔气体中溶质组分的摩尔比，kmol(A)/kmol(B)；$X_1$，$X_2$ 分别为出塔及进塔液体中溶质组分的摩尔比，kmol(A)/kmol(S)。

对单位时间内进出吸收塔的溶质组分 A 作物料衡算，可写出下式：

$$VY_1 + LX_2 = VY_2 + LX_1$$

或

$$V(Y_1 - Y_2) = L(X_1 - X_2) \tag{7-32}$$

一般情况下，进塔混合气的组成与流量是吸收任务规定的，如果吸收剂的组成与流量已经确定，则 $V$、$Y_1$、$L$ 及 $X_2$ 皆为已知数，又根据吸收任务所规定的溶质回收率，可以得知气体出塔时应有的组成 $Y_2$ 为

$$Y_2 = Y_1(1 - \varphi_A) \tag{7-33}$$

式中，$\varphi_A$ 为混合气中溶质 A 被吸收的百分数，称为吸收率或回收率。

如此，通过全塔物料衡算式(7-32)可以求得塔底排出的吸收液组成 $X_1$，于是，在填料层底部与顶部两个端面上的液、气组成 $X_1$、$Y_1$ 与 $X_2$、$Y_2$ 都应成为已知量。

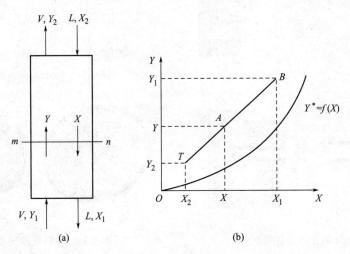

图 7-18　逆流吸收塔的物料衡算与操作线

### 7.4.1.2　操作线方程与操作线

在逆流操作的填料塔内，气体自下而上，其组成由 $Y_1$ 逐渐变至 $Y_2$；液体自上而下，其组成由 $X_2$ 逐渐变至 $X_1$。那么，在稳定状态下，填料层中各个横截面上的气、液组成 $Y$ 与 $X$ 之间的变化关系如何？要解决这个问题，需在填料层中的任一横截面与塔的任何一个端面之间作组分 A 的衡算。

在图 7-18(a) 中的 $m$-$n$ 截面与塔底端面之间作组分 A 的衡算，得到

$$VY + LX_1 = VY_1 + LX$$

或

$$Y = \frac{L}{V}X + (Y_1 - \frac{L}{V}X_1) \tag{7-34}$$

若在 $m$-$n$ 截面与塔顶端面之间作组分 A 的衡算，则得到

$$Y = \frac{L}{V}X + (Y_2 - \frac{L}{V}X_2) \tag{7-34a}$$

以上两式是等效的，因为由式 $V(Y_1 - Y_2) = L(X_1 - X_2)$ 可知

$$Y_1 - \frac{L}{V}X_1 = Y_2 - \frac{L}{V}X_2$$

式(7-34) 及式(7-34a) 皆可称为逆流吸收塔的操作线方程，它表明塔内任一横截面上的气相组成 $Y$ 与液相组成 $X$ 之间成直线关系，直线的斜率为 $\frac{L}{V}$，该直线通过 $B(X_1，Y_1)$ 及 $T(X_2，Y_2)$ 两点。标绘在图 7-18(b) 中的直线 $BT$，即为逆流吸收塔的操作线。操作线上任意一点 $A$，代表着塔内相应截面上的液、气组成 $X$、$Y$；端点 $B$ 代表填料层底部端面，即塔底的情况；端点 $T$ 代表填料层顶部端面，即塔顶的情况。在逆流吸收塔中，截面 1 处具有最大的气、液组成，称之为"浓端"，截面 2 处具有最小的气、液组成，称之为"稀端"。

当进行吸收操作时，在塔内任一截面上，溶质在气相中的实际分压总是高于与其接触的液相平衡分压，所以吸收操作线总是位于平衡线的上方。反之，如果操作线位于平衡线下方，则为脱吸过程。

以上关于操作线的讨论，都是针对气液逆流接触而言的。在气、液并流（向下）的情况下，吸收塔的操作线方程式及操作线可用同样办法求得。还应指出，无论逆流或并流操作的吸收塔，其操作线方程都是由物料衡算得来的，因此，操作线的本质就是流程的物料衡算关系，与物系的相平衡关系、操作条件以及设备结构形式均无任何牵连。

### 7.4.2 吸收剂的用量

#### 7.4.2.1 最小液气比

在 $V$，$Y_1$，$Y_2$ 及 $X_2$ 已定条件下，在"$Y$-$X$"图中吸收塔操作线的一个端点 $T$ 的位置已经确定。随着液相组成 $X$ 的改变，则 $\dfrac{L}{V}$ 改变，操作线便绕 $T$ 点旋转。当 $\dfrac{L}{V}$ 降低到操作线首次与平衡线相交时，该 $\dfrac{L}{V}$ 即为最小液气流量比 $\left(\dfrac{L}{V}\right)_{\min}$，相应的 $L$ 便是最小值 $L_{\min}$。在该液气流量比时所得到的塔底流出液体的浓度为其最大值 $X_{1,\max}$。由于操作线不能与平衡线相交，所以 $\dfrac{L}{V}>\left(\dfrac{L}{V}\right)_{\min}$ 是完成规定吸收任务必须满足的条件之一。

#### 7.4.2.2 适宜液气比

图 7-19 示出了决定 $\left(\dfrac{L}{V}\right)_{\min}$ 时可能遇到的两种情况。

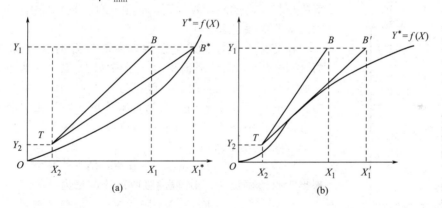

图 7-19　吸收塔的最小液气比

左图中的相平衡关系是凹函数，$B^*$ 点是平衡线与 $Y=Y_1$ 水平线的交点，$TB^*$ 即为与最小液气比对应的操作线。右图中由于相平衡关系有一段是凸函数，$B'$ 为过点 $T$ 对平衡线所作切线与 $Y=Y_1$ 的交点，$TB'$ 为最小液气比时的操作线。

在允许的操作范围内，若 $\dfrac{L}{V}$ 小，虽使用的液流量小，但操作线靠近相平衡线，传质推动力小，所需填料层高度高；若 $\dfrac{L}{V}$ 大，则相反，推动力大但所需液流量大。若液流量过大，不仅能耗大，而且吸收剂再生困难；若液流量过小，所需填料层高，设备投资大。考虑吸收剂用量对设备费和操作费两方面的综合影响，应选择适宜的液-气比，使设备费和操作费之和最小，从而取得最佳的经济效果。根据生产实践经验，吸收操作适宜的液-气比通常为最小液-气比的 1.1～2.0 倍是比较适宜的，即

$$\frac{L}{V}=(1.1\sim 2.0)\left(\frac{L}{V}\right)_{\min} \tag{7-35}$$

需要指出的是，吸收剂用量必须保证在操作条件下填料表面被液体充分润湿，即保证单位塔截面上单位时间内流下的液体量不得小于某一最低允许值。

最小液-气比可根据物料衡算采用图解法求得，当平衡曲线符合图 7-19(a) 所示的情况时，则需找到水平线 $Y=Y_1$ 与平衡线的交点 $B^*$ 从而读出 $X_1^*$ 的数值，然后用下式计算最小液气比，即

$$\left(\frac{L}{V}\right)_{\min}=\frac{Y_1-Y_2}{X_1^*-X_2} \tag{7-36}$$

若平衡关系符合亨利定律，可用 $Y^*=mX$ 表示，采用下列解析式计算最小液-气比

$$\left(\frac{L}{V}\right)_{\min}=\frac{Y_1-Y_2}{\dfrac{Y_1}{m}-X_2} \tag{7-37}$$

### 7.4.3 填料层高度计算

填料吸收塔的高度主要取决于填料层的高度，而填料层高度的计算通常采用传质单元数法，又称传质速率模型法。该方法的主要依据为：传质速率、物料衡算和相平衡关系。

#### 7.4.3.1 原始积分式

在一连续操作的填料吸收塔内，气液两相组成均沿塔高连续变化，所以不同截面上的吸收推动力各不相同，导致塔内各截面上的吸收速率也不同。为解决填料层高度的计算问题，必须从分析填料层内某一微元 $dZ$ 内的溶质吸收过程入手。

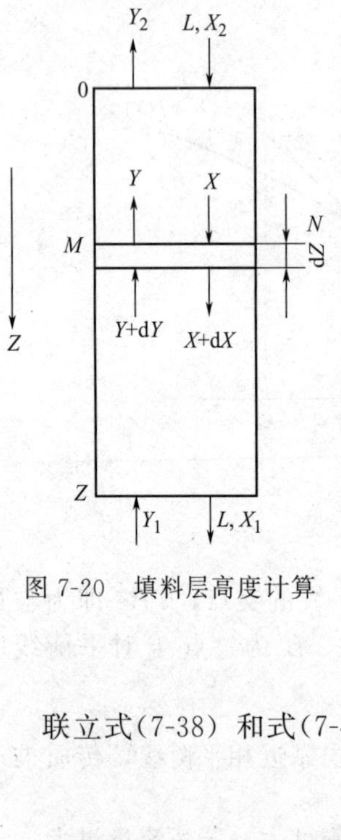

图 7-20 填料层高度计算

在图 7-20 所示的填料层内，在塔截面 $M\text{-}N$ 处取填料厚度为 $dZ$ 的微元，其传质面积为 $dA=a\Omega dZ$，其中 $a$ 为单位体积填料所具有的相际传质面积，单位为 $\mathrm{m^2/m^3}$；$\Omega$ 为填料塔的塔截面积，$\mathrm{m^2}$。定态吸收时，由物料衡算可知，气相中溶质减少的量等于液相中溶质增加的量，即单位时间由气相转移到液相溶质 A 的量可用下式表达：

$$dG_A=VdY=LdX \tag{7-38}$$

根据吸收速率定义，$dZ$ 段内吸收溶质的量为

$$dG_A=N_A dA=N_A(a\Omega dZ) \tag{7-39}$$

式中，$G_A$ 为单位时间吸收溶质的量，$\mathrm{kmol/s}$；$N_A$ 为微元填料层内溶质的传质速率，$\mathrm{kmol/(m^2 \cdot s)}$。

将吸收速率方程 $N_A=K_Y(Y-Y^*)$ 代入上式得

$$dG_A=K_Y(Y-Y^*)a\Omega dZ \tag{7-40}$$

联立式(7-38) 和式(7-40)，得

$$dZ=\frac{V}{K_Y a\Omega}\times\frac{dY}{Y-Y^*} \tag{7-41}$$

当吸收塔定态操作、填料类型和尺寸一定时，$V$、$L$、$\Omega$、$a$ 皆不随时间而变化，也不随截面位置变化。对于低浓度吸收，气液两相在塔内的流率几乎不变，全塔流动状况不变，故传质系数 $k_y$、$k_x$ 可视为常数。若在操作范围内平衡关系符合亨利定律或即使不符合亨利定律，但若吸收为气膜控制或液膜控制，则在全塔范围内，一般 $K_Y$、$K_X$ 可视为常数。将上式积分得

$$Z = \int_{Y_2}^{Y_1} \frac{V \mathrm{d}Y}{K_Y a \Omega (Y - Y^*)} = \frac{V}{K_Y a \Omega} \int_{Y_2}^{Y_1} \frac{\mathrm{d}Y}{Y - Y^*} \qquad (7\text{-}42)$$

该式为低浓度定态吸收填料层高度计算基本公式。式中单位体积填料层内的有效传质面积 $a$ 是指那些被流动的液体膜层所覆盖且能提供气液接触的有效面积。$a$ 值与填料的类型、形状、尺寸、填充情况有关，还随流体物性、流动状况而变化。其数值不易直接测定，通常将它与传质系数的乘积作为一个物理量，称为体积吸收系数。如 $K_Y a$ 为气相总体积吸收系数，单位为 $\mathrm{kmol}/(\mathrm{m}^3 \cdot \mathrm{s})$。

由式(7-40)整理得

$$K_Y a = \frac{\mathrm{d}G_\mathrm{A}}{(Y - Y^*)\Omega \mathrm{d}Z}$$

从中可以看出，体积吸收系数的物理意义为：在单位推动力作用下，单位时间、单位体积填料层内吸收的溶剂量。在低浓度吸收情形下，体积吸收系数在全塔范围内为常数，可取平均值，通常通过实验测定。

### 7.4.3.2　传质单元高度 $H_\mathrm{OG}$

在式(7-42)中 $\dfrac{V}{K_Y a \Omega}$ 的单位为 m，与高度单位相同，故将 $\dfrac{V}{K_Y a \Omega}$ 称为气相总传质单元高度，以 $H_\mathrm{OG}$ 表示，即

$$H_\mathrm{OG} = \frac{V}{K_Y a \Omega} \qquad (7\text{-}43)$$

### 7.4.3.3　传质单元数 $N_\mathrm{OG}$

式(7-42)中定积分 $\displaystyle\int_{Y_2}^{Y_1} \frac{\mathrm{d}Y}{Y - Y^*}$ 是量纲为 1 的数值，工业上以 $N_\mathrm{OG}$ 表示，称为气相总传质单元数，即

$$N_\mathrm{OG} = \int_{Y_2}^{Y_1} \frac{\mathrm{d}Y}{Y - Y^*} \qquad (7\text{-}44)$$

因此，填料层高度 $Z = N_\mathrm{OG} H_\mathrm{OG}$。

填料层高度可以用下面的通式计算

$$Z = 传质单元高度 \times 传质单元数$$

若用液相总传质系数及气相传质系数、液相传质系数对应的吸收速率方程计算，可得

$$Z = N_\mathrm{OL} H_\mathrm{OL} \qquad (7\text{-}45)$$
$$Z = N_\mathrm{G} H_\mathrm{G} \qquad (7\text{-}46)$$
$$Z = N_\mathrm{L} H_\mathrm{L} \qquad (7\text{-}47)$$

式中，$H_\mathrm{OL} = \dfrac{L}{K_X a \Omega}$、$H_\mathrm{G} = \dfrac{V}{k_Y a \Omega}$、$H_\mathrm{L} = \dfrac{L}{k_X a \Omega}$ 分别为液相总传质单元高度及气相传质单元高度、液相传质单元高度，m；$N_\mathrm{OL} = \displaystyle\int_{X_2}^{X_1} \frac{\mathrm{d}X}{X^* - X}$、$N_\mathrm{G} = \displaystyle\int_{Y_2}^{Y_1} \frac{\mathrm{d}Y}{Y - Y_i}$、$N_\mathrm{L} = \displaystyle\int_{X_2}^{X_1} \frac{\mathrm{d}X}{X_i - X}$ 分别为液相总传质单元数及气相传质单元数、液相传质单元数。对传质单元高度和传质单元数还应作如下说明。

(1) 传质单元数　$N_\mathrm{OG}$、$N_\mathrm{OL}$、$N_\mathrm{G}$、$N_\mathrm{L}$ 计算式中的分子为气相或液相组成变化，即分离效果（分离要求）；分母为吸收过程的推动力。吸收要求越高，吸收的推动力越小，传质单元数就越大。所以传质单元数反映了吸收过程的难易程度。当吸收要求一定时，欲减少传质单元数，则应设法增大吸收推动力。

(2) 传质单元数的意义　以 $N_\mathrm{OG}$ 为例，由积分中值定理得知

$$N_{OG} = \int_{Y_2}^{Y_1} \frac{dY}{Y - Y^*} = \frac{Y_1 - Y_2}{(Y - Y^*)_m}$$

当气体流经一段填料，其气相中溶质组成变化 $(Y_1 - Y_2)$ 等于该段填料平均吸收推动力 $(Y - Y^*)_m$，即 $N_{OG} = 1$ 时，该段填料为一个传质单元。

（3）传质单元高度 以 $H_{OG}$ 为例，由式 $Z = N_{OG} H_{OG}$ 可以看出，$N_{OG} = 1$ 时，$Z = H_{OG}$。故传质单元高度的物理意义为完成一个传质单元分离效果所需的填料层高度。因在 $H_{OG} = \frac{V}{K_Y a \Omega}$ 中，$\frac{1}{K_Y a}$ 为传质阻力，体积吸收系数 $K_Y a$ 与填料性能和填料润湿情况有关，故传质单元高度的数值反映了吸收设备传质效能的高低，$H_{OG}$ 越小，吸收设备传质效能越高，完成一定分离任务所需填料层高度越小。$H_{OG}$ 与物系性质、操作条件及传质设备结构参数有关。为减少填料层高度，应减少传质阻力，降低传质单元高度，若在填料塔设计计算中 $H_{OG}$ 较大，可改用 $H_{OG}$ 较小的高效填料。

（4）体积总吸收系数与传质单元高度的关系 体积总吸收系数与传质单元高度同样反映了设备分离效能，但传质单元高度与填料层高度单位相同，避免了传质系数单位复杂换算；另外，体积总吸收系数随流体流量的变化较大，一般 $K_Y a \propto V^{0.7 \sim 0.8}$，而传质单元高度受流体流量变化的影响很小，$H_{OG} = \frac{V}{K_Y a \Omega} \propto V^{0.2 \sim 0.3}$，通常 $H_{OG}$ 的变化在 $0.15 \sim 0.3 \text{m}$ 范围内，具体数值通过实验测定。因此，工程上用传质单元高度反映设备的分离效能更为方便。

（5）各种传质单元高度之间的关系 当汽-液平衡关系符合亨利定律或在操作范围内平衡线为直线，其斜率为 $m$，将式 $\frac{1}{K_Y} = \frac{1}{k_Y} + \frac{m}{k_X}$ 各项乘以 $\frac{V}{a\Omega}$ 得

$$\frac{V}{K_Y a \Omega} = \frac{V}{k_Y a \Omega} + \frac{mV}{k_X a \Omega} \times \frac{L}{L}$$

$$H_{OG} = H_G + \frac{mV}{L} H_L \tag{7-48}$$

同理由式 $\frac{1}{K_X} = \frac{1}{k_X} + \frac{1}{m k_Y}$ 导出

$$H_{OL} = H_L + \frac{L}{mV} H_G \tag{7-49}$$

以上两式比较后得

$$H_{OL} = \frac{L}{mV} H_{OG} \tag{7-50}$$

式中，$\frac{L}{mV} = A$ 称为吸收因数，为吸收操作线的斜率与相平衡线斜率的比值。$A$ 的倒数 $\frac{mV}{L} = S$ 称为解吸因数。

#### 7.4.3.4 传质单元数的求解

传质单元高度可以计算，也可以通过实验或手册获得，所以计算填料层高度的关键在于计算传质单元数。根据物系平衡关系的不同，传质单元数的求解有以下几种方法。

（1）对数平均推动力法 当气液平衡线为直线时，设直线为 $Y^* = mX + b$；若操作线也为直线，即 $Y = \frac{L}{V} X + \left( Y_1 - \frac{L}{V} X_1 \right)$，则 $(Y - Y^*)$ 随 $X(Y)$ 变化也为直线关系，设任一塔截面吸收的推动力为 $\Delta Y = Y - Y^* = AY + B$（$A$、$B$ 为常数），塔底吸收推动力为 $\Delta Y_1 = Y_1 - Y_1^*$，塔顶吸收推动力为 $\Delta Y_2 = Y_2 - Y_2^*$，则

$$\frac{d(\Delta Y)}{dY} = A = \frac{\Delta Y_1 - \Delta Y_2}{Y_1 - Y_2} = \frac{(Y - Y^*)_1 - (Y - Y^*)_2}{Y_1 - Y_2}$$

$$N_{OG} = \int_{Y_2}^{Y_1} \frac{dY}{Y - Y^*} = \int_{Y_2}^{Y_1} \frac{dY}{\Delta Y} = \int_{\Delta Y_2}^{\Delta Y_1} \frac{Y_1 - Y_2}{\Delta Y_1 - \Delta Y_2} \times \frac{d\Delta Y}{\Delta Y}$$

$$= \frac{Y_1 - Y_2}{\Delta Y_1 - \Delta Y_2} \ln \frac{\Delta Y_1}{\Delta Y_2}$$

$$= \frac{Y_1 - Y_2}{\dfrac{\Delta Y_1 - \Delta Y_2}{\ln \dfrac{\Delta Y_1}{\Delta Y_2}}} = \frac{Y_1 - Y_2}{\Delta Y_m}$$

即
$$N_{OG} = \int_{Y_2}^{Y_1} \frac{dY}{Y - Y^*} = \frac{Y_1 - Y_2}{\Delta Y_m} \tag{7-51}$$

$$\Delta Y_m = \frac{\Delta Y_1 - \Delta Y_2}{\ln \dfrac{\Delta Y_1}{\Delta Y_2}}$$

$$\Delta Y_1 = Y_1 - Y_1^* , \quad \Delta Y_2 = Y_2 - Y_2^*$$

式中，$Y_1^*$ 为与 $X_1$ 相平衡的气相组成；$Y_2^*$ 为与 $X_2$ 相平衡的气相组成；$\Delta Y_m$ 为塔顶与塔底两截面上吸收推动力的对数平均值，称对数平均推动力。

同理，液相总传质单元数的计算式为

$$N_{OL} = \int_{X_2}^{X_1} \frac{dX}{X^* - X} = \frac{X_1 - X_2}{\Delta X_m} \tag{7-52}$$

$$\Delta X_m = \frac{\Delta X_1 - \Delta X_2}{\ln \dfrac{\Delta X_1}{\Delta X_2}}$$

$$\Delta X_1 = X_1^* - X_1$$

$$\Delta X_2 = X_2^* - X_2$$

式中，$X_1^*$ 为与 $Y_1$ 相平衡的液相组成；$X_2^*$ 为与 $Y_2$ 相平衡的液相组成。

在使用平均推动力法时应注意，当 $\dfrac{\Delta Y_1}{\Delta Y_2} < 2$、$\dfrac{\Delta X_1}{\Delta X_2} < 2$ 时，对数平均推动力可采用算术平均推动力替代，产生的误差小于 $4\%$，这是工程允许的；当平衡线与操作线平行时，即 $S = 1$ 时，$Y - Y^* = Y_1 - Y_1^* = Y_2 - Y_2^*$ 为常数，对 $N_{OG} = \int_{Y_2}^{Y_1} \dfrac{dY}{Y - Y^*}$ 积分得

$$N_{OG} = \frac{Y_1 - Y_2}{Y_1 - Y_1^*} = \frac{Y_1 - Y_2}{Y_2 - Y_2^*}$$

（2）吸收因数法　已知吸收体系的相平衡关系为 $Y^* = mX$，由式 $V(Y - Y_2) = L(X - X_2)$ 得到操作线方程为

$$X = (Y - Y_2) \frac{V}{L} + X_2$$

将上式代入到 $Y^* = mX$ 中得到

$$Y^* = mX = m \left[ (Y - Y_2) \frac{V}{L} + X_2 \right]$$

由 $N_{OG}$ 的定义式得到

$$N_{OG} = \int_{Y_1}^{Y_1} \frac{dY}{Y - Y^*} = \int_{Y_2}^{Y_1} \frac{dY}{Y - m \left[ \dfrac{V}{L} (Y - Y_2) + X_2 \right]}$$

$$= \int_{Y_2}^{Y_1} \frac{dY}{\left( 1 - m \dfrac{V}{L} \right) Y + \left( m \dfrac{V}{L} Y_2 - mX_2 \right)}$$

$$= \frac{1}{\left(1-m\dfrac{V}{L}\right)}\int_{Y_2}^{Y_1} \frac{\mathrm{d}\left[\left(1-m\dfrac{V}{L}\right)Y\right]}{\left(1-m\dfrac{V}{L}\right)Y+\left(m\dfrac{V}{L}Y_2-mX_2\right)}$$

积分后得到

$$N_{\mathrm{OG}}=\frac{1}{\left(1-m\dfrac{V}{L}\right)}\ln\frac{\left(1-m\dfrac{V}{L}\right)Y_1+\left(m\dfrac{V}{L}Y_2-Y_2^*\right)}{\left(1-m\dfrac{V}{L}\right)Y_2+\left(m\dfrac{V}{L}Y_2-Y_2^*\right)}$$

$$=\frac{1}{\left(1-m\dfrac{V}{L}\right)}\ln\frac{\left(1-m\dfrac{V}{L}\right)Y_1+\left(m\dfrac{V}{L}Y_2-Y_2^*\right)}{Y_2-Y_2^*}$$

则

$$N_{\mathrm{OG}}=\frac{1}{\left(1-m\dfrac{V}{L}\right)}\ln\frac{m\dfrac{V}{L}(Y_2-Y_2^*)+\left[m\dfrac{V}{L}Y_2^*-Y_2^*+\left(1-m\dfrac{V}{L}\right)Y_1\right]}{Y_2-Y_2^*}$$

$$=\frac{1}{\left(1-m\dfrac{V}{L}\right)}\ln\frac{m\dfrac{V}{L}(Y_2-Y_2^*)+\left[\left(1-m\dfrac{V}{L}\right)Y_1-\left(1-m\dfrac{V}{L}\right)Y_2^*\right]}{Y_2-Y_2^*}$$

故 $N_{\mathrm{OG}}$ 的导出表达式：

$$N_{\mathrm{OG}}=\frac{1}{\left(1-m\dfrac{V}{L}\right)}\ln\left[\left(1-m\dfrac{V}{L}\right)\frac{Y_1-Y_2^*}{Y_2-Y_2^*}+m\dfrac{V}{L}\right] \tag{7-53}$$

引入解吸因数（也称脱吸因数）$S=\dfrac{mV}{L}$，上式可变为

$$N_{\mathrm{OG}}=\frac{1}{(1-S)}\ln\left[(1-S)\frac{Y_1-Y_2^*}{Y_2-Y_2^*}+S\right] \tag{7-54}$$

$N_{\mathrm{OG}}$ 取决于 $S$ 和 $\dfrac{Y_1-Y_2^*}{Y_2-Y_2^*}$ 两个因素的大小，$S$ 值的大小反映出解吸的难易程度，$S$ 越大，越易解吸；当 $S$ 值一定时，$N_{\mathrm{OG}}$ 与比值 $\dfrac{Y_1-Y_2^*}{Y_2-Y_2^*}$ 之间有一一对应的关系。为便利计算，以 $S$ 为已知值，在半对数坐标上把 $\dfrac{Y_1-Y_2^*}{Y_2-Y_2^*}$ 和 $N_{\mathrm{OG}}$ 建立关系作图，如图 7-21，从图 7-21 中可知，$\dfrac{Y_1-Y_2^*}{Y_2-Y_2^*}$ 反映了溶剂吸收率的高低，在 $S$、$Y_1$、$Y_2^*$ 一定的情况下，吸收率越大，$Y_2$ 越小，$\dfrac{Y_1-Y_2^*}{Y_2-Y_2^*}$ 的值越大，$N_{\mathrm{OG}}$ 值越大。

若平衡线是曲线，但自 $X_2$ 至 $X_1$ 的一段平衡线可视为直线，可用直线方程 $Y^*=mX+b$ 表示，则

$$N_{\mathrm{OG}}=\frac{1}{(1-S)}\ln\left[(1-S)\frac{Y_1-Y_2^*-b}{Y_2-Y_2^*-b}+S\right] \tag{7-55}$$

在相同于式(7-54) 的推导条件下，同理可导得

$$N_{\mathrm{OL}}=\frac{1}{(1-A)}\ln\left[(1-A)\frac{Y_1-mX_2}{Y_1-mX_1}+A\right] \tag{7-56}$$

式(7-53)～式(7-56)均为吸收因数法计算传质单元数的计算式，称为柯尔本（Colburn）式。当操作线与平衡线平行，即 $A=1$，$\Delta Y_1 = \Delta Y_2$，无论对数平均推动力法或吸收因数法均不能使用。由于 $\Delta Y =$ 常数，所以

$$N_{OG} = \int_{Y_2}^{Y_1} \frac{\mathrm{d}Y}{\Delta Y}$$

$$= \frac{Y_1 - Y_2}{\Delta Y_1} = \frac{Y_1 - Y_2}{\Delta Y_2} \tag{7-57}$$

以上两种计算传质单元数的方法是最常用的方法。若进行设计计算，各有关变量都有确定的值，用两种方法计算的繁简程度相近，但往往采用对数平均推动力法更多。若进行操作型计算，在对传质单元数有影响的众多变量中，分析当某些变量维持不变而另一些变量变化对传质单元数的影响，则使用吸收因数法比使用对数平均推动力法要简便得多。

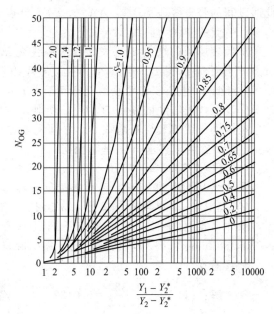

图 7-21 $N_{OG}$-$\frac{Y_1 - Y_2^*}{Y_2 - Y_2^*}$ 关系图

（3）数值积分法 定积分值 $N_{OG}$ 可通过适宜的近似公式算出。例如，可利用定步长辛普森（Simpson）数值积分公式求解。

$$N_{OG} = \int_{Y_0}^{Y_n} f(Y)\mathrm{d}Y \approx \frac{\Delta Y}{3}[f_0 + f_n + 4(f_1 + f_3 + \cdots + f_{n-1}) + 2(f_2 + f_4 + \cdots + f_{n-2})] \tag{7-58}$$

$$\Delta Y = \frac{Y_n - Y_0}{n} \tag{7-59}$$

式中，$n$ 为在 $Y_0$ 与 $Y_n$ 间划分的区间数目，可取任意偶数，$n$ 值越大，计算结果越准确；$\Delta Y$ 为把 $(Y_0, Y_n)$ 分成 $n$ 个相等的小区间，每一小区间的步长；$Y_0$ 为出塔气相组成，$Y_0 = Y_2$；$Y_n$ 为入塔气相组成，$Y_n = Y_1$；$f_0, f_1, \cdots, f_n$ 为分别为 $Y = Y_0, Y_1, \cdots, Y_n$ 所对应的纵坐标值。

至于相平衡关系，如果没有形式简单的相平衡方程来表达，也可根据过程涉及的组成范围内所有已知数据点拟合得到相应的曲线方程。

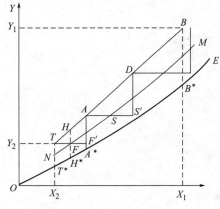

图 7-22 梯级图解法求 $N_{OG}$

（4）梯级图解法 若在过程中所涉及的组成范围内，平衡关系为直线或者是弯曲程度不大的曲线，采用下述的梯级图解法估算总传质单元数显得十分简便清晰。这种梯级图解法是直接根据传质单元数的物理意义引出的一种近似方法，也叫贝克（Baker）法。

如果气体流经一段填料层前后的溶质组成变化 $(Y_1 - Y_2)$ 恰好等于此段填料层内气相总推动力的平均值 $(Y - Y^*)_m$，那么这段填料层就可视为一个气相总传质单元。

在图 7-22 中，$OE$ 为平衡线，$BT$ 为操作线，

此两段间的竖直线段 $BB^*$、$AA^*$、$TT^*$ 等表示塔内各相应横截面上气相总推动力 $(Y-Y^*)$，中点的连线为曲线 $MN$。

从代表塔顶的端点 $T$ 出发，作水平线交 $MN$ 于点 $F$，延长 $TF$ 至点 $F'$，使 $FF'=TF$，过点 $F'$ 作铅垂线交 $BT$ 于点 $A$。再从点 $A$ 出发作水平线交 $MN$ 于点 $S$，延长 $AS$ 至点 $S'$，使 $SS'=AS$，过点 $S'$ 作铅垂线交 $BT$ 于点 $D$。再从点 $D$ 出发……如此进行，直至达到或超过操作线上代表塔底的端点 $B$ 为止，所画出的阶梯数即为气相总传质单元数 $N_{OG}$。

利用操作线 $BT$ 与平衡线 $OE$ 之间的水平线段中点轨迹线，可求得液相总传质单元数 $N_{OL}$，其步骤与上述求 $N_{OG}$ 基本相同。

【例 7-3】 在一塔径为 0.8m 的填料塔内，用清水逆流吸收空气中的氨，要求氨的吸收率为 99.5%。已知空气和氨的混合气质量流量为 1400kg/h，气体总压为 101.3kPa，其中氨的分压为 1.333kPa。若实际吸收剂用量为最小用量的 1.4 倍，操作温度（293K）下的汽-液平衡关系为 $Y^*=0.75X$，气相总体积吸收系数为 0.088kmol/(m³·s)，试求：(1) 每小时用水量；(2) 用平均推动力法求出所需填料层高度。

**解**：(1) $y_1=\dfrac{1.333}{101.3}=0.0132$ $\qquad$ $Y_1=\dfrac{y_1}{1-y_1}=\dfrac{0.0132}{1-0.0132}=0.0134$

$Y_2=Y_1(1-\varphi_A)=0.0134(1-0.995)=0.0000669$；$\quad X_2=0$（清水）

因混合气中氨含量很少，故 $\overline{M}\approx29$kg/kmol

$$V=\frac{1400}{29}(1-0.0132)=47.7\text{kmol/h}$$

$$\Omega=0.785\times0.8^2=0.5\text{m}^2$$

由式 $\left(\dfrac{L}{V}\right)_{\min}=\dfrac{Y_1-Y_2}{X_1^*-X_2}$ 得

$$L_{\min}=V\frac{Y_1-Y_2}{X_1^*-X_2}=\frac{47.7\times(0.0134-0.0000669)}{\dfrac{0.0134}{0.75}-0}=35.6\text{kmol/h}$$

实际吸收剂用量 $L=1.4L_{\min}=1.4\times35.6=49.8$kmol/h

(2) $X_1=X_2+V(Y_1-Y_2)/L=0+\dfrac{47.7\times(0.0134-0.0000669)}{49.8}=0.0128$

$\qquad Y_1^*=0.75X_1=0.75\times0.0128=0.00958$

$\qquad Y_2^*=0$

$\Delta Y_1=Y_1-Y_1^*=0.0134-0.00958=0.00328$

$\Delta Y_2=Y_2-Y_2^*=0.0000669-0=0.0000669$

$\Delta Y_m=\dfrac{\Delta Y_1-\Delta Y_2}{\ln\dfrac{\Delta Y_1}{\Delta Y_2}}=\dfrac{0.00382-0.0000669}{\ln\dfrac{0.00382}{0.0000669}}=0.0000928$

$N_{OG}=\dfrac{Y_1-Y_2}{\Delta Y_m}=\dfrac{0.0134-0.0000669}{0.0000928}=14.36$

$H_{OG}=\dfrac{V}{K_Ya\Omega}=\dfrac{47.7/3600}{0.088\times0.5}=0.30$m

$Z=N_{OG}H_{OG}=14.36\times0.30=4.32$m

# 思 考 题

7-1 吸收的目的和基本依据是什么？吸收的主要操作费用花费在哪里？

7-2 传质单元数与传质推动力有何关系？传质单元高度与传质阻力有何关系？

7-3 如何求传质单元数（以 $N_{OG}$ 为例）？说明不同方法的适用场合。

7-4 吸收因数的大小对气相总传质单元数 $N_{OG}$ 有何影响？

7-5 在 $N_{OG}$ 已定的条件下，若改变 $L$、$V$、温度 $t$、总压 $P$、吸收剂进口组成 $X_1$ 等因素，对尾气组成 $Y_2$ 有何影响？

7-6 强化吸收过程有哪些途径？

习　　题

7-1 从手册中查得 101.33kPa、25℃时，若 100g 水中含氨 1g，则此溶液上方的氨气平衡分压为 0.987kPa。已知在此组成范围内溶液服从亨利定律，试求溶解度系数 $H[\text{kmol}/(\text{m}^3 \cdot \text{kPa})]$ 及相平衡常数 $m$。
$[H=0.5899\text{kmol}/(\text{m}^3 \cdot \text{kPa})，m=0.9294]$

7-2 在 101.33kPa，0℃下的 $O_2$ 和 $CO_2$ 混合气体中发生稳定的分子扩散过程。已知相距 0.2cm 的两个截面上的 $O_2$ 分压分别为 13.33kPa 和 6.67kPa，又知扩散系数为 $0.185\text{cm}^2/\text{s}$，试计算下列两种情况下 $O_2$ 的传质速率，以 $\text{kmol}/(\text{m}^2 \cdot \text{s})$ 表示：
(1) $O_2$ 和 $CO_2$ 两种气体作等分子反向扩散；$[2.17 \times 10^{-5}\text{kmol}/(\text{m}^2 \cdot \text{s})]$
(2) $CO_2$ 气体为停滞组分。$[3.01 \times 10^{-5}\text{kmol}/(\text{m}^2 \cdot \text{s})]$

7-3 在逆流操作的吸收塔中，于 101.33kPa，25℃下用清水吸收混合气中的 $H_2S$，将其组分由 2%降至 0.1%（体积分数）。该系统符合亨利定律。亨利系数 $E=5.52 \times 10^4 \text{kPa}$。若取吸收剂用量为理论最小用量的 1.2 倍，试计算操作液气比 $L/V$ 及出口液相组成 $X_1$。若压强改为 1013kPa，其它条件不变，再求 $L/V$ 及 $X_1$。（621.64，$3.12 \times 10^{-5}$；62.18，$3.12 \times 10^{-4}$）

7-4 在填料塔中用清水吸收气体中所含的丙酮蒸气，操作温度 20℃，压力 100kPa（绝对）。若已知气膜传质系数 $k_G=3.5 \times 10^{-6}\text{kmol}/(\text{m}^2 \cdot \text{s} \cdot \text{kPa})$，$k_L=1.5 \times 10^{-4}\text{m/s}$，平衡关系服从亨利定律，亨利系数 $E=3.2\text{MPa}$，求传质系数 $K_G$、$k_x$、$K_Y$ 和气相阻力在总阻力中所占的比例。$[K_G=1.49 \times 10^{-6}\text{kmol}/(\text{m}^2 \cdot \text{s} \cdot \text{kPa})$，$k_x=8.33 \times 10^{-3}\text{kmol}/(\text{m}^2 \cdot \text{s})$，$K_Y=1.49 \times 10^{-4}\text{kmol}/(\text{m}^2 \cdot \text{s})$；42.6%]

7-5 在总压 101.3kPa，温度为 30℃的条件下，$SO_2$ 摩尔分数为 0.3 的混合气体与 $SO_2$ 摩尔分数为 0.01 的水溶液相接触，试问：（1）从液相分析 $SO_2$ 的传质方向；（2）从气相分析，其它条件不变，温度降到 0℃时 $SO_2$ 的传质方向；（3）其它条件不变，从气相分析总压提高到 202.6kPa 时 $SO_2$ 的传质方向，分别计算以液相及气相摩尔分数差表示的传质推动力。[（1）解吸；（2）吸收；（3）吸收，$\Delta x = x^* - x = 0.0025$，$\Delta y = y - y^* = 0.061$]

7-6 用 $SO_2$ 含量为 $1.1 \times 10^{-3}$（摩尔分数）的水溶液吸收含 $SO_2$ 为 0.09（摩尔分数）的混合气中的 $SO_2$。已知进塔吸收剂流量为 37800kg/h，混合气流量为 100kg/h，要求 $SO_2$ 的吸收率为 80%。在吸收操作条件下，系统的平衡关系为 $Y^* = 17.8X$，求气相总传质单元数。（$N_{OG} = 19.8$）

7-7 某填料吸收塔在 101.3kPa，293K 下用清水逆流吸收丙酮-空气混合气中的丙酮，操作液-气比为 2.0，丙酮的回收率为 95%。已知该吸收为低浓度吸收，操作条件下汽-液平衡关系为 $Y = 1.18X$，吸收过程为气膜控制，气相总体积吸收系数 $K_Ya$ 与气相流量的 0.8 方成正比（塔截面积为 $1\text{m}^2$）。
(1) 若气体流量增加 15%，而液体流量及气体、液体进口组成不变，试问丙酮的回收率有何变化？（$\varphi' = 92.96\%$）
(2) 若丙酮回收率由 95%提高到 98%，而气体流量，气体、液体进口组成，吸收塔的操作温度和压力皆不变，试求吸收剂用量提高到原来的多少倍。（1.746）

7-8 用纯溶剂在一填料塔内逆流吸收某混合气体中的可溶组分。混合气处理量（标准状况下）为 $1.25\text{m}^3/\text{s}$，要求溶质的回收率为 99.2%。操作液-气比为 1.71，吸收过程为气膜控制。已知 10℃下，相平衡关系 $Y^* = 0.5X$，气相总传质单元高度为 0.8m，试求：
(1) 吸收温升为 30℃时，溶质的吸收率降低到多少？（30℃时，相平衡关系 $Y^* = 1.2X$）（95%）
(2) 若维持原吸收率，应采取什么措施（定量计算其中的两个措施）？

7-9 一正在操作的逆流塔，进口气体中含溶质浓度为 0.05（摩尔分数，下同），吸收剂进口浓度为 0.001，实际液气比为 4，操作条件下平衡关系为 $Y^* = 2.0X$，此时出口气相中含溶质 0.005。若实际液气比下降为 2.5，其它条件均不变，计算时忽略传质单元高度的变化，试求此时出塔气体浓度及出塔液

体浓度各为多少。（$Y'_2 = 0.0082$，$X'_1 = 0.01773$）

7-10 空气中含丙酮 2％（体积分数）的混合气以 0.024kmol/（m²·s）的流速进入一填料塔，今用流速为 0.065kmol/（m²·s）的清水逆流吸收混合气中的丙酮，要求丙酮的回收率为 98.8％。已知操作压力为 100kPa，操作温度下的亨利系数为 177kPa，气相总体积吸收系数为 0.0231kmol/（m³·s），试用吸收因数法求填料层高度。（9.94m）

7-11 在一个逆流吸收塔中用三乙醇胺水溶液吸收混合于气态烃中的 $H_2S$，进塔气相含 $H_2S$2.91％（体积分数），要求吸收率不低于 99％，操作温度 300K，压强为 101.33kPa，平衡关系为 $Y^* = 2X$，进塔液体为新鲜溶剂，出塔液体中 $H_2S$ 组成为 0.013kmol（$H_2S$）/kmol（溶剂）。已知单位塔截面上单位时间流过的惰性气体量为 0.015kmol/（m²·s），气相体积吸收总系数为 0.000395kmol/（m³·s·kPa），求所需填料层高度。（7.78m）

7-12 在 101.33kPa 下用水吸收混于空气中的氨。已知氨的摩尔分数为 0.1，混合气体于 40℃下进入塔底，体积流量为 0.556m³/s，空塔气速为 1.2m/s。吸收剂用量为理论最小用量的 1.1 倍，氨的吸收率为 95％，且已估算出塔内气相总体积吸收系数 $K_Ya$ 的平均值为 0.556kmol/（m³·s）。操作条件下的汽液平衡关系为 $Y^* = 2.6X$，试求塔径及填料层高度。（30.1m）

7-13 在一个填料层高为 4m 的填料塔内，用清水逆流吸收混合气中的氨，入塔气体中含氨 0.03（摩尔比），混合气流速为 0.028kmol/（m²·s），清水流速为 0.0573kmol/（m²·s），要求吸收率为 98％，气相总体积吸收系数与混合气体的流速的 0.7 次方成正比。已知操作条件下物系的平衡关系为 $Y^* = 0.8X$，试求：

(1) 当混合气体量增加 20％时，吸收率不变，所需塔高为多少米？（4.66m）

(2) 压力增加一倍时，吸收率及气相总体积吸收系数不变，所需塔高为多少米？（3.27m）

7-14 有一吸收塔，填料层高度为 3m，操作压强为 101.33kPa，温度为 20℃，用清水吸收混合于空气中的氨。混合气质量流速为 $G = 580$kg/（m²·h），含氨 6％（体积分数），吸收率为 99％；水的质量流速为 $W = 770$kg/（m²·h）。该塔在等温下逆流操作，平衡关系为 $Y^* = 0.9X$。$K_Ga$ 与气相质量流速的 0.8 次方成正比而与液相质量流速大体无关。试计算当操作条件分别作下列改变时，填料层高度应如何改变才能保持原来的吸收率（塔径不变）：(1) 操作压强增大一倍；(2) 液体流量增大一倍；(3) 气体流量增大一倍。［(1) 1.17m；(2) 2.34m；(3) 7.86m］

# 本章符号说明

**英文字母**

$a$——填料的有效比表面积，m²/m³；

$A$——吸收因数，1；

$c_i$——$i$ 组分浓度，kmol/m³；

$C$——总浓度，kmol/m³；

$d$——直径，m；

$d_e$——填料层的当量直径，m；

$D$——气相分子扩散系数，m²/s；塔径，m；

$D'$——液相分子扩散系数，m²/s；

$E$——亨利系数，kPa；

$G$——气相的空塔质量速度，kg/（m²·s）；

$H$——溶解度系数，kmol/（m³·kPa）；

$H_{OG}$——气相总传质单元高度，m；

$H_{OL}$——液相总传质单元高度，m；

$J$——扩散通量，kmol/（m²·s）；

$k_G$——气膜吸收系数，kmol/（m²·s·kPa）；

$k_L$——液膜吸收系数，m/s；

$k_x$——液膜吸收系数，kmol/（m²·s）；

$k_y$——气膜吸收系数，kmol/（m²·s）；

$K_G$——气相总吸收系数，kmol/（m²·s·kPa）；

$K_L$——液相总吸收系数，m/s；

$K_X$——液相总吸收系数，kmol/（m²·s）；

$K_Y$——气相总吸收系数，kmol/（m²·s）；

$L$——吸收剂用量，kmol/s；

$m$——相平衡常数，1；

$N$——传质通量，kmol/（m²·s）；

$N_{OG}$——气相总传质单元数，1；

$N_{OL}$——液相总传质单元数，1；

$N_T$——理论板数；

$p_i$——$i$ 组分分压，kPa；

$P$——总压，kPa；

$R$——通用气体常数，kJ/（kmol·K）；

$S$——表面更新率，1；

$T$——热力学温度，K；

$V$——惰性气体摩尔流量，kmol/s；

$x$——组分在液相中的摩尔分数，1；

$X$——组分在液相中的摩尔比，1；

$y$——组分在气相中的摩尔分数，1；

$Y$——组分在气相中的摩尔比，1；

$z$——扩散距离，m；

$z_G$——气膜厚度，m；

$z_L$——液膜厚度，m；

$Z$——填料层高度，m。

**希腊字母**

$\rho$——密度，kg/m$^3$；

$\varphi_A$——吸收率或回收率，1；

$\Omega$——塔截面积，m$^2$。

**下标**

G——气相；

$i$——组分 $i$；

i——相界面处；

L——液相；

m——对数平均；

max——最大；

min——最小；

1——塔底或截面1；

2——塔顶或截面2。

# 第**8**章 蒸 馏

**【本章学习要求】**

掌握双组分溶液的气液相平衡组成的计算，相平衡过程中的相对挥发度；掌握简单蒸馏、平衡蒸馏的原理与计算；重点掌握双组分连续精馏的原理、流程、计算和分析。

**【引言】**

汽油、丙酮等为什么具有强烈的气味？怎样分离乙醇中的甲醇？本章将从双组分体系的挥发度理论入手，介绍蒸馏的操作过程。

前一章所讲的吸收分离的是均相气体混合物，而在工业生产中常常需将液体混合物分离，以达到提纯或回收有用组分的目的。分离互溶液体混合物的方法有很多，蒸馏是广泛应用的一种方法。

蒸馏（distillation）是利用组分挥发度的不同将液体混合物分离成较纯组分的一种单元操作。蒸馏过程涉及气液两相的传质与传热。在一定条件下使气液两相充分接触，液相中易挥发组分吸热汽化扩散进入气相的倾向较大，而气相中难挥发组分放热液化扩散进入液相的倾向较大。两相接近平衡时的分离，气相产品将含有较多的易挥发组分（又称轻组分），而液相产品含有较多的难挥发组分（又称重组分）。可见，混合物中组分间气液平衡关系是蒸馏操作的基础。

在食品生产中，常需将液体混合物中的组分用蒸馏的方法分离开作为产品或进一步精制的原料。例如，发酵醪蒸馏使水和酒精分离制得粗馏酒精。粗馏酒精主要含有乙醇，还含挥发性的醛、酸、酯和杂醇等，要制得接近纯的酒精，还要进一步通过一系列蒸馏和其它操作来完成。

在实践中较常见的是含有两组分溶液的蒸馏。即使是多组分的蒸馏，也往往是将它们两两分离。因此，双组分蒸馏是蒸馏的基础。

## 8.1 双组分溶液的气液相平衡

相率是研究相平衡的基本规律。相率表示平衡物系中自由度数、相数及独立组分数之间的关系，即

$$F=C-P+2 \qquad (8-1)$$

式中，$F$ 为自由度数；$C$ 为独立组分数；$P$ 为相数。

式(8-1) 中的 2 表示外界只有温度和压强这两个条件可以影响物系的平衡状态。

对两组分的气液平衡，其中组分为 2，相数为 2，故由相率可知该平衡物系的自由度数为 2。由于气液平衡中可以变化的参数有 4 个，即温度 $t$、压强 $p$、一组分在液相和气相中的组成 $x$ 和 $y$（另一组分的组成不独立），因此在 $t$、$p$、$x$ 和 $y$ 这 4 个变量中，任意规定其中的 2 个变量，此平衡物系的状态也就被唯一地确定了。若再固定某个变量（例如压强，通常蒸气压可视为恒压下操作），则该物系仅有一个独立变量，其它变量都是它的函数。所以两组分的气液平衡可以用一定压强下的 $t$-$x$（或 $y$）及 $x$-$y$ 的函数关系或相图表示。

气液平衡数据可由实验测定，也可由热力学公式计算得到。

## 8.1.1 理想物系的气液相平衡

### 8.1.1.1 理想物系

所谓理想物系是指液相和气相应符合以下条件。

① 液相为理想溶液，遵循拉乌尔定律。根据溶液中同分子间与异分子间作用力的差异，将溶液分为理想溶液和非理想溶液。严格地说，理想溶液是不存在的，但对于性质极相近、分子结构相似的组分所组成的溶液，例如苯-甲苯、甲醇-乙醇、烃类同系物等都可视为理想溶液。

② 气相为理想气体，遵循道尔顿分压定律。当总压不太高（一般不高于 10MPa）时气相可视为理想气体。

### 8.1.1.2 拉乌尔定律

在密闭容器内，在一定温度下，纯组分液体的气液两相达到平衡状态，称为饱和状态。其蒸气称为饱和蒸气，其压力就是饱和蒸气压，简称蒸气压。

一般来说，某一纯组分液体的饱和蒸气压只是温度的函数，随温度升高而增大。在相同温度下，不同液体的饱和蒸气压不同。液体的挥发能力越大，其蒸气压就越大。所以液体的饱和蒸气压是表示液体挥发能力的一个属性。纯组分液体的饱和蒸气压与温度的关系通常用安托因（Antoine）方程表示。

$$\lg p^{\circ}=A-\frac{B}{T+C} \tag{8-2}$$

式中，$p^{\circ}$ 为纯组分液体的饱和蒸气压，kPa；$T$ 为温度；$A,B,C$ 为 Antoine 常数。

部分纯组分物质的 Antoine 常数可由手册查得。

液体混合物在一温度下也具有一定的蒸气压，其中各组分的蒸气分压与单独存在时的蒸气压不同。对于二组分混合液，由于 B 组分的存在，使 A 组分在气相中蒸气分压比其在纯态下的饱和蒸气压要小。

由溶剂与溶质组成的稀溶液，在一定温度下气液两相达到平衡时，溶剂 A 在气相中的蒸气分压 $p_{A}$ 与其在液相中的组成 $x_{A}$（摩尔分数）之间有下列关系

$$p_{A}=p_{A}^{\circ}x_{A} \tag{8-3}$$

式中，$p_{A}^{\circ}$ 是同温度下纯溶剂的饱和蒸气压。式(8-3)表明溶液中溶剂 A 的蒸气分压 $p_{A}$ 等于纯溶剂的蒸气压 $p_{A}^{\circ}$ 与其液相组成 $x_{A}$ 的乘积。这就是拉乌尔根据实验发现的规律，称为拉乌尔（Raoult）定律。

对大多数溶液而言，拉乌尔定律只有在浓度很低时才适用。因为在很稀的溶液中，溶质的分子很少，其处境与在纯态时情况几乎相同。溶剂分子所受的作用力并未因少量溶质分子的存在而发生改变，它从溶液中逸出能力的大小也不变。只是由于溶质分子的存在使溶剂分子的浓度减少了。所以溶液中溶剂的蒸气分压 $p_{A}$ 就纯溶剂的饱和蒸气压 $p_{A}^{\circ}$ 打了一个折扣，其折扣大小就是溶剂 A 在溶液中的组成 $x_{A}$。

拉乌尔定律对大多数浓溶液都不适用。但由实验发现，由性质极近似的物质所构成的溶液（如苯-甲苯、甲醇-乙醇、正己烷-正庚烷）在全部浓度范围内拉乌尔定律都适用。这是因为它们的微观特征是分子结构及分子大小非常接近，分子间的相互作用力几乎相等。例如，甲苯分子的存在对苯分子的挥发能力几乎没有影响。这就同稀溶液中的溶剂分子类似，其蒸气分压符合拉乌尔定律。

在全部浓度范围内符合拉乌尔定律的溶液称为理想溶液（idea solution）。上述理想溶液的微观特征在宏观上则表现为各组分混合成溶液时不产生热效应和体积变化。

理想溶液中两个组分的蒸气分压都可以拉乌尔定律表示，对于组分 B 则有

$$p_B = p_B^\circ x_B = p_B^\circ (1 - x_A) \tag{8-4}$$

式中，$p_B$ 为气相中组分 B 的蒸气分压，kPa；$p_B^\circ$ 为同温度下纯组分 B 的饱和蒸气压，kPa；$x_A$ 为液相中 B 的摩尔分数，1。

当溶液沸腾时，溶液上方的总压等于 A、B 两组分的蒸气压之和，即

$$P = p_A + p_B \tag{8-5}$$

联立式(8-3)、式(8-4) 和式(8-5)，可得

$$x_A = \frac{P - p_B^\circ}{p_A^\circ - p_B^\circ} \tag{8-6}$$

当总压不太高时，平衡的气相可视为理想气体，遵循道尔顿分压定律，于是

$$y_A = \frac{p_A}{P} = \frac{p_A^\circ}{P} x_A \tag{8-7}$$

#### 8.1.1.3　理想溶液气液相平衡

通常用气液相平衡器测定恒压下气液平衡数据，并绘成温度-组成图（$t$-$y$-$x$ 图）。

图 8-1 为苯与甲苯混合物在压力为 101.325kPa 时的 $t$-$y$-$x$ 图。图中 A 与 B 两点分别为苯与甲苯的沸点。不同组成的苯-甲苯混合物，其平衡温度在这两个纯组分的沸点之间。上边一条曲线为气相组成 $y$ 与平衡温度 $t$ 的关系曲线，称为气相线，又称露点线，气相线上任一点的混合物称为饱和蒸气；下边一条曲线为液相组成 $x$ 与平衡温度 $t$ 的关系曲线，称为液相线，又称泡点线，液相线上任一点的混合物为饱和液体。气相线以上的区域为过热蒸气区；液相线以下的区域为冷液区；两条曲线之间为气液共存区。

若把 $C$ 点的冷液恒压加热，直到 $D$ 点（对应温度 $t_1$）时，溶液将开始沸腾起泡（气泡组成为 $y_1$），$t_1$ 称为溶液 $D$ 的泡点（bubble

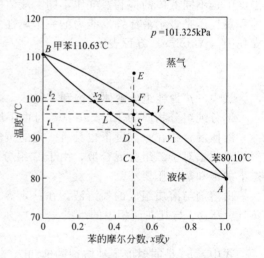

图 8-1　苯-甲苯溶液的 $t$-$y$-$x$ 图

point）。液相线表示了溶液组成与泡点的关系，故称为泡点线。若把 $E$ 点的过热蒸气恒压冷却，直到 $F$ 点（对应温度 $t_2$）开始冷凝而析出像露珠似的液滴（液滴组成为 $x_2$），$t_2$ 称为蒸气 $F$ 的露点（dew point）。气相线表示了蒸气的组成与露点的关系，故称为露点线。

### 8.1.2　挥发度与相对挥发度

#### 8.1.2.1　挥发度

组分的挥发度（volatility）是物质挥发难易程度的标志。对于纯物质，挥发度以该物质在一定温度下的饱和蒸气压表示。由于混合物中某一组分蒸气压受其它组分影响，其挥发度比纯态时要低。考虑其它组成对挥发度的影响，把挥发度定义为气相中某一组分的蒸气分压和与之平衡的液相中的该组分摩尔分数之比，用符号 $\nu$ 表示。

对于 A 和 B 组成的双组分混合液有

$$\nu_A = \frac{p_A}{x_A} \tag{8-8a}$$

$$\nu_B = \frac{p_B}{x_B} \tag{8-8b}$$

式中，$\nu_A$，$\nu_B$ 为组分 A，B 的挥发度。

由上可知，平衡时混合液中 $x_A$ 越小，气相分压 $p_A$ 越大，则 A 组分的挥发度就越强。对于理想溶液，因其遵循拉乌尔定律，因此有

$$\nu_A = \frac{p_A}{x_A} = \frac{p_A^\circ x_A}{x_A} = p_A^\circ; \quad \nu_B = \frac{p_B}{x_B} = \frac{p_B^\circ x_B}{x_B} = p_B^\circ \tag{8-9}$$

所以，对于理想溶液，各组分的挥发度在数值上等于各自纯态时的饱和蒸气压。

#### 8.1.2.2 相对挥发度

在蒸馏操作中，常用相对挥发度来衡量各组分挥发性的差异。

溶液中两组分挥发度之比称为相对挥发度（relative volatility），并以符号 $\alpha_{AB}$ 表示组分 A 对组分 B 的相对挥发度。通常约定以易挥发组分的挥发度为分子，故可省略下标。

$$\alpha = \frac{\nu_A}{\nu_B} = \frac{p_A/x_A}{p_B/x_B} \tag{8-10}$$

当系统总压 $P$ 不太高时，气相遵循道尔顿分压定律，上式可以写成

$$\alpha = \frac{P y_A/x_A}{P y_B/x_B} = \frac{y_A/x_A}{y_B/x_B} = \frac{y_A/y_B}{x_A/x_B} \tag{8-11a}$$

故

$$\frac{y_A}{y_B} = \alpha \frac{x_A}{x_B} \tag{8-11b}$$

由式(8-11b) 可知，相对挥发度 $\alpha$ 值的大小表示两组分在气相中的浓度比是液相中浓度比的倍数，所以 $\alpha$ 值可作为混合物采用蒸馏法分离的难易标志。若 $\alpha>1$，即 $y>x$，说明该溶液可以用蒸馏法来分离；且 $\alpha$ 越大，A、B 两组分越易分离。若 $\alpha=1$，则说明物系的气相组成和与之相平衡的液相组成相等，则采用普通蒸馏方式无法分离。若 $\alpha<1$，则需重新定义轻组分与重组分，使 $\alpha>1$。

对于双组分物系，将 $x_B=1-x_A$，$y_B=1-y_A$ 代入式(8-11b) 得

$$\frac{y_A}{1-y_A} = \alpha \frac{x_A}{1-x_A}$$

略去 $x$，$y$ 的下标，整理得

$$y = \frac{\alpha x}{1+(\alpha-1)x} \tag{8-12}$$

式(8-12) 表示气-液平衡时，气液两相组成与挥发度之间的关系，称为相平衡方程。

相对挥发度对平衡的影响如图 8-2 所示，图中 $\alpha_1 > \alpha_2 > \alpha_3$，该图显示，$\alpha$ 越大，在相同液相组成 $x$ 下，其平衡气相组成 $y$ 越大，表明该混合液越易分离。

对于理想溶液，因遵循拉乌尔定律，故有

$$\alpha = \frac{\nu_A}{\nu_B} = \frac{p_A^\circ}{p_B^\circ} = f(t) \tag{8-13}$$

即理想溶液的挥发度等于同温度下两组分的饱和蒸气压之比。

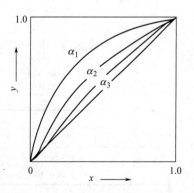

图 8-2 $\alpha$ 对相平衡的影响

【例 8-1】 苯（A）与甲苯（B）的饱和蒸气压和温度的关系数据如本题附表所示。试利用拉乌尔定律和相对挥发度，分别计算苯-甲苯混合液在总压为 101.33kPa 下的气液平衡数据，并作出温度-组成图。该溶液可视为理想溶液。

| 温度/℃ | 80.1 | 85 | 90 | 95 | 100 | 105 | 110.6 |
|---|---|---|---|---|---|---|---|
| $p_A^{\circ}$/kPa | 101.33 | 116.9 | 135.5 | 155.7 | 179.2 | 204.2 | 240.0 |
| $p_B^{\circ}$/kPa | 40.0 | 46.0 | 54.0 | 63.3 | 74.3 | 86.0 | 101.33 |

**解：** (1) 利用拉乌尔定律计算气液平衡数据　在某一温度下由本题附表 1 查得该温度下纯组分苯与甲苯的饱和蒸气压 $p_A^{\circ}$ 与 $p_B^{\circ}$，由于总压为定值，即 $P=101.33\text{kPa}$，则可求得液相组成 $x$，再求得平衡时的气相组成 $y$，即可得到一组标绘平衡温度-组成 $(t$-$x$-$y)$ 图的数据。

以 $t=95℃$ 为例，计算过程如下：

$$x=\frac{P-p_B^{\circ}}{p_A^{\circ}-p_B^{\circ}}=\frac{101.33-63.3}{155.7-63.3}=0.412$$

和

$$y=\frac{p_A^{\circ}}{P}x=\frac{155.7}{101.33}\times 0.412=0.633$$

其它温度下的计算结果列于本题附表 2 中。

例 8-1　附表 2

| $t/℃$ | 80.1 | 85 | 90 | 95 | 100 | 105 | 110.6 |
|---|---|---|---|---|---|---|---|
| $x$ | 1.000 | 0.787 | 0.581 | 0.412 | 0.258 | 0.130 | 0 |
| $y$ | 1.000 | 0.900 | 0.777 | 0.633 | 0.456 | 0.262 | 0 |

根据以上数据可以标绘得到 $t$-$x$-$y$ 图（见图 8-1）。

(2) 利用相对挥发度计算气液平衡数据　因苯-甲苯混合液为理想溶液，故其相对挥发度可用式 $\alpha=\dfrac{p_A^{\circ}}{p_B^{\circ}}$ 计算，以 95℃ 为例，则 $\alpha=\dfrac{155.7}{63.3}=2.46$。

其它温度下的 $\alpha$ 值列于本题附表 3 中。

通常，在利用相对挥发度法求 $x$-$y$ 关系时，可取温度范围内的平均相对挥发度，在本题条件下，在附表 3 中两端温度下的 $\alpha$ 数据应除外（因对应的是纯组分，即为 $x$-$y$ 曲线上两端点），因此可取温度为 85℃ 和 105℃ 下 $\alpha$ 的几何平均值，即

$$\alpha_m=\sqrt{2.54\times 2.37}=2.45$$

相平衡关系为　$y=\dfrac{2.45x}{1+1.45x}$

按附表 2 中的各 $x$ 值，由上式即可算得气相平衡组成 $y$，计算结果列于附表 3。

例 8-1　附表 3

| $t/℃$ | 80.1 | 85 | 90 | 95 | 100 | 105 | 110.6 |
|---|---|---|---|---|---|---|---|
| $\alpha$ | | 2.54 | 2.51 | 2.46 | 2.41 | 2.37 | |
| $x$ | 1.000 | 0.787 | 0.581 | 0.412 | 0.258 | 0.130 | 0 |
| $y$ | 1.000 | 0.901 | 0.773 | 0.632 | 0.460 | 0.268 | 0 |

比较本题附表 2 和附表 3，可以看出两种求法求得的数据基本一致。对两组分溶液，利用平均相对挥发度表示气液平衡关系比较简便。

### 8.1.3　非理想物系的气液相平衡

工业生产中遇到的物系大多数为非理想物系。

非理想溶液中各组分的蒸气压不服从拉乌尔定律，它们对拉乌尔定律发生的偏差有正偏

差和负偏差两大类。实际溶液中以正偏差溶液为多。各种实际溶液与理想溶液的偏差程度可能不同，例如，乙醇-水、正丙醇-水等物系是具有很大正偏差的溶液的典型例子；硝酸-水、氯仿-丙酮等物系是具有很大负偏差溶液的典型例子。

非理想溶液的平衡分压可用修正的拉乌尔定律表示，即

$$p_A = p_A^\circ x_A \gamma_A \tag{8-14}$$

$$p_B = p_B^\circ x_B \gamma_B \tag{8-15}$$

式中，$\gamma_A$、$\gamma_B$ 为组分 A、B 的活度系数。

气液平衡可用不同方法表示，但是气液平衡数据和关系是解决蒸馏问题所不可缺少的。气液平衡数据可以有以下来源：

① 实验测定或从手册查得；

② 由纯组分的某些物性按经验的或理论的公式进行估算；

③ 根据少量实验数据，由经验的或理论的公式进行估算。

# 8.2 蒸馏与精馏原理

## 8.2.1 平衡蒸馏与简单蒸馏

### 8.2.1.1 平衡蒸馏

在容器内加热混合液至泡点以上而部分汽化，或使一定组成的蒸气冷却至露点以下而部分冷凝，以形成气、液两相，并达到平衡，然后将两相分开，则易挥发组分将在气相中富集，难挥发组分在液相中富集，从而使混合物达到一定程度的分离，这种蒸馏方式称为平衡蒸馏。平衡蒸馏所达到的分离效果不高，一般只能作为原料的初步分离。

化工生产中多采用图 8-3 所示的连续操作的平衡蒸馏装置。混合液先经加热器升温，使液体温度高于分离器压强下液体的沸点，然后通过减压阀使其降压后进入分离器中，此时过热的液体混合物即被部分汽化，平衡的气液两相在分离器中得到分离。通常分离器又称为闪蒸罐（塔）。

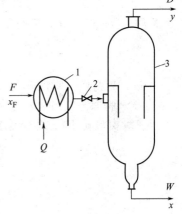

图 8-3 平衡蒸馏装置

1—加热器；2—减压阀；3—分离器

对图 8-3 所示的平衡蒸馏装置作物料衡算，可得

总物料 $F = D + W$ (8-16)

轻组分 $Fx_F = Dy + Wx$ (8-17)

式中，$F$，$D$，$W$ 分别为原料液、气相与液相产品流量，kmol/h 或 kmol/s；$x_F$，$y$，$x$ 为分别为原料液、气相与液相产品的组成，摩尔分数，1。

联立式(8-16) 及式(8-17)，得

$$y = \left(1 - \frac{F}{D}\right)x + \frac{F}{D}x_F$$

若令 $\dfrac{W}{F} = q$，$q$ 称为液化率，则 $\dfrac{D}{F} = 1 - q$，代入上式可得

$$y = \frac{q}{q-1}x - \frac{x_F}{q-1} \tag{8-18}$$

式(8-18)称为平衡蒸馏的操作线方程，亦称闪蒸操作线方程，在 $x\text{-}y$ 图上为一条直线，过点 $(x_F, x_F)$，$x$ 轴截距为 $\dfrac{x_F}{q}$，$y$ 轴截距为 $\dfrac{x_F}{1-q}$。

#### 8.2.1.2 简单蒸馏

简单蒸馏为间歇操作过程。将一批料液加入如图 8-4 所示的蒸馏釜中，在恒压下加热至沸腾，使液体不断汽化。陆续产生的蒸气经冷凝操作后作为顶部产物，其中易挥发组分相对地富集。在蒸馏过程中，釜内液体的易挥发组分含量不断下降，蒸气中易挥发组分的含量也相应地随之降低。因此，通常是分罐收集顶部产物，最终将釜液一次排出。

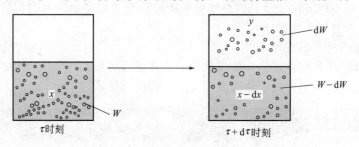

图 8-4　蒸馏计算原理推导

在图 8-4 中，蒸馏釜在 $\tau$ 时刻，蒸馏釜中的釜液量为 $W$，釜液组成为 $x$，蒸气组成为 $y$。在 $\mathrm{d}\tau$ 时间后，溶液汽化量是 $\mathrm{d}W$，釜液的组成变化是 $\mathrm{d}x$，在 $\tau \rightarrow \tau + \mathrm{d}\tau$ 的时间间隔，对易挥发组分作衡算得

$$Wx = (W - \mathrm{d}W)(x - \mathrm{d}x) + y\mathrm{d}W \tag{8-19}$$

整理式(8-19)，并忽略高阶无穷小，得

$$\frac{\mathrm{d}W}{W} = \frac{\mathrm{d}x}{y - x} \tag{8-20}$$

式中，$W$ 为任一瞬间蒸馏釜中的釜液量，kmol；$x$ 为任一瞬间釜液组成，摩尔分数，1；$y$ 为任一瞬间蒸气组成，摩尔分数，1。

釜液量由最初 $F$ 最终变化至 $W$ 时，釜液组成由 $x_F$ 变化至最终组成 $x_W$。积分式(8-20)得

$$\int_W^F \frac{\mathrm{d}W}{W} = \int_{x_W}^{x_F} \frac{\mathrm{d}x}{y - x} \tag{8-21}$$

$$\ln \frac{F}{W} = \int_{x_W}^{x_F} \frac{\mathrm{d}x}{y - x}$$

式(8-21)可用图解积分求解。

若 $y = \dfrac{\alpha x}{1 + (\alpha - 1)x}$，代入式(8-21)积分得

$$\ln \frac{F}{W} = \frac{1}{\alpha - 1}\left[ \ln \frac{x_F}{x_W} + \alpha \ln \frac{1 - x_W}{1 - x_F} \right] \tag{8-22}$$

若对最初与最终作轻组分衡算，则有

$$Fx_F = Wx_W + (F - W)x_D \tag{8-23}$$

式中，$F$，$W$ 为最初、最终釜液量，kmol；$x_F$，$x_W$ 为最初、最终釜液组成，摩尔分数，1；$x_D$ 为馏出液的平均组成，摩尔分数，1；$\alpha$ 为溶液的相对挥发度，1。

式(8-21)～式(8-23)是简单蒸馏的计算公式。共有六个物理量（$F$，$W$，$x_F$，$x_W$，$x_D$，$\alpha$），必须直接或间接地已知四个量，才可以计算其它两个量。

**【例 8-2】** 将含苯 0.7（摩尔分数，下同）、甲苯 0.3 的溶液加热汽化，汽化率为 1/3。已知物系的相对挥发度为 2.47，试计算：（1）作平衡蒸馏时，气相和液相产物的组成；（2）作简单蒸馏时，气相产物的平均组成及残液组成。

**解：**（1）平衡蒸馏 $q = \dfrac{2}{3}$

物料衡算式 $y = \dfrac{qx}{q-1} - \dfrac{x_F}{q-1}$

$$y = -2x + 2.10$$

相平衡方程 $y = \dfrac{\alpha x}{1+(\alpha-1)x} = \dfrac{2.47x}{1+1.47x}$

两式联立求得 $y = 0.816$；$x = 0.642$

（2）简单蒸馏

$$\frac{F}{W} = \frac{1}{2/3} = 1.5$$

$$\ln\frac{F}{W} = \frac{1}{\alpha-1}\left[\ln\frac{x_F}{x_W} + \alpha\ln\frac{1-x_W}{1-x_F}\right]$$

$$\ln 1.5 = \frac{1}{1.47}\left[\ln\frac{0.7}{x_W} + 2.47\ln\frac{1-x_W}{1-0.7}\right]$$

解出 $x_W = 0.633$

$$x_D = \frac{Fx_F - Wx_W}{F-W} = \frac{3x_F - 2x_W}{3-2} = 2.1 - 1.266 = 0.834$$

## 8.2.2 精馏原理与流程

当原料液组成相同，相平衡关系相同时，与简单蒸馏相比，无论是生产能力、操作方式、单产能耗、单产成本，平衡蒸馏都占优，但平衡蒸馏的分离效果却不如简单蒸馏好。简单蒸馏和平衡蒸馏都只是单级分离过程，即对混合液进行一次部分汽化，因此只能对混合液部分分离，这远远满足不了工业生产的实际需要。如何利用两组分间挥发度的差异来实现连续的高纯度的分离呢？

精馏是多级分离过程，即在一台设备中实现多次部分汽化和部分冷凝的过程，因此可使混合液得到几乎完全的分离。精馏可视为多次平衡蒸馏的串联组合。

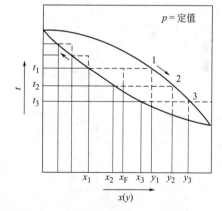

图 8-5 多次部分汽化和冷凝

### 8.2.2.1 精馏原理

精馏过程原理可用气液平衡相图说明。若混合液具有图 8-5 所示的 $t$-$x$-$y$ 图，将组成 $x_F$、温度低于泡点的该混合液加热到泡点以上，温度为 $t_1$，使其部分汽化，并将气相和液相分开，则所得气相组成为 $y_1$，液相组成为 $x_1$，且 $y_1 > x_F > x_1$，此时气相、液相流量可由杠杆规则确定。若继续将组成为 $y_1$ 的气相混合物进行部分冷凝至 $t_2$，则可得到组成为 $y_2$ 的气相和组成为 $x_2$ 的液相。依此又将组成为的 $y_2$ 气相进行部分冷凝至 $t_3$，则可得到组成为 $y_3$ 的气相和组成为 $x_3$ 的液相，且 $y_3 > y_2 > y_1$。由此可见，气相混合物经多次部分冷凝后，在气相中可获得高纯度的易挥发组分。同时若将组成为 $x_1$ 的液相进行部分汽化，则可得到组成为 $x_2'$ 的液相和组成为 $y_2'$ 的气相，若继续将组成为 $x_2'$ 的液相进行部分汽化，则可得到组成为 $x_3'$ 的液相和组

成为 $y_3'$ 的气相，且 $x_3' > x_2' > x_1$。由此可见，将液体混合物进行多次部分汽化，在液相中可以获得高纯度的难挥发组分。

显然，上述重复的单级操作所需设备庞杂，能量消耗大且因中间馏分多而使产品收率降低。工业上精馏过程是多次部分汽化和多次部分冷凝的联合操作。图 8-6 所示的是精馏塔的模型，目前工业使用的精馏塔均基于这一模型。

#### 8.2.2.2　精馏塔内物料的流动、传热与传质

精馏装置主要由精馏塔、冷凝器与蒸馏釜（或称再沸器）组成。精馏塔有板式塔与填料塔，它们在第 7 章已经介绍过，本章以板式塔为例介绍精馏过程及设备。

连续精馏装置如图 8-7 所示。原料从塔中部附近的进料板连续进入塔内，沿塔向下流到蒸馏釜。釜中液体被加热而部分汽化，蒸气中易挥发组分的组成 $y$ 大于液相中易挥发组分的组成 $x$，即 $y > x$。蒸气沿塔向上流动，与下降的液体逆流接触，因气相温度高于液相温度，气相进行部分冷凝，同时把热量传递给液相，使液相进行部分汽化。因此，难挥发组分从气相向液相传递，易挥发组分从液相向气相传递。结果，上升气相的易挥发组分逐渐增多，难挥发组分逐渐减少。由于在塔的进料板以下（包括进料板）的塔段中，上升气相从下降液相中提出了易挥发组分，故称为提馏段（stripping section）。

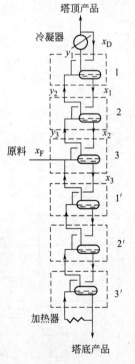

图 8-6　精馏塔模型

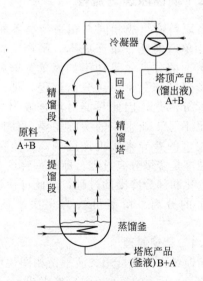

图 8-7　连续精馏装置

提馏段上升气相经过进料板继续向上流动，到达塔顶冷凝器，冷凝为液体。冷凝液的一部分回流入塔顶，称为回流液，其余作为塔顶的产品（或馏出液）排出。塔内下降的回流液上升气相逆流接触，气相进行部分冷凝，而同时液相进行部分汽化。难挥发组分从气相向液相传递，易挥发组分从液相向气相传递。结果，上升气相中易挥发组分逐渐增多，而下降液相中的难挥发组分逐渐增多。由于塔的上半段上升气相中难挥发组分被除去，而得到了精制，故称为精馏段（rectifying section）。

## 8.3 双组分连续精馏常规流程的数学描述

### 8.3.1 全塔物料衡算

连续精馏常规流程如图 8-8 所示。取图中点画线所划定的范围对全塔进行物料衡算，可以求出进料流量及其组成与塔顶、塔釜流量及其组成之间的关系。

总物料衡算    $F=D+W$                 (8-24a)

轻组分衡算    $Fx_F=Dx_D+Wx_W$      (8-24b)

式中，$F$，$D$，$W$ 为分别为原料液、馏出液与釜液流量，kmol/h；$x_F$，$x_D$，$x_W$ 分别为原料液、馏出液与釜液的组成，摩尔分数，1。

在式（8-24a）和式（8-24b）中共有 6 个变量，若知其中 4 个，则可求出其余的两个。在设计型计算式中，通常由设计任务给出 $F$、$x_F$、$x_D$、$x_W$，则上述两式联立就可求解塔顶、塔底产品流量 $D$ 和 $W$。

在精馏计算中，分离要求除可用塔顶和塔底的产品组成表示外，有时还用回收率表示。回收率是指回收原料中易挥发或难挥发组分的百分数。即

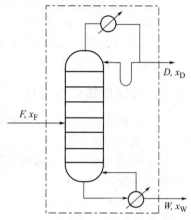

图 8-8   精馏常规流程物料衡算

塔顶易挥发组分的回收率 $\eta_D$      $\eta_D=\dfrac{Dx_D}{Fx_F}\times100\%$          (8-25a)

塔釜难挥发组分的回收率 $\eta_W$      $\eta_W=\dfrac{W(1-x_W)}{F(1-x_F)}\times100\%$      (8-25b)

### 8.3.2 理论板与恒摩尔流假定

若精馏过程在板式精馏塔中进行，即塔板提供可气液两相传质的场所，由于未达到平衡的气液两相在塔板上的传质过程十分复杂，它不仅与物系有关，而且还与塔板结构和操作条件有关。同时在传质过程中还伴随传热过程，故传质过程难以用简单的数学方程来表示，为此引入理论板这一概念。

理论板（theoretical plate） 是指离开塔板的蒸气和液体呈平衡的塔板。其特点是不论进入该板的气液两相组成如何，离开该板的气液两相在传质、传热两方面都达到平衡，即离开该板上的传质情况而人为假定的理想化塔板。实际上理论板并不存在，但它可以作为衡量实际塔板分离效果的最高标准。在设计计算中，可先求出理论塔板数，再根据塔板效率值来确定实际塔板数。如图 8-9 所示，第 $n$ 块理论板，$y_n$ 与 $x_n$ 达到相平衡。

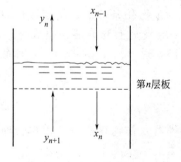

图 8-9   理论板假设

精馏过程的影响因素较多，计算复杂。为了简化计算，引入恒摩尔流量的假设。这种假设在很多情况下接近于实际情况。

恒摩尔流量的假设如下：

（1）精馏段 每层塔板上升蒸气的摩尔流量皆相等，以 $V$ 表示；每层塔板下降液体的摩尔流量皆相等，以 $L$ 表示。

（2）提馏段　每层塔板上升蒸气的摩尔流量皆相等，以 $V'$ 表示；每层塔板下降液体的摩尔流量皆相等，以 $L'$ 表示。

由于进料的影响，两段上升蒸气的摩尔流量 $V$ 与 $V'$ 不一定相等，下降液体的摩尔流量 $L$ 与 $L'$ 也不一定相等，视进料热状态而定。

气液两相在塔板上接触时，只有 1mol 蒸气冷凝能使 1mol 液体汽化，则气液两相的恒摩尔流量的假设才能成立。

冷凝 1mol 蒸汽能使 1mol 液体汽化，必须同时满足以下三个条件：

① 溶液中两组分的摩尔汽化热相等；

② 因气液两相温度不同而传递的热量可忽略；

③ 精馏塔保温良好，其热量损失可以忽略。

### 8.3.3　精馏段操作线方程

在连续精馏塔中，因原料液不断地进入塔内，故精馏段和提馏段的操作关系是不相同的，应分别予以讨论。

按图 8-10 虚线范围（包括精馏段的第 $n+1$ 层板以上塔段及冷凝器）作物料衡算，以单位时间为基准，即

总物料 $$V=L+D \tag{8-26a}$$

易挥发组分 $$Vy_{n+1}=Lx_n+Dx_D \tag{8-26b}$$

式中，$x_n$ 为精馏段中第 $n$ 层板下降液体中易挥发组分的摩尔分数；$y_{n+1}$ 为精馏段第 $n+1$ 层板上升蒸气中易挥发组分的摩尔分数。

将式（8-26a）代入式（8-26b），并整理得

$$y_{n+1}=\frac{L}{L+D}x_n+\frac{D}{L+D}x_D \tag{8-27}$$

上式等号右边两项的分子及分母同时除以 $D$，并令 $R=\dfrac{L}{D}$，代入上式，整理得

$$y_{n+1}=\frac{R}{R+1}x_n+\frac{1}{R+1}x_D \tag{8-28}$$

式中，$R$ 称为回流比。根据恒摩尔流假定，$L$ 为定值，且在稳定操作时 $D$ 也为定值，故 $R$ 也是常量，其值一般由设计者选定。$R$ 值的确定将在后面讨论。

式（8-27）与式（8-28）均称为精馏段操作线方程，表示在一定操作条件下，精馏段内自任意第 $n$ 层板下降的液相组成 $x_n$ 与其相邻的下层板（第 $n+1$ 层板）上升蒸气相组成 $y_{n+1}$ 之间的关系。该式在 $x$-$y$ 坐标图上为直线，其斜率为 $R/(R+1)$，过 $(x_D, x_D)$ 点，$y$ 轴截距为 $x_D/(R+1)$。

### 8.3.4　提馏段操作线方程

按图 8-11 虚线范围（包括提馏段第 $m$ 层板以下塔段及再沸器）作物料衡算，以单位时间为基准，即

总物料 $$L'=V'+W \tag{8-29a}$$

易挥发组分 $$L'x_m=V'y_{m+1}+Wx_W \tag{8-29b}$$

式中，$x_m$ 为提馏段第 $m$ 层板下降液体中易挥发组分的摩尔分数，1；$y_{m+1}$ 为提馏段第 $m+1$ 层板上升蒸气中易挥发组分的摩尔分数，1。

将式（8-29a）代入式（8-29b）并整理，得

$$y_{m+1}=\frac{L'}{L'-W}x_m-\frac{W}{L'-W}x_W \tag{8-30}$$

式(8-30) 称为提馏段操作线方程，表示在一定操作条件下，提馏段内自第 $m$ 层板下降的液体组成 $x_m$ 与其相邻的下层（第 $m+1$ 层）板上升蒸气组成 $y_{m+1}$ 之间的关系。根据恒摩尔流假定，$L'$ 为定值，且在稳态操作时 $W$ 和 $x_W$ 也为定值，故在 $x$-$y$ 图上也是直线。

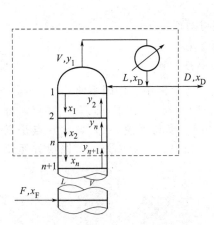

图 8-10　精馏段操作线方程推导

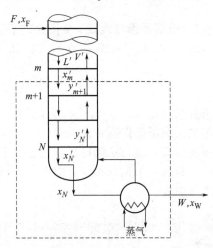

图 8-11　提馏段操作线方程的推导

## 8.3.5　进料热状况的影响

精馏塔在操作过程中，精馏段和提馏段汽液两相流量间的关系与精馏塔的进料热状况有关，因而进料热状况对精馏段和提馏段的操作线方程有直接的影响。

### 8.3.5.1　精馏塔的进料热状况

组成为 $x_F$ 的原料，根据工艺条件和操作要求，其进料状态可有以下几种：①过冷液体 $(t<t_s)$；②饱和液体 $(t=t_s)$；③气液混合物 $(t_s<t<t_d)$；④饱和蒸气 $(t=t_d)$；⑤过热蒸气 $(t>t_d)$。图 8-12 定性表示了不同进料热状态对进料板上、下各股流量的影响。

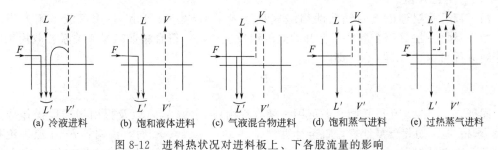

图 8-12　进料热状况对进料板上、下各股流量的影响

### 8.3.5.2　进料热状态参数

令

$$q=\frac{I_V-I_F}{I_V-I_L}=\frac{\text{将 1kmol 进料变为饱和蒸气所需热量}}{\text{原料液的千摩尔汽化潜热}} \tag{8-31}$$

$q$ 值称为进料的热状况参数。式(8-31) 为进料热状况参数的定义式，由该式可计算各种进料热状况的 $q$ 值。根据 $q$ 的定义，可得

① 过冷液体 $(t<t_s)$，$q>1$；
② 饱和液体 $(t=t_s)$，$q=1$；
③ 气液混合物 $(t_s<t<t_d)$，$0<q<1$；
④ 饱和蒸气 $(t=t_d)$，$q=0$；
⑤ 过热蒸气 $(t>t_d)$，$q<0$。

对进料板作物料衡算和热量衡算，可得

$$L' = L + qF \tag{8-32a}$$

$$V' = V + (q-1)F \tag{8-32b}$$

### 8.3.5.3 提馏段操作线在 $x$-$y$ 图上的表达

将式(8-32a)代入式(8-30)，提馏段操作线方程可写成

$$y_{m+1} = \frac{L+qF}{L+qF-W}x_m - \frac{W}{L+qF-W}x_W \tag{8-33}$$

该直线过点 $(x_W, x_W)$，斜率 $>1$，在 $y$ 轴上截距通常极小，作图不便。

假设精馏段操作线[式(8-28)]与闪蒸操作线[式(8-18)]交于 $(x_q, y_q)$ 点，可以证明，提馏段操作线与精馏段操作线也交于 $(x_q, y_q)$ 点。换句话说，$(x_q, y_q)$ 点是三条操作线的公共点。于是，在 $x$-$y$ 图上，过点 $(x_W, x_W)$ 和 $(x_q, y_q)$ 点，可以很方便地作出提馏段操作线。

# 8.4 双组分连续精馏的计算

## 8.4.1 常规流程的理论塔板数

通常，采用逐板计算法或图解法确定精馏塔的理论板层数。求算理论板层数时，必须已知原料液组成、进料热状况、操作回流比和分离程度，并利用：①气液平衡关系；②相邻两板之间气、液两相组成的操作关系，即操作线方程。

### 8.4.1.1 逐板计算法

参见图 8-12，若塔顶采用全凝器，从塔顶最上一层板（第1层板）上升的蒸气进入冷凝器中恰好被全部冷凝，则塔顶馏出液组成及回流液组成均与第1层板的上升蒸气组成相同，即 $y_1 = x_D$ 为已知值。

由于离开每层理论板的气液两相组成是互成平衡的，故可由 $y_1$ 用气液平衡方程求得 $x_1$。由于从下一层（第2层）板上升的蒸气组成 $y_2$ 与 $x_1$ 符合精馏段操作关系，故用精馏段操作线方程可由 $x_1$ 求得 $y_2$，即

$$y_2 = \frac{R}{R+1}x_1 + \frac{x_D}{R+1}$$

同理，$y_2$ 与 $x_2$ 互成平衡，即可用平衡方程由 $y_2$ 求得 $x_2$，以及再用精馏段操作线方程由 $x_2$ 求得 $y_3$。如此重复计算，直至计算到 $x_k > x_q$，$x_{k+1} \leqslant x_q$ 时，说明第 $k+1$ 层理论板是加料板，因此精馏段所需理论板层数为 $k$。应予注意，在计算过程中，每使用一次平衡关系，表示需要一层理论板。

此后，改用提馏段操作线方程，继续用与上述相同的方法求提馏段的理论板层数。因 $x_{k+1}$ 已知，故可用提馏段操作线方程求得 $y_{k+2}$，即

$$y_{k+2} = \frac{L+qF}{L+qF-W}x_{k+1} - \frac{W}{L+qF-W}x_W$$

然后利用平衡方程由 $y_{k+2}$ 求得 $x_{k+2}$，如此重复计算，直至计算到 $x_{N-1} > x_q$，$x_N \leqslant x_W$ 为止，则全塔理论板数为 $N$。由于再沸器内气液两相视为平衡，相当于一层理论板，塔内理论板层数为 $N-1$。

逐板计算法是求算理论板层数的基本方法，计算结果准确，且可同时求得各层塔板上的气液相组成。虽比较繁琐，但随着当代计算机的普及，在设计中应用越来越广泛。

#### 8.4.1.2 图解法

图解法求理论塔板数的基本原理与逐板计算法的完全相同，只不过是用平衡曲线和操作线分别代替平衡方程和操作线方程，用简便的图解法代替繁杂的计算而已。虽然图解法的准确性较差，但因其计算简单，分析问题方便，在两组分精馏计算中仍被较多采用。具体求解步骤如下（如图 8-13 所示）。

① 相平衡曲线　在 $x$-$y$ 图上直角坐标系中绘出待分离双组分物系的相平衡曲线 $y = f(x)$，并作出对角线。

② 精馏段操作线　由于精馏段操作线为直线，只要在 $x$-$y$ 图上找出该线上的两点，即可做出精馏段操作线。过 $(x_D, x_D)$ 点，再由截距 $\dfrac{x_D}{R+1}$ 作精馏段的操作线 $ac$。

③ $q$ 线　过 $d$ 点 $(x_F, x_F)$，再由 $y$ 轴截距 $\dfrac{x_F}{1-q}$（或 $x$ 轴截距 $\dfrac{x_F}{q}$）作直线 $dq$，即为 $q$ 线。$q$ 点为 $q$ 线方程与精馏段操作线的交点。

④ 提馏段操作线　连接 $(x_W, x_W)$ 点及 $q$ 点，即得到提馏段操作线 $bq$。

⑤ 画直角梯级　从 $a$ 点开始，在精馏段操作线与平衡线之间作水平线及垂直线构成直角梯级。当梯级跨过 $q$ 点时，则改在提馏段操作线与平衡线之间作直角梯级，直至梯级的水平线达到或跨过 $b$ 点为止。图 8-13 中阶梯数即为理论板数。其中跨过 $q$ 点的梯级为加料板，最后一个梯级为再沸器。

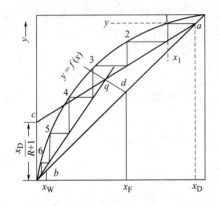

图 8-13　理论板图解法示意

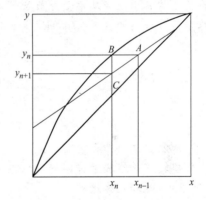

图 8-14　梯级的物理意义

下面讨论每一个梯级的物理意义。

图 8-14 所示为塔中第 $n$ 块理论板，离开该板的气、液两相 $x_n$ 和 $y_n$ 满足相平衡关系，在 $x$-$y$ 图中对应为 $B$ 点，板间截面（$A$—$A$、$C$—$C$ 截面）相遇的上升蒸气与下降液体组成满足操作线方程，所以，$A(x_{n-1}, y_n)$ 点和 $C(x_n, y_{n+1})$ 点落在 $x$-$y$ 图中的操作线上。

直角梯级 $ABC$ 即代表第 $n$ 块理论板。其中直角梯级的水平线 $\overline{AB} = x_{n-1} - x_n$，表示液相经过第 $n$ 层板后减浓的程度；垂线 $\overline{BC} = y_n - y_{n+1}$ 表示气相经过第 $n$ 层板后增浓的程度。梯级越大，表明该理论板的分离作用越大，操作线与平衡线的偏离程度越大，所作梯级也越大，因而达到同样分离要求所需的理论板数越少。

应该注意的是，当某梯级跨越两操作线交点 $q$ 时（此梯级为进料板），应及时更换操作线，即 $q$ 点是加料板的最佳位置。也就是说，对于既定的物系与分离任务，以跨越 $q$ 点的理论板为进料板，则所需理论板数最少。加料过早或过晚，即提前使用提馏段操作线或过了交点后仍沿用精馏段操作线，都会使某些梯级的增浓减浓程度减少而使理论板数增加，如图 8-15 所示。

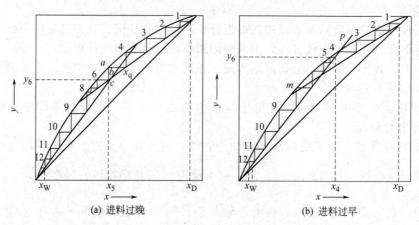

(a) 进料过晚　　　　　　　　　　(b) 进料过早

图 8-15　非最佳进料板时理论板数

**【例 8-3】**　用常压连续精馏塔分离含苯 40%（质量分数，下同）的苯-甲苯混合液，要求塔顶产品含苯 97% 以上，塔底产品含苯 2% 以下。采用的回流比 $R=3.5$，试求下述两种进料状况下所需的理论板数：（1）饱和液体；（2）20℃液体（$q=1.353$）。

**解：**应用 $x$-$y$ 图解法。由于平衡数据采用摩尔分数，而且要用恒摩尔流假定，故需要将各个组成从质量分数换算成摩尔分数。现苯、甲苯（组分 A，组分 B）的摩尔质量分别为 $M_A=78.1\text{kg/kmol}$，$M_B=92.1\text{kg/kmol}$，有

$$x_F=\frac{0.4/78.1}{0.4/78.1+0.6/92.1}=0.44$$

$$x_D=\frac{0.97/78.1}{0.97/78.1+0.03/92.1}=0.974$$

$$x_W=\frac{0.02/78.1}{0.02/78.1+0.98/92.1}=0.0235$$

即需满足 $x_D\geqslant0.974$，$x_W\leqslant0.0235$。

现按下面步骤进行图解（根据 $x_D=0.974$，$x_W=0.0235$）。

（1）饱和液体进料

① 在 $x$-$y$ 图中做出苯-甲苯的平衡线和对角线，如图所示。

② 在对角线上定出点 $a$，$f$，$b$。

③ 根据 $y_c=\dfrac{x_D}{R+1}=\dfrac{0.974}{3.5+1}=0.217$ 在 $y$ 轴上定出点 $c$，联结 $ac$ 即得到精馏段操作线。

④ 作 $q$ 线，对于饱和液体进料，$q$ 线为通过点 $f$ 的垂线，交 $ac$ 于 $d$ 点。

⑤ 连接 $bd$，即为提馏段操作线。

⑥ 从点 $a$ 开始在平衡线与操作线 $ac$ 之间作梯级，第 7 个梯级跨过点 $d$ 后改在平衡线与操作线 $bd$ 之间作梯级，直到跨过点 $b$ 为止。

由图中的梯级数目可知，全塔的理论板数取一位小数约 11.9 层，其中精馏塔段需 6.1 层（分数由过点 $d$ 的垂线与水平线 $gh$ 相交于点 $j$），线段 $jh$ 与线段 $gh$ 的长度之比约为 0.1）。提馏段需 5.8 层（含再沸器）。

（2）20℃液体进料　精馏段操作线 $ac$ 与上述相同，但 $q$ 线不同。由于 $x_F/q=0.325$，过 $(0.325，0)$ 及 $(0.44，0.44)$ 点作出 $q$ 线交 $ac$ 于 $d$；再作出提馏段操作线 $bd$。如附图 2 所示。仍从点 $a$ 开始作梯级，可知全塔理论板数取一位小数约

为 11.5 层，其中精馏段所需的理论板数为 5.7（过点 $d$ 的垂线与水平线 $gh$ 相交于点 $j$，线段 $gh$ 的长度之比约为 0.7）；提馏段塔板数 $N_2 \approx 5.8$ 层（含再沸器）。与前一情况相比，由于点 $d$ 向右移动，所需的精馏段理论板数 $N_1$ 略有减少。

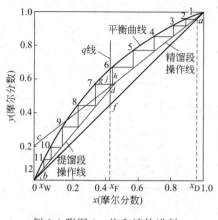
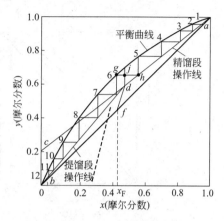

例 8-3 附图 1　饱和液体进料　　　　例 8-3 附图 2　20℃液体进料

## 8.4.2　进料热状态对精馏过程的影响

进料热状况参数 $q$ 值不同，$q$ 线的斜率也就不同，$q$ 线与精馏段操作线的交点随之而变动，从而影响提馏段操作线的位置。当进料组成 $x_F$、操作回流比 $R$ 及两产品组成 $x_D$、$x_W$ 一定时，五种不同进料热状况对 $q$ 线及操作线的影响示于图 8-16 中。

一般来说，如果 $q$ 值过小，完成同样分离任务所需理论板较多，不利于提高分离效果。但是如果 $q$ 值过大，说明进料温度过低，需要再沸器提供更多的热能以维持足够的蒸气，从而导致再沸器的热负荷过大。

如果精馏操作与前道工序直接相连，且前道工序出来的原料液体温度不高于泡点，则可直接进料；如果高于泡点，应该采用自然冷却或强制冷却，到温度略低于泡点时再进料。

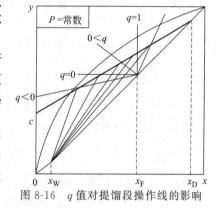

图 8-16　$q$ 值对提馏段操作线的影响

总之，一般情况下，应尽量采用泡点温度或略低于泡点温度下进料。

## 8.4.3　回流比的影响及其选择

增大回流比，既加大了精馏段的液气比 $L/V$，也加大了提馏段的气液比 $V'/L'$，两者均有利于精馏过程中的传质。设计时采用的回流比较大，则在 $x$-$y$ 图上两条操作线均移向对角线，达到指定的分离要求所需的理论板数较少。但是，增大回流比是以增大能耗为代价的。因此，回流比的选择是一个经济问题，即应在操作费用（能耗）和设备费用（板数及塔釜传热面积、冷凝器传热面积等）之间作出权衡。

从回流比的定义式来看，回流比可以在零至无穷大之间变化，前者对应于无回流，后者对应于全回流，但实际上对指定的分离要求（设计型问题），回流比不能小于某一下限，否则即使有无穷多个理论板也达不到设计要求。回流比的这一下限称为最小回流比，这不是个经济问题，而是技术上对回流比选择所加的限制。

### 8.4.3.1　全回流和最少理论塔板数

全回流时精馏塔不加料也不出料，自然也无精馏段与提馏段之分。在 $x$-$y$ 图上，精馏段与提馏段操作线都与对角线重合。从物料衡算或者从操作线的位置都可以看出全回流的特点是：两板之间任一截面上，上升蒸气的组成与下降液体的组成相等，而且为达到指定的分离程度（$x_D$，$x_W$）所需的理论板数最少，参见图 8-17。

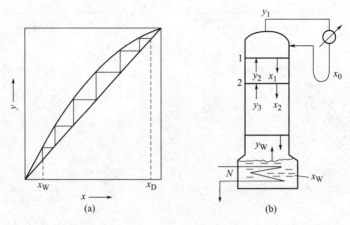

图 8-17　全回流时理论板数

全回流时的理论板数可按前述逐板计算法或图解法求出；对于理想物系，用下述的解析法计算更为方便。

从图 8-17 可以看出塔顶蒸气中轻、重两组分之比为 $\left(\dfrac{y_A}{y_B}\right)_1 = \left(\dfrac{x_A}{x_B}\right)_D$。根据相对挥发度的定义，可由 $\left(\dfrac{y_A}{y_B}\right)_1$ 求出第一块下降的液体中轻重两组分之比 $\left(\dfrac{x_A}{x_B}\right)_1$，即得出

$$\left(\frac{x_A}{x_B}\right)_1 = \frac{1}{\alpha_1}\left(\frac{y_A}{y_B}\right)_1 = \frac{1}{\alpha_1}\left(\frac{x_A}{x_B}\right)_D$$

式中，$\alpha_1$ 为第 1 块理论板上液体的相对挥发度。

根据上述全回流时的特点：

$$\left(\frac{y_A}{y_B}\right)_2 = \left(\frac{x_A}{x_B}\right)_1 = \frac{1}{\alpha_1}\left(\frac{x_A}{x_B}\right)_D$$

再次应用相对挥发度的定义，可得离开第 2 块理论板的液体组成为

$$\left(\frac{x_A}{x_B}\right)_2 = \frac{1}{\alpha_2}\left(\frac{y_A}{y_B}\right)_2 = \frac{1}{\alpha_1\alpha_2}\left(\frac{x_A}{x_B}\right)_D$$

依此类推，可得第 $N$ 块板（塔釜）的液体组成为

$$\left(\frac{x_A}{x_B}\right)_N = \frac{1}{\alpha_1\alpha_2\cdots\alpha_N}\left(\frac{x_A}{x_B}\right)_D \tag{8-34}$$

当此液体组成已达指定的釜液组成 $\left(\dfrac{x_A}{x_B}\right)_W$ 时，此时的塔板数 $N$ 即为全回流时所需的最少理论板数，记为 $N_{\min}$。若取平均的相对挥发度

$$\alpha = \sqrt[N]{\alpha_1\alpha_2\cdots\alpha_N}$$

代替各板上的相对挥发度，由式（8-34）可解出

$$N_{\min} = \frac{\lg\left[\left(\dfrac{x_A}{x_B}\right)_D \bigg/ \left(\dfrac{x_A}{x_B}\right)_W\right]}{\lg\alpha} \tag{8-35}$$

式（8-35）称为芬斯克（Fenske）方程。当塔顶、塔底相对挥发度相差不太大时，式中 $\alpha$ 可近似取塔顶和塔底相对挥发度的几何均值，即

$$\alpha = \sqrt{\alpha_{顶} \, \alpha_{底}} \tag{8-35a}$$

对双组分溶液，$x_B = 1 - x_A$，则

$$N_{min} = \frac{\lg \dfrac{x_D(1-x_W)}{(1-x_D)x_W}}{\lg\alpha} \tag{8-36}$$

该式简略表明了在全回流条件下分离程度与总理论板数 $N_{min}$（含再沸器）之间的关系。

全回流是操作回流比的极限，它只是在设备开工、调试及实验研究时采用。

### 8.4.3.2 最小回流比 $R_{min}$

设计条件下，如选用较小的回流比，两操作线向平衡线移动，达到指定的分离度（$x_D$，$x_W$）所需的理论板数增多。当回流比减至某一数值时，两操作线的交点 $e$ 落在平衡线上，此时即使理论板数无穷多，板上流体组成也不能跨越 $e$ 点，此即为指定分离程度时的最小回流比。

设交点 $e$ 的坐标为（$y_e$、$x_e$），则最小回流比的数值可按 $ae$ 线的斜率求出。

$$\frac{R_{min}}{R_{min}+1} = \frac{x_D - y_e}{x_D - x_e} \tag{8-37}$$

最小回流比 $R_{min}$ 之值还与平衡线的形状有关，图 8-18 为两种可能遇到的情况。在图 8-18(a) 中，当回流比减小至某一数值时，精馏段操作线首先与平衡线相切于 $e$ 点，此时即使无穷多塔板也不能跨越切点 $e$，故该回流比即为最小回流比 $R_{min}$，其计算式与式(8-37) 同。图 8-18(b) 中回流比减小到某一数值时，提馏段操作线与平衡线相切于点 $e$。此时可首先解出该切线与 $q$ 线的交点 $d$，以（$x_q$，$y_q$）代替（$x_e$、$y_e$），同样可用式(8-37) 求出 $R_{min}$。

上述三种情况下，点 $e$ 称为挟点。当回流比为最小时，用逐板计算法自上而下计算各板组成，将出现一恒浓区，即当组成趋近于上述切点或交点时，两板之间的摩尔分数差极小，$x_{n+1} \approx x_n$，每块板的提浓作用极微。

最小回流比一方面与物系的相平衡性质有关，另一方面也与规定的塔顶、塔底摩尔分数有关。对于指定物系，最小回流比只取决于混合物的分离要求，故最小回流比是设计型计算中特有的问题。离开了指定的分离要求，也就不存在最小回流比的问题。

### 8.4.3.3 最适宜回流比的选取

最小回流比对应于无穷多塔板数，此时的设备费用无疑过大而不经济。增加回流比起初可显著降低所需塔板数，设备费用的明显下降能补偿能耗（操作费）的增加。再增大回流比，所需理论板数下降缓慢，此时塔板费用的减少将不足以补偿能耗的增长。此外，回流比过大将增大塔顶冷凝器和塔底再沸器的传热面积，设备费用随回流比的增加反而有所上升。

回流比与费用的关系见图 8-19，显然存在着一个总费用的最低点，与此对应的即为最

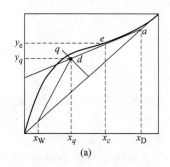
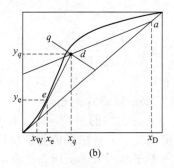
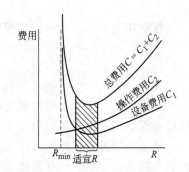

图 8-18　不同平衡线形状的最小回流比　　　　　　图 8-19　适宜回流比的确定

适宜的回流比 $R_{opt}$。一般最适宜回流比的数值范围是 $R_{opt}=(1.1\sim2)R_{min}$。但是近年来随着能源危机的进一步加剧，$R$ 减小的趋势越来越明显，所以推荐的最适宜回流比的数值范围是 $R_{opt}=(1.1\sim1.5)R_{min}$。

### 8.4.4 实际板数与板效率

传质速率主要依据是分子扩散的菲克定律。上升蒸气中的难挥发组分，以分子扩散的形式，穿过气膜，扩散至液膜。易挥发组分由液膜以分子扩散的形式，穿过气膜，进入上升蒸气中。当蒸气离开液相时，蒸气中易挥发组分增高，此即精馏的传质过程机理。由于精馏过程十分复杂，目前还难以运用菲克定律或其它理论计算精馏的传质速率，传质速率仅用板效率表示。

理论板数，是假定板上流体与上升蒸气成平衡。但实际上，由于接触面积有限，接触时间也有限，气相与液相不可能达到平衡。因此达到指定的分离要求，实际板数（$N_P$）要多于计算的理论板数（$N_T$）。塔板效率反映了实际塔板的气、液两相传质的完善程度。塔板效率有几种不同的表示方法，即总板效率、单板效率和点效率等。

#### 8.4.4.1 总板效率 $E_T$

总板效率又称全塔效率，它是指达到指定分离效果所需理论板数与实际塔板数的比值，即

$$E_T=\frac{N_T}{N_P} \tag{8-38}$$

通常，板式塔内各层塔板的传质效率并不相同，总板效率简单地反映了全塔的平均传质效果，其值恒小于 100%。对一定结构的板式塔，若已知在某种操作条件下的全塔效率，便可由式求得实际板层数。影响塔板效率的因素很多，概括起来有物系性质、塔板结构及操作条件三个方面。物系性质主要指黏度、密度、表面张力、扩散系数及相对挥发度等。塔板结构主要包括塔板类型、塔径、板间距、堰高及开孔率等。操作条件是指温度、压强、气体上升速度及气液流量比等。影响塔板效率的因素多而复杂，很难找到各种因素之间的定量关系。设计中所用的板效率数据，一般是从条件相近的生产装置或中试装置中取得的经验数据。

#### 8.4.4.2 单板效率

单板效率又称为默弗里（Murphree）板效率，是指气相或液相经过一层塔板前后的实际组成变化与经过该层塔板前后的理论组成变化的比值，参见图 8-20。图中第 $n$ 层塔板的效率有如下两种表达方式。

按气相组成变化表示的单板效率为

$$E_{MV}=\frac{y_n-y_{n+1}}{y_n^*-y_{n+1}} \tag{8-39}$$

按液相组成变化表示的单板效率为

$$E_{ML}=\frac{x_{n-1}-x_n}{x_{n-1}-x_n^*} \tag{8-40}$$

式中，$y_n^*$ 为与 $x_n$ 成平衡的气相组成；$x_n^*$ 为与 $y_n$ 成平衡的液相组成。

一般说来，同一层塔板的 $E_{MV}$ 与 $E_{ML}$ 数值并不相同。在一定的简化条件下通过对第 $n$ 层塔板作物料衡算，可以推导 $E_{MV}$ 与 $E_{ML}$ 之间的关系，详见有关文献。

单板效率可直接反映该层板的传质效果，各层塔板的单板效率通常不相等。即使塔内各板效率相等，全塔效率在数值上也不等于单板效率。因为二者定义的基准不同，全塔效率是基于所需理论板数的概念，而单板效率基于该板理论增浓程度的概念。

还应指出，单板效率的数值有可能超过100%。在精馏操作中，液体沿精馏塔板面流动时，易挥发组分浓度逐渐降低，对 $n$ 层板而言，液相组成由 $x_{n-1}$ 降为 $x_n$，尤其是塔板直径较大、液体流径较长时，板上液体的浓度差异更加明显，这就使得穿过板上液层而上升的气相有机会与浓度高于 $x_n$ 的液体相接触，从而得到较大程度的增浓。$y_n$ 为离开第 $n$ 层板上各处液面的气相浓度，而 $y_n^*$ 是与离开第 $n$ 层板的最终液相浓度 $x_n$ 成平衡的气相浓度，$y_n$ 有可能大于 $y_n^*$，致使 $y_n - y_{n+1}$ 大于 $y_n^* - y_{n+1}$，此时，单板效率 $E_{MV}$ 就超过100%。

### 8.4.4.3 精馏塔板有效高度

对于板式塔，通过塔效率将理论板数换算为实际板数，再选择板间距（指相邻两层实际板之间的距离），由实际板层数和板间距可计算板式塔的有效高度，即

$$Z = (N_P - 1)H_T \tag{8-41}$$

式中，$Z$ 为板式塔的有效高度，m；$N_P$ 为实际塔板数（不含再沸器）；$H_T$ 为板间距，m。

由式(8-41)算得的塔高为安装塔板部分的高度，不包括塔底再沸器和塔顶空间等高度，也不包括人孔、手孔、进料管等需要占用空间的高度。

## 8.4.5 常规流程理论塔板数的简捷求解

在精馏塔的初步设计中，有时可借助经验关联图快速估算理论板数。图8-21是吉列兰 (Gilliland) 关联图。它是对五十多种双组分精馏逐板计算，以 $R_{min}$ 与 $N_{min}$ 为基准，以 $(R-R_{min})/(R+1)$ 为横坐标，$(N-N_{min})/(N+1)$ 为纵坐标，理论板数 $N$（包括蒸馏釜）与回流比 $R$ 所做的关联，这一关联在估算时简捷、方便，应用较广。

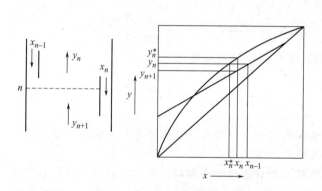

图 8-20 单板效率定义

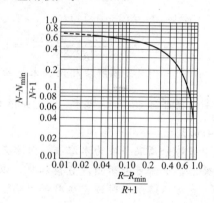

图 8-21 吉列兰关联图

吉利兰图的适用条件是：组分数目为2～11；进料热状况包括冷料至过热蒸气等五种情况；$R_{min}$ 为 0.53～7.0；组分间相对挥发度为 1.26～4.05；理论板数为 2.4～43.1。

关联图中的曲线可近似用下式表示：

$$\frac{N-N_{min}}{N+1} = 0.75 \left[ 1 - \left( \frac{R-R_{min}}{R+1} \right)^{0.5668} \right] \tag{8-42}$$

式中，$R_{min}$ 为最小回流比；$R$ 为操作回流比；$N_{min}$ 为全回流时的最少理论板数（含再沸器）；$N$ 为操作回流比时的理论板数（含再沸器）。

利用关联图或关联式计算理论板数的步骤如下：

① 根据分离要求（$x_D$，$x_w$）进料组成 $x_F$ 与进料热状态（$q$ 值）求出最小回流比 $R_{min}$，并选择适宜回流比作为操作回流比 $R$；

② 求出全回流时的最少理论板数 $N_{min}$（含再沸器）；

③ 用已知的 $R_{min}$、$R$ 计算 $(R-R_{min})/(R+1)$，再用吉利兰关联图或关联式求出 $(N-N_{min})/(N+1)$，进而求出理论板数 $N$（含再沸器）。

**【例 8-4】** 用捷算法重算例 8-3 中饱和液体进料时所需的理论板数及进料位置。已知 $\alpha_{顶}=2.6$，$\alpha_{底}=2.35$。

**解：** 上例中的数据为 $x_F=0.44$，$x_D=0.974$，$x_W=0.0235$，$R=3.5$。

$$\bar{\alpha}=\sqrt{2.6\times2.35}=2.47$$

（1）最少理论板数 $N_{min}$

$$N_{min}=\frac{\lg[(0.974/0.026)(0.9765/0.0235)]}{\lg2.47}=8.13$$

（2）最小回流比 $R_{min}$ 　由于 $q=1$，$x_e=x_F=0.44$，

$$y_e=\frac{2.47x_e}{1+1.47x_e}=0.66$$

将 $x_D$、$x_e$、$y_e$ 代入式(8-37)，求出 $R_{min}=1.43$。

（3）应用吉利兰关系求理论板数 $N$

现

$$X=\frac{R-R_{min}}{R+1}=\frac{3.5-1.43}{3.5+1}=0.46$$

$$Y=0.75\times(1-X^{0.5668})=0.75\times(1-0.46^{0.5668})=0.267$$

因 $\dfrac{N-N_{min}}{N+1}=Y$，故 $N=\dfrac{N_{min}+Y}{1-Y}=\dfrac{8.13+0.267}{1-0.267}=11.46$

（4）精馏段理论板数 $N_1$ 　先求出精馏段的最少理论板数 $N_{min,1}$。其中，以 $(x_B/x_A)_F=(1-0.44)/0.44=1.273$ 代替 $(x_B/x_A)_W$；$\bar{\alpha}=\sqrt{2.6\times2.47}=2.53$

$$N_{min,1}=\frac{\lg(37.5\times1.273)}{\lg2.53}=4.16，\quad N_1=\frac{N_{min,1}+Y}{1-Y}=\frac{4.16+0.267}{1-0.267}=6.04$$

与例 8-3 图解法相比，本例所得结果稍偏小但颇为接近。

## 8.4.6　非常规流程分析（阅读材料）

### 8.4.6.1　直接水蒸气加热

若待分离混合液为水溶液，且水是难挥发组分，即馏出液中主要为非水组分，釜液为近于纯水，这时可采用蒸汽直接加热，以省掉再沸器。

直接蒸汽加热时理论板数的求法，原则上与前述的方法相同。精馏段的操作情况与常规塔的没有区别，故其操作线不变。由于塔底中加入了一股蒸汽，故提馏段操作线方程应予修正。

对图 8-22 所示的虚线范围内作物料衡算，即

总物料　　　　　　　　　　$L'+V_0=V'+W$

轻组分　　　　　　　　$L'x_m+V_0y_0=V'y_{m+1}+Wx_W$

式中，$V_0$ 为直接加热蒸汽的流量，kmol/h；$y_0$ 为加热蒸汽中轻组分的摩尔分数。

若塔内恒摩尔流假设成立，即 $V'=V_0$，$L'=W$，代入上式，整理得

$$Wx_m=V_0y_{m+1}+Wx_W$$

或

$$y_{m+1}-y_0=\frac{W}{V_0}(x_m-x_W) \tag{8-43}$$

式(8-43) 即为直接蒸汽加热时的提馏段操作线方程。它和精馏段操作线的交点轨迹方程仍然是 $q$ 线，但与对角线的交点不在点 $c$ $(x_W,x_W)$ 上。由式可知，该直线过 $(x_W,y_0)$ 点。作为特例，当 $y_0=0$ 时，该操作线过点 $(x_W,0)$，如图 8-23 所示。

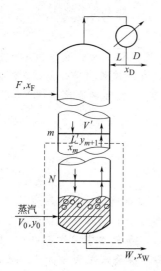

图 8-22　直接蒸汽加热精馏流程

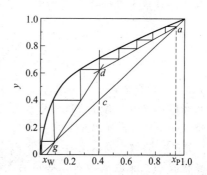

图 8-23　直接蒸汽加热时理论板图解

应予指出，对于同一种进料组成热状况及回流比，若希望得到相同的馏出液组成及回收率时，利用直接蒸汽加热时所需的理论板层数比用间接蒸汽加热时要稍多一些，这是因为直接蒸汽的稀释作用，故需增加塔板层数来回收易挥发组分。

#### 8.4.6.2　冷回流

在前面的精馏计算中，均假设塔顶的冷凝器是全凝器，回流液为饱和液体，这样做是为了使问题简化。实际操作时塔顶冷凝后回流入塔的液体可能是过冷液体，此时塔顶的冷凝器称为过凝器。

精馏塔内恒摩尔流假设的几个基本条件中，应明确，进入该塔段最上面一块塔板的液体必须是饱和液体。进入该塔段最下端一块塔板的蒸汽必须是饱和蒸汽。

对于冷液回流的情况，未能直观满足恒摩尔流假设的条件，须重新审视。

现对塔顶第 1 块理论板做物料及热量衡算。参见图 8-24。设回流液摩尔流量为 $L_0$。

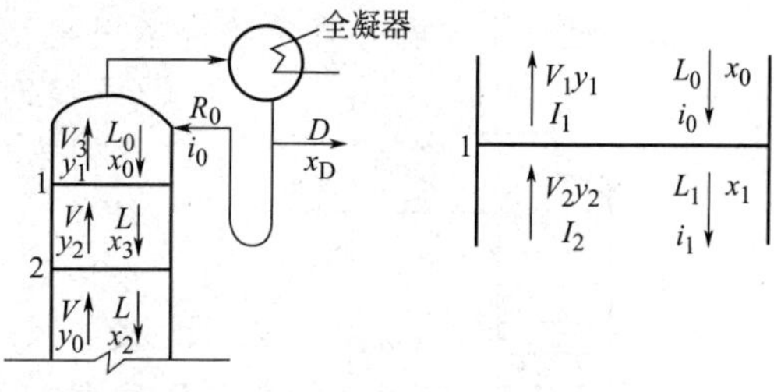

图 8-24　冷回流及其衡算

因　　$L_0 + V_2 = L_1 + V_1$

即　　$V_2 - V_1 = L_1 - L_0$ 　　　　　　　　　　　　　　　　　　　　(a)

又　　$V_2 I_2 + L_0 i_0 = V_1 I_1 + L_1 i_1$

其中，因 $I_1$ 与 $I_2$ 都是饱和蒸汽的焓，二者相等，故可不带下标，直接写成 $I$。又因 $i_1$ 是饱和液体的焓，亦可不带下标而写成 $i$，则上式可写成

$$(V_2 - V_1)I = L_1 i - L_0 i_0$$ 　　　　　　　　　　　　　　　(b)

将式（a）代入式（b），得

$$L_1(I - i) = L_0(I - i_0)$$

即

$$\frac{L_1}{L_0} = \frac{I - i_0}{I - i}$$

以汽化潜热 $r$ 代替（$I-i$），并令 $q_R = \dfrac{I - i_0}{r}$，$q_R$ 为回流液的热状态参数。则

$$L_1 = q_R L_0$$ 　　　　　　　　　　　　　　　　　　　　(8-44)

再由式(b) 导出

$$V_2 = V_1 + (q_R - 1)L_0 \tag{8-45}$$

式(8-44) 及式(8-45) 表示通过第 1 块理论板前后的气液流量受回流液体的热状态参数 $q_R$ 的影响。但自第 1 块理论板以下，若无侧线出料，精馏段的气液流量仍符合恒摩尔流假设。

因此，自第 1 块塔板向下的精馏段，有 $L = L_1$，$V = V_2$。实际回流比 $R$ 为

$$R = \frac{L_1}{D} = R_0 q_R \tag{8-44a}$$

$$V = (R+1)D$$

### 8.4.6.3 连续提馏塔

只有提馏段而没有精馏段的塔称为回收塔，亦称提馏塔。当精馏的目的仅为了回收稀溶液中的轻组分而对馏出液浓度要求不高时，或者物系在低浓度下的相对挥发度较大，不用精馏段亦可达到必要的馏出液浓度时，可用回收塔进行精馏操作。从稀氨水中回收氨即为一例。

当料液预热至泡点加入，塔顶蒸气冷凝后全部作产品，塔釜采用间接加热，此为回收塔中最简单的情况。

在设计计算时，已知原料组成 $x_F$，规定釜液组成 $x_W$ 及回收率，则塔顶产品的组成 $x_D$ 及采出率 $D/F$ 可由全塔物料衡算确定，与一般完全的精馏塔相同。

由于没有精馏段，也就无法回流，所以 $R = 0$，精馏段操作线方程为 $y = x_D$。

提馏段操作线方程与常规流程建立方法相同。经物料衡算得 $y_{m+1} = \frac{F}{D}x_m - \frac{W}{D}x_W$

如果要提高馏出液组成，必须减少蒸发量，即减少气液比，增大操作线斜率 $F/D$，则所需的理论板数将增加。当操作线上移，与 $x_F$ 成平衡的气相组成为最大可能获得的馏出液含量。

### 8.4.6.4 多侧线的塔

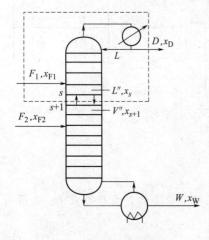

图 8-25　两股进料精馏塔

在工业生产中，有时为了获得不同规格的精馏产品，可根据所需的产品浓度在精馏段（或提馏段）不同位置上开设侧线出料口；有时为分离不同浓度的原料液，则在不同塔板位置上设置不同的进料口。这些情况均构成多侧线的塔。若精馏塔中共有 $i$ 个侧线（进料口亦计入），则计算时应将全塔分成 $i+1$ 段。通过每段的物料衡算，可分别建立相应段的操作线方程。图解理论板数的原则与常规流程相同。

(1) 多股进料　如图 8-25 所示，两股不同组成的原料被分别加入精馏塔的相应塔板，构成两股进料的精馏塔。该塔可以分成三段，每段均可用物料衡算推得其操作线方程。第一股进料的以上塔段为精馏段，第二股进料的以下塔段为提馏段，它们的操作线方程与单股进料的常规塔相同。两股进料之间的塔段为中间段，其操作线方程可按图中虚线范围内作物料衡算求得，即

总物料 　　　　$$V'' + F_1 = L'' + D \tag{8-46a}$$

轻组分 　　$$V''y_{s+1} + F_1 x_{F1} = L''x_s + Dx_D \tag{8-46b}$$

式中，$V''$ 为两股进料之间各层板的上升蒸气流量，kmol/h；$L''$ 为两股进料之间各层板的下降液体流量，kmol/h；下标 $s$，$s+1$ 为两股进料之间塔段各层理论板序号。

由式(8-46b) 可得

$$y_{s+1} = \frac{L''}{V''}x_s + \frac{Dx_D - F_1 x_{F1}}{V''} \tag{8-47}$$

式(8-47) 为两股进料之间塔段的操作线方程。

各股进料的 $q$ 线方程与单股进料的相同。

对于两股进料的精馏塔，在确定最小回流比时，夹紧点可能出现在精馏段和中间段两操作线的交点，也可能出现在中间段和提馏段两操作线的交点。在设计计算中，先求出两个最小回流比，再取其中较大者为设计值。对于不正常的平衡曲线，夹紧点也可能出现在塔的某中间位置。

（2）侧线出料 某有一个侧线出料的精馏塔如图 8-26 所示。侧线取出的产品可以为饱和液体或饱和蒸气。工业生产中，侧线采出的精馏塔可以得到不同馏分的产品。

与两股进料的精馏塔类似，塔内三段的操作线方程分别为精馏段操作线方程、两侧口间（侧线出料口与进料板之间）的中间段操作线方程及提馏段操作方程。

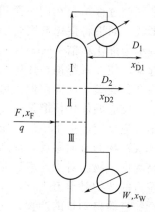

图 8-26　侧线出料的精馏塔

中间段操作线方程可对中间段任意两板 $s$、$s+1$ 间的以上塔段作物料衡算求得，即

$$V'' y_{s+1} = L'' x_s + D_1 x_{D1} + D_2 x_{D2}$$

或

$$y_{s+1} = \frac{L''}{V''} x_s + \frac{D_1 x_{D1} + D_2 x_{D2}}{V''} \tag{8-48}$$

若侧线出料为饱和液体时，则

$$V'' = V = (R+1) D_1$$
$$L'' = L - D_2 = R D_1 - D_2$$

此时式变为

$$y_{s+1} = \frac{R D_1 - D_2}{(R+1) D_1} x_s + \frac{D_1 x_{D1} + D_2 x_{D2}}{(R+1) D_1} \tag{8-48a}$$

式中，$x_{D2}$ 为侧线产品组成，摩尔分数，1；$D_1$、$D_2$ 为塔顶馏出液、侧线产品流量，kmol/h。

通过本节分析不难看到：无论何种流程，都要运用理论板假设；恒摩尔流假设条件在特殊情形下须根据热量衡算考证；操作线方程都是通过物料衡算获得的；图解法求解理论板数普遍适用。

# 8.5　反应精馏与分子蒸馏

## 8.5.1　反应精馏

传统反应与分离过程中，大多数情况是反应和分离两个单元操作分别在不同的设备中进行。反应过程在各种反应设备中进行，要得到高纯度的目的产物，需要将反应混合物输送至某种分离设备中进行分离。这样的过程产品收率低，能耗高，设备投资量大。为了提高产品收率，降低设备的投资和能耗，出现了将"反应和分离"过程结合在一个设备中进行的新型分离过程，称为反应精馏。反应精馏的概念最早由 Backhaus 于 1921 年提出。20 世纪 30～60 年代，反应精馏研究集中在均相反应体系。进入 70 年代，反应精馏的研究已扩大到非均相过程，即"催化精馏"。美国 CR&L 公司在 80 年代初应用了催化精馏技术，并进行了工业化生产。

### 8.5.1.1　反应精馏基本原理

反应精馏（reactive distillation，RD）是为了达到较高的分离度或转化率，将化学反应和精馏过程结合在同一个设备内进行的单元操作，为过程耦合（process coupling）的一种形式。如果将催化剂填充于精馏塔中，既起加速反应的催化作用，又充当填料起分离作用，则称为催化精馏（catalytic distillation，CD）。反应精馏将催化反应和精馏分离有机地结合起来，使二者都得到强化，能够实现单一过程不能达到的目的。按照反应与精馏的关系可分为两种类型，反应型催化精馏和精馏型催化精馏。

反应型催化精馏是以反应为主、精馏为辅的过程，主要应用于可逆反应和连串反应。对于可逆反应，由于精馏的作用，产物离开了反应区，从而打破了原有的化学平衡，使反应向生成产物的方向移动，提高了转化率，在一定程度上变可逆反应为不可逆反应，而且可获得高纯度产物。对于连串反应，反应精馏也具有独特的优越性。连串反应可表示为 A→R→S。按目的产物是 R 还是 S，又可分为两种类型：①S 为目的产物。生产原料首先反应生成中间产物进而得到目的产物，这两步反应条件一般不同，按传统生产工艺，需分别在两个反应器中进行，有时尚需中间产物的精馏。反应精馏的应用，能使两步反应在同一塔设备的两个反应区中进行，同时利用精馏作用提供合适的浓度和温度分布，缩短反应时间，提高收率和产品纯度。②R 为目的产物。由于精馏的作用使目的产物 R 不断离开反应区，抑制了副反应的发生，选择性得以提高。

精馏型催化精馏是以精馏为目的，反应为之服务的过程。在分离过程中往往会遇到一些沸点极为接近的混合物，如某些同分异构体的混合物。这类混合物的相对挥发度通常接近于 1，用普通精馏来分离这些混合物往往需要很大的回流比（$R>15$）和很多的塔板数（$N>200$）。因此，设备费用和操作成本都很高，很不经济。精馏型催化精馏的特点是将第三组分即反应夹带剂引入蒸馏塔中，使夹带剂和异构体中的某一部分有选择地发生快速反应，生成难挥发物质，从而使轻组分很容易地从塔顶分离出来。当夹带剂及其产物能在反应器或再沸器中发生反应生成目的产物时，不再需要夹带剂回收系统，简化了萃取精馏或其它特殊精馏工艺的后续分离工序，大幅度降低设备投入与工艺成本。

### 8.5.1.2　反应精馏塔结构及催化剂装填方式

反应精馏塔中构件的传质性能是关键。无论是板式塔中的塔板还是填料塔中的填料，构件必须能使气液两相间进行有效的质量传递。反应物与催化剂的接触情况与互相间的质量传递同样重要，反应相必须与催化剂有效接触，构件应能使反应相有效地进入催化剂，同时保持催化剂不被泄漏或磨损。

（1）均相反应精馏塔　反应精馏塔是由普通精馏塔段和反应精馏塔段组成的。一般塔的上部为精馏段，中部为反应精馏段，下部为提馏段。塔的类型可以是填料塔，也可以是板式塔。对于均相反应来讲，普通的精馏塔就可以胜任。关键问题是要保证精馏塔正常运行的前提下，尽量提升塔内的持液量，从而能够提供足够的反应空间。并且，塔板上的流动状态以泡沫状为最佳。

（2）非均相催化反应精馏塔　催化精馏技术的关键之一是催化反应段催化剂的装填。催化剂既要起催化作用，又要提供充足的传质表面，催化剂既要有较高的反应催化效率，又要有较好的传质分离效率。故催化剂在塔内的装填必须满足：①反应段的催化剂床层具有足够的自由空间，为气液相的流动提供通道，以进行液相反应和气液传质；②具有足够的催化表面积进行催化反应；③允许催化剂颗粒自由膨胀和收缩，而不损伤催化剂。目前适用于填料塔反应精馏的催化剂主要有：自由堆放的催化剂、规整填料、催化剂填料成型构件。针对板式塔催化精馏，催化剂的装填方式有：①装填在降液管中；②装填在塔板上；③悬浮式装填，将细粒催化剂悬浮于进料中，从反应段上部加入塔内，在下部和液体一起进入分离器，分出的清液到提馏段，催化剂循环使用。

（3）"背包式"反应精馏　传统反应精馏中反应与精馏在塔内同时进行，要求体系的反应条件与分离条件一致，反应速度足够快。在某些情况下，催化剂活性不高、反应空间不够，为了克服这些问题并保持耦合过程的优点，采用"背包式"反应精馏塔结构，即塔内的液体流入到塔外反应器中进行反应，反应后的液体再重新进入到塔内进行精馏分离，和传统的反应精馏过程一样，在塔顶或塔底获得产品。这样的结构可以放置更多的催化剂或者更大的反应器，同时传统的反应器类型和催化剂结构也可以使用。

#### 8.5.1.3　反应精馏技术特点

催化精馏过程是化学反应和精馏过程在同一个装置中进行的过程。在这个过程中，化学反应和气-液-固传质同时进行，二者相互作用。一方面化学反应强化了传质过程；另一方面，传质过程可以移走产物，加速可逆反应的正反应速度，提高反应物的转化率。催化精馏具有许多优点：

① 反应器和精馏塔合成为一个设备，大大节省了设备投资。

② 反应产物一旦生成，即从反应区蒸出，打破可逆反应的化学平衡，因此对于复杂反应来说，可以增加反应的转化率及提高反应的选择性。

③ 因为产物可从反应区蒸出，故反应区内反应物浓度始终比较高，从而增加了反应速率，提高了生产能力。

④ 由于利用了反应热，节省能量。

⑤ 在催化精馏塔内，各组分的浓度分布主要由相对挥发度决定，而与进料组分关系不大，因而催化精馏进料可利用低纯度的原料，可使某些系统内循环物流不经分离提纯直接得到利用。

⑥ 在催化精馏塔内，各反应物的浓度不同于进料浓度，造成主副反应速率差异，达到较高选择性。对于传统工艺中某些反应物过量，需要分离回收的情况，能使原料消耗和能量消耗得到较大节省。

⑦ 有时反应物的存在能改变系统各组分的相对挥发度，或避免形成恒沸物系，所以对于某些难分离物系，可用反应精馏替代恒沸精馏或萃取精馏以获得高纯度产品。

#### 8.5.1.4　反应精馏适用范围

反应精馏技术的应用受到以下条件的限制。

① 操作应在组分的临界温度以下，否则物系无法分相，分离无法进行。

② 在催化反应适宜的压力和温度范围内，反应组分必须能进行精馏操作。

③ 原料和反应产物挥发度必须有较大差别，且只能是以下两种情况：a. 产物的挥发度都大于或小于反应物的挥发度；b. 反应物挥发度介于产物的挥发度之间。反应物与产物不能存在共沸现象。

④ 催化精馏过程所用的催化剂不能和反应系统各组分有互溶或相互作用。原料中不能含有催化剂毒素，对反应中容易在催化剂上结焦的石油化工过程不宜用。

⑤ 精馏温度范围内，催化剂有较高的活性和较长的寿命。

精馏型反应精馏分离的物系有：对二甲苯和间二甲苯，夹带剂为有机金属化合物或对二甲苯钠；2,6-二甲酚和对甲酚，夹带剂为二乙醇胺；2,3-二氯苯胺和 3,4-二氯苯胺，夹带剂为硫酸；环己二胺和水，夹带剂为己二酸；醋酸和水，夹带剂为丁醇；酮和水，夹带剂为乙二醇钠；乙醇和异丙醇，夹带剂为吡啶；乙醇和叔丁醇，夹带剂为己二胺；3-甲基吡啶和 4-甲基吡啶，夹带剂为三氟乙酸。

反应型反应精馏主要应用有：醚化反应，如甲基叔丁基醚（MTBE）是应用催化精馏技术第一个取得工业化成功的产品；酯化和水解反应，如乙酸甲酯合成与水解，乳酸甲酯水解精制乳酸；烷基化反应，如乙苯和异丙苯的生产；环氧化合物的水解，如环氧丙烷水解制丙二醇；还有烯烃水合、醇类脱水、加氢、缩合等反应。

### 8.5.2　分子蒸馏

分子蒸馏技术是在传统的蒸馏技术不断改进中产生的一种特殊的蒸馏分离技术。自20世纪20年代问世以来，随着人们对真空状态下气体运动理论的深入研究，该技术得到飞速发展。该技术具有操作温度低、受热时间短、分离程度高、系统能耗低等特点。目前，分子蒸馏技术已广泛应用于石油化工、精细化工、食品工业、医药保健等行业物质的分离和提纯，尤其是高分子量、高沸点、高黏度的物质及热稳定性的有机化合物的浓缩与纯化。

#### 8.5.2.1　分子蒸馏技术基本原理

常规蒸馏或精馏，是利用物系中不同组分的挥发度差异来实现分离的。而分子蒸馏技术却不然，它是依靠不同物质分子运动平均自由程的差别实现分离的。

分子蒸馏是一种在高真空状态下进行分离操作的非平衡蒸馏过程。由于分子蒸馏器的加热面和冷凝面之间的距离小于或者等于被分离物料分子的平均自由程，当分子在液膜表面进行蒸发时，逸出分子相互间几乎不经过分子碰撞而直接到达冷凝面冷凝，因此分子蒸馏也被称为短程蒸馏。

所谓分子运动平均自由程，是指在某一时间间隔内分子自由程的平均值，而分子运动自由程则是一个分子在相邻两次分子碰撞之间所经过的路程。根据热力学原理，分子运动平均自由程可用下式表示：

$$\lambda = \frac{kT}{\sqrt{2}\pi d^2 p} \tag{8-49}$$

式中，$\lambda$ 为分子运动自由程；$d$ 为分子有效直径（分子在碰撞过程中，两分子质心的最短距离即发生排斥的质心距离）；$p$ 为分子所处空间压力；$T$ 为分子所处环境温度；$k$ 为玻尔兹曼常数。

分子运动自由程的分布规律可用概率公式表示：

$$F = 1 - e^{-\lambda/\lambda_m} \tag{8-50}$$

式中，$F$ 为自由程小于或等于 $\lambda_m$ 的概率；$\lambda_m$ 为平均自由程；$\lambda$ 为分子运动自由程。

由式(8-50)可以得出，对于一群相同状态下的运动分子，其自由程等于或大于平均自由程 $\lambda_m$ 的概率为：$1 - F = e^{-\lambda_m/\lambda_m} = 36.8\%$。

由式(8-49)可知，分子所处的环境温度、压力及分子有效直径是影响分子运动平均自由程的主要因素。在一定条件下，某一分子的平均自由程与该分子所处体系的温度成正比，而与体系的压力和该分子的有效直径成反比。不同种类分子，因其分子有效直径不同，造成其平均自由程也不同，即从统计学观点看，不同种类的分子逸出液面后与其它分子碰撞的飞行距离是不同的。分子蒸馏正是依据液体分子受热后从液面逸出时的平均自由程不同而实现分离的。

分离过程原理如图8-27所示。经过预热处理的待分离料液从进料口沿加热板自上而下流入，受热的液体分子从加热板逸出，并向冷凝板运动。轻组分分子由于平均自由程较大，能够到达冷凝板并不断在冷凝板凝集，最后进入轻组分接收罐。重组分分子因平均自由程较小，不能到达冷凝板，从而顺加热板流入重组分接收罐中，这样就实现了轻重组分的分离。归纳起来，分子蒸馏过程依次按以下四步进行：

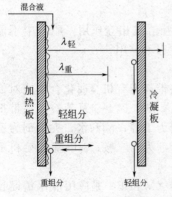

图 8-27　分子蒸馏原理示意图

① 物料分子从液相主体向蒸发表面扩散，此时，液相中的扩散速度是控制分子蒸馏速度的主要因素；

② 随着温度的升高，物料分子在液层上自由蒸发速度增大，但分离因素却降低；

③ 分子从蒸发面向冷凝面飞射，其间可能与残存的空气分子碰撞，也有可能相互碰撞，但只要真空度合适，使蒸发分子的平均自由程大于或等于蒸发面与冷凝面之间的距离即可；

④ 轻分子在冷凝面上冷凝，如果冷凝面的形状合理而且光滑并迅速转移，则可以认为冷凝是瞬间完成的。

### 8.5.2.2 分子蒸馏设备的组成

一套完整的分子蒸馏设备主要由进料系统、分子蒸馏器、馏分收集系统、加热系统、冷却系统、真空系统和控制系统等部分组成，其工艺流程如图 8-28 所示。为保证所需的真空度，一般需要采用二级或二级以上的泵联用，并设液氮冷阱以保护真空泵。分子蒸馏器是整套设备的核心，分子蒸馏设备的发展主要体现在对分子蒸馏器的结构改进上。目前常见的分子蒸馏器有：静止式分子蒸馏器、降膜式分子蒸馏器、刮膜式分子蒸馏器、离心式分子蒸馏器。

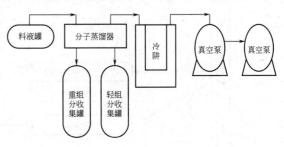

图 8-28　分子蒸馏工艺流程

### 8.5.2.3 分子蒸馏技术的特点

分子蒸馏是在高真空条件下进行的液-液分离技术，是一种非平衡态的蒸馏。鉴于其在原理上根本区别于常规蒸馏，因而它具有许多常规蒸馏无法比拟的优点。

(1) 操作温度低　常规蒸馏是靠不同物质的沸点差进行分离的，而分子蒸馏是靠不同物质的分子运动平均自由程的差别进行分离的，只要蒸气分子由液相逸出就可实现分离，而并非达到沸腾状态。因此，分子蒸馏是在远低于沸点下进行操作的。

(2) 真空度高　根据分子蒸馏的原理可知，要想实现物质的分离，就需要被分离物质的蒸气分子有足够大的分子运动平均自由程，而这必须通过降低蒸馏体系的压强来获得。由于分子蒸馏装置的独特结构形式克服了常规蒸馏装置的缺点，因此蒸馏体系中可比较容易获得很高的真空度（绝压 0.1～100Pa）。

(3) 被分离物料的受热时间短　分子蒸馏装置中加热面与冷凝面距离比轻分子的平均自由程还要短。这样，由液面逸出的轻分子几乎不发生碰撞就可到达冷凝面，受热时间很短。假设减压蒸馏需受热 10min，则分子蒸馏受热仅为几秒或十几秒。

### 8.5.2.4 分子蒸馏技术适用范围及在食品行业的应用

分子蒸馏技术能最大程度地保护好产品的天然品质，产品没有化学污染，适用范围如下：①不同物质分子量差别较大的液体混合物的物系的分离，特别是同系物的分离，分子量必须要有一定的差别；②分子量较接近但沸点差别较大的物质的分离；③特别适用于高沸点、热敏性、易氧化或易聚合物质的分离；④适宜于附加值较高、社会效益较大的物质的分离。

分子蒸馏技术在食品工业领域得到了广泛的应用。主要有：从鱼油中提取 DHA、EPA，小麦胚芽油的制取，单脂肪酸甘油酯的分离提纯，芳香油精制，天然色素的提取和微量溶剂的脱除，辣椒红色素的制取，天然抗氧化剂的生产，鱼油精制，高碳脂肪酸的分离和纯化，毛油脱游离脂肪酸，食品中胆固醇的脱除，单月桂酸甘油酯的制备等，天然香精油脱臭、脱色和提纯，烷基多苷的制取等。

### 8.6.1 蒸馏操作知识概要

下面的要点框图是对蒸馏操作计算的小结。

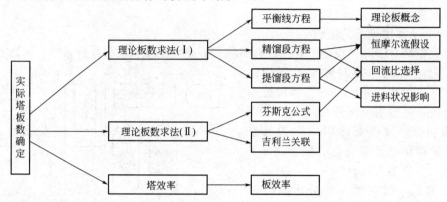

### 8.6.2 综合计算实例

【例8-5】 在连续精馏塔中,分离某两组分理想溶液。进料为气-液混合物进料,进料中气相组成为 0.428,液相组成为 0.272,进料平均组成 $x_F = 0.35$,假定进料中气液相达到平衡。要求塔顶组成为 0.93(以上均为摩尔分数),料液中易挥发组分的 96% 进入馏出液中。取回流比为最小回流比的 1.242 倍。试计算:(1)塔底产品组成;(2)写出精馏段方程;(3)写出提馏段方程;(4)假定总板效率为 0.5,求出理论板数 $N_T$ 与实际板数 $N_P$;(5)从塔底数起的第一块板上,上升蒸气的组成为多少?(假设该层塔板的 $E_{MV} = 0.5$)

**解题思路:**

(1)涉及 $x_W$ 的公式有两个,一是全塔物料衡算,二是提馏段操作线方程。提馏段操作线方程是本题第三问所求的问题,所以不行。只有借助全塔物料衡算方程和回收率的数据来求 $x_W$ 了。

$$Fx_F = Dx_D + Wx_W$$

$$y_{m+1} = \frac{L'}{L'-W}x_m - \frac{W}{L'-W}x_W (第三问要求的,此法不通)$$

$$F = D + W$$

$$\frac{Dx_D}{Fx_F} = 0.96$$

(2)精馏段操作线,只要求出回流比 $R$ 就行了。要求 $R$ 就先求 $R_{min}$。

$$R_{min} = \frac{x_D - x_q}{y_q - x_q}$$

$R_{min}$ 计算式中的 $x_q$、$y_q$ 是平衡线和进料方程的交点。那么应分两路求平衡线方程与进料线方程。

$$y_n = \frac{\alpha x_n}{1 + (\alpha-1)x_n} \text{和} y = \frac{q}{q-1}x - \frac{x_F}{q-1} 平衡线方程中未知平均相对挥发度 \alpha,\alpha$$

可通过进料气中气液相的平衡组成 ($y_F^*$, $x_F^*$) 求出。进料线方程中未知 $q$ 值,$q$

可通过进料板的物料衡算求出。

（3）提馏段可以简化或代入提馏段方程本身求得，也可以用两点式方程求解，即点 $(x_W, x_W)$ 和进料线与精馏线交点。

（4）、（5）用简捷法求 $N$；结合板效率公式求出 $y_1$。

**解：**（1）$\dfrac{Dx_D}{Fx_F}=0.96$

则
$$\frac{D}{F}=\frac{0.96\times0.35}{0.93}=0.361$$

由
$$F=D+W, \quad Fx_F=Dx_D+Wx_W$$

得 $x_W=\dfrac{Fx_F-Dx_D}{W}=\dfrac{Fx_F-Dx_D}{F-D}=\dfrac{x_F-x_D D/F}{1-D/F}=\dfrac{0.35-0.361\times0.93}{1-0.361}=0.0223$

（2）由 $y_n=\dfrac{\alpha x_n}{1+(\alpha-1)x_n}$ 知，$0.428=\dfrac{\alpha\times0.272}{1+(\alpha-1)\times0.272}$，于是 $\alpha=2$

相平衡线方程 $y=\dfrac{\alpha x}{1+(\alpha-1)x}=\dfrac{2x}{1+x}$

在气液混合进料中，$q$ 为进料中液相所占分数，则气相所占分数为 $1-q$。

因
$$q=\frac{L'-L}{F}$$

则
$$Fx_F=Fqx_F^*+F(1-q)y_F^*$$
$$0.35=q\times0.272+(1-q)\times0.428$$

则
$$q=0.5$$

进料线方程是

$$y=\frac{q}{q-1}x-\frac{x_F}{q-1}=\frac{0.5}{0.5-1}x-\frac{0.35}{0.5-1}\quad即\quad y=0.7-x$$

联立求解平衡方程和进料线方程，得 $x_q=0.272$，$y_q=0.428$

则
$$R_{min}=\frac{x_D-y_q}{y_q-x_q}=\frac{0.93-0.428}{0.428-0.272}=3.22$$
$$R=1.242R_{min}=1.242\times3.22=4.0$$

精馏段操作线为

$$y_n=\frac{R}{R+1}x_n+\frac{x_D}{R+1}=\frac{4}{4+1}x_n+\frac{0.93}{4+1}, \quad即\quad y_{n+1}=0.8x_n+0.186$$

（3）
$$y_{m+1}=\frac{L'}{L'-W}x_m-\frac{Wx_W}{L'-W}=\frac{L+qF}{L+qF-W}x_m-\frac{Wx_W}{L+qF-W}$$
$$=\frac{RD+qF}{RD+qF+D-F}x_m+\frac{(D-F)x_W}{RD+qF+D-F}$$
$$=\frac{R\dfrac{D}{F}+q}{R\dfrac{D}{F}+q+\dfrac{D}{F}-1}x_m+\frac{\left(\dfrac{D}{F}-1\right)x_W}{R\dfrac{D}{F}+q+\dfrac{D}{F}-1}$$
$$=\frac{4\times0.361+0.5}{4\times0.361+0.5+0.361-1}x_m+\frac{(0.361-1)\times0.0223}{4\times0.361+0.5+0.361-1}$$
$$y_{m+1}=1.49x_m-0.0109$$

（4）$N_{min}=\dfrac{\lg\left[\left(\dfrac{x_D}{1-x_D}\right)\left(\dfrac{1-x_W}{x_W}\right)\right]}{\lg\alpha}=\dfrac{\lg\left[\left(\dfrac{0.93}{1-0.93}\right)\left(\dfrac{1-0.0223}{0.0223}\right)\right]}{\lg2}=9.2$

由 $\dfrac{N-N_{\min}}{N+1}=0.75\left[1-\left(\dfrac{R-R_{\min}}{R+1}\right)^{0.5668}\right]=0.49$ 得，$N=19$（含再沸器）

实际塔板数（含再沸器）

$$N_{\mathrm{P}}=\dfrac{N-1}{E_{\mathrm{P}}}+1=\dfrac{18}{0.5}+1=37 \text{（含再沸器）}$$

（5）如附图所示

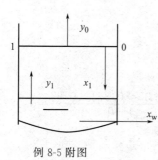

例 8-5 附图

$$y_0=\dfrac{2x_{\mathrm{W}}}{1+x_{\mathrm{W}}}=\dfrac{2\times0.0223}{1+0.0223}=0.0436$$

$x_1$ 与 $y_0$ 服从提馏段操作线关系 $y_0=1.49x_1-0.0109$

则 $x_1=\dfrac{y_0+0.0109}{1.49}=\dfrac{0.0436+0.0109}{1.49}=0.0366$

$y_1^*$ 与 $x_1$ 成平衡关系：$y_1^*=\dfrac{2x_1}{1+x_1}=\dfrac{2\times0.0366}{1+0.0366}$
$$=0.0706$$

根据莫弗里板效率公式：

$$E_{\mathrm{MV}}=\dfrac{y_1-y_0}{y_1^*-y_0}=\dfrac{y_1-0.0436}{0.0706-0.0436}=0.5$$

则
$$y_1=0.0571$$

## 思 考 题

8-1 压力对相平衡关系有何影响？精馏塔的操作压力增大，其它条件不变，塔顶温度、塔底温度和浓度如何变化？

8-2 精馏过程的原理是什么？为什么精馏塔必须有回流？为什么回流液必须用最高浓度的液体作回流？用原料作回流液行否？

8-3 一个常规精馏塔，进料为泡点液体，因塔顶回流管路堵塞，造成顶部不回流，会出现什么情况？若进料为饱和蒸气又会出现什么情况？塔顶所得产物的最大浓度为多少？

8-4 在图解求理论塔板数的 $y$-$x$ 图上，直角梯级与平衡线的交点、直角梯级与操作线的交点各表示什么意思？直角梯级的水平线与垂直线各表示什么意思？对于一块实际塔板，气相增浓程度和液相减浓程度如何表示？

8-5 选择适宜回流比的依据是什么？设备费和操作费分别包括哪些费用？经验上如何选适宜回流比？

8-6 只有提馏段的回收塔、塔釜直接蒸汽加热、塔顶采用分凝器、多股进料、侧线采出各适用于何种情况？

8-7 欲设计一精馏塔，塔顶回流有两种方案，其一是采用泡点回流，其二是采用冷回流。问在塔顶冷凝器的冷凝量以及回流入塔的液量相同的条件下，哪种方案再沸器的热负荷小？哪种方案所需的理论塔板数少？若采用相同的塔板数，哪种方案得到的馏出液浓度较高？

8-8 对于精馏塔的设计问题，在进料热状况和分离要求一定的条件下，回流比增大或减小，所需理论板数如何变化？对于一现场运行的精馏塔，在保证 D/F 不变的条件下，回流比增大或减小，塔顶馏出液和釜液的量及组成有何变化？

8-9 用一正在操作的精馏塔分离某混合物，若下列诸因素改变时，问馏出液及釜液组成将有何变化？假设其它因素保持不变，塔板效率不变。
① 原料液中易挥发组分浓度上升；
② 原料液的量适当增加；
③ 原料液的温度升高；
④ 将进料板的位置降低；
⑤ 塔釜加热蒸气的压力增大；
⑥ 塔顶冷却水的用量减少。

8-10 在一定的 $D/F$ 条件下，回流比增加，$x_D$ 增大，问是否可用增大回流比的方法得到任意的 $x_D$？用增大回流比的方法来提高 $x_D$ 受哪些条件的限制？

8-11 如何选择进料热状况？进料热状况对提馏段操作线的位置有何影响？

8-12 在 $x_F$、$x_D$、$x_W$ 一定的条件下，进料热状况参数 $q$ 值一定时，若塔顶回流比 $R$ 增大，对已定分离要求所需理论板数将如何变化？对于有一定理论板数的精馏塔，若 $R$ 增大，对馏出液组成及釜液组成有何影响？

8-13 在 $x_F$、$x_D$、$x_W$ 一定的条件下，当塔 $R$ 为一定值时，若进料热状态参数 $q$ 值增大，操作线位置如何变化？对一定分离要求所需理论塔板数将如何变化？另外，$R$ 值一定，对于有一定理论板数的精馏塔，若 $q$ 值增大，产品纯度将如何变化？

8-14 在 $x_F$、$x_D$、$x_W$ 一定的条件下，当塔釜气相回流比 $R'$ 为一定值时，若进料热状态参数 $q$ 值减小，操作线位置将如何变化？对一定分离要求所需理论板数将如何变化？对于有一定理论板数的精馏塔，$R'$ 值一定，若 $q$ 值减小，产品纯度将如何变化？

8-15 精馏塔操作计算中，若已知进料组成 $x_F$、进料热状态参数 $q$ 值、塔顶回流比 $R$、总理论塔板数及进料板位置，要求计算馏出液组成与釜液组成时，如何用逐板法进行计算？

8-16 简述反应精馏的基本原理。

8-17 简述反应精馏的应用条件。

8-18 简述分子精馏的基本原理。

8-19 简述分子蒸馏的应用场合。

# 习　题

8-1 甲醇和丙醇在 80℃时的饱和蒸气压分别为 181.1kPa 和 50.93kPa。甲醇-丙醇溶液为理想溶液。试求：(1) 80℃时甲醇与丙醇的相对挥发度 $\alpha$；(2) 在 80℃下气液两相平衡时的液相组成为 0.5，试求气相组成；(3) 计算此时的气相总压。[(1) 3.56；(2) 0.78；(3) 152.46kPa]

8-2 在常压下将某原料液组成为 0.6（轻组分的摩尔分数）的两组分溶液分别进行简单蒸馏和平衡蒸馏，若汽化率为 1/3，试求两种情况下的釜液和馏出液组成。假设在操作范围内气液平衡关系可表示为 $y=0.46x+0.549$。（平衡蒸馏：0.509，0.783；简单蒸馏：0.498，0.804）

8-3 在一连续操作的精馏塔中，某混合液流量为 5000kg/h，其中轻组分的含量为 0.3（摩尔分数，下同），要求馏出液轻组分回收率为 0.88，釜液中轻组分的含量不高于 0.05，试求塔顶馏出液的摩尔流量和摩尔分数，已知 $M_A=114$kg/kmol，$M_B=128$kg/kmol。（$D=11.31$kmol/h，$x_D=0.943$）

8-4 在连续精馏塔中分离由 $CS_2$ 和 $CCl_4$ 组成的混合液。已知原料液流量为 4000kg/h，组成为 0.3（$CS_2$ 的质量分数，下同）。若要求釜液组成不大于 0.05，馏出液回收率为 88%。试求馏出液的流量和组成，分别以摩尔流量和摩尔分数表示。（$D=14.3$kmol/h，$x_D=0.97$）

8-5 某连续精馏操作中，已知操作线方程为：精馏段 $y=0.723x+0.263$；提馏段 $y=1.25x-0.0187$。若原料液于露点入塔，试求原料液、馏出液、釜液的组成及其回流比。（$x_F=0.65$，$x_D=0.95$，$x_W=0.0748$，$R=2.61$）

8-6 将含 24%（摩尔分数，下同）易挥发组分的某混合物送入一连续精馏塔中。要求馏出液含 95% 易挥发组分，釜液含 3% 易挥发组分。送至冷凝器的蒸气量为 850kmol/h，流入精馏塔的回流液量为 670kmol/h。试求：(1) 每小时能获得多少（kmol）馏出液，多少（kmol）釜液？(2) 回流比 $R$ 为多少？[(1) $D=180$kmol/h，$W=608.6$kmol/h；(2) $R=3.72$]

8-7 某连续精馏塔在常压下分离甲醇-水溶液，料液量为 100kmol/h，组成 $x_F=0.4$（摩尔分数），其精馏段、提馏段的操作线方程分别为：$y=0.63x+0.361$；$y=0.1805x-0.00966$。试求：(1) 此塔的操作回流比；(2) 塔顶流出量；(3) $q$ 值。（$R=1.7$，$D=40.29$kmol/h，$q=0.65$）

8-8 用一连续精馏塔分离由组分 A、B 所组成的理想混合液。原料液中含 A 0.44，馏出液中含 A 0.957（以上均为摩尔分数）。已知溶液的平均相对挥发度为 2.5，最小回流比为 1.63，试说明原料液的热状况，并求出 $q$ 值。（汽液混合物，$q=0.65$）

8-9 在一连续的精馏塔中分离苯-氯仿混合物，要求馏出液中含苯 0.96（摩尔分数，下同）。进料量为 75kmol/h，进料中苯含量为 0.45，釜液苯含量为 0.1，回流比为 3.0，泡点进料。试求：(1) 从冷凝器回流液量和自再沸器上升的蒸气摩尔流量；（2）写出精馏段、提馏段操作线方程。（$L=91.56$ kmol/h，$V'=122.08$kmol/h；$y_{n+1}=0.75x_n+0.24$，$y_{m+1}=1.36x_m-0.0364$）

8-10 在一连续的精馏塔中分离苯-甲苯混合物。已知原料液中含苯 0.4（摩尔分数，下同），要求塔顶产品组成含苯 0.90，釜液组成含苯 0.1，操作回流比为 3.5，试绘出下列进料状态下精馏段、提馏段操作线方程：（1）$q=1.2$；（2）气液混合进料，汽化率为 0.5；（3）饱和蒸气进料。[精馏段：$y_{n+1}=0.778x_n+0.2$；提馏段：（1）$y_{m+1}=1.33x_m-0.033$，（2）$y_{m+1}=1.53x_m-0.053$，（3）$y_{m+1}=1.91x_m-0.91$]

8-11 采用常压精馏塔分离某理想混合液。进料中含轻组分 0.815（摩尔分数，下同），饱和液体进料，塔顶为全凝器，塔釜间接蒸汽加热。要求塔顶产品含轻组分 0.95，塔釜产品含轻组分 0.05，此物系的相对挥发度为 2.0，回流比为 4.0。试用逐板计算法、图解法分别求出所需的理论塔板数和加料板位置。（含再沸器 $N_T=10$，第 3 块理论板上方进料）

8-12 在连续精馏塔中分离含甲醇 0.3（摩尔分数，下同）的水溶液，以得到含甲醇 0.95 的馏出液和含甲醇 0.03 的釜液。操作压力为常压，回流比为 1.0，泡点进料，原料液温度为 40℃，求所需理论板数及加料板位置。（含再沸器 $N_T=10$，第 6 块理论板上方进料）

8-13 在连续精馏塔中分离某组成为 0.5（易挥发组分的摩尔分数，下同）的两组分理想溶液，原料液泡点入塔。塔顶采用分凝器和全凝器。分凝器向塔内提供回流液，其组成为 0.88，全凝器提供组成为 0.95 的合格产品。塔顶馏出液中易挥发组分的回收率为 96%。若测得塔顶第一层的液相组成为 0.79，试求：（1）操作回流比和最小回流比；（2）若馏出液量为 100kmol/h，则原料液流量为多少？[（1）$R=1.593$，$R_{min}=1.032$；（2）$F=198$kmol/h]

8-14 用一连续的精馏塔分离丙烯-丙烷混合液，进料含丙烯 0.8（摩尔分数，下同），常压操作，泡点进料，要使塔顶产品含丙烯 0.95，塔釜产品含丙烷 0.95，物系的相对挥发度为 1.16，试计算：（1）最小回流比；（2）所需的最少理论板数。[（1）$R_{min}=5.522$；（2）$N_{min}=39.68$]

8-15 一常压操作的精馏塔用来分离苯和甲苯的混合物。已知进料中含苯 0.5（摩尔分数，下同），且为饱和蒸气进料。塔顶产品组成为 0.9，塔底产品组成为 0.03，塔顶为全凝器，泡点回流。原料处理量为 10kmol/h，系统的平均相对挥发度为 2.5，回流比是最小回流比的 1.166 倍。试求：（1）塔顶、塔底产品的流量；（2）塔釜中的上升蒸气流量；（3）塔顶第二块理论板上升蒸气的组成。[（1）$D=5.4$kmol/h，$W=4.6$kmol/h；（2）$V=17.16$kmol/h，$V'=7.16$kmol/h；（3）$y_2=0.82$]

8-16 常压下采用连续精馏塔分离乙醇-水溶液，进料浓度为 0.5，希望得到塔顶产品的浓度为 0.9，釜液浓度≤0.1（以上均为摩尔分数）。泡点进料，操作回流比为 2.0，采出率 $D/F=0.5$，求以下两种情况下的操作线方程：（1）塔釜采用间接蒸汽加热；（2）釜中液体用水蒸气直接加热。[（1）$y_{n+1}=0.67x_n+0.3$，$y_{m+1}=1.33x_m-0.033$；（2）$y_{n+1}=0.67x_n+0.3$，$y_{m+1}=1.33(x_m-0.025)$]

8-17 用常压连续操作的精馏塔分离含苯 0.4 摩尔分数（下同）的苯-甲苯溶液。要求馏出液含苯 0.97，釜液含苯 0.02。回流比为 2.2，泡点进料。苯-甲苯溶液平均相对挥发度为 2.46。试用简捷计算法求所需理论板数。（含再沸器 $N=15.7$）

8-18 精馏分离某理想混合液，已知操作回流比为 3.0，物系的相对挥发度为 2.5，$x_D=0.96$。测得精馏段第 2 块塔板下降液体的组成为 0.45，第 3 块塔板下降液体组成为 0.4（均为易挥发组分的摩尔分数）。求第 3 块塔板的气相单板效率。（$E_{MV,3}=0.441$）

8-19 在常压连续精馏塔中分离两组分理想溶液。原料液加热到泡点后从塔顶加入，原料液的组成为 0.20（摩尔分数，下同）。提馏段由蒸馏釜和一块实际板构成。测得塔顶馏出液中易挥发组分的回收率为 80%，且馏出液组成为 0.28，物系的相对挥发度为 2.5。试求釜液组成和该层塔板的板效率（用气相表示）。蒸馏釜可视为一层理论板。（$x_W=0.093$，$E_{MV,1}=0.667$）

## 本章符号说明

英文字母

$b$——操作线截距；

$c$——比热容，kJ/(kmol·℃)或 kJ/(kg·℃)；

$C$——独立组分数；

$D$——塔顶产品（馏出液）流量，kmol/h；塔径，

$d$——分子有效直径，m；

$E$——塔效率，%；

$f$——组分的逸度，Pa；

F——进料量或流量，kmol 或 kmol/h；自由度
　　数；自由程小于或等于 $\lambda_m$ 的概率；

I——物质的焓，kJ/kg；

k——玻尔兹曼常数；

L——塔内下降的液体流量，kmol/h；

M——摩尔质量，kg/kmol；

N——理论板数；

P——系统总压，Pa；相数；

$p^\circ$——饱和蒸气压，Pa；

q——进料热状况参数，液化率；

r——加热蒸汽冷凝热，kJ/kmol；

R——回流比；

t——温度，℃；

T——热力学温度，K；

v——组分挥发度，Pa；

V——上升蒸气的流量，kmol/h；

W——塔底产品（釜液）流量，kmol/h；

x——液相中易挥发组分的摩尔分数；

y——气相中易挥发组分的摩尔分数；

Z——塔有效高度，m。

**希腊字母**

α——相对挥发度；

γ——活度系数；

λ——分子运动自由程，m。

**下标**

A——易挥发组分；

B——难挥发组分，再沸器；

c——冷却或冷凝；

m——提馏段理论板序号；

n——精馏段理论板序号。

**上标**

°——纯态；

*——平衡态。

# 第**9**章　萃取与浸提

【本章学习要求】

掌握液-液萃取的传质基础，掌握三角形相图、杠杆规则；重点掌握单级萃取的计算原理，熟悉多级错流、递流接触萃取的过程；了解液-液萃取设备；理解浸提的传质机理，熟悉浸提操作的计算，了解浸提设备；了解超临界流体的性质及其用于萃取和浸提的基本原理。

【引言】

以精炼棉籽油为基础油生产食用调和油，需要对基础油脱色，如何进行？精馏法需要汽化大量的油，耗能过高。可以采用吸附脱色，也可以采用萃取脱色。如采用液液萃取的方法进行脱色，则需要计算萃取剂的用量以及预期脱色效果。某甜菜糖厂从甜菜丝中浸提蔗糖成分，采用浸提操作。如何确定浸提的级数、浸提的时间、浸提的级效率？还有，从咖啡豆中如何得到速溶咖啡？在浸提过程中应注意哪些问题？在针对食品的热敏性等问题方面，萃取有什么新的发展动向？

上述问题的解决都属于萃取操作的理论和实践范畴。

## 9.1　液-液萃取的传质基础

液-液萃取（liquid extraction）是分离均相液体混合物的一种单元操作。以基本的二元原料液物系为例，原料液中含有溶质 A 和原溶剂 B，将某种选定的与原溶剂不相容的溶剂 S 加入到混合液中，利用混合物中 A 和 B 在溶剂 S 中的溶解度差异，对 A 和 B 进行分离。萃取后一般得到两个液相，由溶剂（solvent）和溶质（solute）组成的液相称为萃取相（extract phrase）。被萃取后的原液相混合物称为萃余相（raffinate phrase）。萃取相中的溶质需要分出，溶剂应回收；萃余相中所含的少量溶剂也需要回收，故萃取后一般还需用蒸馏、蒸发等操作进行进一步的分离。

液-液萃取在食品工业中应用越来越广，用于分离与提纯，提取与大量其它物质混杂在一起的少量挥发性较小的物质（此时用精馏分离不经济）。同时，液-液萃取可在较低温度下操作，特别适用于热敏性物料，如维生素、生物碱或色素的提取，油脂的精炼等。

### 9.1.1　三角形相图

#### 9.1.1.1　组成在三角形相图上的表示

萃取过程至少涉及三个组分，一般用三角形相图表示三组分混合物的组成。常用的是等边三角形或等腰直角三角形相图，其中以直角三角形最为简便，如图 9-1 所示。一般用质量分数表示组成（也可用摩尔分数），在三角形相图中，三个顶点分别表示三种纯组分。任一边的数值范围为 0～1，边上的某一点表示一个二元混合物，如 AB 边上的 E 点表示 AB 二元混合物，其中 A 占 30%，B 占 70%，三角形内的某一点则代表一个三元混合物。如 M 点代表一个三元混合物，其中含 S 30%，含 A 30%，含 B 40%，其读法是过 M 点作 A 点对边的

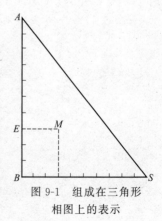

图 9-1　组成在三角形相图上的表示

平行线交 $AB$ 边，循 $B$ 到 $A$ 的方向读出交点处 A 的组成数值 $x_A$，同法读出 S 的组成 $x_S$，而 B 的组成 $x_B = 1 - x_A - x_S$（其中 $x_A$、$x_B$、$x_S$ 分别代表三种组分的质量分数）。

#### 9.1.1.2 液-液相平衡（equilibrium）关系在三角形相图上的表示

根据各组分的互溶性，可将三元物系分为三种情况：

① 溶质 A 可溶解于 B 和 S 中，但 B 与 S 完全不互溶；

② 溶质 A 可溶解于 B 和 S 中，B 与 S 则部分互溶；

③ 组分 AB 可完全互溶，但 B、S 和 A、S 为两对部分互溶的组分。

其中第③种情况会给萃取操作带来诸多不便，是应避免的。其可能的处理方法有：升温或加入某种添加剂，使 A、S 完全互溶。第①种情况较少见，属于理想的情形。生产实践中广泛用到的是第②种情况，故下面就该种情况进行讨论。

（1）溶解度曲线和联结线 在一定温度下，B 和 S 为部分互溶，这两相的组成如图 9-2 中 $L$、$J$ 点所示。取一 BS 二元体系。其组成位于 $L$、$J$ 两点，如 C 点。逐渐加入组分 A 成为三元物系。此时体系中 B 和 S 的量之比为常数，故组成点沿 $AC$ 线变化，若加入 A 的量恰好使混合液由两相变为均一相，相应的组成点为 $C'$。改变初始时 B、S 二元物系的组成，重复试验，得到一系列点 $C'$，$D'$，$F'$，…将这些点连起来，成为一条曲线，即为在实验温度下该三元物系的溶解度曲线。溶解度曲线将三角形内部分为两个区域。曲线以内的区域为两相区，以外的为均相区。平衡时三元物系的组成点位于两相区内时，该物系就存在两个液相，称为共轭相。代表共轭相组成的两点位于溶解度曲线上，联结此两点的线段称为联结线，又称平衡线。图 9-2 中的 $RE$ 线就是一条联结线，萃取操作只能在两相区进行。一定温度下同一物系的联结线倾斜方向一般是一致的，但通常互不平行。少数情况下联结线的倾斜方向会改变。

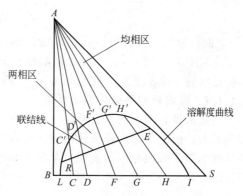

图 9-2　溶解度曲线和联结线

（2）辅助曲线和临界混溶点 一定温度下，三元物系的溶解度曲线和联结线是根据实验数据来标绘的，使用时若要求与已知相成平衡的另一相的数据，常借助辅助曲线（也称共轭曲线）求得。辅助曲线的作法是：过已知平衡联结线 $RE$ 的 $R$ 点作 $BS$ 的平行线，再过 $E$ 点作 $AB$ 的平行线，得一交点；同法可得到其它已知各联结线两端点所引平行线的交点，联结这些交点所得曲线即为辅助曲线。如果过 $R$ 点引 $AS$ 的平行线，则有辅助曲线的另一种做法。有了辅助线可以作出任意一条平衡联结线。辅助曲线与溶解度曲线的交点 $P$，表明通过该点的联结线为无限短，相当于这一系统的临界状态，故称点 $P$ 为临界混溶点。

#### 9.1.1.3 分配系数和选择性系数

在一定温度下，当三元混合液的两个液相达到平衡时，溶质在 E 相与 R 相中的组成之比称为分配系数，以 $k_A$ 表示，即

$$k_A = \frac{y_A}{x_A} \tag{9-1}$$

同样，对于组分 B 也可写出相应的表达式，即

$$k_B = \frac{y_B}{x_B}$$

式中，$y_A$，$y_B$ 分别为组分 A、B 在萃取相 E 中的质量分数；$x_A$，$x_B$ 分别为组分 A、B

在萃余相 R 中的质量分数。

分配系数表达了某一组分在平衡体系的两相中的分配关系。某组分的 $k$ 值大，溶剂 S 对该组分的溶解能力强，溶解效率高。该组分易于进入萃取相。但若 A、B 两个组分都易于进入溶剂 S 相，则溶剂对 A、B 的分离效果并不好。故除溶解能力强外，还要考察溶剂 S 对原料液中两个组分溶解能力的差异。若 S 对溶质 A 的溶解能力比对原溶剂 B 的溶解能力大，或反过来，则溶剂的选择性就大，A、B 易于分离，此种溶剂对 A、B 混合物的分离效率就高。萃取剂的选择性可用选择性系数 $\beta$ 来衡量，定义 $\beta$ 为 $k_A$ 和 $k_B$ 之比，即

$$\beta=\frac{k_A}{k_B}=\frac{y_A/x_A}{y_B/x_B}=\frac{y_A/y_B}{x_A/x_B}=\frac{y'_A/(1-y'_A)}{x'_A/(1-x'_A)} \tag{9-2}$$

式中，"'" 代表去除溶剂，各相中 A、B 浓度比例关系不受溶剂存在的影响，$y_A/y_B=y'_A/y'_B$，$x_A/x_B=x'_A/x'_B$，故有最后的等式成立。且有与精馏 $y=\dfrac{\alpha x}{1+(\alpha-1)x}$ 相似的表达式：

$$y'_A=\frac{\beta x'_A}{1+(\beta-1)x'_A} \tag{9-3}$$

$\beta$ 值与分配系数有关。凡是影响 $k_A$ 的因素也同样影响 $\beta$ 值。一般情况下，总希望 $\beta$ 值远大于 1。若 $\beta=1$ 时，$y'_A=x'_A$，萃取相和萃余相脱除溶剂后组成相同，溶剂无分离作用，说明所选择的溶剂不适宜。此与精馏 $\alpha=1$ 的情形道理相似。

#### 9.1.1.4　温度对相平衡关系的影响

一般来说，物系的温度升高，溶质在溶剂中的溶解度加大，即互溶度增加，使两相区的面积减小。反之，温度降低使两相区面积增大。因而，温度明显地影响溶解度曲线的形状、联结线的斜率和两相区的面积，从而影响分配系数及选择性系数。图 9-3 表示有一对组分互溶物系，在三个温度（$T_1<T_2<T_3$）下的溶解度曲线和联结线。

### 9.1.2　杠杆规则

共轭相 E 和 R 的量，可以从相图中求取。

如图 9-4 所示。设三角形内任一点 $M$ 表示混合液的总组成，$M$ 点称为和点，可分为两

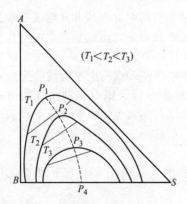

图 9-3　温度对溶解度的影响

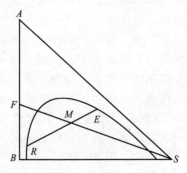

图 9-4　杠杆规则的应用

个液层 E、R，而 $E$ 点和 $R$ 点则称为差点。且 $E$、$M$、$R$ 三点在一条直线上，其关系可用总物料衡算和组分 A 的物料衡算得到的杠杆规则来描述，即 E 相和 R 相的质量：

$$\frac{E}{R}=\frac{\overline{MR}}{\overline{ME}} \tag{9-4}$$

若上述三元混合物（$M$ 点）是由一双组分（A 和 B）混合物（$F$ 点）与组分 S 混合而成的，则此双组分混合物的质量与组分 S 的质量之比应为

$$\frac{S}{F} = \frac{\overline{MF}}{\overline{MS}} \tag{9-5}$$

式中，$\overline{MR}$、$\overline{ME}$、$\overline{MF}$、$\overline{MS}$ 分别代表线段 $MR$、$ME$、$MF$、$MS$ 的长度。

### 9.1.3 萃取剂的选择

萃取剂是实现萃取分离所用的溶剂，萃取剂的选择是萃取操作的关键。它是直接影响萃取操作能否进行，也是萃取产品的产量、质量和经济性的主要影响因素。

对萃取剂的一般要求是：①选择性系数要大，可使萃取分离程度高，容易得到纯度高的萃取产品；②对溶质的溶解度要大（即萃取容量高），萃取剂操作用量就少；③与原溶剂的互溶度要小（即分离效果好），萃取剂在萃余液中的损失较少；④黏度要小，界面张力适度，对料液有较大的密度差，以方便操作；⑤化学性质稳定，无毒性，挥发度低，不易燃烧；⑥价廉易得，且容易回收。一般情况下，一种溶剂不可能同时满足所有要求，一定要结合生产实际情况，抓住主要矛盾，合理地予以选择。

## 9.2 萃取流程及其计算

液-液萃取的操作流程由下列三部分组成：

（1）混合萃取　被萃取的液体混合物与溶剂充分混合，在两液相密切接触情况下，使溶质从被处理的液体混合物中溶入溶剂中。

（2）分开两相　萃取结束后，将过程中形成的萃取相和萃余相借助分离器分开。

（3）回收溶剂　萃取相经溶剂回收器，以回收溶剂，使之循环使用。必要时，也可对萃余相回收溶剂。

在分级式接触萃取过程计算中，无论是单级萃取还是多级萃取，均假设各级为理论级（又称理想级），即离开每级的 E 相和 R 相互为平衡。萃取操作中的理论级概念和蒸馏中的理论板相当。一个实际级的分离能力达不到一个理论级，两者的差异用级效率校正。

### 9.2.1 单级萃取

单级萃取的过程比较简单。将一定量的溶剂加入到料液中，充分混合，经一定时间后，体系分成两相，然后将它们分离，分别得到萃取相和萃余相。操作可以连续进行，也可以间歇进行。间歇操作时，各股物料的量以 kg 表示；连续操作时，以质量流量 kg/s 表示。为简便起见，略去下标，以 $y$ 表示萃取相中溶质 A 的浓度（质量分数，后同），以 $x$ 表示萃余相中溶质 A 的浓度。

一般地，料液量 F 及其组成 $x_F$ 和物系的相平衡数据为已知，且规定了萃余相的溶质浓度 $x$。如图 9-5 所示，先根据料液组成和所要达到的萃余相组成确定 $F$ 和 $R$ 点，过 $R$ 点借助辅助线作联结线，得与之平衡的萃取相组成点 $E$。联结 $FS$，交 $RE$ 于点 $M$，最后连接 $SR$，$SE$，并分别延长交 $AB$ 于 $R'$ 和 $E'$，从 $R'$、$E'$ 点可读出萃余液、萃取液的组成，从 $E$ 点可读出萃取相的组成，从 $M$ 点可得到和点的组成。

作总物料衡算，得 $F+S=E+R=M$，由杠杆规则可求

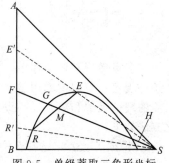

图 9-5　单级萃取三角形坐标

得各流股的量：

$$S=F\,\frac{\overline{MF}}{\overline{MS}}, \quad E=M\,\frac{\overline{MR}}{\overline{ER}}, \quad E'=F\,\frac{\overline{R'F}}{\overline{R'E'}}$$

单级萃取的命题也可以是已知原料和溶剂 S 的用量，求萃取相（或液）和萃余相（或液）的浓度。先根据杠杆规则定出 $M$ 点，再用作图试差的办法，利用辅助线作出过 $M$ 点的联结线，再求解得到结果。

### 9.2.2　多级错流接触

多级错流接触萃取流程示意图见图 9-6。操作时每级都加入新鲜溶剂，前级的萃余相为后级的料液。这种操作方式的传质推动力大，只要级数足够多，最终可得到溶质组成很低的萃余相。

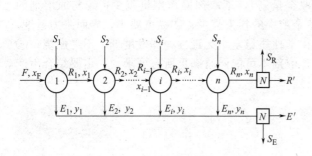

图 9-6　多级错流接触萃取流程示意图

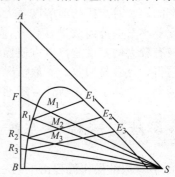

图 9-7　多级错流萃取的三角形相图图解法

在设计计算中通常已知 $F$、$x_F$ 及各级萃取剂的用量 $S$，规定最终萃余相的组成 $x_n$，要求计算理论级数。也有其它的命题。常用的计算方法是图解法。三角形相图上的图解法见图 9-7，实际上是单级萃取图解的多次重复，联结线的条数即为所需的理论级数，总溶剂用量为各级溶剂用量之和，各级溶剂用量可以相等也可以不等，不同溶剂量的使用当然会对级数产生影响。

B、S 组分完全不互溶时，还可采用直角坐标或解析法求解错流萃取过程，需要时可查阅有关参考书。

### 9.2.3　多级逆流萃取

多级错流萃取的缺点是溶剂耗用量大，且各级萃取相浓度不等，为分离带来困难，多级逆流萃取可以克服这两个缺点。多级逆流萃取操作一般是连续的，其分离效率高，溶剂用量较少，故在工业中得到广泛应用，如图 9-8 所示。

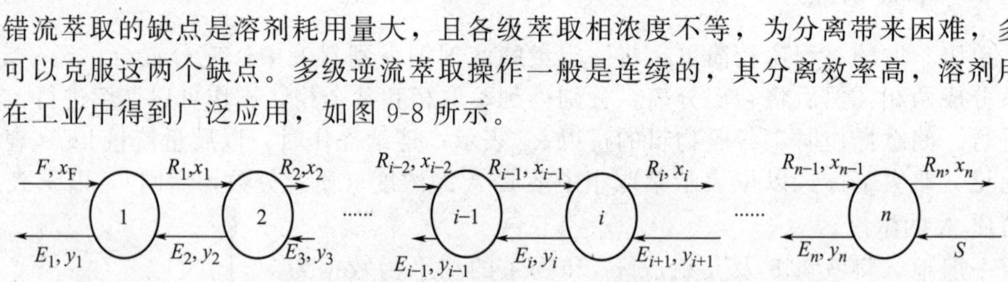

图 9-8　多级逆流萃取流程示意图

在多级逆流萃取操作中，原料液的流量 $F$ 和组成 $x_F$，最终萃余相中溶质组成 $x_n$ 均由工艺条件规定，萃取剂的用量 $S$ 和组成 $y_S$（纯溶剂时为 0）由经济权衡而选定，要求计算萃取所需的理论级数和离开任一级各股物料流的量和组成，B、S 部分互溶时三角形相图上的图解方法如下：

① 根据工艺要求选择合适的萃取剂，确定适宜的操作条件。根据操作条件下的平衡数据在三角形坐标图上绘出溶解度曲线和辅助曲线。

② 根据原料和萃取剂的组成在图上定出 $F$ 和 $S$ 两点位置（图中是采用纯溶剂），再由溶剂原料比 $S/F$ 在 $FS$ 连线上定出和点 $M$ 的位置。

③ 由规定的最终萃余相组成 $x_n$ 在相图上确定 $R_n$，联结点 $R_n$、$M$ 并延长 $R_nM$ 与溶解度曲线交于 $E_1$ 点，此点即为离开第一级的萃取相组成点。

根据杠杆规则，计算最终萃取相及萃余相的流量，即

$$E_1 = M\,\frac{\overline{MR_n}}{\overline{R_nE_1}}, \quad R_n = M - E_1$$

④ 利用平衡关系和物料衡算，图解法求理论级数，如图 9-9 所示。

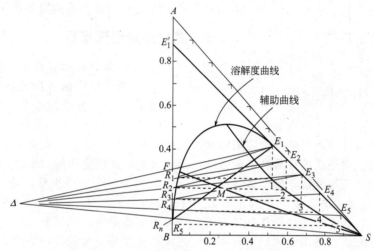

图 9-9 多级逆流萃取理论级图解法

在图 9-8 所示的第一级与第 $n$ 级之间做总物料衡算得：$F + S = R_n + E_1$

对第 1 级做物料衡算得：$F + E_2 = E_1 + R_1$ 即 $F - E_1 = R_1 - E_2$

对第 2 级做物料衡算得：$R_1 + E_3 = E_2 + R_2$ 即 $R_1 - E_2 = R_2 - E_3$

依此类推，对 $n$ 级做总物料衡算：

$R_{n-1} + S = R_n + E_n$ 即 $R_{n-1} - E_n = R_n - S$

由上面各式可以得出：

$$F - E_1 = R_1 - E_2 = \cdots = R_i - E_{i+1} = \cdots = R_n - S = \Delta \tag{9-6}$$

上式表明离开任意级的萃余相 $R_i$ 与进入该级的萃取相 $E_{i+1}$ 之差为常数，以 $\Delta$ 表示。$\Delta$ 可视为通过每一级的"净流量"。$\Delta$ 点为各操作线的共有点，称为操作点。显然，$\Delta$ 点分别为 $F$ 与 $E_1$、$R_1$ 与 $E_2$、$R_2$ 与 $E_3 \cdots R_{n-1}$ 与 $E_n$，$R_n$ 与 $S$ 诸流股的差点，故可任意延长两操作线，其交点即为 $\Delta$ 点。可由 $FE_1$ 与 $SR_n$ 的交点定出 $\Delta$ 点的位置，$\Delta$ 点可在左，也可在右。再交替应用操作关系和平衡关系求出理论级数。

B、S 完全互溶时的解法见有关参考书。

## 9.2.4　有回流的逆流萃取

采用一般的多级逆流萃取虽然可以使最终萃余相中组分 A 的含量降至极低。但最终萃取相中仍含有一定量的物质 B，只要组分 B 与溶剂 S 之间有一定的互溶度，组分 B 的存在对一般萃取过程是无法避免的，为实现 A、B 两组分的高纯度分离，可采用精馏中所用的回流技术。此种带回流的萃取过程称为有回流的逆流萃取。

图 9-10 为回流萃取的装置示意图，该图表示一逆流操作的萃取塔，并假定溶剂密度较小（轻相）。料液自塔中部某处加入，溶剂自塔底进入。塔的下半部即是通常的萃取塔，两

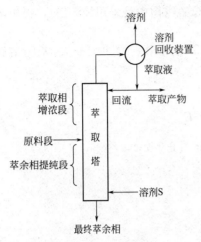

图 9-10 回流萃取示意图

相在逆流接触过程中组分 A 转入溶剂相而使萃余相中的组分 B 含量增加，此段称为萃余相提纯段。离开萃余相提纯段上端（加料口以上）的萃取相中含有一定量的组分 B。为除去其中的组分 B，可用另一股含 A 较多而含 B 较少的液流与其作逆流萃取，在萃取相增浓段顶部使用的含 A 多、含 B 少的另一股液流实际上就是将塔顶萃取相脱除溶剂之后所得溶液的一部分，故称为回流。因回流液已脱除了溶剂，且选择性系数 $\beta > 1$，故满足上述两相接触传质的条件。

### 9.2.5 微分接触逆流萃取

逆流萃取也可在微分接触式设备（如填料塔）内进行。原料液和溶剂在塔内做逆向流动，同时进行传质，两相的组成沿塔高方向连续变化，在塔底和塔顶完成两相分离。

塔式萃取设备计算的目的是确定塔径和塔高两个基本尺寸。塔径取决于两液相的流量和适宜的操作速度。而塔高的计算有两种方法：理论级当量高度法和传质单元法。

（1）理论级当量高度法 理论级当量高度是指相当于一个理论级萃取效果的塔段高度，用 $H_{ETS}$ 表示。这样，塔高就等于理论级数与 $H_{ETS}$ 的乘积。$H_{ETS}$ 是衡量传质效率的指标，其值与设备形式、物系性质和操作条件有关，一般用实验测定，也可参考文件中的关联式。

（2）传质单元法 塔高也可以用传质单元高度和传质单元数的乘积来计算。传质单元数反映萃取的分离要求，可用图解积分等方式计算。传质单元高度反映传质的难易程度，用实验测定或用关联式计算。

### 9.2.6 萃取操作综合算例

**【例 9-1】** 在 25℃下，以水为萃取剂从醋酸（A）-氯仿（B）混合液中单级提取醋酸。已知原料液中醋酸的质量分数为 35%，原料液流量为 2000kg/h，水的流量为 1600kg/h。操作温度下物系的平衡数据所绘的平衡线和辅助线如图所示。

试求：（1）E 相和 R 相的组成及流量；

（2）萃取液和萃余液的组成和流量；

（3）操作条件下的选择性系数 $\beta$；

（4）若组分 B、S 可视为完全不互溶，且操作条件下以质量比浓度表示的分配系数 $K = 3.4$，要求原料液中的溶质 A 有 80% 进入萃取相，则每千克原溶剂 B 需要消耗多少千克的萃取剂 S？

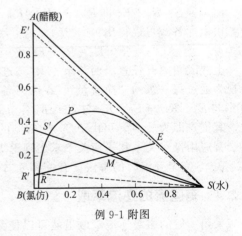

例 9-1 附图

**解：** 由题给平衡数据，在等腰直角三角形坐标图中绘出溶解度曲线和辅助曲线，如附图所示。

（1）E 相和 R 相的组成及流量 根据醋酸在原料液中的质量分数为 35%，在 $AB$ 边上确定点 $F$，联结点 $F$、$S$，按 F、S 的流量依杠杆规则在 $FS$ 线上确定和点 $M$。

因 E 相和 R 相的组成均未给出，故需借助辅助曲线用试差作图来确定过 M 点的联结线 ER。由图读得两相的组成为 E 相 $y_A=27\%$，$y_B=1.5\%$，$y_S=71.5\%$。R 相 $x_A=7.2\%$，$x_B=91.4\%$，$x_S=1.4\%$。

由总质量衡算得　$M=F+S=2000+1600=3600\text{kg/h}$

从图中测量出 RM 和 RE 的长度分别为 26mm 和 42mm，也可根据三角形的比例关系，由 BA 和 BS 边读出相应线段的数值，则由杠杆规则可求出 E 相和 R 相的量，即 $E=3600\times26/42=2228\text{kg/h}$，$R=M-E=3600-2228=1372$。

（2）萃取液和萃余液的组成和流量　联结点 S、E 并延长 SE 与 AB 边交于 $E'$，由图读得 $y'_E=92\%$；联结点 S、R 并延长 SR 与 AB 边交于 $R'$，由图读得 $x'_R=7.3\%$。由杠杆规则求出 $E'=2000\times(35-7.3)/(92-7.3)=654\text{kg/h}$，$R'=F-E'=2000-654=1346\text{kg/h}$。

（3）选择性系数 $\beta$

$$\beta=\frac{y_A}{x_A}\bigg/\frac{y_B}{x_B}=\frac{27}{7.2}\bigg/\frac{1.5}{91.4}=228.5$$

该物系的氯仿（B）、水（S）的互溶度很小，所以 $\beta$ 值较高，得到的萃取液组成很高。

（4）每千克 B 需要的 S 量　由于组分 B、S 可视为完全不互溶，浓度用质量比表示，计算更为方便。

$$X_F=\frac{x_F}{1-x_F}=\frac{0.35}{1-0.35}=0.5385$$

$$Y_S=0,\quad X_1=(1-\varphi_A)X_F=(1-0.8)\times0.5385=0.1077,$$

$$Y_1=KX_1=3.4\times0.1077=0.3662$$

将有关参数代入，并整理得

$$S/B=(X_F-X_1)/Y_1=(0.5385-0.1077)/0.3662=1.176$$

即每千克原溶剂 B 氯仿需消耗 1.176kg 萃取剂 S 水。

# 9.3　液-液萃取设备

## 9.3.1　液-液传质萃取设备

萃取设备的用途是实现两液相之间的质量传递。本节介绍一些常用的萃取设备，并着重分析影响设备性能的主要因素。

### 9.3.1.1　混合-澄清槽

混合-澄清槽（如图 9-11 所示）是一种典型的逐级接触式液液传质设备，其每一级包括混合器和澄清槽两部分。在实际生产中，混合-澄清槽可以单级使用，也可以多级按逆流、并流或错流方式组合使用。混合-澄清槽的主要优点是传质效率高，操作方便，能处理含有固体悬浮物的物料。

### 9.3.1.2　塔式萃取设备

（1）筛板塔　就总体而言，轻、重两相在塔内作逆流流动，而在每块塔板上两相呈错流接

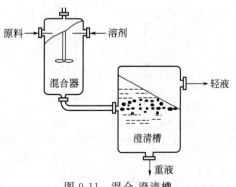

图 9-11　混合-澄清槽

触。如果轻液为分散相，塔的基本结构与两相流动情况如图 9-12 所示。作为分散相的轻液穿过各层塔板自下而上流动，而作为连续相的重液则沿每块塔板横向流动，由降液管流至下层塔板。可见，每一块筛板及板上空间的作用相当于一级混合-澄清槽。为产生较小的液滴，液液筛板塔的孔径一般较小，通常为 3～6mm。

若重液作为分散相，则须将塔板上的降液管改为升液管。此时，轻液在塔板上部空间横向流动，经升液管流至上层塔板，而重相穿过每块筛板自上而下流动（图 9-13）。

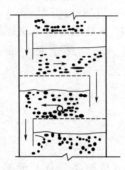

图 9-12　轻液为分散相的筛板塔

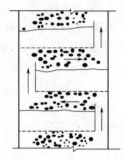

图 9-13　重液为分散相的筛板塔

（2）喷洒塔　喷洒塔是由无任何内件的圆形壳体及液体引入和移出装置构成的，是结构最简单的液液传质设备（如图 9-14）。喷洒塔在操作时，轻、重两液体分别由塔底和塔顶加入，并在密度差作用下呈逆流流动。轻、重两液体中，一液体作为连续相充满塔内主要空间，而另一液体以液滴形式分散于连续相，从而使两相接触传质。塔体两端各有一个澄清室，以供两相分层。在分散相出口端，液滴凝聚分层。

（3）填料塔　用于液液传质的填料塔结构与气液系统的填料塔基本相同，也是由圆形外壳及内部填料所构成的。在气液系统中所用的各种典型填料，如鲍尔环、拉西环、鞍形填料及其它各种新型填料对液液系统仍然适用。填料塔结构简单、操作方便，特别适用于腐蚀性料液。但填料塔用于萃取时其传质效率较低。

（4）转盘塔　转盘塔的主要结构特点是在塔体内壁按一定间距设置了许多固定环，而在旋转的中心轴上按同样间距安装许多圆形转盘（图 9-15）。固定环将塔内分隔成许多区间，在每一个区间有一转盘对液体进行搅拌，从而增大了相际接触表面及其流动程区，固定环起到抑制塔内轴向混合的作用。为便于安装制造，转盘的直径要小于固定环的内径。圆形转盘

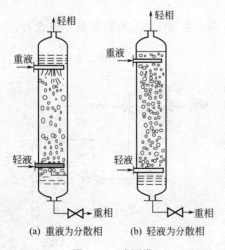

(a) 重液为分散相　　(b) 轻液为分散相

图 9-14　喷洒塔

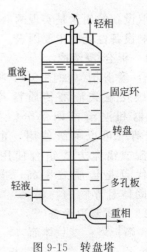

图 9-15　转盘塔

是水平安装的，旋转时不产生轴向力。两相在垂直方向上的流动仍靠密度差推动。

### 9.3.1.3　离心萃取器

离心式液液传质设备借高速旋转所产生的离心力，能使密度差很小的轻、重两相以很大的相对速度逆流流动，两相接触密切，传质量效率高。离心式液液传质设备的转速可达$2000\sim5000r/min$，所产生的离心力可为重力的几百倍乃至几千倍。

## 9.3.2　液-液传质设备中流体流动与传质特性

在液-液萃取操作中，依靠两相的密度差，在重力或离心力场作用下，分散相和连续相产生相对运动并密切接触而进行传质。两相之间的传质与流动状况有关，而流动状况又决定了萃取设备的尺寸，如塔式设备的直径和高度。

### 9.3.2.1　萃取设备的流动特性和液泛

在逆流操作的塔式萃取设备内，分散相和连续相的流量不能任意加大。流量过大，一方面会引起两相接触时间减小，降低萃取效率；另一方面，两相速度加大引起流动阻力增加，当速度增大至某一极限值时，一相会因阻力的增大而被另一相夹带，由其本身入口端流出塔外。这种两个液体互相夹带的现象称为液泛。

### 9.3.2.2　萃取塔的传质特性

为了获得较高的萃取效率，必须提高萃取设备内的传质速率。传质速率与两相之间的接触面积、传质系数及传质推动力等因素有关。

① 萃取设备内，相际接触面积的大小主要取决于分散相的滞留率和液滴尺寸。单位体积混合液体具有的相际接触面积可近似由$a=6v_D/d_m$计算，$a$为单位体积内具有的相际接触面积$m^2/m^3$，$v_D$为分散相的滞留率（体积分数），$d_m$为液滴的平均直径，$m$。

由$a$的表达式看出，分散相的滞留率愈大，液滴尺寸愈小，则能提供的相际接触面积愈大，对传质愈有利。但分散相液滴也不宜过小，液滴过小难于再凝聚，使两相分层困难，也易于产生被连续相夹带的现象。另外太小的液滴还会产生萃取操作中不希望出现的乳化现象。

② 和气-液传质过程相类似，在液-液萃取过程中，同样包括了相内传质和通过两相界面的传质。

如果在萃取设备的同一截面上各流体质点速度相等，液体像一个液柱平行流动，这种理想流动称为柱塞流。此时，无返混现象，传质推动力最大。

## 9.3.3　萃取设备的选型

各种类型的萃取设备具有不同的特性。萃取过程中物系性质对操作的影响错综复杂。对于具体的萃取过程选择适宜设备的原则是：首先满足工艺条件和要求，然后进行经济核算，使设备费和操作费总和趋于最低。萃取设备的选择，应考虑如下因素。

### 9.3.3.1　所需的理论级数

当所需的理论级数不大于$2\sim3$时，各种萃取设备均可满足要求；当所需的理论级数较多（如大于$4\sim5$级）时，可选用筛板塔；当所需的理论级数再多（如$10\sim20$级）时，可选用有能量输入的设备，如脉冲塔、转盘塔、往复筛板塔、混合-澄清槽等。

### 9.3.3.2　生产能力

当处理量极小时，可选用填料塔、脉冲塔。对于较大的生产能力，可选用筛板塔、转盘塔及混合-澄清槽。离心萃取器的处理能力也相当大。

### 9.3.3.3　物系的物性性质

对界面张力较小、密度差较大的物系，可选用无外加能量的设备；对界面张力较大、密度差较小的物系，宜选用有外加能量的设备；对密度差甚小、界面张力小、易乳化的难分离物系，选用离心萃取器为宜。

#### 9.3.3.4 物系的稳定性和液体在设备内的停留时间

对生产中要考虑物料的稳定性、要求在萃取设备内停留时间短的物系，如抗生素的生产，选用离心萃取器为宜；反之，若萃取物系中伴有缓慢的化学反应，要求有足够的反应时间，选用混合-澄清槽较为适宜。

#### 9.3.3.5 其它

在选用萃取设备时，还需考虑其它一些因素。诸如：能源供应情况，在缺电地区应尽可能选用依重力流动的设备；当厂房地面受到限制时，宜选用塔式设备；而当厂房高度受到限制时，则选用混合-澄清槽。

## 9.4 浸提

前面讨论的液-液萃取是用溶剂将液体混合物中的溶质分离出来的操作。如果被处理的混合物为固体，则称为固-液萃取，也称浸出（leaching）、提取或浸沥。当溶剂为水，被分离的溶质为人们不希望要的组分时，则可称为洗涤。在食品工业中，浸提是常见的单元操作，其重要性远超过液-液萃取。

食品工业的原料，多为农、林、牧、渔产品，大多呈固体形态，为了分离出其中的纯物质，或除去其中不需要的物质，多采用浸提操作。食品工业上采用浸取操作的例子，除油脂工业和制糖工业的油料种子和甜菜的大型浸提工程外，制造速溶咖啡、速溶茶、香料色素、植物蛋白、鱼油、肉汁和玉米淀粉等，都要应用浸提操作。

### 9.4.1 浸提的传质机理

浸提过程也就是溶质 A 从固相向溶剂相的传递过程。在浸提过程中，就每一片（块）固体而言，其内部的溶质浓度随浸提时间的延长而不断降低，故属于不稳定扩散过程。描述不稳定分子扩散过程的方程与描述不稳定热传导的方程（参见传热部分）在数学形式上相似，将导温系数换成扩散系数 $D_i$，温度 $T$ 换成固体内部溶质的浓度 $q$ 即可得到菲克第二定律。菲克第二定律的求解须根据具体的边界条件和初始条件进行积分，仅在几何形状简单的几种情况下能得到解析解。

### 9.4.2 浸提操作的计算

固体的浸提过程包括如下 3 个步骤：

① 溶剂浸润进入固体内，溶质溶解；

② 溶解的溶质从固体内部流体中扩散达到固体表面；

③ 溶质继续从固体表面通过液膜扩散到达外部溶剂的主体。

在通常的浸提条件下，浸提速率主要决定于步骤②，即浸提操作实际上是内部扩散控制的传质操作。浸提过程中，固体内部的溶质浓度不断发生变化，浓度随时间的延长而不断降低，故属于不稳定扩散过程。

设平板状固体内部空隙均匀，毛细管内充满溶质，仅两面与溶剂接触，且因毛细管极细，因而不受外部流动的骚扰，此时可应用一维费克定律，即 $\partial q/\partial t = D_i\,\partial^2 q/\partial x^2$。舍伍德（Sherwood）和努门（Newman）作了如下假定：①扩散沿垂直于两平面的方向进行；②平板的厚度是均匀的；③浸提开始时，溶质在平板内分布均匀；④溶剂中溶质浓度保持不变；⑤浸提过程中，扩散系数保持不变；⑥固体表面的阻力忽略不计。

根据以上假定，得如下积分解：

$$E = \frac{8}{\pi^2} \sum_{m=0}^{\infty} \frac{1}{(2m+1)^2} \exp\left[ -\frac{D_i(2m+1)^2\pi^2 t}{L^2} \right]$$

$$= \frac{8}{\pi^2} \left[ \exp\left( -\frac{\pi^2 D_i t}{L^2} \right) + \frac{1}{9}\exp\left( -\frac{9\pi^2 D_i t}{L^2} \right) + \cdots \right] \tag{9-7}$$

$L$ 为板的厚度，$E$ 为浸取率，$E = (q - q_0)/(q_1 - q_0)$，$q_0$、$q_1$ 和 $q$ 分别代表开始时、平衡时和 $t$ 时刻固体中溶质浓度，kg 溶质/kg 惰性固体。

当 $t$ 相当大时

$$E \approx \frac{8}{\pi^2}\exp\left( -\frac{\pi^2 D_i t}{L^2} \right) \tag{9-8}$$

上述结果为平板模型，如用于长方体，设三个方向尺寸为 $L_1$、$L_2$、$L_3$，沿三个方向的扩散系数为 $D_1$、$D_2$、$D_3$，设三个方向的浸取率为 $E_1$、$E_2$、$E_3$，而总浸取率 $E = E_1 E_2 E_3$，令 $k = \pi^2[(D_1/L_1^2) + (D_2/L_2^2) + (D_3/L_3^2)]$，$E$ 值经简化得：

$$E \approx 0.533\exp(-kt) \tag{9-9}$$

因实际食品物料的复杂性，与假设出入可能较大，实测的 $E$ 值与理论值可能相差较大也属正常。

浸提操作计算的目的是确定：①浸提所需的时间；②浸提器的大小；③溶剂的需要量；④浸提器的级数。

浸提所需的时间决定于浸提的速率。在浸提过程中，固体中残留的质量与浸提时间存在一定的函数关系。由于浸提机理的复杂性，这一关系常凭实际经验来确定。

浸提器的大小通常也凭经验确定，浸提器的总容积可取等于原料混合物和溶液所占的容积，加上所有附属设备（如搅拌器、蛇管等）所占的容积，此外，尚需留出 30% 的自由容积。

溶剂的需用量可根据物料浓度和分离要求，由物料衡算式求取。

在多级接触浸提中，浸提级数是重要的计算内容。多级浸提级数的计算建立在理论级数的基础上。实际上由于接触时间不可能无限延长，惰性固体也不可能对浸提质毫无吸附作用，所以浸提也就不可能达到平衡。选择溶剂时总是保证溶剂的量足够大，使得溶质被溶剂全部溶解且没有达到饱和。由于固体颗粒持液，认为提取液的浓度等于固体所持液体的浓度，此为浸取的平衡关系，与液液萃取不同。

实际所需的级数 $N_p$ 就要比理论级数 $N_T$ 多，级效率 $\eta$ 仍如吸收和精馏一样，按理论级数与实际级数之比计算，且一般由经验确定。

理论级数的计算方法可以根据过程的特点选择图解法或计算法。

在浸取操作中，浸取器顶部排出的不含固体的澄清液称为溢流，包含溶质 A 和溶剂 S。由底部排出的称为底流，包含完全不溶的惰性固体 B、溶质 A（操作保证溶剂过量，A 全部溶解）和溶剂 S。底流中的溶质 A 和 S 总和称为固体的持液量。三组分的浸提操作的组成关系如液液萃取一样，仍可用三角形相图或脱固体基（萃取时为脱溶剂基）的 $y$-$x$ 坐标中的曲线表示。三角形相图中，$A$ 点表示溶质，$B$ 点表示惰性固体，$S$ 点表示溶剂。浸提由于平衡关系简化为 $y_i = x_i$，在惰性固体不溶解时，用 $y$-$x$ 坐标进行理论级图解将更为方便。

用 $y$-$x$ 坐标进行理论级图解或用代数法求解理论级数时，物质流量可以质量流量、摩尔流量等表示，组成以质量分数、摩尔分数或质量比、摩尔比表示，具体的选择决定于级与级间哪种流量不变或近似不变，以方便计算。正如吸收选择惰性气体和吸收剂流量作为计算基准一样，可使操作线为直线。理解此点，对浸提的理论级数计算非常有利。如果溶液质量或摩尔流量近似不变，则选用以溶液为基准的质量分数或摩尔分数表示浓度（用 $y$、$x$ 表示）；

如果溶剂质量或摩尔流量近似不变，则选择以溶剂为基准的质量比或摩尔比表示浓度（用 $Y$、$X$ 表示）。如果溶液或溶剂质量或摩尔流量在各级间无法保持恒定，则任选一种表达方法，用图解法求解理论级数。

单级浸提过程和计算与萃取相似。当已知溶剂用量和原料的量和组成时，求单级浸提所得溢流的组成和量以及底流的组成和量。类似于图 9-5，首先定出 $F$ 点，连 $FS$，按照杠杆规则定出 $M$ 点。过混合点 $M$ 的平衡线由 $BM$ 连线决定，此与萃取不同。延长 $BM$ 交 $AS$ 线于一点 $E$，此点为溢流液的组成点。底流的组成点也在 $BE$ 线上，但溢流液的量和底流各量的计算与惰性固体的持液量有关，需要补充有关条件方能求解。

工业浸提常常需要用多级才能完成，一般采用逆流浸提而不用错流浸提，因为错流浸提的溶剂用量多，浸提液的分离成本高。三级逆流浸提的流程如图 9-16 所示。

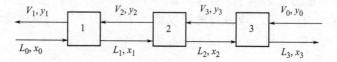

图 9-16　三级逆流浸提流程

底流流量 $L_i$（也可以是底流中的溶剂）恒定时称为恒底流流动，溢流流量 $V_i$（也可以是其中的溶剂）恒定时称为恒溢流流动。

如采用三角形相图算法求理论级数，对图 9-16 所示流程作物料衡算，得到：

$$V_1 - L_0 = V_2 - L_1 = V_3 - L_2 = \cdots = S - W = \Delta \tag{9-10}$$

式中，$S$ 为溶剂的流量；$W$ 为底流的流量。则采用三角形相图作图求理论级的方法同多级逆流萃取流程的求法。首先，由底流的组成情况作出底流组成线。恒底流时为平行于斜边 $AS$ 的线段，变底流时由实验给出底流曲线。后续步骤同萃取。根据总物料衡算确定 $L_0$、$V_1$、$S$、$W$ 四点，连接 $V_1 L_0$ 并延长，连接 $SW$ 并延长，相交于 $\Delta$。然后连接 $BW$ 并延长交 $AS$ 边于一点，开始图解。恒底流时，可以不用繁琐的图解法，而改用后面的代数法求理论级数。

采用脱固体基的 $y^0$-$x^0$ 坐标下的图解法，在变底流和理论级数较多时要比三角形相图表达更方便，称为 Pochon-Savarit 三角形图解法：以 $x^0$ 表示溶质浓度 [kgA/kg(A+S)]，$y^0$ 表示惰性固体 B 的比浓度 [kgB/kg(A+S)]，作出 $y^0$-$x^0$ 坐标，表示溢流的点全在 $x^0$ 坐标轴上，底流的点落在由浓度和固体持液试验得到的数据绘出的曲线上。在图中标出原料进料点 $L_0$，溶剂进料点 $V_0$（纯溶剂时为原点），由溶剂用量定出和点 $M$，已知排出第 1 级的溢流点 $V_1$（在 $x^0$ 轴上），连 $V_1 M$ 延长交底流曲线于 $L_n$（或反过来已知 $L_n$ 求出 $V_1$），连 $L_0 V_1$ 延长，连 $L_n V_0$ 并延长，交于 $\Delta$ 点。从 $V_1$ 点（或从 $L_n$）出发图解得到理论级数，平衡线是垂直于 $x^0$ 轴的直线。

恒流流动时用代数法求解理论级数。第 1 级由于投料的关系与后级不同，要分开表示，浓度的表达对应所选的恒流（$L$ 和 $V$ 表示恒定的流量）基准。如是溶剂恒流，则浓度要用质量比；如是溶液恒流，则浓度用溶质在液体中的质量分数表示。公式如下：

$$\frac{L_0 x_0}{L x_N} = 1 + \left(\frac{V_0}{L}\right) \frac{1 - \left(\frac{V}{L}\right)^N}{1 - \left(\frac{V}{L}\right)} \tag{9-11}$$

推导上式时，首先对第 1 级外的第 $i$ 级作溶质组分的衡算，对理论级同时有 $y_i = x_i$，得到底流浓度的递推表达式，从第 $N$ 级开始，直至推到第 2 级。再结合全系统的物料衡算，在溶剂进入浓度 $y_0$ 为 0 时，得到式(9-11)。若溶剂进入浓度 $y_0$ 不为 0，则利用总物料衡算和溶质组分的衡算关系，得到离开第 1 级的底流浓度 $x_1$ 和离开第 2 级的溢流浓度 $y_2$，离开最后一级的底流浓度 $x_n$，则有：

$$\left(\frac{V}{L}\right)^{n-1}=\frac{x_1-y_2}{x_n-y_0} \tag{9-12}$$

式（9-11）和式（9-12）证明留给读者完成。式（9-11）和式（9-12）中，以溶液为基准计算时，对应的 $V$ 和 $L$ 则为溢流和底流溶液的流量，浓度用质量分数（$y$、$x$）表示；以溶剂为基准计算时，对应的 $V$ 和 $L$ 则为溢流和底流中溶剂的流量，浓度用质量比（$Y$ 和 $X$）表示。

**【例 9-2】** 采用多级逆流系统，用苯作溶剂从一种豆粉中浸取油。惰性固体处理量为 2000kg/h，其中含油 800kg 和苯 50kg。每小时从末级流入的浸取溶剂中含苯 1310kg 和油 20kg。离开末级的固体持液中含油 120kg。由澄清实验测得底流各处的 $y^0$ 与 $x^0$ 对应数据如下表。计算离开系统的物流量和浓度以及所需的平衡级数。

| $y^0/[\text{kgB/kg(A+S)}]$ | 2.00 | 1.98 | 1.94 | 1.89 | 1.82 | 1.75 | 1.68 | 1.61 |
|---|---|---|---|---|---|---|---|---|
| $x^0/[\text{kgA/kg(A+S)}]$ | 0 | 0.1 | 0.2 | 0.3 | 0.4 | 0.5 | 0.6 | 0.7 |

**解：** 豆粉进料含溶液的质量流量：$L_0=800+50=850\text{kg/h}$

豆粉进料的组成：

$$x_0=\frac{800}{800+50}=0.941=x_F^0$$

底流中惰性固体流量：

$$L_B=2000\text{kg/h}$$

进料所含惰性固体的比浓度：

$$y_F^0=\frac{L_B}{L_0}=\frac{2000}{850}=2.36$$

由此，定出 $L_0$ 点。

末级溶剂进入第 $n$ 级的点：

$$V_0=1310+20=1330\text{kg/h}$$

$$y_0=\frac{20}{1330}=0.015=x_S^0，溶剂中$$

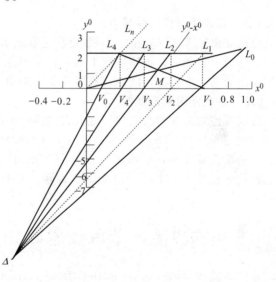

不含 B，$y_S^0=0$，由此定出 $V_0$。

点 $L_n$ 确定的依据为：

$$\frac{y_n^0}{x_n^0}=\frac{2000/L_n}{120/L_n}=\frac{2000}{120}=16.7$$

从原点作斜率为 16.7 的直线，交底流线于 $L_n$，读出 $x_n=0.118$，$y_n^0=1.97$。

溶剂和原料混合点 $M$ 的确定：

$$M=L_0+V_0=850+1330=2180\text{kg/h}$$

$$x_M=\frac{L_0 x_0+V_0 y_0}{M}=\frac{850\times0.941+1330\times0.015}{2180}=0.376$$

$$y_M^0=\frac{2000}{2180}=0.918，由 M（0.918，0.376）在图中标出 M 点。$$

作直线 $L_n M$，延长交 $x^0$ 轴，得到 $V_1$，得到 $y_1=0.600$。

$$L_n+V_1=M=2180，\quad L_n x_n+V_1 y_1=M x_M，\quad L_n\times0.118+V_1\times0.600=2180\times0.376$$

解出：$L_n = 1016\text{kg/h}$，$V_1 = 1164\text{kg/h}$

第 1 级流出的溢流的流量和组成是：

$$V_1 = 1164\text{kg(A+S)/h}, y_1 = 0.600\text{kgA/kg(A+S)}$$

末级流出的残渣的量和组成是：

$$L_n = 1016\text{kg(A+S)/h}, y_n^0 = 1.97\text{kgB/kg(A+S)}, x_n = 0.118\text{kgA/kg(A+S)}$$

连 $L_0 V_1$ 并延长，连 $L_n V_0$ 并延长，交于 $\Delta$，图解得到 4 个理论级。

此题也可以采用与吸收或精馏类似的图解法求解理论板数，操作线由已经算出的两个顶点加 $x = 0.5$ 的底流对应的溢流的 $y$（需要计算）绘出的点共三个点给出一条渐弯曲线，平衡线为 $y = x$。另外，此题也可以三角形相图法求解。有兴趣的读者从系统掌握知识的角度出发，可以一试。

### 9.4.3　浸提设备

浸提操作通常有三种基本方式：单级接触式、多级接触式和连续接触式。多级接触式操作可视作若干个单级的串联，从而实现连续操作。

#### 9.4.3.1　浸提罐

又称固定床浸提器，早年曾用于甜菜的浸取，现多用于从树皮中浸取单宁酸；从树皮和种子中浸取药物，以及咖啡豆、油料种子和茶叶的浸取等。其罐主体为一圆筒形容器，底部装有笼屉状支架以支持固体物料。溶剂则均匀地喷淋于固体物料床层上，整个浸取罐的结构类似于一填料塔。浸取罐下部装有加热系统，用以将挥发性溶剂蒸发，等于同时实现了溶剂回收。

#### 9.4.3.2　立式浸泡式浸提器

浸提器由呈 U 形布置的三个螺旋输送器组成。由螺旋输送器实现物料的移动，物料在较低的塔的上方加入，被输送到下部，在水平方向移动一段距离后，再由另一垂直螺旋输送到较高的塔的上部排出，溶剂与物料成逆流流动。

#### 9.4.3.3　卧式浸泡式浸提器

卧式浸泡式浸取器与立式浸泡式浸取器的不同在于，它的螺旋输送器是水平放置的，典型的示例是糖厂的 DDS 浸取器，它用一双螺旋输送器来实现物料的移动。浸提器本身略带倾斜，与地面成 8°角，溶剂则借重力向下流动，双螺旋器有特殊的结构，使得每旋转一周时物料只前进约 1/3 个螺距而非 1 个螺距。器身本身带夹套，便于加热，维持一定的浸取温度。

## 9.5　超临界流体萃取技术简介

超临界流体萃取（super critical fluid extraction，SFE）是近二十年来迅速发展起来的一种新型的萃取分离技术。这类技术是利用某些溶剂在临界值以上所具有的特性来提取混合物中可溶性组分。与萃取和浸提操作相比较，它们同是加入溶剂，在不同的相之间完成传质分离。不同的是，超临界流体萃取中所用的溶剂是超临界状态下的流体，该流体具有气体和液体之间的性质，且对许多物质均具有很强的溶解能力，分离速率比液体溶剂萃取快，可以实现高效的分离过程。典型流程示意如图 9-17 所示。

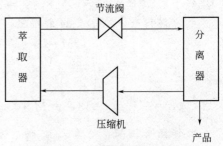

图 9-17　超临界萃取流程图

### 9.5.1 超临界流体的性质

在自然界中，当气体的温度高于某一数值时，任何压缩都不能使它变为液体，此时气体的温度被称作临界温度（$T_0$）。同样，气体也有一个临界压力（$P_0$），它是在临界温度下，

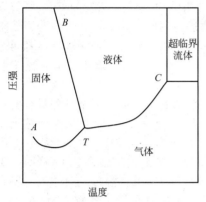

图 9-18 单组分的相图

气体能被液化的最低压力。当物质的温度高于临界温度，压力大于临界压力时，则称该物质处于超临界状态，见图 9-18。例如，$CO_2$ 的临界温度为 31.1℃、临界压强为 7.38MPa、临界密度为 322kg/m³，水的临界温度为 374.1℃、临界压强为 22.0MPa、临界密度为 468kg/m³，乙烯的临界温度为 9.2℃、临界压强为 5.03MPa、临界密度为 218kg/m³。处于超临界状态的流体称为超临界流体，使用超临界流体作为溶剂的萃取方法，称为超临界流体萃取。

密度、黏度和扩散系数是超临界流体的三个基本性质。一般来讲，超临界流体的密度越大，其溶解度越大，反之亦然。也就是说，超临界流体中物质的溶解度在恒温下随压力升高而增大；在恒压下，随温度的增高而下降。这一特性有利于从物质中萃取某些易溶解的成分。而超临界流体的高流动性和扩散能力，则有助于所溶解的各组分之间的分离，并能加速溶解平衡，提高萃取效率。

### 9.5.2 超临界流体萃取的基本原理

超临界流体萃取分离过程的原理是利用超临界流体的溶解能力与其密度的关系，即利用压力和温度对超临界流体溶解能力的影响而进行的。在超临界状态下，将超临界流体与待分离的物质接触，使其有选择性地把极性大小、沸点高低和分子量大小的成分依次萃取出来。

当然，对应各压力范围所得到的萃取物不可能是单一组分的，但可以通过控制条件得到与目标组分较接近的混合成分，然后借助减压、升温的方法使超临界流体变成普通气体，被萃取物质则完全或基本析出，从而达到分离提纯的目的。

### 9.5.3 超临界流体萃取在食品工程中的应用

超临界流体萃取技术作为一种新型的分离技术，在食品加工领域有着广阔的应用前景。许多研究表明：超临界流体具有较高的扩散性、传质阻力小，这对多孔疏松的固态物质和油脂材料中的化合物萃取特别有利。超临界流体对改变操作条件（如压力、温度）特别敏感，这就提供了操作上的灵活性和可调性；超临界流体具有溶剂的溶解性能，并能在较低温度下操作，若用 $CO_2$ 作介质，能实现低温、无毒、无溶剂残留，特别适合于食品工业分离精制风味特性物质、热敏性物质和生理活性物质。

近年来，超临界流体萃取技术的研究取得了很大的进展，它正成为食品工业获得高品质的最有效的手段之一，主要应用在有害成分的脱除、有效成分的提取、食品原料的处理等几个方面。例如：从咖啡、茶中脱咖啡因；啤酒花萃取；从植物中萃取风味物质；从各种动植物中萃取各种脂肪酸、提取色素；从奶油和鸡蛋中去除胆固醇等。我国的超临界流体萃取技术研究开发也是从食品方面起步，围绕我国丰富的自然资源开展了大量的实验探索，其中卓有成效的是小麦胚芽油、沙棘油等的超临界萃取，已达到实用规模。下面介绍两种超临界流体萃取在食品工程中的应用实例。

（1）啤酒花有效成分萃取　采用超临界萃取法生产啤酒花浸膏时，首先把啤酒花磨成粉

状，使之更易与 $CO_2$ 接触。然后装入萃取釜，密封后通入 SC-$CO_2$。达到萃取要求后，经节流降压，萃出物随 $CO_2$ 一起被送至分离釜，得到黄绿色产物。该生产装置中有四个萃取釜，在每个萃取周期总有一个釜是轮空的。生产时，SC-$CO_2$ 依次穿过每个釜中的啤酒花碎片，然后含萃取物的 $CO_2$ 节流降压，进入预热器预热，再进入下一个热交换器，在该热交换器中，混合物中的 $CO_2$ 受热蒸发，待萃取物（浸膏）析出，并自动排出。蒸发的 $CO_2$ 经再压缩，进入后冷却器预冷，之后进入热交换器与上述混合物进行间壁式热交换，管内为再压缩的 $CO_2$，管外为含萃取物的 $CO_2$ 混合物。冷凝后的 $CO_2$ 流入 $CO_2$ 储罐，经深冷器冷却再返回到萃取釜。从储罐来的 $CO_2$ 可被送往任何一个萃取釜。另外，有两个罐用于储存整个装置系统的纯 $CO_2$ 和不纯的 $CO_2$。

(2) 分离辣椒红色素和辣椒黄色素　辣椒油树脂由溶剂法制得，成分复杂且各成分有相似物性，同时还带有溶剂残余。SC-$CO_2$ 达到除去树脂中臭味、残余溶剂同时将辣椒色素分成红、黄两种色素的目的。在萃取器中装入辣椒油树脂，用压力为 12MPa、温度为 40℃的 SC-$CO_2$ 萃取 6h 后，除去原树脂中的焦油臭、烟油子臭和苦涩味物质。然后继续用 SC-$CO_2$ 萃取，此时压力为 20MPa，温度为 40℃，分离器收集压力为 4MPa，温度为 40℃。最后，在分离器得到橙黄色素，而在萃取器中得到色价高出 3 倍的浓缩红色素，其收率为 96.7%，但油树脂中的辣素未被分离。

## 思　考　题

9-1　萃取的目的是什么，原理是什么？

9-2　萃取的必要条件是什么？

9-3　萃取过程与吸收过程的主要差别有哪些？

9-4　什么是临界混溶点，是否在溶解度曲线的最高点？

9-5　分配系数等于 1 能否进行萃取分离操作？萃取液、萃余液各是什么？

9-6　何谓选择性系数？$\beta=1$ 意味着什么？$\beta=\infty$ 意味着什么？

9-7　多级逆流萃取中 $(S/F)_{min}$ 如何确定？

9-8　什么是超临界萃取？超临界萃取的基本流程是怎样的？

## 习　题

9-1　在 A-B 二元混合物中，溶质 A 的质量分数为 0.4，取该混合物 100kg 和 75kg 的萃取剂 S（与 B 部分互溶）萃取后分层，萃取液中 A 的组成为 $y=28\%$，萃余液中 A 的组成为 $x=12\%$。求萃取液和萃余液的量；A、B 分别在两相中的分配系数；萃取率。（萃取液 120kg，萃余液 55kg；分配系数 2.3；萃取率 84%）

9-2　在 25℃下，用溶剂（S）从 A 的水溶液中萃取 A。原料液 A 的含量为 0.03（质量分数），处理量为 1000kg/h，操作溶剂比 $S/F=0.12$，要求最终萃余相中 A 的质量分数不大于 0.002，求所需逆流萃取的理论级数 $n$。操作范围内的相平衡关系为 $y_A=3.98x_A^{0.68}$，$x_S=0.013-0.05x_A$，$y_S=0.933-1.05y_A$。（$N=2$）

9-3　设计一多级逆流接触浸出设备，以淡水为溶剂每小时处理 4t 炒咖啡豆以制造速溶咖啡。咖啡中可溶出固体含量为 24%，含水量可忽略不计。离开设备的浸出液含溶解固体 30%，要求浸出液中有 95% 的可溶固体被回收，试确定：

(1) 每小时生产的浸出液量；（3.04t/h）

(2) 每小时所耗的淡水量；（7.25t/h）

(3) 若级效率为 70%，每吨惰性固体持液 1.7t，求级数。（12 级）

9-4　在多级逐流接触设备中，以汽油为溶剂进行大豆浸出操作，以生产豆油。若大豆最初含油量为 18%，最后浸出液含油 40%，原料中总含油的 90% 被浸出，试计算必需的级数。假设在第一级混合器中，大豆所含的油全被浸出。又设每级均达平衡，且每级沉降分离后的底流豆渣中持有相当于一半固体量

的溶液。（5 级）

9-5 洗涤是一种与浸出相类似的操作。它们主要的区别在于，洗涤中的惰性固体是有价值的物质，而溶剂多半是水。现有 50kg 新鲜的酪酰凝乳，当沉淀和沥水后，发现持有 60% 的含水量，且此水分中含有 4.5% 乳糖。然后，凝乳用水多次洗涤，除去大部分乳糖。若洗涤共进行 3 次，每次洗涤水用量为 90L，试计算干燥后酪酰的残糖量。若采用一次洗涤法，要达到同样的残糖量，要用多少洗涤水？假定每次洗涤和沥水后，凝乳的持液量均为 66%。（残糖量 0.0396kg；一次洗涤法需洗涤水 1294L）

9-6 棕榈仁含油 50%。对 1t 的原料使用 1t 的己烷进行逆流接触浸出。假设残渣中油和溶剂的量与全量之比为常数 0.5。试问：

（1）为了使油的浓度减少到 1%（干基），必需的理论级数是多少？（5.66）

（2）其它条件不变，若 1t 棕榈仁使用 2t 溶剂，则需理论级是多少？（3.12）

（3）1t 原料仍使用 1t 溶剂，但残渣经压榨，且其组成点是溶剂 25%、脱油干固体 75% 所代表的线。若达到同样的要求，求所需的级数。（3）

## 本章符号说明

$a$——单位体积内具有的相际接触面积，$m^2/m^3$；

$d_m$——液滴的平均直径，m；

$D$——溶质在体系内部的扩散系数，$m^2/s$；

$E$——萃取相质量，浸取率；

$k_A$——分配系数；

$q_m$——某相的质量，kg；

$q_F$——料液量，kg；

$q_m，s_{min}$——最小溶剂用量；

$q$——固体内部溶质的浓度；

$q_1$——平衡时，固体中溶质浓度；

$q_0$——开始时，固体中溶质浓度；

$q$——$t$ 时刻，固体中溶质平均浓度；

$T$——温度，K；

$v_D$——分散相的滞留率（体积分数）；

$w_F$——组成，质量分数；

$w$——萃余相的溶质浓度，质量分数；

$x，y$——某种组分的质量分数；

$\beta$——选择性系数；

$\tau$——浸取时间。

# 第 **10** 章 食品冷冻技术

【本章学习要求】

学习关于食品低温加工的技术和常用方法；掌握物料冷冻的基本原理和制冷循环的计算；了解食品冻结的过程及变化；了解现今使用的高效速冻技术的原理、工艺及设备；了解冷冻浓缩的相关概念及应用。

【引言】

速冻薯条是快餐食品的主要原料之一，仅北京麦当劳的消费量每年为 4000～5000t。我国生产企业寥若晨星（如中美合资北京辛普劳食品有限公司），产能严重不足。据初步估计，我国每年进口速冻薯条上万吨。速冻薯条的工艺流程为：原料选择—清洗—去皮—修整—切条—分级—烫漂—干燥—油炸—沥油—预冻—速冻—称量包装—冻藏。

## 10.1 物料冷冻的技术原理

### 10.1.1 制冷基本概念

#### 10.1.1.1 制冷的定义

制冷过程的实质是从低于环境温度的物体中取出热量，并将其转移到环境介质中，以获得低温的工程。根据热力学第二定律，如果要使低温物体的热量移向高温物体，就必须消耗一定的能量，才能实现热量的转移。

#### 10.1.1.2 制冷技术的相关概念

（1）热　热是能的一种形式，热能可以转变为其它形式的能。如气体膨胀推动活塞移动是热能转化为机械能；活塞对气体做功，压缩气体时，气体温度升高，此时机械能又转化为热能。

热量的单位与功和能的单位一样，都用焦耳（J）表示。定义为：

　　　　1 焦耳＝1 牛顿·米(N·m)　　　　1 瓦·秒(W·S)＝1 焦耳

在制冷工程中热量单位常用的是千焦耳（kJ）。

（2）比热容　单位质量物质的热容量称为比热容。比热容定义为：在过热或过冷过程中，使单位质量的物质温度升高或降低 1℃（或 1K）所吸收或放出的热量。在制冷过程中多用定压比热容，不同物质的比热容不同，如水 $c_p=4.1868kJ/(kg\cdot K)$，冰 $c_p=2.0934kJ/(kg\cdot K)$。

（3）显热　给物体加热或冷却时，物体要吸收热量或放出热量，在这种热力传递过程中物体的温度发生变化，而状态不改变，此时物体吸收或放出的热量称为显热。

固体显热：理论上，当温度为热力学 0K 时，固体物质分子停止运动，因此热力学 0K 称为固体的初始温度。当给固体加热时，物质分子因获得热能开始振动，物体温度升高。当供给更多的热能时，分子振动加速，物体温度再升高，达到熔点。固体物质从初始温度热力学 0K 升高到熔点所需要的总热力，称固体显热。

液体显热：液体物质的初始温度为熔化温度，若给液体物质加热，物质分子因获得能量，运动速度加快，温度升高。继续供给热能，物质的温度继续升高，直至沸点。液体物质由熔点升高到沸点所需的总热量，称为液体显热。

（4）潜热　给物质加入或从物质中取出热量时，若状态发生变化，而物质的温度保持不变，此时加入或取出的热量称为潜热。物质的潜热可用公式 $Q=mr$ 计算，式中，$Q$ 为总的潜热，kJ；$m$ 为物质的质量，kg；$r$ 为潜热，kJ/kg。

（5）制冷负荷　降低或保持制冷空间的温度所需要移走的热量称为制冷负荷。在制冷系统中，这些热量都是通过机器设备的运行从低温源移到高温源的。

制冷可分为普冷和低温，两者以制取低温的温度来区分，按照国际制冷学会第 13 届国际制冷大会的建议，将 120K 规定为普冷和低温的界限。

（6）制冷量　单位质量制冷剂所吸收的热量 $q_0$(kJ/kg)。

（7）制冷系数　评价某具体制冷循环经济性的一项指标，表示制冷循环中的制冷量与该循环消耗的外功的比值。制冷系数用公式 $\varepsilon=q_0/w_0$ 计算，式中，$\varepsilon$ 为制冷系数；$q_0$ 为制冷量，kJ/kg；$w_0$ 为循环消耗的外功，kJ/kg。

在理想状态下，制冷系数只与热源和冷源有关，与工质无关，而实际制冷循环的制冷系数要低于理想状态的值。

## 10.1.2　制冷循环及其计算

利用压缩机给制冷剂创造一个相态变化的条件，并使该相态变化依次循环，连续不断。这种过程称作制冷循环。

### 10.1.2.1　理想制冷循环——逆卡诺循环

假设：制冷剂在压缩过程中是等熵的；整个循环过程无任何阻力和热损失；制冷剂的吸热或放热是在无温差的条件下进行的。

理想循环由绝热压缩过程、等温放热过程、绝热膨胀过程与等温吸热过程组成。理想循环的制冷系数取决于冷源和热源的温度，而与所用制冷剂的性质无关。

图 10-1 为理想的制冷循环压焓图。

1—2——定熵线：干饱和蒸汽（点 1）在压缩机汽缸中被定熵压缩，压力升高，制冷剂变成过热蒸汽（点 2）。

2—2′——定压线。过热蒸汽在冷凝器中被定压冷凝成干饱和蒸汽（点 2′）。

2′—3——定温-定压线。干饱和蒸汽在冷凝器中定温、定压，放出汽化潜热之后，被冷凝成饱和液体（点 3）。

3—4——节流过程线。饱和液体经节流机构，被降温降压为湿蒸汽状态（点 4）。

4—1——定温-定压线。湿蒸汽在蒸发器

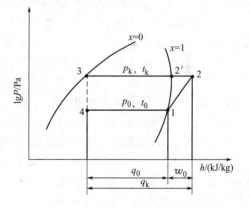

图 10-1　理想制冷循环的压焓

中，定温、定压吸收被冷却介质的热量，使湿蒸汽变为干饱和蒸汽（点 1）。

已知条件：制冷剂的种类、制冷系统的蒸发温度 $t_0$（℃）、冷凝温度 $t_k$（℃）、压缩机的汽缸直径 $D$（m）、活塞行程 $S$（m）、汽缸数 $Z$、曲轴转速 $n$（r/min）。依图进行计算。

（1）单位制冷量 $q_0$

$$q_0=h_1-h_4(\text{kJ/kg})$$

式中，$h_1$ 为压缩机吸气状态下的制冷剂比焓，kJ/kg；$h_4$ 为经节流之后的制冷剂比焓，kJ/kg。

（2）压缩机的单位理论功 $w_0$　因为理想循环中的压缩过程是定熵过程，所以单位理论功可用压缩前、后制冷剂的比焓差来表示。

$$w_0 = h_2 - h_1 (\text{kJ/kg})$$

式中，$h_2$ 为压缩终了状态下制冷剂的比焓，kJ/kg。

（3）压缩机的理论排气量 $V$

$$V = \frac{\pi D^2}{4} Sz \frac{n}{60} (\text{m}^3/\text{s})$$

（4）制冷剂的循环量 $m_k$

$$m_k = \frac{V}{v_1} (\text{kg/s})$$

式中，$v_1$ 为压缩机吸气状态下制冷剂蒸汽的比容，$\text{m}^3/\text{kg}$。

（5）制冷机的制冷能力 $Q_0$

$$Q_0 = m_k q_0 = m_k (h_1 - h_4) \quad (\text{kW})$$

#### 10.1.2.2　基本理论制冷循环——饱和循环

假设：节流降压取代绝热膨胀；采用干压缩；采用具有传热温差的等压换热。

基本理论循环由两个等压换热过程、绝热压缩过程与焓值不变的绝热节流过程组成。

基本理论循环的实际制冷系数 $K_e$，与制冷剂种类、压缩机效率、工况有关。

#### 10.1.2.3　实际制冷循环——过冷循环、过热循环、回热循环

理想制冷循环是不存在的，但它给出了提高制冷循环经济性的方向；基本理论制冷循环比较接近实际，但经济性与安全性不够。

（1）过冷循环　液态制冷剂在进入节流阀前已达到过冷状态的制冷循环。

过冷：在一定压力下，让饱和液态制冷剂进一步冷却，使其温度低于泡点温度。

供液过冷度：制冷剂泡点温度与实际冷凝温度之差。

过冷度一般在 3~5℃，其作用是减少节流损失，提高制冷量与制冷系数。

（2）过热循环　气态制冷剂在进入压缩机吸入口前已达到过热状态的制冷循环。

过热：在一定压力下，让饱和气态制冷剂进一步吸热，使其温度高于露点温度。

吸气过热度：压缩机进口气态制冷剂温度与露点温度之差。

过热度常取 3~7℃，其作用是防止压缩机产生"液击"现象；也可防止液态制冷剂进入汽缸与缸壁产生强烈热交换并汽化，使吸气量减少，影响制冷量。

有害过热：在蒸发器之后的回气管中进行，不增加制冷量、降低制冷系数的过热。

有效过热：在蒸发器尾部（冷库内）完成，使制冷量增加的过热。

（3）回热循环　进入节流阀前液态制冷剂与蒸发器出口低温低压的气态制冷剂在回热器中进行热交换，液态制冷剂得到进一步冷却而过冷、气态制冷剂进一步吸热而过热的循环。

### 10.1.3　食品的冻结过程

食品的冻结就是将食品的温度降低到食品冻结点以下的某一预定温度（一般要求食品的中心温度达到 −15℃ 或以下），使食品中的大部分水分冻结成冰晶体。

常见的冻结食品，不仅有未经加工或只经过初加工的，处于新鲜状态的肉、禽、水产品、去壳蛋、水果、蔬菜等，还有不少加工品，如面包、点心、冰激凌、果汁、以及名目繁多的预制冻结食品。

（1）冻结过程和冻结曲线　食品物料的冻结过程是食品降温到完全冻结的整个过程，冻结曲线就是描述冻结过程中食品物料的温度随时间变化的曲线。

整个冷冻过程可分为 3 个阶段：

① 预冻阶段：产品自初始温度降到结冰点。

② 冷冻阶段：冷冻部分由于释放热量将水转化为冰而保持品温基本不变。

③ 降低到储藏温度的阶段：产品的冷冻部分能够结冰的水绝大部分转化成冰至达到冷冻的最终温度。

（2）最大冰晶生成带　在食品冻结过程中有一个阶段，冷冻部分由于释放热量将水转化为冰而使品温下降的速度缓慢，这是由于大量水结成冰，释放出大量潜热，大约是冷冻开始时释放显热的 60 倍左右，这一阶段称为最大冰晶生成期。食品中心温度一般为 $-1\sim-5℃$ 左右。

（3）冻结速率

冻结速率是指食品物料内某点的温度下降速率或冰峰的前进速率。通常有两种表示方法：①按时间，食品通过最大冰晶生成带所需要的时间小于 30min 称为快速冻结，在 30～120min 的称为中速冻结，大于 120min 的称为慢速冻结。②按冰层的推进距离，1h 内 $-5℃$ 的冻结面从食品表层向中心推进距离在 5～20mm 为快速冻结，1～5mm 为中速冻结，0.1～1mm 为慢速冻结。

（4）冻结对食品品质的影响　食品冻结过程首先是表面的水分结冰，然后冰层逐渐向内部转移，当内部的水分因为冻结而体积膨胀时，会受到外部冻结冰层的阻碍，产生内压力，当处于最大冰晶生成带时，膨胀压达到最大，如果外部抵挡不住这些压力，就会产生龟裂。

冻结食品的冻结损伤有四种，分为冷却损伤、溶质浓缩损伤、脱水损伤以及冰晶体损伤。

① 冷冻损伤　将植物组织暴露于低温环境，引起膜结构，膜蛋白的变化，影响植物组织的正常生化代谢。

② 溶质浓缩损伤　由于冰晶形成，未结冰的溶质浓度升高，离子强度增大，影响蛋白质等大分子的形状和功能，分子聚集或沉淀。

③ 脱水损伤　未冻结的溶质使细胞内外渗透压发生变化，水由细胞内向细胞外渗透，细胞脱水，体积下降，发生质壁分离。

④ 来自冰晶体的机械损伤　冰晶本身坚硬，缺乏弹性，引起局部应力集中，破坏细胞组织，产生的损伤在解冻组织中可发现，组织中存在大量的空穴，并被冰晶占据。因此要尽可能缩短通过最大冰晶生成带的时间。

（5）冻速对组织的影响　一般认为快速冻结形成的冰晶，对食品组织影响小，尤其是果蔬组织质地比较脆嫩，冻结速率要求更快。

食品材料的冻结过程可能造成对食品材料微观结构的重大变化，变化程度主要取决于冰晶生长的位置，而这又取决于冻结速率和食品组织的水渗透速率。一般来说，冻结速率快，食品通过最大冰晶生成带的时间短，冰层向内延伸的速率比水分移动速率快，细胞内的水分来不及渗透出来就凝结成冰晶，细胞内外形成数量多而体积小的冰晶，冰晶分布接近原来新鲜物料中水分分布的状态。如果冻结速度慢，由于细胞外溶液浓度低，首先就在那里产生冰晶，水分在开始时即向这些冰晶移动，形成较大的冰晶体，造成冰晶体分布不均。

冰晶粗大，细胞组织容易受损伤，甚至于被锐利的冰晶体戳破，导致食品结构的机械损伤。在冷冻食品解冻时，受损组织不能恢复，造成细胞内容物外流。此外，食品内部细胞的破裂很可能会加快细胞内其它反应，对食品品质特性产生不良影响。

冻结时间短，允许盐分扩散和分离出水分以形成纯冰的时间短；而且食品物料迅速从未冻结状态转化为冻结状态，浓缩的溶质和食品组织、胶体以及各种成分相互接触的时间也会显著减少，浓缩带来的危害也随之下降到最低程度。同时，速冻能将食品温度迅速降低到微生物生长活动温度以下，并将酶的活性降低到很低的程度，能及时地阻止冻结过程中微生物和酶对食品品质的影响。

但也必须认识到，冻结速率过快，也会对食品质量带来不良的影响。如果冻结速率过快，会在食品结构内的短距离中形成大温度梯度，从而产生张力，导致食品结构的破裂，这些变化也会对食品品质产生不良影响，应尽可能避免。

### 10.1.4 食品冷冻与冷藏

#### 10.1.4.1 食品的冷冻

任何冻制食品的最后品质和储藏能力都决定于：①食品原料的成分和性质；②食品原料的选择，预处理和加工；③冻结的方法；④储藏的条件状况。

(1) 冷冻食品的物料选择 对于水果、蔬菜来说，应选用适宜的品种，并在成熟度最高时采收。此外为了避免酶及微生物的活动引起不必要的损失，采收的新鲜原料应尽快冻制。

(2) 冷冻食品物料的前处理 食品原料应进行清洗、除杂，清除表面上的可见杂质、尘土等。由于低温不能破坏酶系统，为了提高蔬菜的耐藏性，须将蔬菜在100℃的热水或蒸汽中进行预煮，预煮后立刻将原料冷却到10℃以下。

(3) 冷冻的方法

① 空气冻结法 空气冻结法所用的冻结介质是低温空气，冻结中空气可以是静止的也可以是流动的。静止空气冻结法在绝热的低温冻结室进行，冻结室温度为－40～－18℃，时间一般为3h～3d。

鼓风冻结也属于空气冻结法之一，采用鼓风机使空气强制性地流动并和物料充分接触，增强制冷效果，达到快速冻结的目的。

采用小推车隧道冻结时，冻结的物料装载在冷冻盘中，进入隧道后，小车的速度由冻结时间和隧道长度来计算，使小车离开隧道时，食品物料已经完全被冻结。温度一般在－45～－35℃，空气流速在2～3m/s，冻结时间是：包装食品1～4h，较厚的食品6～12h。

② 间接冻结法 食品放置在由制冷剂冷却的板、盘、带或其它冷壁上，与冷壁直接接触，但与制冷剂间接接触。板式冻结法是最常见的间接冻结的方法。

③ 直接接触冻结法 又称为液体冻结法，它是用制冷剂直接喷淋或浸泡需要冻结的食品物料，可用于包装或未包装的食品物料。因为食品直接与制冷剂接触，因此冷冻液应该无毒、纯净、无异味、无外来色泽、无漂白作用。常用的有盐水、糖液以及多元醇-水复合物等。

#### 10.1.4.2 食品的冷藏

(1) 冷藏食品原料的选择和预处理 冷藏食品原料的选择应注意原料的成熟度和新鲜度。植物性食品原料采收后仍具有生命力，有继续成熟的过程，低温可以延缓这一成熟的过程。一般而言，达到采收成熟度的果实，采收后成熟度越低，储藏寿命越长，原料越新鲜，储藏时间越长。此外应保证原料无机械损伤，无病害。动物性食品应选择动物屠宰或捕获后的新鲜状态进行冷藏。

(2) 冷却 冷却是指在储藏运输之前，将食品冷却到冷藏温度，及时的抑制食品中微生物的生长，繁殖，降低生化反应速率，比较好地保持食品原有的品质，延长储藏期的方法。

冷却的方法通常有：①空气冷却法；②冷水冷却法；③冰冷却法；④真空冷却法。

(3) 食品冷藏条件 食品冷藏效果主要取决于储藏温度、空气湿度和空气流速。这些条件可随食品种类和储藏时间的长短以及有无包装来变化。

① 储藏温度 储藏温度是食品冷藏的重要因素，储藏温度不仅指冷藏库内空气的温度，更为重要的是指食品的中心温度。在保证食品不至于冻结的情况下，食品的温度越接近于冻结温度，食品的储藏时间越长，在储藏中要减少温度的波动幅度和次数。因为冷藏室温度波

动会引起空气中的水分在食品表面冷结。

② 空气相对湿度及其流速　在冷藏库中，空气过于潮湿，低温食品表面与高湿空气相遇，会在表面凝结成水，导致发霉变质；空气的相对湿度过低，食品中的水分蒸发速度加快，会导致食品组织萎缩，品质下降。冷藏时，空气的适宜湿度为：水果 85%～90%，蔬菜 90%～95%，坚果 70%，干态颗粒食品 50% 以下。冷藏室内的空气流速也极其重要。空气流速大，食品表面附近的空气不断更新，水分的扩散系数增大，水分蒸发加快，造成干耗。只有相对湿度较高而空气流速较低的情况下，才会使水分的损失降到最低。所以空气流速的确定原则为：能迅速将食品所产生的热量带走，从而保证室内温度均匀分布，同时将冷藏食品脱水干耗现象降到最低程度。

(4) 食品在冷藏中的质量变化　食品在冷藏过程中会发生一系列变化，这些变化与食品的种类、成分，食品的冷却冷藏条件密切相关。

① 水分蒸发　在冷藏过程中食品的温度下降，同时当冷空气中水分的蒸气压低于食品表面的蒸气压时，食品表面的水分向外蒸发，使食品水分丢失。水分在新鲜果蔬中占有较大比重，是维持水果蔬菜正常生理活动和新鲜品质的必要条件，失水不仅会造成重量的减轻，同时也会失去新鲜饱满的外观，影响柔韧性和抗病性。一般来说，冷藏初期的食品水分蒸发的速率较快。

② 冷害　有些水果蔬菜在冷却和冷藏过程中，虽然温度并没有低于冻结点，但当储藏温度低于某一温度界限时，正常的生理机能就可能受到阻碍，引起一些生理病害，称之为冷害。

冷害最明显的特征是组织内部褐变和表皮出现干缩、凸凹斑纹，例如西红柿的保鲜温度为 10℃，若低于这一温度，西红柿就失去后熟能力，不能由绿变红。

可引起冷害的原因有很多，主要与蔬菜水果的种类、储藏温度和时间有关。热带和亚热带水果生长于高温环境中，对低温较为敏感，容易受到冷害。不同种类的果蔬，以及同一种类的不同品种对低温的抵抗能力也不尽相同。采用冷藏温度较其临界温度低得越多，发生冷害的可能性越大。但冷害的出现需要一段时间，在临界温度下经历的时间较短也不会发生冷害。

③ 成分变化　果蔬的成熟会使果蔬的成分发生变化，对于大多数水果来说，随着果蔬由未成熟向成熟过渡，果实内的糖分、果胶增加，果实的质地变得柔软多汁，糖酸比更加合适，口感变好。此外，冷藏过程中一些营养成分会丧失，例如维生素 C。

④ 变色、变味和变质　在冷藏过程中，随着果实的成熟，色泽会发生相应的变化，如叶绿素和花青素的减少，胡萝卜素的增加，使得果实呈现出红黄色系。肉类在冷藏中也会发生变色现象，如红肉变为褐色，白色脂肪可能变为黄色，这种肉类色泽的变化，通常是由肉类本身的氧化作用以及微生物的作用引起的。肉色由红变褐，是因为肌红蛋白和血红蛋白被氧化为高铁肌红蛋白和高铁血红蛋白所引起的，而脂肪变黄是因为水解后的脂肪酸被氧化的结果。

# 10.2 流化床速冻

固体流态化技术是一种微粒固体与气体或液体接触而转变成为类似流体状态的操作，流态化技术设备结构简单，生产强度大，易于实现连续化、自动化操作。固体流态化具有如下优点：①颗粒流动平稳，类似液体，可实现连续、自动控制；②固体颗粒混合迅速，整个流化床处于等温状态；③流体与颗粒间的传热和传质速率高，整个床层与浸没介质间传热速率高。

### 10.2.1 食品物料的流态化速冻原理

#### 10.2.1.1 流态化的基本概念

流体经过固体颗粒床层流动时，随着颗粒特性和流体速度的不同，床层可以呈现 3 种状态：固定床、流化床、输送床。

#### 10.2.1.2 流态化冻结原理

即将被冷冻颗粒状、片状或块状食品放在开孔率适宜的网带或多孔槽板上，高速冷空气流自下而上地穿过网带和槽板，将被冻食品吹起呈悬浮状态，使固体被冷冻食品具有类似于流体的某些表现特性，形成类似沸腾状态，像流体一样运动，并在运动中被快速冻结的过程。在这样的条件下进行冷冻，称为流态化冻结。

流态化快速冻结，其流化原理如图 10-2 所示：当冷气流自下而上穿过食品层而流速较低时，食品颗粒处于静止状态，称为固定床。随着气流速度的增加，食品床层两侧的气流压力降也将增加，食品层开始松动。当气流速度达到一定数值时，食品颗粒不再保持静止状态，部分颗粒悬浮向上，造成床层膨胀，空隙率增大，即开始进入流化状态。这种状态是区别固定床和流化床的分界点，称为临界流化状态。对应的最大压强降 $\Delta p_k$ 值叫做临界压强，对应的风速 $v_k$ 叫做临界风速。临界压强和临界速度是形成流态化的必要条件。当气流速度继续增加时，床层将继续膨胀，床层空隙率也随之增加。流化床中的流体压降仅用于托起固体颗粒的重量，即床层的压降与气流速度无关而始终保持定值。流态化冻结过程中，强烈的冷气流与食品颗粒相互作用，使食品颗粒呈时上时下、无规则的运动，因此食品层内的传质与传热十分迅速，从而实现食品单体快速冻结。若气流速度进一步增加，达到或超过沉降速度，颗粒则被流体带走，床层颗粒减少，空隙率增加，床层压降减小，流化床成为输送床。流化床速冻生产和实验均在输送床前面阶段进行，曲线 $AD$ 为标准流态化曲线。

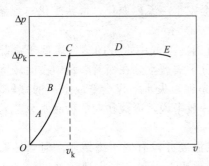

图 10-2 气流速度与床层压强降的关系

#### 10.2.1.3 食品流态化速冻的主要特点

① 冻结速度快。流态化冻结过程具有很强的换热特性。与传统的空气强制循环冻结（固定床）装置相比，换热强度增加了 $30\sim40$ 倍。这是因为：食品悬浮冻结时的热阻减少为原来的 $1/18\sim1/15$，产品表面与冷空气的放热系数 $\alpha[\mathrm{W}/(\mathrm{m}^2\cdot\mathrm{K})]$ 增大 $4\sim6$ 倍，有效换热面积增大 $3.5\sim10$ 倍。所以流态化冻结装置的冻结速度要比普通冻结设备的速度高几十倍。由于冻结速度快，所以流态化冻结能最大限度地保持食品原有的营养成分和新鲜状态。

② 实现单体快速冻结。由于食品在冻结过程中呈悬浮状态，食品冻结后不会粘连在一起，实现了单体速冻（IQF），不仅质量好，而且便于包装和消费者食用。

③ 食品干耗少。每个速冻食品的表面都有一层很薄的冰膜，既有利于保持食品鲜度防止氧化，而且干耗较少。瑞典学者对蘑菇、草莓等进行的对比试验表明，流态化冻结的干耗几乎只是强制送风隧道冻结的一半左右。这对价格较高的食品显得尤为重要。

④ 易于实现机械化和自动化连续生产，生产效率高，工人在常温条件下进行操作，改善了劳动条件。

当然食品流态化冻结也有局限性，它仅适用于颗粒状食品，一般其特性尺寸在 50mm 以内，最大不得超过 100mm。

## 10.2.2 流态化速冻过程中的传热

食品流态化速冻过程的传热，即气体与固体颗粒之间的热交换，是一个十分复杂的换热过程。这是由于在低温状况下，湿度、风速、食品颗粒的形状及大小等诸多因素影响的结果。

食品流态化冻结过程中，冷气流与食品颗粒之间的换热量用牛顿冷却公式表示为：

$$Q = F\alpha\Delta t$$

式中，$Q$ 为食品颗粒与冷空气之间的换热量，W；$F$ 为食品床层有效换热面积，m²；$\alpha$ 为放热系数，W/(m²·K)；$\Delta t$ 为冷却介质与食品表面的平均温差，K

从上式可以看出，增加上式三个因素中的任何因素的值都可以达到增强换热的目的。但是从经济上考虑，一般不采用提高传热温差 $\Delta t$ 的方法，而是在适宜的冷却介质温度下，采取适当措施提高放热系数值 $\alpha$ 和有效换热面积 $F$ 值。

(1) 放热系数 $\alpha$　流态化冻结过程中，由于影响放热系数 $\alpha$ 的因素很多，诸如空塔气速、食品颗粒潮湿程度、食品颗粒形状及大小、温度等，因此要建立一个普遍适用的 $\alpha$ 的计算式是比较困难的。目前，一般是根据流化床各种条件，如食品颗粒直径与气流速度之间变化关系等，采用实验的方法，运用特征数方程式给出 $\alpha$ 的计算式，所得计算结果大多为近似值，然后再根据实际操作情况加以修正。

流化冻结过程中的放热系数 $\alpha$ 是对流换热过程的放热系数 $\alpha_d$ 和蒸发过程的换热系数 $\alpha_z$ 之和，即 $\alpha = \alpha_d + \alpha_z$。

① 对流放热系数

$$\alpha_d = \frac{\lambda Nu}{d}$$

式中，$\lambda$ 为流化介质平均热导率，W/(m·K)；$Nu$ 为努塞尔数；$d$ 为食品的当量直径，m。

② 蒸发放热系数　冷却时，食品虽然会沥去大部分的水分，但表面仍很潮湿，进入流化床冻结时，表面首先被冷冻，同时表面的水分也被蒸发。由于水分的蒸发，一部分热量被带走，食品颗粒表面温度迅速降低。继续冻结时，已冻结的表面仍有蒸发现象。由于深层冻结阶段食品蒸发热量极少，因此蒸发放热可忽略不计。

快速冷却和表层冻结两阶段的蒸发放热系数分别为：

$$\alpha_{z1} = 1500\alpha_{d1}\frac{\Delta p_1}{\Delta t_1}$$

$$\alpha_{z2} = 1700\alpha_{d2}\frac{\Delta p_2}{\Delta t_2}$$

式中，$\alpha_{d1}$、$\alpha_{d2}$ 为对流换热系数，W/(m²·K)；$\Delta p_1$，$\Delta p_2$ 为食品颗粒表面与冷冻源空气水蒸气分压差，Pa；$\Delta t_1$，$\Delta t_2$ 为食品颗粒表面与床层中冷空气间的平均温差，℃。

(2) 有效换热面积 $F$　增加换热面积 $F$ 可以使换热量大大增强。在冻结速度方面，食品流态化冻结之所以优于一般冻结，除了放热系数 $\alpha$ 值增大外，有效换热面积 $F$ 的增加也是一个重要因素。在其它冻结过程中，如堆积冻结、盘装冻结、箱装冻结等，其有效换热面积只相当于食品流态化冻结的 $1/3.5 \sim 1/10$。

造成食品流态化冻结有效换热面积增加的原因在于气流绕食品颗粒表面的机会增加，处于流态化的食品颗粒被气流包围，加之颗粒本身上下和旋转运动，使其各方面都可以受到气流的冲击，从而实现均匀冻结。图 10-3 是食品颗粒与冷风的接触状态示意图，左图中非流态化冷冻方式下的食品物料处于紧密堆积状态，气流大部分仅与堆积外表面接触，因此有效换热面积较小，但右图中流态化的食品颗粒与气流充分接触，有效换热面积接近于所有食品颗粒的表面积之和。

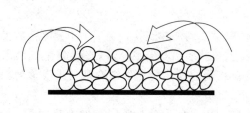
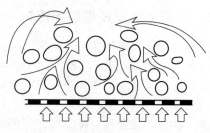

(a) 非流态化冷冻　　　　　　　　　　　　(b) 流态化冷冻

图 10-3　食品颗粒与冷风的接触状态比较示意图

一般认为,气流速度、风压、食品颗粒的形状及大小等都直接影响换热面积。也就是说,流化床层出现不良流化现象时,其有效换热面积都会相应减少,使冻结时间延长,冻结质量降低。

内部温度分布均匀是流化床传热的一大特点。这是由于:①固体颗粒的比热容远大于气体的比热容,热惯性大。②颗粒的剧烈运动,颗粒与气体之间的热交换速度快。③剧烈的沸腾运动所产生的对流混合,消除了局部过冷和过热。

在靠近床壁处仍有一定厚度的流体膜,且夹有一固体边界层,温度降主要发生在此层内,传热阻力主要集中在流体膜内,影响流体膜厚度的因素有:靠近膜的固体颗粒运动速度及床层的密度。

由于颗粒的急剧运动,使流体膜厚度减小,从而提高了对流换热系数。1950 年,拜尔格用铝颗粒在流化床内做管内流体对管壁的放热试验,其结果与固定床的同样试验的结果以及空管的数据比较,说明流化床的对流换热系数约为固定床的 10 倍,为空管的 75～100 倍。

在流化床中主要有 3 种形式的传热:

① 流化床床层与床壁或物体表面之间的传热。床层与壁面或物体表面的放热过程,包含着热传导,热对流,热辐射。

② 固体颗粒与流体间的传热。热量借对流放热的方式自颗粒表面向流体或自流体向颗粒表面的传递。这是流态化速冻或流态化干燥过程中最主要的传热方式。

③ 固体颗粒相互间的传热。温度不同的颗粒之间因相互频繁地碰撞,以热传导的方式进行传热。

## 10.2.3　流态化速冻流程和装置

### 10.2.3.1　流态化速冻流程

(1) 水果蔬菜的流态化速冻流程

水果的速冻原理与蔬菜速冻原理基本相同,其最大区别是大多数水果不需要烫漂,而大多数蔬菜必须烫漂。以水果为例,速冻保鲜工艺流程为:

原料采摘→挑选→清洗→去皮→去蒂→去核→分级→冷却→加糖或维生素 C→速冻→称重→包装→冻藏→运输→销售。

其操作要点为:

① 水果加糖代替热水烫漂　把水果浸泡在加有(或不加)维生素 C 的糖浆水中代替蔬菜速冻流程中的热水烫漂,以防霉菌生长。一般来说,单体速冻水果都不需要烫漂,有些水果如桃、苹果等在速冻过程中常常发生褐变,即便是经过加糖浸泡处理,在贮藏一定时间后,仍会出现变色现象。为了防止水果的这种褐变,保持其原有色泽,应在糖液中加入质量分数为0.1%～0.5%的维生素 C。

② 水果冷却和沥干后必须快速冻结　一般采用的冷空气温度为－30～－40℃,风速为

2～17m/s。冻结时，将冷空气以足够的速度从网带上由下往上强制吹风，强烈的气流将产品吹起悬浮，就像沸腾的流体，低温冷空气能与产品颗粒全面直接接触，热交换大大地加强，冻结速度加快。对水果来说，一般都不用流态床单体冻结机，因为这种冻结机有着损坏水果的隐患，最常用的是颗粒状冻结机——网眼形带式冻结机。在冻结过程中要保证水果不出现堆积不匀的现象。

③ 流通环节保持低温状态　整个流通环节均应在−18℃以下的冷冻条件下进行。

（2）鱼类的流态化速冻流程　冻鱼类分为单体和块状冻结两种形式，如鲳、鲷鱼等，以单体冻结，而黄花鱼，带鱼以块状冻结。工艺流程：原料鱼→洗净→分级→装盘→冻结→脱盘→包冰衣→套塑料袋→装箱→冷藏。鱼体装盘要求鱼背面向外，整齐排列，分为1kg、2kg、3kg、10kg四种，用塑料薄膜进行内包装后，再以瓦楞纸板箱为外包装。例如：价格低廉的小杂鱼类，加工成价廉物美的小包装冷冻品很受欢迎。

### 10.2.3.2　流态化速冻装置

（1）带式（不锈钢网带或塑料带）流态化速冻装置　这是一种使用最为广泛的流态化速冻装置，大多采用两段式结构，即被冻结食品分为两段进行冻结。如图10-4所示，第一区段主要为食品表层冻结，使被冻结食品快速冷却，将表层温度很快降到冻结点并冻结，使颗粒间或颗粒与传送带间呈离散状态，彼此不黏结；第二区段为冻结段，将被冻结食品冻结至中心温度为−15～−18℃。带式流态化冻结装置具有变频调速装置，对网带的传递速度实现无级调速。蒸发器多数为铝合金管与铝翅片组成的变片距结构，风机为离心式或轴流式（风压较大，一般在490Pa左右）。这种冻结装置还附有振动滤水器，斗式提升机和布料装置、网带清洗器等设备。

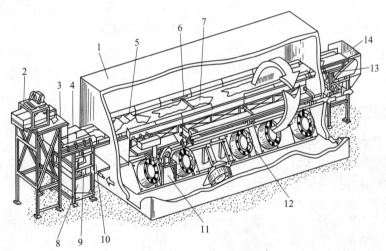

图10-4　带式流态化冻结装置

1—隔热层；2—脱水振荡器；3—计量漏斗；4—变速进料带；5—"松散相"区；
6—均匀棒；7—"稠密相"区；8～10—传送带清洗、干燥装置；
11—离心风机；12—轴流风机；13—传送带变速驱动装置；14—出料口

（2）振动式流态化速冻装置　如图10-5所示。这种冻结装置的特点是，被冷冻食品在冻品槽内，由连杆机构带动做水平往复式振动，以增加流化效果。一般的往复振动式流化冻结装置具有气流脉动机构，由电机带动的旋转式风门组成，按一定的速度旋转，使通过流化床和蒸发器的气流流量不断增减，搅动被冷冻食品层，从而可更为有效地冻结各种软嫩和易碎食品。风门的旋转速度是可调的，可调节至各种被冻结食品的最佳脉动旁通气流量。

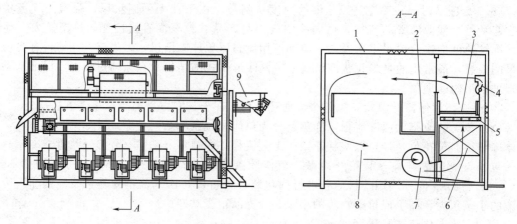

图 10-5　QLS往复振动式流态化冻结装置

1—隔热箱体；2—操作检修廊；3—流化床；4—脉动旋转风门；5—融霜淋水管；
6—蒸发器；7—离心风机；8—冻结隧道；9—振动布料器

（3）斜槽式流态化速冻装置　这种冻结装置的特点是无传送带或振动筛的传动机构，主体部分为一块固定的多孔底板（称为槽），槽的进口稍高于出口，被冻结食品在槽内依靠上吹的高速冷气流，使其得到充分流化，并借助于具有一定倾斜度的槽体，向出料口流动。料层高度可由出料口的导流板进行调节，以控制冻结时间和冻结能力。这种结构的装置具有构造简单、成本低、冻结速度快、流化质量好、冻结品温度均匀等特点。在蒸发温度−40℃以下、垂直向上风速为6～8m/s、冻品间风速为1.5～5m/s时，冻结时间为5～10min。这种冻结装置的主要缺点是：风机功率大，风压高，冻结能力较小。

# 10.3　冷冻浓缩

## 10.3.1　冷冻浓缩的相平衡

### 10.3.1.1　冷冻浓缩的基本概念

冷冻浓缩是利用冰与水溶液之间的固液相平衡原理来实现分离的方法。采用冷冻浓缩时溶液的浓度必须在一定范围内。在冷浓浓缩中，水溶液的部分水被冷冻成为纯冰晶，将纯冰晶从溶液中除去，剩下的溶液就被浓缩了。与传统的蒸发浓缩相比，优点有：①溶液热变性非常低；②没有易挥发风味组分的损失；③能耗低。主要缺点：①设备投资大；②控制与操作较为复杂；③浓度上限约为50%。

### 10.3.1.2　冷冻浓缩过程中的固液相平衡——冰-水-水蒸气相图

图10-6表示水溶液与冰之间的固液平衡关系的示意图。图中 $E$ 为与冷冻浓缩密切相关的共晶点，相对应的 $T_E$ 和 $w_E$ 分别为溶液的共晶温度（低共熔温度）和共晶浓度（低共熔浓度），$DE$ 是该溶液的冰点曲线（冻结线），$CE$ 是该溶液的溶解曲线。在水溶液与冰之间的固液平衡关系中可以看到：由曲线 $DE$、$CE$ 和共晶温度将物料的状况分为溶液、冰＋溶液、溶质＋溶液和冻结溶液四个状态区。在温度 $T$ 的状态下，冷却浓度组成为 $w_A$ 的溶液（$w_A < w_E$），至 $A$ 点（温度为 $T_A$）时，如果溶液中有"种冰"（或晶核），则溶液中的一部分水会形成冰晶析出，$T_A$ 即为该溶液的冰点；继续冷却，随着水晶析出，剩下溶液的溶质浓度将上升，当冷却至 $B$ 点时，溶液中溶质的质量分数增加为 $w_B$，其凝固温度降至 $T_B$，过程将继续沿冰点曲线 $DE$ 进行，直到 $E$ 点，此时，溶液浓度达到其共晶浓度 $w_E$，温度降

到共晶温度 $T_E$，溶液开始全部冻结，这就是冷冻浓缩的原理。

实际上，多数液体食品由于成分的复杂性，没有明显的共晶点，而且在共晶点远未到达之前，浓缩液的黏度已经很高，且浓缩液的体积与冰晶相比很小，不能很好地将两者分开。与此相反的是，如果溶液的浓度大于该溶液的共晶浓度，在冷却过程中，物料温度由 $F'$ 降至 $A'$，将沿着溶解曲线 $CE$ 进行。一边析出溶质一边下降温度，直到共晶点 $E$，物料也

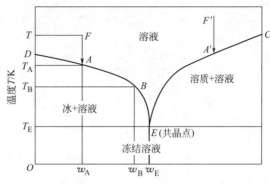

图 10-6　简单的双组分相图

全部冻结，该冷却的结果是溶质的结晶析出过程，溶液的浓度将变得更稀。因此，冷冻浓缩与其它浓缩方法的不同点在于，采用该方法时，必须考虑到只有当溶液的浓度低于共晶浓度时，冷却的结果才是冰晶析出而溶液被浓缩。否则，将是溶液的结晶过程，溶液浓度降低，这也是常规的冷却法结晶过程的一般原理。

因此，高于共晶浓度的溶液冷却的结果表现为溶质转化为晶体析出，即结晶操作。这种操作不但不会使溶液浓度提高，相反会降低；只有当溶液浓度低于共晶浓度时，冷冻浓缩才有可能进行，共晶浓度 $w_E$ 就是冷冻浓缩理论上可获得的最高浓度。

需要说明的是：$w_E$ 只取决于物系的相平衡关系，与被冷冻溶液的初始浓度无关。

### 10.3.2　冰晶-浓缩液的分离

冷冻浓缩在工业上的应用成功与否，关键在于分离的效果。冰晶分离的原理与悬浮液过滤分离的原理相同。影响冰晶分离的主要因素为冰晶的大小和浓缩液的性质。在分离操作中，生产能力与冰晶粒度成正比，与浓缩液的黏度成反比。

分离冰晶需要关注的三个问题是：①尽量减少溶质的损失。为此，通常需要对冰晶进行洗涤。②洗涤冰晶时应尽量避免浓缩液的稀释。③分离操作尽量在密闭空间中进行，以避免芳香物质的损失。

### 10.3.3　冷冻浓缩装置

冷冻浓缩操作包括冻结和分离两个部分，因此冷冻浓缩装置系统主要也由冻结设备和分离设备两部分构成。现分述如下。

（1）冷冻浓缩的冻结装置　冷冻浓缩用的冻结器有直接冷却式和间接冷却式两种。直接冷却式可利用水分部分蒸发的方法，也可利用辅助冷媒（如丁烷）蒸发的方法。间接冷却式是利用间壁将冷媒与被加工料液隔开的方法。食品工业上所用的间接冷却式又可分为内冷式和外冷式两种。

① 直接冷却式真空冻结器　在这种冻结器中，溶液在绝对压强 266Pa 下沸腾，液温为 $-3℃$。在此情况下，欲得 1t 冰晶，必须蒸去 140kg 水分。直接冷却法的优点是不必设置冷却面，但缺点是部分芳香物质将随同蒸汽或惰性气体一起蒸发逸出而损失。直接冷却式真空冻结器所产生的低温水蒸气必须不断排除，为减小能耗，可将水蒸气从压强 266Pa 压缩至 931Pa（7mmHg），以提高其温度，并利用冰晶作为冷却剂来冷凝这些水蒸气。大型真空冻结器有的采用蒸汽喷射升压泵来压缩蒸汽，每排除 1t 水分耗电约 8kW·h。

直接冷却法冻结装置已被广泛用于海水的脱盐，但迄今未普遍用于液体食品的加工，主要是由于芳香物质的损失问题。但是这种冻结器与适当的吸收器组合起来，可以显著减少芳

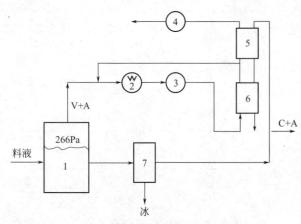

图 10-7　带有芳香回收的真空冻结装置流程
1—真空冻结器；2—冷凝器；3—干式真空泵；
4—湿式真空泵；5,6—吸收器；7—冰晶分离器；
V—水蒸气；A—芳香物；C—浓缩液

香物质的损失。图 10-7 为带有芳香物回收的真空冻结装置。料液进入真空冻结器 1 后，在 266Pa 的绝对压强下蒸发冷却，部分水分即转化为冰晶。从冻结器出来的冰晶悬浮液经分离器 7 分离后，浓缩液从第 Ⅱ 吸收器 5 上部进入，从第 Ⅰ 吸收器 6 下部作为制品排出。另外，从冻结器出来的带芳香物质的水蒸气先经冷凝器除去水分后，从下部进入吸收器，惰性气体由真空泵 4 抽出。在吸收器内，浓缩液与含芳香物的惰性气体呈逆流流动。若冷凝器温度并不过低，为进一步减少芳香物损失，可将离开第 Ⅰ 吸收器 6 的部分惰性气体返回冷凝器作再循环使用。

② 内冷式冻结器　内冷式冻结器可分两种。

第一种冻结器的冻结原理属于层状冻结，产生固化或近于固化的悬浮液。由于预期厚度的晶层的固化，晶层可在原地进行洗涤或作为整个板晶或片晶移出后在别处加以分离。此法的优点是，因为部分固化，所以即使稀溶液也可浓缩到 40％ 以上，洗涤简单、方便，但目前尚未应用于大规模生产。

第二种冻结器能产生可泵送的浆液，冻结操作和分离操作分开。由一个大型内冷却不锈钢转鼓和一个料槽组成，转鼓在料槽转动，固化晶层由刮刀除去。因冰晶很细，故冰晶和浓缩液分离很困难，工业上常用于橙汁的生产。该冻结器的一种变型是将料液以雾状喷溅到旋转的内冷式转盘上，形成片冰而排出。

冷冻浓缩采用的大多数内冷式冻结器都是属于第二种冻结器，即产生可以泵送的悬浮液。在比较典型的设备中，晶体悬浮液停留时间只有几分钟，由于停留时间短，故晶体粒度小。作为内冷式冻结器，刮板式换热器是第二种冻结器的典型运用之一。

③ 外冷式冻结器　外冷式冻结器有下述三种主要形式。

第一种形式要求料液先经过外部冷却器作过冷处理，过冷度可高达 6℃，过冷而不含晶体的料液在冻结器内将迅速形成大量冰晶。为了减小冷却器内晶核形成和晶体成长发生变化，避免因此导致液体流动受堵塞，冷却器传热壁的接触液体部分必须高度抛光。从冻结器出来的液体利用泵使之在冷却器和冻结器之间进行循环，泵的吸入管路上设过滤装置将冰晶截留在冻结器内。

第二种外冷式冻结器的特点是在外部冷却器中不作过冷处理，而直接形成细小冰晶，将全部悬浮液经过滤后在冻结器和冷却器之间实现循环。料液在冷却器中的停留时间很短，只能生成细小冰晶，在冻结器内长大。

第三种外冷式冻结器如图 10-8 所示。这种冻结器具有如下特点：①在外部换热器中生成亚临界晶体；②不含晶体的部分料液在冻结器与换热器之间循环。换热器形式为刮板式，因热流密度大，故晶核形成非常剧烈，而且由于浆料在换热器中停留时间甚短，通常只有几秒钟时间，故所产生的晶体极小。当其进入冻结器后，即与冻结器内含大晶体的悬浮液均匀混合，在器内的停留时间至少有半小时，故小晶体溶解，其溶解热供大晶体成长。

（2）冷冻浓缩的分离设备　冷冻浓缩分离设备有压榨机、过滤式离心机及洗涤塔等。

通常采用的压榨机有水力活塞式压榨机和螺旋式压榨机。采用压榨法时，溶质损失决定于被压榨冰饼中夹带的溶液量。冰饼经压缩后，夹带的液体被紧紧地吸住，以致不能采用洗涤方法将它洗净。但压强高、压缩时间长时，可降低溶液的吸留量。例如压强达 10MPa 左右，且压缩时间很长时，吸留量可降至 0.05kg/kg。由于残留液量高，考虑到溶质损失率，压榨机只适用于浓缩比较低的场合。

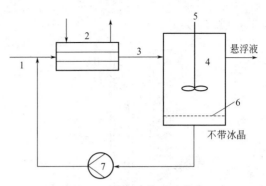

图 10-8　外部冷却式冻结装置

1—料液；2—刮板换热器；3—带亚临界晶体的料液；
4—冻结器；5—搅拌器；6—滤板；7—循环泵

采用转鼓式离心机时，所得冰饼的空隙率为 0.4～0.7。球形晶体冰饼的空隙率最低，而树枝状晶体冰饼的空隙率高。与压榨机不同，在离心力场中，部分空隙是干空的，冰饼中残液以两种形式被吸留。一种是晶体和晶体之间，因黏性力和毛细管力而吸住液体，另一种只是因附着力使液体黏附于晶体表面。

采用离心机，可以用洗涤水或用将冰融化后的水来洗涤冰饼，分离效果比用压榨法好。但洗涤水将稀释浓缩液。溶质损失率决定于晶体的大小和液体的黏度。即使采用冰饼洗涤，溶质损失率仍可高达 10%。采用离心机有一个严重的缺点，就是挥发性芳香物的损失，这是因为液体因旋转而被甩出来时，要与大量空气密切接触。

分离操作也可以在洗涤塔内进行。在洗涤塔内，分离比较完全，而且没有稀释现象。因为操作时完全密闭且无顶部空隙，故可完全避免芳香物质的损失。洗涤塔的分离原理主要是利用纯冰溶解的水分来排带晶间残留的浓液。

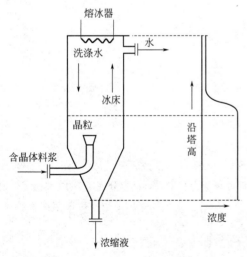

图 10-9　连续（浮床）洗涤塔

如图 10-9 所示，晶体相和液相作逆向移动、密切接触，从冻结器出来的晶体悬浮液从塔下端侧向进入，浓缩液从底部经过滤器排出，冰晶密度小于浓缩液而逐渐上浮到顶端。塔顶设有熔化器（加热器），使部分冰晶熔解，熔化后的水分即返行下流，与上浮冰晶逆流接触，洗去冰晶间浓缩液。这样晶体就沿着液相溶质浓度逐渐降低的方向移动，因而晶体随浮随洗，残留溶质愈来愈少。

洗涤塔的洗涤方式分为连续洗涤和间歇洗涤。

连续式洗涤塔按晶体被迫沿塔移动的推动力的不同，可分为浮床式、螺旋推送式和活塞推送式三种形式。

① 浮床洗涤塔　在浮床洗涤塔中，冰晶和液体作逆向相对运动的推动力是晶体和液体之间的密度差。浮床洗涤塔已广泛试用于海水脱盐，实现工业盐水和冰的分离。

② 螺旋洗涤塔　以螺旋推送为两相相对运动的推动力。如图 10-10 所示。晶体悬浮液进入同心圆筒的环隙，环隙内有棱镜状断面的旋转螺旋，除了迫使冰晶沿塔体移动外，还有

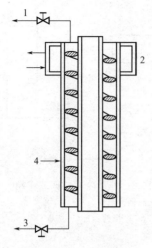

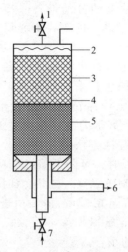

图 10-10　螺旋洗涤塔
1—熔化水；2—熔化器；
·3—浓缩液；4—料浆

图 10-11　活塞床洗涤塔
1—水；2—熔化器；3—冰晶在热水中；
4—洗涤前沿；5—冰晶在浓缩液中；
6—浓缩液；7—来自冻结器的悬浮液

搅动晶体的作用。螺旋洗涤塔已广泛用于有机物系统的分离。

③ 活塞床洗涤塔　这种洗涤塔以活塞的往复运动迫使冰床移动，见图 10-11。晶体悬浮液从塔的下端进入，由于挤压作用使晶体压紧成为结实而多孔的冰床。利用活塞柱复运动，冰床被迫移向塔的顶端，同时与洗涤液逆流接触。浓缩液经过滤器过滤后离开洗涤塔。国外已将这种洗涤塔用于液体食品的冷冻浓缩。在活塞床洗涤塔中，浓缩液未被稀释的床层区域和晶体已被洗净的床层区域之间，其距离只有几厘米。浓缩时，如排带稳定，离塔的冰晶熔化液中溶质浓度较低。

# 思 考 题

10-1　简述制冷的基本原理。

10-2　简述食品的冻结速度对食品品质的影响。

10-3　简述食品冷藏的工艺要求。

10-4　什么是流态化速冻？

10-5　冷冻浓缩的原理是什么？

# 习 题

10-1　一台单级蒸汽压缩制冷机工作在高温热源为 30℃，低温热源为 -15℃，试求分别用 F-12 和氨工作时理论循环的性能指标（$q_0$ 单位制冷量，$q_v$ 单位容积制冷量，$w$ 单位理论压缩功，$q_k$ 单位冷凝热量，$\varepsilon$ 制冷系数）。(F-12 为制冷剂时，$q_0 = 113\text{kJ/kg}$，$q_v = 1329.41\text{kJ/m}^3$，$w = 31\text{kJ/kg}$，$q_k = 144\text{kJ/kg}$，$\varepsilon = 3.65$；$NH_3$ 为制冷剂时，$q_0 = 1104\text{kJ/kg}$，$q_v = 2253.06\text{kJ/m}^3$，$w = 250\text{kJ/kg}$，$q_k = 1354\text{kJ/kg}$，$\varepsilon = 4.42$)

10-2　有一台氨压缩机，蒸发压力为 $p_0 = 190\text{kPa}$（表压），冷凝压力为 $p_k = 1.33\text{kPa}$（表压），节流前的过冷度是 3℃，压缩机吸气前的过热度为 5℃，制冷量为 240kW。计算下列数据：

(1) 蒸发温度和冷凝温度，节流阀前温度和压缩机的吸入温度；

(2) 压缩机吸入蒸汽的质量流量 G 和容积流量。

〔(1) 蒸发温度 $t_0 = -2.4℃$，冷凝温度 $t_k = 30℃$，节流前温度为 27℃，吸气温度为 -17.4℃；(2) 吸入蒸气的质量流量 $G = 764.6\text{kg/h}$，容积流量 535.22m³/h〕

10-3 尺寸为 1m×0.25m×0.6m 的瘦牛肉放在－30℃的对流冻结器中冻结，食品的初温为 5℃，冻结终温为－10℃，对流放热系数值为 30W/(m²·K)，试用普朗克公式计算冻结时间。(16.25h)

10-4 将初温 12℃的少脂肪鱼装入鱼盆中，放到－30℃的静止空气冻结室中冻结。鱼盆内尺寸为 0.65m×0.1m×0.5m。试求该鱼块冻至－15℃所需的时间。冻结室内加装鼓风机，风速为 4m/s，冻结时间为多少？（提示：冻结室内换热系数的计算公式 $\alpha = 6.16 + 4.19v$，$v$ 为风速）（鱼块冻至－15℃所需的时间为 18.4h；强制对流后的冻结时间为 6.38h）

# 本章符号说明

$d$——食品的当量直径，m；

$F$——食品层有效换热面积，m²；

$m$——物质的质量，kg；

$Nu$——努塞尔数，1；

$q_0$——制冷量，J/kg；

$Q$——总的潜热，kJ；

$Q$——食品颗粒与冷空气间换热量，kW；

$r$——潜热，kJ/kg；

$w$——循环消耗的外功，kJ/kg；

溶液中溶质的质量分数，1；

$\alpha$——放热系数，对流换热系数，W/(m²·K)；

$\lambda$——流化介质平均热导率，W/(m·K)；

$\varepsilon$——制冷系数，1；

$\Delta t$——冷却介质与食品表面的平均温差，K。

# 第11章 干 燥

【本章学习要求】

掌握湿空气的性质，并能运用湿空气焓湿图解决实际问题；掌握连续干燥过程的物料衡算与热量衡算和恒定干燥条件下的干燥速率与干燥时间的计算；掌握食品物料中水分的性质，学会测绘干燥过程曲线；了解常用干燥设备的构造及选型；了解喷雾干燥的基本原理与设备。

【引言】

食品加工中的许多物料（如原料、半成品或成品）都含有较高的水分，为保证其具有良好的加工和保藏性能，常需要将多余的水分从物料中除去，这种操作称为"去湿（dehumidification）"。去湿的方法通常有机械去湿法、吸附去湿法和利用热能去湿法三种。其中利用热能去湿法通常又称为干燥（drying）。

狭义的干燥定义为从固体物料中将水分汽化而除去的过程，广义的干燥还包括将溶液、浆料等液态物料中的水分汽化和排除，制得固体物料的过程。在食品工业中，干燥是应用最广的单元操作之一，如奶粉的生产、淀粉的制造、果蔬的干制以及食盐、砂糖、麦芽、酵母等的生产都要用到干燥操作。

根据物料中的水分汽化所需热量的供给方式不同，干燥通常有如下三种方式：

① 对流干燥（热风干燥） 以热空气（或其他气体）为干燥介质，利用空气的对流，将热能传给物料而使物料中的水分汽化，同时将汽化的水分带走。对流干燥在食品工业中应用最为普遍，本章将重点讨论以热空气为介质的对流干燥。

② 传导干燥 热能通过传热壁面以传导方式进入湿物料，使湿物料中水分汽化。

③ 辐射干燥 利用红外线和微波等电磁波作为热源，将热量传给湿物料。

此外，用于液体物料的喷雾干燥在食品工业中也较为常用，但其原理和方法与上述三种干燥方式有许多不同之处，因此本章也将对其作一简单讨论。

## 11.1 湿空气的性质

含有水蒸气的空气称为湿空气。在对流干燥操作过程中，湿空气作为干燥介质与湿物料相接触，实现传热和传质，既是载热体又是载湿体。干燥过程中，湿空气的各项状态参数会随着过程的进行发生一定的变化。湿空气的性质是讨论干燥过程的基础。

### 11.1.1 湿空气的状态参数

湿空气可以看成是绝干空气和水蒸气的混合物。在通常的干燥操作中，总压强较低，绝干空气、水蒸气和湿空气都可以视作理想气体来处理。

#### 11.1.1.1 湿度 *H*

湿度定义为：单位质量绝干空气所含水蒸气的质量，又称湿含量或绝对湿度，即

$$H = \frac{M_v n_v}{M_a n_a} = \frac{p M_v}{M_a (p_T - p)} = \frac{18p}{29(p_T - P)} = \frac{0.622p}{p_T - p} \tag{11-1}$$

式中，*H* 为湿空气的湿度，kg 水汽/kg 绝干气（以后的讨论中，略去单位中"水汽"两字，"绝干气"在没有特别说明的情况下，就是指绝干空气）；$M_v$，$M_a$ 为水蒸气、绝干气

的相对分子质量，$M_v = 18$，$M_a = 29$；$n_v$，$n_a$ 为湿空气中水蒸气、绝干空气的物质的量，mol；$p_T$，$p$ 为湿空气的总压和所含水蒸气的分压，Pa。

#### 11.1.1.2 相对湿度 $\varphi$

相对湿度定义为：湿空气中水蒸气分压 $p$ 与同温同压下饱和湿空气中水蒸气分压 $p_s$（即同温下水的饱和蒸气压）之比，即

$$\varphi = \frac{p}{p_s} \times 100\% \tag{11-2}$$

相对湿度 $\varphi$ 是衡量湿空气饱和程度的参数。相对湿度越低，湿空气接受水蒸气的能力越强。只有当 $\varphi < 1$（即 $p < p_s$）时，湿空气才能接受从湿物料汽化的水分。当 $\varphi = 1$（即 $p = p_s$）时，湿空气称为饱和湿空气，此时的湿空气已不能再接受水蒸气，即不能再用作干燥介质。而相对湿度 $\varphi = 0$ 时的空气即为绝干空气。

将式(11-2)代入式(11-1)得：

$$H = \frac{0.622\varphi p_s}{p_T - \varphi p_s} \tag{11-3}$$

#### 11.1.1.3 湿比热容 $c_H$

常压下，湿空气中单位质量绝干气及所带的 $H$ kg 水蒸气温度升高（或降低）1℃所需的热量，称为湿比热容，简称湿热，单位为 kJ/（kg 绝干气·℃）。即

$$c_H = c_a + c_v H \tag{11-4}$$

式中，$c_H$、$c_a$ 和 $c_v$ 分别为湿空气、绝干气和水蒸气的比热容，kJ/(kg 绝干气·℃)。

在常用的温度范围内，$c_a = 1.01$ kJ/(kg 绝干气·℃)，$c_v = 1.88$ kJ/(kg 水蒸气·℃)，则有

$$c_H = c_a + c_v H = 1.01 + 1.88H \tag{11-5}$$

#### 11.1.1.4 湿比体积 $v_H$

湿比体积又称湿比容，是指含单位质量绝干气的湿空气所具有的体积，它等于 1kg 绝干气及其所带的 $H$ kg 水蒸气的体积之和，单位为 m³/kg 绝干气。根据理想气体状态方程，总压 $p_T$、温度为 $t$(℃) 的湿空气的湿比体积 $v_H$ 为：

$$v_H = \left(\frac{1}{29} + \frac{H}{18}\right) \times 22.4 \times \frac{273+t}{273} \times \frac{1.013 \times 10^5}{p_T}$$

$$= (0.772 + 1.244H) \times \frac{273+t}{273} \times \frac{1.013 \times 10^5}{p_T} \tag{11-6}$$

#### 11.1.1.5 湿空气的焓 $I$

湿空气的焓等于单位质量的绝干气的焓与其所带水蒸气的焓之和。即

$$I = I_a + HI_v \tag{11-7}$$

式中，$I$、$I_a$ 和 $I_v$ 分别为湿空气、绝干气和湿空气中水蒸气的焓，kJ/kg 绝干气。

湿空气的焓是一个相对值，需取某一温度作为基准，一般规定 0℃时绝干气和液态水的焓值均为零。因此对于温度 $t$（℃）、湿度 $H$ 的湿空气，有

$$I = I_a + HI_v = c_a t + H(r_0 + c_v t) = (c_a + Hc_v)t + Hr_0$$

式中，$r_0$ 为水在 0℃时的汽化潜热，$r_0 = 2490$ kJ/kg 水蒸气。故上式可以写成

$$I = (1.01 + 1.88H)t + 2490H \tag{11-8}$$

【例 11-1】 已知湿空气的总压为 $p_T = 1.013 \times 10^5$ Pa，湿度为 0.0147kg/kg 绝干气，干球温度 $t = 20$℃，试求此湿空气的：（1）相对湿度 $\varphi$；（2）比体积 $v_H$；（3）比热容 $c_H$；（4）焓 $I$；（5）将此空气加热到 50℃时的相对湿度 $\varphi$。

**解：** 已知 $p_T = 1.013 \times 10^5$ Pa，$H = 0.0147$kg/kg 绝干气，$t = 20$℃，且从附录

查出 20℃时水蒸气的饱和蒸气压 $p_s = 2334.6 \mathrm{Pa}$。

（1）相对湿度 $\varphi$

由 $H = \dfrac{0.622\varphi p_s}{p_T - \varphi p_s}$ 得

$$0.0147 = \frac{0.622 \times 2334.6\varphi}{1.013 \times 10^5 - 2334.6\varphi}$$

解得 $\varphi = 1 = 100\%$。

该空气为水分饱和，不能作干燥介质用。

（2）比体积 $v_H$

$$v_H = (0.772 + 1.244H) \times \frac{273 + t}{273} \times \frac{1.013 \times 10^5}{p_T}$$

$$= (0.772 + 1.244 \times 0.0147) \times \frac{273 + 20}{273} \times \frac{1.013 \times 10^5}{1.013 \times 10^5}$$

$$= 0.848 \mathrm{m^3 / kg} \text{ 绝干气}$$

（3）比热容 $c_H$

$$c_H = 1.01 + 1.88H$$

$$= 1.01 + 1.88 \times 0.0147 = 1.038 \mathrm{kJ/(kg \text{ 绝干气} \cdot ℃)}$$

（4）焓 $I$

$$I = (1.01 + 1.88H)t + 2490H$$

$$= (1.01 + 1.88 \times 0.0147) \times 20 + 2490 \times 0.0147 = 57.36 \mathrm{kJ/kg \text{ 绝干气}}$$

（5）将此空气加热到 50℃时的相对湿度 $\varphi$

同样查出 50℃时水蒸气的饱和蒸气压为 12340Pa，湿度仍为 0.0147kg/kg 绝

干气，故
$$0.0147 = \frac{0.622 \times 12340\varphi}{1.013 \times 10^5 - 12340\varphi}$$

解得 $\varphi = 0.1892 = 18.92\%$

计算表明，当湿空气温度升高后，$\varphi$ 值减小，又可用作干燥介质。

#### 11.1.1.6 湿空气的温度

（1）干球温度 $t$ 用普通温度计直接测得的湿空气温度称为湿空气的干球温度，简称温度，它是湿空气的真实温度。

（2）湿球温度 $t_w$ 用湿纱布包裹普通温度计的感温部分，湿纱布的下端浸在水中，以维持纱布一直处于湿润状态，就成为湿球温度计。将湿球温度计置于湿空气中，经一段时间达到稳定后，其读数称为湿球温度，用 $t_w$ 表示。

湿球温度形成的原理如图 11-1 所示。设初始时水温和空气温度相等，若湿纱布表面的相对湿度（为 100%）与湿空气的 $\varphi$ 之间存在差异，则湿纱布的水分必然汽化，汽化所需潜热只能来自水分本身，故水分温度

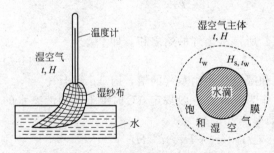

图 11-1　湿球温度的测定原理

必然下降，从而与空气间出现温度差，又会导致空气中热量向纱布中水分传递。经一段时间后达稳定状态，即由空气传给纱布水分的热量等于水分汽化所需的热量，湿纱布中水温不再改变，该温度即为空气的湿球温度。前面假设初始水温与空气的温度相同，实际上，不论初始时温度如何，凡少量水与大量湿空气接触，都会使水温变化而达到这种稳定的温度值。

湿球温度亦是湿纱布中水的温度，由湿空气的干球温度和湿度决定。湿度 $H$ 越小，湿

纱布中水分汽化越多，则汽化所需热量越大，湿球温度也就越低。相反，若湿空气已为饱和状态，则湿球温度与干球温度相等。湿空气的湿球温度与温度和湿度之间的函数关系，可推导如下。

当达稳定时，空气向纱布表面的传热速率为

$$Q = \alpha S(t - t_w) \tag{11-9}$$

式中，$Q$ 为空气向纱布表面的传热速率，W；$\alpha$ 为表面传热系数，$W/(m^2 \cdot K)$；$S$ 为接触面积，$m^2$。

同时，湿纱布表面水分汽化速率 $N$（kg/s）为

$$N = k_H S(H_{s,t_w} - H) \tag{11-10}$$

式中，$k_H$ 为水汽由湿表面向湿空气的传质系数，kg 水/$(m^2 \cdot s)$；$H_{s,t_w}$ 为湿空气在 $t_w$ 下的饱和湿度，kg/kg 绝干气。

故水分汽化带入空气的传热速率为：

$$Q = Nr_{t_w} = k_H S(H_{s,t_w} - H)r_{t_w} \tag{11-11}$$

式中，$r_{t_w}$ 为 $t_w$ 下水的汽化潜热，kJ/kg。

当达到稳定时，由热量衡算得：

$$\alpha S(t - t_w) = k_H S(H_{s,t_w} - H)r_{t_w}$$

整理得：

$$t_w = t - \frac{k_H r_{t_w}(H_{s,t_w} - H)}{\alpha} \tag{11-12}$$

实验表明，一般情况下上式中的 $k_H$ 和 $\alpha$ 均与气流速度的 0.8 次方成正比，故可以认为两者之比与气流速度无关。当 $t$ 和 $H$ 一定时，则 $t_w$ 必为定值。同理当 $t$ 和 $t_w$ 一定时，$H$ 亦必为定值，因此，常用干、湿球温度计测量湿空气的湿度。应指出，测定 $t_w$ 时，空气的流速应大于 5m/s，以减少热辐射和热传导的影响。

### 11.1.1.7 绝热饱和温度 $t_{as}$

如图 11-2 所示，在一个绝热的饱和系统中，系统既不向外界散失热量，也不从外界接受热量，其温度为 $t$。湿度为 $H$ 的不饱和空气与大量水密切接触，则将在两者之间产生传热和传质。由于空气是不饱和的，故水将向空气中汽化；又由于是在绝热条件下，所以汽化所需的热量只能来自空气中的显热，致使空气的温度降低；同时，不饱和空气逐渐被水汽饱和。当空气达到湿饱和状态时，水分即停止汽化，空气温度也不再下降。此时湿空气的温度称为绝热饱和温度，以 $t_{as}$ 表示。

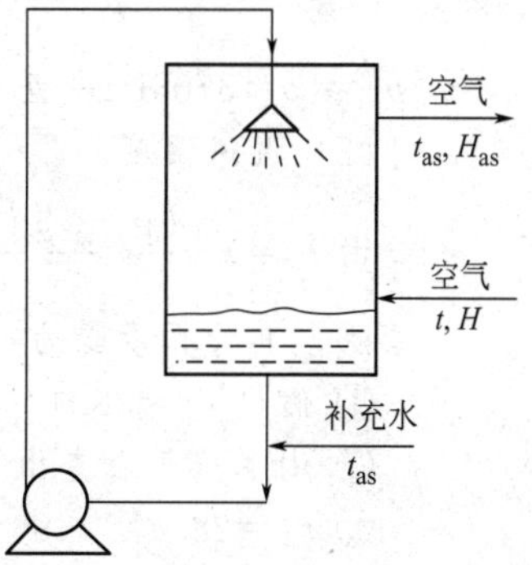

湿空气绝热饱和过程中，虽然湿空气发生了温度和湿度的变化，但其热量在过程中基本保持不变，因此，这一过程可视为等焓过程。湿空气进入绝热系统时的焓为：

$$I = (1.01 + 1.88H)t + r_0 H \tag{11-13}$$

当湿空气经绝热饱和后，其焓值仍为 $I$，但温度和湿度均发生了变化，达到饱和：

$$I = (1.01 + 1.88H_{as})t_{as} + r_0 H_{as} \tag{11-14}$$

式中，$H_{as}$ 为湿空气的绝热饱和湿度，kg/kg 绝干气。

由于 $H$ 与 $H_{as}$ 数值均很小，可近似认为湿空气的比热容不变，即

$$c_H = 1.01 + 1.88H \approx 1.01 + 1.88H_{as}$$

合并式(11-13) 和式(11-14) 并整理可得：

图 11-2　湿空气的绝热饱和过程

$$t_{as} = t - \frac{r_0(H_{as} - H)}{c_H} \qquad (11\text{-}15)$$

由式(11-15) 可知，湿空气的绝热饱和温度是其干球温度 $t$ 和湿度 $H$ 的函数，它是湿空气在绝热冷却过程中所能达到的极限温度。

对于湍流状态下的水-空气系统，$\alpha/k_H$ 约等于 1.09 且与常用温度范围内湿空气比热容 $c_H$ 很接近，同时 $r_0 \approx r_{t_w}$，故联立式(11-12) 和式(11-15) 可知 $t_w \approx t_{as}$。而对于非"水-空气"系统，$t_w$ 和 $t_{as}$ 可以相差很大。

### 11.1.1.8 露点 $t_d$

将不饱和空气等湿冷却到饱和状态时的温度称为露点，用 $t_d$ 表示。相应的湿度称为饱和湿度，以 $H_{sd}$ 表示。

温度为 $t$、湿度为 $H$ 的湿空气，冷却至饱和状态时，温度为露点温度 $t_d$，水蒸气分压不变，等于 $t_d$ 下的饱和蒸气压 $p_s$，而其饱和湿度 $H_s$ 等于原湿度 $H$，则式(11-3) 可写为

$$H = H_s = \frac{0.622 p_s}{p_T - p_s} \qquad (11\text{-}16)$$

将湿空气的湿度 $H$ 和总压 $p_T$ 代入式(11-16)，可求得 $p_s$，再由水蒸气表查出 $p_s$ 对应的饱和温度，即为湿空气的露点。显然，湿空气的露点在总压一定时只与湿度有关，而与温度无关。反过来，若已知空气的露点，由水蒸气表查出 $p_s$ 后，可以用式(11-16) 计算出空气的湿度，此即露点法测定空气湿度的依据。

对空气-水系统，干球温度、绝热饱和温度、湿球温度和露点间的关系为：

不饱和空气　　　　　　　　$t > t_w = t_{as} > t_d$

饱和空气　　　　　　　　　$t = t_w = t_{as} = t_d$

【例 11-2】　总压为 $1.013 \times 10^5$ Pa 下湿空气的温度为 30℃，湿度为 0.02403 kg/kg绝干气，试计算湿空气的露点、湿球温度、绝热饱和温度。

解：(1) 由 $H = \dfrac{0.622 p}{p_T - p}$，可得：

$$p = \frac{H p_T}{0.622 + H} = \frac{0.02403 \times 1.013 \times 10^5}{0.622 + 0.02403} = 3768 \text{Pa}$$

由 $p_{sd} = p = 3768$Pa，查水蒸气表得对应的温度为 27.8℃，即 $t_d = 27.8$℃。

(2) 湿球温度

由 $t_w = t - \dfrac{k_H r_{t_w}(H_{s,t_w} - H)}{\alpha}$ 知，$H_{s,t_w}$ 是 $t_w$ 的函数，故用该式计算 $t_w$ 时要用试差法，其计算步骤为：

① 假设 $t_w = 28.4$℃；

② 由水蒸气表查出 28.4℃水的汽化热 $r_w$ 为 2427.3kJ/kg；

③ $t_w = 28.4$℃，$p_s = 3870$Pa 时，有

$$H_{s,t_w} = \frac{0.622 \times 3870}{1.013 \times 10^5 - 3870} = 0.02471 \text{kg/kg 绝干气}$$

对空气-水系统，$\alpha/k_H \approx 1.09$，则 $t_w = \dfrac{30 - 2427.3 \times (0.02471 - 0.02403)}{1.09} = 28.21$℃

与假设的 28.4℃很接近，最终取 $t_w = 28.3$℃。

(3) 绝热饱和温度

由 $t_{as} = t - \dfrac{r_0(H_{as} - H)}{c_H}$ 知，$H_{as}$ 是 $t_{as}$ 的函数，故计算时要用试差法。其计算步

骤为：

　① 设 $t_{as}=28.4℃$ ；

　② 计算 $c_H$　　$c_H=1.01+1.88×0.02403=1.055kJ/（kg·℃）$

　③ 核算 $t_{as}$　　$t_{as}=\dfrac{30-2490×（0.02471-0.02403）}{1.055}=28.40℃$

故假设 $t_{as}=28.4℃$ 可以接受。计算结果也证明，对于空气-水系统，$t_{as}=t_w$。

### 11.1.2　湿空气的焓湿图及初步应用

#### 11.1.2.1　湿空气的焓湿图

上述湿空气的 $p$、$H$、$\varphi$、$I$、$t$、$t_w$、$t_{as}$、$H_{as}$ 等各个参数，在总压 $p_T$ 恒定时，只有两个是独立的，即只要已知 2 个独立参数，其它参数就可以计算求出。但从例 11-1 的计算过程可以看出，计算某些参数时，需用到繁琐的试差法。工程上为了方便，常选择其中两个状态参数为坐标，将湿空气各个状态参数之间的关系绘成湿度图，用来直接查取各项参数。

目前工程上广泛使用的湿度图有两种，一种是选择焓和湿度为坐标的焓湿图（$I$-$H$ 图），另一种是选择温度和湿度为坐标的温湿图（$t$-$H$ 图）。$I$-$H$ 图对于两气体相混合以及进行物料衡算和热量衡算均较方便，本书拟采用此图。

图 11-3 是总压等于 $1.013×10^5Pa$ 的湿空气的 $I$-$H$ 图。此图的纵坐标轴表示焓（$I$），横坐标轴表示湿度（$H$），两坐标轴夹角取 135°，以避免各图线挤在一起，便于精确读数。

图 11-3 所示的 $I$-$H$ 图包含下列各组图线。

（1）等焓线（等 $I$ 线）　等焓线为平行于斜轴的一组直线，图 11-3 中 $I$ 的读数范围为 0～680kJ/kg 绝干气。

（2）等湿度线（等 $H$ 线）　等湿度线为平行于纵轴的一组直线，图 11-3 中 $H$ 的读数范围为 0～0.20kg/kg 绝干气。

（3）等温线（等 $t$ 线）　等温线为从纵轴出发，斜向右上方的一组直线，在同一条等温线上，各状态点的温度相同。图 11-3 中画出从 0℃ 到 250℃ 范围内的等温线。

由式（11-8）可知：$I=1.01t+（1.88t+2490）H$

因此，当 $t$ 为定值，则 $I$ 与 $H$ 为一直线关系，其斜率为 $1.88t+2490$。在 $I$-$H$ 图上，等温线并不互相平行，因为其斜率与温度有关，温度越高，斜率越大。

（4）等相对湿度线（等 $\varphi$ 线）　对于某一定值的 $\varphi$，确定一个温度，就可以查得一个对应的饱和水蒸气压，可由式（11-3）计算出相对应的 $H$ 值。将许多（$t$，$H$）点连接起来，就成为等相对湿度线。图 11-3 中共有 11 条由坐标原点出发的等 $\varphi$ 线，由 $\varphi=5\%$ 到 $\varphi=100\%$。其中 $\varphi=100\%$ 的曲线为饱和空气线，此时的空气已完全被水蒸气所饱和。

以上四组图线是 $I$-$H$ 图上的基本图线。

（5）水蒸气分压线（$p$ 线）　由式 11-1 可得：$p=\dfrac{Hp_T}{0.622+H}$

当总压一定时，上式给出了水蒸气分压与湿度间的关系，它是一条过原点的线，因 $H$ 比 0.622 小得多，故近似于直线。为保持图面清晰，将此线绘于饱和相对湿度线的下方，而将坐标轴放在图的右边。

#### 11.1.2.2　$I$-$H$ 图的应用

$I$-$H$ 图中任意一点均代表一个确定的湿空气状态，其温度、湿度、相对湿度、焓及水汽分压均为定值。

在应用此图查取有关数据时，常遇到以下情况。

（1）已知一个确定的状态点，查取各项状态数　如图 11-4，设 $A$ 点为状态点，则：

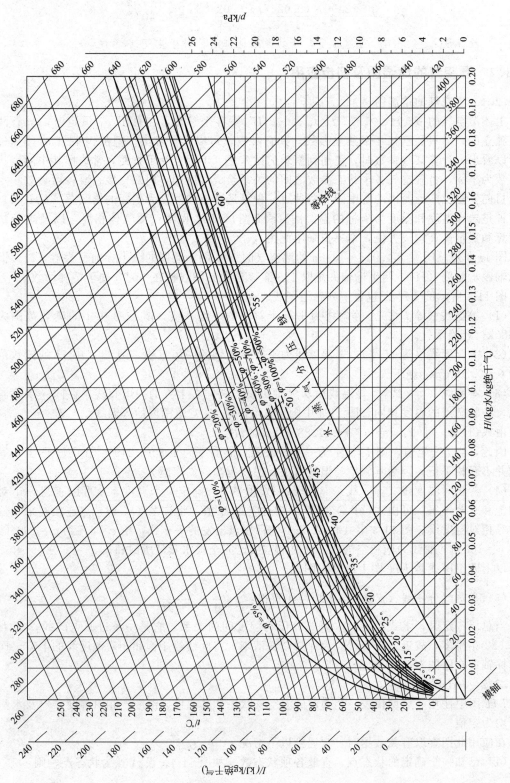

图 11-3 湿空气的焓湿图

① 焓 $I$　过 $A$ 点作等焓线与纵轴相交，交点对应的值即为 $A$ 点的焓值。

② 湿度 $H$　过 $A$ 点作等湿线与水平轴相交，交点对应的值即为 $A$ 点的湿度值 $H$。

③ 干球温度 $t$　过 $A$ 点沿等温线与纵轴相交，交点对应的值即为 $A$ 点干球温度 $t$。

④ 相对湿度 $\varphi$　过 $A$ 点沿等相对湿度线找到对应的 $\varphi$ 值，即为 $A$ 点的相对湿度 $\varphi$。

⑤ 水蒸气分压 $p$　由 $A$ 点沿等湿度线向下交水蒸气分压线于 $C$ 点，过 $C$ 点水平向右，在图右侧纵轴上读出其水蒸气分压值 $p$。

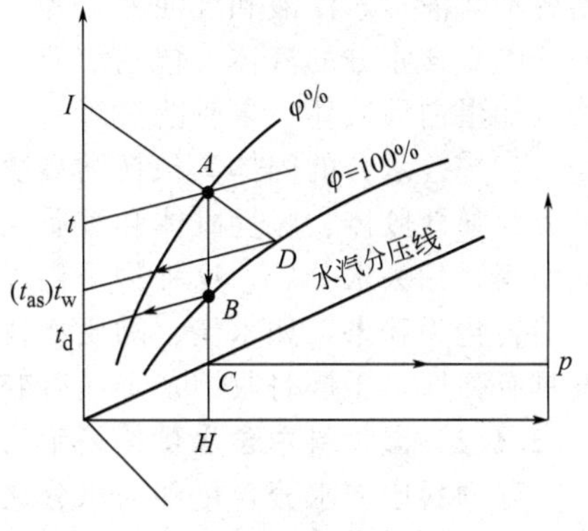

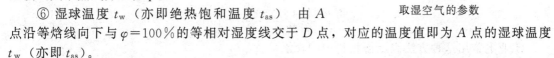

图 11-4　由已知状态点查取湿空气的参数

⑥ 湿球温度 $t_w$（亦即绝热饱和温度 $t_{as}$）　由 $A$ 点沿等焓线向下与 $\varphi=100\%$ 的等相对湿度线交于 $D$ 点，对应的温度值即为 $A$ 点的湿球温度 $t_w$（亦即 $t_{as}$）。

⑦ 露点 $t_d$　过 $A$ 点沿等湿度线向下与 $\varphi=100\%$ 的等相对湿度线交于 $B$ 点，对应的温度即为 $A$ 点的露点温度 $t_d$。

（2）已知湿空气的两个相对独立的状态参数，在湿度图中确定湿空气的状态　实际上是以上过程的逆过程，关键在于从两个独立的参数确定两条曲线的交点（即状态点）。例如，已知下列条件来确定状态点 $A$：

① 已知湿空气的干球温度 $t$ 和湿球温度 $t_w$，见图 11-5（a）。

② 已知湿空气的干球温度 $t$ 和露点 $t_d$，见图 11-5（b）。

③ 已知湿空气的干球温度 $t$ 和相对湿度 $\varphi$，见图 11-5（c）。

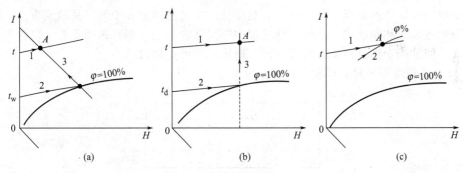

(a)　　　　　　　　　　(b)　　　　　　　　　　(c)

图 11-5　湿空气状态点的确定

应该指出，不是所有参数都是独立的，如 $t_d$-$H$、$p$-$H$、$t_d$-$p$、$t_w$-$I$、$t_{as}$-$I$ 等组中的两个参数都不是独立的，它们不是在同一条等 $H$ 线上就是在同一条等 $I$ 线上，因此上述各组数据不能在 $I$-$H$ 图上确定空气状态点。

读者可以通过上述作图法在 $I$-$H$ 图上确定例 11-2 中湿空气的状态点以及有关参数。

# 11.2　干燥过程的衡算

## 11.2.1　湿物料的性质

### 11.2.1.1　食品湿物料的形态

常见的食品湿物料的外观形态通常有粉末、散粒、晶状、块状、片状、膏糊、液态（包括各种溶液、悬浮液和乳浊液）等。按其物理化学性质不同可粗略分为如下两大类。

（1）含水分的液体　包括溶液（如葡萄糖、味精等的水溶液及食品的浸出液）和胶体溶液（如蛋白质胶体、果胶溶液等）；

（2）含水分的固体　包括结晶质的固体（如糖和食盐等）和胶质固体。其中胶质固体又可分为弹性胶体、脆性胶体和胶质毛细孔物料三类。弹性胶体是典型的胶质固体，如明胶、面团等，除去水分后，这种物质将收缩，但保持其弹性；脆性胶体除去水分后变脆，干燥后可能转化为粉末，如木炭、陶质物料；第三类是胶质毛细孔物料，如谷物、面包，其毛细管壁具有弹性，干燥时收缩，干燥后变脆。

### 11.2.1.2　湿物料中含水量的表示法

湿物料中的水分含量即为水分在湿物料中的浓度，通常以下面两种方法表达。

（1）湿基含水量 $w$　湿基含水量 $w$ 为水分在湿物料中的质量分数，即

$$w = \frac{湿物料中水分质量}{湿物料的总质量} \times 100\% \tag{11-17}$$

工业上常用这种方法表示湿物料中的含水量。

（2）干基含水量 $X$　湿物料中的水分与绝干物料的质量之比称为干基含水量，以 $X$ 表示，单位为 kg 水/kg 绝干料，按定义可写出：

$$X = \frac{湿物料中水分质量}{湿物料中绝干料的质量} \tag{11-18}$$

两种浓度之间的关系为：

$$w = \frac{X}{1+X} \quad 或 \quad X = \frac{w}{1-w} \tag{11-19}$$

## 11.2.2　物料衡算

对干燥系统作物料衡算，可算出水分蒸发量、空气消耗量和干燥产品的流量。干燥的操作方式分为连续式和间歇式。连续干燥过程中空气和物料处于相对运动状态，以物料流率为衡算基准。间歇式干燥过程是分批进行的，衡算基准可选用批量。

图 11-6 是连续干燥过程的物料衡算示意图。

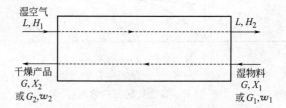

图 11-6　连续干燥过程的物料衡算示意图

$L$ 为绝干气的流量，kg 绝干气/s；$G$ 为绝干物料流量，kg 绝干料/s；$H_1$，$H_2$ 分别为湿空气进出干燥器时的湿度，kg/kg 绝干气；$X_1$，$X_2$ 分别为湿物料进出干燥器时的干基含水量，kg 水/kg 绝干料；$w_1$，$w_2$ 分别为湿物料进出干燥器时的湿基含水量，%；$G_1$，$G_2$ 分别为湿物料进出干燥器时的流量，kg 湿物料/s

### 11.2.2.1　水分蒸发量 $W$

设干燥器内无物料损失，以 1s 为基准，围绕图 11-6 作水分的衡算，则有：

$$W = L(H_2 - H_1) = G(X_1 - X_2) \tag{11-20}$$

式中，$W$ 为水分的蒸发量，kg/s；$G$ 为绝干物料的流量，kg 绝干料/s。

### 11.2.2.2　空气消耗量 $L$

整理式(11-20)可得：

$$L = \frac{G(X_1 - X_2)}{H_2 - H_1} = \frac{W}{H_2 - H_1} \tag{11-21}$$

或

$$l = \frac{L}{W} = \frac{1}{H_2 - H_1} \tag{11-22}$$

式中，$l$ 为蒸发 1kg 水分消耗的绝干气量，称为单位空气消耗量，kg 绝干气/kg 水。

#### 11.2.2.3 干燥产品量 $G_2$

若不计损失，物料中的绝干物料在干燥过程中保持不变，有：

$$G_1(1 - w_1) = G_2(1 - w_2) = G \tag{11-23}$$

即

$$G_2 = \frac{G_1(1 - w_1)}{1 - w_2} \tag{11-24}$$

### 11.2.3 热量衡算

通过干燥系统的热量衡算，可以求得预热器消耗的热量、向干燥器补充的热量和干燥过程消耗的总热量。这些参数可作为计算预热器的传热面积、加热剂用量、干燥器热效率和干燥效率等的依据，干燥器的物料和热量流程示意图如图 11-7 所示。

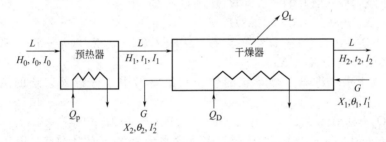

图 11-7　连续干燥器的物料和热量流程图

$I_0$，$I_1$，$I_2$ 分别为新鲜湿空气进入预热器、离开预热器（进入干燥器）和离开干燥器时的焓，kJ/kg 绝干气；$t_0$，$t_1$，$t_2$ 分别为新鲜湿空气进入预热器、离开预热器（进入干燥器）和离开干燥器时的温度，℃；$L$ 为绝干气的流量，kg 绝干气/s；$Q_p$ 为单位时间内预热器中空气消耗的热量，kW；$G$ 为进入和离开干燥器的绝干物料流量，kg 绝干料/s；$X_1$，$X_2$ 分别为湿物料进出干燥器的干基含水量，kg 水/kg 绝干料；$\theta_1$，$\theta_2$ 分别为湿物料进入和离开干燥器的温度，℃；$I_1'$，$I_2'$ 分别为湿物料进入和离开干燥器的焓，kJ/kg 绝干料；$Q_D$，$Q_L$ 分别为单位时间内向干燥器补充的热量和干燥器的热损失率，kW

#### 11.2.3.1 预热器的热量衡算

忽略预热器的热损失，对图 11-7 的预热器进行热量衡算，有

$$L I_0 + Q_p = L I_1$$

则单位时间内预热器消耗的热量为

$$Q_p = L(I_1 - I_0) \tag{11-25}$$

#### 11.2.3.2 干燥器的热量衡算

对图 11-7 中的干燥器进行热量衡算，有

$$L I_1 + G I_1' + Q_D = L I_2 + G I_2' + Q_L$$

则单位时间内向干燥器补充的热量为

$$Q_D = L(I_2 - I_1) + G(I_2' - I_1') + Q_L \tag{11-26}$$

#### 11.2.3.3 整个干燥系统的热量衡算

干燥系统的消耗的总热量 $Q$ 为 $Q_p$ 与 $Q_D$ 之和，即

$$Q = Q_p + Q_D = L(I_2 - I_0) + G(I_2' - I_1') + Q_L \tag{11-27}$$

式中，$Q$ 为单位时间内整个干燥系统消耗的总热量，kW。

#### 11. 2. 3. 4 干燥系统的热效率

对图 11-7 所示干燥过程进行热量分析如下。

（1）输入系统热量

① 湿物料带入热量 分为两部分，即水分带入热量 $GX_1c_w\theta_1$ 和绝干物料带入热量 $Gc_s\theta_1$。

② 空气带入热量 即 $LI_0 = L(1.01+1.88H_0)t_0 + r_0H_0L$。

③ 预热器向空气输入热量 $Q_p$。

④ 向干燥器补充的热量 $Q_D$。

（2）输出系统热量

① 湿物料带走热量 即 $G(c_s+c_wX_2)\theta_2$ [$c_s$ 为绝干物料的比热容，kJ/（kg 绝干料·℃）；$c_w$ 为水的比热容，kJ/(kg 水分·℃)；$c_v$ 为水蒸气的比热容，kJ/(kg 水汽·℃)]。

② 空气带出热量 可分为两部分，即湿度为 $H_0$ 的空气带出热量 $L(1.01+1.88H_0)t_2 + r_0H_0L$ 和 $W$kg 水汽带出热量 $G(X_1-X_2)(c_vt_2+r_0)$。

③ 干燥器的热损失 $Q_L$ 由输入系统总热量应等于输出系统总热量，得

$$G(c_s+c_wX_1)\theta_1 + L(1.01+1.88H_0)t_0 + Q_p + Q_D$$
$$= G(c_s+c_wX_2)\theta_2 + L(1.01+1.88H_0)t_2 + W(c_vt_2+r_0) + Q_L$$

整理得 $Q = Q_p + Q_D = L(1.01+1.88H_0)(t_2-t_0) + G(c_s+c_wX_2)(\theta_2-\theta_1) + W(c_vt_2+r_0 - c_w\theta_1) + Q_L$，其中 $W = G(X_1-X_2)$。

若忽略空气中水汽进出干燥系统的焓变和湿物料中水分带入系统的焓，则上式简化为：

$$Q = Q_p + Q_D = 1.01L(t_2-t_0) + G(c_s+c_wX_2)(\theta_2-\theta_1) + W(c_vt_2+r_0) + Q_L$$

令上式中 $c_s+c_wX_2 = c_{m2}$，$c_{m2}$ 为干燥产品（含水量为 $X_2$）的比热容，kJ/(kg 干料·℃)，则

$$Q = Q_p + Q_D = 1.01L(t_2-t_0) + Gc_{m2}(\theta_2-\theta_1) + W(c_vt_2+r_0) + Q_L \tag{11-28}$$

由式(11-28)可见，干燥系统的总热量消耗于（依次对应于式中等号右边各项）：①加热空气；②加热湿物料；③蒸发水分；④热量损失。其中蒸发水分所需的热量为：

$$Q_v = W(c_vt_2+r_0) = W(1.88t_2+2490) \tag{11-29}$$

干燥系统的热效率定义为：

$$\eta = \frac{\text{蒸发水分所需的热量}}{\text{向干燥系统输入的总热量}} \times 100\% \tag{11-30}$$

即

$$\eta = \frac{W(2490+1.88t_2)}{Q} \times 100\% \tag{11-31}$$

干燥系统的热效率愈高，则热利用率愈好。提高干燥系统热效率的途径通常有以下几条：①提高热空气的入口温度。但是必须注意物料的热敏性，即物料对温度的承受能力。例如干燥奶粉时，奶粉中酪蛋白极为热敏，进风温度过高，易发生焦煳。②提高废气的出口湿度，降低其出口温度。但出口湿度的提高会降低干燥过程的推动力，从而降低干燥速率。而若空气离开干燥器的温度过低，则有物料返潮的危险。特别是对于吸水性物料的干燥，空气出口温度应高些，而湿度则应低些。在实际生产中，空气出口温度应比进入干燥器时的湿球温度高 20～50℃，以保证干燥设备的空气出口端部分不致析出水滴。③利用中间加热、分级干燥、内置换热器等方法提高干燥过程的热效率。④用废气预热空气或物料。⑤加强干燥设备的保温，减少热损失。

【例 11-3】 某糖厂以常压下温度为 20℃、相对湿度为 60% 的新鲜空气为介质，干燥湿糖物料。空气在预热器中被加热到 90℃ 后送入干燥器，离开时的温度为

45℃，湿度为 0.022kg/kg 绝干气。每小时有 1100kg 温度为 20℃、湿基含水量为 3％的湿物料被送入干燥器，物料离开干燥器时温度升到 60℃，湿基含水量降至 0.2％。湿物料的平均比热容为 1.28kJ/(kg 干料·℃)。忽略预热器向周围的热损失，干燥器的热损失率为 1.2kW。试求：(1) 水分蒸发量 $W$；(2) 新鲜空气消耗量 $L_0$；(3) 预热器消耗的热量 $Q_p$；(4) 干燥系统消耗的总热量 $Q$；(5) 向干燥器补充的热量 $Q_D$；(6) 干燥系统的热效率 $\eta$。

**解：** 已知 $t_0=20℃$，$\varphi_0=60％$，$t_1=90℃$，$t_2=45℃$，$H_2=0.022kg/kg$ 绝干气，$G_1=1100kg/h$，$w_1=3％$，$\theta_1=20℃$，$w_2=0.2％$；$\theta_2=60℃$，$c_{m2}=1.28kJ/(kg$ 干料·℃)，$Q_L=1.2kW$。

(1) 蒸发量 $W$ 先由式 $W=G_c(X_1-X_2)$ 求出每小时的水分蒸发量。

其中 $X_1=\dfrac{w_1}{1-w_1}=\dfrac{3％}{1-3％}=0.0309kg/kg$ 绝干料

$X_2=\dfrac{w_2}{1-w_2}=\dfrac{0.2％}{1-0.2％}=0.002kg/kg$ 绝干料

$G=G_1(1-w_1)=1100\times(1-3％)=1067kg$ 绝干料/h

则 $W=G(X_1-X_2)=1067\times(0.0309-0.002)=30.84kg$ 水/h

(2) 新鲜空气消耗量 $L_0$ 由 $I$-$H$ 图查得：$H_0=0.009kg/kg$ 绝干气，故

$$L_0=\frac{W}{H_2-H_0}=\frac{30.84}{0.022-0.009}=2372kg$$ 绝干气/h

(3) 预热器消耗的热量 $Q_p$ 由 $I$-$H$ 图查得：$I_0=43kJ/kg$ 绝干气，而 $H_1=H_0=0.009kg/kg$ 绝干气，查得 $I_1=115kJ/kg$ 绝干气，故

$$Q_p=L(I_1-I_0)=2372\times(115-43)=170800kJ/h$$

(4) 干燥系统消耗的总热量 $Q$ 由式(11-28) 知

$Q=1.01L(t_2-t_0)+Gc_{m2}(\theta_2-\theta_1)+W(c_v t_2+r_0)+Q_L$

$=1.01\times2372(45-20)+30.84(1.88\times45+2490)+1067\times1.28(60-20)+1.2\times3600$

$=198240kJ/h$

(5) 向干燥器补充的热量 $Q_D$

$$Q_D=Q-Q_p=198240-170800=27400kJ/h$$

(6) 干燥系统的热效率 $\eta$ 若忽略湿物料中水分带入系统的焓，则由式(11-31) 可得

$$\eta=\frac{W(2490+1.88t_2)}{Q}=\frac{30.84\times(2490+1.88\times45)}{198240}=40％$$

## 11.2.4 空气通过干燥器的焓变

对干燥器进行物料和热量衡算，必须确定空气离开干燥器时的状态。该状态与空气在干燥器中所经历的过程有关。一般根据空气在干燥器内焓的变化，将干燥过程分为等焓干燥过程和非等焓干燥过程两大类。

### 11.2.4.1 等焓干燥过程

等焓干燥过程又称绝热干燥过程，该过程满足如下条件：忽略干燥器的热损失（$Q_L=0$），物料进出干燥器的焓相等（$I_2'=I_1'$），也不向干燥器补充热量（$Q_D=0$）。由式(11-26) 可知 $I_2=I_1$。等焓干燥过程中空气状态的变化如图 11-8 中 $\overline{ABC}$ 线所示，其中 $\overline{AB}$ 段是湿空气在预热器中的恒湿升温过程，$\overline{BC}$ 段为空气在干燥器中经历的等焓干燥过程。由于这种过程实际操作中很难实现，故等焓干燥过程又有理想干燥过程之称。

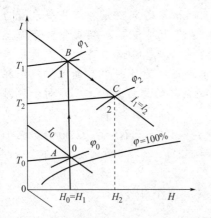

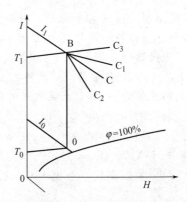

图 11-8　等焓干燥过程中湿空气的状态变化　　　　图 11-9　非等焓干燥过程中湿空气的状态变化

#### 11.2.4.2　非等焓干燥过程

实际干燥过程不可能是绝对绝热的，干燥器壁总有热量散失，物料和输送装置要带走一些热量。而补充的热量很难正好弥补热量损失。如果补充热量大于损失的热量和加热物料消耗的热量之和，则由式（11-26）可知 $I_2 > I_1$，实际过程线则位于等焓线上方（图 11-9 中 $\overline{BC_1}$）。反之，如果补充热量小于损失的热量和加热物料消耗的热量之和，则由式（11-26）可知 $I_2 < I_1$，实际过程线位于等焓线下方（图 11-9 中 $\overline{BC_2}$）。若向干燥器补充的热量恰好维持空气在 $t_1$ 下恒温，这种过程的操作线则为过点 $B$ 的等温线（图 11-9 中 $\overline{BC_3}$）。非等焓干燥过程中空气离开干燥器时的状态点可用计算法或图解法确定。

## 11.3　干燥速率与干燥时间

### 11.3.1　物料中的水分

#### 11.3.1.1　平衡水分和自由水分

当一定状态的空气与湿物料接触达到平衡后，物料中的含水量不再变化，这一含水量称为平衡水分或平衡湿度，以 $X^*$ 表示，单位为 kg 水/kg 绝干料。表 11-1 列出了若干食品的平衡水分含量。从表中可以看出，物料的平衡水分随物料种类而异。对大多数物料，温度对平衡水分的影响极小，平衡水分只取决于空气的相对湿度。

表 11-1　若干食品的平衡水分　　　　　　　　　　　　　　　单位:%

| 物　　料 | 空气相对湿度 | | | | | | | | |
|---|---|---|---|---|---|---|---|---|---|
| | 10 | 20 | 30 | 40 | 50 | 60 | 70 | 80 | 90 |
| 面粉 | 2.20 | 3.90 | 5.05 | 6.90 | 8.50 | 10.08 | 12.60 | 15.80 | 19.00 |
| 白面包 | 1.00 | 2.00 | 3.10 | 4.60 | 6.50 | 8.50 | 11.40 | 13.90 | 18.90 |
| 通心粉 | 5.00 | 7.10 | 8.75 | 1.00 | 12.20 | 13.75 | 16.60 | 18.85 | 22.40 |
| 饼干 | 2.10 | 2.80 | 3.30 | 3.50 | 5.00 | 6.50 | 8.30 | 10.90 | 14.90 |
| 淀粉 | 2.20 | 3.80 | 5.20 | 6.40 | 7.40 | 8.30 | 9.20 | 10.60 | 12.70 |
| 明胶 | — | 1.60 | 2.80 | 3.80 | 4.90 | 6.10 | 7.60 | 9.30 | 11.40 |
| 苹果 | — | — | 5.00 | — | 11.00 | 8.00 | 25.00 | 40.00 | 60.00 |
| 小麦 | — | — | 9.30 | — | — | 13.00 | — | — | 24.00 |
| 燕麦 | 4.60 | 7.00 | 8.60 | 10.00 | 11.60 | 13.60 | 15.00 | 18.00 | 22.50 |
| 大麦 | 6.00 | 8.50 | 9.60 | 10.60 | 12.00 | 14.00 | 16.00 | 20.00 | 29.00 |

也可以如图 11-10 那样标绘物料平衡水分与空气相对湿度间的关系曲线。从图中可以看出，当 $\varphi=0$ 时，各物料的平衡水分均为零，也就是说只有使湿物料与绝干气接触，理论上最后才可能获得绝干物料。如果干燥介质的温度和湿度保持不变，则相当于此状态下的物料平衡水分即为此物料可以干燥的限度。而物料水分中大于平衡水分的那部分水分称为自由水分，即可以用干燥方法除去的水分。因此，为了提高自由水分，应尽量采用相对湿度低的空气以降低其平衡水分。

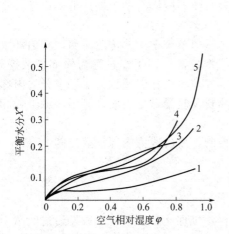

图 11-10  物料平衡水分与空气相对湿度间的关系
1—纤维素 20℃；2—蛋白质 25℃；
3—马铃薯淀粉 25℃；4—牛肉 20℃；5—马铃薯 20℃

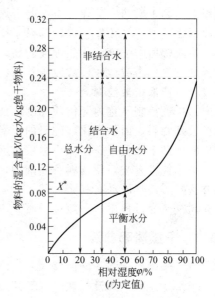

图 11-11  物料中各种水分的意义

### 11.3.1.2  结合水分与非结合水分

根据水分与物料的结合力强弱，可将水分划分为非结合水分和结合水分。

非结合水分是指结合力极弱的水分，水分活度近似等于 1，即这种水分所产生的蒸气压和纯水在同温度下产生的蒸气压相近。物料中的吸附水分和空隙中的水分都属于非结合水。非结合水较易从物料中除去。

结合水分是指结合力较强的水分，水分活度小于 1，由于结合力使所产生的蒸气压低于同温度纯水所产生的蒸气压。细胞壁内的水分及小毛细管内的水分都属于结合水。结合水较难从物料中除去。

上述物料中各种水分的意义可由图 11-11 来表示。图中，平衡水分曲线与 $\varphi=100\%$ 纵线相交的交点以上的水分为非结合水分，交点以下的水分为结合水分。对一定相对湿度的空气，物料有对应的平衡水分，平衡水分以上的水分为自由水分。

### 11.3.2  干燥过程的传质机理

当固体物料中的含水量超过其所在条件下的平衡水分并与干燥介质（热空气）直接接触时，虽然开始时水分均匀地分布在物料中，但由于湿物料表面水分的汽化，会逐渐形成物料内部与表面间的湿度差。于是物料内部的水分借扩散作用向其表面移动并汽化，热空气不断地将汽化的水分带走，从而达到使固体物料干燥的目的。

在上述干燥过程中，物料中的水分接连进行着内部扩散（内部传质）和表面汽化（外部传质）两步传质过程，由于物料的结构、性质、湿度以及干燥介质情况的影响，一般情况下两步传质的速率是不同的，其中进行较慢的那一步传质控制着干燥过程的速度。

#### 11. 3. 2. 1　表面汽化控制

表面汽化控制又称外部传质控制。如果外部传质（又称表面传质）的速度小于内部传质速度，则水分能迅速到达物料表面，使表面保持充分润湿，此时的干燥主要由表面汽化传质所控制。干燥为表面汽化控制时，强化干燥操作就必须集中强化外部的传热和传质。在对流干燥时，提高空气的温度、降低空气的相对湿度、改善空气与物料间的接触和流动状况，都有利用于提高干燥速率。在真空接触干燥中，提高干燥时的真空度也是利用传热和外部传质来提高干燥速率。在传导干燥和辐射干燥中，物料表面温度不等于空气的湿球温度，而是取决于导热或辐射的强度；传热强度越高，物料表面水分的温度就越高，汽化速率就越快；此外，因湿空气仍为载湿体，故改善其与物料的接触与流动同样有助于提高干燥速率。

#### 11. 3. 2. 2　内部扩散控制

内部扩散控制又称内部传质控制。如果外部传质速率大于内部传质速率，则内部水分来不及扩散到物料表面供汽化，此时的干燥为内部扩散控制。当干燥过程为内部扩散控制时，下列措施有助于强化干燥：减少料层厚度，或使空气与料层穿流接触，缩短水分的内部扩散距离；采用搅拌方法，使物料不断翻动，深层湿物料及时暴露于表面；采用接触干燥和微波干燥方法时，使热流动有利于内部水分向表面传递。

在同一干燥过程中，一般前阶段为表面汽化控制，后阶段为内部扩散控制。

### 11. 3. 3　干燥速率曲线

#### 11. 3. 3. 1　干燥实验和干燥曲线

由于干燥过程既涉及传热过程又涉及传质过程，机理比较复杂，一般先通过间歇干燥实验获得干燥速率的资料。在间歇干燥实验中，用大量的热空气干燥少量湿物料，空气的温度、湿度、气速及流动方式等都恒定不变，可视为恒定干燥。

在间歇干燥实验中，定时测定物料的质量变化和物料表面温度的变化，直到物料的质量恒定为止。再将物料在电热烘箱内烘干至恒重，得绝干物料量。最后将实验数据整理成物料干基含水量 $X$、表面温度 $\theta$ 与干燥时间 $\tau$ 的关系曲线，这两条曲线称为干燥曲线，如图 11-12 所示。

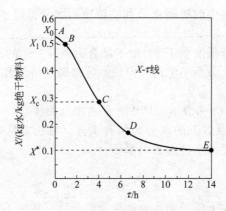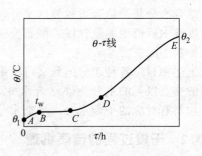

图 11-12　恒定干燥条件下物料的干燥曲线

图 11-12 中，$A$ 点表示湿物料初始含水量为 $X_0$，表面温度为 $\theta_1$，当物料在干燥器内与热空气接触后，表面温度由 $\theta_1$ 预热至 $t_w$，物料含水量下降至 $X_1$，$dX/d\tau$ 斜率逐渐增大。由 $B$ 至 $C$ 一段内 $dX/d\tau$ 斜率恒定，物料含水量随时间的变化成直线关系。物料表面温度保持在热空气的湿球温度 $t_w$，此时热空气传递给物料的显热等于水分自物料中汽化所吸收的潜

热。从 $C$ 点开始至 $E$ 点物理温度由 $t_w$ 升至 $\theta_2$，$dX/d\tau$ 急剧下降，直至物料含水量降到平衡含水量 $X^*$ 为止。

### 11.3.3.2 干燥速率

干燥速率定义为单位时间内单位干燥面积上的水分汽化量，用符号 $U$ 表示，单位为 kg 水/($m^2 \cdot s$)，其微分定义式为：

$$U = \frac{dW'}{Sd\tau} \tag{11-32}$$

由于 $dW' = -G'dX$，则式（11-32）改写为

$$U = -\frac{G'dX}{Sd\tau} \tag{11-33}$$

式中，$W'$ 为一批间歇操作中水分的汽化量，以区别于连续操作时的水分汽化量 $W$；$S$ 为干燥面积，$m^2$；$\tau$ 为干燥时间，s；$G'$ 为一批间歇操作中绝干物料的质量，kg。

为进一步研究干燥速率变化的规律，将干燥曲线（图 11-12）中的数据整理成干燥速率与干基含水量间的关系曲线，即干燥速率曲线，如图 11-13 所示。由干燥速率的定义可知，干燥速率即干燥曲线上某点处的斜率。由图 11-13 可以看出，物料含水量由 $X_1$ 至 $X_c$ 的范围内，物料的干燥速率从 $B$ 到 $C$ 基本保持恒定，并随物料含水量的变化不大，这一阶段称为恒速干燥阶段。从 $A$ 到 $B$ 为物料预热段，此阶段所需时间很短，通常归并在恒速阶段内处理。物料中含水量低于 $X_c$ 后，干燥速率下降，直至达到平衡含水量 $X^*$ 为止，如图中 $CDE$ 线段表示，称为降速干燥阶段。图中 $C$ 点为恒速与降速阶段之分界点，称为临界点。该点的干燥速率仍等于恒速阶段的干燥速率 $U_c$，对应的物料含水量 $X_c$ 称为临界含水量。

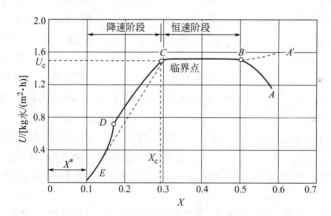

图 11-13　干燥速率曲线

在恒速阶段与降速阶段内，物料干燥的机理和影响干燥速率的因素各不相同，下面分别讨论。

（1）恒速干燥阶段　由于是恒定干燥，空气状态不变，只要表面有足够的水分，则表面汽化速率不变。因此，恒速干燥阶段实际上是表面汽化控制的干燥阶段。在此阶段中，物料表面为水分所饱和，空气传给物料的热量等于水分汽化所需的潜热。对流干燥时，物料表面温度等于空气的湿球温度；真空干燥的物料表面温度接近于操作真空度下水的沸腾温度。

对于一般的对流干燥，可写出：

$$U_c = \frac{dW'}{Sd\tau} = k_H(H_{s,t_w} - H) = \frac{\alpha}{r_{t_w}}(t - t_w) \tag{11-34}$$

式中，$U_c$ 为恒速干燥阶段的干燥速率，单位为 kg 水/($m^2 \cdot s$)。

由此可见，可利用对流传热系数 $\alpha$ 来求取干燥速率。实用中根据热空气速度、流向及与物料的接触方式等条件，有如下经验公式。

① 空气平行流过物料表面，当空气质量流速 $\overline{L}=0.7\sim8\text{kg}/(\text{m}^2\cdot\text{s})$ 时

$$\alpha=14.3(\overline{L})^{0.8} \quad \text{W}/(\text{m}^2\cdot\text{K}) \tag{11-35}$$

② 空气流动方向垂直于物料表面，当空气的质量流速 $\overline{L}=1.1\sim5.6\text{kg}/(\text{m}^2\cdot\text{s})$ 时

$$\alpha=24.2(\overline{L})^{0.37} \quad \text{W}/(\text{m}^2\cdot\text{K}) \tag{11-36}$$

③ 对于悬浮于气流中的固体颗粒，可按下式估算 $\alpha$：

$$Nu=2+0.54Re_{\text{r}}^{0.5} \tag{11-37}$$

$$Nu=\alpha d_{\text{p}}/\lambda_{\text{a}}, \qquad Re_{\text{r}}=\frac{d_{\text{p}}u_{\text{t}}}{v_{\text{a}}}$$

式中，$d_{\text{p}}$ 为颗粒直径，m；$\lambda_{\text{a}}$ 为空气的热导率，$\text{W}/(\text{m}\cdot\text{K})$；$u_{\text{t}}$ 为颗粒的沉降速度，m/s；$v_{\text{a}}$ 为空气的运动黏度，$\text{m}^2/\text{s}$。

④ 流化干燥的对流传热系数，可按下式估算：

$$Nu=4\times10^{-3}Re^{1.5} \tag{11-38}$$

式中，$Re=\dfrac{d_{\text{p}}u_{\text{a}}}{v_{\text{a}}}$；$u_{\text{a}}$ 为流化气速，m/s。

(2) 降速干燥阶段 降速干燥阶段与恒速干燥阶段的情况相反，属于内部扩散控制。从内部扩散到表面的水分不足以润湿表面，物料表面出现已干的局部区域，同时表面温度逐渐上升。随着干燥的进行，局部干区逐渐扩大。由于干燥速率的计算是以总表面积 $S$ 为依据的，虽然每单位润湿表面上的干燥速率并未降低，但是，以 $S$ 为基准的干燥速率却已下降，此为降速第一阶段，又称为不饱和表面干燥，如图 11-13 中 $C$ 至 $D$ 的范围。至 $\overline{DE}$ 时表面全部为干区，水分汽化的前沿平面由物料表面向内部移动，水分就在物料内层汽化，直至物料含水量达到平衡含水量，干燥即行停止。这一阶段称降速第二阶段。

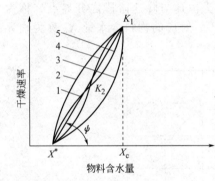

图 11-14 降速干燥速率曲线

由于物料的特性、水分结合方式及干燥情况不同，降速阶段速率曲线的形状也不同。图 11-14 为若干典型的降速干燥速率曲线，与图 11-13 中 $CDE$ 段有所不同。

图中直线 1 是具粗孔的物料如纸张、纸板等的典型降速干燥速率曲线。向上凸的曲线 2 为织物、皮革等物料的干燥曲线。向下凹的曲线 3 为陶制物料的干燥速率曲线。这三类曲线都不存在第一和第二降速阶段之分。曲线 4 为黏土等物料的干燥速度曲线，曲线 5 为面包类物料的干燥速率曲线，这两类曲线有第一和第二降速阶之分。这两个降速段的交点称为第二临界点，相当于水分在物料内部传递机理的转折点。对大多数物料而言，此点为排除吸附水分的开始，而在此之前主要为微毛细管水分的排除。

在食品工业中，物料的降速干燥最为常见。如新鲜水果、蔬菜、畜、鱼肉等加工制品以及果胶、明胶、酪蛋白等胶体物质的干燥均以降速阶段干燥为主。有时甚至无恒速段，此时干燥操作的强化须从改善内部扩散着眼。

(3) 临界含水量 恒速干燥阶段和降速干燥阶段的转折点称为临界点，有时也称为第一临界点，以区别于降速阶段的第二临界点。它代表了由表面汽化控制转为内部扩散控制的转折点。临界点处物料的含水量称为临界含水量或临界湿含量。临界含水量因物料的性质、厚

度和干燥速率的不同而异。同一物料，如干燥速率增加，则临界含水量增大；在一定的干燥速率下，物料愈厚，则临界含水量愈高。临界含水量通常由实验测定，在缺乏实验数据的条件下，可按表 11-2 所列数值范围大致估计。

表 11-2  不同性质物料的临界含水量范围

| 物料特征 | 示　例 | 临界含水量 $X_c$/% |
|---|---|---|
| 粗核无孔物料＞50 目 | 石英 | 3～5 |
| 晶体粒状，空隙较少，粒度为 50～325 目 | 食盐 | 5～15 |
| 晶体、粒状、孔隙较小 | 谷氨酸晶体 | 15～25 |
| 粗纤维粉和无定形、胶体状 | 醋酸纤维 | 25～50 |
| 细纤维、无定形和均匀状态的压紧物料，有机物的无机盐 | 淀粉、硬脂酸钙 | 50～100 |
| 胶体和凝胶状态，有机物的无机盐 | 动物胶、硬脂酸锌 | 100～3000 |

## 11.3.4  干燥时间的计算

恒定干燥多为间歇操作，干燥时间是重要参数。对于热空气量比物料量大得多的连续操作，亦可作为恒定干燥处理，其干燥时间即为物料在干燥器内的停留时间。

本书只讨论恒定干燥过程时间的计算，对于变动干燥过程，由于空气状态参数随干燥过程不断变化，干燥时间的计算要复杂得多，需要时可参阅有关专著。

### 11.3.4.1  恒速阶段的干燥时间

因恒速阶段的干燥速度等于临界干燥速度 $U_c$，故可将式(11-33) 改写成：

$$\mathrm{d}\tau = -\frac{G'}{U_c S}\mathrm{d}X$$

积分上式的边界条件为：$\tau=0$，$X=X_1$；$\tau=\tau_1$，$X=X_c$。得：

$$\int_0^{\tau_1}\mathrm{d}\tau = -\frac{G'}{U_c S}\int_{X_1}^{X_c}\mathrm{d}X$$

故

$$\tau_1 = \frac{G'}{U_c S}(X_1 - X_c) \tag{11-39}$$

临界点处的干燥速率 $U_c$ 可从干燥速率曲线查得，也可用式(11-34) 估算。

【例 11-4】  用盘架式干燥器做马铃薯的干燥实验。物料湿含量（湿基）在 18min 内从 75％减至 66％。料盘尺寸为 600mm×900mm，装湿料 4kg。空气的干湿球温度分别为 82℃和 38℃。空气平行流过料盘，速度为 4m/s，只在盘子上表面进行干燥。据以往经验，该条件下，干燥处于恒速阶段。试计算干燥速率。若干球温度降至 65℃，湿球温度不变，空气流速增加到 6m/s，干燥时间和干燥速率为多少？

**解：** (1) 求干料量 $G'$、干基初湿含量 $X_1$、终湿含量 $X_2$

$$G' = 4\times\frac{25}{100} = 1\mathrm{kg}, \quad X_1 = \frac{\omega_1}{1-\omega_1} = \frac{0.75}{1-0.75} = 3.0\mathrm{kg/kg}\ 干料$$

$$X_2 = \frac{\omega_2}{1-\omega_2} = \frac{0.66}{1-0.66} = 1.94\mathrm{kg/kg}\ 干料$$

(2) 求干燥速率。先算出水分去除量、干燥面积、干燥时间

$$W' = G'(X_1 - X_2) = 1\times(3.0 - 1.94) = 1.06\mathrm{kg}$$

$$S = 0.6\times0.9 = 0.54\mathrm{m}^2 \qquad \tau = 18\mathrm{min} = 0.3\mathrm{h}$$

因处于恒速阶段，故：$U_c = \dfrac{\mathrm{d}W'}{S\mathrm{d}\tau} = \dfrac{W'}{S\tau} = \dfrac{1.06}{0.54\times0.3} = 6.55\mathrm{kg/(m^2 \cdot h)}$

(3) 干燥情况发生变化时，恒速阶段的干燥速率也发生变化。

由式 $U_c = \dfrac{\alpha(t-t_w)}{r_{t_w}}$ 和 $\alpha = 0.0737 \ (\overline{L})^{0.8}$ 得

$$\frac{U_c'}{U_c} = \frac{\alpha' \ (t-t_w)'}{\alpha \ (t-t_w)} = \left(\frac{\overline{L}'}{\overline{L}}\right)^{0.8} \frac{(t-t_w)'}{t-t_w} = \left(\frac{6}{4}\right)^{0.8}\left(\frac{65-38}{82-38}\right) = 0.85$$

所以 $\qquad U_c' = 0.85 U_c = 0.85 \times 6.55 = 5.56 \text{kg}/(\text{m}^2 \cdot \text{h})$

$$\tau' = \frac{W'}{SU_c'} = \frac{1.06}{5.56 \times 0.54} = 0.353\text{h} = 21.2\text{min}$$

#### 11.3.4.2 降速阶段的干燥时间

由于降速阶段的干燥速率曲线形状不一，计算时通常将其简化为联结临界点（含水量 $X_c$，干燥速率为 $U_c$）和干燥极限点（平衡含水量 $X^*$，干燥速率为零）的直线。则有：

$$\frac{U-0}{X-X^*} = \frac{U_c-0}{X_c-X^*} = k_X \tag{11-40}$$

式中，$k_X$ 为降速阶段干燥速率曲线斜率，kg 绝干料/（m²·s）。

上式可改为：$\qquad\qquad\qquad U = k_X(X-X^*) \tag{11-41}$

故有：$\qquad \tau_2 = \int_0^{\tau_2} d\tau = \frac{G'}{S}\int_{X_c}^{X_2} \frac{dX}{U} = \frac{G'}{S}\int_{X_c}^{X_2} \frac{dX}{k_X(X-X^*)}$

积分得：$\qquad \tau_2 = \frac{G'}{Sk_X}\ln\frac{X_c-X^*}{X_2-X^*} = \frac{G'}{S}\times\frac{X_c-X^*}{U_c}\ln\frac{X_c-X^*}{X_2-X^*} \tag{11-42}$

式中，$X_2$ 为干燥终了时的含水量。若缺乏平衡含水量 $X^*$ 的数据，则可设 $X^*=0$。

将式(11-40) 和式(11-43) 相加即得总干燥时间：

$$\tau = \tau_1 + \tau_2 = \frac{G'}{SU_c}\Big[(X_1-X_c)+(X_c-X^*)\ln\frac{X_c-X^*}{X_2-X^*}\Big] \tag{11-43}$$

【例 11-5】 试验证明，以盘架式干燥器在恒定干燥情况下干燥梅子表现出降速干燥特点，并已证实其干燥速率正比于物料的 $(X-X^*)$。在一次试验中得知，初湿含量 68.7% 的梅子干燥到 46.2% 需 5h，干燥到 24.3% 需 12h，试估计物料的平衡水分，并求干燥到 18% 所需干燥时间（以上均为湿基含水量）。

**解**：(1) 将湿基含水量换算成干基含水量

由式(11-19) 可得：$X_1$（初始）、$X_2$（5h 后）、$X_2'$（12h后）分别为 2.20kg 水/kg 绝干料、0.86kg 水/kg 绝干料、0.321kg 水/kg 绝干料。

(2) 平衡水分 $X^*$

$$\tau_2 = \frac{G'}{S}\times\frac{X_c-X^*}{U_c}\ln\frac{X_c-X^*}{X_2-X^*} = \frac{G'}{Sk_X}\ln\frac{X_c-X^*}{X_2-X^*}$$

$$\frac{G'}{Sk_X}\ln\frac{X_1-X^*}{X_2-X^*} = \frac{G'}{Sk_X}\ln\frac{2.20-X^*}{0.86-X^*} = 5$$

$$\frac{G'}{Sk_X}\ln\frac{X_1-X^*}{X_2'-X^*} = \frac{G'}{Sk_X}\ln\frac{2.20-X^*}{0.321-X^*} = 12$$

用试差法求得：$X^*=0.17$。代回任一原式得：$G'/(Sk_X)=4.62$。

(3) 求干燥到 18% 的时间

$$\tau_2 = \frac{G'}{Sk_X}\ln\frac{X_c-X^*}{X_2''-X^*} = 4.62\ln\frac{2.20-0.17}{0.22-0.17} = 17.1\text{h}$$

# 11.4 干燥设备

在食品生产中，被干燥物料的形态（如块状、颗粒状、粉状、溶液、浆状及膏糊状等）

和性质（耐热性、分散性、黏性、易爆性及吸湿性等）各不相同，对于干燥后的要求（含水量、外观、强度及粒径、卫生要求等）也不一样，且生产规模或生产能力相差悬殊。因此所采用的干燥方法千差万别，干燥器的类型多种多样。通常，对干燥器有下列要求：①保证产品工艺要求，能达到指定的干燥程度，干燥质量均匀，保证产品的形状等。②干燥速率快，以提高设备的生产能力，缩短干燥时间。③干燥系统热效率高，以降低干燥能耗。④干燥系统的流体阻力要小，以降低输送机械能量的消耗。⑤操作控制方便，劳动条件良好，附属设备简单等。干燥器通常可按加热方式来分类，如表 11-3。

表 11-3 常用干燥器的分类

| 类　型 | 干燥器 |
| --- | --- |
| 对流干燥器 | 厢式干燥器、气流干燥器、沸腾干燥器、转筒干燥器、喷雾干燥器 |
| 传导干燥器 | 滚筒干燥器、真空盘架式干燥器 |
| 辐射干燥器 | 红外线干燥器 |
| 介电加热干燥器 | 微波干燥器 |

## 11.4.1 对流干燥器

### 11.4.1.1 厢式干燥器

厢式干燥器是常压间歇干燥器，小型的称烘箱，大型的称烘房。图 11-15 为典型厢式干燥器的构造。厢内有多层框架，料盘置于其上，也有的将物料放在框架小车上推进厢内，故又称盘架式干燥器。器内有供空气循环用的风机，引入新鲜空气，必要时可以循环废气混合，并流过加热器加热，而后流经物料。空气流过物料有横流和穿流两种方式。横流式中，热空气在物料上方掠过，与物料进行湿交换和热交换。若框架层数多，可将其分成若干组，空气每流经一组料盘之后，就再加热一次以提高温度，如图 11-15(a)、(c) 所示，此即中间加热式干燥。在穿流式中，为了提高干燥速度，可将粒状、纤维状的物料放在有网眼的筛盘上，热空气垂直穿过物料层，空气通过筛盘的流速为 0.3～1.2m/s，如图 11-15(b) 所示。为了回收废气中的热量，提高干燥器的热效率，在厢式干燥器中通常采用废气循环流程，如图 11-15(d) 所示。

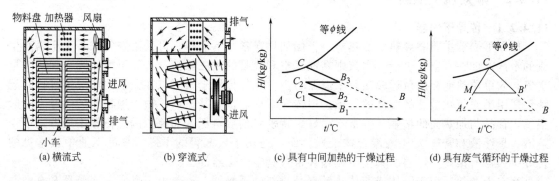

图 11-15 厢式干燥器

厢式干燥器的优点是制造和维修方便，使用灵活性大。在食品工业中常用于处理需要长时间干燥的物料、数量不多的物料，以及需要有特殊干燥条件的物料，通常多用于散料如水果、蔬菜、香料等的干燥。厢式干燥器的主要缺点是干燥不均匀，控制困难，装卸劳动强度大，热能利用不经济。

### 11.4.1.2 隧道式干燥器

隧道式干燥器又称洞道式干燥器，图 11-16 为其示意图。隧道宽度约 1.8m，高度1.8～

2m，长度 12～18m，最长可达 20～40m。根据料车相对空气流的运动方向，隧道式干燥器有顺流式、逆流式、混流式和横流式等。

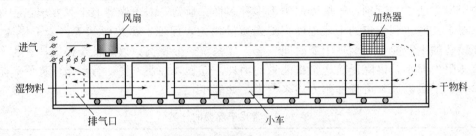

图 11-16　隧道式干燥器

隧道式干燥器简单易行、使用灵活、适应性广，几乎各种大小和形状的块状食品都能放在隧道式干燥器的盘架料车上干燥。例如果干、果脯、蘑菇、葱头、茶叶等都可以放在这种干燥器中干燥。此外，为了提高热能的利用率，这种干燥器还设置有回收废气热能的机构。

### 11.4.1.3　带式干燥器

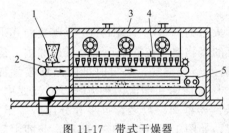

图 11-17　带式干燥器

1—加料器；2—传送带；3—风机；

4—热空气喷嘴；5—压碎机

带式干燥器是使用环带作为输送物料装置的干燥器。它包括单层带式干燥器和多层带式干燥器，常用的是多层带式干燥器。图 11-17 为多层带式干燥器的示意图。它由干燥室、输送带、风机、加热器、提升机、排气管等组成。带式干燥器的特点如下：①被干燥的湿物料必须事先成为适当的分散状态，使空气能顺利通过带上的物料层；②由于较大的物料表面暴露在干燥介质中，物料内部水分迁移的路程较短，并且物料和空气有着紧密的接触，故干燥速率较高；③设备造价较高。为保证有效利用，通常将制品干燥至 10%～15% 后，再移至别的干燥器中进行最后的干燥。

## 11.4.2　非对流干燥器

### 11.4.2.1　传导干燥器

传导干燥器主要靠导热供给热能。干燥如果在常压下进行，可采用空气来带走干燥所生成的水汽；如在真空下进行，水汽则靠抽真空和冷凝的方法除去。传导干燥器无需加热大量空气，故单位热能耗用量远较热风干燥器为少。此外传导干燥可以在无氧的情况下进行，故特别适用于对氧化敏感的食品的干燥。但传导干燥器也有其缺点，被干燥物料的热导率一般很低，食品与加热面的接触又常常不很好，特别对松散料更是如此。因此传导干燥器适用于溶液、悬浮液和膏糊状固-液混合物干燥，而不适用于松散料的干燥。食品工业中最常见的传导干燥器有滚筒干燥器、真空干燥箱和带式真空干燥器等。

真空干燥箱适用于固体或液体热敏食品物料的干燥器，一般由干燥室、冷凝器和真空泵等三个主要部分组成。干燥室内设有固定盘架，其上固定加热器。物料盘通常用钢板或铝板制造，与加热器件之间应保持良好接触。加热器由中空加热板等组成，里面用蒸汽加热。装有湿物料的料盘置于加热器之上，加热器通过料盘将热量传导给湿物料。物料中的水分汽化变成水蒸气，进入冷凝器冷凝，不冷凝性气体由真空泵排除。倘若蒸汽是有价值的物质，如香精等，可采用间壁式冷凝器加以回收。

真空式干燥器为间歇式操作，初期干燥速度较快，干燥后期物料收缩，与料盘接触状况逐渐变差，传热速率逐渐下降。为了防止与料盘接触的食品局部过热，应该严格控制加热器的温度。

### 11.4.2.2 辐射干燥器

辐射干燥器又分为红外线干燥器、远红外干燥器、高频干燥器和微波干燥器等。下面仅对红外干燥器作简单介绍。

在红外干燥器内，物料由输送带载运，经过红外线热源下方。干燥时间由输送带的移动速度来调节。当干燥热敏性高的食品时，采用短波辐射器，而干燥热敏性不太高的食品时，可用长波的辐射器。金属或陶瓷辐射器的优点是对于由各种原料、不同形状制品的干燥效果相同，操作灵活，温度的任意改变可在几分钟内实现，而不必中断生产。而且辐射器结构简单、造价低、能量消耗较少。因此红外干燥器的应用比较广泛。

红外干燥除了干燥速度快外，还具有以下优点：

① 干燥设备紧凑，使用灵活，占地面积小，便于连续化和自动化生产；

② 干燥时间短，干燥成本低，劳动生产率高，操作安全、简单；

③ 有利于干燥外形复杂的物料，采用不同强度的局部辐射，可以调节水分从成品各部分移向表面的速度。

### 11.4.2.3 其它干燥器

（1）冷冻干燥器 在一定的真空条件下，将冻结了的制品中的游离水不经过冰的融化，直接从固态冰升华为水蒸气而使物料干燥的工艺称为冷冻干燥（freeze-drying），简称冻干。冷冻干燥又称升华干燥，是目前食品干燥方法中干燥过程物料温度最低的干燥，用于果蔬、蛋类、速溶咖啡和茶、低脂肉类及制品、香料及有生物活性的食品物料干燥。

一个完整的冷冻干燥系统包括制冷系统、真空系统、加热系统和干燥系统等，按其使用目的来分，可分为预冻系统、供热系统、蒸汽和不凝结气体排除系统，以及物料预处理系统等。

① 预冻系统 应用最多的预冻手段属鼓风式和接触式冻结法。鼓风式冻结一般在冷冻干燥主机外的速冻设施或装置中完成，以提高主系统的工作效率。接触冻结一般就在冷冻干燥室物料搁板上实现。

② 供热系统 冷冻干燥系统中提供物料中水分升华热的传递方式主要采用传导和辐射两种。一般采用的热源有电、煤气、石油、天然气和煤等，所使用的载热体有水、水蒸气、矿物油、乙二醇等。另外也有用热蒸汽和水混合后用作供热的。

③ 蒸汽和不凝结气体排除系统 干燥过程中升华的水分必须不断而迅速地排除。若直接采用真空泵抽吸，则在高真空度下蒸汽的体积很大，真空泵的负荷太重，故一般情况下多采用低温冷凝器（冷阱）。

④ 低温冷凝器 低温冷凝器是升华水蒸气凝结成霜的场所，低温冷媒在凝凝器内通过，水汽在它们的表面凝结成霜。

⑤ 干燥箱 干燥箱是冷冻干燥装置中的重要部件之一，它是一个真空密闭箱体，其内部结构因处理的物料状态和系统操作方式不同而有差异，包括物料承载（传送）装置和加热构件。如果冻结也在箱内进行，则载料用搁板同时也是冷冻板，有的系统也将冷阱设在其内。

（2）太阳能干燥器 太阳能是清洁、廉价的可再生能源，取之不尽，用之不竭。每年到达地球表面的太阳能辐射能约为目前全世界所消耗的各种能量的1万多倍。太阳能比较适于农副产品的干燥，一般温度在60℃以下，不会破坏食品的营养价值。

太阳能干燥装置有多种形式，大体上可分为：温室型、集热器型、集热器与温室结合型、整体式和抛物面聚光型等。半暖房型太阳能干燥窑如图11-18所示。

## 11.4.3 干燥器的选择

干燥是个复杂的传热与传质过程，至今仍有很多问题不能从理论上解决，而需要借助于

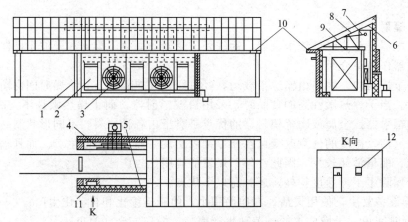

图 11-18　半暖房型太阳能干燥窑

1—大门；2—散热器；3—导风板；4—挡风板；5—排气口；6—热风管；

7—水箱；8—吸热板；9—集热器；10—进气口；11—称量装置；12—温湿度计

实验。选择干燥器时，应考虑物料的种类、理化特性和工艺要求及成品的要求等。同时还应对所选择的干燥器进行经济核算和比较，以达到较好的经济效益和社会效益。

干燥器选择步骤如下：

① 以湿物料的形态、干燥特性、产品的要求、处理量以及所采用的热源为出发点，进行干燥实验，确定干燥动力学和传递特性；

② 确定干燥设备的工艺尺寸，结合环境要求，选择适宜的干燥器形式；

③ 若几种干燥器同时适用时，要进行成本核算及方案比较，选择其中最佳者。

各种干燥器的选用可参考表 11-4。

表 11-4　干燥器的选择

| 干燥器分类 | 干燥器形式 | 溶液 | 膏糊 | 颗粒状<br><100目 | 粒状、结晶<br>>100目 | 片状 | 块状 |
|---|---|---|---|---|---|---|---|
| | | 牛奶、果汁<br>萃取液 | 麦乳精、淀粉<br>浆、滤饼 | 离心机滤饼 | 结晶、切丁、<br>谷物 | 肉类、水果<br>蔬菜切片 | 切块 |
| 对流干燥器 | 厢式 | | * | * | * | | * |
| | 沸腾床(间歇) | | | * | * | | |
| | 洞道式 | | + | * | * | * | * |
| | 带式 | | + | * | * | * | + |
| | 涡轮式 | | | * | * | * | |
| | 沸腾床(连续) | | | * | * | | |
| | 气流式 | | | * | | | |
| | 回转式 | | | + | * | | + |
| | 喷雾式(机械) | * | | | | | |
| | 喷雾式(离心、气流) | * | + | | | | |
| 传导干燥器 | 真空干燥器 | + | * | * | * | * | |
| | 回转式 | | | + | | | |
| | 真空带式 | + | * | | | | |
| | 滚筒式 | * | + | | | | |
| 辐射干燥器<br>及其它 | 红外线式 | | | * | * | * | + |
| | 高频式 | | | + | + | + | ++ |
| | 微波式 | | | + | ++ | + | * |
| | 真空冷冻 | | | + | + | * | |

注：＊为适用；＋为可用。

# 11.5 喷雾干燥

喷雾干燥是以单一工序将溶液、乳浊液、悬浊液或浆状物料加工成粉状干制品的一种干燥方法。它将液体通过雾化器的作用，喷成极细的雾状液滴，并依靠干燥介质（热空气、烟道气或惰性气体）与雾滴的均匀混合，进行热交换和质交换，使水分（或溶剂）汽化的过程。料液可以是溶液、乳状液、悬乳液或糊状物等，干燥成品可以是粉状、粒状、空心球或微胶囊等。

100多年来，喷雾干燥之所以在众多的干燥方法中地位显赫，是因为它有着其它干燥器无法比拟的优点：①干燥速率高，时间短；②物料本身不承受高温；③产品质量好；④生产过程简单；⑤产品纯度高；⑥生产控制方便；⑦可组成多级干燥。

由于上述优点，喷雾干燥特别适用于食品的干燥，主要应用于下列食品的生产：乳、蛋制品类及粮食制品、酵母制品、果蔬制品、肉类、水产制品、饮料和香料。

喷雾干燥也有缺点，主要有：①热效率低；②设备庞大；③对分离设备要求高。

## 11.5.1 喷雾干燥流程

最常见的开放式喷雾干燥流程见图11-19。料液由料液槽，经过滤器由泵送到雾化器，被分散成无数细小雾滴。作为干燥介质的空气经空气过滤器由风机经加热器加热，送到干燥塔内。热空气经过空气分布器，均匀地与雾化器喷出的雾滴相遇，经过热、质交换，雾滴迅速被干燥成产品进入塔底。已被降温增湿的空气经旋风分离器等回收夹带的细微产品粉末后，由排风机排入大气。

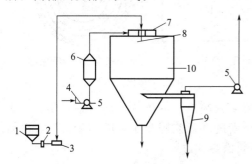

图11-19　喷雾干燥流程
1—料液槽；2—过滤器；3—泵；4—空气过滤器；
5—风机；6—空气加热器；7—空气分布器；
8—雾化器；9—旋风分离器；10—干燥塔

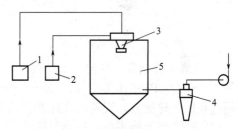

图11-20　喷雾干燥系统的组成
1—供料系统；2—供热系统；3—雾化系统；
4—气固分离系统；5—干燥器

## 11.5.2 喷雾干燥系统的工作过程

喷雾干燥系统的组成如图11-20所示。

（1）液滴的雾化　将料液分散为雾滴的雾化器是喷雾干燥设备的关键部件，液体通过雾化器分散成为$10\sim60\mu m$的雾滴，提供了很大的蒸发表面积，以利于达到快速干燥的目的。对雾化器的一般要求是，雾滴应均匀、结构简单、生产能力大、能量消耗低及操作容易等。常用的雾化器有三种基本形式，即离心式雾化器、压力式雾化器和气流式雾化器。

① 离心式雾化器　离心式雾化器的工作原理是当料液被送到离心旋转的转盘上（图11-21）时，由于转盘的离心力作用，料液在盘面上伸展成薄膜，并以不断增长的速度向盘的边缘运动。离开盘缘时，液膜便碎裂而雾化。影响离心喷雾液滴直径的因素有离心盘直径、盘

型、转速、进液量、液体密度、黏度和表面张力等。对于叶片式的离心转盘，对一般料液，在正常进料流量下，建议采用如下近似公式计算：

$$D_{vs} = 0.4r \left( \frac{M_p}{\rho_L N_s r^2} \right)^{0.6} \left( \frac{\mu_L g}{M_p} \right)^{0.2} \left( \frac{\sigma \rho_L nbg}{M_p^2} \right)^{0.1} \tag{11-44}$$

式中，$D_{vs}$ 为液滴的体积-面积平均直径，m；$r$ 为转盘半径，m；$M_p$ 为单位叶片润湿周边的料液质量流率，kg/(m·s)；$\mu_L$ 为料液黏度，Pa·s；$\rho_L$ 为料液密度，kg/m³；$\sigma$ 为料液表面张力，N/m；$n$ 为叶片数；$b$ 为叶片高度，m；$N_s$ 为转盘转速，r/s；$g$ 为重力加速度。

② 压力式雾化器　压力式雾化器主要由液体切向入口、液体旋转室、喷嘴孔等组成（图 11-22）。

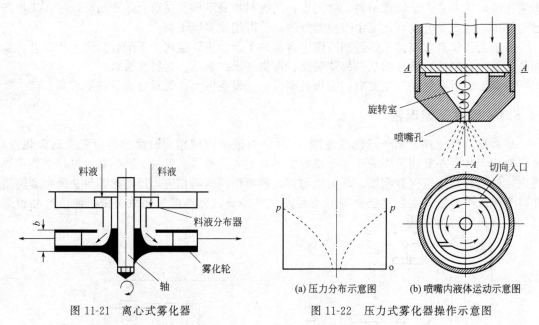

旋转室

喷嘴孔

$A$—$A$　切向入口

(a) 压力分布示意图　　(b) 喷嘴内液体运动示意图

料液　　料液

料液分布器

$b$

雾化轮

轴

图 11-21　离心式雾化器　　　　图 11-22　压力式雾化器操作示意图

③ 气流式雾化器　气流式雾化器是一种同心夹套式喷嘴。液体从内筒沿轴向供料，表压为 100～700kPa 的压缩空气以 200～300m/s 从夹套的环形空隙喷出。喷嘴处，气、液两相间存在巨大速度差，气流对液体产生的摩擦力将料液雾化。

（2）液滴在干燥室内的传热与传质

① 雾滴与空气的接触方式　在干燥器内，雾滴与空气的相互流动方向构成了它们之间的接触形式，主要分为并流式、逆流式和混流式三种。

雾化器安装在塔顶，热空气也从塔顶进入干燥器，二者并流向下运动，此时称为并流。若雾化器安装在塔顶，雾滴自上而下运动，而热空气从塔下部进入干燥器，二者运动方向截然相反，称为逆流。当雾化器安装在塔的中部向上喷雾，热空气从塔顶引入干燥器，形成先逆流后并流的接触形式，此时称为混流。雾滴和空气的接触方式不同，对干燥室内的温度分布、液滴和颗粒的运动轨迹，物料在干燥器内停留时间、热效率、产品粒度及含水率都有很大影响。

图 11-23 为并流接触的三种方式，其中下降并流式应用最为普遍。

图 11-24 为逆流接触形式。

② 液滴在干燥室内的传热与传质　在喷雾干燥过程中，液滴与气流间的相对运动速度一般很低，可认为其运动是在层流区，适用斯托克斯定律。先假设液滴为纯水滴，当纯水滴与空气接触时，传热与传质同时进行，蒸发速率的大小与传热速率成正比，层流下空气向水滴的对流表面传热系数可用以下特征数方程计算：

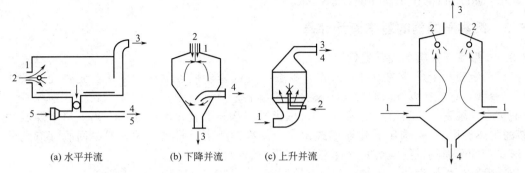

(a) 水平并流　　　(b) 下降并流　　　(c) 上升并流

图 11-23　雾滴与热空气的并流接触　　　　　图 11-24　雾滴与热空气逆流接触
1—热空气；2—溶液；3—制品；4—排风；5—冷空气　　　　1—热空气；2—溶液；3—排风；4—制品

$$\frac{\alpha d_p}{\lambda_f}=2+1.6\left(\frac{d_p u \rho_f}{\mu_f}\right)^{0.5}\left(\frac{\mu_f c_p}{\lambda_f}\right)^{1/3} \tag{11-45}$$

式中，下标 f 表示气膜；$d_p$ 为水滴直径。

实验证明，当液滴的运动处在层流区内时，其对流传热与静止的对流传热相比相差甚小，上式可近似简化为：

$$\alpha=\frac{2\lambda_f}{d_p} \tag{11-46}$$

水滴的蒸发速率正比于表面上的传热速率，蒸发速率的大小，又表现为水滴质量变化的速率，根据热量衡算，有：

$$\frac{\rho_L r_L d\left(\frac{\pi d_p^3}{6}\right)}{d\tau}+\alpha\pi d_p^2\Delta t_m=0 \tag{11-47}$$

化简得

$$\frac{2\Delta t_m}{\rho_L r_L}d\tau=-\frac{dd_p}{\alpha}$$

式中，$\rho_L$ 为水的密度；$r_L$ 为水的汽化潜热；$\Delta t_m$ 为蒸汽与水滴表面之间的平均温度差。

将式(11-47)积分即得将水滴蒸干所需的时间。然而，这一时间与实际喷雾干燥过程中液滴的蒸干时间相比是不同的。主要的区别有以下几方面：

① 有溶质存在时，水分活度降低，使蒸发速率变慢；

② 含不溶性的固体颗粒时，有效汽化表面积减少，使蒸发速度降低；

③ 干燥过程有两个阶段之分，特别是在降速阶段，蒸发速率将大为降低。

为简化起见，设液滴干燥阶段的第一阶段（恒速段）与纯水滴的干燥近似相同，由式(11-47)，液滴干燥速率为：

$$\frac{dW}{d\tau}=\frac{\rho_L d\left(\frac{\pi}{6}d_p^3\right)}{d\tau}=\frac{2\lambda_f\pi d_p\Delta t}{r_L} \tag{11-48}$$

在第一阶段内，液滴直径由 $d_1$ 干燥至临界点时直径 $d_e$ 取平均直径为 $d_m=(d_1+d_e)/2$，另设此阶段的平均温度差为 $\Delta t_1$，则此阶段液滴的平均干燥速率为：

$$\frac{W_1}{\tau_1}=\frac{2\pi d_m\lambda_f\Delta t_1}{r_L}\quad \text{kg/s} \tag{11-49}$$

在临界点后，表面开始有固定相出现，进入第二阶段干燥。液滴在第二阶段的平均干燥速率为：

$$\frac{W_2}{\tau_2}=\frac{12\lambda_f\Delta t_2 m_s}{r_L\rho_s d_c^2}\quad \text{kg/s} \tag{11-50}$$

式中，$m_s$ 为液滴中干固体的含量，kg。

### 11.5.3 喷雾干燥器的基本设计计算

#### 11.5.3.1 喷雾干燥器的设计原则

（1）确定喷雾干燥器的设计（操作）参数　在喷雾干燥器的设计中，首先要确定设计（操作）参数，它包括以下内容：①了解被干燥物料原始状态及产品性质（粒度、颗粒是空心还是实心、堆密度、热敏温度等）；②进（出）口物料的含水率；③进（出）口干燥温度（物料的耐热温度）；④选用雾化器形式；⑤产品冷却要求及排料方法，粉尘回收（三废要求）形式；⑥干燥热风接触形式（直接式、间接式）及燃料选用。

（2）喷雾干燥器设计（操作）参数选用原则

① 确定粒度大小及分布　确定粒度大小及分布是十分重要的。因为它直接影响到产品的堆密度、溶解度、色泽、流动性和分离效果。颗粒大小与下列因素有关：物料浓度、雾化器形式、操作压力及温度、干燥器形式及大小等。

② 确定产品的堆密度（堆积密度）　影响产品堆密度的因素主要有以下几个方面：a. 干燥设备形式。并流型喷雾干燥器可获得堆密度小的产品；逆流型喷雾干燥器的产品堆密度较大。b. 干燥热风与排风的温度差。温度差越大，产品的堆密度越小，反之堆密度越大。但温差太小，空气的需要量就大，热效率就低。因此，温度差不宜太小。c. 进料浓度。进料浓度低，则产品的堆密度小，进料浓度高，产品堆密度大，生产能力也大。

添加物的影响：为了获得低堆密度的产品，如速溶咖啡、速溶茶等，可在物料中间加入氮气和二氧化碳气体。

③ 温度的选择　进入干燥器内的热风温度与排出温度的确定是十分重要的。热风温度与成品质量有密切关系，应由产品含水率及耐热温度等来决定。热风温度越高，热效率越高。但是过高的热风温度会影响产品质量。因此，热风温度必须在保证产品质量的前提下适当提高。温度条件的改变将导致设备性能及能耗的变化。

④ GMP 对设备的基本要求　设备的布局应与工艺流程相适应，生产能力应与批量生产相适应，设计制造应符合生产工艺要求；设备应便于操作与维修，易于清洗消毒，不仅要防止外界异物及杂菌的流入，还应具备在线清洗、在线灭菌功能；设备与物料接触部位的材料应无毒、耐腐蚀，不与物料起反应，不得有脱落的涂层纤维和颗粒物质；设备内壁必须光洁平整，无凹陷结构，所有转角应圆弧过渡；设备驱动平稳，噪声、粉尘、污水排放应符合国家有关规定；设备自身密闭性好，所有润滑剂、冷却剂应避免与物料接触。

#### 11.5.3.2 喷雾干燥器的设计计算

在喷雾干燥塔内，空气-雾滴的运动非常复杂，它与空气分布器的结构与配置、雾化器的机构与配置、雾滴的干燥特性、空气进出截面的温度及塔内温度分布因素有关。目前还没有一种精确的计算方法能够直接计算出塔径和塔高。目前计算方法有：按雾滴运动方程计算、按体积给热系数计算和干燥强度法计算等。

#### 11.5.3.3 离心式喷雾干燥器设计实例

已知条件：

物料处理量 $G_L = 500\text{kg/h}$　　　　环境空气温度 $t_0 = 20\text{℃}$

物料表面张力 $\sigma = 53 \times 10^5 \text{N/cm}$　　环境空气相对湿度 $\varphi = 80\%$

料液黏度 $\mu_L = 5\text{cP} = 0.005\text{Pa·s}$　　进风温度 $t_1 = 200\text{℃}$

料液密度 $\rho_L = 1100\text{kg/m}^3$　　　尾气温度 $t_2 = 100\text{℃}$

料液初含水率 $\omega_1 = 70\%$　　　　物料入口温度 $t_L = 30\text{℃}$

产品含水率 $\omega_2 = 5\%$　　　　　产品出口温度 $t_p = 50\text{℃}$

绝干物料比热容 $c_p = 1.26 \text{kJ/(kg·℃)}$。

选用离心式喷雾干燥塔，雾化轮参数为：直径 $D_0 = 300 \text{mm}$（$r = 150 \text{mm}$），叶片高度 $b = 18 \text{mm}$，转速 $N = 12000 \text{r/min}$，叶片数 $n = 24$。

试计算液滴直径、干燥塔的塔径、塔高、湿空气用量、干燥能耗。

(1) 液滴直径　单位叶片润湿周边的料液质量流率：

$$M_p = \frac{G_L}{3600nb} = \frac{500}{3600 \times 24 \times 0.018} = 0.32 \text{kg/(m·s)}$$

根据式(11-44)计算液滴的体积-面积平均直径：

$$D_{vs} = 0.4r \left( \frac{M_p}{\rho_L N_s r^2} \right)^{0.6} \left( \frac{\mu_L g}{M_p} \right)^{0.2} \left( \frac{\sigma \rho_L nbg}{M_p^2} \right)^{0.1}$$

$$= 0.4 \times 0.15 \times \left( \frac{0.32}{1100 \times 200 \times 0.15^2} \right)^{0.6} \left( \frac{0.005 \times 9.81}{0.32} \right)^{0.2} \left( \frac{53 \times 10^{-3} \times 1100 \times 24 \times 0.018 \times 9.81}{0.32^2} \right)^{0.1}$$

$$= 0.000275 \text{m} = 275 \mu\text{m}$$

(2) 干燥塔直径　根据液滴飞行距离计算公式：

$$R_{99} = 3.46 D_0^{0.3} G^{0.25} N^{-0.16}$$

有 $\qquad R_{99} = 3.46 \times 0.3^{0.3} \times 500^{0.25} \times 12000^{-0.16} = 2.5 \text{m}$

干燥塔直径 $D = 2R_{99} = 5.0 \text{m}$

(3) 物料衡算　产品产量 $\qquad G_2 = G_L \dfrac{1 - \omega_1}{1 - \omega_2} = 500 \times \dfrac{1 - 0.7}{1 - 0.05} = 157.9 \text{kg/h}$

水分蒸发量 $\qquad W = G_L - G_1 = 500 - 157.9 = 342.1 \text{kg/h}$

绝干产品量 $\qquad G_s = G_2(1 - \omega_2) = 157.9 \times 0.95 = 150 \text{kg/h}$

(4) 空气用量　在 $I$-$H$ 图中，查得当 $t_0 = 20℃$，相对湿度 $\varphi = 80\%$ 时，$H_0 = 0.012 \text{kg}$ 水/kg 干空气，等 $H$ 线与 $t_1 = 200℃$ 线的交点 $A$，即为热空气的状态点。从 $I$-$H$ 图上读得 $I = 234.5 \text{kJ/kg}$，$H_1 = 0.012 \text{kg}$ 水/kg 干空气，$t_1 = 200℃$。

产品的比热容：

$$c_m = c_s(1 - \omega_2) + c_w \omega_2 = 1.26 \times 0.95 + 4.187 \times 0.05 = 1.406 \text{kJ/(kg·℃)}$$

式中，$c_w$ 为水的比热容，取 $4.187 \text{kJ/(kg·℃)}$。

干燥 1kg 水分消耗于产品升温的热量：

$$q_m = \frac{G_2 c_m (t_p - t_L)}{W} = \frac{157.9 \times 1.406 \times (50 - 30)}{342.1} = 12.98 \text{kJ/kg}$$

由于干燥过程中物料升温、干燥器表面散热都会导致热量损失，所以湿空气的出口湿含量 $H_2$ 应按以下方法确定：

$$\frac{I_2 - I_1}{H_2 - H_1} = \frac{I - I_1}{H - H_1} = -\sum q + 4.187 t_0 \text{kJ/kg}; \qquad \sum q = q_1 + q_m$$

式中，$I_1$，$I_2$，$I$ 分别为干燥器进口、出口和任意截面上湿空气的焓，kJ/kg；$q_1$ 为干燥 1kg 水分的器表面散热损失，kJ/kg；$t_0$ 为环境空气温度。

$$q_1 = \frac{\alpha A \Delta t}{W}$$

式中，$\alpha = 33.5 + 0.21 t_w$，$\text{kJ/(kg·℃)}$，$\Delta t = t_w - t_0$；$t_w$ 为干燥器外表面壁温，一般取 45℃；$A$ 为干燥器外表面积，取 140m²。

$$q_1 = \frac{42.95 \times 140 \times 25}{342.1} = 439.4 \text{kJ/kg}$$

$$-\sum q + 4.187 t = -(439.4 + 12.98) + 4.187 \times 20 = -368.66 \text{kJ/kg}$$

即
$$\frac{I_2-I_1}{H_2-H_1}=\frac{I-I_1}{H-H_1}=-368.66\text{kJ/kg 水}$$

这是一条直线方程，取任意一点 $B$，空气状态为 $H=0.06\text{kg 水/kg 干空气}$，则
$$I=I_1-368.66(H-H_1)=234.5-368.66\times(0.06-0.012)=216.8\text{kJ/kg}$$

由 $A$ 点（$H_1=0.012$，$I_1=234.5$）向 $B$ 点（$H=0.06$，$I=216.8$）连线，与 $t_2=100℃$ 线交于 $C$ 点，$C$ 就是尾气的状态点，查得 $H_2=0.045\text{kg 水/kg 干空气}$，湿比体积

$$v_{H,2}=\left(\frac{1}{29}+\frac{0.045}{18}\right)\times22.4\times\frac{273+100}{273}=1.132\text{m}^3\text{/kg 干空气}$$

绝干空气用量　　$Q_{DA}=W/(H_2-H_1)=342.1/(0.045-0.012)=10366.7\text{kg/h}$

湿空气体积流量　　$Q=Q_{DA}v_{H,2}=10366.7\times1.132=11735.07\text{m}^3\text{/h}$

干燥器平均风速　　$v_a=\dfrac{Q}{3600\times0.785D^2}=\dfrac{11735.07}{3600\times0.785\times5^2}=0.166\text{m/s}$

干燥器蒸发强度　　$U_A=\dfrac{(t_1+273)^{3.4287}}{(t_2+273)^{3.34}}=\dfrac{(200+273)^{3.4287}}{(100+273)^{3.34}}=3.82\text{kg/(m}^3\cdot\text{h)}$

干燥器体积　　$V_k=\dfrac{W}{U_A}=\dfrac{342.1}{3.82}=89.55\text{m}^3$

（5）干燥器直筒高度
$$H_k=\frac{V_k}{0.785D^2}=\frac{89.55}{0.785\times5^2}=4.56\text{m}$$

（6）干燥能耗
$$N_k=Q_{DA}(I_1-I_2)=\frac{W(I_1-I_2)}{(H_2-H_1)}=342.1\times368.66$$
$$=126118.6\text{kJ/h}=35\text{kW}$$

## 思　考　题

11-1　对流干燥过程中干燥介质的作用是什么？

11-2　湿空气的干球温度、湿球温度、露点三者有何区别？它们的大小关系如何？

11-3　何谓平衡水分、自由水分、结合水分及非结合水分？如何区分？

11-4　干燥过程有哪几个阶段？它们各有何特点？

11-5　厢式干燥器、气流干燥器及流化床干燥器的主要优缺点及适用场合如何？

11-6　喷雾干燥的原理和特点如何？

## 习　　题

11-1　已知在总压 101.3kPa 下，湿空气的干球温度为 30℃，相对湿度为 50%，试求：（1）湿度；（2）露点；（3）焓；（4）将此空气加热到 120℃ 所需的热量，已知空气的流量为 400kg 绝干气/h；（5）每小时送入预热器的湿空气体积。[（1）0.013kg 水汽/kg 干气；（2）18℃；（3）64.3kJ/kg 干气；（4）10.35kW；（5）350.5m³/h]

11-2　常压下某湿空气的温度为 25℃，湿度为 0.01kg 水汽/kg 干气。试求：（1）该湿空气的相对湿度及饱和湿度；（2）若保持温度不变，加入绝干空气使总压上升至 220kPa，则此湿空气的相对湿度及饱和湿度变为多少？（3）若保持温度不变而将空气压缩至 220kPa，则在压缩过程中每千克干气析出多少水分？[（1）50.5%，0.020kg 水汽/kg 干气；（2）50.5%，0.0091kg 水汽/kg 干气；（3）0.0009kg 水汽/kg 干气]

11-3　用一连续生产的常压气流干燥器干燥某含湿晶体。已知干燥器的生产能力为年（以 300 日计）产 $2\times10^4$ kg 晶体产品。物料含水量由 20% 降至 2%（均为湿基）。晶体比热容为 1.25kJ/(kg·℃)。物料由 15℃ 升至 25℃。原始空气温度为 15℃，相对湿度为 70%，经预热器加热至 90℃ 送入干燥器，离开

干燥器的废气温度为 40℃。干燥器内无补充热量。干燥系统的热损失为 2.8kW，试求：（1）蒸发水量；（2）原始空气用量；（3）预热器供热量；（4）干燥系统的热效率。[（1）0.0174kg 水/s；（2）2816m³/h；（3）72.8kW；（4）59.9%]

11-4 在常压间歇操作的干燥器内干燥某湿物料。每批处理湿基含水量为 15% 的湿物料 500kg，物料提供的总干燥面积为 40m²。在恒定条件下进行干燥 4h 后干燥产品的含水量可达要求。由实验测得物料的临界含水量及平衡含水量分别为 0.11kg 水/kg 绝干料及 0.002kg 水/kg 绝干料。临界点干燥速率为 1kg 水/（m²·h），降速阶段干燥速率线为直线。每批操作装卸物料需 10min，求此干燥器每昼夜（24h）可生产多少干燥产品。（2468kg 干燥产品/昼夜）

11-5 一批湿物料置于盘式干燥器中，在恒定条件下干燥。盘中物料厚度为 25.4mm，空气从物料表面平行掠过，可认为盘子的侧面与底面是绝热的。已知单位干燥面积的绝干物料量为 23.5kg/m²，物料的临界含水量为 0.18kg 水/kg 干料，将物料含水量从 0.45kg 水/kg 干料降至 0.24kg 水/kg 干料所需的时间为 1.2h。求：在同样条件下，将厚度为 20mm 的同种物料由含水量 0.5kg 水/kg 干料降至 0.22kg 水/kg 干料所需的干燥时间。（1.26h）

11-6 对某湿物料进行 5.5h 的恒定干燥操作，物料含水量由 $X_1=0.35$kg 水/kg 绝干料降至 $X_2=0.1$kg 水/kg 绝干料。若在相同条件下，要求将物料含水量由 $X_1=0.35$kg 水/kg 绝干料降至 $X_2'=0.05$kg 水/kg 绝干料。试求新情况下的干燥时间。物料的临界含水量 $X_c=0.15$kg 水/kg 绝干料、平衡含水量 $X^*=0.04$kg 水/kg 绝干料。假设在降速阶段中干燥速率与物料的自由含水量（$X-X^*$）成正比。（9.57h）

11-7 某湿物料 5kg，均匀平摊在长 0.4m、宽 0.5m 的平底浅盘内，并在恒定的空气条件下进行干燥，物料初始含水量为 20%（湿基，下同），干燥 2.5h 后含水量降至 7%，已知在此条件下物料的平衡含水量为 1%，临界含水量为 5%，并假定降速阶段的干燥速率与物料的自由含水量（干基）成直线关系，试求：（1）将物料继续干燥至含水量为 3%，所需的总干燥时间是多少？（2）现将物料均匀地平摊在两个相同的浅盘内，并在同样的空气条件下进行干燥，只需要 1.6h 即可将物料的水分降至 3%，问物料的临界含水量有何变化？恒速干燥阶段的时间为多长？[（1）3.25h；（2）0.05kg 水/kg 绝干料，1.43h]


# 本章符号说明

**英文字母**

$c_a$——绝干气比热容，kJ/(kg 绝干气·℃)；

$c_H$——湿空气比热容，kJ/(kg 绝干气·℃)；

$c_{m2}$——干燥产品比热容，kJ/(kg 绝干料·℃)；

$c_s$——干物料的比热容，kJ/(kg 绝干料·℃)；

$c_v$——水蒸气比热容，kJ/(kg 水汽·℃)；

$c_w$——水的比热容，kJ/(kg 水·℃)；

$d_p$——颗粒或液滴直径，m；

$D$——直径，m；

$G'$——间歇操作中绝干料的质量，kg；

$G$——绝干料的流量，kg 绝干料/s；

$G_1$，$G_2$——湿物料的流量，kg 湿物料/s；

$G_L$——料液流量，kg/h；

$H_{as}$——饱和湿度，kg 水/kg 绝干气；

$H_{s,t_w}$——湿空气在 $t_w$ 下的饱和湿度，kg 水/kg 绝干气；

$H$——湿空气的湿度，kg 水/kg 绝干气；

$I$——湿空气的焓，kJ/kg 绝干气；

$I_a$——绝干气的焓，kJ/kg 绝干气；

$I_v$——湿空气中水蒸气的焓，kJ/kg 水蒸气；

$I'$——湿物料的焓，kJ/kg 干物料；

$k_H$——水汽由湿表面向湿空气的传质系数，kg 水/(m²·s)；

$k_X$——降速阶段干燥速率曲线斜率，kg 绝干料/(m²·s)；

$l$——单位空气消耗量，kg 绝干气/kg 水；

$L$——绝干气的流量，kg 绝干气/s；

$m_s$——液滴中干固体的含量，kg；

$M_a$——绝干气的相对分子质量，kg/kmol；

$M_v$——水蒸气的摩尔质量，kg/kmol；

$n_a$——湿空气中绝干气的物质的量，kmol；

$n_v$——湿空气中水蒸气的物质的量，kmol；

$N_s$——转盘转速，s⁻¹；

$p_a$——绝干气的分压，Pa；

$p_s$——水的饱和蒸气压，Pa；

$p_T$——湿空气总压，Pa；

$p$——水蒸气分压，Pa；

$Q_D$——单位时间补充的热量，kW；

$Q_L$——干燥器的热损失速率，kW；

$Q_p$——单位时间预热器消耗的热量，kW；

$Q$——干燥系统的总热能消耗，kW；

$r_0$——0℃水蒸气汽化潜热，kJ/kg 水蒸气；

$S$——干燥面积，$m^2$；

$t$——湿空气的干球温度，℃；

$t_{as}$——绝热饱和温度，℃；

$t_d$——湿空气的露点，℃；

$t_w$——湿空气的湿球温度，℃；

$u_a$——流化气速，$m/s$；

$u_t$——颗粒的沉降速度，$m/s$；

$U$——干燥速率，$kg/(m^2 \cdot s)$；

$U_A$——蒸发强度，$kg/(m^3 \cdot h)$；

$v_a$——空气的运动黏度，$m^2/s$；

$v_H$——湿空气比体积，$m^3/kg$ 绝干气；

$w$——物料的湿基含水量，$kg$ 水$/kg$ 湿物料；

$W'$——一批间歇操作中水分的汽化量，$kg$；

$W$——水分蒸发量，$kg/s$；

$X^*$——物料平衡含水量，$kg$ 水$/kg$ 绝干料；

$X$——物料的干基含水量，$kg$ 水$/kg$ 绝干料。

**希腊字母**

$\alpha$——表面传热系数，$W/(m^2 \cdot K)$；

$\eta$——热效率，%；

$\theta$——湿物料的温度，℃；

$\lambda_a$——空气的热导率，$W/(m \cdot K)$；

$\mu_L$——料液黏度，$Pa \cdot s$；

$\rho_L$——料液密度，$kg/m^3$；

$\sigma$——料液表面张力，$N/m$；

$\tau$——干燥时间，$s$；

$\varphi$——湿空气相对湿度，%。

# 第12章 膜分离

**【本章学习要求】**

分离膜基本性质；膜组件基本类型；膜分离过程基本类型；膜分离操作工艺流程；膜的传质机理；膜的选择透过机理；浓差极化；膜通量的计算；电渗析极化电流；电渗析过程简单计算。

**【引言】**

膜分离操作条件温和，应用于食品加工过程溶液的分离、浓缩、纯化、脱盐等操作，能够良好保持食品的天然品质。如啤酒的微滤除菌、果蔬汁的超滤澄清、反渗透浓缩，氨基酸发酵液的电渗析分离纯化……本章将首先介绍膜分离过程特点、分离膜特性、膜组件及主要膜分离过程，接着讨论与食品行业密切相关的微滤、超滤、反渗透、电渗析过程。

## 12.1 概述

膜分离（membrane separation）是 20 世纪 60 年代后迅速崛起的一门分离新技术。其基本原理是利用特殊制造的、具有选择透过性能的薄膜，在外力推动下对混合物进行分离、提纯、浓缩。膜可以是固相、液相或气相，目前使用的绝大多数是固相膜。

物质透过分离膜的推动力可以分为两类：一种是借助外界能量，物质发生的是由低位向高位流动；另一种是以化学位差为推动力，物质由高位向低位流动。

膜分离特点：①大多数膜分离过程都不发生"相"的变化，能耗低；②膜分离过程一般无需引入新的物质，从而可以节约资源和保护环境；③膜分离过程的工作温度在室温附近，特别适用于对热敏物质的处理；④膜分离设备本身没有运动的部件，结构简单，便于实现自动控制，易于维修、放大。

目前膜分离技术已成为分离科学中最重要的组成部分，作为一类分离、浓缩、纯化和精制的高新技术，已广泛应用于水处理、食品、环保、化工、石油、医药、生物、能源等领域，产生了巨大的经济效益和社会效益。

### 12.1.1 分离膜及膜组件

#### 12.1.1.1 分离膜

分离膜是膜分离技术的核心。一种新的分离膜的研制成功往往象征着一项新的膜分离过程诞生。具有工业实用价值的分离膜应具有如下特性：①渗透性好；②选择性高；③对过程环境的化学和机械适应性宽；④稳定性好、抗污染能力强和使用寿命合理；⑤加工和组装可控性强。

制造分离膜的材料主要有天然高分子材料、合成高分子材料、无机材料等。天然高分子材料主要是纤维素的衍生物，有醋酸纤维素、硝酸纤维素、再生纤维素、乙基纤维素等，甲壳素常用作制备离子交换膜或螯合膜。合成高分子材料种类很多，主要有聚砜、聚酰胺、聚酰亚胺、聚酯、聚烯烃、乙烯类聚合物、含硅聚合物、含氟聚合物。无机材料主要有陶瓷、微孔玻璃、不锈钢和碳素钢等。

高分子膜根据高分子的排布状态及膜的结构疏密程度，可分为多孔膜与致密膜。多孔膜结构较疏松，膜中的高分子绝大多数以聚集的胶束存在和排布，大多数的超滤膜可认为是多孔膜；致密膜一般结构紧密，孔径在 1.5nm 以下，膜的高分子以分子状态排列，适用于气体分离和渗透蒸发。根据分离膜的结构可分为均质膜、非对称膜和复合膜。均质膜是指各向同性的致密膜或多孔膜。非对称膜的特点是膜断面不对称，由很薄的较致密起分离作用的活性层（0.1~1$\mu$m）与起机械支撑作用的多孔支撑层（100~200$\mu$m）组成，两层材料相同，在工业分离过程中实用的膜都具有精密的非对称结构。复合膜是具有复合结构的膜，复合结构一般是指在多孔的支撑膜上复合一层很薄的有效厚度小于 1$\mu$m（一般为 0.2~1$\mu$m）致密的、有特种功能的另一种材料的膜层，最早用于反渗透过程，现已用于气体分离、渗透汽化等膜分离过程。

### 12.1.1.2 膜组件

任何一个膜分离过程，不仅需要具有优良分离特性的膜，还要有结构合理、性能稳定的膜分离装置。膜分离装置的核心是膜组件（membrane module），它是将膜、固定膜的支撑材料、间隔物或管式外壳等通过一定的黏合或组装构成的一个单元。膜组件根据分离膜形状设计而成，工业应用主要有板框式、卷式、管式、中空纤维式四种。

板框式膜组件是最早使用的膜组件，其设计类似于常规的板框过滤装置。用于板框结构的膜片可以是圆形、方形或矩形的，两张膜片为一组构成夹层结构，用支撑板隔开、原料侧相对，由此构成原料腔室和渗透物腔室。采用密封环和两个端板将一系列这样的单元安装在一起以满足对膜面积的要求，构成板框式叠放结构。

膜片可以加工成螺旋卷式膜组件。两层膜片三边密封构成"膜袋"，膜片中间夹放多孔塑料网，敞开的第四边连接带有通孔的中心收集管。"膜袋"与外隔网相间卷在中心收集管外成圆柱状，装入压力容器构成螺旋卷式膜组件。原料轴向流过膜组件，渗透物沿径向旋转流向中心管。

管式膜组件有外压式和内压式两种。膜和支撑体均制成管状，使二者组合，或者将膜直接浇注在支撑管的内侧或外侧，将数根膜管组装在一起构成管式膜组件，与列管式换热器相类似。若膜浇注在支撑管内侧，则为内压型，原料在管内流动；若膜浇注在支撑管外侧，则为外压型，原料在管外流动。

将膜材料制成外径为 80~400$\mu$m、内径为 40~100$\mu$m 的空心管，即为中空纤维膜。将大量的中空纤维一端封死，另一端用环氧树脂浇注成管板，装在圆筒形压力容器中，就构成了中空纤维膜组件，形如列管式换热器。大多数中空纤维膜组件采用外压式，即高压原料在中空纤维膜外侧流过，透过物则进入中空纤维膜内侧。

表 12-1 是四种膜组件的特性比较，填充密度是单位组件体积中具有的膜表面积，显然中空纤维组件在这方面占有优势。板框式组件具有中等填充密度，价格高，除了气体渗透外，它几乎在各种膜分离工艺中得到应用。螺旋卷组件因其价格低且具有一定的抗污染能力，应用非常普遍。管式组件仅用于小规模试验、需要高的抗污染能力或要求易于清洗的场合。中空纤维组件价格低并具有很高的填充密度，普遍地用于不会产生污染或不需要清洗的场合。

表 12-1　膜组件特性比较

| 项目 | 板框式 | 螺旋卷式 | 管式 | 中空纤维式 |
|---|---|---|---|---|
| 填充密度/($m^2/m^3$) | 30~500 | 200~800 | 30~200 | 500~9000 |
| 抗污染能力 | 好 | 中等 | 很好 | 差 |
| 清洗方便性 | 好 | 良好 | 很好 | 差 |
| 相对价格 | 高 | 低 | 高 | 低 |
| 主要应用 | D,RO,PV,UF,MF | D,RO,GP,UF,MF | RO,UF | D,RO,GP,UF |

注：D 渗析；RO 反渗透；GP 气体渗透；PV 膜蒸发；UF 超滤；MF 微滤。

## 12.1.2 膜分离过程主要类型

膜分离过程主要有：微滤、超滤、纳滤（nanofiltration）、反渗透、渗析（dialysis）、电渗析（electro dialysis）、气体分离（gas permeation）和渗透汽化（pervaporation）、膜蒸馏（membrane distillation）等，其过程分类及基本特征如表 12-2。

**表 12-2 膜分离过程分类及其基本特征**

| 过程 | 示意图 | 膜类型 | 推动力 | 传递机理 | 透过物 | 截留物 |
|---|---|---|---|---|---|---|
| 微滤 | 原料液→渗余液、滤液 | 多孔膜 | 压强差约 0.1MPa | 筛分 | 水、溶剂、溶解物 | 悬浮物、各种微粒 |
| 超滤 | 原料液→浓缩液、滤液 | 非对称膜 | 压强差0.1~1MPa | 筛分 | 溶剂、离子、小分子 | 胶体及各类大分子 |
| 纳滤 | 原料液→高价离子溶质(盐)、溶剂(水)、低价离子 | 非对称膜复合膜 | 压强差0.5~1.5MPa | 溶解扩散 Donna效应 | 溶剂、低价小分子溶质 | >1nm 溶质、高价离子 |
| 反渗透 | 原料液→溶质(盐)、溶剂 | 非对称膜复合膜 | 压强差2~10MPa | 溶剂的溶解-扩散 | 水、溶剂 | 悬浮物、溶解物、胶体 |
| 渗析 | 进料→净化液、扩散液→接收液 | 非对称膜离子交换膜 | 浓度差 | 筛分、微孔膜内的受阻扩散 | 小分子溶质 | >0.02μm 血液透析 >0.005μm |
| 电渗析 | 浓电解质、溶剂、阳极、阴极、阴膜、阳膜、原料液 | 离子交换膜 | 电位差 | 离子在电场中的传递 | 离子 | 同名离子、非解离和大分子颗粒 |
| 气体渗透 | 进气→渗余气、渗透气 | 均质膜复合膜非对称膜多孔膜 | 压强差1~15MPa | 气体的溶解-扩散 | 易渗透气体 | 难渗透气体 |
| 渗透汽化 | 进料→溶质或溶剂、溶剂或溶质 | 均质膜复合膜非对称膜 | 浓度差分压差 | 溶解-扩散 | 易溶解或易挥发组分 | 不易溶解或难挥发组分 |
| 膜蒸馏 | 原料液→浓缩液、渗透液 | 微孔膜 | 温差而产生的蒸气压差 | 通过膜的扩散 | 高蒸气压挥发组分 | 非挥发的小分子和溶剂 |

### 12.1.3 膜分离技术在食品工业中的应用

膜分离技术在食品工业科技进步中扮演很重要的角色，它简化了传统食品加工工艺；避免了食品加工过程中的热过程，高度保持了食品中的色、香、味及各种营养成分；降低和解决了污染物排放，并使有效成分得以综合利用和回收；既可脱盐、脱除有害物质和细菌，又可防止沉淀物的产生。

#### 12.1.3.1 在乳制品加工中的应用

用反渗透法浓缩牛奶，用于生产奶粉和奶酪，牛奶的固形物可浓缩到 25％。亚洲人普遍对乳糖过敏，可用超滤法把牛奶中的乳糖脱除，并回收乳糖作工业原料。用超滤法可从干酪乳清中回收并浓缩蛋白。

#### 12.1.3.2 在蛋白质加工中的应用

用超滤法生产大豆分离蛋白，蛋白质截留率＞95％，蛋白质回收率＞93％，比传统的酸沉淀法得率提高 10％。用反渗透浓缩蛋清，固含量可从 12％浓缩到 20％。用超滤可从马铃薯淀粉加工废水、粉丝生产黄浆水、水产品加工废水、大豆分离蛋白加工废水以及葡萄糖生产废液中回收蛋白。

#### 12.1.3.3 在果汁和饮料生产中的应用

可用超滤对果汁进行除菌、澄清、脱果胶及回收果汁中的果胶、蛋白酶等。用反渗透对果汁进行浓缩，浓缩浓度可达 20～25°Bx，将反渗透与纳滤技术组合进行浓缩，其固形物浓度可达到 40～45°Bx。在速溶咖啡和速溶茶的生产中，反渗透可将咖啡提取液的固形物含量从 8％浓缩至 35％，茶的提取液浓缩至 20％左右，且香气保持良好。

#### 12.1.3.4 在酿酒行业中的应用

降低酒精度是白酒的发展方向，超滤法可去除白酒因酒精度降低而析出造成酒体浑浊的醇溶性高分子物质，又不影响酒的风味。超滤过程增加了酒体中微量成分与空气接触，加速了酒体的氧化和酯化作用，加强乙醇和水的缔合，使得口感绵柔醇厚。用微滤对啤酒进行无菌过滤，用反渗透生产无醇啤酒和浓缩啤酒，浓缩啤酒的酒精度可提高到 6％～7％，而无醇啤酒中乙醇含量可从 3％降到 0.1％。

#### 12.1.3.5 在油脂工业中的应用

在油脂精炼过程中，用膜分离技术回收油中残留的溶剂可节省大量的能源；超滤技术可用于对植物油脱胶、脱色；纳滤技术可用于脱除游离脂肪酸。在油脂副产品加工中，可用微滤、超滤技术制备磷脂、大豆分离蛋白、菜籽蛋白和菜籽多糖等。

## 12.2 微滤与超滤

### 12.2.1 过程特征和膜

#### 12.2.1.1 过程基本特征

微滤与超滤都是在压力差作用下根据膜孔径的大小进行筛分的分离过程，其基本原理如图 12-1 所示。在一定压力差作用下，当含有大分子溶质 A 和小分子 B 的混合溶液流过膜表面时，溶剂和小于膜孔的小分子溶质（如无机盐类）透过膜，作为透过液被收集起来，而大于膜孔的大分子溶质（如有机胶体等）则被截留，作为浓缩液被回收，从而达到溶液的净

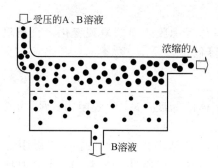

图 12-1 超滤与微滤原理示意图

图中标注：受压的A、B溶液；浓缩的A；B溶液

化、分离和浓缩的目的。

通常，能截留分子直径 $5\sim10\mu m$，分子量 500 以上、$10^6$ 以下分子的膜分离过程称为超滤；截留更大分子（直径 $0.03\sim15\mu m$，通常称为分散粒子）的膜分离过程称为微滤。超滤操作的压差为 $0.1\sim1.0MPa$，微滤操作的压差为 $0.01\sim0.2MPa$。

超滤主要用于含大分子和胶体物质（如蛋白质、酶、病毒）等溶液的浓缩、分离、提纯和净化，微滤过程用于分离或纯化含有微粒、细菌等的溶液。

#### 12.2.1.2 微滤膜和超滤膜

微滤和超滤中使用的膜都是多孔膜。微滤膜有对称和非对称两种结构，孔隙率较高，$35\%\sim90\%$，孔径范围为 $0.05\sim20\mu m$。微滤膜厚度一般为 $10\sim200\mu m$。表征微滤膜性能的参数主要是渗透通量、膜孔径和空隙率，其中膜孔径反映微滤膜的截留能力，可通过电子显微镜扫描法或泡压法、压汞法等方法测定。孔隙率是指单位膜面积上孔面积所占的比例。

超滤膜多数为非对称结构，膜的表层是超薄活化层，通常厚度为 $0.1\sim1\mu m$，孔径为 $5\sim20nm$，对溶液的分离起主要作用；支撑层为多孔结构，厚度约 $75\sim125\mu m$，孔径约 $0.4\mu m$，具有很高的透水性。超滤膜性能的主要参数有渗透通量、截留率（rejection coefficient）及切割分子量（molecular weight cut-off）。

### 12.2.2 过程的数学模型

#### 12.2.2.1 现象学模型

Kendem 和 Katchalsky 将膜看作"黑体"，不考虑膜内部的透过机理，运用非平衡热力学中的线性唯象理论，依据耗散函数，以化学位差作为传质过程的推动力，对于无化学反应的等温、若干种推动力同时存在的膜过滤过程，得到如下传质模型：

$$J_V = L_P(\Delta p - \sigma\Delta\pi) \tag{12-1}$$

$$J_S = (1-\sigma)\bar{c}_M J_V + \omega\Delta\pi \tag{12-2}$$

式中，$J_V$ 为膜渗透通量，单位时间内单位膜面积透过的溶液体积；$J_S$ 为非荷电溶质流率；$L_P$ 为水力渗透系数，表示由压力差而引起的体积流；$\Delta p$ 为跨膜压差；$\Delta\pi$ 为跨膜渗透压差；$\sigma$ 为反射系数，表示膜对溶质的脱除率，其变化范围 $0\leqslant\sigma\leqslant1$；$\bar{c}_M$ 为膜两侧溶液浓度的平均值；$\omega$ 为溶质渗透系数，表示体积流（$J_V$）为零时的溶质透过系数。

#### 12.2.2.2 孔模型

对高孔隙率微滤/超滤膜而言，若将流体通过膜孔的流动看作通过由孔半径为 $r$ 的毛细管束组成的孔隙率为 $A_k$ 的膜面的层流流动时，根据 Hagen-Poiseuille 定律，可得溶剂通过膜的通量大小为：

$$J_V = \left(\frac{A_k r^2}{8\mu\tau\delta}\right)\Delta p \tag{12-3}$$

式中，$\delta$ 为膜厚或毛细管的长度；$\mu$ 为液体的黏度；$\Delta p$ 为过滤过程的推动力。由于膜内的孔径是弯弯曲曲的，毛细管的长度 $\delta_r$ 与膜厚 $\delta$ 并不相等，引入 $\tau$ 曲折因子（扩散曲折率）来矫正这一影响，$\tau=\delta_r/\delta$。

### 12.2.2.3 阻力叠加模型

（1）Darcy定律　　Darcy定律从宏观角度出发，不具体考虑膜表面的微观变化，它是阻力叠加模型的最早形式，常用来粗略估计超滤膜通量的降低：

$$J = \frac{\Delta p}{\mu(R_m + R_c)} \tag{12-4}$$

式中，$J$为膜的瞬时通量；$\Delta p$为操作压力；$\mu$为液体的黏度；$R_m$为膜阻力；$R_c$为膜上沉积层的阻力。

（2）阻力叠加模型　　其基本出发点仍是Darcy定律，只是将式（12-4）中沉积层阻力细分为吸附阻力、堵孔阻力、滤饼阻力、浓差极化阻力等；或将式（12-4）的推动力项修正为操作压力与浓差极化压力降之差；或将式（12-4）的滤饼阻力看作随通量变化的函数；或将式（12-4）和滤饼生长边界层的溶质质量平衡相结合而导出相应的膜通量预测模型。

### 12.2.2.4 浓差极化模型和凝胶极化模型

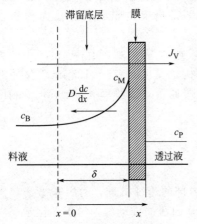

图12-2　浓差极化示意图

在膜分离操作过程中，不能完全透过膜的溶质受到膜的截留作用，在膜表面附近浓度升高，如图12-2所示。这种现象称为浓度极化或浓差极化（concentration polarization）。膜表面附近浓度升高，增大了膜两侧的渗透压差，使有效压差减小，渗透通量降低。当膜表面附近的浓度超过溶质的溶解度时，溶质膜表面形成凝胶层，这种现象称为凝胶极化（gel polarization）。在稳态操作条件下，溶质的透过质量通量与滞留底层的内向膜面传送的溶质的通量和向主体溶液反扩散通量之间达到物料平衡，即

$$J_V c_P = J_V c - D\frac{dc}{dx} \tag{12-5}$$

利用边界条件 $c = c_B$，$x = 0$；$c = c_M$，$x = \delta$ 积分，可得：

$$J_V = k\ln\left(\frac{c_M - c_P}{c_B - c_P}\right) \tag{12-6}$$

$$k = \frac{D}{\delta} \tag{12-7}$$

式中，$D$为溶质扩散系数；$\delta$为虚拟滞留底层厚度；$c_M$为溶质膜面浓度；$c_B$为主体料液浓度；$c_P$为透过液浓度；$k$为传质系数。

式（12-6）是浓差极化模型方程，当压力很高时，溶质在膜表面形成凝胶极化层，此时式（12-6）变为：

$$J_V = k\ln\left(\frac{c_g - c_P}{c_B - c_P}\right) \tag{12-8}$$

$c_g$为凝胶层浓度。形成凝胶层时，溶质的透过阻力极大，透过液浓度$c_P$很小，可忽略不计，式（12-8）可改写为：

$$J_V = k\ln\frac{c_g}{c_B} \tag{12-9}$$

### 12.2.3 微滤与超滤操作流程

微滤/超滤膜分离操作工艺流程可分为浓缩和洗滤，其基本特征如表12-3。

表 12-3　微滤/超滤操作工艺流程特点及适用范围

| 工艺流程 | | 图示 | 特点 | 适用范围 |
|---|---|---|---|---|
| 洗滤 | | 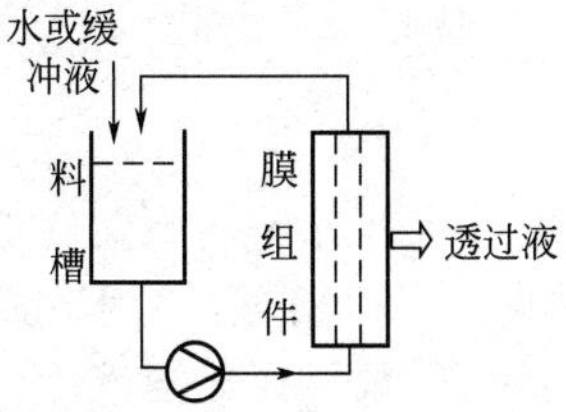 水或缓冲液→料槽→膜组件→透过液 | 水或缓冲液可连续加入或分批加入,设备简单,小型;能耗低;可克服高浓度料液渗透通量低的缺点,能更好地去除渗透组分;分离程度高;要求膜对大分子的截留率高 | 除去菌体或高分子溶液中小分子溶质时采用 |
| 间歇浓缩 | 全回流 | 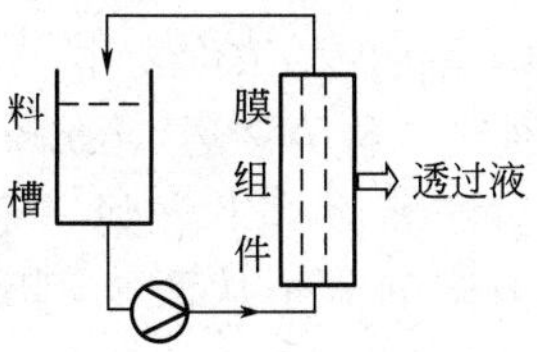 料槽→膜组件→透过液 | 操作简单;浓缩速度快;所需膜面积小。但全回流时泵的能耗高,采用部分循环可适当降低能耗 | 通常被实验室和小型中试线采用 |
| | 部分循环 | 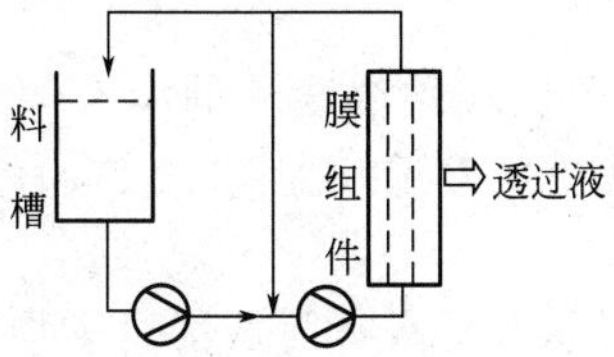 料槽→膜组件→透过液 | | |
| 连续浓缩 | 单级无循环 | 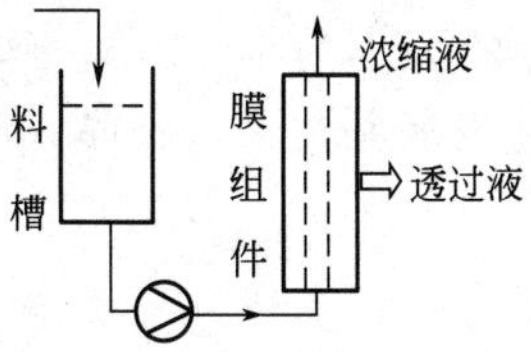 料槽→膜组件→浓缩液/透过液 | 渗透流量低;浓缩比低;所需膜面积大。组分在系统中停留时间短 | 反渗透中普遍采用,超滤、微滤中应用不多,仅在中空纤维生物反应器、水处理等中应用 |
| | 单级部分循环 | 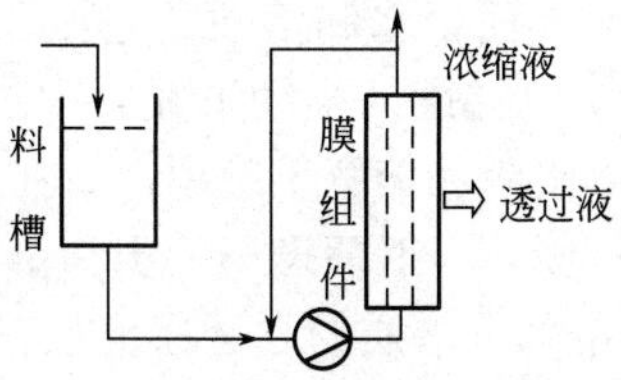 料槽→膜组件→浓缩液/透过液 | 单级操作始终在高浓度下进行,渗透流率低。增加级数可提高效率,这是因为除最后一级在高浓度下操作,渗透流率低外,其它级操作浓度均较低,膜通量相应较大。多级操作所需总膜面积小于单级操作,接近于间歇操作,而停留时间、滞留时间、所需贮槽均少于相应的间歇操作 | 大规模生产中普遍使用,特别是食品行业 |
| | 多级浓缩 | 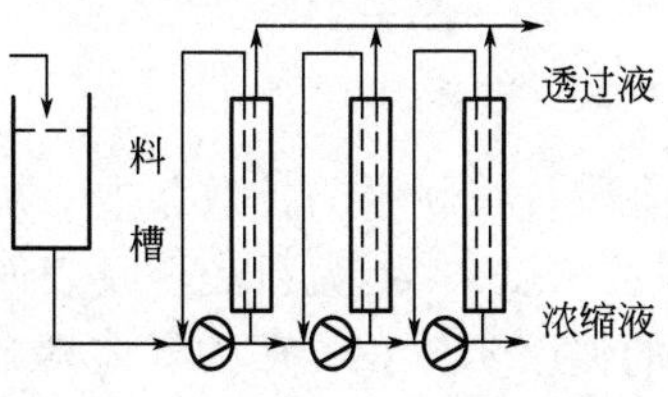 料槽→膜组件→透过液/浓缩液 | | |

## 12.3 反渗透

### 12.3.1 反渗透原理

#### 12.3.1.1 渗透与反渗透

将溶液与纯溶剂用半透膜隔开，并且这种膜只能透过溶剂分子而不能透过溶质分子。若膜两侧的静压力相等，溶剂分子在单位时间内进入溶液内的数目要比溶液内的溶剂分子在同一时间内通过半透膜进入纯溶剂的数目多。表面上看来，溶剂通过半透膜渗透到溶液中，使得溶液体积变大，浓度变小，如图 12-3(a) 所示，这种现象称为渗透（osmosis）。

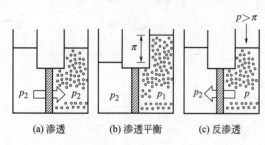

图 12-3　渗透与反渗透

当溶液侧液柱上升到一定高度不变，单位时间内溶剂分子从两个相反的方向穿过半透膜的数目彼此相等，系统达到动态平衡状态，这种对溶剂而言的膜平衡叫做渗透平衡，如图 12-3(b) 所示，此时膜两侧的静压差就等于该溶液的渗透压 $\pi$。

若在溶液侧上方施加一定压力 $p > \pi$，使溶剂分子从溶质浓度高的溶液侧透过膜流向溶剂侧的数量大于溶剂分子向溶液侧透过的数量，这就是反渗透，如图 12-3(c) 所示。

#### 12.3.1.2 反渗透过程

反渗透是利用反渗透膜选择性地只能透过溶剂（通常是水）而截留离子物质的性质，以膜两侧静压差为推动力，克服溶液的渗透压，使溶剂通过反渗透膜而实现对液体混合物进行分离的膜过程。

反渗透操作压力一般为 1.5～10.5MPa，截留组分的大小为 1～10Å 的小分子溶质，目前反渗透的应用领域已从早期的海水、苦咸水脱盐淡化发展到化工、食品、制药以及造纸工业某些有机物和无机物的分离。

### 12.3.2 反渗透过程的数学模型

#### 12.3.2.1 溶解扩散模型

Lonsdale 和 Riley 等认为反渗透膜具有完全致密的界面，水和溶质透过膜不是空隙作用，而是水和溶质与膜相互作用并溶解在膜中，然后在化学位梯度的推动下在膜中扩散并透过膜。溶剂与溶质透过膜的过程可分为三步：①溶剂在高压侧吸附和溶解于膜中；②在化学位差的推动下溶剂以分子扩散透过膜；③溶剂在透过液侧膜面解吸。一般假设第一步和第三步进行得很快。水透过膜的速率取决于第二步。根据 Fick 定律，溶剂、溶质的渗透通量可表示为：

$$J_W = \frac{D_{WM} c_{WM} V_W}{RT\delta}(\Delta p - \Delta \pi) = A(\Delta p - \Delta \pi) \tag{12-10}$$

$$J_S = \frac{D_{SM}}{K\delta}(c_{SM} - c_{SP}) = B(c_{SM} - c_{SP}) \tag{12-11}$$

式中，$D_{WM}$ 表示水在膜中的扩散系数；$D_{SM}$ 为溶质 S 在膜中的扩散系数；$K$ 为溶质 S 在溶液与膜中的分配系数；$\delta$ 为膜厚；$c_{WM}$ 为水在膜中的浓度；$c_{SM}$ 为料液侧膜表面溶质 S 的浓度；$c_{SP}$ 为透过液中溶质 S 的浓度；$V_W$ 为溶液中水的偏摩尔体积；$R$ 为气体常数；$T$ 为热力学温度。一般说来，$A$、$B$ 值与膜两侧的浓度无关，且受压力的影响较小，但却与温度密切相关。

溶解-扩散模型是描述均质膜中物质传递较流行的模型，该理论认为"完整的膜"是均质膜或非均质膜或多孔膜的表面致密活化层，或超薄膜，它忽略了膜结构对传递性能的重要影响。实际上膜性能同膜材料的化学性质与膜精细的物理结构密切相关。故用该理论指导实践（膜的研究）存在一定的缺陷，无法解释某些膜材料对水具有高吸附性和膜对水的低渗透性。另外，水在膜中的状态也是影响膜性能的因素。

### 12.3.2.2　不完全的溶解-扩散模型

Sherwood 等人曾将溶解扩散模型扩充，承认膜的表面不是完美的，存在缺陷和微孔，把溶剂和溶质在微孔中的流动也包括进去，水和溶质能以细孔和溶解扩散的双重作用而透过膜。水和溶质的膜通量可表示为：

$$J_W = A(\Delta p - \Delta \pi) + K_3 \Delta p \tag{12-12}$$

$$J_S = B(c_{SM} - c_{SP}) + K_3 \Delta p c_{SM} \tag{12-13}$$

式中第一部分为溶解-扩散模型中的扩散总量，第二部分为孔流对水及溶质通量的贡献。$K_3$ 为耦合系数。

该模型介于溶解扩散模型与下面介绍的优先吸附-毛细孔流动模型之间，可用来描述膜的非理想性。

### 12.3.2.3　优先吸附-毛细孔流动模型

优先吸附-毛细孔流动模型由 Sourirajan 提出，此理论认为反渗透受膜的表面现象及液体传递通过孔的传质所控制，与溶液接触的膜表面具有适宜的化学性质和适宜尺寸的膜孔径。适宜的化学性质是指膜可以优先吸附或优先排斥溶液中的某组分，反渗透膜表面具有亲水基团，在膜表面可以优先吸附一层水分子，约 2 个分子的厚度，溶质被排斥。这层水在外压的作用下进入膜表面的毛细孔，并通过毛细孔透过膜。根据这一机理，定义膜孔径等于纯水层厚度的 2 倍时（5～10Å），为膜的临界孔径。当膜孔径在临界孔径的范围内时，孔隙中充满纯水，溶质无法通过；如孔隙大于临界孔径，就会有部分孔隙让溶质通过。

### 12.3.3　反渗透设备

反渗透膜一般应具备以下性能：高渗透通量和高脱盐率；高机械强度、耐压密性和良好的柔韧性；良好的化学稳定性，耐氯、酸、碱腐蚀和抗微生物侵蚀；强抗污染性，适用 pH 值范围广；制备简单，价格低廉，便于工业化生产；可在较高温度下使用。

目前主要的反渗透膜材料有：①醋酸纤维素类。该类反渗透膜为非对称膜，开发较早，尽管在水通量、耐碱性、耐细菌性等方面不如聚酰胺膜，但因其具有优良的耐氯性、耐污染性而沿用至今。②芳香族聚酰胺类。分线性芳香聚酰胺与交联芳香族酰胺，前者为非对称膜，后者为复合膜。这类膜具有高交联密度和高亲水性，有优良的脱盐率和有机物截留率、高水通量、抗氧化等性能，可用于超纯水制造、海水淡化等领域。③聚哌嗪酰胺类。分线性聚哌嗪酰胺与交联聚哌嗪酰胺，该膜具有产水量大、耐氯、耐过氧化氢等特点，可用于对脱盐性能要求高的净水处理和食品工业等行业。

# 12.4　电渗析

## 12.4.1　电渗析原理及装置

### 12.4.1.1　电渗析原理

电渗析是指在直流电场作用下，溶液中的荷电离子选择性地定向迁移，透过离子交换膜

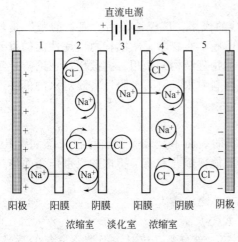

图 12-4 电渗析过程示意图

并得以去除的一种膜分离技术。电渗析过程的原理如图 12-4 所示，在正负两电极之间交替地平行放置阳离子和阴离子交换膜，依次构成浓缩室和淡化室，当两膜所形成的隔室中充入含离子的水溶液（如氯化钠溶液）并接上直流电源后，溶液中阳离子在电场力作用下向阴极方向迁移，穿过带负电荷的阳离子交换膜，而被带正电荷的阴离子交换膜所挡住，这种与膜所带电荷相反的离子透过膜的现象称为反离子迁移。同理，溶液中带负电荷的阴离子在电场力作用下向阳极运动，透过带正电荷的阴离子交换膜，而受阻于阳离子交换膜。其结果是使第 2、4 室中水的离子浓度增加，而第 3 室中水的离子浓度下降。由此可知，采用电渗析过程脱除溶液中的离子基于两个基本条件：①直流电场的作用，使溶液中正、负离子分别向阴极和阳极作定向迁移；②离子交换膜的选择透过性，使溶液中的荷电离子在膜上实现反离子迁移。

### 12.4.1.2　电渗析装置系统

（1）离子交换膜　离子交换膜是一种由高分子材料制成的具有离子交换基团的薄膜。膜的高分子键之间有足够大的孔隙，以容纳离子的进出和通过。膜的高分子链上，连接着一些可以发生解离作用的活性基团。活性基团在水溶液中可解离成两个带电荷部分：固定在高分子骨架上的带电荷部分称固定离子；与固定离子所带电荷相反的可移动的离子称为反离子。凡是在高分子链上连接的是酸性活性基团（例如—$SO_3H$）的膜，称之为阳膜；凡是在高分子链上连接的是碱性活性基团〔例如—$N(CH_3)_3OH$〕的膜，称之为阴膜。膜的选择透过性就是由膜上的固定离子吸引反离子和排斥同性离子而产生的。

（2）电渗析装置　电渗析器多采用板框式，两端分别为阴、阳电极室，中间部分为由阳膜、淡化室隔板、阴膜、浓缩室隔板交替排列构成的膜堆。用压紧部件将上述组件压紧，构成电渗析器。

① 膜堆　位于电渗析器的小间，由浓、淡水隔板和阴阳离子交换膜交替排列构成浓缩室和淡化室。常见的浓、淡水隔板分回流式和直流式两种。常用的材料有聚氯乙烯硬板、聚丙烯板、改性聚丙烯板或合成橡胶板等。一般厚度为 0.5～2mm。

② 极区　阴、阳极区分别位于膜堆两侧，用于给电渗析器供给直流电，将原水导入膜堆的配水孔，将淡水和浓水排出电渗析器，并通入和排出极水。极区由托板、电极、极框和弹性垫板组成。

③ 压紧装置　其作用是把极区和膜堆组成不漏水的电渗析器整体。可采用压板和螺栓压紧，也可采用液压压紧。

④ 其它部件　根据需要，在电极室和膜堆之间可设保护室隔板和隔膜。另外，膜堆两侧还应具备导水板，多采用电极框兼作。

## 12.4.2　电渗析过程的传递理论

### 12.4.2.1　电渗析中的迁移过程

（1）反离子迁移　与膜上固定离子基团电荷相反的离子的迁移。这种迁移是电渗析的主要传递过程，电渗析利用这种迁移达到溶液脱盐或浓缩的目的。

（2）同名离子的迁移　与膜上固定离子基团电荷相同的离子的迁移，这种迁移是由于在阳离子交换膜中进入的少量阴离子，阴离子交换膜中进入的少量阳离子引起的。

（3）电解质浓差扩散　这种渗析主要由于膜两侧浓水室与淡水室的浓度差引起的，使得电解质由浓水室向淡水室扩散。这种扩散速率随浓水室侧浓度的提高而增大。

（4）水的渗透　由于浓水室和淡水室之间存在浓度差，因此会产生渗透压差，使淡水室中的水会向浓水室渗透。两室浓差越大，水的渗透量也越大。

（5）水的电解　在电渗析过程中，当电流密度增加到一定值时，膜与液相的界面附近的离子浓度会降低至零，而主体溶液中的离子来不及补充到界面，导致膜液界面水分子在高电势梯度作用下被解离成 $H^+$ 和 $OH^-$ 并参与传导电流。

（6）水的电渗析　电解质水溶液的阴阳离子都是以水合状态存在的，称水合离子。一般阳离子的水合量大于阴离子的水合量，在电场力作用下，离子带着水合水透过离子交换膜，这就是水的电渗析。

（7）压差渗漏　如果膜的两侧出现压力差，溶液将由高压侧向低压侧渗漏。在实际电渗析操作中，一般淡化室的进水压力稍高于浓缩室的压力，以保证淡水的质量。

#### 12.4.2.2　电渗析的基本理论

离子交换膜的选择透过机理一般用 Sollner 双电层理论和 Gibbs-Donnan 膜平衡理论来解释。

（1）Sollner 双电层理论　当离子交换膜浸入电解质溶液中，膜中的活性基团在溶剂水的作用下解离产生反离子，反离子进入水溶液，膜上活性基团在电离后带有电荷，与膜表面固定基团附近电解质溶液中带相反电荷（可交换）的离子形成双电层。一般条件下离子交换膜上固定基团能构成足够强烈的负电场，使膜外溶液中反离子极易迁移靠近膜并进入膜孔隙，而排斥同性离子。由此电渗析的规律是：①异电荷相吸；②膜中固定离子越多，吸引力越强，选择性越好；③在电场作用下，溶液中的反离子作定向连续迁移通过离子交换膜。

（2）Gibbs-Donnan 膜平衡理论　当离子交换膜浸入氯化钠水溶液中时，溶液中的离子和膜内离子发生交换作用，最后达到平衡，构成膜内外离子的平衡体系。例如当将一张磺酸钠型阳膜浸入氯化钠溶液中时，膜中活性基团解离出的钠离子能进入溶液，溶液中的钠离子和氯离子也可能进入膜内，最后达到离子间的交换平衡。但平衡时由于固定离子的影响，可透过离子在膜两边不是平均分布。

### 12.4.3　电渗析操作计算

#### 12.4.3.1　浓差极化与极限电流

在利用离子交换膜进行电渗析过滤时，由于反离子在膜内的迁移数大于其在溶液中的迁移数，从而造成淡化室中膜与溶液的界面处离子供不应求，膜面上溶液的含盐量低于主体溶液中的含盐量，形成了浓度边界层。图 12-5 为阳膜两侧阳离子 A 的浓度边界层及阳离子传递示意图。阳离子在膜内的迁移数 $n_{AM}$ 大于它在溶液中的迁移数 $n_{AS}$，所以当电渗析器电流密度为 $i$ 时，在阳膜与溶液中阳离子 A 的电迁移传递通量 $J_{AME}$ 和 $J_{ASE}$ 分别为：

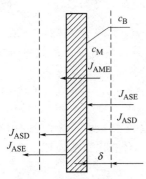

图 12-5　阳膜两侧边界层的浓度分布及离子迁移

$$J_{AME} = \frac{i}{ZF} n_{AM} \tag{12-14}$$

$$J_{ASE} = \frac{i}{ZF} n_{AS} \tag{12-15}$$

式中，$Z$ 为阳离子 A 的离子价数；$F$ 为法拉第常数。

因 $J_{AME} > J_{ASE}$，这将导致膜面右侧阳离子的浓度下降，造

成阳离子 A 因浓度差而引起的传递通量 $J_{ASD}$。当过程达到稳态时，

$$J_{AME} = J_{ASE} + J_{ASD} \tag{12-16}$$

$$J_{ASD} = -D_A \frac{dc}{dx} \tag{12-17}$$

式中，$D_A$ 为阳离子 A 的扩散系数；$dc/dx$ 为阳离子 A 的浓度梯度。

假设边界层 $\delta$ 内流动为层流，且 $D_A$ 为常数，对式(12-17) 积分得：

$$J_{ASD} = D_A \frac{c_B - c_M}{\delta} \tag{12-18}$$

式中，$c_B$、$c_M$ 分别为溶液主体与阳膜右侧界面上溶液中阳离子 A 的浓度。

将式(12-14)、式(12-15)、式(12-18) 代入式(12-16) 得：

$$\frac{i}{ZF}(n_{AM} - n_{AS}) = D_A \frac{c_B - c_M}{\delta} = D_A \frac{\Delta c}{\delta} \tag{12-19}$$

当电流密度 $i$ 继续增加时，溶液主体与界面处阳离子 A 的浓差增大，$c_M$ 降低。当电流密度增大到一定程度时，$c_M \to 0$，$\Delta c \to c_B$，此时的电流密度称为极限电流密度 $i_{lim}$：

$$i_{lim} = \frac{ZFD_A c_B}{\delta(n_{AM} - n_{AS})} \tag{12-20}$$

### 12.4.3.2 电渗析操作工艺基本计算

（1）极限电流与操作电流密度　极限电流密度公式是在极化临界条件下建立的，实用的极限电流密度可由修正的 Wilson 方程计算：

$$i_{lim} = k_i \bar{c}^m v^n \tag{12-21}$$

式中，$\bar{c}$ 为电渗析淡水进出口对数平均浓度，mmol/L；$k_i$ 为水力常数。常数 $m$、$n$ 的范围分别为 $0.95 \sim 1.00$、$0.5 \sim 0.8$，$\bar{c}$ 可用下式计算：

$$\bar{c} = \frac{c_{di} - c_{do}}{\ln c_{di} - \ln c_{do}} \tag{12-22}$$

式中，$c_{di}$、$c_{do}$ 分别为电渗析淡水进出口浓度，mmol/L。表 12-4 分别列出了两种水型的水力常数 $k_i$ 及 $m$、$n$ 值。

表 12-4　不同水型的水力常数及 $m$、$n$ 值

| 水　型 | 常数值 | | |
|---|---|---|---|
| | $k_i$ | $m$ | $n$ |
| 氯化钠水型 | 0.5446 | 1.0 | 0.660 |
| 碳酸氢盐水型 | 0.2893 | 0.958 | 0.658 |

已知极限电流密度，则操作电流密度可用下式计算：

$$i = i_{lim} \varphi f_T f_S \tag{12-23}$$

式中，$i$ 为电流密度，$A/m^2$；$\varphi$ 为组成换算系数或水型系数；$f_S$ 为安全系数，一般可取为 0.98；$f_T$ 为温度校正系数，对我国目前采用的异相膜电渗析器，温度校正系数可采用以下经验式计算：

$$f_T = 0.987^{(T_0 - T)} \tag{12-24}$$

式中，$T_0$ 为测定极限电流时的水温；$T$ 为实际操作水温。

通常电渗析器的极限电流密度以 NaCl 水溶液测定获得，因此式(12-23) 中 $\varphi$ 为 1.0，用于其它盐水溶液或溶液中存在多种离子时，$\varphi$ 不等于 1.0，需用加权平均计算出组成换算系数。

$$\varphi = \frac{\sum f_i m_i}{\sum m_i} \tag{12-25}$$

式中，$m_i$ 为离子 $i$ 的质量浓度；$f_i$ 为离子 $i$ 的换算系数，见表 12-5。

表 12-5　不同离子的换算系数

| 离子 | $f_i$ | 离子 | $f_i$ | 离子 | $f_i$ |
|------|-------|------|-------|------|-------|
| $Na^+$ | 1 | $K^+$ | $1.5\sim1.6$ | $NH_4^+$ | $1.4\sim1.5$ |
| $Ca^{2+}$ | $0.8\sim0.9$ | $Mg^{2+}$ | $0.7\sim0.8$ | $Cl^-$ | 1 |
| $SO_4^{2-}$ | $0.7\sim0.9$ | $NO_3^-$ | $0.8\sim0.9$ | $HCO_3^-$ | $0.15\sim0.4$ |

（2）电流效率　电流效率表示电渗析过程中电流利用程度，为单位时间内实际脱盐率与理论脱盐率的百分比，是电渗析的主要技术指标。电流效率的一般表达式为：

$$\eta = \frac{Q(c_{di}-c_{do})F}{IN}\times100\% \tag{12-26}$$

式中，$Q$ 为处理量，$m^3/s$；$I$ 为电流，$A$；$N$ 为膜对数；$F$ 为法拉第常数，96490A·s/mol。若盐水脱盐，电流效率一般为 $90\%\sim95\%$，海水脱盐为 $70\%\sim85\%$。

（3）膜面积　对于某个特定的脱盐过程，所必需的膜面积可由电荷衡算得出。

$$S = \frac{Q(c_{di}-c_{do})F}{i\eta} \tag{12-27}$$

（4）脱盐能耗　脱盐能耗可用每摩尔电解质所需的脱盐能耗计算。

$$W_N = \frac{2.78\times10^{-7}I^2R_T}{Q_dNc_{di}f} \tag{12-28}$$

式中，$W_N$ 为电渗析迁移每摩尔电解质所需能耗，kW·h/mol；$Q_d$ 为一个淡水隔室的流量，$m^3/s$；$I$ 为电流，$A$；$R_T$ 为 $N$ 对膜对的总电阻，$\Omega$；$f$ 为脱盐率。

$$f = \frac{c_{di}-c_{do}}{c_{di}}\times100\% \tag{12-29}$$

# 思　考　题

12-1　简述分离膜分类，膜组件基本类型。

12-2　分析比较微滤、超滤、反渗透、电渗析的差别和共同点。

12-3　简述微滤、超滤基本操作工艺流程。

12-4　简述离子交换膜选择透过性机理及模型。

12-5　简述电渗析中荷电离子的迁移过程。

12-6　简述电渗析设备组成及组装方式。

12-7　何谓浓差极化？如何减轻浓差极化？

# 习　　题

12-1　推导反渗透过程优先吸附-毛细孔流动模型中浓差极化渗透通量方程：

$$J_W = c_B k(1-x_{SP})\ln\left(\frac{x_{SM}-x_{SP}}{x_{SB}-x_{SP}}\right)$$

12-2　某中空纤维膜组件基于纤维内径的膜面积为 $372m^2$，中空纤维的规格为 $42\mu m$（内径）$\times85\mu m$（外径）$\times1.2m$（长）。计算：

（1）该膜组件中空纤维根数；（$2.35\times10^6$）

（2）中空纤维按三角形排列，中心距 $120\mu m$，求该膜组件直径；（20cm）

（3）单位体积膜组件的膜面积。（$9873m^2/m^3$）

12-3　利用切割分子量 MWCO＝100000 的超滤膜错流超滤分离发酵清液中的蛋白质，采用全回流的操作方式。初始目标蛋白质（$M_r=155000$）的质量浓度为1g/L，杂蛋白（$M_r=23000$）的质量浓度为3g/L，发酵液体积 1000mL，透过流量为 0.5mL/s。超滤膜对目标蛋白质的截留率为 0.99，对杂蛋白的截留率为 0.5。设料液槽内全混，循环管线内液体量可忽略不计。

（1）若采用浓缩操作，计算目标蛋白质的质量浓度达到5g/L所需时间；（1606s）

（2）若采用洗滤操作去除杂蛋白，料液槽中添加缓冲液使料液体积保持恒定，计算目标蛋白纯度

（总蛋白中目标蛋白的质量分数）提高到 95% 所需时间，并计算此时目标蛋白的收率。（16500s，92.1%）

12-4 测得 10.0MPa 压差和 25℃ 下，有效面积 $5cm^2$ 的醋酸纤维素膜的纯水透过流量为 0.1kg/h。对 NaCl 水溶液反渗透，料液摩尔分数为 $9 \times 10^{-3}$，溶液透过总量为 0.07kg/h，测得透过液中 NaCl 的摩尔分数为 $1 \times 10^{-3}$，水溶液的密度近似于纯水。NaCl 水溶液渗透压可表示为：$\pi = Bx_s$，$B = 0.255 \times 10^3 MPa$。求：

(1) 纯水的渗透系数 $A$；[$3.09 \times 10^{-10} kmol/(m^2 \cdot s \cdot Pa)$]

(2) 膜表面料液侧 NaCl 的摩尔分数；[0.0129（摩尔分数）]

(3) 溶液的传质系数 $k$；（$9.75 \times 10^{-5} m/s$）

(4) 溶质的渗透系数 $D_{SM}/(K\delta)$。（$3.26 \times 10^{-6} m/s$）

12-5 采用板框式电渗析器从天然咸水制取饮用水。已知条件：产物流量 $V_p$ 为 $0.01m^3/s$，产物的盐含量 $\rho_p$ 为 0.29g/L，进料的盐含量 $\rho_F$ 为 3.5g/L，电流密度 $i = 0.7773 i_{lim}$，电流效率 $\eta$ 为 0.7905，法拉第常数 $F$ 为 96490A·s/mol（以一价离子计），传质系数 $k$ 为 $0.1L/(m^2 \cdot s)$，离子在膜内的迁移数 $n_M$ 为 0.95，离子在溶液中的迁移数 $n_S$ 为 0.45，有效组件横截面积 $S_{eff}$ 为 $0.9m^2$。求：

(1) 极限电流密度；（$96.49A/m^2$）

(2) 所需安装的阴离子和阳离子交换膜的总膜面积；（$1800m^2$）

(3) 如果每个板框式膜组件都由 250 对电解池构成，求所需并联的膜组件数目。（4 组）

# 本章符号说明

$A$——纯水透过常数，$cm^3/(cm^2 \cdot s \cdot Pa)$；

$\bar{c}$——电渗析淡水进出口对数平均浓度，mol/L；

$c_B$——料液主体浓度，mol/L；

$c_{di}$——电渗析淡水进口浓度，mol/L；

$c_{do}$——电渗析淡水出口浓度，mol/L；

$\Delta c$——浓度差，mol/L；

$D$——扩散系数，$m^2/s$；

$f$——脱盐率，1；

$f_i$——离子 $i$ 的换算系数；

$f_S$——安全系数；

$f_T$——温度校正系数；

$F$——法拉第常数；

$i$——电流密度，$A/m^2$；

$I$——总电流强度，A；

$k$——传质系数，m/s；

$K_3$——反渗透不完全的溶解扩散模型耦合系数；

$k_i$——电渗析水力常数；

$K$——溶质 S 在溶液与膜中的分配常数；

$J$——传递通量，$mmol/(cm \cdot s)$；

$J_V$——膜渗透通量，$cm^3/(cm^2 \cdot s)$；

$J_W$——水透过通量，$cm^3/(cm^2 \cdot s)$；

$m$——常数；

$m_i$——离子 $i$ 的质量浓度，g/L；

$n$——常数，迁移数；

$N$——膜对数；

$\Delta p$——跨膜压差，Pa；

$Q$——处理量，$m^3/s$；

$Q_d$——一个淡水隔室的流量，L/s；

$R$——气体常数；表观截留率；

$R_T$——$N$ 对膜对的总电阻，$\Omega$；

$S$——膜面积，$m^2$；

$T$——热力学温度，K；

$V_W$——溶液中水的偏摩尔体积，$m^3/mol$；

$W_N$——电渗析迁移每摩尔电解质所需能耗，kW·h/mol；

$x_{SB}$——料液主体中溶质 S 的摩尔分数；

$x_{SM}$——高压侧膜面处溶质 S 的摩尔分数；

$x_{SP}$——透过侧溶质 S 的摩尔分数；

$\delta$——虚拟滞留底层厚度，膜厚，m；

$\Delta\pi$——跨膜渗透压差，Pa；

$\eta$——电流效率；

$\omega$——溶质渗透系数，$mmol/(cm \cdot s \cdot Pa)$；

$\varphi$——组成换算系数。

下标

A——阳离子 A；

B——料液主体；

d——淡水隔室；

D——扩散传递；

E——电迁移；

i——进水；离子；

o——出水；

V——体积；

W——水。

# 第13章 吸附与离子交换

## 【本章学习要求】

了解吸附的基本概念、吸附过程的传质机理；了解吸附装置，掌握吸附过程的计算；了解离子交换的基本概念、离子交换树脂与离子交换过程的传质机理；掌握离子交换过程的计算。

## 【引言】

某制糖厂制糖原料液的色素浓度高，为 20g/L，现要求对其进行脱色，且脱色后残留色素为原始含量的 2.5%，怎样实现？

## 13.1 吸附

吸附是自然界存在的最常见的现象之一。在历史上人类很早就能够利用吸附作用来达到将某些混合物分离的目的。当流体与固体接触时，由于后者存在表面力，流体中的某些物质有附着于固体表面的趋势，这种现象称为吸附。吸附体系由吸附剂和吸附质组成。吸附剂一般是指固体或能够进行吸附的液体，吸附质一般是指能够以分子、原子或离子的形式被吸附的固体、液体或气体。

利用吸附剂对流体混合物中不同组分的选择性吸附，使混合物进行分离的过程称为吸附分离。它一般是通过由吸附和脱附组成的循环过程而实现的，在化工、石油、食品、医药等行业和环保工程中得到广泛应用；特别是在吸附质浓度较低的情况下，如气体的深度干燥、水质的深度净化及食品的脱色、除臭等。

### 13.1.1 吸附作用与吸附剂

#### 13.1.1.1 吸附作用

从科学的角度说，吸附作用是两个不可混合的物质相（固体、液体或气体）之间的界面性质，在这种两相界面上一相的组分得到浓缩，或者两相互相吸附形成界面薄膜。吸附作用基本上是界面上分子间或原子间作用力所产生的热力学性质所决定的。通常按吸附本性的不同将吸附分成两大类：物理吸附和化学吸附。

物理吸附是一种只通过弱相互作用进行的可逆性吸附。在物理吸附过程中，吸附质与吸附剂之间主要通过范德华力的作用而相互结合，能量一般小于 $63\sim84kJ/mol$，易于脱附。吸附一般是多分子层的。物理吸附一般无选择性，任何固体可以吸附任何气体，但是吸附量会因吸附剂及吸附质的种类不同而相差很多，通常越易液化的气体越易被吸附。吸附速率大，脱附也较容易，易达到平衡。

化学吸附一般涉及吸附剂和吸附质之间的强相互作用，包括吸附质内（间）原子的重排，吸附剂表面和吸附质之间发生化学反应形成化学键，其结合力较物理吸附大很多，能量一般超过 $84\sim126kJ/mol$，与化学反应热的数量级相同，一般不易脱附。化学吸附有显著的选择性，总是单分子层的，且大多是"不可逆"的。化学吸附速率一般较小，在低温下不易达到平衡。

在食品工业中遇到的吸附问题多为物理吸附。

#### 13.1.1.2 吸附剂

吸附剂的性能对吸附分离的技术经济指标起着决定性作用。工业吸附剂需满足表面积大、选择性高、机械强度好等要求。常用的吸附剂有活性炭、分子筛、硅胶、活性氧化铝等。

（1）活性炭　活性炭是最常用的吸附剂，由木炭、坚果壳、煤等含碳原料经炭化与活化制得，其吸附性能取决于原始成炭物质以及炭化、活化等操作条件。活性炭可用于溶剂蒸气的回收、各种气体物料的纯化、水的净化等。

（2）分子筛　分子筛是近几十年发展起来的沸石吸附剂，包括天然沸石和合成沸石两类。分子筛具有特定的均一孔径，其范围相当于分子大小，可用于对不同大小的分子进行筛分。由于分子筛突出的吸附性能，它在吸附分离中应用十分广泛。与其它吸附剂相比，分子筛的显著优点是吸附质在被处理的混合物中浓度很低及温度较高时，仍有较好的吸附能力。

（3）硅胶　硅胶是另一种常用的吸附剂，是一种坚硬的由无定形的 $SiO_2$ 构成的多孔结构的固体颗粒，其微孔尺寸、空隙率和比表面积的大小因其制造条件的不同而不同。硅胶主要用于气体干燥、气体吸收、液体脱水、色谱分析和催化剂等。

（4）活性氧化铝　活性氧化铝又称活性矾土，为一种无定形的多孔结构物质，通常由氧化铝加热、脱水和活化而得。活性氧化铝对水有很强的吸附能力，主要用于液体与气体的干燥。

（5）其它吸附剂　除上述四种常用吸附剂外，还有其它一些吸附剂，如吸附树脂、活性黏土等。

一些常用的吸附剂的主要特性列于表 13-1 中。

表 13-1　典型吸附剂的某些特性

| 吸附剂 | | 比表面积/(m²/g) | 孔容积/(cm³/g) | 颗粒密度/(g/cm³) | 堆密度/(g/m³) |
|---|---|---|---|---|---|
| 活性炭 | 煤基 | 1050～1150 | 0.80 | 0.80 | 0.48 |
| | 椰树基 | 1150～1250 | 0.72 | 0.85 | 0.44 |
| 分子筛 | 5A | — | 0.32～0.33 | 1.15 | 0.71 |
| | 13X | 395 | 0.41 | 1.13 | 0.72 |
| 硅胶 | 普通型 | 750～800 | 0.43 | 1.13 | 0.75 |
| | 低密度型 | 340 | 1.15 | 0.60 | 0.40 |
| 活性氧化铝 | 球形 | 325 | 0.50 | 1.40 | 0.77 |
| | 无定形 | 250 | — | 1.60 | — |

## 13.1.2　吸附过程的传质机理

### 13.1.2.1　吸附相平衡

在一定条件下，当流体与固体吸附剂接触时，流体中的吸附质即被吸附剂吸附，经过足够长的时间，吸附质在两相中的分配达到一个定值，实际上是达到了动态平衡，称为吸附相平衡。若流体中吸附质浓度高于其平衡浓度，则吸附质被吸附；反之，低于其平衡浓度，则已吸附在吸附剂上的吸附质将脱附。因此，相平衡可用于判定传质的极限和传质方向。吸附平衡可用吸附等温线、吸附公式来描述。

（1）吸附等温线　在等温的情况下吸附剂的吸附量 $q$ 与吸附质的压力 $p$（或浓度）的关系曲线称为吸附等温线。用不同的吸附剂吸附不同的物质时，吸附等温线可有多种形状。吸附等温线由试验得到，Brunauer 等把典型的吸附等温线分为五种（图 13-1）。

Ⅰ型为 Langmuir 型，如 $N_2$、$O_2$ 或有机蒸气在活性炭上的吸附，为单分子层吸附；Ⅱ型是最普遍的多分子层的吸附，如在 $-195℃$ 时 $N_2$ 在硅胶上的吸附；Ⅲ型比较少见；Ⅳ型和Ⅴ型曲线的后段对应于毛细管凝聚现象。$V_m$ 为覆盖在固体表面的单分子层氮的量（mL）。

（2）等温吸附公式　等温吸附曲线的数学表达式称为等温吸附公式。常见的方程有

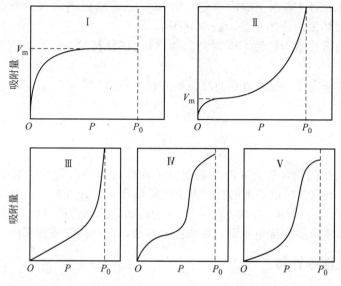

图 13-1　Brunauer 的五种类型吸附等温线

Langmuir 方程、BET 方程和 Freundlich 方程。Langmuir 方程和 BET 方程分别适用于单分子层吸附和多分子层吸附，主要用于气体吸附；Freundlich 方程是在对气体吸附平衡研究过程中最早得到的经验方程，它同样适用于液体吸附。目前工业上对液体吸附应用最多的是 Freundlich 方程，其表达形式为

$$q^* = Ec^{\frac{1}{n}} \tag{13-1}$$

式中，$c$ 为吸附质的浓度，$kg/m^3$；$q^*$ 为与 $c$ 成平衡的吸附量，$kg$ 吸附质/$kg$ 吸附剂；$n$，$E$ 为与温度有关的经验常数，1。

$n$ 的值一般在 2～10 之间。若以 $q$ 为纵坐标，$c$ 为横坐标，可根据式(13-1) 绘出吸附等温线。

### 13.1.2.2　吸附速率

吸附速率是指单位时间内被吸附吸附质的量，单位为 $kg/s$，它是吸附过程设计与操作的重要参数。吸附过程通常可分为以下三步：①外扩散，吸附质由流体主体扩散到吸附剂的外表面；②吸附质被吸附剂的表面吸附；③内扩散，吸附质由吸附剂的外表面经孔隙扩散到内表面。

对于物理吸附，通常吸附剂表面上的吸附速率远较外扩散和内扩散为快，因此影响吸附总速率的往往是外扩散与内扩散速率。

（1）外扩散速率方程　吸附质从流体主体到吸附剂固体表面的传质速率方程可表示为：

$$\frac{dq}{d\theta} = k_f a_p (c - c_i) \tag{13-2}$$

式中，$dq/d\theta$ 为吸附速率，$kg/(s \cdot kg)$；$a_p$ 为吸附剂的外比表面积，$m^2/kg$；$c$ 为流体相中吸附质的平均浓度，$kg/m^3$；$c_i$ 为吸附剂外表面上流体中吸附质的浓度，$kg/m^3$；$k_f$ 为流体侧的对流传质系数，$m/s$。

$k_f$ 与流体性质、两相接触的流动状况、颗粒的几何特性以及温度、压力等操作条件有关。

（2）内扩散速率方程　内扩散速率方程可以表示为

$$\frac{dq}{d\theta} = k_s a_p (q_i - q) \tag{13-3}$$

式中，$q_i$ 为吸附剂外表面上吸附质量，kg/kg；$q$ 为吸附剂内吸附质的平均含量，kg/kg；$k_s$ 为吸附剂固体侧的传质系数，kg/(s•m²)。

$k_s$ 与吸附剂的微孔结构特性、吸附剂的物性以及吸附过程的操作条件等因素有关，通常需由实验测定。

（3）总吸附速率方程　吸附过程的总传质方程可表示为

$$\frac{dq}{d\theta} = K_f a_p (c - c^*) \tag{13-4}$$

或

$$\frac{dq}{d\theta} = K_s a_p (q^* - q) \tag{13-5}$$

式中，$c^*$ 为与吸附质含量为 $q$ 的吸附剂成平衡的流体中吸附质的浓度，kg/m³；$q^*$ 为与吸附质浓度为 $c$ 的流体相成平衡的吸附剂上吸附质含量，kg/kg；$K_f$ 为以 $\Delta c = c - c^*$ 为推动力的总传质系数，m/s；$K_s$ 为以 $\Delta q = q^* - q$ 为推动力的总传质系数，kg/(s•m²)。

由于吸附过程涉及多种传质步骤，影响因素复杂，因此传质系数多由实验或经验确定。

### 13.1.3　吸附过程的计算

吸附计算分为单组分吸附和多组分吸附。这里仅介绍单组分吸附计算。

#### 13.1.3.1　分级接触式吸附

将体积为 $V$，浓度为 $c_0$ 的溶液与质量为 $m$ 的吸附剂混合，吸附一定时间后，溶液浓度

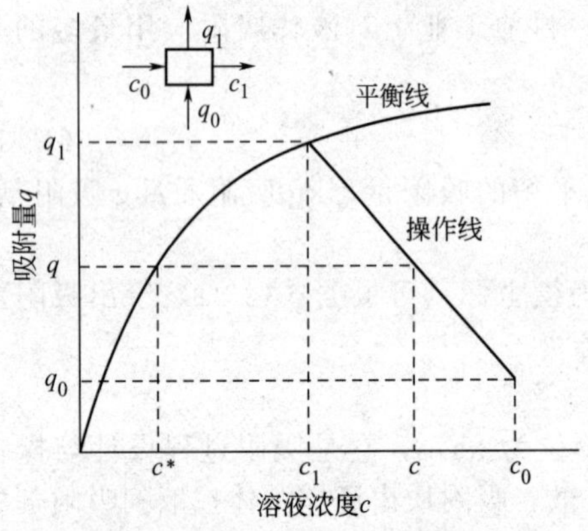

图 13-2　单级接触吸附图解

为 $c$，吸附剂的吸附量从 $q_0$ 变为 $q$（一般 $q_0 = 0$），则对吸附质作物料衡算得

$$m(q - q_0) = V(c_0 - c) \tag{13-6}$$

在 $q$-$c$ 图上，上式为一直线，称为操作线，它位于平衡线的下方。其斜率为 $-V/m$，如图 13-2 所示。操作线和平衡线的交点表示吸附达到平衡时的最大吸附量 $q_1$ 和溶液的最低浓度 $c_1$。

设 $q_0 = 0$，且平衡线满足 Freundlich 方程，则有

$$\left(\frac{c}{c_0}\right)^{\frac{1}{n}} = \frac{V c_0^{1-\frac{1}{n}}}{mE} \times \frac{c_0 - c}{c_0} \tag{13-7}$$

式（13-7）不仅可用于计算平衡后溶液的浓度，而且可以设计试验推算出 $n$ 值。

将吸附剂分小批与溶液作用，即多级错流接触，可以在相同吸附率下节省吸附剂用量。以二级错流接触为例，如图 13-3 所示，其物料衡算为

$$m_1(q_1 - q_0) = V(c_0 - c_1) \tag{13-8}$$

$$m_2(q_2 - q_0) = V(c_1 - c_2) \tag{13-9}$$

设 $q_0 = 0$，且平衡线满足 Freundlich 方程，则有：

$$\frac{m_1}{V} = \frac{c_0 - c_1}{E c_1^{1/n}} \tag{13-10}$$

$$\frac{m_2}{V} = \frac{c_1 - c_2}{E c_2^{1/n}} \tag{13-11}$$

则吸附剂总量为：

$$\frac{m_1 + m_2}{V} = \frac{c_0 - c_1}{E c_1^{1/n}} + \frac{c_1 - c_2}{E c_2^{1/n}} \tag{13-12}$$

将上式求导并令 $d(m_1+m_2)/dc_1=0$，可得当 $c_1$ 满足下式时吸附剂用量最小：

$$\left(\frac{c_1}{c_2}\right)^{1/n}-\frac{1}{n}\left(\frac{c_0}{c_1}\right)=1-\frac{1}{n} \qquad (13\text{-}13)$$

图 13-4 所示的多级逆流接触，可以进一步节省吸附剂用量，其操作线方程为：

$$m(q_i-q_{i+1})=V(c_{i-1}-c_i) \qquad (13\text{-}14)$$

其中 $i$ 为级数。当此操作线与平衡线相交时，交点就对应于吸附剂最小用量。

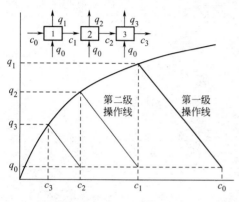

图 13-3　多级错流接触吸附图解

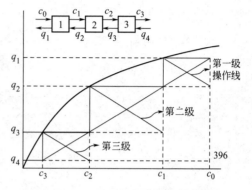

图 13-4　多级逆流接触吸附图解

### 13.1.3.2　连续逆流吸附

连续逆流吸附属于连续式定态操作。将吸附剂置于带筛网的栅条支撑上，形成吸附颗粒床层。操作中使吸附颗粒床层移动与液相流动呈逆向运动，形成连续逆流操作。如图 13-5 所示，溶液的流量为 $q_v(\text{m}^3/\text{s})$，吸附剂流量为 $q_m(\text{kg/s})$，入塔溶液浓度为 $c_2$，离开塔的溶液浓度为 $c_1$，入塔吸附剂的吸附量为 $q_1$，离开塔的吸附剂的吸附量为 $q_2$。在塔的某一截面处，溶液的浓度为 c，吸附剂的吸附量为 q，将从塔顶起至此截面间的床层间列为衡算范围，由吸附剂的物料衡算得连续逆流吸附的操作线方程为：

$$q_m(q-q_2)=q_v(c_2-c) \qquad (13\text{-}15)$$

用于吸收操作中相同的方法可以确定最小吸附剂用量。

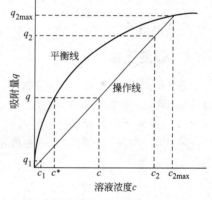

图 13-5　填充床吸附图解

对微元高度填充床作物料衡算得：

$$q_v dc=q_m dq \qquad (13\text{-}16)$$

以 $A$ 为塔面积，则有：

$$\rho_a A dZ=q_m dt \qquad (13\text{-}17)$$

应用吸附速率方程式，与上式一同代入式(13-17)中，整理得：

$$q_v dc=K_L a_p(c-c^*)A dZ \qquad (13\text{-}18)$$

积分得：

$$Z=\frac{q_v}{K_L a_p A}\int_{c_1}^{c_2}\frac{dc}{c-c^*}=H_{OL}N_{OL} \qquad (13\text{-}19)$$

式中，$K_L a_p$ 为总体积传质系数，$\dfrac{1}{K_L a_p}=\dfrac{1}{Ek_s a_p}+\dfrac{1}{k_f a_p}$，1/s；$Z$ 为填料层高度，m；

$N_{OL}$ 为传质单元数；$H_{OL}$ 为传质单元高度。

**【例 13-1】** 用某吸附剂使糖液脱色。要使糖液色度降低 $95\%$，采用一次接触吸附，$1.2m^3$ 糖液需要吸附剂 $24kg$。如果采用二级错流接触吸附，每级吸附剂的最小用量应为多少？假定吸附平衡关系符合 $q=Ec$。

**解：** 当采用一次接触吸附时，出塔浓度与入塔浓度满足：

$$\left(\frac{c}{c_0}\right)^{1/n}=\frac{Vc_0^{1-\frac{1}{n}}}{mE}\times\frac{c_0-c}{c_0}$$

因为 $1/n=1$，因此

$$\frac{mE}{V}=\frac{c_0}{c_2}-1$$

对于单级吸附，由题意，$c_2/c_0=5\%$，$V=1.2m^3$，$m=24kg$

则

$$E=\left(\frac{c_0}{c_2}-1\right)\frac{V}{m}=\left(\frac{1}{0.05}-1\right)\times\frac{1.2}{24}=0.95m^3/kg$$

二级错流吸附时，将 $1/n=1$ 代入式 $\left(\frac{c_1}{c_2}\right)^{1/n}-\frac{1}{n}\left(\frac{c_0}{c_1}\right)=1-\frac{1}{n}$ 得

$$c_1^2=c_0c_2$$

可得

$$\left(\frac{c_1}{c_0}\right)^2=\frac{c_2}{c_0}=5\%$$

所以

$$\frac{c_1}{c_0}=0.22$$

将上述关系及 $E=0.95m^3/kg$ 代入式 $\frac{m_1}{V}=\frac{c_0-c_1}{Ec_1^{1/n}}$ 中得 $m_1=4.5kg$

同理可得 $m_2=4.5kg$。

### 13.1.4 吸附设备

工业上，按吸附操作模式不同，可将吸附设备分为三类：接触式吸附操作设备、固定床吸附设备和移动床吸附设备。

#### 13.1.4.1 接触式吸附设备

接触式吸附操作装置如图 13-6 所示，主要由混合桶、料泵、压滤机、储桶四部分组成。首先原料液与吸附剂于混合桶中在搅料状态下充分接触，达到吸附终点后，用泵送入压滤机压滤，滤液送入储桶储存，如需多级吸附处理，可将储液再送回混合桶进行多次吸附，否则可作为成品储存。

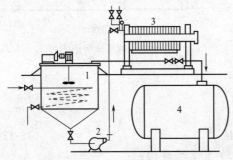

图 13-6 接触式吸附操作装置
1—混合桶；2—料泵；3—压滤机；4—储桶

#### 13.1.4.2 固定床吸附设备

固定床吸附装置如图 13-7 所示。主要由吸附柱和过滤器两部分组成，吸附柱一般长 $6\sim10m$，直径 $0.6\sim1.2m$，内装满吸附剂。类似于填料吸收塔，不同之处在于吸收塔中的填料只为气液接触提供接触表面，本身不参与传质，而吸附柱中的吸附剂本身参与传质。料液一般由柱上方以一定压力加入，加料管往往连接若干带阀门的支管，可分别加入不同浓度的料液，以充分利用吸附剂的吸附能力。吸附结束后，料液由下方排出，通过过滤器，以滤去被料液带走的吸附剂。吸附剂饱和后，由吸附柱下方卸出，再重新装填，开始下一个操作循环。因此这种吸附实际上是一个

不稳定的半连续操作。

#### 13.1.4.3 移动床吸附设备

所谓移动床吸附操作是指吸附过程中吸附剂和含有吸附质的流动相均处于动态，吸附剂可连续再生循环输送进出吸附设备，以达到连续吸附操作的目的。吸附剂和流动相可作同向运动，亦可作逆向运动。

理论上移动床吸附法具有生产率高、劳动强度低等优点，但实际上要使固体颗粒匀速运动、连续进出和循环输送，技术上存在很大困难。

解决固体颗粒输送困难的办法之一是采用流态化技术，一般使流态化后的颗粒自上而下流动，在下部安排吸附剂再生室，然后将再生后的吸附剂再送回吸附塔上部循环使用。由于在实践过程中吸附剂颗粒在流动过程中易磨损和破碎，造成成本大幅增加，因此该技术尚未被广泛使用。

近年来，有些公司开发了一种模拟流动床装置。在这种装置中，吸附剂仍做成固定床层，并将其分成若干段，每段设接口与旋转阀或分配头相连，当吸附时输入料液，吸附剂饱和后输入再生剂，进行再生过程，以达到连续操作的目的。

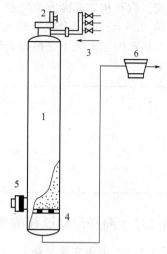

图 13-7　固定床吸附脱色设备
1—吸附柱；2—吸附剂加入口；
3—料液注入口；4—支撑；
5—吸附剂卸出口；6—过滤器

# 13.2 离子交换

离子交换过程是带有可交换离子（阳离子或阴离子）的不溶性固体与溶液中带有同种电荷的离子之间的置换离子的过程。这种含有可交换离子的不溶性固体称为离子交换剂，其中带有可交换阳离子的交换剂称为阳离子交换剂，带有可交换阴离子的交换剂称为阴离子交换剂。离子交换实质上是水溶液中的离子与离子交换剂中可交换离子进行离子置换反应的过程。离子交换过程的机理与实现这种过程的操作技术，与吸附过程相似，因此可以把离子交换看成是吸附的一种特殊情况。

离子交换为可逆过程，除非液体中含有某些有机污染物，否则离子的交换并不引起离子交换剂固体的结构改变。利用离子交换剂与不同离子结合力的强弱，可以将某些离子从水溶液中分离出来，或使不同的离子之间进行分离。目前，离子交换树脂已有两千余种，广泛应用于化工生产、湿法冶金、原子能工业、食品工业、医药工业、分析化学和环境保护等许多领域。利用离子交换树脂进行交换、吸附、配合，从而达到富集、分离、提纯、脱色、脱盐等。因此，离子交换分离技术的研究与应用受到人们的极大关注。

## 13.2.1 离子交换树脂

离子交换树脂是最常用于作为离子交换剂的物质，通常为球状凝胶颗粒，是带有可交换离子的不溶性固体高聚物电解质，实质上是高分子酸、碱或盐，其中可交换离子的电荷与固定在高分子骨架上的离子基团的电荷相反，故称之为反离子。根据反离子的电荷性质，离子交换树脂可分为阳离子交换树脂与阴离子交换树脂。每一类中又可根据其电离度的强弱分为强型与弱型两种。

离子交换树脂的骨架，最常用的是由苯乙烯与二乙烯苯聚合所得的聚合物，再经浓 $H_2SO_4$ 磺化而制得的强酸性阳离子交换树脂。作树脂骨架的还有乙烯吡啶系、环氧系、脲醛系、酚醛树脂等。按照骨架内的网孔大小，可将离子交换树脂分为微孔树脂和大网树脂两大类。微孔树脂即凝胶型树脂，通常其孔径大小为 $2\sim4nm$。大网树脂又称大孔树脂，孔径可达 $20\sim100nm$，有较好的力学性能。

国产的主要离子交换树脂的牌号与性能见表 13-2。

表 13-2　国产离子交换树脂的牌号与性能

| 牌号 | $\rho_a/(kg/m^3)$ | 全交换容量/$(mol/kg)$ | 牌号 | $\rho_a/(kg/m^3)$ | 全交换容量/$(mol/kg)$ |
|---|---|---|---|---|---|
| 701# | $650\sim750$ | $\geqslant9$ | 732#（强碱 $1\times7$） | $750\sim850$ | $\geqslant4.5$ |
| 704# | $650\sim750$ | $\geqslant5$ | 强酸 1# | $760\sim800$ | $\geqslant4.5$ |
| 711# | $650\sim750$ | $\geqslant3.5$ | 强碱 201# | $640\sim680$ | 2.7 |
| 717#（强碱 $201\times7$） | $650\sim750$ | $\geqslant3$ | 732#（强酸 010） | $760\sim800$ | $4\sim5$ |
| 724# | — | $\geqslant9$ | 717#（强碱 201） | $640\sim680$ | 2.7 |

## 13.2.2　离子交换过程的传质机理

### 13.2.2.1　离子交换平衡

离子交换与吸附的区别是离子交换剂中的反离子与溶液中的溶质离子进行交换，而这种离子的交换为按化学计量比进行的可逆化学反应过程，因而离子交换剂对不同离子的选择性及其交换容量同等重要。目前已提出了很多离子交换平衡理论，如 Donna 膜平衡理论、Gaines 和 Thomas 热力学理论、吸附平衡理论、质量作用定律等。通常用质量作用定律描述离子交换的平衡关系，下面按两种情况分别讨论。

第一种情况为离子交换剂中初始存在的反离子与酸或碱中的反离子进行交换。例如：

$$Na^+(aq)+OH^-(aq)+HR(s)\longrightarrow NaR(s)+H_2O(l) \tag{13-20}$$

由上式可见，离子交换剂中被交换下来的 $H^+$ 立即与水合溶液中的 $OH^-$ 结合成水，故反应式的右侧不存在反离子。于是，离子交换过程将持续进行，直到水合溶液中 $Na^+$ 或离子交换剂中的 $H^+$ 消耗殆尽。

第二种情况是更普遍的情形，从离子交换剂向溶液中传递的反离子保持离子态。如，反离子 A 与 B 的交换可用下式表示：

$$A^{n\pm}(aq)+nBR(s)\longrightarrow AR_n(s)+nB^\pm(aq) \tag{13-21}$$

式中，A 与 B 或为阳离子或为阴离子。对于上述情况，当交换达到平衡时，可以根据质量作用定律定义如下化学平衡常数：

$$K_{AB}=\frac{q_A c_B^n}{q_B^n C_A} \tag{13-22}$$

式中，$C_A$，$C_B$ 为离子在溶液相的浓度；$q_A$，$q_B$ 为离子在离子交换相中的浓度；$n$ 为 A、B 离子的荷电比；$K_{AB}$ 为 A 置换 B 的选择性系数。对于稀溶液，当交换的反离子以及树脂的交联度一定时，$K_{AB}$ 近似为一常数。

当交换在两电荷相等（$n=1$）的离子之间进行时，式(13-22)可以简化为以溶液与离子交换树脂间 A 的平衡浓度表示的简单形式。由于离子交换过程中，溶液及树脂内反离子的总物质的量 $C$ 和 $Q$ 为常数，于是

$$C_i=C\frac{x_i}{z_i} \tag{13-23}$$

$$q_i=Q\frac{y_i}{z_i} \tag{13-24}$$

式中，$x_i$，$y_i$ 分别为 A 和 B 的摩尔分数；$z_i$ 为反离子 $i$ 的价数。

又

$$x_A+x_B=1 \tag{13-25}$$

$$y_A + y_B = 1 \tag{13-26}$$

将式(13-23)～式(13-26) 代入式(13-22) 中得

$$K_{AB} = \frac{y_A(1-x_A)}{x_A(1-y_A)} \tag{13-27}$$

可见，平衡时 $x_A$ 和 $y_A$ 与总物质的量 $C$ 和 $Q$ 无关。若交换的两个反离子带有不同电荷，则选择性系数为

$$K_{AB} = \left(\frac{C}{Q}\right)^{n-1} \frac{y_A(1-x_A)^n}{x_A(1-y_A)^n} \tag{13-28}$$

影响选择性系数 $K_{AB}$ 大小的因素主要有：树脂本身的性质、反离子特性、温度、溶液浓度等。一般说来，在室温下的低浓度溶液中高价离子的选择性好，比低价离子更易被树脂吸附。对于等价离子，选择性系数随原子序数的增加而增大。当溶液浓度提高时，高价离子的选择性系数减小，选择性降低。能与树脂中固定离子形成键合作用的反离子具有较高的选择性。溶液中存在其它与反离子产生缔合或络合反应时，将使该离子的选择性降低，这一性质常用于分离溶液中不同的离子。温度升高，选择性降低。压力对选择性的影响很小。

#### 13.2.2.2　传质速率

作为液固相间的传质过程，离子交换与液固相间的吸附过程相似。在离子交换过程中，亦存在着两个主要的传质阻力：①离子交换剂粒子附近的边界层中产生的外部传质阻力；②离子交换内部的扩散传质阻力。传质的控制步骤可以是二者之一，也可以是二者共同作用。一般在交换离子的浓度很低时，外部传质是速控步骤，在分离因数或选择性系数高时，倾向于外部扩散控制，二价离子在树脂内的扩散明显慢于单价离子。通常在离子交换剂表面进行的离子交换反应很快，因而不是传质的限定步骤。

### 13.2.3　离子交换设备

离子交换操作是一种动态操作，离子交换是在树脂与溶液相对运动状态下进行的。根据交换树脂的运动状态可将其分为固定床式、半连续移动床式和流动床式。

#### 13.2.3.1　固定床离子交换设备

固定床式交换柱的树脂处于静止状态，原料液处于流动态。其优点是：设备简单、管理方便，是目前食品生产中应用最广泛的一种方法。常用于工业用水的处理、溶液精制、有效成分的分离提纯等操作。其缺点是：树脂交换容量利用率低；再生成本高；流速提高，通过树脂层压降增加。

固定床离子交换设备的交换柱根据树脂种类可分为阳离子交换柱、阴离子交换柱及混合离子交换柱（混合床）3 种。食品生产中，混合床常用于糖液的脱盐精制，如图 13-8 所示。

固定床离子交换设备根据设备结构可分为单床式和复床式两种。复床式一般指阴阳交换柱串联使用，如图 13-9 所示。混合床多用单床式，也可将复床式与单床式串联使用，称为复-混系统。

#### 13.2.3.2　半连续移动床离子交换设备

半连续移动床离子交换设备如图 13-10 所示。其基本原理为：将树脂的交换、再生、清洗分别置于不同的设备内进行，即树脂在交换柱内经过充分交换后，由交换柱底部排出送入再生柱再生，然后，树脂再由再生柱底部排出送入清洗柱清洗，清洗后的树脂再送回交换柱循环使用。此法常用于水的软化。

半连续移动床主要有树脂利用率高、再生剂利用率高、树脂饱和程度高、产品纯度高、质量均匀等优点，但也具有所用设备多、设备投资大、管理复杂等缺点。

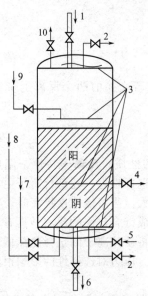

图 13-8　混合床蔗糖脱盐装置

1—原液；2—废水；3—分配器；4—废液；
5—水；6—精制液；7—压缩空气；8—HCl再生剂；
9—NaOH再生剂；10—放空

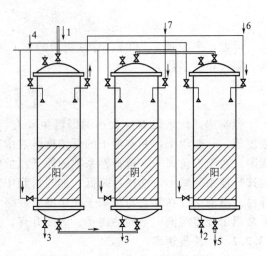

图 13-9　复床式淀粉脱盐装置

1—原液；2—废水；3—废液；4—水；
5—精制液；6—HCl；7—NaOH

### 13.2.3.3　流动床离子交换设备

流动床离子交换的特点是树脂与原料液均处于流动状态，属于连续式逆流式交换。再生清洗过程中树脂和溶液也都始终处于流动状态。

流动床离子交换根据操作原理的不同，可分为压力式和重力式两种，如图13-11、图13-12所示。压力式流动床交换装置由交换塔、再生塔和洗涤塔3部分组成。交换塔可以为多室，每室树脂与溶液呈顺流，但整体看两者为逆流。再生液、洗涤水在再生塔、洗涤塔内分别与树脂呈逆流状态运动。交换过程中，树脂始终处于运动状态，但由于交换塔被分隔为多室，交换塔内又形成了相对稳定的交换层，因此其具有固定床离子交换的作用。此外，树脂在交换过程中呈沸腾状态，所以又有沸腾式离子交换作用。该设备的主要优点有：生产连续，效率高，树脂利用率高。缺点是树脂磨损大。

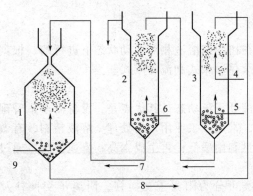

图 13-10　半连续移动床水处理装置

1—交换柱；2—清洗柱；3—再生柱；
4—再生剂；5—水；6—清洗水；
7—洗净树脂；8—饱和树脂；9—原水

重力式流动床离子交换装置主要由交换柱和再生洗涤柱两部分组成。树脂由柱上方加入，依靠自身重力自上而下运动，液相自下方压入，使二者呈逆流运动。其特点是：生产连续，效率高，设备简单，能耗小。

### 13.2.4　离子交换操作计算

离子交换计算的主要内容有交换柱的大小、树脂用量、交换柱工作周期、反洗和正洗的洗涤液用量及再生剂的消耗量等。

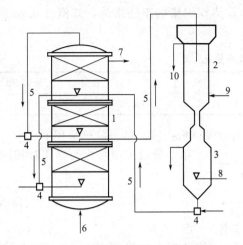

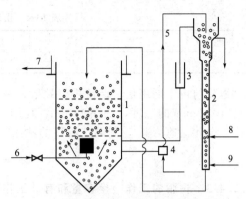

图 13-11　压力式流动床水处理装置
1—交换柱；2—再生柱；3—洗涤塔；4—喷射器；
5—树脂；6—进水；7—出水；8—洗涤水；
9—再生液；10—再生废液

图 13-12　重力式流动床水处理装置
1—交换柱；2—再生柱；3—溢流；
4—喷射点；5—树脂；6—原水；
7—出水；8—再生剂；9—水

食品工厂对工艺用水的水质要求较高，利用离子交换制取纯水是一种有效方法。本节离子交换计算将以水的离子交换作为典型实例。

### 13.2.4.1　交换柱的直径和高度

若各交换柱的直径相等，则每个交换柱的截面积和直径分别为

$$A=\frac{q_v}{nu_L} \tag{13-29}$$

$$D_c=\sqrt{\frac{4A}{\pi}} \tag{13-30}$$

式中，$q_v$ 为需处理的水流量，$m^3/s$；$u_L$ 为水在交换柱内的空床流速，$m/s$，一般根据经验选定，通常在 $2.7\times10^{-3}\sim8.5\times10^{-3}m/s$，见表 13-3；$n$ 为交换柱数目；

直径算出后，就可根据直径选择与其最接近的型号。若自行设计，需将结果圆整。

表 13-3　交换柱滤水速度的范围

| 原水硬度/(mol/m³) | 1～2 | 2～3 | 3～6 | >6 |
|---|---|---|---|---|
| $u_L$/($10^{-3}$m/s) | 6.95～8.34 | 5.55～6.95 | 4.17～5.55 | 2.78～4.17 |

交换柱的高度 $H$ 为树脂床层高度 $Z$ 和反洗膨胀增加的高度 $H_2$ 之和，即

$$H=Z+H_2 \tag{13-31}$$

$Z$ 对出水水质有很大的影响。当 $u_L$ 在 $2.7\times10^{-3}\sim8.5\times10^{-3}m/s$ 范围内时，交换区的高度为 $0.1\sim0.15m$，出水水质随树脂层高度的增加而提高。一般认为 $Z$ 最小为 $0.6m$，常用值是 $1.2\sim1.8m$。

树脂层反洗增加的高度与原树脂层高度之比称反洗膨胀率 $e$，$e$ 值一般为 $0.3\sim0.5$。

交换柱的有效高度还应考虑作为保护层的树脂层高度，故交换柱高度多为 $1.8\sim3.0m$。

### 13.2.4.2　树脂用量、正洗水量和时间

每个交换柱的树脂用量和正洗水量分别为

$$m=\rho_a V=\rho_a AZ \tag{13-32}$$

$$V_w=\alpha_w V=\alpha_w AZ \tag{13-33}$$

式中，$\rho_a$ 为树脂的堆密度，$kg/m^3$；$\alpha_w$ 为单位体积树脂的正洗水量，其值可从表 13-4 中选取，$m^3/m^3$。

表 13-4　正洗水耗用量 $\alpha_w$ 值

| 树脂牌号 | 701# | 704# | 711# | 717# | 732# | 强酸 1# | 强碱 201# |
|---|---|---|---|---|---|---|---|
| $\alpha_w/(m^3/m^3)$ | 10~15 | 10~15 | 12~16 | 12~16 | 5~8 | 5~20 | 约 10 |

为节约再生剂用量，保持再生效果，一般分两阶段进行正洗。第一阶段采用 $9\times10^{-4}\sim1.4\times10^{-3}m/s$ 的速度，洗涤 15min，耗用洗水量为 $V_1$。第二阶段采用与交换操作时相同的流速，设此流速为 $u_L$，则第二阶段的洗涤时间为

$$t_2 = \frac{V_w - V_1}{A u_L} \tag{13-34}$$

### 13.2.4.3　树脂的工作交换容量和有效工作交换容量

树脂的工作容量须根据全交换容量 $q_T'$（其值可由产品说明中查得）计算，工作交换容量 $q_0'$ 有些会在产品说明中查得，也可按下式进行计算：

$$q_0' = \beta q_T' \tag{13-35}$$

若按湿树脂计，公式为

$$q_{oh}' = \beta q_{Th}' \tag{13-36}$$

系数 $\beta$ 一般可取 0.7，也可根据下面的公式进行计算：

$$阳离子\quad \beta = 0.7 + 0.001T_0 + 0.05(pH_0 - 7) - 150d_p \lg H_0 \tag{13-37}$$
$$阴离子\quad \beta = 0.7 + 0.001T_0 - 0.1pH_1 + 0.1\lg c_{AO} - 0.15d_p \tag{13-38}$$

式中，$T_0$ 为原水的温度，℃；$H_0$ 为总硬度，°d；$d_p$ 为树脂粒径，m；$pH_0$、$pH_1$ 分别为原水、第一级阳离子交换柱出水的 pH，一般为 $3\sim4$；$c_{AO}$ 为原水中总阴离子浓度，mmol/L。

树脂的有效工作容量可按下式计算：

$$q_{eh}' = q_{oh}' - 0.5\alpha_w c_{iw} \tag{13-39}$$

式中，$c_{iw}$ 为正洗水中阳离子（或阴离子）的浓度，mol/L。

当用弱碱性阴离子交换树脂或用纯水正洗阴离子交换树脂时

$$q_{eh}' = q_{oh}' \tag{13-40}$$

### 13.2.4.4　交换柱工作时间和反洗水用量

由物料衡算可得交换柱工作时间为

$$t = \frac{V q_{eh}'}{q_v c_0'} \tag{13-41}$$

对阳离子柱，$c_0'$ 为原水中阳离子总浓度减去 $Na^+$、$K^+$ 浓度；对阴离子柱，$c_0'$ 为原水中阴离子的总浓度，单位为 $mol/m^3$。

交换柱的反洗水量为

$$V_R = u_R A t_R \tag{13-42}$$

式中，$u_R$ 为反洗水流速，一般为 $0.003\sim0.004m/s$；$t_R$ 为反洗时间，一般为 $10\sim20min$。

### 13.2.4.5　再生剂用量

$$m_1 = \frac{V q_{oh}' B M}{z} \tag{13-43}$$

式中，$B$ 为再生剂实际用量超过理论用量倍数，一般取 $2.0\sim5.0$；$M$ 为再生剂的分子量，kg/mol；$z$ 为再生剂的离子价数。

**【例 13-2】** 用一阳离子交换柱处理原水，树脂为强酸 $1^{\#}$ 阳离子树脂，$d_p$ 为 $7.6 \times 10^{-4}$ m，水的处理量为 $6m^3/h$。原水中的 $Na^+$、$K^+$ 总浓度为 $0.42mol/m^3$，阳离子总浓度为 $5.77mol/m^3$，硬度为 $15°d$，$pH = 7.3$，温度为 17℃。交换柱用 HCl 再生，再生后用原水正洗，拟用 2 台交换柱，试计算：(1) 每台交换柱的直径和高度。(2) 每台交换柱的树脂用量。(3) 树脂的有效工作交换容量。(4) 交换柱操作时间。

**解：** (1) 每台交换柱的直径和高度

原水硬度：$15°d = 15/2.8 = 5.36mol/m^3$

参考表 13-3，选 $u_L = 5.5 \times 10^{-3}$ m/s

则交换柱的截面积为：$A = \dfrac{q_v}{n u_v} = \dfrac{6/3600}{5.5 \times 10^{-3} \times 2} = 0.152m^2$

交换柱的直径为：$D_c = \sqrt{\dfrac{4A}{\pi}} = 0.44m$

树脂层高度取 $Z = 1.5m$，$e = 0.5$，则交换柱的高度为

$$H = Z + H_2 = Z + eZ = 1.5 + 1.5 \times 0.5 = 2.25m$$

(2) 每台交换柱的树脂用量

查表 13-2，强酸 $1^{\#}$ 阳离子树脂 $\rho_a = 780kg/m^3$

故树脂用量为：$m = \rho_a V = \rho_a A Z = 780 \times 0.152 \times 1.5 = 177.8kg$

(3) 树脂的有效工作交换容量

查表 13-2，强酸 $1^{\#}$ 阳离子树脂全交换容量最小值 $q'_T = 4.5mol/kg$，设树脂含水率为 0.5（体积分数），则

$$q'_{Th} = 4.5 \times 780 \times 0.5 = 1755mol/m^3$$

$$\beta = 0.7 + 0.001T_0 + 0.05(pH_0 - 7) - 150d_p \lg H_0$$

$$= 0.7 + 0.001 \times 17 + 0.05(7.3 - 7) - 150 \times 7.6 \times 10^{-4} \lg 15$$

$$= 0.598$$

则工作交换容量：$q'_{oh} = \beta q'_{Th} = 0.598 \times 1755 = 1049.5mol/m^3$

$c_{iw} = 5.77mol/m^3$，查表 13-4，取 $\alpha_w = 12$

则有效工作容量：$q'_{eh} = q'_{oh} - 0.5\alpha_w c_{iw} = 1014.9mol/m^3$

(4) 交换柱操作时间

$c'_0 = 5.77 - 0.42 = 5.35mol/m^3$

操作时间：$t = \dfrac{Vq'_{eh}}{q_v c'_0} = \dfrac{0.152 \times 1.5 \times 1014.9}{6 \times 5.35} = 7.21h$

## 思　考　题

13-1 试分析影响吸附速率的因素。

13-2 试根据式(13-7)设计试验，测定吸附平衡常数 $n$、$E$。

13-3 试比较离子交换和吸附的相似点和不同点。

13-4 什么是离子交换树脂的交换容量？它的测定原理是什么？

## 习　　题

13-1 欲用活性炭对某糖液进行脱色。首先进行两组脱色实验，实验中每单位体积糖液中固形物含量与所用活性炭量的比值分别为 0.3、0.6，脱色率分别为 66.9%、77.9%，其它实验条件均相同，$n$ 值为多少？（$n = 0.75$）

13-2 在例 13-1 中，若原料液色素浓度为 20g/L，采用二级逆流接触吸附流程，其它条件不变，试计算吸附剂的最小用量。（4.91kg）

# 本章符号说明

**英文字母**

$a_p$——吸附剂的外比表面积，$m^2/kg$；

$B$——再生剂实际用量超过理论用量倍数；

$c$——浓度，$kmol/m^3$；流体相中吸附质的平均浓度，$kg/m^3$；

$c^*$——与吸附质含量为 $q$ 的吸附剂成平衡的流体中吸附质的浓度，$kg/m^3$；

$c_i$——吸附剂外表面上流体中吸附质的浓度，$kg/m^3$；

$c_{AO}$——原水中总阴离子浓度，$mmol/L$；

$C_i$——离子在溶液相的浓度；

$d_p$——树脂粒径，$m$；

$dq/d\theta$——吸附速率，$kg/(s \cdot kg)$；

$E$——与温度有关的吸附平衡常数；

$H_0$——总硬度，$°d$；

$H_{OL}$——传质单元高度；

$k_f$——流体侧的对流传质系数，$m/s$；

$k_s$——吸附剂固体侧的传质系数，$kg/(m^2 \cdot s)$；

$K_{AB}$——A 置换 B 的选择性系数；

$K_f$——以 $\Delta c = c - c^*$ 为推动力的总传质系数，$m/s$；

$K_s$——以 $\Delta q = q^* - q$ 为推动力的总传质系数，$kg/(m^2 \cdot s)$；

$M$——再生剂的分子量，$kg/mol$；

$n$——交换柱数目；吸附平衡常数；荷电比；

$N_{OL}$——传质单元数；

$p$——吸附质分压，$kPa$；

$q$——吸附剂上吸附质的平均含量，$kg/kg$；

$q_i$——吸附剂外表面上吸附质量，$kg/kg$；

$q_i$——离子在离子交换相中的浓度；

$q_v$——需处理的水流量，$m^3/s$；

$T_0$——原水的温度，$℃$；

$t_R$——反洗时间；

$u_L$——水在交换柱内的空床流速，$m/s$；

$u_R$——反洗水流速，$m/s$；

$x_i，y_i$——分别为 $i$ 离子在溶液相、离子交换相中的摩尔分数；

$z$——再生剂的离子价数；

$z_i$——反离子 $i$ 的价数；

$Z$——填料层高度，$m$。

**希腊字母**

$\alpha_w$——单位体积树脂的正洗水量，$m^3/m^3$；

$\rho_a$——树脂的堆密度，$kg/m^3$。

# 附　　录

## 1. 常用物理量单位的换算

### （1）质量

| kg | t（吨） | lb（磅） |
|---|---|---|
| 1 | 0.001 | 2.20462 |
| 1000 | 1 | 2204.62 |
| 0.4536 | $4.536\times10^{-4}$ | 1 |

### （2）长度

| m | in（英寸） | ft（英尺） | yd（码） |
|---|---|---|---|
| 1 | 39.3701 | 3.2808 | 1.09361 |
| 0.025400 | 1 | 0.073333 | 0.02778 |
| 0.30480 | 12 | 1 | 0.33333 |
| 0.9144 | 36 | 3 | 1 |

### （3）力

| N | kgf | lbf（磅力） | dyn（达因） |
|---|---|---|---|
| 1 | 0.102 | 0.2248 | $1\times10^{5}$ |
| 9.80665 | 1 | 2.2043 | $9.80665\times10^{5}$ |
| 4.448 | 0.4536 | 1 | $4.448\times10^{5}$ |
| $1\times10^{-5}$ | $1.02\times10^{-6}$ | $2.248\times10^{-6}$ | 1 |

### （4）压强

| Pa | bar | kgf/cm² | atm | mmH₂O | mmHg | lbf/in² |
|---|---|---|---|---|---|---|
| 1 | $1\times10^{-5}$ | $1.02\times10^{-5}$ | $0.99\times10^{-5}$ | 0.102 | 0.0075 | $14.5\times10^{-5}$ |
| $1\times10^{5}$ | 1 | 1.02 | 0.9869 | 10197 | 750.1 | 14.5 |
| $98.07\times10^{3}$ | 0.9807 | 1 | 0.9678 | $1\times10^{4}$ | 735.56 | 14.2 |
| $1.01325\times10^{5}$ | 1.013 | 1.0332 | 1 | $1.0332\times10^{4}$ | 760 | 14.679 |
| 9.807 | 98.07 | 0.0001 | $0.9678\times10^{-4}$ | 1 | 0.0736 | $1.423\times10^{-3}$ |
| 133.32 | $1.33\times10^{-3}$ | $0.136\times10^{-2}$ | 0.00132 | 13.6 | 1 | 0.01934 |
| 6894.8 | 0.06895 | 0.0703 | 0.068 | 703 | 51.71 | 1 |

### （5）动力黏度（简称黏度）

| Pa·s | P（泊） | cP（厘泊） | lbf/(ft·s) | kgf·s/m² |
|---|---|---|---|---|
| 1 | 10 | $1\times10^{3}$ | 0.672 | 0.102 |
| $1\times10^{-1}$ | 1 | $1\times10^{2}$ | 0.0672 | 0.0102 |
| $1\times10^{-3}$ | 0.01 | 1 | $6.720\times10^{-4}$ | $0.1021\times10^{-3}$ |
| 1.4881 | 14.881 | 1488.1 | 1 | 0.1519 |
| 9.81 | 98.1 | 9810 | 6.59 | 1 |

（6）运动黏度

| m²/s | cm²/s | ft²/s |
|---|---|---|
| 1 | $1 \times 10^4$ | 10.76 |
| $10^{-4}$ | 1 | $1.076 \times 10^{-3}$ |
| $92.9 \times 10^{-3}$ | 929 | 1 |

（7）功、能和热

| J | kgf·m | kW·h | kcal | lbf·ft |
|---|---|---|---|---|
| 1 | 0.102 | $2.2778 \times 10^{-7}$ | $2.39 \times 10^{-4}$ | 0.7377 |
| 9.8067 | 1 | $2.724 \times 10^{-6}$ | $2.342 \times 10^{-3}$ | 7.233 |
| $3.6 \times 10^6$ | $3.671 \times 10^5$ | 1 | 860.0 | $2655 \times 10^3$ |
| $4.1868 \times 10^3$ | 426.9 | $1.1622 \times 10^{-3}$ | 1 | 3087 |
| 1.3558 | 0.1383 | $0.3766 \times 10^{-6}$ | $3.239 \times 10^{-4}$ | 1 |

（8）比热容

$1kJ/(kg·℃)=0.2389kcal/(kg·℃)$

（9）功率

| W | kgf·m/s | lbf·ft/s | kcal/s | W | kgf·m/s | lbf·ft/s | kcal/s |
|---|---|---|---|---|---|---|---|
| 1 | 0.10197 | 0.7376 | $0.2389 \times 10^{-3}$ | 1.3558 | 0.13825 | 1 | $0.3238 \times 10^{-3}$ |
| 9.8067 | 1 | 7.23314 | $0.2342 \times 10^{-2}$ | 4186.8 | 426.85 | 3087.44 | 1 |

（10）热导率

| W/(m·℃) | J/(cm·s·℃) | cal/(cm·s·℃) | kcal/(m·h·℃) | W/(m·℃) | J/(cm·s·℃) | cal/(cm·s·℃) | kcal/(m·h·℃) |
|---|---|---|---|---|---|---|---|
| 1 | $1 \times 10^{-2}$ | $2.389 \times 10^{-3}$ | 0.8598 | 418.6 | 4.186 | 1 | 360 |
| $1 \times 10^2$ | 1 | 0.2389 | 86.0 | 1.163 | 0.0116 | $0.2778 \times 10^{-2}$ | 1 |

（11）传热系数

| W/(m·℃) | kcal/(m²·h·℃) | cal/(cm²·s·℃) | W/(m·℃) | kcal/(m²·h·℃) | cal/(cm²·s·℃) |
|---|---|---|---|---|---|
| 1 | 0.86 | $2.389 \times 10^{-5}$ | $4.186 \times 10^4$ | $3.6 \times 10^4$ | 1 |
| 1.163 | 1 | $2.778 \times 10^{-5}$ | | | |

（12）扩散系数

| m²/s | cm²/s | m²/h | ft²/h | in²/s |
|---|---|---|---|---|
| 1 | $10^4$ | 3600 | $3.875 \times 10^4$ | 1550 |
| $1 \times 10^{-4}$ | 1 | 0.360 | 3.875 | 0.1550 |
| $2.778 \times 10^{-4}$ | 2.778 | 1 | 10.764 | 0.4306 |
| $0.2581 \times 10^{-4}$ | 0.2581 | 0.09290 | 1 | 0.040 |
| $6.452 \times 10^{-4}$ | 6.452 | 2.323 | 25.0 | 1 |

（13）温度及温度差

$$℃=(℉-32) \times \frac{5}{9}, \quad K=273.1+℃, \quad 1℃=\frac{9}{5} \times ℉$$

（14）气体常数

$$R=8315J/(mol·K)=848kg·m^2/(kmol·K)$$
$$=1.987kcal/(kmol·K)$$

## 2. 某些液体的重要物理性质（20℃，101.33kPa）

| 名　　称 | 分子式 | 密度/(kg/m³) | 沸点/℃ | 汽化热/(kJ/kg) | $c_p$/[kJ/(kg·℃)] | 黏度/mPa·s | 热导率/[W/(m·℃)] | 体积膨胀系数$\beta \times 10^4$/℃⁻¹ | 表面张力$\sigma \times 10^3$/(N/m) |
|---|---|---|---|---|---|---|---|---|---|
| 水 | $H_2O$ | 998 | 100 | 2258 | 4.183 | 1.005 | 0.599 | 1.82 | 72.8 |
| 氯化钠盐水(25%) | — | 1186 (25℃) | 107 | — | 3.39 | 2.3 | 0.57(30℃) | (4.4) | — |
| 氯化钙盐水(25%) | — | 1228 | 107 | — | 2.89 | 2.5 | 0.57 | (3.4) | — |
| 硫酸 | $H_2SO_4$ | 1831 | 340(分解) | — | 1.47(98%) | — | 0.38 | 5.7 | — |
| 硝酸 | $HNO_3$ | 1513 | 86 | 481.1 | — | 1.17(10℃) | — | — | — |
| 盐酸(30%) | HCl | 1149 | — | — | 2.55 | 2(31.5%) | 0.42 | — | — |
| 二硫化碳 | $CS_2$ | 1262 | 46.3 | 352 | 1.005 | 0.38 | 0.16 | 12.1 | 32 |
| 戊烷 | $C_5H_{12}$ | 626 | 36.07 | 357.4 | 2.24 (15.6℃) | 0.229 | 0.113 | 15.9 | 16.2 |
| 己烷 | $C_6H_{14}$ | 659 | 68.74 | 335.1 | 2.31 (15.6℃) | 0.313 | 0.119 | — | 18.2 |
| 三氯甲烷 | $CHCl_3$ | 1489 | 61.2 | 253.7 | 0.992 | 0.58 | 0.138 (30℃) | 12.6 | 28.5(10℃) |
| 四氯化碳 | $CCl_4$ | 1594 | 76.8 | 195 | 0.850 | 1.0 | 0.12 | — | 26.8 |
| 1,2-二氯乙烷 | $C_2H_4Cl_2$ | 1253 | 83.6 | 324 | 1.260 | 0.83 | 0.14 (50℃) | — | 30.8 |
| 苯 | $C_6H_6$ | 879 | 80.10 | 393.9 | 1.704 | 0.737 | 0.148 | 12.4 | 28.6 |
| 甲苯 | $C_7H_8$ | 867 | 110.63 | 363 | 1.70 | 0.675 | 0.138 | 10.9 | 27.9 |
| 苯酚 | $C_6H_6O$ | 1050 (50℃) | 181.8 (熔点40.9) | 511 | — | 3.4(50℃) | — | — | — |
| 甲醇 | $CH_4O$ | 791 | 64.7 | 1101 | 2.48 | 0.6 | 0.212 | 12.2 | 22.6 |
| 乙醇 | $C_3H_6O$ | 789 | 78.3 | 846 | 2.39 | 1.15 | 0.172 | 11.6 | 22.8 |
| 乙醇(95%) | — | 804 | 78.2 | — | — | 1.4 | — | — | — |
| 甘油 | $C_3H_9O_4$ | 1261 | 290(分解) | — | — | 1499 | 0.59 | 5.3 | 63 |
| 乙醚 | $(C_2H_5)_2O$ | 714 | 34.6 | 360 | 2.34 | 0.24 | 0.14 | 16.3 | 18 |
| 乙醛 | $C_2H_4O$ | 783(18℃) | 20.2 | 574 | 1.9 | 1.3(18℃) | — | — | 21.2 |
| 糠醛 | $C_5H_4O_2$ | 1168 | 161.7 | 452 | 1.6 | 1.15(50℃) | — | — | 43.5 |
| 丙酮 | $C_3H_6O$ | 792 | 56.2 | 523 | 2.35 | 0.32 | 0.17 | — | 23.7 |
| 甲酸 | HCOOH | 1220 | 100.7 | 494 | 2.17 | 1.9 | 0.26 | — | 27.8 |
| 醋酸 | $C_2H_4O_2$ | 1049 | 118.1 | 406 | 1.99 | 1.3 | 0.17 | 10.7 | 23.9 |
| 醋酸乙酯 | $C_4H_8O_2$ | 901 | 77.1 | 368 | 1.92 | 0.48 | 0.14(10℃) | — | — |

### 3. 某些气体的物理性质（0℃，101.33kPa）

| 名 称 | 分子式 | $\rho/(kg/m^3)$ | $c_p/[kJ/(kg\cdot℃)]$ | 黏度 $\mu\times10^5/mPa\cdot s$ | 沸点/℃ | 汽化热/(kJ/kg) | 临界点 温度/℃ | 临界点 压强/kPa | 热导率/[W/(m·℃)] |
|---|---|---|---|---|---|---|---|---|---|
| 空气 | — | 1.293 | 1.009 | 1.73 | −195 | 197 | −140.7 | 3768.4 | 0.0244 |
| 氧 | $O_2$ | 1.429 | 0.653 | 2.03 | −132.98 | 213 | −118.82 | 5036.6 | 0.0240 |
| 氮 | $N_2$ | 1.251 | 0.745 | 1.70 | −195.78 | 199.2 | −147.13 | 3392.5 | 0.0228 |
| 氢 | $H_2$ | 0.0899 | 10.13 | 0.842 | −252.75 | 454.2 | −239.9 | 1296.6 | 0.163 |
| 氦 | He | 0.1785 | 3.18 | 1.88 | −268.95 | 19.5 | −267.96 | 228.94 | 0.144 |
| 氩 | Ar | 1.7820 | 0.322 | 2.09 | −185.87 | 163 | −122.44 | 4862.4 | 0.0173 |
| 氯 | $Cl_2$ | 3.217 | 0.355 | 1.29(16℃) | −33.8 | 305 | +144.0 | 7708.9 | 0.0072 |
| 氨 | $NH_3$ | 0.771 | 0.67 | 0.918 | −33.4 | 1373 | +132.4 | 11295 | 0.0215 |
| 一氧化碳 | CO | 1.250 | 0.754 | 1.66 | −191.48 | 211 | −140.2 | 3497.9 | 0.0226 |
| 二氧化碳 | $CO_2$ | 1.976 | 0.653 | 1.37 | −78.2 | 574 | +31.1 | 7384.8 | 0.0137 |
| 二氧化硫 | $SO_2$ | 2.927 | 0.502 | 1.17 | −10.8 | 394 | +157.5 | 7879.1 | 0.0077 |
| 二氧化氮 | $NO_2$ | — | 0.615 | — | +21.2 | 712 | +158.2 | 10130 | 0.0400 |
| 硫化氢 | $H_2S$ | 1.539 | 0.804 | 1.166 | −60.2 | 548 | +100.4 | 19136 | 0.0131 |
| 甲烷 | $CH_4$ | 0.717 | 1.70 | 1.03 | −161.58 | 511 | −82.15 | 4619.3 | 0.0300 |
| 乙烷 | $C_2H_6$ | 1.357 | 1.44 | 0.850 | −88.50 | 486 | +32.1 | 4948.5 | 0.0180 |
| 丙烷 | $C_3H_8$ | 2.020 | 1.65 | 0.795(18℃) | −42.1 | 427 | +95.6 | 4355.9 | 0.0148 |
| 正丁烷 | $C_4H_{10}$ | 2.673 | 1.73 | 0.810 | −0.5 | 386 | +152 | 3798.8 | 0.0135 |
| 正戊烷 | $C_5H_{12}$ | — | 1.57 | 0.874 | −36.08 | 151 | +197.1 | 3342.9 | 0.0128 |
| 乙烯 | $C_2H_4$ | 1.261 | 1.222 | 0.985 | −103.7 | 481 | +9.7 | 5135.9 | 0.0164 |
| 丙烯 | $C_3H_6$ | 1.914 | 1.436 | 0.835(20℃) | −47.7 | 440 | +91.4 | 4599.0 | — |
| 乙炔 | $C_2H_2$ | 1.717 | 1.352 | 0.935 | −83.66(升华) | 829 | +35.7 | 6240.0 | 0.0184 |
| 氯甲烷 | $CH_3Cl$ | 2.308 | 0.582 | 0.989 | −24.1 | 406 | +148 | 6685.8 | 0.0085 |
| 苯 | $C_6H_6$ | — | 1.139 | 0.72 | +80.2 | 394 | +288.5 | 4832.0 | 0.0088 |

### 4. 干空气的物理性质（101.33kPa）

| 温度 $t$/℃ | 密度 $\rho/(kg/m^3)$ | 定压比热容 $c_p/[kJ/(kg\cdot℃)]$ | 热导率 $\lambda\times10^2/[W/(m\cdot℃)]$ | 黏度 $\mu\times10^5/Pa\cdot s$ | 普兰特数 $Pr$ |
|---|---|---|---|---|---|
| −50 | 1.584 | 1.013 | 2.035 | 1.46 | 0.728 |
| −40 | 1.515 | 1.013 | 2.117 | 1.52 | 0.728 |
| −30 | 1.453 | 1.013 | 2.198 | 1.57 | 0.723 |
| −20 | 1.395 | 1.009 | 2.279 | 1.62 | 0.716 |
| −10 | 1.342 | 1.009 | 2.360 | 1.67 | 0.712 |
| 0 | 1.293 | 1.005 | 2.442 | 1.72 | 0.707 |
| 10 | 1.247 | 1.005 | 2.512 | 1.77 | 0.705 |
| 20 | 1.205 | 1.005 | 2.593 | 1.81 | 0.703 |
| 30 | 1.165 | 1.005 | 2.675 | 1.86 | 0.701 |
| 40 | 1.128 | 1.005 | 2.756 | 1.91 | 0.699 |
| 50 | 1.093 | 1.005 | 2.826 | 1.96 | 0.698 |
| 60 | 1.060 | 1.005 | 2.896 | 2.01 | 0.696 |
| 70 | 1.029 | 1.009 | 2.966 | 2.06 | 0.694 |
| 80 | 1.000 | 1.009 | 3.047 | 2.11 | 0.692 |
| 90 | 0.972 | 1.009 | 3.128 | 2.15 | 0.690 |
| 100 | 0.946 | 1.009 | 3.210 | 2.19 | 0.688 |
| 120 | 0.898 | 1.009 | 3.338 | 2.29 | 0.686 |
| 140 | 0.854 | 1.013 | 3.489 | 2.37 | 0.684 |
| 160 | 0.815 | 1.017 | 3.640 | 2.45 | 0.682 |
| 180 | 0.779 | 1.022 | 3.780 | 2.53 | 0.681 |
| 200 | 0.746 | 1.026 | 3.931 | 2.60 | 0.680 |
| 250 | 0.674 | 1.038 | 4.228 | 2.74 | 0.677 |
| 300 | 0.615 | 1.048 | 4.605 | 2.97 | 0.674 |
| 350 | 0.566 | 1.059 | 4.908 | 3.14 | 0.676 |
| 400 | 0.524 | 1.068 | 5.210 | 3.31 | 0.678 |

## 5. 水及蒸汽的物理性质

### 5-1 水的物理性质

| 温度/℃ | 饱和蒸气压/kPa | $\rho$/(kg/m³) | 焓/(kJ/kg) | $c_p$/[kJ/(kg·℃)] | 热导率 $\lambda \times 10^2$/[W/(m·℃)] | 黏度 $\mu \times 10^5$/Pa·s | 体积膨胀系数/$\beta \times 10^4$/℃$^{-1}$ | 表面张力 $\sigma \times 10^3$/(N/m) | 普兰特数 $Pr$ |
|---|---|---|---|---|---|---|---|---|---|
| 0 | 0.6082 | 999.9 | 0 | 4.212 | 55.13 | 179.21 | −0.63 | 75.6 | 13.66 |
| 10 | 1.2262 | 999.7 | 42.04 | 4.191 | 57.45 | 130.77 | +0.70 | 74.1 | 9.52 |
| 20 | 2.3346 | 998.2 | 83.90 | 4.183 | 59.89 | 100.50 | 1.82 | 72.6 | 7.01 |
| 30 | 4.2474 | 995.7 | 125.69 | 4.174 | 61.76 | 80.07 | 3.21 | 71.2 | 5.42 |
| 40 | 7.3766 | 992.2 | 167.51 | 4.174 | 63.38 | 65.60 | 3.87 | 69.6 | 4.32 |
| 50 | 12.34 | 988.1 | 209.30 | 4.174 | 64.78 | 54.94 | 4.49 | 67.7 | 3.54 |
| 60 | 19.923 | 983.2 | 251.12 | 4.178 | 65.94 | 46.88 | 5.11 | 66.2 | 2.98 |
| 70 | 31.164 | 977.8 | 292.99 | 4.187 | 66.76 | 40.61 | 5.70 | 64.3 | 2.54 |
| 80 | 47.379 | 971.8 | 334.94 | 4.195 | 67.45 | 35.65 | 6.32 | 62.6 | 2.22 |
| 90 | 70.136 | 965.3 | 376.98 | 4.208 | 68.04 | 31.65 | 6.95 | 60.7 | 1.96 |
| 100 | 101.33 | 958.4 | 419.10 | 4.220 | 68.27 | 28.38 | 7.52 | 58.8 | 1.76 |
| 110 | 143.31 | 951.0 | 461.34 | 4.238 | 68.50 | 25.89 | 8.08 | 56.9 | 1.61 |
| 120 | 198.64 | 943.1 | 503.67 | 4.260 | 68.62 | 23.73 | 8.64 | 54.8 | 1.47 |
| 130 | 270.25 | 934.8 | 546.38 | 4.266 | 68.62 | 21.77 | 9.17 | 52.8 | 1.36 |
| 140 | 361.47 | 926.1 | 589.08 | 4.287 | 68.50 | 20.10 | 9.72 | 50.7 | 1.26 |
| 150 | 476.24 | 917.0 | 632.20 | 4.312 | 68.38 | 18.63 | 10.3 | 48.6 | 1.18 |
| 160 | 618.28 | 907.4 | 675.33 | 4.346 | 68.27 | 17.36 | 10.7 | 46.6 | 1.11 |
| 170 | 792.59 | 897.3 | 719.29 | 4.379 | 67.92 | 16.28 | 11.3 | 45.3 | 1.05 |
| 180 | 1003.5 | 886.9 | 763.25 | 4.417 | 67.45 | 15.30 | 11.9 | 42.3 | 1.00 |
| 190 | 1255.6 | 876.0 | 807.63 | 4.460 | 66.99 | 14.42 | 12.6 | 40.0 | 0.96 |
| 200 | 1554.7 | 863.0 | 852.43 | 4.505 | 66.29 | 13.63 | 13.3 | 37.7 | 0.93 |

### 5-2 水在不同温度下的黏度 （0～100℃）

| 温度/℃ | 黏度/mPa·s | 温度/℃ | 黏度/mPa·s | 温度/℃ | 黏度/mPa·s | 温度/℃ | 黏度/mPa·s |
|---|---|---|---|---|---|---|---|
| 0 | 1.7921 | 25 | 0.8973 | 51 | 0.5404 | 77 | 0.3702 |
| 1 | 1.7313 | 26 | 0.8737 | 52 | 0.5315 | 78 | 0.3655 |
| 2 | 1.6728 | 27 | 0.8545 | 53 | 0.5229 | 79 | 0.3160 |
| 3 | 1.6191 | 28 | 0.8360 | 54 | 0.5146 | 80 | 0.3565 |
| 4 | 1.5674 | 29 | 0.1810 | 55 | 0.5064 | 81 | 0.3521 |
| 5 | 1.5188 | 30 | 0.8007 | 56 | 0.4985 | 82 | 0.3478 |
| 6 | 1.4728 | 31 | 0.7840 | 57 | 0.4907 | 83 | 0.3436 |
| 7 | 1.4284 | 32 | 0.7679 | 58 | 0.4832 | 84 | 0.3395 |
| 8 | 1.3860 | 33 | 0.7523 | 59 | 0.4759 | 85 | 0.3355 |
| 9 | 1.3462 | 34 | 0.7371 | 60 | 0.4688 | 86 | 0.3315 |
| 10 | 1.3077 | 35 | 0.7225 | 61 | 0.4618 | 87 | 0.3276 |
| 11 | 1.2713 | 36 | 0.7085 | 62 | 0.4550 | 88 | 0.3239 |
| 12 | 1.2363 | 37 | 0.6947 | 63 | 0.4483 | 89 | 0.3202 |
| 13 | 1.2028 | 38 | 0.6814 | 64 | 0.4418 | 90 | 0.3165 |
| 14 | 1.1709 | 39 | 0.6685 | 65 | 0.4355 | 91 | 0.3130 |
| 15 | 1.1403 | 40 | 0.6560 | 66 | 0.4293 | 92 | 0.3095 |
| 16 | 1.1111 | 41 | 0.6439 | 67 | 0.4233 | 93 | 0.3060 |
| 17 | 1.0828 | 42 | 0.6321 | 68 | 0.4174 | 94 | 0.3027 |
| 18 | 1.0559 | 43 | 0.6207 | 69 | 0.4117 | 95 | 0.2994 |
| 19 | 1.0299 | 44 | 0.6097 | 70 | 0.4061 | 96 | 0.2962 |
| 20 | 1.0050 | 45 | 0.5988 | 71 | 0.4006 | 97 | 0.2930 |
| 20.2 | 1.0000 | 46 | 0.5883 | 72 | 0.3952 | 98 | 0.2899 |
| 21 | 0.9810 | 47 | 0.5782 | 73 | 0.3900 | 99 | 0.2868 |
| 22 | 0.9579 | 48 | 0.5683 | 74 | 0.3849 | 100 | 0.2838 |
| 23 | 0.9359 | 49 | 0.5588 | 75 | 0.3799 | | |
| 24 | 0.9142 | 50 | 0.5494 | 76 | 0.3750 | | |

### 5-3 饱和水蒸气（温度基准）

| 温度/℃ | 绝对压强/kPa | ρ/(kg/m³) | 焓(液)/(kJ/kg) | 焓(汽)/(kJ/kg) | 汽化热/(kJ/kg) | 温度/℃ | 绝对压强/kPa | ρ/(kg/m³) | 焓(液)/(kJ/kg) | 焓(汽)/(kJ/kg) | 汽化热/(kJ/kg) |
|---|---|---|---|---|---|---|---|---|---|---|---|
| 0 | 0.0682 | 0.00484 | 0 | 2491.1 | 2491.1 | 135 | 313.11 | 1.715 | 567.73 | 2731.0 | 2163.3 |
| 5 | 0.8730 | 0.00680 | 20.94 | 2500.8 | 2479.89 | 140 | 361.47 | 1.962 | 589.08 | 2737.7 | 2148.7 |
| 10 | 1.2262 | 0.00940 | 41.87 | 2510.4 | 2468.5 | 145 | 415.72 | 2.238 | 610.85 | 2744.4 | 2134.0 |
| 15 | 1.7068 | 0.01283 | 62.80 | 2520.5 | 2457.7 | 150 | 476.24 | 2.543 | 632.21 | 2750.7 | 2118.5 |
| 20 | 2.3346 | 0.01719 | 83.74 | 2530.1 | 2446.3 | 160 | 618.28 | 3.252 | 675.75 | 2762.9 | 2087.1 |
| 25 | 3.1684 | 0.02304 | 104.67 | 2539.7 | 2435.0 | 170 | 792.59 | 4.113 | 719.29 | 2773.3 | 2054.0 |
| 30 | 4.2474 | 0.03036 | 125.60 | 2549.3 | 2423.7 | 180 | 1003.5 | 5.145 | 763.25 | 2782.5 | 2019.3 |
| 35 | 5.6207 | 0.03960 | 146.54 | 2559.0 | 2412.4 | 190 | 1255.6 | 6.378 | 807.64 | 2790.1 | 1982.4 |
| 40 | 7.3766 | 0.05114 | 167.47 | 2568.6 | 2401.1 | 200 | 1554.77 | 7.840 | 852.01 | 2795.5 | 1943.5 |
| 45 | 9.5837 | 0.06543 | 188.41 | 2577.8 | 2389.4 | 210 | 1917.72 | 9.567 | 897.23 | 2799.3 | 1902.5 |
| 50 | 12.340 | 0.0830 | 209.34 | 2587.4 | 2378.1 | 220 | 2320.88 | 11.60 | 942.45 | 2801.0 | 1858.5 |
| 55 | 15.743 | 0.1043 | 230.27 | 2596.7 | 2366.4 | 230 | 2798.59 | 13.98 | 988.50 | 2800.1 | 1811.6 |
| 60 | 19.923 | 0.1301 | 251.21 | 2606.3 | 2355.1 | 240 | 3347.91 | 16.76 | 1034.56 | 2796.8 | 1761.8 |
| 65 | 25.014 | 0.1611 | 272.14 | 2615.5 | 2343.4 | 250 | 3977.67 | 20.01 | 1081.45 | 2790.1 | 1708.6 |
| 70 | 31.164 | 0.1979 | 293.08 | 2624.3 | 2331.2 | 260 | 4693.75 | 23.82 | 1128.76 | 2780.9 | 1651.7 |
| 75 | 38.551 | 0.2416 | 314.01 | 2633.5 | 2319.5 | 270 | 5503.99 | 28.27 | 1176.91 | 2768.3 | 1591.4 |
| 80 | 47.379 | 0.2929 | 334.94 | 2642.3 | 2307.8 | 280 | 6417.24 | 33.47 | 1225.48 | 2752.0 | 1526.5 |
| 85 | 57.875 | 0.3531 | 355.88 | 2651.1 | 2295.2 | 290 | 7443.29 | 39.60 | 1274.46 | 2732.3 | 1457.4 |
| 90 | 70.136 | 0.4229 | 376.81 | 2659.9 | 2283.1 | 300 | 8592.94 | 46.93 | 1325.54 | 2708.0 | 1382.5 |
| 95 | 84.556 | 0.5039 | 397.75 | 2668.7 | 2270.9 | 310 | 9877.96 | 55.59 | 1378.71 | 2680.0 | 1301.3 |
| 100 | 101.33 | 0.5970 | 418.68 | 2677.0 | 2258.4 | 320 | 11300.3 | 65.95 | 1436.07 | 2648.2 | 1212.1 |
| 105 | 120.85 | 0.7036 | 440.03 | 2685.0 | 2245.4 | 330 | 12879.6 | 78.53 | 1446.78 | 2610.5 | 1116.2 |
| 110 | 143.31 | 0.8254 | 460.97 | 2693.4 | 2232.0 | 340 | 14615.8 | 93.98 | 1562.93 | 2568.6 | 1005.7 |
| 115 | 169.11 | 0.9635 | 482.32 | 2701.3 | 2219.0 | 350 | 16538.5 | 113.2 | 1636.20 | 2516.7 | 880.5 |
| 120 | 198.64 | 1.1199 | 503.67 | 2708.9 | 2205.2 | 360 | 18667.1 | 139.6 | 1729.15 | 2442.6 | 713.0 |
| 125 | 232.19 | 1.296 | 525.02 | 2716.4 | 2191.8 | 370 | 21040.9 | 171.0 | 1888.25 | 2301.9 | 411.1 |
| 130 | 270.25 | 1.494 | 546.38 | 2723.9 | 2177.6 | 374 | 22070.9 | 322.6 | 2098.0 | 2098.0 | 0 |

### 5-4 饱和水蒸气（压强基准）

| 绝对压强/kPa | 温度/℃ | ρ/(kg/m³) | 焓(液)/(kJ/kg) | 焓(汽)/(kJ/kg) | 汽化热/(kJ/kg) | 绝对压强/kPa | 温度/℃ | ρ/(kg/m³) | 焓(液)/(kJ/kg) | 焓(汽)/(kJ/kg) | 汽化热/(kJ/kg) |
|---|---|---|---|---|---|---|---|---|---|---|---|
| 1.0 | 6.3 | 0.00773 | 26.48 | 2503.1 | 2476.8 | 500 | 151.7 | 2.6673 | 639.59 | 2752.8 | 2113.2 |
| 2.0 | 17.0 | 0.01486 | 71.21 | 2524.2 | 2452.9 | 600 | 158.7 | 3.1686 | 670.22 | 2761.4 | 2092.1 |
| 3.0 | 23.5 | 0.02179 | 98.38 | 2536.8 | 2438.4 | 700 | 164.7 | 3.6657 | 696.27 | 2767.8 | 2071.5 |
| 4.0 | 28.7 | 0.02867 | 120.23 | 2546.8 | 2426.6 | 800 | 170.4 | 4.1614 | 720.96 | 2773.7 | 2052.7 |
| 5.0 | 32.4 | 0.03537 | 135.69 | 2554.0 | 2418.3 | 900 | 175.1 | 4.6525 | 741.82 | 2778.1 | 2036.0 |
| 6.0 | 35.6 | 0.04200 | 149.06 | 2560.1 | 2411.0 | $1 \times 10^3$ | 179.9 | 5.1432 | 762.68 | 2782.5 | 2019.7 |
| 7.0 | 38.8 | 0.04864 | 162.44 | 2566.3 | 2403.8 | $1.1 \times 10^3$ | 180.2 | 5.6339 | 780.34 | 2785.5 | 2005.1 |
| 8.0 | 41.3 | 0.05514 | 172.73 | 2571.0 | 2398.2 | $1.2 \times 10^3$ | 187.8 | 6.1241 | 797.92 | 2788.5 | 1990.6 |
| 9.0 | 43.3 | 0.06156 | 181.16 | 2574.8 | 2393.6 | $1.3 \times 10^3$ | 191.5 | 6.6141 | 814.25 | 2790.9 | 1976.7 |
| 10.0 | 45.3 | 0.06798 | 189.59 | 2578.5 | 2388.9 | $1.4 \times 10^3$ | 194.8 | 7.1038 | 829.06 | 2792.4 | 1963.7 |
| 15.0 | 53.3 | 0.09956 | 224.03 | 2594.0 | 2370.0 | $1.5 \times 10^3$ | 198.2 | 7.5935 | 843.86 | 2794.5 | 1950.7 |
| 20.0 | 60.1 | 0.13068 | 251.51 | 2606.4 | 2854.9 | $1.6 \times 10^3$ | 201.3 | 8.0814 | 857.77 | 2796.0 | 1938.2 |
| 30.0 | 66.5 | 0.19093 | 288.77 | 2622.4 | 2333.7 | $1.7 \times 10^3$ | 204.1 | 8.5674 | 870.58 | 2797.1 | 1926.5 |
| 40.0 | 75.0 | 0.24975 | 315.93 | 2634.1 | 2312.2 | $1.8 \times 10^3$ | 206.9 | 9.0533 | 883.39 | 2798.1 | 1914.4 |
| 50.0 | 81.2 | 0.30799 | 339.80 | 2644.3 | 2304.5 | $1.9 \times 10^3$ | 209.8 | 9.5392 | 896.21 | 2799.2 | 1903.0 |
| 60.0 | 85.6 | 0.36514 | 358.21 | 2652.1 | 2293.9 | $2 \times 10^3$ | 212.2 | 10.0338 | 907.32 | 2799.7 | 1892.4 |
| 70.0 | 89.9 | 0.42229 | 376.61 | 2659.8 | 2283.2 | $3 \times 10^3$ | 233.7 | 15.0075 | 1005.4 | 2798.9 | 1793.5 |
| 80.0 | 93.2 | 0.47807 | 390.08 | 2665.3 | 2275.3 | $4 \times 10^3$ | 250.3 | 20.0969 | 1082.9 | 2789.8 | 1706.8 |
| 90.0 | 96.4 | 0.53384 | 403.49 | 2670.8 | 2267.4 | $5 \times 10^3$ | 263.8 | 25.3663 | 1146.9 | 2776.2 | 1629.2 |
| 100.0 | 99.6 | 0.58961 | 416.90 | 2676.3 | 2259.5 | $6 \times 10^3$ | 275.4 | 30.8494 | 1203.2 | 2759.5 | 1556.3 |
| 120.0 | 104.5 | 0.69868 | 437.51 | 2684.3 | 2246.8 | $7 \times 10^3$ | 285.7 | 36.5744 | 1253.2 | 2740.8 | 1487.6 |
| 140 | 109.2 | 0.80758 | 457.67 | 2692.1 | 2234.4 | $8 \times 10^3$ | 294.8 | 42.5768 | 1299.2 | 2720.5 | 1403.7 |
| 160 | 113.0 | 0.82981 | 473.88 | 2698.1 | 2224.2 | $9 \times 10^3$ | 303.2 | 48.8945 | 1343.4 | 2699.1 | 1356.6 |
| 180 | 116.6 | 1.0209 | 489.32 | 2703.7 | 2214.3 | $10 \times 10^3$ | 310.9 | 55.5407 | 1384.0 | 2677.1 | 1293.1 |
| 200 | 120.2 | 1.1273 | 493.71 | 2709.2 | 2204.6 | $12 \times 10^3$ | 324.5 | 70.3075 | 1463.4 | 2631.2 | 1167.7 |
| 250 | 127.2 | 1.3904 | 534.39 | 2719.7 | 2185.4 | $14 \times 10^3$ | 336.5 | 87.3020 | 1567.9 | 2583.2 | 1043.4 |
| 300 | 133.3 | 1.6501 | 560.38 | 2728.5 | 2168.1 | $16 \times 10^3$ | 347.2 | 107.8010 | 1615.8 | 2531.1 | 915.4 |
| 350 | 138.8 | 1.9074 | 583.76 | 2736.1 | 2152.3 | $18 \times 10^3$ | 356.9 | 134.4813 | 1699.8 | 2466.0 | 766.1 |
| 400 | 143.4 | 2.1618 | 603.61 | 2742.1 | 2138.5 | $20 \times 10^3$ | 365.6 | 176.5961 | 1817.8 | 2364.2 | 544.9 |
| 450 | 147.7 | 2.4152 | 622.42 | 2747.8 | 2125.4 | | | | | | |

## 6. 黏度

### 6-1 液体黏度共线图

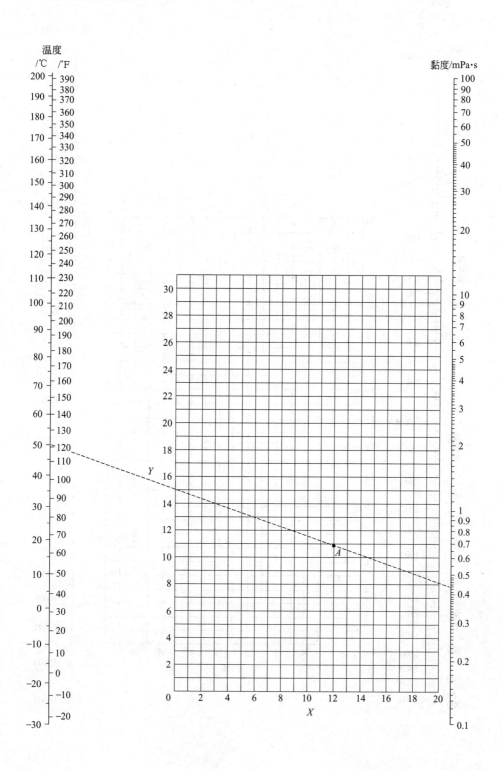

温度
/℃ /℉

黏度/mPa·s

## 6-2 气体黏度共线图

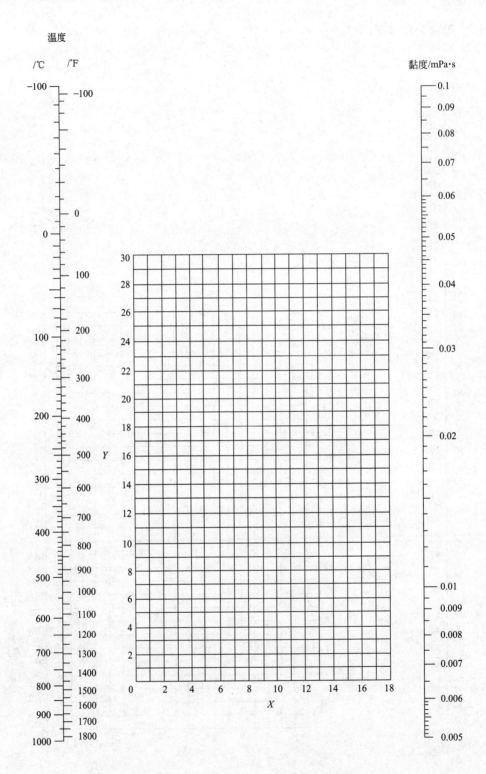

## 液体黏度共线图坐标值

| 序 号 | 名　　称 | $X$ | $Y$ | 序 号 | 名　　称 | $X$ | $Y$ |
|---|---|---|---|---|---|---|---|
| 1 | 水 | 10.2 | 13.0 | 31 | 乙苯 | 13.2 | 11.5 |
| 2 | NaCl 25% | 10.2 | 16.6 | 32 | 氯苯 | 12.3 | 12.4 |
| 3 | CaCl$_2$ 25% | 6.6 | 15.9 | 33 | 硝基苯 | 10.6 | 16.2 |
| 4 | 氨 100% | 12.6 | 2.0 | 34 | 苯胺 | 8.1 | 18.7 |
| 5 | 氨水 26% | 10.1 | 13.9 | 35 | 酚 | 6.9 | 20.8 |
| 6 | 二氧化碳 | 11.6 | 0.3 | 36 | 联苯 | 12.0 | 18.3 |
| 7 | 二氧化硫 | 15.2 | 7.1 | 37 | 萘 | 7.9 | 18.1 |
| 8 | 二硫化碳 | 16.1 | 7.5 | 38 | 甲醇 100% | 12.4 | 10.5 |
| 9 | 溴 | 14.2 | 13.2 | 39 | 甲醇 90% | 12.3 | 11.8 |
| 10 | 汞 | 18.4 | 16.4 | 40 | 甲醇 40% | 7.8 | 15.5 |
| 11 | 硫酸 110% | 7.2 | 27.4 | 41 | 乙醇 100% | 10.5 | 13.8 |
| 12 | 硫酸 100% | 8.0 | 25.1 | 42 | 乙醇 95% | 9.8 | 14.3 |
| 13 | 硫酸 98% | 7.0 | 24.8 | 43 | 乙醇 40% | 6.5 | 16.6 |
| 14 | 硫酸 60% | 10.2 | 21.3 | 44 | 乙二醇 | 6.0 | 23.6 |
| 15 | 硝酸 95% | 12.8 | 13.8 | 45 | 甘油 100% | 2.0 | 30.0 |
| 16 | 硝酸 60% | 10.8 | 17.0 | 46 | 甘油 50% | 6.9 | 19.6 |
| 17 | 盐酸 31.5% | 13.0 | 16.6 | 47 | 乙醚 | 14.5 | 5.3 |
| 18 | 50% NaOH | 3.2 | 25.8 | 48 | 乙醛 | 15.2 | 14.8 |
| 19 | 戊烷 | 14.9 | 5.2 | 49 | 丙酮 | 14.5 | 7.2 |
| 20 | 乙烷 | 14.7 | 7.0 | 50 | 甲酸 | 10.7 | 15.8 |
| 21 | 庚烷 | 14.1 | 8.4 | 51 | 乙酸 100% | 12.1 | 14.2 |
| 22 | 辛烷 | 13.7 | 10.0 | 52 | 乙酸 70% | 9.5 | 17.0 |
| 23 | CHCl$_3$ | 14.4 | 10.2 | 53 | 乙酸酐 | 12.7 | 12.8 |
| 24 | CCl$_4$ | 12.7 | 13.1 | 54 | 乙酸乙酯 | 13.7 | 9.1 |
| 25 | 二氯乙烷 | 13.2 | 12.2 | 55 | 乙酸戊酯 | 11.8 | 12.5 |
| 26 | 苯 | 12.5 | 10.9 | 56 | 氟里昂11 | 14.4 | 9.0 |
| 27 | 甲苯 | 13.7 | 10.4 | 57 | 氟里昂12 | 16.8 | 5.6 |
| 28 | 邻二甲苯 | 13.5 | 12.1 | 58 | 氟里昂21 | 15.7 | 7.5 |
| 29 | 间二甲苯 | 13.9 | 10.6 | 59 | 氟里昂22 | 17.2 | 4.7 |
| 30 | 对二甲苯 | 13.9 | 10.9 | 60 | 煤油 | 10.2 | 16.9 |

## 气体黏度共线图坐标值

| 序 号 | 名　　称 | $X$ | $Y$ | 序 号 | 名　　称 | $X$ | $Y$ |
|---|---|---|---|---|---|---|---|
| 1 | 空气 | 11.0 | 20.0 | 21 | 乙炔 | 9.8 | 14.9 |
| 2 | 氧 | 11.0 | 21.3 | 22 | 丙烷 | 9.7 | 12.9 |
| 3 | 氮 | 10.6 | 20.0 | 23 | 丙烯 | 9.0 | 13.8 |
| 4 | 氢 | 11.2 | 12.4 | 24 | 丁烯 | 9.2 | 13.7 |
| 5 | 3H$_2$+1N$_2$ | 11.2 | 17.2 | 25 | 戊烷 | 7.0 | 12.8 |
| 6 | 水蒸气 | 8.0 | 16.0 | 26 | 己烷 | 8.6 | 11.8 |
| 7 | CO$_2$ | 9.5 | 18.7 | 27 | 三氯甲烷 | 8.9 | 15.7 |
| 8 | CO | 11.0 | 20.0 | 28 | 苯 | 8.5 | 13.2 |
| 9 | NH$_3$ | 8.4 | 16.0 | 29 | 甲苯 | 8.6 | 12.4 |
| 10 | H$_2$S | 8.6 | 18.0 | 30 | 甲醇 | 8.5 | 15.6 |
| 11 | SO$_2$ | 9.6 | 17.0 | 31 | 乙醇 | 9.2 | 14.2 |
| 12 | CS$_2$ | 8.0 | 16.0 | 32 | 丙醇 | 8.4 | 13.4 |
| 13 | N$_2$O | 8.8 | 19.0 | 33 | 乙酸 | 7.7 | 14.3 |
| 14 | NO | 10.9 | 20.5 | 34 | 丙酮 | 8.9 | 13.0 |
| 15 | 氟 | 7.3 | 23.8 | 35 | 乙醚 | 8.9 | 13.0 |
| 16 | 氯 | 9.0 | 18.4 | 36 | 乙酸乙酯 | 8.5 | 13.2 |
| 17 | 氯化氢 | 8.8 | 18.7 | 37 | 氟里昂11 | 10.6 | 15.1 |
| 18 | 甲烷 | 9.9 | 15.5 | 38 | 氟里昂12 | 11.1 | 16.0 |
| 19 | 乙烷 | 9.1 | 14.5 | 39 | 氟里昂21 | 10.8 | 15.3 |
| 20 | 乙烯 | 9.5 | 15.1 | 40 | 氟里昂22 | 10.1 | 17.0 |

## 7. 热导率

### 7-1 固体热导率

**(1) 常用金属在不同温度下的热导率 [W/(m·℃)]**

| 材料 | 0℃ | 100℃ | 200℃ | 300℃ | 400℃ | 材料 | 0℃ | 100℃ | 200℃ | 300℃ | 400℃ |
|---|---|---|---|---|---|---|---|---|---|---|---|
| 铝 | 227.95 | 227.95 | 227.95 | 227.95 | 227.95 | 镍 | 93.04 | 82.57 | 73.27 | 63.97 | 59.31 |
| 铜 | 383.79 | 379.14 | 372.16 | 367.51 | 362.86 | 银 | 414.03 | 409.38 | 373.32 | 361.69 | 359.37 |
| 铁 | 73.27 | 67.45 | 61.64 | 54.66 | 48.85 | 锌 | 112.81 | 109.90 | 105.83 | 101.18 | 93.04 |
| 铅 | 35.12 | 33.38 | 31.40 | 29.77 | — | 碳钢 | 52.34 | 48.85 | 44.19 | 41.87 | 34.89 |
| 镁 | 172.12 | 167.47 | 162.82 | 158.17 | — | 不锈钢 | 16.28 | 17.45 | 17.45 | 18.49 | — |

**(2) 常用非金属的热导率 [W/(m·℃)]**

| 材料 | 温度/℃ | 热导率 | 材料 | 温度/℃ | 热导率 | 材料 | 温度/℃ | 热导率 |
|---|---|---|---|---|---|---|---|---|
| 软木 | 30 | 0.04303 | 聚酯加玻璃纤维 | — | 0.2594 | 冰 | 0 | 2.326 |
| 玻璃棉 | — | 0.03489~0.06978 | 85%氧化镁粉 | 0~100 | 0.06978 | 软橡胶 | — | 0.1291~0.1593 |
| 保温灰 | — | 0.06978 | 聚四氟乙烯 | — | 0.2419 | 云母 | 50 | 0.4303 |
| 锯屑 | 20 | 0.04652~0.05815 | 木材(横向) | — | 0.1396~0.1745 | 搪瓷 | — | 0.8723~1.163 |
| 棉花 | 100 | 0.06978 | 木材(纵向) | — | 0.3838 | 耐火砖 | 230 | 0.8723 |
| 厚纸 | 20 | 0.1396~0.3489 | 泡沫玻璃 | —15 | 0.004885 | | 1200 | 1.6398 |
| 玻璃 | 30 | 1.0932 | | —80 | 0.003489 | 混凝土 | — | 1.2793 |
| | —20 | 0.7560 | 泡沫塑料 | — | 0.04652 | 绒毛毡 | — | 0.0465 |
| 聚苯乙烯泡沫 | 25 | 0.04187 | 硬橡胶 | 0 | 0.1500 | 聚氯乙烯 | — | 0.1163~0.1745 |
| | —150 | 0.001745 | 泥土 | 20 | 0.6978~0.9304 | 聚碳酸酯 | — | 0.1907 |
| 酚醛加玻璃纤维 | — | 0.2593 | | | | 聚乙烯 | — | 0.3291 |
| 酚醛加石棉纤维 | — | 0.2942 | | | | 石墨 | — | 139.56 |

### 7-2 某些液体的热导率

| 液体 | 温度/℃ | 热导率/[W/(m·℃)] | 液体 | 温度/℃ | 热导率/[W/(m·℃)] | 液体 | 温度/℃ | 热导率/[W/(m·℃)] |
|---|---|---|---|---|---|---|---|---|
| 醋酸50% | 20 | 0.35 | 甲醇80% | 20 | 0.267 | 甘油100% | 20 | 0.284 |
| 丙酮 | 30 | 0.177 | 60% | 20 | 0.329 | 80% | 20 | 0.327 |
| | 75 | 0.161 | 40% | 20 | 0.405 | 60% | 20 | 0.381 |
| 丙烯醇 | 25~30 | 0.180 | 20% | 20 | 0.492 | 40% | 20 | 0.448 |
| 氨水溶液 | 20 | 0.45 | 100% | 50 | 0.197 | 20% | 20 | 0.481 |
| | 60 | 0.50 | 氯化钾15% | 32 | 0.58 | 100% | 100 | 0.284 |
| 正戊烷 | 30 | 0.163 | 30% | 32 | 0.56 | 正己烷 | 30 | 0.138 |
| | 100 | 0.154 | 氢氧化钾21% | 32 | 0.58 | | 60 | 0.135 |
| 苯胺 | 0~20 | 0.173 | 42% | 32 | 0.55 | 氯甲烷 | —15 | 0.192 |
| 乙酸乙酯 | 20 | 0.175 | 二甲苯 邻位 | 20 | 0.155 | | 30 | 0.154 |
| 乙醇80% | 20 | 0.237 | 对位 | 20 | 0.155 | 硝基苯 | 30 | 0.164 |
| 60% | 20 | 0.305 | 间位 | 20 | 0.155 | | 100 | 0.152 |
| 40% | 20 | 0.388 | 苯 | 30 | 0.159 | 硝基甲苯 | 30 | 0.216 |
| 20% | 20 | 0.486 | | 60 | 0.151 | | 60 | 0.208 |
| 100% | 20 | 0.182 | 正丁醇 | 30 | 0.168 | 石油 | 20 | 0.180 |
| 乙苯 | 30 | 0.149 | | 75 | 0.164 | 蓖麻油 | 0 | 0.173 |
| | 60 | 0.142 | 异丁醇 | 10 | 0.157 | | 20 | 0.168 |
| 乙醚 | 30 | 0.133 | 氯化钙盐水30% | 30 | 0.55 | 橄榄油 | 100 | 0.164 |
| | 75 | 0.135 | 15% | 30 | 0.59 | 硫酸90% | 30 | 0.36 |
| 松节油 | 15 | 0.128 | 二硫化碳 | 30 | 0.161 | 60% | 30 | 0.43 |
| 正己醇 | 30 | 0.164 | | 75 | 0.152 | 30% | 30 | 0.52 |
| | 75 | 0.156 | 四氯化碳 | 0 | 0.185 | 二氧化硫 | 15 | 0.22 |
| 异戊烷 | 30 | 0.152 | | 68 | 0.163 | | 30 | 0.192 |
| | 75 | 0.151 | 三氯甲烷 | 30 | 0.138 | 甲苯 | 30 | 0.149 |
| 水银 | 28 | 0.36 | | | | | 75 | 0.145 |
| 盐酸12.5% | 32 | 0.52 | | | | 氨 | 25~30 | 0.50 |
| 25% | 32 | 0.48 | | | | 汽油 | 30 | 0.135 |
| 38% | 32 | 0.44 | | | | 氯苯 | 10 | 0.144 |

## 7-3 气体热导率共线图

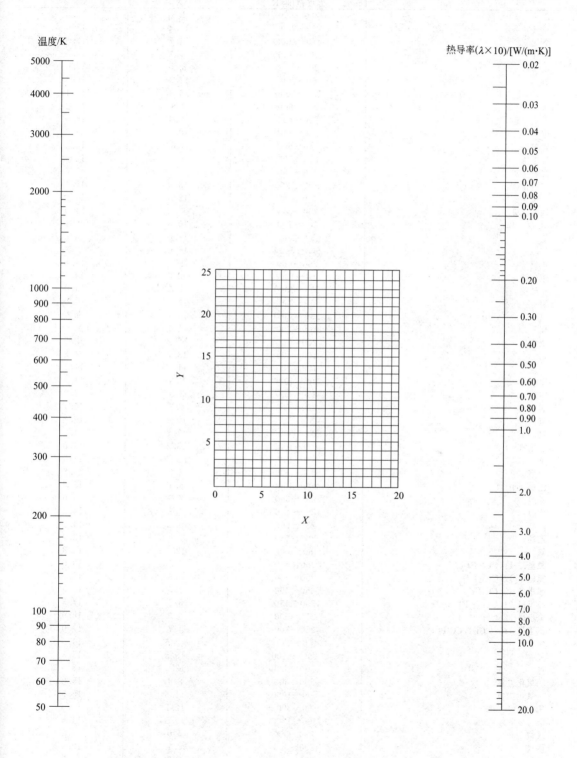

## 气体热导率共线图坐标值（常压）

| 气　　体 | 温度范围/K | X | Y |
|---|---|---|---|
| 乙炔 | 200～600 | 7.5 | 13.5 |
| 空气 | 50～250 | 12.4 | 13.9 |
| 空气 | 250～1000 | 14.7 | 15.0 |
| 空气 | 1000～1500 | 17.1 | 14.5 |
| 氨 | 200～900 | 8.5 | 12.6 |
| 氩 | 50～250 | 12.5 | 16.5 |
| 氩 | 250～5000 | 15.4 | 18.1 |
| 苯 | 250～600 | 2.8 | 14.2 |
| 三氟化硼 | 250～400 | 12.4 | 16.4 |
| 溴 | 250～350 | 10.1 | 23.6 |
| 正丁烷 | 250～500 | 5.6 | 14.1 |
| 异丁烷 | 250～500 | 5.7 | 14.0 |
| 二氧化碳 | 200～700 | 8.7 | 15.5 |
| 二氧化碳 | 700～1200 | 13.3 | 15.4 |
| 一氧化碳 | 80～300 | 12.3 | 14.2 |
| 四氯化碳 | 250～500 | 9.4 | 21.0 |
| 氯 | 200～700 | 10.8 | 20.1 |
| 氘 | 50～500 | 17.0 | 2.5 |
| 氘 | 500～5000 | 15.0 | 3.0 |
| 正庚烷 | 250～600 | 4.0 | 14.8 |
| 正庚烷 | 600～1000 | 6.9 | 14.9 |
| 正己烷 | 250～1000 | 3.7 | 14.0 |
| 氢 | 50～250 | 13.2 | 1.2 |
| 氢 | 250～1000 | 15.7 | 1.3 |
| 氢 | 1000～2000 | 13.7 | 2.7 |
| 氯化氢 | 200～700 | 12.2 | 18.5 |
| 氦 | 100～700 | 13.7 | 21.8 |
| 甲烷 | 100～300 | 11.2 | 11.7 |
| 甲烷 | 300～1000 | 8.5 | 11.0 |
| 甲醇 | 300～500 | 5.0 | 14.3 |
| 氯甲烷 | 250～700 | 4.7 | 15.7 |
| 氖 | 50～250 | 15.2 | 10.2 |
| 氖 | 250～5000 | 17.2 | 11.0 |
| 氧化氮 | 100～1000 | 13.2 | 14.8 |
| 氚 | 50～100 | 12.7 | 17.3 |
| 丙酮 | 250～500 | 3.7 | 14.8 |
| 乙烷 | 200～1000 | 5.4 | 12.6 |
| 乙醇 | 250～350 | 2.0 | 13.0 |
| 乙醇 | 350～500 | 7.7 | 15.2 |
| 乙醚 | 250～500 | 5.3 | 14.1 |
| 乙烯 | 200～450 | 3.9 | 12.3 |
| 氟 | 80～600 | 12.3 | 13.8 |
| 氟里昂-11($CCl_3F$) | 250～500 | 7.5 | 19.0 |
| 氟里昂-12($CCl_2F_2$) | 250～500 | 6.8 | 17.5 |
| 氟里昂-13($CClF_3$) | 250～500 | 7.5 | 16.5 |
| 氟里昂-21($CHCl_2F$) | 250～450 | 6.2 | 17.5 |
| 氟里昂-22($CHClF_2$) | 250～500 | 6.5 | 18.6 |
| 氟里昂-113($CCl_2F\text{-}CClF_2$) | 250～400 | 4.7 | 17.0 |
| 氮 | 50～250 | 12.5 | 14.0 |
| 氮 | 250～1500 | 15.8 | 15.3 |
| 氮 | 1500～3000 | 12.5 | 16.5 |
| 一氧化二氮 | 200～500 | 8.4 | 15.0 |
| 一氧化二氮 | 500～1000 | 11.5 | 15.5 |
| 氧 | 50～300 | 12.2 | 13.8 |
| 氧 | 300～1500 | 14.5 | 14.8 |
| 戊烷 | 250～500 | 5.0 | 14.1 |
| 丙烷 | 200～300 | 2.7 | 12.0 |
| 丙烷 | 300～500 | 6.3 | 13.7 |
| 二氧化硫 | 250～900 | 9.2 | 18.5 |
| 甲苯 | 250～600 | 6.4 | 14.8 |
| 氙 | 600～800 | 18.7 | 13.8 |

# 8. 比热容

## 8-1 液体比热容共线图

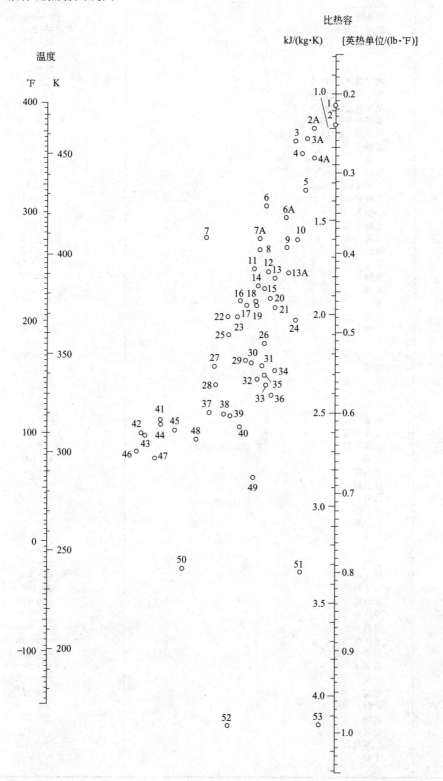

## 液体比热容共线图的编号

| 号　数 | 液　　体 | | 范围温度/℃ |
|---|---|---|---|
| 49 | CaCl₂ 盐水 | 25% | $-40\sim20$ |
| 51 | NaCl 盐水 | 25% | $-40\sim20$ |
| 16 | 联苯醚 | | $0\sim200$ |
| 16 | 联苯-联苯醚 | | $0\sim200$ |
| 42 | 乙醇 | 100% | $30\sim80$ |
| 46 | | 95% | $20\sim80$ |
| 50 | | 50% | $20\sim80$ |
| 2A | 氟里昂-11($CCl_3F$) | | $-20\sim70$ |
| 6 | 氟里昂-12($CCl_2F_2$) | | $-40\sim15$ |
| 4A | 氟里昂-21($CHCl_2F$) | | $-20\sim70$ |
| 7A | 氟里昂-22($CHClF_2$) | | $-20\sim60$ |
| 3A | 氟里昂-113($CCl_2F\text{-}CClF_2$) | | $-20\sim70$ |
| 48 | 盐酸 | 30% | $20\sim100$ |
| 9 | 硫酸 | 98% | $10\sim45$ |
| 29 | 醋酸 | 100% | $0\sim80$ |
| 19 | 二甲苯(邻位) | | $0\sim100$ |
| 18 | 二甲苯(间位) | | $0\sim100$ |
| 17 | 二甲苯(对位) | | $0\sim100$ |
| 26 | 乙酸戊酯 | | $0\sim100$ |
| 2 | 二硫化碳 | | $-100\sim25$ |
| 3 | 四氯化碳 | | $10\sim60$ |
| 52 | 氨 | | $-70\sim50$ |
| 37 | 戊醇 | | $-50\sim25$ |
| 30 | 苯胺 | | $0\sim130$ |
| 23 | 苯 | | $10\sim80$ |
| 23 | 甲苯 | | $0\sim60$ |
| 27 | 苯甲醇 | | $-20\sim30$ |
| 8 | 氯苯 | | $0\sim100$ |
| 4 | 三氯甲烷 | | $0\sim50$ |
| 21 | 癸烷 | | $-80\sim25$ |
| 10 | 苯甲基氯 | | $-20\sim30$ |
| 6A | 二氯乙烷 | | $-30\sim60$ |
| 5 | 二氯甲烷 | | $-30\sim50$ |
| 15 | 联苯 | | $80\sim120$ |
| 22 | 二苯甲烷 | | $30\sim100$ |
| 24 | 乙酸乙酯 | | $-50\sim25$ |
| 25 | 乙苯 | | $0\sim100$ |
| 1 | 溴乙烷 | | $5\sim25$ |
| 13 | 氯乙烷 | | $-30\sim40$ |
| 36 | 乙醚 | | $-100\sim25$ |
| 7 | 碘乙烷 | | $0\sim100$ |
| 39 | 乙二醇 | | $-40\sim200$ |
| 38 | 甘油 | | $-40\sim20$ |
| 28 | 庚烷 | | $0\sim60$ |
| 35 | 己烷 | | $-80\sim20$ |
| 41 | 异戊醇 | | $10\sim100$ |
| 43 | 异丁醇 | | $0\sim100$ |
| 47 | 异丙醇 | | $-20\sim50$ |
| 31 | 异丙醚 | | $-80\sim20$ |
| 40 | 甲醇 | | $-40\sim20$ |
| 13A | 氯甲烷 | | $-80\sim20$ |
| 14 | 萘 | | $90\sim200$ |
| 12 | 硝基苯 | | $0\sim100$ |
| 34 | 壬烷 | | $-50\sim25$ |
| 33 | 辛烷 | | $-50\sim25$ |
| 45 | 丙醇 | | $-20\sim100$ |
| 32 | 丙酮 | | $20\sim50$ |
| 20 | 吡啶 | | $-50\sim25$ |
| 11 | 二氧化硫 | | $-20\sim100$ |
| 44 | 丁醇 | | $0\sim100$ |
| 53 | 水 | | $10\sim200$ |

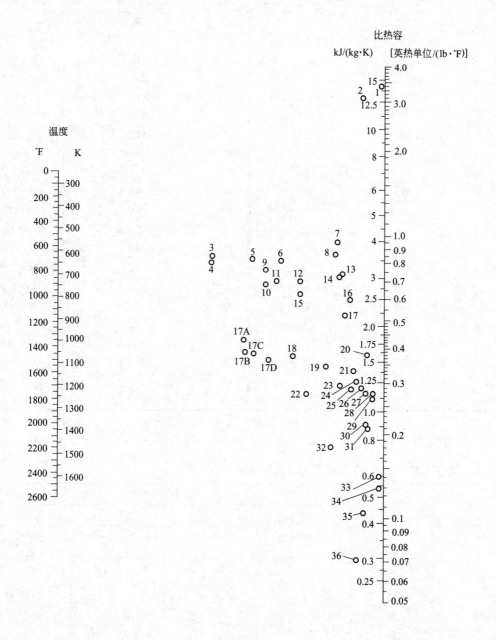

气体比热容共线图的编号

| 号数 | 气体 | 温度范围/K | 号数 | 气体 | 温度范围/K |
|---|---|---|---|---|---|
| 10 | 乙炔 | 273~473 | 1 | 氢 | 273~873 |
| 15 | 乙炔 | 473~673 | 2 | 氢 | 873~1673 |
| 16 | 乙炔 | 673~1673 | 35 | 溴化氢 | 273~1673 |
| 27 | 空气 | 273~1673 | 30 | 氯化氢 | 273~1673 |
| 12 | 氨 | 273~873 | 20 | 氟化氢 | 273~1673 |
| 14 | 氨 | 873~1673 | 36 | 碘化氢 | 273~1673 |
| 18 | 二氧化碳 | 273~673 | 19 | 硫化氢 | 273~973 |
| 24 | 二氧化碳 | 673~1673 | 21 | 硫化氢 | 973~1673 |
| 26 | 一氧化碳 | 273~1673 | 5 | 甲烷 | 273~573 |
| 32 | 氯 | 273~473 | 6 | 甲烷 | 573~973 |
| 34 | 氯 | 473~1673 | 7 | 甲烷 | 973~1673 |
| 3 | 乙烷 | 273~473 | 25 | 一氧化碳 | 273~973 |
| 9 | 乙烷 | 473~873 | 28 | 一氧化氮 | 973~1673 |
| 8 | 乙烷 | 873~1673 | 26 | 氮 | 273~1673 |
| 4 | 乙烯 | 273~473 | 23 | 氧 | 273~773 |
| 11 | 乙烯 | 473~873 | 29 | 氧 | 773~1673 |
| 13 | 乙烯 | 873~1673 | 33 | 硫 | 573~1673 |
| 17B | 氟里昂-11($CCl_3F$) | 273~423 | 22 | 二氧化硫 | 273~673 |
| 17C | 氟里昂-21($CHCl_2F$) | 273~423 | 31 | 二氧化硫 | 673~1673 |
| 17A | 氟里昂-22($CHClF_2$) | 278~423 | 17 | 水 | 273~1673 |
| 17D | 氟里昂-113($CCl_2F-CClF_2$) | 273~423 | | | |

# 9. 表面张力

## 9-1 某些无机水溶液的表面张力（mN/m）

| 溶质 | 温度/℃ | 质量分数 | | | |
|---|---|---|---|---|---|
| | | 5% | 10% | 20% | 50% |
| $H_2SO_4$ | 18 | — | 74.1 | 75.2 | 77.3 |
| $HNO_3$ | 20 | — | 72.7 | 71.1 | 65.4 |
| NaOH | 20 | 74.6 | 77.3 | 85.8 | — |
| NaCl | 18 | 74.0 | 75.5 | — | — |
| $Na_2SO_4$ | 18 | 73.8 | 75.2 | — | — |
| $NaNO_3$ | 30 | 72.1 | 72.8 | 74.4 | 79.8 |
| KCl | 18 | 73.6 | 74.8 | 77.3 | — |
| $KNO_3$ | 18 | 73.0 | 73.6 | 75.0 | — |
| $K_2CO_3$ | 10 | 75.8 | 77.0 | 79.2 | 106.4 |
| $NH_4OH$ | 18 | 66.5 | 63.5 | 59.3 | |
| $NH_4Cl$ | 18 | 73.3 | 74.5 | | |
| $NH_4NO_3$ | 100 | 59.2 | 60.1 | 61.6 | 67.5 |
| $MgCl_2$ | 18 | 73.8 | — | | |
| $CaCl_2$ | 18 | 73.7 | — | | |

## 9-2　某些有机液体的表面张力共线图

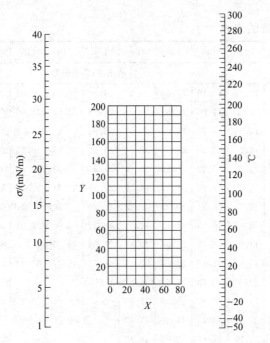

## 液体表面张力共线图坐标值

| 序号 | 名　称 | X | Y | 序号 | 名　称 | X | Y | 序号 | 名　称 | X | Y |
|---|---|---|---|---|---|---|---|---|---|---|---|
| 1 | 环氧乙烷 | 42 | 83 | 35 | 六氢吡啶 | 24.7 | 120 | 69 | 乙胺 | 11.2 | 83 |
| 2 | 1,3,5-三甲苯 | 17 | 119.8 | 36 | 乙硫醇 | 35 | 81 | 70 | 乙醇 | 10 | 97 |
| 3 | 对异丙基甲苯 | 12.8 | 121.2 | 37 | 乙醛肟 | 23.5 | 127 | 71 | 乙醚 | 27.5 | 64 |
| 4 | 苯甲酸乙酯 | 14.8 | 151 | 38 | 乙酰胺 | 17 | 192.5 | 72 | 乙醛 | 33 | 78 |
| 5 | 草酸乙二酯 | 20.5 | 130.8 | 39 | 间甲酚 | 13 | 161.2 | 73 | 甲醇 | 17 | 93 |
| 6 | 硫酸二乙酯 | 19.5 | 139.5 | 40 | 对甲酚 | 11.5 | 160.5 | 74 | 丙胺 | 25.5 | 87.2 |
| 7 | 硫酸二甲酯 | 23.5 | 158 | 41 | 邻甲酚 | 20 | 161 | 75 | 丙酮 | 28 | 91 |
| 8 | 醋酸异丁酯 | 16 | 97.2 | 42 | 三乙胺 | 20.1 | 83.9 | 76 | 丁酮 | 23.6 | 97 |
| 9 | 醋酸异戊酯 | 16.4 | 130.1 | 43 | 三甲胺 | 21 | 57.6 | 77 | 丁醇 | 9.6 | 107.5 |
| 10 | 苯二乙胺 | 17 | 142.6 | 44 | 二甲胺 | 16 | 66 | 78 | 丁酸 | 14.5 | 115 |
| 11 | 乙酰醋酸乙酯 | 21 | 132 | 45 | 异丙醇 | 12 | 111.5 | 79 | 氯仿 | 32 | 101.3 |
| 12 | 二乙醇缩乙醛 | 19 | 88 | 46 | 异丁醇 | 5 | 103 | 80 | 丙醇 | 8.2 | 105.2 |
| 13 | 间二甲苯 | 20.5 | 118 | 47 | 异丁醇 | 14.8 | 107.4 | 81 | 丙醚 | 17 | 112 |
| 14 | 对二甲苯 | 19 | 117 | 48 | 异戊醇 | 6 | 106.8 | 82 | 氯苯 | 23.5 | 132.5 |
| 15 | 苯基甲胺 | 25 | 156 | 49 | 环己烷 | 42 | 86.7 | 83 | 萘 | 22.5 | 165 |
| 16 | 苯并吡啶 | 19.5 | 183 | 50 | 苯乙酮 | 18 | 163 | 84 | 苯胺 | 22.9 | 171.8 |
| 17 | 1,2-二氯乙烷 | 32 | 122 | 51 | 苯乙醚 | 20 | 134.2 | 85 | 苯酚 | 20 | 168 |
| 18 | 二硫化碳 | 35.8 | 117.2 | 52 | 苯甲醚 | 24.4 | 138.9 | 86 | 氨 | 56.2 | 63.5 |
| 19 | 甲酸甲酯 | 38.5 | 88 | 53 | 醋酸甲酯 | 34 | 90 | 87 | 苯 | 30 | 110 |
| 20 | 甲酸乙酯 | 30.5 | 88.8 | 54 | 醋酸乙酯 | 27.5 | 92.4 | 88 | 氯 | 45.5 | 59.2 |
| 21 | 甲酸丙酯 | 24 | 97 | 55 | 醋酸丙酯 | 23 | 97 | 89 | 己烷 | 22.7 | 72.2 |
| 22 | 丙酸乙酯 | 22.6 | 97 | 56 | 氧化亚氮 | 62.5 | 0.5 | 90 | 甲苯 | 24 | 113 |
| 23 | 丙酸甲酯 | 29 | 95 | 57 | 二甲醚 | 44 | 37 | 91 | 甲胺 | 42 | 58 |
| 24 | 丁酸乙酯 | 17.5 | 102 | 58 | 对氯甲苯 | 18.7 | 134 | 92 | 辛烷 | 17.7 | 90 |
| 25 | 异丁酸乙酯 | 20.9 | 93.7 | 59 | 氯甲烷 | 45.8 | 53.2 | 93 | 吡啶 | 34 | 138.2 |
| 26 | 丁酸甲酯 | 25 | 88 | 60 | 对氯溴苯 | 14 | 162 | 94 | 丙腈 | 23 | 108.6 |
| 27 | 异丁酸甲酯 | 24 | 93.8 | 61 | 氰化氢 | 30.6 | 66 | 95 | 丁腈 | 20.3 | 113 |
| 28 | 二乙基酮 | 20 | 101 | 62 | 硝基乙烷 | 25.4 | 126.1 | 96 | 乙腈 | 33.5 | 111 |
| 29 | 四氯化碳 | 26 | 104.5 | 63 | 硝基甲烷 | 30 | 139 | 97 | 苯腈 | 19.5 | 159 |
| 30 | 亚硝酰氯 | 38.5 | 93 | 64 | 溴乙烷 | 31.6 | 90.2 | 98 | 溴苯 | 23.5 | 145.5 |
| 31 | 三苯甲烷 | 12.5 | 182.7 | 65 | 碘乙烷 | 28 | 113.2 | 99 | 醋酸 | 17.1 | 116.5 |
| 32 | 三氯乙醛 | 30 | 113 | 66 | 茴香脑 | 13 | 158.1 | 100 | 噻吩 | 35 | 121 |
| 33 | 三聚乙醛 | 22.3 | 103.8 | 67 | 醋酸酐 | 25 | 129 | | | | |
| 34 | 苯二甲胺 | 20 | 149 | 68 | 乙苯 | 22 | 118 | | | | |

## 10. 沸点

### 10-1 无机物水溶液的沸点

| 溶液 \ 温度/℃ | 101 | 102 | 103 | 104 | 105 | 107 | 110 | 115 | 120 | 125 | 140 | 160 |
|---|---|---|---|---|---|---|---|---|---|---|---|---|
| | 溶液浓度(质量分数)/% | | | | | | | | | | | |
| $CaCl_2$ | 5.66 | 10.31 | 14.16 | 17.36 | 20.00 | 24.24 | 29.33 | 35.68 | 40.83 | 54.80 | 57.89 | 68.94 |
| KOH | 4.49 | 8.51 | 11.96 | 14.82 | 17.01 | 20.88 | 25.65 | 31.97 | 36.51 | 40.23 | 48.05 | 54.89 |
| KCl | 8.42 | 14.31 | 18.96 | 23.02 | 26.57 | 32.62 | 36.47 | (近于 108.5℃) | | | | |
| $K_2CO_3$ | 10.31 | 18.37 | 24.20 | 28.57 | 32.24 | 37.69 | 43.67 | 50.86 | 56.04 | 60.40 | 66.94 | |
| $KNO_3$ | 13.19 | 23.66 | 32.23 | 39.20 | 45.10 | 54.65 | 65.34 | 79.53 | | | | |
| $MgCl_2$ | 4.67 | 8.42 | 11.66 | 14.31 | 16.59 | 20.23 | 24.41 | 29.48 | 33.07 | 36.02 | 38.61 | |
| $MgSO_4$ | 14.31 | 22.78 | 28.31 | 32.23 | 35.32 | 42.86 | (近于 108℃) | | | | | |
| NaOH | 4.12 | 7.40 | 10.15 | 12.51 | 14.53 | 18.32 | 23.08 | 26.21 | 33.77 | 37.58 | 48.32 | 60.13 |
| NaCl | 6.19 | 11.03 | 14.67 | 17.69 | 20.32 | 25.09 | 28.92 | (近于 108℃) | | | | |
| $NaNO_3$ | 8.26 | 15.61 | 21.87 | 27.58 | 32.45 | 40.77 | 49.87 | 60.94 | 68.94 | | | |
| $Na_2SO_4$ | 15.26 | 24.81 | 30.73 | 31.83 | (近于 103.2℃) | | | | | | | |
| $Na_2CO_3$ | 9.42 | 17.22 | 23.72 | 29.18 | 33.66 | | | | | | | |
| $CuSO_4$ | 26.94 | 39.98 | 40.83 | 44.47 | 45.12 | (近于 104.2℃) | | | | | | |
| $ZnSO_4$ | 20.00 | 31.22 | 37.89 | 42.92 | 46.15 | | | | | | | |
| $NH_4NO_3$ | 9.09 | 16.66 | 23.08 | 29.08 | 34.21 | 42.52 | 51.92 | 63.24 | 71.26 | 77.11 | 87.09 | 93.20 |
| $NH_4Cl$ | 6.10 | 11.35 | 15.96 | 19.80 | 22.89 | 28.37 | 35.98 | 46.94 | | | | |
| $(NH_4)_2SO_4$ | 13.34 | 23.41 | 30.65 | 36.71 | 41.79 | 49.73 | 49.77 | 53.55 | (近于 108.2℃) | | | |

注：括号内的指饱和溶液的沸点。

### 10-2 常压下溶液的沸点升高与浓度关系

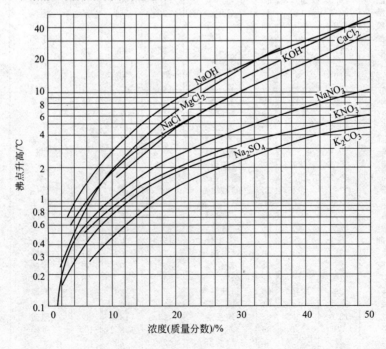

## 11. 液体汽化热共线图

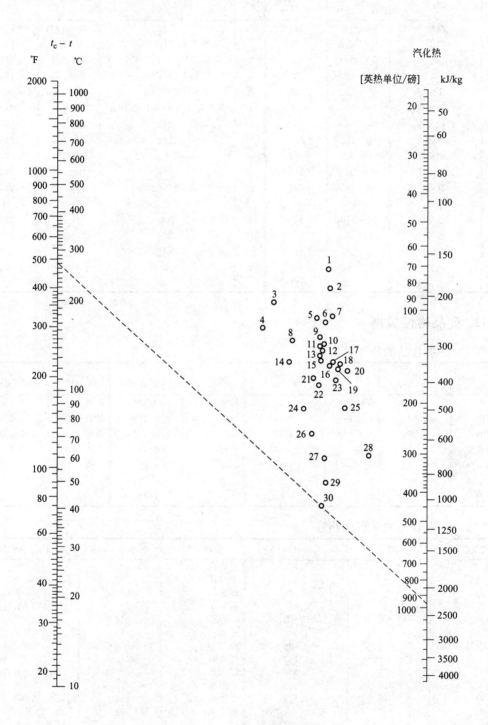

汽化热共线图的编号

| 编号 | 化合物 | 范围 $(t_c-t)$/℃ | 临界温度 $t_c$/℃ | 编号 | 化合物 | 范围 $(t_c-t)$/℃ | 临界温度 $t_c$/℃ |
|---|---|---|---|---|---|---|---|
| 18 | 醋酸 | 100～225 | 321 | 13 | 乙醚 | 10～400 | 194 |
| 22 | 丙酮 | 120～210 | 235 | 2 | 氟里昂-11($CCl_3F$) | 70～250 | 198 |
| 29 | 氨 | 50～200 | 133 | 2 | 氟里昂-12($CCl_2F_2$) | 40～200 | 111 |
| 13 | 苯 | 10～400 | 289 | 5 | 氟里昂-21($CHCl_2F$) | 70～250 | 178 |
| 16 | 丁烷 | 90～200 | 153 | 6 | 氟里昂-22($CHClF_2$) | 50～170 | 96 |
| 21 | 二氧化碳 | 10～100 | 31 | 1 | 氟里昂-113($CCl_2F\text{-}CClF_2$) | 90～250 | 214 |
| 4 | 二硫化碳 | 140～275 | 273 | 10 | 庚烷 | 20～300 | 267 |
| 2 | 四氯化碳 | 30～250 | 283 | 11 | 己烷 | 50～225 | 235 |
| 7 | 三氯甲烷 | 140～275 | 263 | 15 | 异丁烷 | 80～200 | 134 |
| 8 | 二氯甲烷 | 150～250 | 216 | 27 | 甲醇 | 40～250 | 240 |
| 3 | 联苯 | 175～400 | 527 | 20 | 氯甲烷 | 70～250 | 143 |
| 25 | 乙烷 | 25～150 | 32 | 19 | 一氧化二氮 | 25～150 | 36 |
| 26 | 乙醇 | 20～140 | 243 | 9 | 辛烷 | 30～300 | 296 |
| 28 | 乙醇 | 140～300 | 243 | 12 | 戊烷 | 20～200 | 197 |
| 17 | 氯乙烷 | 100～250 | 187 | 23 | 丙烷 | 40～200 | 96 |
| 24 | 丙醇 | 20～200 | 264 | 30 | 水 | 100～500 | 374 |
| 14 | 二氧化硫 | 90～160 | 157 | | | | |

## 12. 食品物性数据

### 12-1 一些食品的热导率

| 食品 | $\lambda$/[W/(m·K)] | 食品 | $\lambda$/[W/(m·K)] | 食品 | $\lambda$/[W/(m·K)] | 食品 | $\lambda$/[W/(m·K)] |
|---|---|---|---|---|---|---|---|
| 苹果汁 | 0.599 | 梨汁 | 0.550 | 蜂蜜 | 0.502 | 鲜鱼 | 0.431 |
| 苹果酱 | 0.692 | 花生油 | 0.168 | 黄油 | 0.197 | 猪肉 | 1.298 |
| 胡萝卜 | 1.263 | 草莓 | 1.125 | 炼乳 | 0.536 | 香肠 | 0.410 |
| 人造黄油 | 0.233 | 葡萄 | 0.398 | 奶粉 | 0.419 | 火鸡 | 1.088 |
| 浓缩牛奶 | 0.505 | 橘子 | 1.296 | 蛋类 | 0.291 | 牛肉 | 0.556 |
| 脱脂牛奶 | 0.538 | 南瓜 | 0.502 | 小麦 | 0.163 | | |
| 小牛肉 | 0.891 | 燕麦 | 0.064 | 土豆 | 1.090 | | |

### 12-2 一些食品的定压比热容

| 食品名称 | 含水量 $w$/% | $c_{pi}$/[kJ/(kg·K)] | 食品名称 | 含水量 $w$/% | $c_{pi}$/[kJ/(kg·K)] |
|---|---|---|---|---|---|
| 肉汤 | — | 3.098 | 鲜蘑菇 | 90 | 3.936 |
| 豌豆汤 | | 4.103 | 干蘑菇 | 30 | 2.345 |
| 土豆汤 | 88 | 3.956 | 洋葱 | 80～90 | 3.601～3.984 |
| 油炸鱼 | 60 | 3.015 | 荷兰芹 | 65～95 | 3.182～3.894 |
| 植物油 | | 1.465～1.884 | 干豌豆 | 14 | 1.842 |
| 可可 | — | 1.842 | 土豆 | 75 | 3.517 |
| 脱脂牛奶 | 91 | 3.999 | 菠菜 | 85～90 | 3.852 |
| 面包 | 44～45 | 2.784 | 鲜浆果 | 84～90 | 3.726～4.103 |
| 炼乳 | 60～70 | 3.266 | 鲜水果 | 75～92 | 3.350～3.768 |
| 面粉 | 12～13.5 | 1.842 | 干水果 | 30 | 2.094 |
| 通心粉 | 12～13.5 | 1.842 | 肥牛肉 | 51 | 2.889 |
| 麦片粥 | — | 3.224～3.768 | 瘦牛肉 | 72 | 3.433 |
| 大米 | 10.5～13.5 | 1.800 | 鹅 | 52 | 2.931 |
| 蛋白 | 87 | 3.852 | 肾 | — | 3.601 |
| 蛋黄 | 48 | 2.805 | 羊肉 | 90 | 3.894 |
| 洋蓟 | 90 | 3.894 | 鲜腊肠 | 72 | 3.433 |
| 大葱 | 92 | 3.978 | 小牛排 | 72 | 3.433 |
| 小扁豆 | 12 | 1.842 | 鹿肉 | 70 | 3.391 |

## 12-3　各种食品的冰点

| 名　称 | 含水量 $w$/% | 冰点 $t_i$/℃ | 名　称 | 含水量 $w$/% | 冰点 $t_i$/℃ | 名　称 | 含水量 $w$/% | 冰点 $t_i$/℃ |
|---|---|---|---|---|---|---|---|---|
| 牛肉 | 72 | $-2.7\sim-1.7$ | 桃子 | 86.9 | $-1.5$ | 芹菜 | 94 | $-1.2$ |
| 猪肉 | $35\sim72$ | $-2.7\sim-1.7$ | 梨 | 83 | $-2$ | 黄瓜 | 96.4 | $-0.8$ |
| 羊肉 | $60\sim70$ | $-1.7$ | 菠萝 | 85.3 | $-1.2$ | 韭菜 | 88.2 | $-1.4$ |
| 家禽 | 74 | $-1.7$ | 李子 | 86 | $-2.2$ | 洋葱 | 87.5 | $-1$ |
| 鲜鱼 | 73 | $-2\sim-1$ | 杨梅 | 90 | $-1.3$ | 土豆 | 77.8 | $-1.8$ |
| 对虾 | 76 | $-2.0$ | 西瓜 | 92.1 | $-1.6$ | 南瓜 | 90.5 | $-1$ |
| 牛奶 | 87 | $-2.8$ | 甜瓜 | 92.7 | $-1.7$ | 萝卜 | 93.6 | $-2.2$ |
| 胡萝卜 | 83 | $-1.7$ | 椰子 | 83 | $-2.8$ | 菠菜 | 93.7 | $-0.9$ |
| 青豌豆 | 74 | $-1.1$ | 柠檬 | 89 | $-2.1$ | 番茄 | 94 | $-0.9$ |
| 卷心菜 | 91 | $-0.5$ | 橘子 | 90 | $-2.2$ | 芦笋 | 93 | $-2.2$ |
| 龙须菜 | 94 | $-2$ | 苹果 | 85 | $-2$ | 樱桃 | 82 | $-4.5$ |
| 青刀豆 | 88.9 | $-1.3$ | 杏子 | 85.4 | $-2$ | 蘑菇 | 91.1 | $-1.8$ |
| 茄子 | 92.7 | $-1.6\sim-0.9$ | 甜菜 | 72 | $-2$ | 香蕉 | 75 | $-1.7$ |
| 青椒 | 92.4 | $-1.9\sim-1.1$ | 柑橘 | 86 | $-2.2$ | 蛋 | 70 | $-2.2$ |
| 甜玉米 | 73.9 | $-1.7\sim-1.1$ | 葡萄 | 82 | $-4$ | | | |
| 草莓 | 90.0 | $-1.17$ | 兔肉 | 60 | $-1.7$ | | | |

## 12-4　冷冻盐水的物性
### （1）氯化钙溶液

| 浓度 $w$/% | 相对密度 | 冻结温度 $t_i$/℃ | $c_p$(0℃) /[kJ /(kg·K)] | 黏度 $\mu$/mPa·s | | | | |
|---|---|---|---|---|---|---|---|---|
| | | | | $-30℃$ | $-20℃$ | $-10℃$ | 0℃ | 20℃ |
| 0.1 | 1.00 | 0.0 | 4.199 | — | — | — | 1.77 | 1.03 |
| 20.9 | 1.19 | $-19.2$ | 3.043 | — | — | — | 3.28 | 2.00 |
| 21.9 | 1.20 | $-21.2$ | 3.001 | — | 8.61 | — | 3.44 | 2.11 |
| 22.8 | 2.21 | $-23.2$ | 2.964 | — | 9.02 | — | 3.62 | 2.23 |
| 23.8 | 1.22 | $-25.7$ | 2.930 | — | 9.48 | — | 3.82 | 2.35 |
| 24.7 | 1.23 | $-28.3$ | 2.897 | — | 10.00 | — | 4.02 | 2.48 |
| 25.7 | 1.24 | $-31.2$ | 2.867 | 14.81 | 10.57 | — | 4.26 | 2.63 |
| 26.6 | 1.25 | $-34.6$ | 2.838 | 15.89 | 11.17 | — | 4.52 | 2.78 |
| 27.5 | 1.26 | $-38.6$ | 2.809 | 17.17 | 11.85 | — | 4.81 | 2.93 |
| 28.4 | 1.27 | $-43.6$ | 2.780 | 19.03 | 12.69 | — | 5.12 | 3.14 |
| 29.4 | 1.28 | $-50.1$ | 2.754 | 21.29 | 13.79 | — | 5.49 | 3.40 |
| 29.9 | 1.286 | $-55.0$ | 2.738 | 22.56 | 14.39 | — | 5.69 | 3.52 |

### （2）氯化钠溶液

| 浓度 $w$/% | 相对密度 | 冻结温度 $t_i$/℃ | $c_p$(0℃) /[kJ /(kg·K)] | 黏度 $\mu$/mPa·s | | | | |
|---|---|---|---|---|---|---|---|---|
| | | | | $-30℃$ | $-20℃$ | $-10℃$ | 0℃ | 20℃ |
| 0.1 | 1.00 | 0.0 | 4.190 | — | — | — | 1.77 | 1.03 |
| 13.6 | 1.10 | $-9.8$ | 3.587 | — | — | — | 2.15 | 1.23 |
| 14.9 | 1.11 | $-11.0$ | 3.550 | — | — | 3.35 | 2.24 | 1.27 |
| 16.2 | 1.12 | $-12.2$ | 3.512 | — | — | 3.49 | 2.32 | 1.31 |
| 17.5 | 1.13 | $-13.6$ | 3.474 | — | — | 3.68 | 2.43 | 1.37 |
| 18.8 | 1.14 | $-15.1$ | 3.441 | — | — | 3.87 | 2.56 | 1.43 |
| 20.0 | 1.15 | $-16.6$ | 3.407 | — | — | 4.08 | 2.69 | 1.49 |
| 21.2 | 1.16 | $-18.2$ | 3.374 | — | — | 4.31 | 2.83 | 1.55 |
| 22.4 | 1.17 | $-20.0$ | 3.340 | — | 6.87 | 4.51 | 2.96 | 1.62 |
| 23.1 | 1.175 | $-21.2$ | 3.324 | — | 7.04 | 4.71 | 3.04 | 1.67 |

## 12-5 某些食品的堆密度

| 物　料 | 堆密度$\rho_b$/(kg/m³) | 物　料 | 堆密度$\rho_b$/(kg/m³) | 物　料 | 堆密度$\rho_b$/(kg/m³) |
|---|---|---|---|---|---|
| 辣椒 | 200～300 | 桃子 | 590～690 | 花生粒 | 500～630 |
| 茄子 | 330～430 | 蘑菇 | 450～500 | 大豆 | 700～770 |
| 番茄 | 580～630 | 刀豆 | 640～650 | 蚕豆 | 670～800 |
| 洋葱 | 490～520 | 豌豆 | 700～770 | 土豆 | 650～750 |
| 胡萝卜 | 560～590 | 玉米 | 680～770 | 地瓜 | 640 |
| 甜菜 | 600～770 | 面粉 | 700 | | |

# 13. 壁面污垢热阻（污垢系数）（m²·℃/W）

## （1）冷却水

| 加热流体的温度/℃ | 115 以下 | | 115～205 | |
|---|---|---|---|---|
| 水的温度/℃ | 25 以下 | | 25 以上 | |
| 水的流速/(m/s) | 1 以下 | 1 以上 | 1 以下 | 1 以上 |
| 海水 | $0.8598×10^{-4}$ | $0.8598×10^{-4}$ | $1.7197×10^{-4}$ | $1.7197×10^{-4}$ |
| 自来水、井水、湖水、软化锅炉水 | $1.7197×10^{-4}$ | $1.7197×10^{-4}$ | $3.4394×10^{-4}$ | $3.4394×10^{-4}$ |
| 蒸馏水 | $0.8598×10^{-4}$ | $0.8598×10^{-4}$ | $0.8598×10^{-4}$ | $0.8598×10^{-4}$ |
| 硬水 | $5.1590×10^{-4}$ | $5.1590×10^{-4}$ | $8.598×10^{-4}$ | $8.598×10^{-4}$ |
| 河水 | $5.1590×10^{-4}$ | $3.4394×10^{-4}$ | $6.8788×10^{-4}$ | $5.1590×10^{-4}$ |

## （2）工业用液体

| 液体名称 | 热　阻 | 液体名称 | 热　阻 |
|---|---|---|---|
| 有机化合物 | $1.7197×10^{-4}$ | 熔盐 | $0.8598×10^{-4}$ |
| 盐水 | $1.7197×10^{-4}$ | 植物油 | $5.1590×10^{-4}$ |

## （3）工业用气体

| 气体名称 | 热　阻 | 气体名称 | 热　阻 |
|---|---|---|---|
| 有机化合物 | $0.8598×10^{-4}$ | 溶剂蒸气 | $1.7197×10^{-4}$ |
| 水蒸气 | $0.8598×10^{-4}$ | 天然气 | $1.7197×10^{-4}$ |
| 空气 | $3.4394×10^{-4}$ | 焦炉气 | $1.7197×10^{-4}$ |

# 14. 泵与风机

## 14-1　IS 型单级单吸离心泵（摘录）

| 型　号 | 转速 $n$/(r/min) | 流量 | | 扬程 $H$/m | 效率$\eta$/% | 功率/kW | | 必需气蚀余量$(NPSH)_r$/m | 质量(泵/底座)/kg |
|---|---|---|---|---|---|---|---|---|---|
| | | m³/h | L/s | | | 轴功率 | 电机功率 | | |
| IS50-32-125 | 2900 | 7.5<br>12.5<br>15 | 2.08<br>3.47<br>4.17 | 22<br>20<br>18.5 | 47<br>60<br>60 | 0.96<br>1.13<br>1.26 | 2.2 | 2.0<br>2.0<br>2.5 | 32/46 |
| IS50-32-160 | 2900 | 7.5<br>12.5<br>15 | 2.08<br>3.47<br>4.17 | 34.3<br>32<br>29.6 | 44<br>54<br>56 | 1.59<br>2.02<br>2.16 | 3 | 2.0<br>2.0<br>2.5 | 50/46 |
| IS50-32-200 | 2900 | 7.5<br>12.5<br>15 | 2.08<br>3.47<br>4.17 | 52.5<br>50<br>48 | 38<br>48<br>51 | 2.82<br>3.54<br>3.95 | 5.5 | 2.0<br>2.0<br>2.5 | 52/66 |
| IS50-32-250 | 2900 | 7.5<br>12.5<br>15 | 2.08<br>3.47<br>4.17 | 82<br>80<br>78.5 | 23.5<br>38<br>41 | 5.87<br>7.16<br>7.83 | 11 | 2.0<br>2.0<br>2.5 | 88/110 |

| 型　号 | 转速 $n$ /(r/min) | 流量 | | 扬程 $H$/m | 效率 $\eta$/% | 功率/kW | | 必需气蚀余量 $(NPSH)_r$ /m | 质量(泵/底座)/kg |
|---|---|---|---|---|---|---|---|---|---|
| | | m³/h | L/s | | | 轴功率 | 电机功率 | | |
| IS65-50-125 | 2900 | 15 | 4.17 | 21.8 | 58 | 1.54 | | 2.0 | 50/41 |
| | | 25 | 6.94 | 20 | 69 | 1.97 | 3 | 2.5 | |
| | | 30 | 8.33 | 18.5 | 68 | 2.22 | | 3.0 | |
| IS65-50-160 | 2900 | 15 | 4.17 | 35 | 54 | 2.65 | | 2.0 | 51/66 |
| | | 25 | 6.94 | 32 | 65 | 3.35 | 5.5 | 2.0 | |
| | | 30 | 8.33 | 30 | 66 | 3.71 | | 2.5 | |
| IS65-40-200 | 2900 | 15 | 4.17 | 53 | 49 | 4.42 | | 2.0 | 62/66 |
| | | 25 | 6.94 | 50 | 60 | 5.67 | 7.5 | 2.0 | |
| | | 30 | 8.33 | 47 | 61 | 6.29 | | 2.5 | |
| IS65-40-250 | 2900 | 15 | 4.17 | 82 | 37 | 9.05 | | 2.0 | 82/110 |
| | | 25 | 6.94 | 80 | 50 | 10.89 | 15 | 2.0 | |
| | | 30 | 8.33 | 78 | 53 | 12.02 | | 2.5 | |
| IS65-40-315 | 2900 | 15 | 4.17 | 127 | 28 | 18.5 | | 2.5 | 152/110 |
| | | 25 | 6.94 | 125 | 40 | 21.3 | 30 | 2.5 | |
| | | 30 | 8.33 | 123 | 44 | 22.8 | | 3.0 | |
| IS80-65-125 | 2900 | 30 | 8.33 | 22.5 | 64 | 2.87 | | 3.0 | 44/46 |
| | | 50 | 13.9 | 20 | 75 | 3.63 | 5.5 | 3.0 | |
| | | 60 | 16.7 | 18 | 74 | 3.98 | | 3.5 | |
| IS80-65-160 | 2900 | 30 | 8.33 | 36 | 61 | 4.82 | | 2.5 | 48/66 |
| | | 50 | 13.9 | 32 | 73 | 5.97 | 7.5 | 2.5 | |
| | | 60 | 16.7 | 29 | 72 | 6.59 | | 3.0 | |
| IS80-50-200 | 2900 | 30 | 8.33 | 53 | 55 | 7.87 | | 2.5 | 64/124 |
| | | 50 | 13.9 | 50 | 69 | 9.87 | 15 | 2.5 | |
| | | 60 | 16.7 | 47 | 71 | 10.8 | | 3.0 | |
| IS80-50-250 | 2900 | 30 | 8.33 | 84 | 52 | 13.2 | | 2.5 | 90/110 |
| | | 50 | 13.9 | 80 | 63 | 17.3 | 22 | 2.5 | |
| | | 60 | 16.7 | 75 | 64 | 19.2 | | 3.0 | |
| IS80-50-315 | 2900 | 30 | 8.33 | 128 | 41 | 25.5 | | 2.5 | 125/160 |
| | | 50 | 13.9 | 125 | 54 | 31.5 | 37 | 2.5 | |
| | | 60 | 16.7 | 123 | 57 | 35.3 | | 3.0 | |
| IS100-80-125 | 2900 | 60 | 16.7 | 24 | 67 | 5.86 | | 4.0 | 49/64 |
| | | 100 | 27.8 | 20 | 78 | 7.00 | 11 | 4.5 | |
| | | 120 | 33.3 | 16.5 | 74 | 7.28 | | 5.0 | |
| IS100-80-160 | 2900 | 60 | 16.7 | 36 | 70 | 8.42 | | 3.5 | 69/110 |
| | | 100 | 27.8 | 32 | 78 | 11.2 | 15 | 4.0 | |
| | | 120 | 33.3 | 28 | 75 | 12.2 | | 5.0 | |
| IS100-65-200 | 2900 | 60 | 16.7 | 54 | 65 | 13.6 | | 3.0 | 81/110 |
| | | 100 | 27.8 | 50 | 76 | 17.9 | 22 | 3.6 | |
| | | 120 | 33.3 | 47 | 77 | 19.9 | | 4.8 | |
| IS100-65-250 | 2900 | 60 | 16.7 | 87 | 61 | 23.4 | | 3.5 | 90/160 |
| | | 100 | 27.8 | 80 | 72 | 30.0 | 37 | 3.8 | |
| | | 120 | 33.3 | 74.5 | 73 | 33.3 | | 4.8 | |
| IS100-65-315 | 2900 | 60 | 16.7 | 133 | 55 | 39.6 | | 3.0 | 180/295 |
| | | 100 | 27.8 | 125 | 66 | 51.6 | 75 | 3.6 | |
| | | 120 | 33.3 | 118 | 67 | 57.5 | | 4.2 | |
| IS125-100-200 | 2900 | 120 | 33.3 | 57.5 | 67 | 28.0 | | 4.5 | 108/160 |
| | | 200 | 55.6 | 50 | 81 | 33.6 | 45 | 4.5 | |
| | | 240 | 66.7 | 44.5 | 80 | 36.4 | | 5.0 | |
| IS125-100-250 | 2900 | 120 | 33.3 | 87 | 66 | 43.0 | | 3.8 | 166/295 |
| | | 200 | 55.6 | 80 | 78 | 55.9 | 75 | 4.2 | |
| | | 240 | 66.7 | 72 | 75 | 62.8 | | 5.0 | |
| IS125-100-315 | 2900 | 120 | 33.3 | 132.5 | 60 | 72.1 | | 4.0 | 189/330 |
| | | 200 | 55.6 | 125 | 75 | 90.8 | 110 | 4.5 | |
| | | 240 | 66.7 | 120 | 77 | 101.9 | | 5.0 | |
| IS125-100-400 | 1450 | 60 | 16.7 | 52 | 53 | 16.1 | | 2.5 | 205/233 |
| | | 100 | 27.8 | 50 | 65 | 21.0 | 30 | 2.5 | |
| | | 120 | 33.3 | 48.5 | 67 | 23.6 | | 3.0 | |
| IS150-125-250 | 1450 | 120 | 33.3 | 22.5 | 71 | 10.4 | | 3.0 | 188/158 |
| | | 200 | 55.6 | 20 | 81 | 13.5 | 18.5 | 3.0 | |
| | | 240 | 66.7 | 17.5 | 78 | 14.7 | | 3.5 | |
| IS150-125-315 | 1450 | 120 | 33.3 | 34 | 70 | 15.9 | | 2.5 | 192/233 |
| | | 200 | 55.6 | 32 | 79 | 22.1 | 30 | 2.5 | |
| | | 240 | 66.7 | 29 | 80 | 23.7 | | 2.5 | |
| IS150-125-400 | 1450 | 120 | 33.3 | 53 | 62 | 27.9 | | 2.0 | 223/233 |
| | | 200 | 55.6 | 50 | 75 | 36.3 | 45 | 2.8 | |
| | | 240 | 66.7 | 46 | 74 | 40.6 | | 3.5 | |

| 型号 | 转速 n /(r/min) | 流量 | | 扬程 H/m | 效率η/% | 功率/kW | | 必需气蚀余量 $(NPSH)_r$ /m | 质量(泵/底座)/kg |
|---|---|---|---|---|---|---|---|---|---|
| | | m³/h | L/s | | | 轴功率 | 电机功率 | | |
| IS200-150-250 | 1450 | 240<br>400<br>460 | 66.7<br>111.1<br>127.8 | 20 | 82 | 26.6 | 37 | • | 203/233 |
| IS200-150-315 | 1450 | 240<br>400<br>460 | 66.7<br>111.1<br>127.8 | 37<br>32<br>28.5 | 70<br>82<br>80 | 34.6<br>42.5<br>44.6 | 55 | 3.0<br>3.5<br>4.0 | 262/295 |
| IS200-150-400 | 1450 | 240<br>400<br>460 | 66.7<br>111.1<br>127.8 | 55<br>50<br>48 | 74<br>81<br>76 | 48.6<br>67.2<br>74.2 | 90 | 3.0<br>3.8<br>4.5 | 295/298 |

### 14-2 离心通风机综合特性曲线

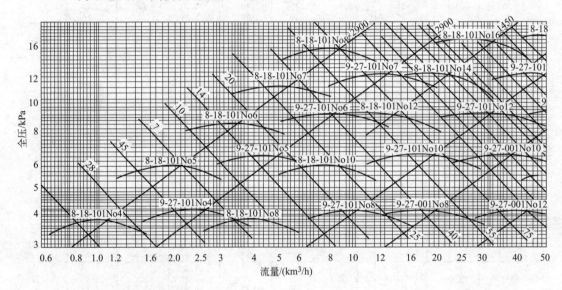

### 14-3 真空泵技术规格
#### (1) W 型往复式真空泵的技术性能

| 性能 \ 型号 | W1 | W2 | W3 | W4 | W5 |
|---|---|---|---|---|---|
| 抽气速率/(m³/h) | 60 | 125 | 200 | 370 | 770 |
| 极限真空/Pa | 1333 | 1333 | 1333 | 1333 | 1333 |
| 转速/(r/min) | 300 | 300 | 300 | 200 | 200 |
| 配用电机/kW | 2.2 | 4 | 5.5 | 10 | 22 |
| 缸径×行程/mm | 170×102 | 220×130 | 250×150 | 350×200 | 455×250 |

#### (2) SZ 型水环式真空泵技术性能

| 型号 | 抽气量/(m³/h) | | | | | 极限真空 /Pa | 配带动力 /kW | 转速 /(r/min) |
|---|---|---|---|---|---|---|---|---|
| | $1.013×10^5$ /Pa | $6.078×10^4$ /Pa | $4.052×10^4$ /Pa | $2.026×10^4$ /Pa | $9.33×10^3$ /Pa | | | |
| SZ-1 | 90 | 38.4 | 24 | 7.2 | — | $1.626×10^4$ | 4 | 1450 |
| SZ-2 | 204 | 99 | 57 | 15 | — | $1.306×10^4$ | 10 | 1450 |
| SZ-3 | 690 | 408 | 216 | 90 | 30 | $7.998×10^3$ | 30 | 975 |
| SZ-4 | 1620 | 1056 | 660 | 180 | 60 | $7.065×10^3$ | 70 | 730 |

## （3）2X 型旋片式真空泵型式和基本参数

| 型　式 | 抽气速率/(L/s) | 极限压强 $p$/Pa | | 配电机功率 /kW ≤ | 进气口内径 $d_i$/mm |
|---|---|---|---|---|---|
| | | 关气镇阀 | 开气镇阀 | | |
| 2X-0.5 | 0.5 | 0.06665 | 0.6665 | 0.18 | 10 |
| 2X-1 | 1 | 0.06665 | 0.6665 | 0.25 | 15 |
| 2X-2 | 2 | 0.06665 | 0.6665 | 0.4 | 20 |
| 2X-4 | 4 | 0.06665 | 0.6665 | 0.6 | 25 |
| 2X-8 | 8 | 0.06665 | 0.6665 | 1.1 | 32 |
| 2X-15 | 15 | 0.06665 | 0.6665 | 2.2 | 50 |
| 2X-30 | 30 | 0.06665 | 1.333 | 4.0 | 65 |
| 2X-70 | 70 | 0.06665 | 1.333 | 7.5 | 80 |
| 2X-150 | 150 | 0.06665 | 1.333 | 14 | 125 |

## （4）ZJ 型罗茨真空泵的基本参数

| 型　式 | 抽气速率 /(L/s) | 极限压强 $p$/Pa | 允许入口压强 $p_i$/Pa | 进口直径 $d_i$/mm | 出口直径 $d_o$/mm | 推荐配用前级泵型号 |
|---|---|---|---|---|---|---|
| ZJ-15 | 15 | 0.06665 | 1999.5 | 40 | 32 | 2X-2 |
| ZJ-30 | 30 | 0.06665 | 1999.5 | 50 | 40 | 2X-4 |
| ZJ-70 | 70 | 0.06665 | 1999.5 | 80 | 50 | 2X-8 |
| ZJ-150 | 150 | 0.06665 | 1333 | 100 | 80 | 2X-15 |
| ZJ-300 | 300 | 0.06665 | 1333 | 150 | 100 | 2X-30 |
| ZJ-600 | 600 | 0.06665 | 1333 | 200 | 150 | 2X-70 |
| ZJ-1200 | 1200 | 0.2666 | 666.5 | 300 | 200 | H-150 |
| ZJ-2500 | 2500 | 0.2666 | 666.5 | 300 | 200 | H-300 |
| ZJ-5000 | 5000 | 0.2666 | 666.5 | 400 | 300 | 2XH-300 |
| ZJ-10000 | 10000 | 0.06665 | 266.6 | 400 | 300 | ZJ-2500,2XH-300 |
| ZJ-20000 | 20000 | 0.06665 | 266.6 | 600 | 400 | ZJ-5000,3XH-300 |
| ZJ-40000 | 40000 | 0.06665 | 133.3 | 800 | 600 | ZJ-10000, ZJ-2500,3XH-300 |

# 15. 有机玻璃离子交换柱规格

| 序　号 | 直径/mm | 有效高度/mm | 壁厚/mm | 序　号 | 直径/mm | 有效高度/mm | 壁厚/mm |
|---|---|---|---|---|---|---|---|
| 1 | 500 | 2500 | 12 | 15 | 250 | 1500 | 8 |
| 2 | 500 | 2000 | 14 | 16 | 235 | 2000 | 12 |
| 3 | 500 | 2000 | 12 | 17 | 220 | 1500 | 10 |
| 4 | 430 | 2000 | 14 | 18 | 200 | 1800 | 10 |
| 5 | 385 | 2000 | 14 | 19 | 200 | 1500 | 5 |
| 6 | 325 | 1700 | 12 | 20 | 200 | 1500 | 6 |
| 7 | 325 | 1500 | 10 | 21 | 200 | 1100 | 10 |
| 8 | 320 | 1700 | 10 | 22 | 170 | 1500 | 5 |
| 9 | 307 | 1500 | 10 | 23 | 164 | 1000 | 5 |
| 10 | 300 | 2000 | 8 | 24 | 150 | 1500 | 6 |
| 11 | 300 | 1500 | 10 | 25 | 120 | 930 | 10 |
| 12 | 300 | 1500 | 8 | 26 | 100 | 1000 | 4 |
| 13 | 280 | 1700 | 10 | 27 | 100 | 1000 | 5 |
| 14 | 262 | 2000 | 6 | 28 | 75 | 800 | 7 |

# 参 考 文 献

[1]  陈敏恒, 丛德滋, 方图南. 化工原理. 第3版. 北京: 化学工业出版社, 2006.

[2]  夏清, 陈常贵. 化工原理. 天津: 天津大学出版社, 2005.

[3]  谭天恩, 窦梅, 周明华等. 化工原理. 第3版. 北京: 化学工业出版社, 2006.

[4]  时钧, 汪家鼎, 余国琮, 陈敏恒. 化学工程手册. 第2版. 北京: 化学工业出版社, 1996.

[5]  余克新, 赵传钧, 马沛生. 化工热力学. 天津: 天津大学出版社, 1990.

[6]  王运东, 骆广生, 刘谦. 传递过程原理. 北京: 清华大学出版社, 2002.

[7]  陈涛, 张国亮. 化工传递过程基础. 北京: 化学工业出版社, 2002.

[8]  [美] Paul Singh R, Dennis R Heldman. Introduction to Food Engineering (食品工程导论). 许学勤译. 北京: 中国轻工业出版社, 2006.

[9]  [美] Mohsenin N. Thermal Properties of Foods and Agricultural Materials, Gordon and Breach. New. York: Science Publishers, Inc, 1980.

[10]  大连理工大学化工原理教研室. 化工原理. 大连: 大连理工大学出版社, 1993.

[11]  管国锋, 赵汝溥. 化工原理. 北京: 化学工业出版社, 2003.

[12]  杨祖荣. 化工原理. 北京: 化学工业出版社, 1998.

[13]  王志魁. 化工原理. 第2版. 北京: 化学工业出版社, 1998.

[14]  成都科技大学化工原理教研室. 化工原理. 成都: 成都科技大学出版社, 1991.

[15]  宋建国. 化工原理. 哈尔滨: 东北林业大学出版社, 2007.

[16]  李云飞, 葛克山等. 食品工程原理. 北京: 中国农业大学出版社, 2002.

[17]  祁存谦, 丁楠, 吕树申. 化工原理. 北京: 化学工业出版社, 2006.

[18]  冯骉. 食品工程原理. 北京: 中国轻工业出版社, 2005.

[19]  杨同舟. 食品工程原理. 北京: 中国农业出版社, 2001.

[20]  王彩云, 李南琦, 刘伟民等. 食品工程原理. 北京: 中国农业科技出版社, 1995.

[21]  昌友权. 化工原理. 北京: 中国计量出版社, 2003.

[22]  黄亚东. 食品工程原理. 北京: 高等教育出版社, 2003.

[23]  [日] 永田进治. 混合原理与应用. 东京: 理工学社, 1984.

[24]  [日] 西川兼康, 藤田恭伸. 传热学. 东京: 理工学社, 1985.

[25]  Sesder J D, Henley E J. Separation Process Principles. 朱开宏, 吴俊生译. 分离过程原理. 上海: 华东理工大学出版社, 2007.

[26]  杨村, 于宏齐, 冯武文. 分子蒸馏技术. 北京: 化学工业出版社, 2004.

[27]  刘家祺. 分离过程模拟. 北京: 清华大学出版社, 2007.

[28]  孙彦. 生物分离工程. 第2版. 北京: 化学工业出版社, 2005.

[29]  王湛, 周翀. 膜分离技术基础. 第2版. 北京: 化学工业出版社, 2008.

[30]  任建新. 膜分离技术及其应用. 北京: 化学工业出版社, 2003.

[31]  朱长乐. 膜科学技术. 第2版. 北京: 高等教育出版社, 2004.

[32]  郑领英, 王学松. 膜技术. 北京: 化学工业出版社, 2000.

[33]  王海. 食品工程原理及应用. 北京: 机械工业出版社, 1995.

[34]  刘伟民, 徐圣言. 喷动床干燥. 第2版. 北京: 化学工业出版社, 2007.

[35]  胡继强. 食品机械与设备. 北京: 中国轻工业出版社, 1999.

[36]  李兴国. 食品机械学. 成都: 四川教育出版社, 1991.

[37]  陆振曦, 陆守道. 食品机械原理与设计. 北京: 中国轻工业出版社, 1995.

[38]  田文德, 王小红. 化工过程计算机应用基础. 北京: 化学工业出版社, 2007.

[39]  [日] 松村良樹. 田川彰男, 笠井孝正, 武谷孝二. 全脂乳、脱脂乳およびホエーの熱伝導率測定と伝熱モデルの選定. 日本食品科学工学会誌, 2003, (9).

[40]  张猛. 反应精馏过程的建模与优化控制研究 [D]. 北京: 清华大学, 2004.

[41]  邵平. 分子蒸馏过程数值模拟及其在菜子油脱臭馏出物再资源化中的应用研究 [D]. 合肥: 合肥工业大学, 2006.

[42]  徐骏. "背包式" 反应精馏优化理论和应用研究 [D]. 南京: 南京工业大学, 2005.

[43]  邱挺. 醋酸甲酯催化精馏水解新工艺及相关基础研究 [D]. 天津: 天津大学, 2002.

[44]  吴燕翔. 醋酸甲酯水解催化精馏工艺中试过程研究 [D]. 杭州: 浙江大学, 1999.

[45]  杜长海. 催化精馏专用填料型固体酸催化剂的制备研究 [D]. 天津: 天津大学, 2004.

[46]  古丽娜. 液氢、液氧真空管路抽空技术探讨. 低温工程, 2003, (5).

[47]  周爱东, 杨红晓等. Excel在对流给热准数关联式中的应用. 实验室研究与探索, 2005, (7).

[48]  丛德滋, 方图南. 化工原理示例与练习. 上海: 华东化工学院出版社, 1988.

[49]  姚玉英. 化工原理例题与习题. 北京: 化学工业出版社, 1998.

[50]  余立新, 戴猷元. 化工原理习题解析. 北京: 清华大学出版社, 2005.

■ 本书针对食品加工原料来源广泛，加工工艺与实现途径多种多样的特点，以动量传递、热量传递和质量传递三大传递过程为理论基础，注意结合食品工业生产实际问题，主要介绍了食品单元操作的基本原理、设计计算及设备实现方法等，还编入许多在食品工程领域发展较快的现代技术。

■ 本书重视把理论的系统性和解决实际问题的实用性相结合，突出工程观念，力求概念叙述准确，内容介绍简练，难点分析平缓。为便于读者学习，对介绍的重要单元操作都设有综合算例，每章还精心设计了内容贴近食品工程实际的思考题、习题，并附有习题答案。

■ 教材除绪论外共分 13 章，包括流体流动、流体输送、非均相物系分离、搅拌与混合、传热、蒸发与结晶、吸收、蒸馏、萃取与浸提、食品冷冻技术、干燥、膜分离、吸附与离子交换。

■ 本书可作为高等院校食品、生物工程类及相关专业教材，也可供上述专业及相关部门技术人员参考。